Green Tech Series 1

Environmental Regulation
환경규제 동향과 대응

조 문 수 / 임 태 진

숭실대학교 출판국

Environmental Regulation

환경규제 동향과 대응

초판인쇄 2012년 7월 25일
초판발행 2012년 7월 31일

지은이 조문수, 임태진

펴낸이 김대근

펴낸곳 숭실대학교 출판국
서울 동작구 상도로 369

등 록 제14-2호(1982.1.25)
TEL.02-820-0771~2
FAX.02-817-5297
http://press.ssu.ac.kr

찍은곳 한컴인쇄정보
TEL.02-2274-3394~5
FAX.02-2274-3397

값 40,000원

ISBN 978-89-7450-287-4 93530

머리말

오늘날 생명의 위기의 심각성을 고발하고 생명과 직면된 지구환경문제를 부각시킨 학문이 생태학(ecology)이다. 산업화와 기술문명이 고도로 발전한 현대문명, 인구의 폭발적인 증가와 대량소비, 핵무기의 개발과 그 위협, 엄청난 공해와 환경파괴, 자원의 낭비와 고갈 등은 지구촌의 공기와 기상마저 변화시켰으며 인간의 삶 뿐 아니라, 생물과 무생물을 망라한 생태계 전체의 존립을 위협하리만큼 심각한 생명의 위기를 가져왔다. 이를 과학적으로 추적하고 분석하여 고발한 것이 생태학자들이었다.

오늘날에는 이미 생태계의 위기의식이 지구의 온난화와 이상기온이라든가, 산성비와 오존층의 파괴, 생물계의 멸종 현상이나 사막의 확대 현상 등으로 보편화되고, 과학적으로 측정할 수 있는 단계에 이르렀지만, 이것은 지구환경과 생태계가 파괴되기 시작했을 때부터 인간에 의해 감지되고 각성된 것은 아니었다. 이미 상당한 정도로 생태계의 파멸이 진행되었을 때, 우리는 비로소 위기를 의식하게 되었다.

처음에 우리는 이를 생태계의 위기로 파악하지 못하고 단순한 환경의 위기로만 파악하고 대처하려 하였다. 1970년대에 환경문제가 대두되면서 로마클럽의 보고서인 "성장의 한계"는 일반 낙관론에 회의를 갖고 지구환경에 한계가 온 것임을 선언하게 된다. 그 이후 오일쇼크로 자원의 고갈 문제만이 아닌, 쓰레기로 메운 땅 위에 지은 주택가에서 독가스가 솟아서 주민들의 호흡을 곤란케 하는 일들이 심심치 않게 생기면서, 생산의 증대로 인해 엄청나게 쏟아지는 산업폐기물과 핵 쓰레기의 처리문제는 새로운 환경문제의 이슈가 되었다.

땅과 물 뿐만이 아니라, 대기권의 문제도 대두되면서 지구기온의 점진적인 상승은 남극과 북극의 빙산들을 녹여서 매년 해양의 수면을 높이고 있고, 홍수의 빈발과 해안지대의 땅과 경작지를 잠식하고, 언젠가는 도시와 마을이 물속에 가라앉아 버릴 수 있는 가능성도 제기되기 시작했다. 이미 이러한 환경파괴는 먹이사슬의 혼란과 인간의 문제를 넘어서 생태계 전체의 생명문제, 나아가서는 지구의 생존문제로 확대되고 말 것이다. 최근 일본의 원전사태를 간과해서는 안 될 것이다.

우리는 지구와 생태계의 생명과 인간의 삶의 관계를 고려해 보면서 오늘날 지질학자들과 생태학자들이 밝히는 조사 자료를 주목할 필요가 있다. 수십억 년 간 지탱해 온 지구를 자기 생존과 향락의 목적으로 수탈하고 악용한 인간들의 극심한 파괴현상들은 바로 산업혁명 이후에 모두 자행되었다고 해도 과언이 아닐 것이다.

제1의 농업혁명, 제2의 산업혁명, 제3의 정보화혁명과 이어서 제4의 혁명은 그 형태나 방법이 어떻게 주어질지는 아무도 모르지만, 이런 혁명적 변화는 더 이상 자연을 파괴하지 않고도 인간의 삶이 영위될 수 있도록 하는 지속가능한 사회를 지향해야 할 것이다. 우리가 속하여 살고 있는 세계의 끝을 가늠해야 하는 시대가 왔다. 산업적 발전이 반드시 인류의 복지와 양립하는 것은 아니기 때문이다.

이렇듯 지구생태계의 오염을 유발하는 주범은 바로 인간과 기업이고 오염자부담원칙을 책임지어야 하는 것은 당연하며, 지구환경의 개선은 산업계의 환경인식과 실천적인 환경경영이 동반되어야 한다. 제품설계에서 폐기까지의 전 과정에 걸쳐 친환경을 실천해야 한다. 친환경은 그 자체가 기업의 경쟁력이다.

본 저서는 국내외의 환경문제를 경영학적 시각과 환경법적인 면에서 바라보고, 수많은 환경문제의 요소 중에서 지구온난화에 대한 국제적인 대응과 함께, 기업이 이에 대응할 수 있는 몇 가지 공학적인 기법을 소개하고, 산업별 국제환경규제의 세부내용에 관해 편집과 더불어 서술하고자 한다.

이에 따라 제1장에서는 환경문제의 개요 및 이해, 제2장에서는 지구온난화를 중심으로 한 지구환경문제와 인류사회의 사명, 제3장은 산업별 국제환경규제 세부내용을 구체적으로 다룬 국내외 환경규제 동향, 제4장은 환경규제 대응기법, 그리고 제5장은 지속가능한 환경경영을 위한 환경윤리로 크게 구분하여 기술하였다.

전 세계적으로 이슈가 되고 있는 환경문제에 대해 늘 고민하고 있던 차에 일천한 지식과 에코시스템 연구소 운영의 경험을 정리하여 후학들에게 전하고자 하는 마음으로 원고를 준비하게 되었다. 다만, 빠른 시간 내에 대학에서 공부하는 학생들에게 하루라도 빨리 이러한 문제를 부각시키고 인식하게 해서 지구환경에 조금이라도 이바지하고자 하는 조급한 마음으로 인하여 오류가 있을 수도 있기에 송구스런 마음을 감출수가 없다.

또한 본의 아니게 훌륭한 타 학자들의 의견과는 다르거나 표현상 부족한 면이 있을 것이다. 그러나 앞으로 계속해서 진행되고자 하는 'Green Tech Series' 에서 좀 더 상세하고 기술적인 방법의 제시를 하고자 하는 마음으로 전문가의 충고와 비평을 받고 수정해 나갈 것이다.

끝으로 이 책이 나오기까지 재정적 지원을 아끼지 않은 지식경제부 에너지기술평가원, 귀중한 자료를 제공하고 세심히 감수해주신 한국생산기술연구원 국제환경규제기업지원센터 주홍신 센터장, 박백수 전문위원, 최요한 전문위원, 김성훈 연구원, 배하나 연구원, 졸고를 맡아 출판해준 숭실대학교 출판국, 그리고 이 책의 출판에 한없는 위로를 준 저자들의 가족과 하나님께 깊은 감사의 뜻을 드린다.

저자일동

2012. 07

본 저서는 2011년도 지식경제부의 재원으로 한국에너지기술평가원(KETEP)의 지원을 받아 수행한 저서입니다. (과제번호 : 20114010203140)

목 차

제3장 국내외 환경규제 동향

표목차

그림목차

1장 환경문제의 개요 및 이해

환경은 한자로 고리 환(環)과 경치 경(景)으로 인간주위를 둘러치고 있는 요소로서, 인간생활에 영향을 주고받는 관계로 고려해 볼 수 있다. 따라서 환경문제의 객관적인 정의는 자연적이거나 인위적인 자연현상의 원인에 의해 인간의 생존과 삶을 위협하는 것이라 하겠다.

환경문제의 국어사전적인 의미는 대기와 수질의 오염, 환경 파괴 따위와 같이 자연 환경, 생활환경에 나쁜 영향을 주는 다양한 문제로 정의할 수 있으며, 그 범위는 가정, 기업, 국가뿐 아니라 지구온난화, 오존층 파괴 및 사막 확대 등 지구환경까지 광범위하게 대처되고 있음은 이미 인지하고 있는 바, 환경문제를 한가지로 정의할 수는 없다.

대표적인 환경문제로서 여러 가지 형태의 오염, 유한한 지구환경에서의 자원고갈, 환경오염에 의한 생태계 파괴현상, 인구증가와 산업화에 따라 발생되는 다양한 환경문제 등 이루 말할 수 없이 많다. 이러한 지구촌 환경문제는 전쟁, 기아, 인종문제, 종교 갈등, 가뭄, 질병 등의 문제보다 더 인류를 위협하게 된 것이다.

이러한 환경문제를 예방하기 위해 정부나, 기업 및 환경단체의 끊임없는 노력이 지속되고는 있으나, 이미 생태계의 존립마저 위협받는 처지에 와서야 그 중요성을 인지하게 되었다. 최근 일본 후쿠시마 원전사태, 우리나라의 우면산의 산사태, 그리고 아마존의 눈물, 남극의 펭귄, 중국지방의 사막화 현상 등과 같은 경우를 비근한 예로 들 수 있겠다.

환경문제라는 용어는 이렇듯 인간생활 속에 아주 깊숙이 내제되어 있으며, 환경문제를 바라보는 문제의식 또한 다양한 형태로 나타난다. 인간이 생태계를 파괴하는 행위 자체가 환경문제이며, 생태계 유지는 인류가 생존하기 위한 필수조건이기 때문에, 생태학(ecology)이 최근 들어 더욱 관심을 끌고 있는 것이다. 이는, 인간생활과 자연의 조화나 공존의 사고방식을 다양화하게 하였다.

이렇듯 보는 시각에 따라 환경문제의 범세계적 이슈는 온실효과, 오존층파괴, 산성비, 열대우림의 파괴, 야생동식물의 멸종 및 사막화를 원인으로 보는 관점도 있고, 대기오염, 수질오염, 폐기물문제 및 토양오염 문제 등이 산업화의 영향으로 인해 부각될 수 있으며, 인구의 증가와 소비량의 증대로 인해 기업과 산업계를 주범으로 보는 시각도 있을 수 있다.

그러나 가장 근본적인 요인은 인간중심의 세계관이 아닌가 싶다. 인간이 생존하기 위한 유일한 수단과 방법으로 자연을 훼손하고 인간이 자연을 정복하고 지배해야 한다는 관점에서 벗어나지 못하기 때문에 자연자원의 무분별한 채취와 훼손은 소위 경제개발과 성장이라는 명목 아래 인간 스스로 자연을 파괴해왔다고 보는 것이다. 그 결과 결국 심각한 환경문제를 발생시켰고 지구의 존재와 인류의 생존까지 스스로 위협하게 된 것이다.

1-1. 환경문제의 역사적 배경과 국내외적 관심

지구에 환경오염이 발생하게 된 근본적 원인인 생태계 질서가 무너지는 과정이 엄청나게 가속화한 것은 18세기의 산업혁명부터라고 본다. 산업혁명을 계기로 이전과는 비교도 되지 않을 정도로 생산력이 높아졌고 높아진 생산력을 유지하는데 적합한 소비경제가 발달하였다.

그러한 소비경제를 유지하기 위하여 생산력의 강화가 더욱 촉진되었다. 이렇게 서로 상승되는 구조 속에서 더 많은 부가 창출됨과 함께 환경파괴 또한 가속화되었던 것이다.

환경문제는 생명체가 생명활동을 이어가는 결과 정상적인 생명활동에 지장이 있을 정도로 자연환경에 손상을 주는 것을 말한다. 생명체가 살아가기 위해서는 자연으로부터 영양분과 기타생활에 필요한 물질을 얻어야 한다. 이러한 과정에서 자연환경이 손상되는 것은 생명체의 유지라는 면에서 어쩔 수 없다.

자연 스스로도 여러 가지 복합적인 생태계의 작용에 의하여 손상된 부분을 복구하고 유지하면서 생명체의 생명활동을 지속적으로 가능하게 한다. 하지만 환경과 생명활동 사이의 균형이 무너지면 환경과 생명을 포괄하는 구조자체가 지속 불가능해지면서 자연 환경은 스스로의 제어 능력을 상실하고 생명체는 생존에 위협을 받을 수밖에 없는 것이다.

환경의 정의에 있어 주체는 인간이기 때문에 환경문제란 인간의 활동에 영향을 주고 한편으로는 인간의 활동으로 부터 영향을 받는 주변의 모든 요소들을 말하며 이러한 환경에는 인간의 생존에 필수적인 공기, 물, 흙, 생물, 식량자원, 태양에너지와 같은 자연적 환경요소와 인간의 삶의 질을 높여주는 도구, 주거, 도시, 문화, 법, 역사와 같은 인공적 환경요소가 있다고 한다.

인간은 생존과 생활에 필요한 자원과 에너지를 모두 자연환경으로부터 공급받고 있으며, 전통적인 관점에서 이를 천연자원으로 말하나 과거 그 가치를 인식할 필요가 없었던 깨끗한 공기와 물, 토양 그리고 건강한 생태계 역시 인간의 생존에 있어 매우 중요한 요소로 인식되면서 이를 환경자원으로 인지되기도 한다.

즉 환경은 인간의 건강하고 쾌적한 삶을 유지시켜주는 기능을 해야 하는데, 환경문제는 바로 자연적 또는 인위적 원인에 의해 인간의 건강과 쾌적한 삶이 유지될 수 없게 된 상태 또는 현상을 일컫는 것이다. 또한 환경문제를 이해하는 범위 역시 작게는 우리 집, 우리 동네의 환경문제에서부터 지역과 국가의 환경문제와 국가간의 환경문제 그리고 지구환경문제로 그 범위를 넓힐 수 있다.

가장 잘 알려진 지구환경문제로는 오존층파괴, 지구온난화, 열대림 감소 등을 들 수 있지만, 환경문제의 종류를 구분함에 있어 단 한가지의 기준으로 구분할 수 없으며, 칼로 자르듯 정확하게 분류할 수 없다. 그 이유는 하나의 환경문제는 그 영향이 상당히 넓은 지역에 걸쳐 확산되는 특성과 한 가지의 원인이 여러 가지의 문제와 연관되기 때문이다.

대표적인 환경문제의 종류로 자연적 또는 인위적으로 발생한 물질이 공기, 물, 흙 등을 더럽혀 인간과 생물이 이용할 수 없게 되는 경우인 오염과 인간의 활동에 필요한 모든 것들은 지구환경으로부터 공급받는데 인간이 보다 풍요롭고 편리하기 위해서는 지구환경으로부터 더 많은 자원과 에너지를 가져와야만 하는데 인간의 욕망은 무한대인 반면 지구환경은 유한한데서 오는 문제인 자원고갈과 동시에 발생되는 생태계파괴이다.

생태계파괴는 거대한 지구생태계의 일부분으로서의 인간이 살아가기 위해서는 인간과 직접 또는 간접적으로 영향을 주고받는 생태계의 나머지 부분이 정상적으로 작동해야 하지만 매우 정교한 생태계는 생태계를 구성하는 각각의 요소들 사이의 상호작용을 통해 균형을 맞추어 가는데 정교한 생태계의 한 부분이 멸종, 서식지 등이 파괴되면 그 영향은 나머지 생태계 전체로 이어지는 것이다.

또한 인구의 지속적인 증가로 말미암아 인간의 활동은 환경으로부터 필요한 것을 얻어옴으로써 가능하기에 인구의 증가는 인간의 환경에 대한 영향의 증가로 이어지면서 자원고갈, 자연서식지감소, 오염발생 증가의 원인이 되는 것이다.

지구온난화, 오존층파괴, 산성비 등의 지구환경문제는 지구의 상당히 넓은 한 부분 또는 지구 전체에 동시에 공통적으로 발생하는 환경문제를 야기하고 있다. 산업화와 도시화 역시 산업이 고도화되면서 자원과 에너지의 소비가 증가하고, 오염물질의 발생량 역시 가파르게 증가하고 있기 때문에 도시는 도시가 아닌 지역에 비해 인간의 활동이 집중된다.

따라서 도시지역은 도시가 아닌 지역에 비해 더 많은 오염의 발생이 집중되며 도시는 인공적인 환경이 거의 대부분으로 자연환경이 담당하는 순환이 불가능해져 발생된 오염은 더욱 오래 지속될 수밖에 없는 것이다.

현재 인간이 생활하기 위하여 화석연료를 태울 때 배출되는 가스나 자동차 매연 등으로 인하여 발생하는 대기오염물질은 모두 유독성이고 그 양이 많아 인류의 생태계에 많은 피해를 주고 있다.

특히 질소 산화물과 탄화수소가 대기중에 농축되어 있다가 태양광선 중 자외선과 화학반응을 일으키면서 대기가 안개 낀 것처럼 변하는 광화학 스모그는 가장 대표적인 대기오염현상이다.

1952년 12월에 발생한 영국 런던의 광화학 스모그는 9일 만에 런던 시민 2,800여 명이 사망하고, 총 8,000여 명이 목숨을 잃는 등 대기오염의 치명적 위험성을 보여준 바 있다.

또한 이산화탄소와 같은 오염물질로 인하여 발생하는 지구온난화 문제는 전 세계적 관심사가 되고 있다. 지구온난화현상은 지금까지 인류문명의 역사를 이룩한 기후평형의 파괴를 가져올 수 있다는 점에서 전 지구적 차원의 위기로 여겨지고 있다.

환경오염에서 대기오염만큼 중요한 비중을 차지하는 것이 수질오염이며 이는 공장에서 무분별하게 정화되지 않은 채 방류된 대량의 폐수는 강물 속에 중금속 및 유기물질을 쌓이게 한다. 이러한 중금속은 쉽게 제거되지 않고, 오염된 식수를 섭취한 생물체의 체내에 계속적으로 축적, 농축되는 특징을 가지고 있다.

일본에서 있었던 미나마타병, 이따이이따이병은 농토에 축적된 카드뮴과 어패류에 농축된 수은에 의하여 일어난 세계적인 수질 오염 피해 사례이다. 공장의 산업 폐기물, 가정의 생활 폐기물, 핵발전소에서 나오는 방사성 폐기물도 무시 못 할 환경 문제이다.

광합성을 통하여 전 지구의 생물에게 에너지를 공급할 뿐만 아니라 토양유실을 막고 산소를 공급해 지구의 허파 역할을 하는 산림이 도시나 공업 단지 건설, 가구나 펄프 이용을 위해 급속도로 사라져가는 점도 주요한 환경 문제이다. 아울러 갯벌과 습지 등의 매립, 과학기술의 발달에 따른 유전자 조작 문제나 정보 통신의 발달과 함께 확산되는 전자파문제 등이 새롭게 나타나고 있다.

온실가스 문제에 대한 대책은 더욱 난감하다. 왜냐하면 온실가스 문제가 바로 에너지 문제이기 때문이다. 가격이 저렴한 화석연료를 대체할 수 있는 다른 값싼 에너지를 찾지 못한다면 결국 온실가스 감축은 에너지 사용을 제한하는 것이 되므로 이는 경제발전을 저해할 수 있다.

교토의정서에서 38개 선진국의 온실가스 감축목표를 의무화했음에도 선진국에서 온실가스 감축규제도입에 그토록 주저하는 이유와 미국이 교토의정서를 서명하고서도 비준을 거부한 이유가 바로 거기에 있다.

1-1-1. 역사적 배경

환경학자들은 환경문제의 가장 중요한 원인이 근대 산업사회가 이룩한 고도의 경제성장이라는 점에 대체로 동의한다. 이들은 급속한 경제성장이 자연자원을 고갈시키고 환경오염과 파괴를 심화시켜서 가까운 미래에 인류의 생존을 위협하게 될 것이라고 주장한다.

이러한 경제성장에 대한 비판은 1972년 로마클럽의 성장의 한계라는 보고서에 의해 촉발되었다. 이 보고서는 지구 환경에 심각한 영향을 주는 증거를 제시함으로써 현재의 인구성장, 경제발전, 그리고 자원의 사용이 지속된다면, 21세기 중반에 지구는 생태계의 파멸을 경험하게 될 것이라고 예측했다.

경제성장의 한계에 대한 주장은 1970년대 전 세계적인 석유파동으로 관심을 끌었지만 그 후 경제회복으로 관심이 줄어들었다. 하지만 최근 환경문제가 심각해지면서 경제성장이 환경문제의 원인이라는 측면에서 경제성장을 제한해야 한다는 주장이 다시 대두되고 있다.

경제성장이 환경문제의 주요 원인이라는 점에는 대부분의 학자들이 동의하지만, 환경문제의 해결을 위해 경제성장을 중단해야 한다는 주장에 대해서는 서로 의견이 다르다. 경제성장을 옹호하는 입장은 주로 경제학자들에 의해 제시된다.

환경문제는 모든 인간의 환경부하를 합한 총계라고 주장하는 학설도 있다. 지구상에 과연 몇 명의 인구가 살아야 지구 최적의 상태를 유지할 수 있는가는 아무도 모른다. 다만, 인구증가로 말미암아 환경문제가 대두되었다고 보는 것이다.

생태계의 균형이 파괴되었고 인구수가 증가하면서 자원의 소비 또한 급증하였다. 그리고 산업이 발달하기 시작했고, 각종 산업이 급속도로 발달되면서 폐기물의 배출 또한 급속도로 증가하였고 이런 과정을 거치면서 자연은 환경의 자정 능력을 점점 잃어가고 있다는 것이다.

특히 우리나라는 급속한 도시화, 공업화로 인해 다른 나라들보다 단기간에 많은 발전을 이룬 대신 그만큼의 희생도 컸다. 먼저 대기오염에는 스모그, 지구 온난화, 산성비 등 여러 가지가 있다.

대기오염으로 인한 지구 온난화 현상 때문이다. 그렇다면 이런 대기오염의 원인은 여러 가지 들이 있겠지만 주원인은 공장, 가정 난방 시설에서 발생되는 각종 분진이나 가스, 자동차의 배기가스 등의 분출물이라고 보는 시각이 많다.

산업화가 시작되면서 급증한 공장들은 아직도 많이 있다. 법적으로 연기를 필터링해서 밖으로 배출하게 되어있지만 그 비용조차도 아까워서 불법으로 필터링 하지 않고 그냥 배출하는 공장도 있다고 한다.

그리고 자동차의 배기가스는 길거리 지나가면서 모두들 한 번씩은 느껴보았을 것이다. 시야까지 뿌옇게 되는 자동차의 배기가스로 차가 많이 다니는 길거리의 건물들 벽은 대부분 자동차에서 나오는 배기가스로 검다. 한때 자신의 차 갖기 열풍이 불었을 때 최고로 급증한 승용차, 교통체증의 원인이 되고 대기오염에서도 단단히 한몫을 하고 있다.

또한 수질오염은 가정에서 쓰고 버리는 생활하수, 산업폐수, 농촌의 농 · 축산 폐수 등이 정화되지 않고 하천이나 호수로 유입되어 물을 오염시켜 각종 용수로 사용할 수 없게 되거나 생물의 서식에 심각한 피해를 줄 정도로 수질이 나빠지는 것을 이른다.

그러나 그들은 환경문제의 해결을 위해서는 지속적인 경제성장이 필요하다고 주장한다. 그들에 의하면, 경제성장이 필요한 이유는 다음과 같은 몇 가지가 있다.

첫째, 환경문제의 개선에 필요한 막대한 자금을 조달하기 위해서는 경제성장이 요구된다는 것이다. 경제성장의 초기에는 환경이 악화되지만 경제성장의 성숙한 단계에 도달하면 환경에 대한 관심이 증가하고 환경은 다시 개선된다는 것이다.

둘째, 인류에 가져오는 혜택과 복지 수준의 향상 때문에, 경제성장은 반드시 필요하다는 것이다. 경제성장의 결과로 여가가 증대되고 사회가 안정되며, 빈부의 격차를 줄일 수 있기 때문에 경제성장을 지속시켜야 한다는 것이다.

셋째, 경제성장이 지구의 자연자원을 고갈시켜서 결국은 경제성장이 한계에 부딪히게 될 것이라는 주장에 대해 경제성장론자들은 자원이용 및 시장경제의 기능을 제대로 이해하지 못하기 때문이라고 반박한다.

즉 자원이 희소해져서 자원의 가격이 상승하면, 가공기술이나 제조기술을 개선함으로써 자원을 효율적으로 사용할 수 있게 되고, 대체물질을 개발하고 생산물의 사용이 감소되는 효과를 초래하게 된다는 것이다.

또한 환경문제의 원인과 결과에 대한 입장은 선진국과 개발도상국이 근본적으로 다르다. 개발도상국의 경우에, 환경문제는 대체로 극심한 빈곤을 극복하기 위해 천연자원을 마구 채취하거나 자연을 무분별하게 개발함으로써 발생되지만, 선진국의 경우에는 대량소비와 폐기물의 급증이 환경악화의 주요 원인이 되고 있다.

선진국의 경우에는, 환경문제가 단지 생활의 질을 악화시키는 것으로 이해되지만, 개발도상국의 경우에는, 자연자원의 기반이 파괴됨으로써 생존 자체가 문제가 되는 것으로 이해된다. 그래서 개발도상국의 입장에서 볼 때, 환경보호를 위해서 공업화를 중단하거나 발전을 제한하는 조치는 선진국과의 격차를 영속화시키는 것이고 그들의 생존문제와 밀접하게 관련되어 있는 것이다.

선진국이 경제성장과 더불어 환경의 질을 개선할 수 있었던 것은 후진국의 자연환경의 파괴로 가능했다고 할 수 있다. 즉 선진국은 공해산업을 후진국으로 이전하고 후진국에서 자원을 추출하여 완제품을 다시 수출함으로써 그들의 높은 경제성장과 복지를 유지해 왔다.

우리나라에서도 환경문제는 최근 들어 아주 빠른 속도로 부각되는 문제 중의 하나이다. 보다 쾌적한 환경에서 살며 삶의 질을 높이려는 인간의 욕구는 끊임없지만, 최근 들어 환경에 대한 관심이 더욱 높아지고 있다.

그러나 인간에 의한 환경의 파괴는 아주 오래된 역사를 가지나 환경문제가 사회문제로 부각된 것은 극히 최근의 일이다. 즉 우리가 환경의 질에 심각하게 생각해 보기 시작한 것은 최근이다. 이 문제는 날이 갈수록 심각해지고 있으며 거의 대부분의 사회문제와 직접 및 간접으로 관련되어 있다.

환경(environment)이라는 단어는 매우 다양한 의미로 사용되고 있다. 국어사전에서는 환경이란 말의 뜻을 주위의 사물 또는 사정, 거주하는 주위의 외계, 생활체를 둘러싸고 그것과 일정한 접촉을 유지하고 있는 외계라고 풀이하고 있다.

또 세계적으로 권위 있는 브리태니커 사전에서는 유기체 또는 생태계에 영향을 미쳐 궁극적으로 그것의 형태와 생존을 결정짓는 물리적 · 화학적 · 생물학적 요인들의 복합체라고 정의내리고 있다.

대부분의 환경문제는 직접적인 인간관계에서 발생하기보다 사회조직과 환경 간에서 유발되는 까닭에 다른 사회문제와는 다른 독특한 특성을 갖는다. 따라서 인간의 모든 활동인 개발, 생산과 소비과정에서 다양하게 발생한다. 이를 해결하기 위해서는 복합적이고 학제적인 노력을 필요로 하며, 공간적으로 광범한 영향권을 형성하기 때문에 이들 문제에 대한 상세한 영향이 아직 다 밝혀지지 않고 있다.

또한 환경문제는 시간적으로 문제의 발생으로부터 영향의 발견사이에 상당한 시차가 존재한다. 이 때문에 환경오염의 원인과 결과 사이에 존재하는 인과 관계를 확인하는데 많은 어려움이 따른다. 환경문제가 발생한 후 치유될 때까지는 오랜 시간이 필요할 뿐만 아니라 많은 비용이 들며, 원상회복이 거의 불가능하기도 하다.

1960년대 선진국에서는 많은 공해문제가 발생하였고, 일본은 4대 공해소송으로 대표되는 사건이 일어나 1971년에 환경청이 설치되었다. 그 후 환경 악화는 세계적 규모로 확대되었다. 지구의 이상기후와 유럽에서는 대기오염으로 인한 산성비로 삼림이 마르고 호수에서 물고기가 죽었다. 이러한 것을 보면 20세기는 전쟁이나 혁명의 세기라고 말하지만 그 이상으로 환경파괴의 세기라고 할 수 있을 것이다.

예를 들면 베트남전쟁은 맹독성의 다이옥신을 포함한 고엽제가 투하되어 베트남의 생태계를 무참히 파괴시켰고 많은 사람들에게 신체적 불구라는 후유증을 남겼다. 이와 같이 서구 문명이 낳은 과학기술은 거대한 파괴력을 가지고 인류의 존립까지 위협하고 있다.

이러한 의미에서 환경문제는 대량생산·대량 소비 사회가 창출한 서구 근대기술 문명의 위기의 귀결이라고 할 수 있을 것이다. 환경문제의 큰 특징의 하나는 탈(脫) 국경적이며 초월적이라는 것이다. 이는, 환경문제가 세계적으로 큰 주목을 받게 된 계기가 되었다.

1-1-2. 국내외적 관심

1972년에 우선 국제연합 인간환경회의가 스톡홀름에서 개최되면서 인간환경 선언이 채택되어 연말에 국제연합 환경계획(UNEP)의 설립을 이끌었다. 1982년에는 설립 10주년을 기념하여 UNEP 관리이사회가 나이로비에서 열려 나이로비 선언이 발표되었고, 일본의 제안으로 1984년에는 환경과 개발에 관한 세계위원회(WCED)가 발족하였으며, 1987년에는 보고서 'Our Common Future'를 공표하였다. 그 중심적 이념은 현재 이슈가 되고 있는 지속 가능한 개발(sustainable development)로 1992년의 지구 정상회담인 국제연합환경개발회의(UNCED)의 원안이 되었다.

183개국이 참여한 지구 정상회담은 남북이나 북부대립을 드러냈지만 리우선언, 아젠다(Agenda) 21, 기후변화에 관한 국제연합기본협약, 생물다양성에 관한 협약 등을 낳아 그것들의 성과를 삼시하기 위해 지속 가능한 개발위원회(CSD)를 설치하였다.

또한 다수의 NGO가 참여하여 지구헌장을 발표하였다. 1997년에는 기후변화에 관한 국제연합기본협약 체약국 회의가 교토에서 개최되어 교토의정서가 채택되었으며 온난화 방지가 일보 진전하였다.

한국의 환경문제의 현황을 잠시 살펴보면, 지난 1960년대 이후 급속한 산업화와 도시화 추진으로 환경상태는 심한 몸살을 앓고 있는 실정이다. 이에 대표적인 환경오염으로 우리나라 수질 오염의 경우 산업화, 도시화의 진전에 따라 오염요인은 계속 증가한 반면에 이를 처리하기 위한 환경기초 시설의 확충은 뒤따르지 못하여 수질오염은 가속되어 왔으며 지천오염의 심화로 인해 4대강 본류 수질도 점차 나빠지고 있다.

또한 최근 들어 전국의 강수량이 훨씬 줄어들고 있고 미래의 물 부족 국가군에 포함되고 있다. 게다가 강우의 계절적, 지역적 편중으로 갈수 현상이 장기간 지속되고 있으며 이로 인한 하천오염도 계속되고 있다. 한국의 토양은 대체로 농산물재배 제한 기준에 비추어 볼 때 안전하다고 볼 수 있으나, 금속광산 주변지역은 1970년대 이전의 오염물질 과다배출로 카드뮴이 자연함유량의 세 배 정도로 높게 나타나고 있다.

대기오염의 경우 석탄, 석유 등 오염물질이 많이 발생하고 있는 화석연료의 사용이 전체 에너지 사용량의 81.2%이며 나날이 자동차의 매연도 증가하고 있다. 따라서 대도시나 공업지역에서 아황산가스가 환경 기준치를 초과할 때가 많고 일산화탄소, 이산화질소 부유 분진 등이 늘어가고 있는 것이 현실이다.

산성비는 중국으로부터 아황산 가스등 오염물질이 편서풍을 타고 날아와서 더욱 심각하며, 원전이 초래할 수 있는 공해 가능성에서는 방사능 물질의 유출 문제, 원전에서 쓰고 남은 핵폐기물처리문제, 원전 주변의 생태계의 파괴와 원전근로자의 안전문제 등이 있다.

이를 위해, 정부는 환경정책의 일환으로 환경관련 법규를 확충하고 환경영향 평가 제도를 도입하는 등의 변화가 있었으며, 환경관련 예산도 크게 늘어나는 등 적지 않은 변화가 있었다. 그러나 아직 일반의 관심사나 환경문제의 심각성에 비추어 환경정책 전형은 정부에서 환경기준을 결정하고, 감시하며, 기준을 위반한 공해 발생자에 대하여 처벌하는 방법을 사용하고 있다.

일반적으로 환경법은 인간의 경제적인 활동에서 파생되는 환경문제를 해결하기 위한 규범이자 자연자원의 이용과 관리에 대한 준칙이다. 즉 산업사회에서 소비 지향적인 생활양식과 관련하여 환경변화를 관리하기 위한 법규범의 총체를 의미한다. 한국의 환경법은 1963년에 제정된 공해방지법이 효시이다.

이후 1971년에 개정되어 대기, 수질, 소음 및 진동오염 등에 대한 규제를 하게 되었다. 그 후 1980년에 개정된 제5공화국 헌법에 환경권이 기본권의 하나로 포함되었다. 현재는 1990년 제정된 환경정책기본법을 필두로 환경오염피해 분쟁조정법, 소음 및 진동규제법, 환경영향 평가법, 수질환경보전법, 유해 화학물질 관리법 등 27개 법이 환경부 소관으로 되어 있다.

환경변화로 인한 인간의 위험, 즉 환경문제는 궁극적으로 경제활동에 대한 행정적 관여를 통해 해소된다는 점에서 환경변화를 파생시키는 경제활동에 관여하기 위한 행정적 수단이 환경행정제도이다.

우리나라 환경행정은 1967년 보건사회부 보건국 환경 위생과 공해계에서 시작하여 1973년 보건사회부 위생국 공해과에서 담당해 왔다. 1980년 보건사회부 외청인 환경청으로 독립하고

1986년에 6개 환경지청을 설립하게 되었다. 그 후 1990년 1월 환경처로 승격하고, 다시 1994년 12월에 환경부로 승격하였다.

행정체계의 전환에서는 우선 사후규제 중심에서 사전예방체계로의 전환과 환경영향 권역별 관리체계로의 전환을 들 수 있다. 그리고 환경 오염피해 구제제도의 확립, 폐기물관리체계 개선을 꼽을 수 있다. 이러한 변화 또는 개선이 있으나 여전히 정부중심의 규제 일변도의 방향이라는 문제점이 있다.

환경문제에 대한 민간 차원의 대책은 여러 방면에서 일어나고 있는 환경운동을 들 수 있다. 환경운동은 환경오염 또는 피해지역의 환경운동, 전문 환경운동단체, 그리고 환경운동에 참여하고 있는 넓은 의미의 시민운동을 포함한다.

환경운동은 크게 두 가지 내용으로 활동을 하고 있는데 하나는 환경오염에 대한 끊임없는 감시활동을 펴는 것이다. 우리나라 같은 개발도상 국가는 대게 정부도 생산주체의 하나로서 경제성장을 주도하기 때문에 결국 시민들의 환경문제에 대한 감시와 통제가 필요한 것이다.

다른 하나는 시민들 스스로 환경문제의 중요성에 대한 인식의 폭을 확대해 가는 것이다. 나아가서 환경오염을 방지하도록 하는 운동이다. 생활쓰레기를 줄이는 노력, 일회용품을 덜 사용하는 노력 등이 여기에 해당하는 것이다. 또한 환경운동 시민단체에서 무공해비누 등 환경오염을 줄일 수 있는 제품을 만들어 보급하는 일, 사회교육의 일환으로 환경문제에 대한 시민교육을 하는 일 등 다양한 노력 등이 여기에 해당한다.

환경정책수단은 보통 설득 및 계도, 직접규제, 경제적 유인, 공공투자의 네 가지로 분류한다. 그러나 우리나라의 환경정책은 규제중심이다. 규제 감시 및 처벌 중심의 환경정책은 규제범위를 확장하려는 속성이 있으며, 과거 지향적이며, 규제회피적인 비윤리적이고 무책임한 정신 상태를 만연시킬 가능성이 있을 뿐 아니라 최대 허용치를 규정함으로서 이러한 정책으로는 환경문제를 근본적으로 해결 할 수 없는 것이다.

또한 정부가 법에 규정된 것조차 지키지 않는 점도 지적하지 않을 수 없다. 시민 중심의 환경운동은 시민들의 생활영역에서 감지되고 피해가 발생하는 것을 중심으로 환경문제를 제기하고 환경오염의 발생을 억제하려고 한다. 피해가 발생되지 않거나 적극적으로 감지되지 않는 환경문제를 위해서는 시민의 힘이 동원되기 어려운 것이다.

환경운동의 한계는 그 구성원에 있다. 즉, 빈민 또는 노동계급은 운동에서 제외된다. 말하자면 환경운동은 엘리트적 관심을 가지는 중 상류층 사람에 의해 주도된다. 이러한 환경운동은 근본적으로 한계를 가질 수밖에 없다. 계층에 관계없이 누구나 환경문제에 관심을 가지는 것은 사실이지만 운동은 일부로만 그치는 것이다.

모든 국민에게는 건강하고 쾌적한 환경 상태에서 인간다운 생활을 하도록 법으로 보호받을 수 있는 이익 즉 권리인 환경권을 가지고 있다. 이것은 건강하고 쾌적한 생활 유지에 필요한 환경 상태를 요구할 수 있는 권리이자 이에 대한 침해를 배제할 수 있는 권리이다.

그러므로 사회복지 차원에서 개입과 환경 운동에서도 환경권을 쟁취하기 위한 운동을 전개해야할 것이다. 또한 자연환경에 대하 기본적인 시각 변화가 필요할 것이다. 정복의 대상으로서의 자연이 아니라 인간과 조화를 이루어 함께 살아가는 생존과 삶의 질을 보장하는 기본터전으로서의 환경이라는 방향으로 인식의 전환이 이루어져야 할 것이다.

우리가 살고 있는 지구는 환경 파괴 및 자원의 고갈에 의해 서서히 죽어가고 있다고 해도 과언이 아니다. 환경문제란 가장 일반적인 문제인 동시에 우리가 당면하는 사회문제 모두를 포괄하는 문제이다. 그런데 우리는 이러한 환경문제에 대해 아직 충분한 인식을 하지 못하고 있다. 우리나라의 환경문제에서 가장 심각한 문제는 기업과 정부가 밀어붙이기식으로 환경오염과 파괴를 일삼고 있다는 점이다.

그러나 우리나라 환경문제의 실태는 과연 어느 정도에 다다른 것일까라고 질문해본다. 1995년 7월 23일 청정해역이라 불리던 전남 여천 앞바다에 온 국민의 시선과 관심이 집중되었다. 14만 톤급의 거대한 원유선이 원유 8만 8천톤을 적재한 채 좌초되어 화재로 시꺼먼 연기와 불꽃을 내뿜으면서 기름이 유출되고 있었고 폭발과 선체절단이 언제 일어날지 모르는 절대 절명의 위기가 벌어졌기 때문이다.

당시 모든 보도매체에서 사고현장의 오염실태와 기름오염사고의 심각성, 우리나라 방제체제의 문제점, 방제능력의 취약성, 현장 방제작업의 원시성 등에 대해 집중적으로 지적하고 피해를 우려한 씨프린스(Sea Prince) 사고이다. 사고 당시 다행히도 배에 싣고 있던 원유는 많이 유출되지 않고 배의 연료로 쓰이던 벙커 C유만 유출되었지만 그것만으로도 우리에게 가해진 피해는 막대한 것이었다.

사고 지역에서 보이는 바다는 모두 검기만 했고 바다 위를 날던 새들과 바다 속에 있던 생물들이 모두 기름을 뒤덮고서 죽음만을 기다리고 있었다. 바다를 삶의 터전으로 삼고 살아왔던 어민들은 삶의 터전을 빼앗겼음은 물론 삶의 희망마저도 버려야 했던 것이다.

그러나 지난 6년간 100여 회에 달하는 현장조사를 벌였던 시민단체들은 해양수산부와 LG그룹에 수차례에 걸쳐 정부와 그룹차원의 종합적인 대책강구, 환경영향조사 및 생태계복원 실시, 민관합동 공동대응 체제 구축, 사고백서 발간 및 관련 정보 공유 등을 요구하여 왔으나 LG그룹의 소극적 대응과 정부의 책임방기로 아직 확실한 대책이 서지 않고 있어 이로 인한 여수 앞바다의 생태계 파괴와 수산자원의 피해가 심각해 질 수도 있다고 우려를 표명하고 있다.

여수 환경운동연합은 1989년 미국에서 발생한 엑슨 발데스호의 기름유출 사고에 대해 지속적인 복원과 해양환경 감시가 이루어지고 있으나 10년이 지난 이후까지 생태계가 회복되지 않은 것으로 평가하고 있다며 씨프린스호 사고의 경우도 마찬가지로 해양수산부와 환경부를 중심으로 한 정부차원의 10년 이상 장기계획으로 환경영향조사와 생태계 평가 및 복원 등을 진행해야 한다고 주장하고 있다.

또한 여수 시민단체연대회의는 씨프린스호 사고 이후 5년이 지난 2000년까지 유류오염 사고 피해지역 일부에는 아직도 육안으로 확인 가능한 잔존유분이 남아있다.

특히 금오도 연목과 소횡간도는 거의 매년 방제작업이 이루어졌음에도 불구하고 상태가 개선되지 않고 있다며 잔존유분 확인지역에 대해서는 지속적인 관찰 및 환경영향조사와 함께 자연복원을 도와주는 인위적인 방제 및 복원작업이 필요하며, 금오도 장지마을처럼 사고 발생 5년 후 새롭게 잔존유분이 남아있는 것으로 확인된 만큼 유사한 조건에 있는 피해지역에 대한 추가확인 작업을 실시해야 한다고 주장하고 있다.

이런 모든 사태를 주목해보면, 환경을 고려하지 않은 채 무정부적으로 이루어지고 있는 개발은 현재 환경문제의 주된 원인으로 다가서고 있다. 산업혁명 이후 비약적으로 확대되고 있는 산업은 자본주의 국가에서는 이윤추구의 극대화를 향해, 舊동구사회주의권에서는 일국사회주의를 유지시키기 위한 생산력의 발전 형태로 발전을 거듭해 왔다.

20세기를 풍미했던 양 이념에서 공통적으로 일어났고, 현재도 일어나고 있는 환경파괴는 모두 환경을 고려하지 않은 채 무정부적으로 일어났다는데 공통점이 있다는 것이다. 자본주의가 가지고 있는 생산의 무정부성은 이미 19세기말, 20세기 초 많은 이들로부터 문제 제기되었으며, 이로 인한 폐해 등은 현재에 있어서도 신자유주의와 같은 형태로 나타나 환경문제 뿐만 아니라, 노동문제, 인권문제, 여성문제들을 일으키고 있다.

이러한 가운데 무분별한 개발에 의한 환경파괴는 가장 눈에 띄게는 산림파괴, 대기오염, 수질오염과 같은 문제로부터 크게는 산업 발전에 의한 온실가스 배출문제까지 다양한 형태로 나타나고 있다. 이와 같은 문제점들은 舊동구사회주의권도 마찬가지여서 생산에 있어 통제와 계획은 있었으되, 이는 생산수단의 사유화 철폐에 기반을 두는 생산관계의 모순 극복에 맞춰져 있을 뿐, 생태적 고려와 이에 기인한 사회적 이슈로서의 환경문제에 대해서는 보수적 모습으로 일관함으로써 환경문제에 대해서는 舊사회주의권도 자유롭지 못함을 보여주고 있다.

대표적 핵발전소 사고인 舊소련의 체르노빌 사고나 하천과 대기 등의 오염으로 환경파괴가 자본주의의 그것과 별반 다르지 않음을 우리는 알고 있다. 이는 양 체제가 가지고 있던 환경문제에 있어 나타난 개발의 무정부성이 현재의 환경문제를 만들어 내는 주요한 원인이며, 이를 해결하지 못한 상태에서 새롭게 나타나고 있는 사회모순으로서의 환경문제의 심각성을 알 수 있다.

또한 비약적으로 발전하고 있는 과학기술에 바탕 한 과학기술 지상주의는 환경문제를 더욱 가속화시키고 있다고 주장하는 이도 있다. 예를 들어 핵발전소의 위험성과 방사능 문제에 대해 지속적인 과학기술발전으로 위험도를 0%에 가까워지고 있기 때문에 이로 인한 환경적 문제는 걱정할 것이 아니다 라는 주장이나, 하천의 수질 오염에 있어 하수정화의 기술이 비약적으로 발전하기만 하면 이와 같은 문제는 자연스럽게 해결될 것이라는 주장들이 그러한 것이다.

이러한 주장들은 환경문제를 과학기술의 문제로만 국한시키고 환경문제의 핵심인 무분별한 개발이 생길 수밖에 없는 사회구조의 문제를 회피하는 논리적 근거로서 흔히 사용된다. 따라서 환경문제는 지방적, 국가적인 관심사인 동시에 국제적, 전 지구적 성격을 띤다.

국제적 환경문제는 특정국가간 또는 지역적 이해관계와 관련되며 전 지구적 환경문제는 전체 인류사회의 운명과 직결된다. 미국과 캐나다간의 산성비에 관한 분쟁, 중국 해안지역 의 산업화로 인한 한국, 중국, 일본 간의 환경 분쟁 등은 전형적인 국제적 환경문제이며, 지구온난화, 오존층 파괴, 열대림 파괴 등은 전형적인 전 지구적 환경문제이다.

이와 같이 환경문제에 관한 인류사회의 위기의식이 심화됨에 따라 국제적 협력의 필요성이 증대하게 됨에 따라, 무역과 환경에 관한 다자간 협상을 가리키는 그린라운드(green round)는 지구환경보존을 위한 각종 국제협약과 일부 선진산업국의 개별입법에 의한 무역규제 증가에 따라 환경과 무역에 관한 새로운 국제규범을 포괄적으로 지칭한다.

그린라운드는 1993년 12월 우루과이라운드(UR)협 상이 타결되면서 국제관계의 주된 관심사가 되고 있으며, UR과 1992년 지구환경회담 정신의 결합, 즉 무역과 환경의 조화를 지향하는 세계경제의 새로운 흐름을 말한다.

1992년 유엔환경개발회의를 계기로 지구환경문제의 해결 및 이에 따른 국가간 및 지역간 갈등의 해결이 인류사회의 가장 중요한 과제로 부상되고 있다. 한국도 1992년에 환경보전을 위한 국가선언을 선포한 이후 국제환경정책에 관한 관심이 고조되고 있다.

1995년부터 세계무역기구(WTO)가 출범하게 됨에 따라 환경문제는 지구보호차원을 넘어서서 국가간의 이해관계가 심각하게 상충하는 국제경제 및 통상과제로 부상하고 있으며 환경외교는 국가간 외교의 중심과제로 부상하고 있다. 지구환경문제의 해결을 위한 국제협력은 국제환경회의, 국제환경기구, 국제환경협약 및 협정 등을 통해 협력이 이루어지고 있다.

1-1-3. 국제 환경정책 현황

환경이라는 용어는 포괄적인 의미로 인간의 주변을 의미한다. 유엔환경계획(UNEP)의 유엔인간환경선언의 견해에 따르면 인간을 둘러싸고 있는 주위의 실체라고하며, 이는, 인간중심적 환경관에 초점을 두고 있다([그림 1-1]).

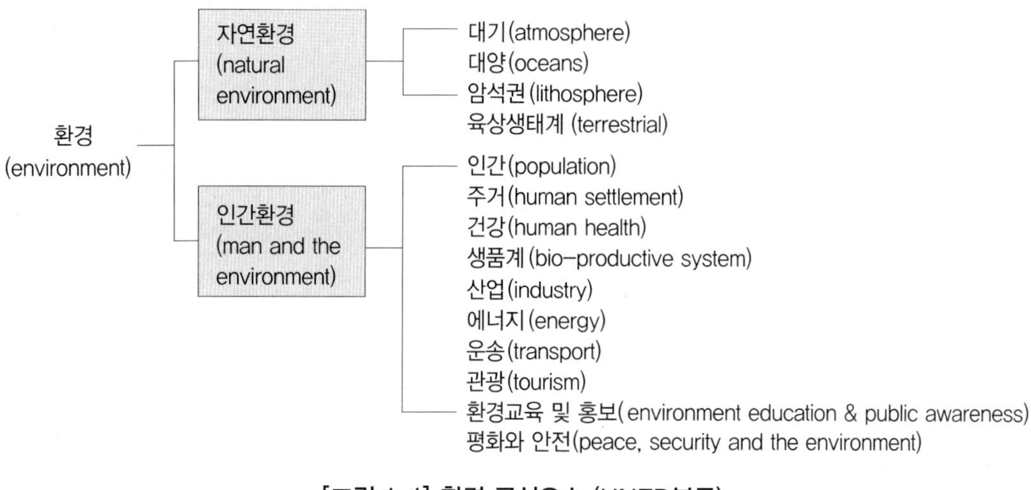

[그림 1-1] 환경 구성요소 (UNEP분류)

인간의 입장에서의 환경은 사회적 환경보다는 물리적 환경을 위미하는데, 이는, 자연의 법칙에 의하여 만들어진 자연환경과 인간의 편의를 위해 인간에 의해 만들어진 인공 환경으로 나눌 수 있다. 우리나라의 경우 환경정책기본법에서는 환경을 자연환경과 생활환경으로 분류하고 있다 ([그림 1-2]).

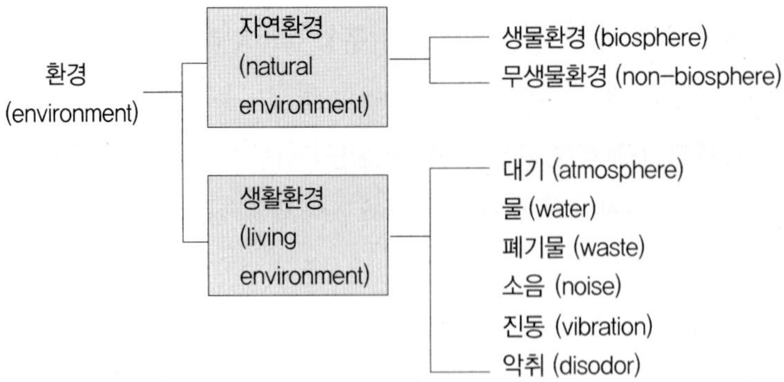

[그림 1-2] 환경정책기본법상의 환경분류

일반적으로 환경은 비대체성(non-substitutability), 불확실성(uncertainty), 불가역성(irreversibility), 불평등성(inequality) 및 완충성(resilience) 등의 특성이 있다고 한다. 따라서 이러한 특성요인이 정산적인 경제활동에 제한요소가 될 뿐 아니라 인류에게 감소효용을 주는 공해불질과 정체현상을 초래한다고 한다. 국제환경정책론의 저자에 따르면, 환경문제의 특성은 다음과 같다.

① 과학적 불확실성

환경오염의 원인과 결과의 관계 규명이 쉽지 않다는 의미이며, 그에 대한 조사와 평가는 미래예측의 변화를 예측할 수 있다. 그러나 근본적으로 미래예측에 따른 불확실성이 존재하기 때문에 환경정책결정에 제약요인이 된다는 것이다. 이러한 과학적 불확실성의 존재는 과학의 기술성보다는 상대적으로 가치판단의 개입공간을 만들어 준다.

② 환경가치계량화의 곤란과 잠재성

환경은 그 가치를 객관화하고 계량화하기가 매우 어렵다는 특성을 갖고 있다. 환경개선이 즉각적으로 그 효과를 나타내지 않으며, 일정기간 잠재하여 있는 특징이 있기 때문에, 기술의 복잡성이 드러나며 주관적 가치의 판단이 개입하게 된다.

③ 환경오염 피해의 계량화의 곤란성

환경오염의 피해를 정확하게 계량화하기는 쉽지 않다는 특성이다. 다양한 기술적인 방법을 통하여 환경피해의 총량을 계량화한다 하더라도 오염물의 배출이 다수에 의해 행하여질 경우 제3자에 의한 합리적인 피해 보상액의 부과가 매우 어려운 과제로 대두된다는 것이다.

따라서 환경오염피해의 객관적인 측정의 곤란으로 주관성이 개입되게 되고, 이러한 주관성이 개입되는 과정에서 이해관계 당사자들은 자기 나름대로의 판단을 하게 된다.

④ 공공재 및 외부비경제 특성에 연비용의 분산성

환경은 타인이 환경을 다소 훼손시킨다 하더라도 자신의 환경이용에는 당장 별다른 영향을 미치지 않는 공공재적 성격과 아울러 환경을 훼손한 집단이나 기업, 또는 사람이 그로 인하여 피해를 보게 되는 집단이나 기업, 또는 사람에게 정당한 대가없이 환경을 소비하는 외부 경제적 특성을 갖는다는 것이다.

이러한 두 가지 특성은 한편으로는 환경파괴의 유혹을 받고, 다른 한편으로는 환경파괴의 책임을 지지 않으면서 환경파괴를 계속하게 된다. 환경파괴에 따른 입장에서 보면, 자기가 직접적인 피해의 주체인지의 분간을 어렵게 한다. 이것은 환경파괴에 따른 비용의 분산성의 특성으로 나타나게 된다.

⑤ 기술적 복잡성

기술적 복잡성이란 관련된 환경정책문제에 있어서 기술적 전문성이 요구되는 정도를 의미하며, 이로 인해 과학적 결과의 한계가 존재하게 된다.

⑥ 상호관련성

환경문제는 상호작용하는 여러 변수들에 의하여 발생하므로 상호간에 인과관계가 성립되고 상호 관련되어 있어서 문제해결을 더욱 어렵게 하고 있다.

⑦ 상승작용

상승작용이란, 두 가지 혹은 그 이상의 환경요인이 서로 결합하여 개별적인 오염물질의 효과 이상의 영향을 끼치는 현상을 의미한다. 환경문제는 문제끼리 상승작용을 일으켜 그 심각성을 더해가며, 상승작용은 오염의 경우에 더욱 뚜렷하게 나타나는데, 각 오염물질은 서로 화학반응을 일으켜 더 심각한 문제성을 유발한다.

⑧ 자기증식성

환경문제의 자기증식성이란 대기, 물, 토양 등의 자연환경은 어느 정도의 오염물질들을 스스로 정화할 수 있는 자정능력이 있으나, 그 능력 이상으로 오염물질이 부하되면 자정능력이 불가능하게 되어 오염현상이 더욱 악화된다는 것이다. 적조현상이나 온실효과가 대표적인 예가 된다.

⑨ 광역성

환경문제는 어느 한 지역, 국가만의 문제가 아니라 범지구적, 국제간의 문제이며 개방체제적인 환경의 특성에 따라 공간적으로 광범위하게 영향권을 형성하게 된다. 특히 이는 국제적인 문제로 크게 부각되기도 하며 관련 문제해결을 복잡하게 하기도 한다.

불특정 다수인과의 관계에서 광범위하게 이러한 환경문제가 취급되기도 하고 경우에 따라서는, 어느 지역의 문제에서부터 국가간의 문제까지 포함한다. 지구의 보호를 대전제로 인접 국가간의 환경문제의 해결과 관리를 위해서 반드시 국가간의 협력이 필요한 것이다. 예를 들어, ASEM 국가간의 녹색성장을 위한 기구가 대표적이다.

⑩ 시차성

환경문제는 문제의 발생과 이로 인한 영향이 현실적으로 나타나게 되는 데에는 상당한 시간차가 존재하는 경우가 많다. 즉, 환경문제는 일단 표면화된 후에 규제를 하여도 유해한 영향이 최종적으로 감소할 때까지는 오랜 시간이 소요되며, 어떤 경우에는 회복불능의 경우에 빠지게 되기 때문에, 사전 예방적 행동이 절대적으로 필요하다.

⑪ 탄력성과 비가역성

어느 정도의 환경악화는 환경이 갖는 지체 정화능력과 자정작용에 의하여 쉽게 원상회복이 가능하나, 그 능력을 초과하여 환경오염물질이 유입되면 자정작용이 불가능해진다.

예를 들면, 수중에 오염물질이 축적되면 부영양화 등의 수질오염현상이 일어나서 플랑크톤이 과도하게 번식되어 정화기능을 저하시킨다. 이러한 경우에 생태계의 기능이 강화되고, 정의 기능이 약화됨으로써 환경악화가 가속화되거나 원상회복이 불가능하게 된다. 이것을 환경의 탄력성과 비가역성이라고 한다.

⑫ 엔트로피의 증가

엔트로피 증가의 법칙은 열역학 제2법칙으로서 우주 전체 에너지의 양은 일정하고 전체 엔트로피는 항상 증가한다는 내용으로 엔트로피의 증가란 사용가능한 에너지가 사용 불가능한 에너지의 상태로 바뀌는 현상을 의미한다.

즉 엔트로피의 증가는 사용가능한 에너지로 자원의 감소를 뜻하며, 환경에서 무슨 일이 일어날 때마다 얼마간의 에너지는 사용 불가능한 에너지로 끝이 난다. 이런 사용 불가능한 에너지가 바로 환경오염을 유발한다고 할 수 있다. 대기오염, 수질오염, 쓰레기의 발생 등은 모두 엔트로피의 증가에 기인한 현상인 것이다.

1-2. 환경규제와 기업경쟁력

2012년 3월 15일 역사적인 한미 FTA가 발효됨으로써, 우리나라는 명실공이 세계 무역의 중심에 서게 되었다. 과거 자국의 산업을 보호해오던 관세장벽이 사라짐에 따라 기업들은 국경 없는 무한경쟁에 직면하게 되었다. 한편, 세계 각국은 관세 대신 기술규제와 환경규제를 강화하여 자국의 환경과 산업을 보호하려는 노력을 경주하고 있다.

특히 환경규제는 지구 전체의 환경을 보호한다는 명분아래 나날이 강화되는 추세이다. 3-1절에서 자세히 설명하겠지만, 범세계적 차원에서 기후변화협약 등 다자간 환경협약(MEA: Multilateral Environmental Agreement)을 통하여 환경보전을 위한 공조체제를 마련하고 있으며, 개별 국가 차원에서도 자국의 환경보전을 위한 다양한 환경정책을 수립하고 관련 환경규제를 시행중에 있다.

이에 따라 전 세계 기업들은 성장위주의 정책에서 탈피하여 성장과 환경이 공존하는 새로운 패러다임으로 전환해야 하는 상황에 직면해있다. 이러한 변화에 적절히 대응하여 경쟁력을 확보한 기업만이 생존할 수 있는 상황이 도래한 것이다. 국토도 넓지 않고 천연자원이 부족한 우리나라는 수출에 전적으로 의존하는 산업구조를 갖고 있기 때문에 더욱 민감하게 국제 환경규제 추이를 분석하고 대응해야 하는 상황이다.

일찍이 환경문제에 관심을 갖고 지구 환경보전을 위한 이해당사자들의 다양한 요구를 충실히 이행하는 기업들에게는 기존 시장의 확보는 물론 새로운 시장 개척의 기회가 주어지겠지만, 이러한 패러다임 변화에 적극 대처하지 못하는 기업들은 시장에서 외면당하여 도태되고 말 것이다.

관세 무역장벽을 지양하는 세계무역기구(WTO)에서도 환경보호를 위한 무역규제는 예외적으로 허용하고 있어, 글로벌 경제에 미치는 환경규제의 영향은 날로 확대되는 추세이므로, 환경규제에 대한 적절한 대응능력이 기업의 경쟁력과 직결된다고 할 수 있다.

기업의 경쟁력이란 자원을 조달하여 서비스, 지식, 정보 등을 포함한 제품의 부가가치를 창출하고 이를 시장에서 판매함으로써 이윤을 남기고 사업을 지속하는 능력을 의미한다. 기업경쟁력은 보다 구체적으로 개별기업이 시장점유율을 유지하고 확대시킬 수 있는 능력, 고객에게 가치(value)를 제공할 수 있는 능력, 기업 활동을 통한 이윤확보능력(profitability) 등으로 정의될 수 있다.

문제는 고객의 가치가 시대에 따라 변한다는 점이다. 과거에는 가격과 품질이 고객 가치를 결정했다면, 현대의 고객들은 환경과 건강에 깊은 관심을 갖고 친환경성과 지속가능성 등에 점점 더 많은 가치를 부여하고 있다.

기업경쟁력은 크게 가격경쟁력과 비가격경쟁력으로 구분하여 생각할 수 있다. 수출기업의 가격경쟁력은 제품의 생산원가, 수출시장 진입비용, 국가 간 환율, 정부의 수출가격정책 등에 의해 결정된다.

그 중에서 수출시장 진입비용은 기업의 마케팅능력 뿐 아니라 수입국의 관세정책에 의해 좌우되는데, FTA의 확대로 국가 간 관세는 없어지는 추세이나 환경규제로 인한 제비용이 크게 증가하고 있다. 환경규제는 친환경 소재, 친환경 공정 등의 개발 · 도입을 유도하여 제품 생산 원가에도 큰 영향을 미칠 수 있다.

비가격경쟁력은 기업의 제품차별화능력에 의해 결정되는데, 과거에는 제품의 다양성과 품질 등이 제품차별화를 좌우했으나, 현대에는 제품의 친환경성, 브랜드 이미지, 기업의 사회적 책임 등 새로운 요소가 추가되는 추세이다.

결국 비가격경쟁력은 기업이 끊임없이 변화하는 시장수요 뿐 아니라 사회적 요구, 환경적 지속가능성 등에 얼마나 잘 부응할 수 있는가 여부에 달려있다.

이유를 막론하고 기업의 매출이 감소하거나 시장점유율이 낮아진다면 이는 경쟁력을 상실하고 있다는 신호이며, 이러한 현상이 장기화 될 경우 감산–구조조정–조업중단–사업장 폐쇄 등으로 이어질 수도 있다.

최근 환경에 대한 관심이 고조되고 국내 · 외 환경규제가 강화됨에 따라, 기업들은 환경부하를 저감하기 위해 적지 않은 비용을 부담해야 하는 상황에 직면하게 되었다.

기업 입장에서는 결코 반가운 상황은 아니지만, 백년 이상 사업을 영위하고자 한다면 에너지와 자원을 절약하고 환경을 보전하기 위해 지출하는 비용은 장기적 관점에서의 투자라고 생각할 수도 있다.

환경규제와 경쟁력 간의 관계를 설명하는데 있어서 환경비용을 빼놓을 수 없다. 환경비용은 환경규제에 대응하기 위해 기업이 지불해야 하는 비용을 말하지만, 보다 넓은 의미에서 보면 기업이 자발적으로 환경보전을 위해 투자하는 비용도 포함된다.

일반적인 통념은 환경규제의 강화로 인하여 기업들이 환경비용을 과다하게 부담함으로써 결국에는 기업경쟁력이 저하될 것이라는 가설이다. 환경비용은 크게 직접비용과 간접비용으로 나누어 생각할 수 있다.

직접비용은 유해물질, 온실가스, 오존파괴물질, 에너지소비 등 다양한 환경부하를 저감시키기 위해 기업이 직접 지불하는 비용으로서 사후처리비용과 사전예방비용으로 구분할 수 있다.

사후처리비용은 공정 내에서 발생한 오염물질이 사업장 밖으로 배출되는 것을 막기 위한 처리시설 설치와 운영 등에 소요되는 비용이다. 반면에 사전예방비용은 친환경 소재를 적용하거나 청정공정을 개발하여 원천적으로 오염물질이 발생하지 않도록 하는데 소요되는 비용을 의미한다.

서양 속담에 'An ounce of prevention is worth a pound of cure' 라는 말이 있고, 우리 속담에도 '호미로 막을 것을 가래로 막는다' 라는 말이 있다. 이는 적절한 사전예방비용 투자는 막대한 사후처리비용을 아낄 수 있다는 뜻으로 해석할 수 있다. 또한 사전적 접근은 제품의 환경적 가치를 높여 새로운 고객을 유치하는 효과도 기대할 수 있다.

간접비용은 기업이 친환경 설비를 설치하거나 공정을 변경하기 위해 잠정적으로 조업을 중단하거나 생산량을 감축함에 따라 발생하는 영업 손실 등을 포함한다. 그러나 간접비용은 측정하기 어렵기 때문에 환경비용 산정에 포함시키지 않는 것이 일반적이다.

환경규제와 기업경쟁력 간의 관계에 대한 통상적인 견해는 환경규제의 강화는 생산원가의 상승을 초래하고 기업의 국제경쟁력을 약화시킨다는 입장이었다. 이에 반해 1990년에 하버드대학의 마이클 포터 교수와 같이 환경규제의 강화는 장기적으로 기업경쟁력을 강화시킨다고 주장하는 학자도 있다.

엄격한 환경기준은 기업으로 하여금 보다 비용효과적인 생산방식을 통해 더 우수한 제품을 만들어 내도록 촉진하여 세계전역에 신기술을 수출하게 될 것이라는 주장이다.

환경비용을 지출함으로써 경쟁력이 저하될 것이라는 가설은 점점 설득력을 잃어가고 있다. 기업의 경쟁력은 상대적이기 때문에 누가 더 효율적으로 환경비용을 투자했는가에 따라 경쟁력 우위가 결정된다. 단지 환경규제에 순응하기 위해 수동적으로 오염물질 저감에만 투자하는 기업보다는 보다 적극적으로 친환경제품과 친환경공정 개발 등에 투자하는 기업의 경쟁력이 더 높아질 것은 자명한 사실이다.

일예로 최근 전 세계 기업 중 가장 수익성이 높은 애플(Apple)사의 경우, 아이패드나 아이폰 등의 케이스를 유니-알루미늄 소재로 개발하여 폐기 후에도 재활용성을 크게 개선하였다. 물론 이렇게 고가의 소재를 과감히 적용할 수 있는 것은 애플사의 탁월한 경쟁력 때문에 가능한 일이다.

즉 기업경쟁력-친환경성-기업경쟁력으로 이어지는 선순환 사이클이 구축된 것이다. 환경에 대한 이러한 관심과 투자는 하나의 트렌드가 되어 모든 기업들이 따라가게 될 것으로 예상된다.

경제학적으로 보면, 환경비용을 제품의 가격에 반영한다고 할 때, 시장의 경쟁이 치열하고 수요의 가격탄력성이 높은 경우에 수요의 감소폭이 커지게 되어 경쟁력 저하로 이어질 수 있다. 따라서 기업 입장에서는 가격경쟁력으로 승부하기보다는 질적 요인으로 경쟁하는 차별화된 제품들을 개발하는 것이 경쟁력 확보의 열쇠가 될 것이다.

환경비용을 투자라고 규정하였는데, 적시에 적절히 투자한다면 경쟁기업의 도태로 인한 반사이익 뿐 아니라 실제로 운영비용의 절감이나 환경매출 증대를 통한 수익창출도 기대할 수 있다.

일예로 온실가스 저감을 위해서 에너지효율을 높이고 이산화탄소를 포집하여 새로운 소재를 개발한다면, 막대한 전기요금을 절약함과 더불어 탄소배출권을 확보하고 개발된 소재를 판매하는 등 일석삼조의 효과를 기대할 수 있다.

이러한 투자는 기업경쟁력 뿐 아니라 산업경쟁력, 나아가 국가경쟁력에도 커다란 도움이 될 것이다. 이처럼 환경에 대한 투자는 비용절감, 수익원창출, 기업이미지 향상 등 다양한 측면에서 기업경쟁력을 제고할 수 있다.

'피할 수 없다면 즐겨라' 라는 유행어가 있는데, 요즘 환경규제에 직면한 기업들에게 아주 적합한 권고가 될 것 같다. 기업의 효율적인 환경투자 정책은 경쟁우위의 원천이 될 수 있다.

과거의 고객들은 가격과 품질에 환호했다면, 정보화 · 글로벌화 시대의 고객들은 가치에 무게를 두는 경향이 있다. 그 중에서도 환경, 복지, 건강 등에 대한 가치가 가장 부각되고 있다.

기업의 궁극적인 경쟁력은 고객이 원하는 것을 제공하는 능력에서 나오기 때문에 환경, 복지, 건강 등 고객 가치증진에 지속적으로 기여할 수 있는 기업만이 생존할 수 있는 시대가 도래 한 것이다.

국내외 환경규제가 점점 강화될 것이 확실시 되고 있는 상황에서 피동적으로 뒤따라가기 보다는 적극적으로 앞장서는 기업만이 경쟁력 우위를 확보할 수 있을 것이다. 국제환경규제에 대한 대응 기법은 4장에서 자세히 설명한다.

환경규제의 영향은 기업의 원천기술력, 재무능력, 생산비용구조, 제품차별화 능력, 정보수집 · 분석능력, 국제화 수준 등에 따라 다르게 작용한다. 대기업의 경우 여러 측면에서 중소기업 보다 우월한 위치에 있기 때문에 환경비용의 효율성을 높여 환경규제 대응에 대한 부담을 경감시킬 수 있다.

반면에 중소기업의 경우에는 자금조달 능력, 정보력, 규모의 경제, 국제화 수준 등에서 어려움을 겪는 경우가 많기 때문에 정부의 적극적인 지원과 더불어 연관되는 대기업과의 파트너십

강화를 통해 공동 대응을 추진할 필요가 있다.

그러나 중소기업의 경우에도 꾸준한 연구개발을 통해 원천기술을 확보한다면 환경규제에 충분히 대응할 수 있으며, 나아가 환경규제를 통한 새로운 시장 창출도 기대할 수 있다. 실제로 환경규제의 강화는 친환경 시장을 창출하여 '친환경 산업'이라는 새로운 산업을 낳게 하였다. 이 새로운 산업은 도전적이고 준비된 기업들에게 블루오션(blue ocean)을 열어줄 것으로 기대된다.

1-3. 국제환경법의 이해

환경문제가 대두된 배경은 인간의 욕망과 직접적인 관계가 있다. 일반적으로 생활체를 둘러싸고 인간에 직접 및 간접으로 영향을 주는 외예인 환경은 환경정책기본법상의 자연환경과 생활환경을 의미한다.

자연의 상태인 자연환경과 사람의 일상생활과 밀접한 관계가 있는 재산의 보호 및 동식물의 생육에 필요한 생활환경인 것이다. 그러나 시간이 지남에 따라 인간역사와 인구수의 증가와 맞물려 인간의 물질적인 욕망이 환경을 급속도로 파괴하고 말았다.

산업혁명이전 환경의 자기정화능력에 의해 환경문제는 정화할 수 있었다. 그러나 19세기 산업혁명이후 중공업 위주의 산업구조의 변화는 대량생산과 도시화를 촉진하고 공해문제를 심각하게 야기하였다.

비근한 예로, 살충 및 제초를 위한 동성세제의 사용은 대기, 수질, 해양 등에 유입되어 수중생물의 생태계를 파괴 하였으며, 원자력 발전소에서 원자력의 생산에 부수적으로 배출되는 방사능 오염물질 및 플루토늄은 살상으로 연결되고 있는 실정이다.

정치적인 이슈에서 우리나라 환경문제의 대두를 살펴보면 1960년대 계속되어온 성장위주의 경제개발 계획의 성공적인 수행과 비약적인 경제발전을 위하여 공해다발성기업이 수출전략산업으로 도입되었다고 볼 수 있다. 1970년 중반 이후의 중화학공업 육성정책에 의한 환경파괴요인의 구조적 조성으로 인한 환경문제의 발생과 그의 심각성이 대두된 것이다.

국제적으로도 환경문제의 움직임이 대두되는 시점에서 1972년 스톡홀름에서 열린 UN 인간

환경회의에서 하나뿐인 지구를 주제로 인간환경선언을 채택하게 된다. UN환경프로그램을 설치하는 등 지구의 현 환경을 문제화 하게 되었다.

그 후 UN을 중심으로 한 국제사회는 지구환경보호를 위한 국제법을 체결하였으며, 국제환경협약을 통해 선진제국을 중심으로 환경을 무기로 하여 무역규제로 연결되게 되는 상황에 된 것이다.

좀 더 구체적으로 국제환경법 차원에서 살펴보기로 하면, 지구환경의 보호 및 보전에 관한 국제법이 바로 국제환경법이다. 일반국제법상으로는 약간의 기본원칙을 가지고 있을 뿐이며, 분야별로 조약이 성립된 것에 불과하지만 기본적 법원칙이 이것들의 조약을 관철 또는 그것을 위한 조약이 채용하는 법 기술에 공통점이 많고 국제환경법으로서의 체계성을 기초로 한다.

지구환경문제가 일군의 국제법에 의해 규율된다고 생각하게 된 1970년대, 특히 1972년의 스톡홀름 국제연합인간환경회의에서 채택된 국제연합인간환경선언이 꽤 관심이 높아졌다고 하며, 그것이 후에 국제연합환경계획의 토대가 되었다.

1992년에는 리우데자네이루에서 국제연합환경개발회의가 개최되어 인간환경선언을 발전시켜 환경과 개발에 관한 리우선언과 21세기를 향한 행동계획인 아젠다(Agenda) 21 등이 채택되었다.

리우선언은 향후의 지구환경과 개발체계의 일체성의 보호를 목적으로 인간환경선언을 재확인하였으며, 지속 가능한 개발을 핵심이념으로 하는 제 원칙을 부가하였다. 인간환경선언 이전에 환경에 대한 국제적 관심이 없었던 것은 아니지만 그것은 일국에서 타국으로의 매연과 수질오염 등에 의한 국경을 초월한 환경오염과 같이 피해국의 법익보호를 중심으로 하는 것이었다.

현재와 같이 환경자신을 보호법익으로 하는 것은 하천과 호수 등의 한정된 영역의 환경보전을 목적으로 하는 것 이외는 해양 · 남극 등의 특정의 국제공역에 관한 환경규제에 한정되어 있었다.

국경을 초월한 환경오염에 대해서는 국가의 영역관리 책임을 물어 국가책임의 법리에서 피해국을 구제한다는 이론 구성을 취하였다. 그러나 지구환경 자신을 보호 법익으로 하는 경우에는 새로운 법리가 불가결하다.

오늘날 국제환경법의 기본원칙으로서 중요한 것은 다음의 세 가지라고 한다. 첫째로, 각국은 리우선언원칙 2조와 인간환경선언원칙 21조에 의해 자국의 자원을 개발할 주권적 권리를 가지고 있음과 동시에 자국의 관할 또는 관리 하에서의 활동이 타국과 국가의 관할 외의 구역의 환경에 손해를 끼치지 않도록 확보할 책임을 갖는다는 것이다.

둘째로, 각국은 리우선언원칙 18조에 의하면, 돌발적인 유해한 효과가 타국의 환경에도 영향을 미칠 우려가 있는 자연재해 또는 그 외의 긴급사태를 그들의 국가에 즉시 통보해야 한다는 것이다.

마지막으로, 각국은 리우선언원칙 7조, 인간환경선언원칙 24조에 따라, 지구의 생태계의 건전성 및 일체성의 보존, 회복을 위해 지구적 연계관계의 정신에 의해 협력해야 한다는 것이다.

처음 두 가지 기본원칙은 국경을 초월한 환경오염에 관한 것으로 전자는 국가 자신의 활동뿐만 아니라 자신의 관할하와 관리 하에 있는 활동에 대해서도 상당의 책임을 져야 한다는 것을, 후자는 국가가 절차적인 통지의무를 가지고 있다는 것을 의미한다.

이것에 대해 마지막으로는 국경을 초월한 환경오염뿐만 아니라 지구환경규제를 포함한 환경 일반에 관한 것으로 그 보전을 도모하기 위한 국가간의 협력의 의무를 의미한다. 이와 같은 원칙은 추상적이기 때문에 구체적인 국제적 규제는 협력의 의무를 배경으로 작성된 각종의 조약과 가이드라인에 의해 실시하게 된다.

국제적 규제와 그 특색에 대해 몇 가지 예를 들기로 하면, 그 중에 대표적인 해양오염에 대해서는 1954년의 유류에 의한 해양의 오염방지를 위한 국제협약, 1969년의 유류오염손해에 대한 민사책임에 관한 국제협약, 1972년의 폐기물 및 그 밖의 물질의 투기에 의한 해양오염방지에 관한 협약, 1973년의 해양 오염방지협약 등이 있으며, 그 외에 1982년의 해양법에 관한 국제연합협약 12부 해양환경의 보호와 보전은 해양오염의 방지에 관한 국가의 의무를 설정하고 있다.

또한 대기오염에 대해서는 하기의 오존층에 관한 것을 제외하면 국제연합 유럽경제위원회가 작성한 1979년의 장거리 국경을 초월한 대기오염협약(1979. 11. 13 채택, 1983. 3. 16 발효) 등의 지역적 조약이 있을 뿐이다.

야생동식물의 경우는 1946년의 국제포경 규제협약, 1971년의 특히 물새서식처로서 국제적으로 중요한 습지에 관한 협약, 1973년의 멸종위기의 야생동식물종의 국제거래에 관한 협약, 1980년의 남극해양생물자원보존에 관한 협약, 1991년의 남극조약환경의정서, 1992년의 생물 다양성에 관한 협약 등이 있다고 한다. 그리고 자연유산과 문화유산에 대해서는 1972년의 세계유산 및 자연유산의 보호에 관한 협약이 있다.

유해폐기물에 대해서는 1989년의 유해폐기물의 국가 간 이동 및 그 처리의 통제에 관한 바젤협약이 있으며, 프레온가스 등의 오존층 파괴물질에 대해서는 1985년의 오존층의 보호를 위한 비엔나협약과 1987년의 오존층파괴물질에 관한 몬트리올 의정서가 있다.

또한 이미 이산화탄소와 메탄가스 등의 온실가스에 대해서는 1992년의 기후변화에 관한 국제연합 기본협약이 있다. 그리고 핵물질에 대해서는 1962년의 원자력선 운항자의 책임에 관한 조약(1962. 5. 25 서명, 미 발효), 1963년의 원자력손해에 대하여 민사책임에 관한 비엔나협약, 1986년의 핵사고 또는 방사능 긴급사태시 지원에 관한 협약, 핵사고의 조기통보에 관한 협약, 1994년의 원자력안전에 관한 협약 등이 있다.

국제환경법 관련 조약에 의한 국제적 규제의 특색으로서, 첫째로 지구환경 자체를 국제사회의 공유자원으로 이해하고 각국이 협력하여 그 보전을 도모하는 지구환경규제가 환경보전의 국제적 규제의 큰 부분을 차지하게 된 것이다. 생물다양성에 관한 협약, 오존층의 보호를 위한 비엔나협약, 기후변화에 관한 국제연합기본협약은 그 전형적인 예이다.

둘째로, 국제환경법이 목적으로 하는 국제적 규제는 환경손해로부터의 구제와 환경위험의 예방으로 대별되지만 지구환경보호가 부각된 것과 때를 같이하여 후자에 중점을 두게 된 것이다.

또한 환경위험이라는 것은 원자로의 노심 융해 또는 오존층의 파괴와 같은 향후의 손해발생과 그 범위를 확실하게 예견할 수 없다는 의미에서 불확실성을 수반하지만 중대하고 심각한 광범위한 손해발생의 우려가 있기 때문에 사전방지의 대상이 된다는 것을 말한다.

환경문제가 지구온난화 방지와 같이 오염원이 불특정 다수이며 전체로서 지구환경을 악화시키고 또한 일단 환경이 파괴되면 되돌릴 수 없는 성질을 가지고 있기 때문이다. 물론 해양오염과 원자력오염과 같이 오염원을 특정할 수 있는 것에 대해서는 사고 후의 구제를 위한 구조도 정비되어 왔다.

셋째로, 구체적인 권리와 의무가 조약상 정해져 있는 것 외에 오존층의 보호를 위한 비엔나협약, 기후변화에 관한 국제연합기본협약 등과 같이 규제목적과 일반원칙만을 정한 전체적 구성의 협약을 우선 작성하고 구체적인 권리와 의무와 기준설정의 절차 등의 세부는 별도의 의정서, 또는 부속서에서 정한다는 구조가 있다. 이 구조에 의해 과학적 지견의 진보에 따라 각국의 의무를 신속하게 바꾸어 실효를 거두는 것 등이 가능하게 된다고 보는 견해이다.

넷째로, 실체적인 권리와 의무에 추가하여 관계국간의 협력절차, 영향평가, 사전통지, 사전협의 등이 채용되어 있는 것이다. 이것은 지구환경의 보전과 공동이용을 절차적으로 지원하는 것이라고 볼 수 있다.

2장 지구환경문제와 인류사회의 사명

태양을 중심으로 한 은하계에서 지구는 인간을 비롯한 수많은 생명체가 존재하고 있다. 가끔 이런 은하계가 또 하나의 은하계 단위로 되어있다면, 우주공간에서의 지구의 위치와 우주의 시작과 끝은 어디인가라는 질문으로 빠지게 된다. 지구과학자의 주장에 의하면, 약 천억 개의 별들로 은하계를 구성하고 있고, 태양계는 과히 그 숫자를 계산할 수 없을 것이다.

태양에서 은하계 중심까지의 거리는 약 삼만 광년이라면 또 다른 은하계가 아직도 팽창하고 있을 수 있다는 가설 또한 무시할 수는 없을 것이다. 영화 쥐라기 공원에서의 시나리오가 헛된 것이라고도 말 할 수 없을 것이며, UFO의 실체 또한 인간의 한계를 넘어서 있다고 보면 우리가 살고 있는 이 지구는 미진에 불과할 것이다.

지구의 탄생과 더불어 인간의 출현은 다윈의 법칙이건 신이 만들었건 약 이백만 년 전쯤 될 것이라고 추정하는 주장도 있다. 이는 지구탄생 이후 최근의 사건이라 볼 수 있으며, 지구가 유일하게 물을 가지고 있는 행성이라서 지구에서만이 인간의 한계에서 생명체라 불리는 물질을 가지고 있다고 보는 것이다.

2-1. 지구환경과 인간

지구의 역사는 탄소질량의 법칙으로 그 나이를 추정하는 데에 한계가 있다. 인간들은 지구의 생명체가 7~8억년 전 바다에서 갑자기 나타났다고도 하고, 오스트레일리아 과학자들은 35

억년 전의 것으로 추정되는 화석에서 지구 생명체의 근원을 발견했다고도 한다.

또한, 메탄, 수소, 암모니아와 수증기를 혼합한 원시대기가 오랜 번개방전의 영향을 받아 생명체 분자물질을 생성시켰다고 하는 주장도 있다. 여하간 인간은 환경에 변하는 개체변이로써, 수없이 변화되어 왔던 지구 환경 속에서 끊임없이 변화하고 적응해왔으나, 현재의 극심한 환경을 예측하지는 못하였을 것이다.

인류학자들은 인류조상이라 일컫는 호모사피언스가 나타난 15만년에서 5만년 전쯤의 당시 지구상의 인구는 200~300만 명으로 추정하고 있다. 정말 태초는 언제였을까, 상상하기 어렵지만 대체로 은하계의 별들이 형성된 것이 1백억년 내지 2백억년 전일 것이라고 추정하고 있다.

지구를 포함하는 태양계가 모습을 나타낸 것도 50억년 전으로 보고 있다. 처음 세포가 생성된 것도 40억년 전, 복잡한 세포들이 산소와 결합작용을 하여 다세포 식물을 이루어 낸 것도 20억년 전, 물고기와 곤충과 나무들과 파충류가 나타난 것이 3억년 전, 원숭이와 개, 고양이가 나타난 것이 3천만년 전, 돼지가 나타난 것이 450만년 전, 마지막 빙하기가 지나간 것이 330만년 전, 석기를 쓰던 유원인은 260만년 전, 사고하는 사람이 나타난 것이 20만년 전에서 40만년 전 쯤으로 추정하고 있다.

사람이 죽으면 매장하기 시작한 것이 10만년 전, 동굴에서 살기 시작한 것이 1만 8천년 전, 농사가 시작된 것이 1만년 전, 가축을 기른 것이 8,800년 전, 도자기가 5,300년 전, 메소포타미아 문명이 B.C 3,500년 전, 이집트 문명이 B.C 3,000년 전, 희랍철학이 B.C 600년 전, 민족국가의 형성이 불과 400년 전, 산업혁명이 약 200여년 전으로 알려져 있다.

약 5,000년 전 고대문명이 시작되었을 때 전 세계의 인구는 대략 5백만에서 1천만 정도로 추정되고 있다. 현대 민족국가들이 생긴 4백년 전 세계 인구는 5억 정도에서, 산업혁명이 일어난 뒤 지금부터 100년쯤 전인 1900년 초의 인구는 16억으로 증가하였다. 이런 증가 추세라면 조만간 인구 100억은 쉽게 도달할 수 있으며, 이 모든 인구를 먹여 살려야 할 제4의 혁명이 도래해야 할 것이다.

2-1-1. 지구환경문제

현재 지구상에 존재하는 약 200만종의 생명체 중에 만물의 영장이라 일컫는 인간이 스스로 자연과 인간생활을 파멸로 만들고 있음은 이미 인지하고 있는 바이다. 특히, 18세기 산업혁명 이후 인구, 빈곤과 함께 자연환경오염으로 지구의 위기를 초래하기 시작했다는 것이다.

지구가 탄생한 이후 지구의 물 한 방울, 공기 한 주머니, 먼지 하나 지구 밖으로 빠져나간 적이 없으며, 인간들이 만들어 낸 온갖 쓰레기와 각종 오염물질도 지구 밖으로 빠져나간 적이 없다.

지구의 자생능력으로 지구자체는 겨우 존재하고 있다고는 하나, 이대로는 도저히 인류가 생존하기에는 턱없이 부족하다. 따라서 우리 인간들은 끊임없이 환경을 정화하고 보전해야 하는 의무가 있으며, 관련된 청정기술 개발 등 최선의 노력을 경주해야 한다.

이것은 인류에게 주어진 환경변화의 문제이며 동시에 기회로 삼아야 하는 시대적 흐름인 것이다. 더 나아가서, 인간의 삶의 질에 대한 이슈이며, 삶의 질의 이슈는 오래전부터 사회정책, 도시계획, 환경공학 등의 여러 분야에서 논의의 초점이 되어왔다.

그러나 무엇이 삶의 질이며, 삶의 질을 높이고 보장하기 위해서는 어떠한 요건들이 개인적, 사회적, 환경적 차원에서 필요한 가 등에 관해서는 학자들 간에 도달된 합의점은 없었다.

발전시킨 삶의 질의 의미와 그 요건을 참고로 하면, 삶의 질이란 삶에 대한 높은 만족감 또는 행복으로 보고 있다. 현대의 환경산업사회는 개인들을 만족하게 만들 수는 없으나 개인들로 하여금 행복을 추구하는데 필요한 이상과 같은 것들을 마련해 주어야 하며 그런 것들을 이용하여 행복을 추구 할 수 있는 기회를 허용해야만 한다.

현대국가는 정도의 차이는 있지만 일반적으로 생존권보장을 그 통치이념으로 삼고 있다. 이러한 이념에 따라 우리나라는 어떤 상황에 있는가를 반성해볼 필요가 있는 것 아닌가하는 문제는 생존권의 내용으로서 헌법 34조의 인간다운 생활이나 또는 생활보호법 제5조의 건강하고 문화적인 최저생활의 보장이 헌법상에 기본권으로 규정은 되어 있으나 그 보장을 청구 할 수 있는 권리가 국민이나 생활보호 대상자들에게 부여되어 있지 않다는 것이다.

세계화는 냉전체제하에서 구축하였던 세계질서를 새로운 규범체계로 재편성하게 하는 시대적 큰 흐름이며 정신이다. 이러한 시대적 큰 흐름의 요청에 역행하면서 어느 국가도 국익을 증진시킬 수 없으며 어느 기업도 경쟁력을 유지할 수 없다. 이러한 과정에서 경쟁국가에 뒤지는 경우 다시 그들과 경쟁해 간다는 것은 거의 불가능하다는 것이 오늘날의 세계현실이다.

세계화를 가속화시키고 있는 과학기술의 혁신과 정보통신의 혁명은 인종, 종교, 이념, 사회문화적 특성 또는 국경의 벽과는 아무런 관계가 없이 그 자체의 힘으로 무한히 발전해 가면서 인류사회에 영향을 미치는 속성을 지니고 있다.

세계화는 국경 없이 사람, 자본, 기술, 상품, 정보 등이 유리한 시장을 찾아 자유롭게 이동하도록 개방화를 촉진시키기 때문에 기업들 간의 경쟁을 불가피하게 격화시킨다.

때문에 한국 기업들도 국내시장에서 경쟁할 수 없을 때에는 경쟁력 강화를 목표로 생산설비를 해외로 이전 할 것이고, 그 결과로 국내산업의 공동화 현상이 예상된다.

이러한 경쟁과정에서 환경에 대한 고려는 전혀 고려하지 않았던 것이다. 세계화는 또한 무한경쟁을 촉진하기 때문에 '세계일류만이 살아남는다' 라는 위기위식을 고조시켜 주고 있다. 때문에 산업구조상 환경에 대한 고려보다는 최대로 이용하려는 의식만이 팽창되어 있던 것이다.

환경오염에 대한 인간 사회적인 측면에서 보면, 개방화와 더불어 확산되어 온 과소비현상, 저질의 비디오, 오락실, 국내외 퇴폐관광여행 등은 도덕적 타락, 상대적 빈곤감, 청소년들의 탈선행위 증가 등 심각한 사회문제를 야기하고 있다. 외국 근로자들의 경우도 마찬가지 이다.

국내 산업들, 특히 중소기업들이 고임금, 인력난 등으로 그들의 경영상태가 악화되면서 저개발국들로부터 저임금의 근로자들을 기술연수 등의 명목으로 고용하는 사례가 급증하고 있다.

이상과 같은 면에서 볼 때, 세계화는 새로운 생산 및 경영시스템, 국제 분업의 확대, 정보통신의 혁명, 해외여행의 증대 및 이질적인 외국 문화의 국내 유입을 급속히 확산시키면서 산업경제구조상의 환경변화뿐만 아니라, 인간의 생활양식을 더욱 이질화시키고 있다.

이러한 변화는 가족, 지역사회 및 산업사회를 결속 또는 통합시켜온 전통적인 가치관이나 제도의 기능을 급속히 약화시켜 주고 있다. 때문에 가족기능의 약화로 인한 이혼율의 증가, 청소년들의 비행 및 범죄의 증가, AIDS, 약물중독 등 사회문제들의 성격에 변화를 가져다주고 있는 것이다.

요컨대, 사회학자들이 말하는 도시의 특성인 이질성, 비인격성, 분업, 익명성, 이동성 등에 세계화는 새로운 요소를 유입시킴으로써 그 성격을 더욱 복잡하게 변화시키고 있다. 그 결과, 지난 40여 년간 공업화, 도시화, 근대화 등의 사회변동으로 이미 약화된 전통적인 가치관이나 지역사회의 사회통합 기능을 더욱 약화시켜 주고 있다.

이러한 상황에서 볼 때, GNP성장만으로는 삶의 질의 보장이나 산업 사회적 통합의 과제는 해결되지 않는다. 과거 컴퓨터의 개발과 동시에 시작된 40여 년간의 고도 경제성장의 결과 경제적인 풍요로움은 증대시켜 주었지만, 사회적, 정신적, 인간적 측면에서의 만족감은 오히려 악화되고 있음이 오늘날 우리의 현실이 아닌가 싶다.

과거의 산업혁명의 핵심은 인간의 수족을 대신하기 위하여 물질과 에너지를 연결시키는 기술의 개발에 있었다. 증기기관의 발명이나, 석유, 전력, 원자력의 이용 등은 모두 인간의 물리적 힘을 더 늘리는데 필요한 것이다.

그러나 과거의 대량생산, 대량소비사회를 벗어나 생활양식에서 소비생활에 이르기 까지 수요가 다양화, 개성화 되고 있으며, 이러한 수요를 충족시켜 주기 위해서는 더 많은 정보와 환경오염이 요구된다. 이렇듯, 지구환경문제는 정치, 경제, 사회적으로 인간중심에 있으며, 인류의 존재가 아닌 생존문제에 가장 관련 깊이 놓여있는 것이다.

2-1-2. 인류사회의 사명

지구 환경문제는 지방적, 국가적인 관심사인 동시에 국제적, 전 지구적 성격을 띤다. 국제적 환경문제는 특정국가간 또는 지역적 이해관계와 관련되며, 전 지구적 환경 문제는 전체 인류사회의 운명과 직결된다.

이미, 지구는 병들고 있으며 뜨거워지고 있는 열병을 얻어가고 있다. 차갑고 차가운 남극의 얼음은 녹고 있으며 남극에 눈이 아닌 비로 인해 펭귄들이 얼어 죽고 있는 모습을 최근 TV를 통해 보았을 것이다.

우리는 우리의 힘으로 환경을 살려야 한다. 환경을 살리려면 나 하나쯤의 생각을 버리고 공동체의식을 항상 지녀야 한다. 한 사람의 부주의로 산불이 나면 수천대의 자동차를 운행하는 것보다 더 이산화탄소를 많이 발생시킨다. 산림 1헥타르가 사라질 경우 일 년에 네 가구가 사용하는 에너지를 사용하고 나오는 이산화탄소와 같고, 또 산림을 복구하는데 100년의 세월을 필요로 한다고 한다.

교통과 가정부문의 온실가스 배출량은 우리나라뿐만 아니라 국제적으로도 가장 빠르게 증가하고 있으며, 국민생활과 밀접한 연관이 있는 이들 부문에서의 온실가스 감축은 가장 중요한 대응책이 될 수 있다.

우리 일상생활에서 지구온난화 방지의 첫걸음은 에너지와 자원을 절약하고 산림을 보호하는 것이라 할 수 있으며, 다음 몇 가지 대응사항에 대한 지속적인 관심과 실천이 요구된다. 동일한 기능을 가진 상품이라면 환경오염 부하가 적은 상품, 예를 들면, 에너지효율이 높거나 폐기물 발생이 적은 상품을 선택하는 것이 필요하다.

가정 및 직장에서의 냉난방 에너지 및 전력의 절약, 수돗물 절약, 차량 공회전 자제, 대중교통 이용 카풀(car pool)활용, 차량 10부제 동참 등의 노력과 참여가 필요하다.

온실가스 중의 하나인 메탄은 주로 폐기물 매립 처리과정에서 발생하며 재활용이 촉진되면 매립지로 반입되는 폐기물량이 감소하므로 메탄 발생량도 감소하며, 폐지 재활용은 산림자원 훼손의 둔화를 통하여 온실가스 감축에도 기여하게 된다.

나무는 이산화탄소의 좋은 흡수원이기 때문에, 북유럽과 같이 산림이 우거진 국가는 흡수량이 많아 온실가스 감축에 큰 부담을 느끼지 않는 것이 좋은 예라 할 것이다. 따라서 한국도 나무를 심고 가꾸는데 힘써야 할 것이다.

정부차원에서의 지구온난화의 해결방법 및 대책으로는, 기후변화 영향평가 및 기후 대응전략, 교토 메커니즘 도입기반 및 구축 이행, 대외협상의 기반강화, 교육, 홍보 및 전문가양성, 온실가스 배출 관리체계 구축과 기술개발 투자 및 기업지원 강화에 대해 노력하고 있다.

기업차원에서의 지구온난화의 해결방법 및 대책은, 에너지절약 및 온실가스 감축 기술에 대한 투자증대, 생산시설 공정을 에너지 효율이 우수한 것으로 교체하는 기술, 업종전환 및 고부가가치 산업에 진출과 기존시설의 효율적 관리 등이 있겠다.

개인차원에서의 지구온난화의 해결방법 및 대책은, 환경 친화적 상품으로서의 소비양식 전환, 에너지와 자원 절약의 실천, 실내온도 적정유지, 대중교통이용, 친환경 제품사용, 물 절약 및 에너지 절약, 쓰레기 재활용, 전기제품의 올바른 사용과 나무심기 등을 들 수 있겠다.

현재로서 기상이변의 원인을 반드시 인간의 환경파괴로 보기는 어렵고 오히려 지구운동의 주기설이 더 설득력이 있다. 만일 지구온난화의 주범이 인간이라면 교토의정서를 근간으로 한

압력행사로써 점차로 비 협조국가들의 협력을 도출하게 될 것이다.

그러나 이러한 기후변화가 인간이 아닌 자연 섭리에 의한 주기성이라면 그것은 인간의 능력 한계를 넘는 것이므로 순종과 적응으로써 극복하는 것이 유일한 방법일 것이다. 이런 경우의 지혜는 지구학을 통하여 주기성에 따른 지구 변화의 연역과정을 예의 분석하고 그것을 근간으로 모색해야 할 것이다. 따라서 예측할 수 있는 200년 후의 기상 상태는 인위적 문제는 배제하며, 단지 자연적인 변화로써, 어느 정도 예측할 수 있을 것이다.

유럽의 예측불허의 대홍수, 아프리카의 극심한 한발 등 가끔 예측할 수 없는 국지적인 홍수를 겪는데 이것은 대기중에 상승된 온도만이 습기를 다량 함유하기 때문에, 그것이 집중호우로 되면 기상 이변을 일으키는 것이다.

물론 반대현상으로써 이상 한발도 같은 맥락이며 온도상승은 습기의 고갈이 원인이 되어 습한 대기를 만나게 되어도 그것을 흡수하기 때문에 지상으로 떨어뜨릴 강수량이 없는 것이다.

농업이나 산업화, 도시화 등을 위한 삼림의 제거는 대표적 온실가스인 이산화탄소의 흡수원을 제거하는 것이다. 즉, 삼림의 제거는 이산화탄소를 똑같이 배출한다고 하더라도 대기중에 더 많은 농도가 남아있게 하는 것이다. 자연적인 요인에 의한 온난화도 발생할 수 있다. 따라서 이제는 파괴된 삼림을 복구하고 세계 곳곳에 온실가스 흡수원인 거대한 삼림을 조성해야 한다.

이러한 노력의 한 예로 생태네트워크는 도시사회와 지구 녹지공간의 구조를 네트워크화해 나감으로 도시의 생태 잠재력을 향상시키고 다양한 생물과 공생하는 녹지공간의 풍부한 도시 만들기를 목적으로 하고 있다.

양적과 질적인 녹지공간의 확보를 통하여 도시의 물리적인 환경개선기능과 경관 및 방재 등 다면적인 효과와 효용에 의해 도시의 총체적인 환경개선을 도모하는 것이다. 일본의 마치다시, 독일의 칼스루에 시, 영국의 브리스톨과 네덜란드에서는 이미 도시수준의 생태네트워크에 대한 노력과 사례가 있다.

이러한 자연환경을 예방하기 위한 인간노력의 한 예로, 물질의 흐름을 경제적으로 연구하고 보다 효율적인 사용을 추구하고자 하는 목적으로 등장한 산업생태학은 물질의 효율을 향상시키고자 화학공정 내에서의 물질교환, 폐기물로부터의 유용물질 회수, 유기화학 합성공정기술의 개발 등을 통해 산업 활동을 보다 친환경적으로 지속가능하게 영위하도록 한다.

친환경 공장(eco-factory)의 개념은 산업생태학과 청정기술을 기반으로 한 생산 공장을 말하는데, 그 예는 국내를 포함해서 덴마크의 Kalundborg 공단, 미국의 North Texas 제철공장, 일본, 유럽 등 많은 사례를 볼 수 있다.

인간생활에서의 공기는 없어서는 안 될 가장 필수적인 환경요소임은 누구나 인지하고 있듯이, 청정하게 만들고자 하는 노력은 끊임없이 지속되어야 할 것이다.

인간생활에서의 녹지공간을 만들고자 하는 노력은 하나의 예이지만, 이러한 녹지공간은 다양한 환경보전 기능을 갖는 기초적인 인프라이며, 인간은 생태적인 기능과 물리적인 환경개선에 있어, 도시기온의 완화, 지하수 함양, 도시형 홍수의 방지 및 대기정화 등 구체적인 계획을 수립하고 실행해야만 한다.

예상되는 기후변화와 더불어, 이제까지의 도시의 생리는 인간의 이기적 추구로써 보다 편리한 생활조건을 이루고자 집중적인 주거형태를 선호하였으므로, 이렇게 응집된 도시형은 이제 한계점에 다다르게 되어서 주거자체가 하나의 영역확보 투쟁화 하여서 실질적인 주거개념은 재산투기의 목적으로 변질된 상태가 되었다.

이러한 어두운 현실에서 조금은 희망을 볼 수 있는 변화가 일고 있으며, 그것은 바로 도시생활의 절대성에서 상대적으로 선택의 폭을 확대할 수 있는 여건이다.

첫째가 무엇보다도 다수의 도시인구가 전원적 분위기를 원하고 있으며 그럴만한 동기가 주어진다면 서슴없이 도시를 벗어나려는 심리상태라는 것이다. 두 번째는 그러한 인구 중엔 현대적인 근무패턴에서 컴퓨터화한 직장이므로 자택근무라는 신 개념이 되어 매일 출퇴근의 어려움을 벗어날 수 있기 때문에 교외생활이 가능하다는 것이다.

또한 정부 정책적 차원에서 고도화된 도시공학적 연구는 현재의 불합리한 주거환경을 보다 과학적으로 조정하여 재개발이라는 형식으로 도시자체를 개혁(renovation)하는 것이다.

현재도 그러한 목적으로 도시민의 수용한계를 개선하고 있으므로 그러한 정책은 우여곡절은 겪겠지만 대승적 비전으로 보면, 조정계획은 개선 쪽으로 진행될 것이라고 본다. 따라서 수백 년 후의 도시는 보다 고층화되고 보다 근대화된 기능과 쾌적한 방향으로 개선되어야 할 것이다.

도시 변화에 함께, 인간은 조경을 조경 환경 뿐 아니라 국토 관리 차원에서 종합적 생태환경으로 본다. 작은 범위로서의 조경은 인간의 주거환경에 부수되는 것이므로 자연자체의 환경에는 미치지 못할 것이나, 그래도 현재의 조경문제 등은 정책적으로 간섭을 하고 있으며 그것은 환경적 충족요건이므로 환경주의자들의 핵심적인 관심사이기도 하다. 따라서 현재도 어떤 지역을 재개발한다고 할 땐 반드시 거기에 부합되는 환경 조건으로써 조경 공간 확보를 의무화하고 있다.

가령, 어떤 지역의 주거를 재개발 한다면, 그 재개발의 허가 조건에 반드시 포함 시키는 것 중의 하나가 이 녹지 공간의 의무적 확보이며, 그것이 재개발의 크기와 주거 인구에 비례한다.

따라서 앞으로 개발되는 도심지역의 정리는 점차로 과학적인 구조에 의한 쾌적한 환경조성을 하는 것이기 때문에 인간은 꾸준한 환경변화에 노력해야 한다.

지구환경과 환경문제에 관한 인위적 미래는 당연히 정부차원 및 국가차원에서의 정책이 주도하는 것이며 그 정책은 인간이 할 수 있는 최선의 미래를 설계할 수 있을 것이다. 가장 중요한 초점은 물리적 추진력이 갖는 가시적인 향상된 미래이고, 인류자체의 심리적 평화를 다스리게 되어서 자연섭리가 주는 어떠한 시련도 가장 지혜롭게 극복할 수 있도록 해야 한다는 것이다.

2-2. 지구온난화와 환경부하

지구온난화는 지표 부근의 기온이 장기적으로 상승하는 현상이라고 정의되며, 오늘날 논의되는 온난화는 1970년대 이후의 기온상승이며, 19세기 후반부터 과학적인 기상관측이 시작된 이후의 기온상승이 그 대상이다. 특히 산업화의 영향으로 발생하는 온실기체의 증가에 의한 온난화에 초점을 두고 있다.

지구온난화의 진행과 생물 다양성의 소실 등 지구 환경부하의 한계가 이미 나나나고 있고, 이는 인류의 생존기반의 지속성과 깊이 관련된 환경문제로서, 그 영향이 광범위하게 미치고 있다. 현재 대량생산, 대량소비, 대량폐기형의 경제사회 시스템과 생활 방식을 자연과 공생하는 순환형 사회로 전환해야 할 책임이 있는 것이다. 비근한 예로, 컴퓨터의 수명주기가 짧아지고 폐기처분하지 못해 쌓여있는 모습은 쉽게 찾아볼 수 있는 현실이 되어버린 것이다.

특히 과학자들은 앞으로 100년 동안 평균 기온이 지금보다 6°C 정도 상승할 수 있다고 예상하는데, 하루의 기온이 6도 변하는 것은 별 일 아니지만, 지구의 평균 기온이 6도만 떨어져도 빙하기가 찾아오게 된다고 한다. 그러면, 반대로 지구의 온도가 6도 올라가면 어떻게 될지는 불을 보듯 자명한 것이 아닌가 싶다.

이러한 변화는 하늘에서 시작될 것이며, 지구의 지붕과 같은 온실가스는 반사되어 나가는 태양열을 차단해 생명체에 필요한 온도를 유지시켜준다. 이 온실 가스의 양이 증가할수록 빠져나가지 못한 태양열도 증가하고 지구기후에도 큰 영향을 미치는 것이다.

지난 250년 동안, 에너지 소비량이 증가하면서 온실가스 배출량도 급증했으며, 인간의 편리함을 위해 사용한 에너지가 온실가스, 이산화탄소의 양을 증가시킨 것이며, 이산화탄소가 두 배로 늘 경우에 전 세계에는 큰 재앙이 닥칠 것이다.

지구의 온도가 1도 상승하면 북극의 얼음이 반년 만에 녹아내리며 벵골 만 주변의 수만 가구가 물에 잠기고, 허리케인이 남대서양을 강타하기 시작하며, 미국 서부의 극심한 가뭄은 지역의 절반을 사막으로 변화시키고 전 세계에서 식량난을 일으킨다고 한다.

남쪽의 텍사스에서부터 북쪽의 캐나다 국경까지는 곡물이 전혀 자랄 수 없는 불모지로 변할 위험에 놓일 것이며, 지난 100만년 동안 지금보다 1도 이상 따뜻했던 적이 없다. 현재 인간은 스스로 만들어낸 온실가스로 더 큰 기온 상승과 급격한 기후 변화를 자초하고 있는 것이다.

지구의 온도가 3도 상승하면 여름 내내 북극에선 얼음을 볼 수 없고 아마존의 열대우림은 말라버린다. 알프스 정상의 만년설도 사라지며, 엘니뇨현상에 의한 극단적인 기후는 일상이 되고, 지중해와 유럽 일부는 타는 듯한 여름에 시달릴 것이다.

2003년 이후의 여름은 기온이 3도 상승한 세계의 모습을 어렴풋이 보여 주었는데, 해마다 찾아와 유럽 전역을 덮친 끔찍한 무더위는 자연 재앙으로 발전한 모습이었다.

지구의 기온이 6도 상승할 경우 사막은 파죽지세로 퍼져나갈 것이며, 자연 재해는 일상적인 사건이 되고 몇몇 대도시들은 물에 잠기거나 폐허로 변한다. 기온이 장기간에 걸쳐 6도 상승한 경우에는 역대 최악의 대규모 멸종 사태가 벌어질 것이다. 따라서 100년 안에 기온이 6도 상승한다면 전 세계적인 파멸을 피할 수 없으며, 지구 기온의 6도 상승은 지구 최후의 날이나 마찬가지일 것이라고 예상된다.

2-2-1. 온실가스

우리가 살고 있는 지구의 기후시스템은 대기권, 수권, 설빙권, 생물권, 지권 등으로 구성되어 있으며, 각 권역의 내부 혹은 권역간 복잡한 물리과정이 서로 얽혀 현재의 기후를 유지하고 있다. 기후 시스템을 움직이는 에너지의 대부분인 99.98%는 태양에서 공급되며, 기후 시스템 속에서 여러 형태의 에너지로 변하고 최종적으로 지구 장파복사 형태로 우주로 방출되게 된다.

지구대기의 1%를 구성하는 이산화탄소 등의 온실가스는 지구에 들어오는 짧은 파장의 태양 에너지는 통과시키는 반면, 지구로부터 나가려는 긴 파장의 적외복사 에너지는 흡수하여 지구의 온도를 유지하는 담요역할을 하여 왔다. 만약 온실가스가 존재하지 않는다면 지구의 평균 온도는 영하로 내려가 빙하기가 찾아올 것이다. 반면에 온실가스가 과다하게 되면 지구 대기의 온도가 상승하여 앞 절에서 설명한 것처럼 여러 가지 환경문제가 발생하게 된다.

이산화탄소와 같은 온실가스는 지표면을 보온하는 역할을 하여 지구 대기의 온도를 상승시키는 작용이 온실효과이다. 기후시스템에서 온실효과는 필요하지만, 지난 산업혁명 이후 지속적으로 다량의 온실가스가 대기로 배출됨에 따라 지구 대기중 온실가스 농도가 증가하여 지구의 지표온도가 과도하게 증가되어 지구온난화라는 현상을 초래하게 되었다.

온도의 상승 주요원인은 대기중의 온실가스의 상승을 유발시킨 화석연료의 사용 때문이고, 온실가스는 대기로부터 열이 빠져나가는 속도를 지체시킴으로서 지구대기의 온도를 상승시킨다.

기후변화란 온도가 매년 상승함을 의미하는 것은 아니다. 어떤 경우는 수년간 온도가 감소하다가 증가하기도 하고 이산화탄소의 양이 증가하다가 감소하는 경향이 나타나기도 하기 때문이다.

현재 이산화탄소의 양은 전례가 없을 정도로 높다. 과거의 기록에 의하면 이산화탄소의 양이 최대치에 도달한 후 커다란 기후 변화가 일어났다. 각각의 기후변화는 이산화탄소가 최대치에 도달한 후 수천 년 후에 빙하기가 도래했다. 대기중의 열을 흡수하여 저장함으로써 온실효과를 일으키는 기체는 자연 상태의 수증기 외에 이산화탄소뿐만 아니라 메탄, 프레온 가스(CFCs) 등 매우 다양하게 존재한다.

(1) 온실가스 유형

지구온난화에 영향을 미치는 온실가스로는 교토의정서에서 지정한 6대 온실가스 물질인 이산화탄소(CO_2), 메탄(CH_4), 아산화질소(N_2O), 과불화탄소(PFCs), 수불화탄소(HFCs), 육불화황(SF_6) 등의 직접 온실가스와 일산화탄소, 질소가스, 비-메탄휘발성 유기물질의 간접 온실가스로 구분할 수 있으며, 이러한 온실가스들은 국가 경제의 원동력인 산업활동과 우리의 일상생활과 밀접하게 연관되어 배출되고 있다.

이산화탄소는 석탄이나 석유 등의 화석연료의 연소과정에서 주로 발생하며, 목재류 등의 벌목, 화재, 바이오매스의 잔존물이 부패하거나 토탄(peat)의 연소 등에서 발생되며, 이산화탄소는 2004년 기준 총 인위적 온실가스 배출량의 77%를 차지하고 있다.

메탄은 자연적 및 인위적 발생원에 의해 대기중에 배출되는데. 자연적 발생 원인으로는 습지, 해양, 식생, 메탄 수화물(CH_4 hydrates) 등을 꼽을 수 있으며, 인위적 발생은 농 · 축산업의 가축배설물, 천연가스 등의 에너지 연소, 폐기물, 소나 양 같이 성장하는 반추동물, 산업공정 등이 원인이 된다.

UNEP/UNFCCC에서는 메탄이 20%의 온실효과에 기여한다고 지적했고, 메탄은 배출되면 주로 대류권에서 화학적 반응에 의해 제거되기까지 대략 8.4년이 잔류된다고 보고하고 있다.

또한 아산화질소는 농업에서 주로 발생하며, 일부는 산업공정 · 사바나 화재 · 벌목 및 폐수 · 폐기물 소각과정에서 a발생하는 것으로 보고되고, 채광이나 고온연소 시 발생한다. 과불화탄소는 주로 불연성, 무독성 냉매로 사용되어 냉매의 대기 유출 시 발생한다.

수불화탄소는 주로 반도체 세척공정에서 발생하는데, 용매를 사용하지 않는 건식 세척공정이 개발되고 있다. 육불화황은 주로 고압의 전기설비, 변압기, 절연가스 등에서 발생하는데, 이를 처리하기 위해서는 고온의 특수설비가 필요하다.

[표 2-1]에 열거한 기체들은 열을 흡수하는 기체들로 온실 효과에 많은 기여를 하는 것으로 알려져 있다. 그러나 현재 이들 기체들에 의한 온실효과로 인하여 실제 지구 온난화가 일어나고 있는지에 관해서는 과학자들 간에 아직 논란이 계속되고 있다.

[표 2-1] 온실가스의 유형

구 분		이산화탄소	메 탄	아산화질소	염화불화탄소
온실효과 기여도(%)		50	15~20	310	800~7100
대기농도	산업혁명이전	280ppm	700ppb	288ppb	0
	2010년대	395.7ppm	1,750ppb	319ppb	283ppt(CFC-11) 503ppt(CFC-12)
	연평균 농도증가	0.4	0.8	0.25	4.0

(2) 온실가스 배출현황

전 지구적 온실가스 배출량은 일부 개도국 및 최빈국의 배출통계가 집계되지 않아 정확히 산정하는데 한계가 있지만, 전 세계 온실가스 배출의 상당 부분을 차지하고 연료 연소(fuel combustion)에 의한 CO_2 배출 통계를 살펴본다. 전 세계 140여개 IEA 회원국의 배출량을 살펴보면, 2009년 기준 전체 배출량이 28,999.4백만 CO_2톤으로서 1990년의 배출량 20,966.3백만 CO_2톤에 비해 약 38.3% 증가한 것으로 나타났다([표 2-2]).

이는 1970년대 초반 배출량의 2배에 이르는 증가 규모이다. 1990년부터 2009년에 이르는 20년간 1차 의무감축 대상 국가들의 배출량은 6.4% 감소한 반면, 비대상 국가들의 배출량은 132.3%나 증가하여 극명한 대조를 보이고 있다.

[표 2-2] 전 세계 온실가스 배출 현황

국가	1990	1995	2000	2005	2009	90-09
전세계	20966.3	21791.6	23492.9	27188.3	28999.4	38.3%
Annex I	13908.1	13179.2	13761.9	14149.8	13011.7	-6.4%
Non Annex I	6444.4	7913.9	8905.9	12074.5	14972	132.3%
Annex I Kyoto	8785.6	7824.1	7802.4	8097	7497.2	-14.7%
비-OECD	9194.8	9414.1	10033.8	13168.7	15939	73.3%
OECD	11157.6	11679	12633.9	13055.6	12044.7	8.0%

특히, 교토 메커니즘에 참여한 국가들의 감축비율은 14.7%에 달하여, 온실가스 저감 의지를 갖고 있는지의 여부가 감축 결과에 큰 영향을 미치고 있음을 알 수 있다. 동기간 38개 OECD

회원국의 배출량은 8.0% 증가한 반면, OECD 비회원국의 배출량은 73.3%나 증가하여 대조를 보이고 있다.

[표 2-3]에서 보는 바와 같이 지역별로 살펴보면, 지난 20년간 유럽지역의 온실가스 배출량은 감소한 반면 타 지역은 증가하였으며, 특히 OECD 비회원국들의 홍콩을 포함한 중국, 중동, 아시아 지역에서의 증가율이 높게 나타났다.

중국의 경우 2009년 배출량은 세계 1위로서, 아프리카 전체 배출량의 7배를 넘으며, 산업화로 인하여 지난 20년간의 증가율 또한 경이적인 것으로 나타났다. OECD 회원국 중의 배출량은 미국이 부동의 1위를 지키고 있으며, 일본과 독일이 그 뒤를 따르고 있다.

그러난 지난 20년간 배출량 증가율에서는 한국, 칠레, 터키 순으로 나타났고, 우리나라는 배출규모 면에서도 OECD 회원국 중 5위(2009년)에 올라 시급한 대책이 필요함을 알 수 있다([표 2-4]).

[표 2-3] 지역별 온실가스 배출 현황

지역		1990	1995	2000	2005	2009	90-09
OECD	북미	5596.9	5939.6	6632.8	6774.5	6180.4	10.4%
	아시아	1610.2	1863.9	2045.8	2171.4	2099.1	30.4%
	유럽	3950.5	3875.6	3955.3	4109.7	3765.2	-4.7%
EU-27		4051.9	3847.5	3831.2	3978.9	3576.8	-11.7%
비-OECD	아프리카	545.4	598.4	684.6	821.7	927.5	70.1%
	아시아	1273	1690.7	2119.2	2615.5	3153.2	147.7%
	중국	2244.1	3022.1	3077.2	5103.1	6877.2	206.5%
	중동	556.8	749.1	925.3	1211.1	1509	171.0%
	유럽	3997.1	2667.1	2413.2	2519.1	2497.4	-37.5%
	남미	578.4	686.7	814.4	898.2	974.6	68.5%

[표 2-4] OECD국 온실가스 배출 현황

국가	1990	1995	2000	2005	2009	90-09
캐나다	432.3	465.2	532.8	558.8	520.7	20.4%
칠레	31.1	39	52.5	58.5	64.9	108.9%
멕시코	264.9	296.6	349.3	385.5	399.7	50.9%
미국	4868.7	5138.7	5698.1	5771.7	5195	6.7%
호주	260.1	285.5	338.8	389.1	394.9	51.8%
이스라엘	33.1	45.8	54.8	60.2	64.6	95.0%
일본	1064.4	1147.9	1184	1220.7	1092.9	2.7%
한국	229.3	358.6	437.7	467.9	515.5	124.8%
Zealand	23.3	26.1	30.6	33.6	31.3	34.3%
오스트리아	56.5	59.4	61.8	75	63.4	12.2%
벨기에	107.9	115.2	118.6	112.6	100.7	-6.7%
체코	155.1	123.7	121.9	119.6	109.8	-29.2%
덴마크	50.4	58	50.6	48.3	46.8	-7.2%
에스토니아	36.1	16.1	14.6	16.9	14.7	-59.4%
핀란드	54.4	56	54.2	55.3	55	1.1%
프랑스	352.3	353.8	376.9	388.4	354.3	0.6%
독일	950.4	869.4	827.1	811.8	750.2	-21.1%
그리스	70.1	75.8	87.4	95	90.2	28.6%
헝가리	66.7	57.3	54.2	56.4	48.2	-27.8%
아이슬란드	1.9	1.9	2.1	2.2	2	6.2%
아일랜드	29.8	32.3	40.9	43.6	39.5	32.4%
이탈리아	397.4	409.4	426	460.8	389.3	-2.0%
룩셈부르크	10.4	8.1	8	11.3	10	-4.4%
네덜란드	155.8	170.9	172.1	182.7	176.1	13.0%
노르웨이	28.3	32.8	33.5	36.3	37.3	31.9%
폴란드	342.1	331.1	290.9	292.9	286.8	-16.2%
포르투갈	39.3	48.3	59.4	62.8	53.1	35.3%
슬로바키아	56.7	40.8	37.4	38.1	33.2	-41.5%
슬로베니아	12.5	13.3	14.1	15.6	15.2	21.2%
스페인	205.8	233.3	283.9	339.7	283.4	37.7%
스웨덴	52.8	57.5	52.8	50.3	41.7	-20.9%
스위스	41.4	41.6	42.5	44.6	42.4	2.5%
터키	126.9	152.7	200.6	216.4	256.3	102.0%
영국	549.3	516.6	523.8	533.1	465.8	-15.2%

2009년 기준 온실가스 배출량이 1억 CO_2톤 이상인 38개국 중 지난 20년간 배출량 증가율이 50% 이상인 18개 국가들을 [표 2-5]에 정리하였다. 이들 국가들은 한 마디로 지구온난화에 가장 위협적인 국가들이라 할 수 있는데, 대부분 고성장을 이룩한 개발도상국들 임을 알 수 있다.

특히 베트남의 증가 속도는 타의 추종을 불허하는데, 실제로 하노이나 호찌민 등의 도심은 걸어 다니기 힘들 정도로 매연이 심하다. 2009년 기준 우리나라의 배출량은 515.5백만 CO_2톤으로서 세계 9위이며, 전 세계 배출량의 약 1.8%를 차지하고 있고, OECD 회원국 총 배출량 12,044.7백만 CO_2톤 중에서는 우리나라가 약 4.3%의 비중을 차지하고 있으며, 가장 빠른 증가 추세를 보이고 있다.

우리 국민 1인당 CO_2 배출량의 경우, 2009년 기준 10.6 CO_2톤/년으로 OECD 국 중 7위로서 아시아 평균 배출량인 1.4 CO_2톤/년 및 세계 평균 배출량인 4.3 CO_2톤/년 보다 훨씬 높게 나타나 근본적인 대책이 필요함을 알 수 있다.

[표 2-5] 주요국가 온실가스 배출 현황

국가	1990	1995	2000	2005	2009	90-09
중국	2211.3	2986.1	3037.3	5062.4	6831.6	208.9%
인디아	582.3	776.6	972.5	1160.4	1585.8	172.3%
이란	179.6	252.3	316.7	426.8	533.2	197.0%
한국	229.3	358.6	437.7	467.9	515.5	124.8%
사우디	158.9	207.4	252.4	332.7	410.5	158.4%
멕시코	264.9	296.6	349.3	385.5	399.7	50.9%
호주	260.1	285.5	338.8	389.1	394.9	51.8%
인도네시아	142.2	202.1	264	336.4	376.3	164.7%
브라질	194.3	240.4	302.8	322.2	337.8	73.9%
터키	126.9	152.7	200.6	216.4	256.3	102.0%
대만	114.3	156.5	217.3	258.9	250.1	118.8%
태국	80.1	140.3	161.8	219.1	227.8	184.5%
이집트	79.2	84	110.2	151.9	175.4	121.4%
아르헨티나	100.4	118.2	139	151	166.6	66.0%
말레이시아	48.9	78.5	111.1	152.8	164.2	235.6%
UAE	51.8	69.6	85.8	108.1	147	183.6%
파키스탄	58.6	79.5	97.3	117.2	136.9	133.7%
베트남	17.2	27.8	44	80.8	114.1	563.2%

(3) 온실가스 배출전망

우선 이산화탄소가 실제로 어느 정도 온난화에 기여하고 있는가 하는 문제와 그 농도가 얼마나 빠른 속도로 증가할 것인가 하는 문제를 살펴볼 필요가 있다.

오늘날 이산화탄소 농도의 변화에 대한 다양한 시나리오가 있다. 문제는 같은 시나리오라 할지라도 연구기관에 따라서 다양한 온난화의 규모를 예측하고 있다. 그만큼 불확실성이 있다는 것이다. 또한 삼림 파괴의 속도가 어떻게 될 것인가 하는 것도 불확실한 문제이며, 각 국가별로 이산화탄소의 농도를 줄이기 위하여 어느 정도의 노력을 기울일 것인가 하는 것도 확실하지 않은 상황이다.

온난화에 대한 비판적인 면이 있을 수 있다. 그러나 온난화가 계속될 경우의 영향을 고려한다면, 현 상황을 그냥 지켜볼 수는 없다. 미래의 기후 문제에 관심을 갖고 온난화를 최소화하기 위한 노력이 필요한 시점임이 분명한 것이다.

1805년 이후 대기의 조성변화와 온실가스인 이산화탄소와 메탄가스의 증가는 당연히 인간의 활동과 관련 있음은 이미 인지하고 있다. 가뭄이나 홍수 등의 기상요소의 최대 및 최소치의 주기성이 수십 년의 값이 아니면 기후변화에 속하지 않는다. 그러나 1850년부터 약 2050년까지 예상되는 이산화탄소와 메탄의 양은 앞으로도 꾸준히 증가할 것으로 예상된다.

화석 연료나 열대림의 화재로 대량으로 방출되는 이산화탄소, 가축 이용의 증대와 농업의 확대로 산출되는 메탄, 냉매제, 살충제 또는 세척제로 사용하는 프레온 가스, 그리고 화학 비료에서 나오는 질소 등이 최근에 크게 증가하고 있으므로, 과학자들은 이들 기체에 의한 온실효과의 증대로 지구의 온난화를 염려하고 있다. 다만 이들 기체가 현재와 같은 비율로 계속 대기중에 방출될 때, 그 효과를 컴퓨터를 이용하여 지구의 기후 모델을 작성하여 계산한다면, 앞으로 2040년에 가면 현재보다 온도가 약 3도 정도 상승할 것으로 예측하고 있다.

21세기가 끝날 무렵에는 인류는 중대한 결단을 하지 않으면 안 될 것이다. 꾸준한 인구 증가로 인하여 앞서 언급한 각종 온난화 기체를 무절제하게 계속 방출한다면, 온실 효과는 더욱 커져 여러 가지 기상재해를 가져 올 것으로 예측된다.

한국은 2006년도에 세계 9위의 에너지연소에 의한 이산화탄소 배출국으로 전 세계 배출량의 1.7%를 차지하였으며, 그 당시 미국은 20.3%, 중국이 20.0%, 러시아는 5.7%, 인도 4.5%, 그리고 일본이 4.3%를 점유하고 있었다.

당시 기준으로 한국의 온실가스 배출량은 약 6억톤 CO_2로 그 이후 꾸준히 증가추세를 보이고 있다. 타 국가에서는 온실가스에 관한 국가 및 산업별 대응정책을 내놓고 있는데, 한국의 사례만 알아보기로 하면, 한국정부는 환경부에서 온실가스 감축정책을 [표 2-6]과 같이 제시하고 있다.

[표 2-6] 우리나라의 온실가스 부문별 배출전망

구 분	실적치				전망치			
	2005		2010		2015		2020	
	배출량	증가율(%)	배출량	증가율(%)	배출량	증가율(%)	배출량	증가율(%)
총배출량	590.1	2.3	679.2	2.8	728.2	1.4	814.1	2.3
에너지	498.6	2.6	574.4	2.9	611.0	1.2	684.2	2.3
산업공정	64.8	2.1	72.1	2.1	80.9	2.3	90.1	2.2
농업	14.7	-0.8	14.2	-0.6	13.8	-.0.5	13.5	-0.5
폐기물	13.0	-3.4	18.5	7.2	22.5	4.0	26.3	3.5
토지/임업	-32.9	-2.5	-37.3	2.5	-35.2	-1.2	-33.9	-0.7
순배출량	558.3	2.6	641.9	2.8	693.1	1.5	780.2	2.4

(단위: 백만 톤)

지구온난화 및 기후변화에 대한 전문 연구기관인 IPCC에 따르면, 대기중 온실가스 농도를 낮추기 위한 국제적인 노력이 없을 경우 21세기 동안 대기온도는 지속적으로 증가할 것으로 전망되고 있다.

IPCC 4차 보고서에 따르면, 향후 20년 동안 약 0.2℃/10년 상승률로 온난화가 진행될 것으로 전망하는데, 온실가스와 에어로졸 농도가 2000년 수준으로 일정하게 유지된다 하더라도 기온은 0.1℃/10년 비율로 온난화 될 것으로 예상하고 있다. 이 같은 지구온도 상승 속도는 지난 100년간의 관측된 지구온도 상승폭보다 2~10배 클 뿐만 아니라 지난 10,000년간의 변화보다 훨씬 더 빠르게 진행될 것으로 예측되고 있다.

현재 약 368ppm 수준의 대기중 온실가스 농도는 21세기에 490~1,260ppm까지 증가되고, 이에 따른 지구 평균온도도 1990년에서 2100년 사이에 약 1.4~5.8도 상승할 것으로 예측되고 있다.

또한, 이와 같은 예측에 따르면 21세기 동안 평균 해수면의 수위는 1990년 대비 8~88cm 상승될 것으로 전망됨에 따라 우리나라 서해를 포함한 저지대에 위치하고 있는 내륙은 바다 속에 잠김으로써 우리나라 지형에도 변화가 나타날 것으로 예측되기도 한다.

2000년 IPCC 배출시나리오에 관한 특별보고서에 따르면 SRES 시나리오는 크게 네 개의 시나리오(A1, A2, B1, B2)로 나뉘며, 대체 발달경로를 탐구하고 폭넓은 범위의 인구 통계적, 경제적, 기술적 변화 동인과 결과적인 온실가스 배출을 다룬다. SRES 시나리오는 현재의 기후정책 외의 추가 기후정책을 포함하지 않는다.

미래 기후변화에 대한 평가에는 배출량 전망이 폭넓게 사용되고, 사회경제적, 인구 통계적, 기술적 변화에 관한 기본 가정들이 최근의 기후변화 취약성과 영향 평가에 입력 자료로서 사용되며, SRES 시나리오는 개연성을 고려하지 않고 있다.

A1 시나리오는 세계 경제의 매우 급속한 성장, 금세기 중반에 최고에 도달할 지구촌 인구, 새롭고 좀 더 효율적인 기술의 급속한 도입을 가정하고, A1 시나리오는 설명하는 기술변화 방향에 따라 다음 세 개 군, 화석 집약적 (A1FI), 비화석 에너지 자원(A1T), 모든 자원 간의 균형(A1B)으로 나눈다.

B1 시나리오는 지구 인구는 A1과 같지만 경제구조는 서비스 및 정보 경제 쪽으로 좀 더 급속히 변하는 수렴적 세계를 기술하고, B2 시나리오는 인구와 경제 성장이 A1과 B1의 중간인 세계를 기술하며 경제적, 사회적, 환경적 지속가능성에 대한 지역적 해법을 강조하고 있다. A2 시나리오는 인구증가율이 높고 경제발달은 느리고 기술변화도 느린 매우 이질적인 세계를 기술한다.

기후변동에 관한 정부 간 패널(IPPC)에 의하면, 2100년의 이산화탄소 배출량이 1990년에 비교하여 약 세배이상으로 되는 시나리오에서는 2100년의 전 지구평균기온이 1990년과 비교하여 약 2 상승하고, 해면수위는 약 50cm 상승할 것으로 예측하고 있으며, 이러한 자연 증상은 계속될 것이라고 보고한 바 있다.

국내 온실가스 배출 증가 속도는 지난 1990~2009년간 타 OECD국가들과 비교할 때 가장 빠르게 증가하고 있는 것으로 조사되고 있으며, 현재와 같은 에너지 다소비형 산업구조 및 소비패턴 하에서는 국가 온실가스 배출량도 계속 증가될 것으로 전망된다.

2-2-2. 지구온난화의 영향

20세기 중반까지만 하여도 기후학자들은 지구 한랭화를 염려하기도 하였으며 지구온난화에 관심을 기울이지 않았다. 19세기말까지 소빙기라고 불리 울 정도의 한랭한 기후를 겪기도 하였다. 그러다 1972년 로마클럽 보고서에서 지구온난화가 처음 언급되었다.

이후 1985년 세계기상기구(WMO)와 국제연합환경계획(UNEP)에서 이산화탄소의 증가에 의한 온실효과가 온난화의 원인이라고 주장하면서 20세기 후반부터 과학자들 사이에 중요한 화두가 되었다.

1988년 11월에 기후변화에 관한 정부 간 협의체(IPCC)가 구성되면서 온난화에 대한 관심이 더욱 커졌다. 또한 지구온난화는 1990년대 이후 세계적으로 증가한 가뭄과 홍수, 폭설, 이상난동과 한파 등 기상이변을 설명할 수 있는 요인으로 크게 주목받고 있다.

세계 연평균 지상온도의 변화는 100년간 약 0.60℃ 상승하였고, 일본의 경우는 약 10℃가 상승하였다고 보고된 바 있다. 이렇듯 온실가스의 대기중 농도가 산업혁명 이후에 서서히 증가하기 시작하여 최근 20~30년에 급격히 상승하고 있고, 이러한 경향은 화석연료 사용, 토지이용 및 농업 등 인간 활동에 모두 기인된다. 과학자들은 2100년에는 1990년 대비 1.4~5.8도 온도가 상승할 것으로 예측하고 있다.

지구의 평균기온은 기상관측이 시작된 이래로 1970년대까지 상승과 하강을 반복하였다. 19세기 말에서 20세기 초까지는 기온이 낮은 시기였고, 1940년대는 기온이 상승하면서 1980년대와 비슷한 수준이었다. 그러다 1960년대에 들면서 다시 기온이 하강하여 60년대 기후라는 말까지 생겨나기도 하였다.

그러나 그 후부터는 기온상승이 뚜렷하게 이어지고 있다. 기후변화에 관한 정부 간 협의체의 2007년 발표한 제 4차 보고서에 의하면 1906~2005년도까지의 지난 백년간의 지구평균 기온은 0.74 ± 0.18℃ 상승했다.

특히 최근 50년간의 평균기온은 매 십년마다 0.13℃씩 상승하여 지난 백년 간의 상승폭(0.07℃/10년)보다 2배 정도 높다. 최근의 10년은 기상관측 이래로 가장 더운 10년이었으며, 1998년은 지구 평균기온 최고치를 기록하였다. 또한 2003년과 2005년은 지구 평균기온 두 번째의 극값을 기록하였다. 특히 2012년 6월 한국서울의 기온은 기후측정이후 최대의 수치를 보였다.

오늘날 지구온난화는 명백한 사실로 받아들여지고 있다. 그러나 온난화의 규모와 양상은 지역별로 상당한 차이가 있고, 그 원인이나 미래의 양상 등에 대해서는 엄연히 불확실성이 남아있다. 온난화의 원인은 크게 자연적인 것과 인간 활동에 의한 것으로 구분할 수 있으며, 오늘날의 온난화의 주요 원인은 인간의 활동으로 인한 대기중의 이산화탄소, 메탄 등 온실기체의 농도 증가가 주목받고 있다.

특히 기후변화에 관한 정부 간 협의체에서는 최근의 기온상승의 상당 부분이 인간 활동에 의한 온실기체의 증가에 의한 가능성이 매우 높다고 지적하였다. 뿐만 아니라 농업이 시작된 이래로 토지이용의 변화도 온난화에 영향을 미쳤다고 믿고 있다.

이렇듯 지구온난화는 인간 활동에 의한 화석연료 사용이 그 원인으로 2007년에 IPCC는 규정하고 21세기에도 지구온난화는 계속 될 것으로 전망하고 있다. 그러나 21세기에 경험하고 있는 온난화는 인류가 20세기에 경험한 것이나 과거 10,000년 동안 경험하였던 어떤 온난화보다도 훨씬 강력할 것이므로 인류에 미칠 영향 또한 막대할 것이다.

(1) 해수면 상승

지구온난화가 계속되면 그 영향은 여러 방면에서 나타날 수 있다. 오늘날의 온난화는 저위도보다 고위도 지방에서 더 빠르게 진행되고 있다. 이는 극지방의 빙하와 알프스와 히말라야 산지 등의 산악빙하가 녹아내릴 것이다.

이중 산악빙하가 녹아내리면 고스란히 해수면을 상승시키는 요인이 된다. 뿐만 아니라 기온상승 자체가 해수면 상승의 요인이다. 해수면 상승은 인류의 1/3이 거주하고 있는 해안지역에 홍수와 침수 등의 피해를 유발할 것이다. 이미 태평양의 산호초 섬은 물속으로 사라지고 있다는 보고가 있다.

기온상승은 해수의 팽창, 극지 및 고산지의 빙하의 융해로 이어져 해면의 상승을 초래하고 말 것이다. 그 예로 지구의 해수면 상승은 지난 100년에 10~25cm로 지구온난화와 깊은 상관관계가 있는 것으로 여겨지며, 2100년에 이르러서는 해수면은 최대 88cm가 올라갈 것으로 예측되고 있다.

북극 해빙속도가 최근 2년간 10~15배로 증가하고 해수면은 지난 40년간 매년 1.8mm상승하고 있다. 지구 온난화로 피해를 입은 나라의 예를 들어보면, 투발루로써 해수면상으로 이미

세계적으로 유명해진 국가이다. 남태평양의 투발루라는 작은 섬나라가 서서히 바다 속으로 침몰되고 보트로 탈출하는 광경을 신문이나 TV에서 보았을 것이다.

투발루는 산호가 쌓여 섬을 이룬 산호초 위에 세워진 국가인데, 지각의 융기에 의해 생긴 섬이 아닌, 죽은 산호의 뼈대가 쌓여 생긴 섬이므로 해수면 위로 높이 솟아오르기는 불가능하다고 한다.

이 때문에 투발루의 평균 해발고도는 3m 정도이고, 최고 해발고도는 5m라 하는데, 그동안에도 우기에는 국토의 일부가 침수되었다 다시 우기가 지난 후 물이 빠지곤 했다. 그러나 투발루의 9개의 산호섬 중 1개가 1999년 이미 바다 아래로 잠겼고, 매년 침수면적이 빠르게 증가하고 있다는 것이다.

현재, 투발루는 정부차원에서 공식적으로 국토 포기를 선언한 상태로 주변국과 국제사회에 국민들을 난민으로 인정해 이민을 받아 줄 것을 호소하고 있는 실정이다.

다른 나라의 예로, 몰디브는 세계적인 휴양지와 신혼여행지로 유명한 섬 국가이며, 몰디브 역시 해수면 상승으로 인한 해안선 후퇴와 국토면적의 감소 등으로 국가의 산업기반인 관광자원의 감소를 걱정하고 있다. 이 때문에 작년에는 몰디브의 대통령과 각료들이 지구온난화의 방지를 촉구하는 메시지를 담아 수중에서 내각회의를 진행하는 퍼포먼스를 펼치기도 했다.

이렇듯 해안을 가지고 있는 국가들은 공통적으로 지구온난화에 따른 해수면상승으로 인한 피해에 직면해 있다. 해안선을 갖고 있으면서 경제적으로 매우 낙후한 국가들은 해안선 후퇴에 따른 사회적 비용을 감당해 낼 수 없기에, 그 문제가 더욱 심각하다. 그 예로, 방글라데시 역시 해수면상승에 따른 해안선 후퇴로 해안 도시가 침수되어 삶을 터전을 버리고 내륙으로 이동하는 인구가 급격하게 증가하고 있다.

지난 100년간 지구 평균온도는 0.74도나 상승하였고, 우리나라도 1.5도 상승했으며 해수면 또한 제주도를 기준으로 지난 40년간 40cm 상승하였다. 해안의 경우는, 남극지역의 빙하가 녹음으로써 2100년까지 해수면이 약 50cm 증가할 것으로 예측되고, 전 지구적으로 대부분의 해안이 위협하고, 한국의 경우도 경사가 완만한 서해안과 남해안에서는 침수될 우려가 있는 것이다.

(2) 기상이변

온난화는 생태계와 농업의 패턴에 변화를 초래할 것이며, 인류의 건강에도 영향을 미친다. 특히 온난화는 기후 패턴의 변화를 초래하여 현재까지 경험하지 못하였던 기상이변이 빈번하게 나타날 가능성을 초래할 것이다.

세계는 기상이변으로 집중호우, 슈퍼태풍, 폭염, 폭설, 혹한 등 이상기후는 세계 곳곳에서 발생하고 있다. 기후변화의 대표적인 피해사례로서, 2005년에 50년 만의 최대 강풍을 동반한 허리케인 카트리나는 재즈의 발상지로 유명한 미국 뉴올리언스 시의 80%를 침수시키고 300억 달러 이상의 막대한 재산 피해와 수천 명에 이르는 인명피해를 초래한 바 있다.

온난화로 인한 엘니뇨현상에 의해 극심한 자연재해가 반복되고 있으며 그로 인해 인명과 자연 피해 역시 말로 설명할 수 없을 정도로 피해규모는 과히 상상조차 못 할 정도이다. 매년 홍수와 가뭄으로 인해 피해가 속출되고 있다.

우리나라의 경우 최근 들어 이상기후현상이 자주 목격된다. 날씨가 맑고 불볕더위가 기승을 부리다가 먹구름이 몰려와 비를 쏟아내곤 다시 언제 그랬냐는 듯이 해가 뜬다. 2011년 여름에 중부 지방을 강타한 집중호우는 우면산을 무너뜨리고 토사가 아파트 저층까지 덮치는 아찔한 사태를 초래하기도 하였다. 뿐만 아니라 예년보다 장마기간이 길어지면서 강물이 더 불어나고 해수의 온도가 비정상적으로 하강하는 현상이 벌어지고 있다.

기후 변화의 원인에는 여러 가지가 있지만 우리나라 기후변화 현상은 대부분 지구온난화의 영향을 받았기 때문이라고 추측된다. 우리나라의 기후는 온대와 냉대가 적절하게 혼합돼있는 사계절이 뚜렷한 기후였으나, 지구온난화로 인해 우리나라의 평균 기온이 높아져 아열대 기후로 변화해가고 있는 것이다.

이러한 아열대 기후화 때문에 우리나라에 일어난 대표적 현상이 바로 스콜성 강수이다. 스콜성 강수는 장마철에 하루는 폭우가 쏟아지고 또 하루는 햇볕이 쨍쨍한 징검다리식 폭우가 발생하는 현상을 말한다.

이와 같은 현상이 일어나는 이유를 국내 기상청 관계자와 기상학계는 지구온난화에 따른 엘니뇨의 새로운 형태인 엘니뇨 모도키(EL Nino Modoki) 영향 탓이라는 분석을 제시했다. 엘니뇨 모도키 현상은 기존 엘니뇨현상과 달리 대서양에 평소보다 더 많은 허리케인을 일으키는 새로운 엘니뇨현상을 일컫는 말로, 이 영향으로 인해 우리나라의 기후가 급변함으로서 스콜성 강수가 일어난다는 지적이다.

지구온난화의 영향으로 우리나라 기후가 점점 아열대 기후로 변화해 가고 있으며 이로 인해 생태계 파괴는 물론 우리들의 생활에도 큰 영향을 줄 것으로 예상된다는 것이다.

(3) 생태변화

열대 종의 어류 등이 북상하고 있으며, 우리나라는 동해안 연안에서 명태가 사라져버렸다. 결국, 지구온도 3.5도가 상승하는 경우에는, 생물종의 40~70%가 멸종할 것으로 보고 있다. 또한 주지하다시피 남극과 북극의 빙하가 녹아내려 삶의 터전을 잃은 북극곰과 펭귄이 죽어가고 있다.

기후변화의 위험성은 식량난을 가중시키고 수자원 고갈과 인간건강 및 환경에 악영향을 미쳐 세계의 일부가 사막화되고 가뭄과 홍수 등의 피해를 예측하고 있다.

히말라야 산맥의 주변 국가들의 예는, 히말라야 산맥은 지구의 지붕이고, 히말라야의 정상의 만년설은 지구의 물탱크이다. 만년설로 저장되어 있는 엄청난 양의 수자원은 서서히 녹아 네팔, 인도, 파키스탄, 중국 등지의 국가에서 이용되는데, 이들 국가의 인구를 합치면 세계 인구의 절반을 넘는다.

현재 지구기온의 상승으로 히말라야의 만년설이 급격하게 녹고 있고, 얼마 전 TV 프로그램에서 엄 홍길 대장도 당신의 히말라야 등정의 역사를 떠올려보면 불과 30년 사이에 엄청난 면적이 만년설이 사라진 채 속살을 드러내고 있다고 걱정했다.

북극권의 자국의 영토를 가지고 있는 국가들로, 러시아, 스웨덴, 그린란드, 아이슬란드, 미국의 알래스카 등, 이들 국가들의 북극권에 위치한 도시들은 빙하의 급속한 해빙과 빙하 이동속도가 빨라져 삶의 터전을 잃고 있다.

기후변화의 피해는 한국도 예외는 아니어서 세계보다 두 배로 빨라지고 있으며, 바다에는 여름에 적조 현상이 해마다 빨리 일어나고, 명태는 사라지고 고등어, 멸치, 오징어는 생산량이 증가하고 있다. 벚꽃 축제나 참꽃축제일에 꽃이 다 저버리고 여름 열대야는 약 네 배로 늘어나고 있다.

대구시의 생태계는 사과가 사라지고 겨울철새인 흰 뺨 검둥오리, 청둥오리, 홍 머리오리 등과 여름철새인 백로 왜가리가 겨울철새와 여름철새가 동거하고, 난, 온대식물로 차나무, 무화과, 낭아초, 지느러미 엉겅퀴, 금창초 등이 대구근교에서 자리를 잡아 잘 자라고 있는 현실은 지구온난화의 진행속도가 빨라지고 있다는 반증인 것이다.

예를 들어 생태계의 파괴는 삼림분포지역이 광범위하게 소멸되고 삼림의 평형이 깨어질 것이고, 전반적으로 식생대가 중위도기준 북극 쪽으로 100~550km 북상하게 될 것을 예상하고 있다. 특히, 한국의 경우 현재의 온대성 식생 이외에 아열대성 식생이 증가하는 등 생태계의 혼란이 예상된다.

우리나라의 경우에도 기온상승에 따른 농작물 재배 적지의 변화가 전국적으로 관측되는데, 난지형 작물의 북상 현상이 뚜렷하게 나타나고 있다. 예를 들면, 가을보리 재배 한계선이 월동기간의 기온상승으로 북상하였고, 맥주보리는 중부 이북으로 크게 올라왔으며, 한라봉은 고흥과 거제 등에서, 월동배추와 겨울감자는 전남 해안지역과 김제에서 재배가 가능하게 되었다.

복숭아 또한 재배 지역이 경기도 북부와 충청북도 북부 및 강원도 일대까지 확장되었다. 제주지역에서는 열대성 식생의 서식지가 확장되고, 소나무 등의 온대수종 침엽수는 기온이 낮은 한라산 고지(1,400m)까지 이동했으며, 돌 매화나무, 구상나무 등과 같은 극지 고산식물은 점차 소멸되는 추세를 보이고 있다. 또한 개나리, 벚꽃 등 봄꽃의 개화시기가 10년마다 2.4일씩 빨라지고 있다.

인간의 건강은 더위로 인한 스트레스와 질병이 두 배 정도 증가될 것이며, 전염성 질병체의 분포변화로 전염병 이동의 증가되고, 말라리아와 같은 열대성 질병이 고위도로 확산되어 한국의 경우도 열대성 질병의 발생이 예상되고 있는 것이다.

특히, 말라리아가 90년대 중반부터 급증하고 있으며, 한타 바이러스 등 유해 바이러스 매개해충의 서식이 쉬워지면서 관련된 질병이 90년부터 빠르게 증가하고 있다.

(4) 수자원 및 식량

수자원 부문에 있어서도, 대부분의 지역에서 물 공급의 감소가 예상되며, 이산화탄소 농도가 2배 증가 시 2050년까지 산악지역의 빙하가 25% 이상 감소할 것으로 예상되며, 물 공급부족국가인 경우는 피해가 더욱 심각하며, 물 부족에 따른 수질 악화도 예상되고 있다.

또한 전 세계적으로 기후대가 변하여 식량 생산의 변화가 일어날 것이며, 어류의 이동경로 변화, 바다 생태계 변화, 산소량 감소, 물고기의 질병 증가 등으로 인해 수산업에 타격을 줄 것으로 예상된다. 한국은 온난화로 인해 다모작 농사가 가능해지지만 병충해가 늘어나게 되어 토양이나 수질오염이 심각해질 위험성이 잔재하고 있다.

(5) 향후 전망

현재 평균 기온은 0.8도 상승했을 뿐이나, 기온이 2도 상승하면 지구온난화는 걷잡을 수 없는 상태에 빠지고 우리의 생활 방식을 송두리째 흔들어놓을 것이다. 최근 한국도 제주발전연구원이 보고한 바에 의하면, 2천 년대 후반에는 제주의 평균기온이 현재보다 5도 가까이 상승한다는 연구결과가 나왔다.

비근한 예로, 제주발전연구원이 보고한 기후변화 적응대책 세부시행계획 수립연구용역 최종보고서에 따르면 제주도의 미래 기후변화 시나리오 기온자료를 분석한 결과 2091～2100년 평균기온은 19.0도로 최근 10년간(2001～2010년) 평균기온 14.1도보다 4.9도나 상승할 것으로 예측했다.

이 기간에 최고기온은 4.7도, 최저기온은 4.8도 상승할 것으로 전망됐다. 계절별로는 봄 3.5도, 여름 4.4도. 가을 4.1도, 겨울 3.5도 높아진다는 분석이다. 연대별 평균기온은 2011～2020년 16.0도, 2021～2030년과 2031～2040년 16.3도, 2041～2050년 17.0도, 2051～2060년 17.5도, 2061～2070년 18.1도, 2071～2080년 18.4도, 2081～2090년 18.9도 등으로 2040년대 이후 기온 상승폭이 컸다. 지난 40년간 해안지역의 평균기온은 1971～1980년 15.4도에서 1981～1990년 15.6도, 1991～2000년 15.8도, 2001～2010년 15.7도로 0.2～0.4도 상승했다.

미래 강수량 예측에서는 최근 10년(2001～2010년) 연평균 강수량과 비교해 2011～2040년에는 305.4㎜, 2041～2050년에는 210.4㎜, 2071～2100년에는 148.4㎜ 정도 강수량이 감소할 것으로 예상했다. 여름철 집중 강수는 늘어나는 추세지만 봄 · 가을철의 가뭄 등으로 연간 총 강수량은 점차 줄어든다는 것이다.

제주발전연구원은 이런 기후변화로 수자원 관리 어려움, 수목 생장 장애, 농경지 토양 침식, 수산 양식 피해 등이 우려된다며 재해예방을 위한 분야별 대책을 제시했다고 보고했다. 이제 유일한 문제는 인간이 어떻게 대처하는 가 인데, 기온이 6도 상승하는 최악의 상황이·와도 모든 생명체가 사라지진 않는다고 한다. 하지만 극심한 지구 온난화로 지구는 상상을 초월하는 세상으로 변할 것은 자명한 일이다.

2-3. 국내외 대응동향

전 세계는 1992년 리우 지구환경회의로부터 논의를 시작하여 1997년 12월 도쿄의정서를 채택하여 선진국 탄소의무감축을 선언하고 현재 38개국이 시행하고 있으나, 주요 배출국인 중국이 의무감축 대상국에서 빠져있으며, 미국은 도쿄의정서에 참여하지 않고 있다.

교토의정서에 명시된 온실가스 감축목표를 달성하기 위하여 선진국은 제1차 공약기간 이전부터 자국의 온실가스 감축을 위한 노력을 계속하고 있다. 특히, EU는 2020년까지 1990년 대비 20%를 감축한다는 목표를 수립하였으며, 기후협상에서 주요국들 간 합의가 도출될 경우 30%까지 감축할 용의가 있음을 피력하고 있다.

2002년까지 기준년도인 1990년 배출량의 −2.9%의 감축성과를 보이고 있음에도 불구하고, 현 추세에서는 교토의정서 감축목표인 −8%에서 2010년까지 −0.5%에 밖에 감축하지 못할 것으로 예상하고, 목표달성을 위하여 2005년부터 지역 내 온실가스 배출권거래 제도를 시행하고 있다.

예로 영국의 경우에는 EU와는 별도로 1990년 대비 2020년까지 34% 감축 및 2050년까지 80%를 감축한다는 장기적 목표를 세우고 있다.

교토의정서의 온실가스 감축 의무체계의 불합리성을 주장하는 미국도 신재생에너지 및 청정에너지기술에 투자를 집중하고 있으며, 2012년까지 온실가스 배출량/GDP인 온실가스 배출 집약도를 18%까지 감축한다는 자체 계획을 수립 및 시행하고 있고, 동북부 주를 중심으로 온실가스 배출권거래제도의 시행을 계획하고 있다.

미국 에너지 및 기후법(Waxman-Markey 법안)에는 2020년까지 2005년 대비 17%를 감축한다는 목표가 명시되어 있으며, 일본의 경우도 2020년까지 1990년 대비 25%를 감축한다는 목표를 설정하고, 청정개발체제 및 공동이행제 등을 통하여 국외협력사업의 활성화를 유도하는 한편, 2005년부터 온실가스 배출권거래 제도를 시행하고 있다.

현재 우리나라는 온실가스 감축 의무 국가는 아니나, 주요 온실가스인 이산화탄소의 배출량이 세계 순위에 있으며, OECD 국가 중 이산화탄소 배출량 증가율 1위 국가로서, 제2차 공약기간 이후에는 구속적 형태로 온실가스 감축을 위한 국제적 노력에 동참해야 한다는 국제사회의 요구가 드세어질 것으로 예상하고 준비하여왔다.

이에 대비하여 정부는 1999년부터 현재까지 3차례에 걸쳐서 기후변화협약 대응 정부종합대책을 수립하여 시행하고 있으며, 2005년부터는 제3차 종합대책을 시행하고 있다.

환경부는 지구온난화 방지를 위한 국제적 노력에 적극 동참하고, 기후변화협약에 철저히 대응하기 위하여 온실가스 감축을 위한 다양한 정책을 추진하는 한편 국내 산업보호를 위한 협상전략을 포함하는 장단기 대응전략도 치밀하게 준비하고 있다.

또한 환경부는 저탄소 녹색성장기본법에 따라 기후변화대응 관련 총괄부처로서 부문별 관장기관들과 협력하여 다양한 정책을 마련하고 있으며, 기후변화에 대처하는 환경부의 정책은 크게 나누어보면 감축(mitigation)정책과 적응(adaptation)정책으로 나누어서 그 적용범위를 규정하는데, 기후변화 영향의 심각성 및 기후변화의 관성을 고려할 때 기후변화 현상에 대응하기 위해서는 온실가스의 저감과 적응 방안을 동시에 고려할 필요가 있다.

우리나라와 멕시코는 후발 개발도상국으로 2013년부터 강제의무감축국으로 지정될 것으로 예상하였으나, 다행히 2020년까지 다시 유예 받게 되었다. 그러나 우리나라는 세계 10위권의 무역량과 OECD 국가 중 여섯 번째 탄소배출국으로서 책임을 인식하여 정부는 2008년 광복절에 '저탄소 녹색성장'을 선포하기에 이르렀다.

늦은 감이 있지만, 우리나라도 친환경에너지개발, 친환경교통개발, 친환경 농산물생산 등을 위한 방안으로 국가녹색성장위원회를 대통령 민관자문회의를 두고 녹색성장을 위한 정책 개발에 나서고 있다.

이러한 노력의 일환으로서 국가 및 사회의 모든 영역이 저탄소 녹색성장의 방향으로 전환·발전할 수 있도록 기본적인 정책방향과 제도적 기반사항을 제시하는 '저탄소 녹색성장 기본법'을 제정하여 시행하고 있다.

또한 녹색성장을 위한 국가 차원의 중장기 비전과 행동계획을 종합한 '녹색성장 국가전략 및 5개년 계획'을 수립하여 이행하며, 2020년까지 국가 전체의 온실가스 배출량을 배출전망치(BAU: Business as Usual) 대비 30%까지 줄이겠다는 의욕적인 목표를 설정하고 부분별 감축전략을 수립하여 추진 중이다.

2-4. 온실가스 저감 대책

2-4-1. 온실가스 배출권거래제

(1) 배출권거래제

배출권거래제(ETS: Emission Trading Scheme)란 교토메커니즘을 이행하기 위한 3가지 경제적 수단(배출권거래제, 청정개발체제, 공동이행제도) 중 주요 수단으로서, 국가마다 할당된 감축량 의무달성을 위해 자국의 기업별, 부문별로 배출량을 할당하고 기업들은 할당된 온실가스 감축의무를 이행하지 못할 경우 다른 나라 기업으로부터 할당량을 매입하도록 하는 제도로서, 2005년 교토의정서가 발효되면서 범세계적 온실가스 배출권 시장이 본격적으로 가동되고 있다.

ETS의 개념은, 시장 메커니즘을 활용하여, 온실가스 감축목표를 저비용과 효율적으로 달성하기 위하여 온실가스 배출권, 즉, 배출허용총량 거래를 허용하자는 것이다. 배출자는 탄소가격(carbon price)에 따라 온실가스 감축 투자 또는 배출권 구매 등을 선택적으로 활용 가능하여 직접규제에 비하여 유연성이 허용되는 특성이 있다.

ETS는 감축목표(cap) 유무에 따라 총량제한 방식(cap & trade)과 기준선 및 크레딧(baseline & credit) 방식으로 배출권 발생방식을 분류하고 있으며, 총량제한 배출권거래는 배출총량을 설정 후 참여대상에게 배출허용량을 할당하고 이를 상호 쌍방향 거래하는 방식이며, 감축실적거래는 특정사업 수행으로 인한 기준배출량(baseline) 대비 감축량에 상응하는 감축실적(credit)을 공인된 기관으로부터 발행받고, 이를 판매하는 단방향 거래방식이다.

ETS는 교토 메커니즘의 주요제도로서, 2010년 12월 멕시코 칸쿤에서 개최된 16차 당사국총회에서도 계속 유지하기로 결의하여 앞으로도 온실가스 저감 대책으로 활용될 전망이다.

(2) 세계 탄소시장 동향

세계탄소시장은 108억$(2005년), 312억$(2006년), 641억$(2007년), 1,500억$(2010년), 2,000억$(2012년) 등으로 급속한 확대가 예상되었으나, 실제로는 2009년 1,437억$에서 2010년 1,419억$로 감소하여 증가추세가 다소 꺾인 상황이다. 주된 원인은 국제협상 난항으로 인하여 2013년 이후의 교토메커니즘의 연속성에 대한 의구심을 일으켜 탄소배출권 수요에 악영향을 미쳤기 때문인 것으로 추정된다.

각국의 도입 시기는 EU(2005년, 점유율 80%), 일본(2005년), 호주(2011년), 캐나다(2012년), 미국(2012년) 등으로 알려져 있다. ETS를 선도하고 있는 EU에서는 2050 장기 로드맵을 설정하여 2005년 대비 80~95%를 감축하기 위한 단계별 조치를 추진하고 있다.

2단계(2008~2012년) 기간의 실제 경매비중은 3%에 불과하였으나, 2013년 이후 50% 이상으로 확대하고, 2027년까지 전체 경매비중을 100%로 확대할 계획을 잡고 있다. 또한 3단계에서의 감축목표를 강화하여 2020년까지 2005년 대비 21% 감축할 계획이다.

미국의 경우에는 연방 차원보다는 주별 탄소시장이 형성되어 있는데, 미국의 환경규제를 선도하는 캘리포니아주의 경우 지구온난화 방지법(global warming solution act : AB32, 2006년)에 따라 2020년까지 1990년 수준으로 감축함에 따라 ETS를 적극 추진하고 있다.

국내에서도 ETS의 핵심요소인 배출량 산정 · 보고 · 검증(MRV: Measurable, Reportable, Verifiable) 역량을 강화하기 위하여 자발적 협약체결 기업에 대한 온실가스 인벤토리 산정 교육, 사업장 배출량 검증 지원 사업, 제3자 검증기관 지정 · 관리 등을 지속적으로 추진하고 있다.

MRV는 온실가스 배출량 및 감축량의 산정 · 검증에 관한 모든 사항인 기준, 절차, 체계 등을 의미하고, 향후 우리기업의 감축량을 국제적으로 인정받기 위해서는 필수요건이 되고 있다.

(3) 국내 대응 현황

국내에서도 최근에 급성장하는 EU를 포함한 국제 탄소시장에의 참여를 준비하고, 비용 효율적으로 감축하기 위하여 배출권거래제도의 도입 기반 구축을 계속사업으로 정하여 추진하고 있다.

또한 본 거래제 도입 시 예상되는 문제점을 발굴하고, 배출권거래의 경험 · 노하우 구축을 위한 시범사업의 도입 · 운영은 필수적이기 때문에, 환경친화기업(약 70개), 대형 건물(대학교, 병원, 호텔 등), 6개 광역지자체(공공기관 400여개)가 참여하는 시범사업을 도입하고(2009.12), 한국거래소는 금융위원회와 공동으로 배출권 시범거래를 시행 중이다.

특히 광역지자체는 산하 공공기관, 건물의 목표관리, 평가, 자체 거래 등 총괄관리를 수행하며, 이를 위하여 제도운영 시스템 자체 개선과 홍보 및 교육 등의 사업 활성화를 위한 국고보조(50%) 반영이 필수적이다.

IT기반의 광역지자체 운영시스템 기능은 참여기관 목표관리, 자체 성과평가, 지역은행과 수탁계약을 체결하여 한국거래소의 시범거래시장에 참여하였다(2009. 7～11, 1차 구축, 환경부).

해외 시범사업에서 영국(총 2.15억£(약3900억원), 일본(연간 30억¥(약390억원)) 등의 재정지출이 있었으나, 환경부는 기업의 조기감축실적(early action)을 향후 목표관리실적으로 인정하기 때문에 재정부담은 거의 없었다고 보고된 바 있다.

그러한 사업의 추진근거는 저탄소 녹색성장기본법 제46조(총량제한 배출권거래제 등의 도입)에서 정부는 온실가스 배출허용량을 설정하고 배출허용량을 거래하는 제도(총량제한 배출권거래제) 등을 실시할 수 있고, 총량 제한 배출권거래제 등의 실시를 위한 배출허용량의 할당방법, 등록 및 관리방법, 거래소설치 및 운영 등에 관한 사항은 따로 법률로 둔다고 규정하고 있다.

녹색성장 국가 전략(2009. 7. 6) 및 기후변화 대응 종합기본계획(2008. 9. 19)은 이미 논의된 바 있으며, 배출권거래제도의 기본계획안 마련(2008~2009년)을 위해서 공공기관, 지자체도 배출권거래제도에 포함하는 방안을 검토하고, 조기감축 실적 인정제도를 마련하였다.

이러한 합의에 의한 배출권거래제 시범실시(2010~2012년)는 2015년으로 연기된 배출권거래제 본격실시에 앞서 정부와 참여자간 합의에 의해 감축목표를 결정하는 시범사업을 실시하고 있다.

2-4-2. 청정개발체제

(1) CDM의 개념

청정개발체제(CDM: Clean Development Mechanism)의 개념은 부속서 I 국가(선진국)가 비부속서 I 국가(개발도상국)에서 온실가스 감축사업을 추진하고 그 결과를 배출권(CERs: Certified Emission Reductions)으로 인정받는 제도로써, 교토의정서 제12조에 의해 규정된다.

선진국은 CDM 사업결과 생성된 CERs로 교토의정서에 따른 자국의 온실가스 감축 목표를 달성하는데 사용하고 있고, 개도국은 CDM사업으로 자국에 대한 선진국의 투자 유발 및 환경 친화적 기술의 이전을 촉진함으로써, 궁극적으로 개도국의 지속가능한 발전에 기여하고자 한다는 개념이다. 따라서 CDM을 통하여 선진국은 온실가스 감축량을 얻고, 개발도상국은 선진국으로부터 기술과 재정지원을 얻을 것으로 기대하고 있다.

2001년 7차 당사국총회에서 CDM집행위원회(executive board)가 구성된 이래, 세부적인 사업 추진절차가 마련되어, 2005년 1월 현재 1개의 대규모 매립지가스 자원화사업과 1개의 소규모 수력 발전 사업이 CDM집행위원회에 등록되어 있으며 19개의 베이스라인 및 모니터링 방법론이 집행위원회로부터 승인을 받은 바 있다.

청정개발체제는 공동이행제도와는 달리 1차 의무기간(2008~2012년) 이전의 조기감축활동(early action)을 인정하는데 2000~2007년에 발생한 CERs을 소급하여 인정한다.

CDM 사업은 다음과 같이 ①에너지 산업, ②에너지 공급, ③에너지 수요, ④제조업, ⑤화학산업, ⑥건설, ⑦수송, ⑧광업/광물, ⑨금속공업, ⑩연료로부터의 탈루성 배출(solid, oil and gas), ⑪할로겐화 탄소 및 6불화황 생산/소비, ⑫용제사용, ⑬폐기물 취급 및 처리, ⑭조림 및 재조림, ⑮농업 등 총 15개 분야로 분류되고 있다. CDM 사업추진 체계는 다음과 같이 크게 10단계로 구성된다.

① 청정개발체제(CDM) 사업에 대한 승인 : 사업을 실시하려는 사업자는 투자국과 사업유치국간 사업실시에 대한 서면 승인을 얻고, 동 승인서를 운영기관(OE)에 제출하여 사업의 인가(타당성)를 받는다.

② 운영기관의 선정 : 사업시행자는 사업제안서를 제출하여 사업인가를 얻기 위한 운영기관을 선정한다.

③ 의견수렴 및 환경영향평가 실시 : 사업시행자는 선정된 운영기관에 제출하는 사업제안서에 사업대상지역 이해관계자(local stakeholder)로부터 의견 수렴할 내용을 포함시키고 이를 시행하는데, 사업제안서에는 당해 프로젝트의 실시 시점 및 그 주변지역에의 환경영향분석 내용을 담는 것이 필요하며, 환경에 영향이 크다고 판단되는 경우 환경영향평가를 실시한다.

④ 사업제안서 제출 : 온실가스 인벤토리 산정기간, 모니터링 계획 등 사업과 관련된 모든

자료가 포함된 사업제안서를 선정된 운영기관에 제출한다.

⑤ 운영기관의 타당성 조사 : 선정된 운영기관은 사업시행자에 의하여 제출된 서류를 제반 규정 및 기술적인 검토를 통하여 타당성(인가)을 심사한다.

⑥ CDM 집행이사회에 의한 등록 : 사업제안서의 인가심사를 결정하면 지정된 운영기관은 인가된 사업을 CDM 집행이사회에 제출하여 등록한다.

⑦ 사업시행자에 의한 모니터링 : 집행이사회에 의해 등록된 사업은 사업수행이 가능하며 배출권(CERs) 산정을 위한 모니터링 작업을 수행한다.

⑧ 운영기관에 의한 검증 : 선정된 운영기관은 사업시행자의 모니터링 결과를 사후 보고 받으며 이의 확인을 위한 현장검사 등의 검증절차를 거친다.

⑨ 운영기관에 의한 인증 : 운영기관은 검증을 통하여 배출권(CERs)을 인증하고 이의 결과를 사업시행자, 관계국 정부, CDM 집행이사회에 서면으로 인증보고서를 통지하고 공표한다.

⑩ CDM 집행이사회에 의한 CER의 발행

청정개발체제의 가장 기본적인 형태는 양국 간 교토 메커니즘 기본 구성안이 되는 양자간(bilateral) CDM으로서, 선진국에서 CDM 사업을 개발하고 이를 개도국에 유치하는 것을 골자로 하고 있다. 다수의 선진국들이 공동으로 개발하는 경우는 다자간(multilateral) CDM이라 한며, 단독(unilateral) CDM인 경우에는, 개도국이 단독으로 사업을 개발해서 선진국에 배출권 판매를 가능하게 하는 방식이다.

(2) 해외 CDM 동향

2010년도 세계 CDM 시장 거래액은 약 1.5억 달러로 2009년 대비 약 46% 감소함으로써 2008년 12%, 2009년 59%에 이어 시장규모가 3년째 감소하는 추이를 나타내고 있으나, 배출권 가치는 2012년까지 총 발행량 1,150백만 CO_2톤으로 평균 발행량 12% 이상 증가가 예상된다.

CER의 발행량 증가에 따른 시장 유동성 증가와 EU-ETS 내 배출권의 공급과잉 상태가 지속됨에 따라 pCER의 선호도가 점차 낮아져 시장비중이 하락추세에 있다. 그러나 중국의 경우,

제12차 경제사회개발 5개년 계획(2011. 3)에 의거하여 온실가스를 2015년까지 GDP 배출량 대비 17% 감축한다는 목표를 세워 2010년 말 기준 2,850개의 CDM 사업을 승인한 바 있다.

(3) 국내 CDM 대응

국내에서도 CDM의 활성화가 매우 필요한데, 2013년 이후의 온실가스 감축부담에 대비하기 위한 CDM과 배출권거래제 등 온실가스 감축관련 인프라 구축 시급하기 때문이다. 또한, 해외 진출 활성화를 통한 국내 CDM시장 한계의 극복 및 온실가스 의무감축국가로의 전환을 대비해야 하기 때문이다.

국내에서 CDM을 추진하면 여러 가지 효과를 기대할 수 있는데, 우선 녹지 조성을 통하여 환경개선을 도모할 수 있고, 낙후된 산간벽지에서도 경제성 있는 사업을 창출할 수 있으며, 홍수와 같은 자연재해 또한 예방할 수 있고, 해외 CDM 사업 추진을 위한 노하우를 축적할 수 있다.

국내 CDM 사업이 가능한 분야는 이미 대부분 포화상태이고, Post-2012체계에서 온실가스 의무감축국으로 전환될 경우에는 국내에서의 CDM 사업을 추진하는 것은 불가능하므로 해외 CDM 사업을 적극적으로 추진할 필요가 있다.

의무감축량을 확보하기 위해서는 외국에서 배출권을 확보하는 것이 국내에서 자체적으로 온실가스 저감노력을 수행하는 것보다 비용 효율적이므로 국내 기업들은 해외 CDM 사업 개발에 심혈을 기울이고 있다.

북한과의 관계가 개선된다면, 북한에서 CDM 사업을 추진하는 것도 여러 가지 장점이 있는데, 일단 거리가 가까우므로 묘목이나 장비의 수송비용이 저렴하고, 한반도의 환경개선에 기여할 수 있으며, 이미 산들이 모두 헐벗어 자연재해에 무방비 상태인 북한 주민의 생존에 기여할 수도 있다.

CDM 사업은 우리나라 실정에 매우 적합한데, 국내기업의 에너지효율 기술수준이 높아, 온실가스 감축 비용이 개도국에 비해 상대적으로 높고, 해외에서 획득한 배출권(CER)의 탄소시장거래를 통해 외화획득이 가능하기 때문이다. 현재 한국정부에서 계획하고 실적을 올린 CDM 지원 사업은 크게 해외, 국내 및 이해당사자간의 사업 등으로 세 가지로 나누어 볼 수 있다.

첫째는 해외 CDM 수출산업화 지원인데, 국내 CDM 시장의 성숙에 따른 해외 CDM 진출을 위하여 CDM 수출산업화 추진단을 이미 지난 2008년도에 발족하고 운영하고 있다.

현지 관계기관 및 대상기업과의 네트워크 구축과 정보제공과 정부, 민간기업, 국제기구, 금융기관 등 CDM 관련 이해관계자들을 대상으로 연차별 해외 CDM 사업 컨퍼런스 개최하고 있다. 2008년 11월 태국 및 베트남, 2009년 11월 필리핀, 2010년 11월 아시아 2~3개국에서 관련 컨퍼런스를 개최하였으며, 2011년 이후에는 아프리카 진출을 모색하고 있다.

두 번째는 국내 CDM 사업 승인과 검인증 및 발굴 추진사업인데, CDM 국가승인기구(DNA: Design National Authority, 국무총리실)에 CDM 사업적합성 검토의견 제출을 제출하고, 폐기물 에너지화, 에너지 효율향상, 신재생에너지 보급 분야 등을 그 주요대상으로, 온실가스 저감 및 지속가능발전을 목표로 하나 수익성 등의 장애 요인으로 미 이행되는 부문에 대해서는 정책적 CDM 사업발굴을 추진하고 있다.

마지막으로, 이해관계자간 정보교류 네트워크를 제공하고, CDM 사업 활성화를 지원하는 사업인데, 2007년부터 분기별로 국가 CDM 연구회를 운영하고 있으며, 국제협상 동향파악, CDM 관련 결정사항, CDM 추진사례 등의 정보교류를 실시하고 있다. 또한, 2009년부터 CDM 온라인 지원시스템 운영으로, 사업투자자 · 배출권 구매자 등의 이해관계자에게 신속하고 정확한 정보 및 소통체계를 제공하고 있다.

2-4-3. 공동이행제도

공동이행제도(JI: Joint Implementation)는 부속서I 국가들 사이에서 온실가스 감축사업을 수행하는 것을 인정한 것으로, 한 국가가 다른 국가에 자본과 기술을 투자하여 감축한 온실가스량의 일부분을 투자국의 감축실적으로 인정하는 제도로서, 교토의정서 제6조에서 규정하고 있다. 공동이행제도를 통해 저감한 온실가스 배출권을 ERUs(Emission Reduction Units)이라고 한다.

JI 추진절차는 두 가지 유형으로 구분되는데, 투자를 유치한 선진국의 대상 활동 관련 온실가스통계시스템과 탄소배출권 등록시스템이 교토의정서에서 요구한 요건을 충족한 경우(트랙 1)에는 국가 온실가스 인벤토리 가이드라인에 따라 프로젝트의 승인, 흡수 배출량의 모니터링 및 검증, 배출권(ERUs) 발행 등 대부분의 절차를 투자유치국이 할 수 있다.

반면에 통계시스템과 탄소배출권 등록시스템이 이 요건을 충족하지 못했을 경우에는(트랙 2) 청정개발체계의 집행위원회와 유사한 기능을 하는 교토의정서 부속 공동이행제도 감시위원회(Supervisory Committee)의 프로젝트 승인과 흡수량 인증을 받아서 탄소배출권을 발행해야 하는데, CDM 사업과 달리 베이스라인 방법론승인 및 등록절차는 생략할 수 있다.

베이스라인 방법론은 CDM 승인 방법론 적용 또는 개별사업에 맞게 수정이 가능하며, 개별사업 또는 여러 사업에 공통적으로 적용되는 베이스라인 설정이 가능하다.

우리나라는 비부속서I 국가에 속하므로, JI는 우리가 활용할 수 있는 제도는 아니어서 국내의 관심은 높지 않은 상황이다. 그러나 EU는 동부유럽국가와 공동이행을 추진하기 위하여 활발히 움직이고 있다. 2010년 현재 총 392개 사업 중 199개 사업(51%)이 트랙2, 193개 사업(49%)이 트랙1으로 추진되고 있는데, 러시아가 113개, 우크라이나 70개 사업을 추진 중으로 가장 활발하다.

2010년 11월부터 Bluenext에 ERU 현물상품이 등록되어 거래되고 있으나, 시장 유동성이 낮아 CER보다 낮은 가격에 거래되고 있으며, Post-2012에 대한 교토 메커니즘의 연속성 및 2012년 이후의 온실가스 감축량에 대한 ERU의 발행가능성 등 불확실성이 높은 상황이다.

2-4-4. 국내의 저감 대책

(1) 온실가스 · 에너지 목표관리제

온실가스 · 에너지 목표관리제는 온실가스 배출량 및 화석에너지 사용량 목표를 정하고, 이행계획과 관리체계 등을 통해 목표를 효율적으로 달성하는 제도로서, 온실가스를 많이 배출하고 에너지를 많이 소비하는 사업장에 대해 온실가스 감축 및 에너지 절약 목표를 설정하고, 관리하는 제도이다.

우리나나라 정부는 온실가스 및 에너지 목표관리제를 관리업체와 공공기관으로 나누어 시행하고 있으며, 온실가스와 에너지 목표를 상호협의하고, 인센티브와 페널티(개선명령, 과태료 등) 부과를 통해 목표달성을 추진하고 있다.

목표관리제 추진경위를 살펴보면, 2009년 6월 비상경제대책회의에서 '에너지 수요관리 대책'을 의결하면서, 고유가와 기후변화에 효과적으로 대응하기 위해 이행강제수단을 강화한 목표관리제 도입을 결정하였고, 2009년 11월 제6차 녹색성장위원회에서 국가 온실가스 감축을 위한 에너지목표관리제 도입과 시범사업 추진을 발표하였다.

2010년 1월 '저탄소 녹색성장 기본법'에 온실가스 및 에너지 목표관리제 도입을 명시하였으며, 동년 4월 '저탄소 녹색성장 기본법' 시행령에 따라 온실가스 · 에너지 목표관리제를 실시하기로 하고, 동년 9월 관리업체를 지정하였고, 2011년 3월 온실가스 · 에너지 목표관리제 운영지침을 확정 · 고시하여 명세서를 제출하도록 하였다.

구체적인 목록은 관리업체 지정 · 관리지침, 산정 · 보고 · 검증지침, 검증기관 지정 · 관리지침, 온실가스 · 에너지 목표설정 협의지침, 에너지명세서 관리 및 공개지침, 실적평가 기준, 관장기관 소관사무 점검평가 지침 등이다.

목표관리제는 3년간 평균 온실가스 배출량 및 에너지 사용량이 '저탄소 녹색성장 기본법' 상 일정기준 이상인 업체 및 사업장을 대상으로 하는데, 사업장 대상 온실가스 배출량 기준은 125천 tCO_2(2010년), 87.5천 tCO_2(2012년), 50천 tCO_2(2014년) 등으로 감소하며, 에너지 사용량 기준은 500TJ(2010년), 350TJ(2012년), 200TJ(2014년) 등으로 점차 엄격해진다.

2010년도 산업 · 발전분야의 지정된 관리업체는 378개소(2011년 5월 기준)로서 전체 관리업체의 80%를 점유하며, 관리업체의 온실가스 배출량은 361백만 tCO_2, 에너지사용량은 4,094천TJ로서, 각각 국가 총량의 58.2%, 40.6%를 차지하였는데, 이는 산업 · 발전분야 전체 배출량의 85.1%, 에너지사용량의 64.9%에 해당한다.

전체적으로는 약 600여개 사업장 관리로 전체 사업장 배출량의 90% 이상을 관리하고, 국가 총 배출량의 약 70%에 대해 체계적인 관리가능을 지니고 있다. 목표관리제 추진절차는 다음과 같다.

① 관리업체 지정 및 고시 : 총괄기관인 환경부의 확인을 거쳐 부문별 관장기관이 관리업체를 지정하여 관보에 고시하고, 이에 대한 이의신청을 받는다.

② 목표설정 : 부문별 관장기관이 관리업체의 차기 연도 온실가스 감축, 에너지 절약 및 에너지 이용효율 목표를 설정하고 관리업체에 통보한다.

③ 이행계획서 제출 : 관리업체는 목표 달성을 위한 이행계획을 시행령의 요구사항에 따라 작성하여 부문별 관장기관에 제출한다.

④ 실적보고서 및 명세서 제출 : 관리업체는 이행계획을 실행한 실적과 해당년도 온실가스

배출량과 에너지 소비량에 대한 명세서를 부문별 관장기관에게 제출한다.

⑤ 평가/개선 명령 : 부문별 관장기관은 관리업체의 이행실적이 목표에 미치지 못하거나 보고의 내용이 미흡한 사실이 발견되는 경우, 개선명령 조치를 통보하고 행정조치를 취한다.

목표관리제 추진체계는 총괄기관과 부문별 관장기관체계로 규정하고 있고, 환경부가 총괄기관으로서, 종합적인 기준과 지침을 마련하고, 부문별 관장기관 사무에 대한 점검 및 평가, 검증기관 지정과 관리 등의 목표관리에 관련된 총괄관리 및 조정기능을 지니고 있다.

관장기관이 되는 농식품부, 지식경제부, 환경 · 국토해양부 등에서는 관리업체의 지정과 그 목표를 설정하고, 이행실적을 평가하고 행정처분 등 실제집행을 하고 있다. 추진원칙은 산업계 부담을 고려하여 제도시행 초기에는 정확한 배출량 산정에 초점을 두고 시행하고 있으며, 기업의 부담을 완화하기 위한 기업친화적인 방식으로 운용하고 있다.

이와 더불어 온실가스와 에너지 목표의 통합적 관리나, 기업의 설비투자 계획 반영, 기업특성을 반영한 목표설정, 조기감축 실적 인정, 초과 달성 인센티브 제공 등을 추진하고 있다.

그 간 추진동향은 관계부처 합동 설명회 및 부처별 설명회를 수시로 개최하였고, 목표관리제 지침마련을 위한 기술자문단을 구성해서, 총 39인의 목표관리, 측정 및 검증, 검증기관 지정 및 관리 등 3개 분과를 구성하였다. 목표관리제 지침마련을 위한 실무기술협의회는 매주 개최하고 있고, 지침마련과 관련 부처협의 또한 활발히 진행하고 있다.

배출량 산정 및 보고, 검증(MRV)과 관리업체의 지정과 관리, 검증기관 지정과 관리 지침을 세우고, 목표관리제 지침 안을 위한 공청회를 대한상공회의소에서 개최하는 등, 산업계와 관계부처의 밀접한 관계가 형성되었다.

MRV란 에너지 사용량 및 온실가스 배출량의 산정 · 측정(monitoring) 및 그 결과의 국가보고(reporting)를 의무화하며 국가에서 이를 검증(verification)에 활용할 수 있도록 하는 에너지 산정 · 보고 (전산)시스템을 말한다.

목표관리제의 기본적인 운영지침은 해외 선진사례 및 관련 법령 · 규정에 대한 분석과 국내 기업에 적용성을 검토하는 접근방법이며, 이를 위해, 모니터링 및 보고 가이드라인 인 EU-ETS, 미국의 온실가스 의무 보고법, 호주의 온실가스 · 에너지 보고법과 일본 등의 관련지침을 분석한 것이다.

관리업체 목표관리제의 향후 추진일정은, 매년 9월에 부처 간 협의, 공청회, 규개위 심사 및 녹색위 심의 등을 거쳐 목표관리제 1차 지침을 고시하고, 관리업체 지정 및 관리 등의 시급한 사항에 대해서는 9월 이전에 별도로 고시할 예정이며, 검증기관 지정신청 개시 및 심사와 관리업체 지정 및 고시도 함께 시행된다.

환경부에 따른 공공기관 목표관리제의 추진경과를 살펴보면, 중앙 · 지방 녹색성장책임관을 대상으로 공공기관 목표관리제 운영계획을 2010년 4월에 설명했으며, 목표관리제 대상 공공기관을 2010년 5월에 환경부에서 1차로 선별하였는데, 이는, 중앙행정기관(43), 광역지자체(16), 기초지자체(223), 공공기관 운영법 공공기관(259), 지방공기업(131), 국립대학병원 · 치과병원(12), 국공립대학(64) 등이다.

공공기관 목표관리제를 위한 추진계획은 매년 7월에 기본계획을 수립하고, 8월에는 종합지침을 수립하도록 규정하고 있다. 관리업체 목표관리 지침의 내용을 준용하되, 공공기관의 특성을 반영해서, 3개 부처 공동으로 공공기관 목표관리 제도설명회 개최하였고, 2011년 12월까지 목표관리 이행계획을 제출하도록 하고 있다.

정부에서는 온실가스 · 에너지 목표관리제의 운영 · 이행 기반구축을 위해 업종별 에너지관리시스템(EnMS: Energy Management System) 구축사업 등을 통한 관리업체의 감축이행을 지원하고 있다.

온실가스 · 에너지 목표관리제의 조기정착 및 기업의 이행기반 구축을 위해 업종별 MRV 및 국제표준에 부합하는 중소기업용 EnMS 표준모델을 개발하여 사업장에 적용하며, 고도화 작업 등을 통해 산업계 전반에 확산시킨다는 계획이다.

(2) 온실가스 인벤토리 구축

온실가스 통계의 필요성은 누구나 인지하고 있는바, 신뢰도 높은 온실가스 인벤토리 구축을 통해서 국가 감축목표 설정 및 배출권거래제 도입 등으로, 주요 기후변화 대응정책의 기반이 시급한 과제로 두각 되었다. Post-2012 체제에서 의무감축국으로 편입 시, 온실가스 통계에 대한 국가 인벤토리 보고서를 매년 의무적으로 제출하도록 규제하고 있다.

온실가스 인벤토리(inventory)는 UN 기후변화협약에서 규정한 국가에서 총 온실가스의 연간 배출량 및 흡수량을 세부 배출원 목록별로 분류한 부문별 온실가스 통계로 이루어진다. UNFCCC의 국가 인벤토리 보고서는 온실가스 통계 분야에 대한 전문적 보고서로서, 배출원 목록을 규정하고 6대 온실가스 및 간접 온실가스의 배출량 및 흡수량에 대한 산정 방법론 및 산정에 필요한 기초 자료 등을 서술하고 있다.

국내 온실가스 인벤토리 구축 추진동향을 살펴보면, 먼저 부문별 온실가스 배출계수 개발 및 배출량을 산정에 있어서 IPCC 2006 가이드라인을 기초로 하고 있는데, 이에 따라 신뢰도 높은 온실가스 통계작성을 위해 국가 고유의 Tier 2 이상 온실가스 배출계수를 개발하고 있다.

환경 분야(폐기물)의 경우에는 2009년까지 총 9건의 Tier 2, 3 수준 배출계수를 개발하여 배출량을 산정하였으며, 수송 분야에서는 2001년부터 총 211건의 배출계수를 개발하고 차종별 주행 거리를 이용한 국가 고유 배출량을 산정하였다. 특히 산업공정부문에서는 시멘트, 화학산업, 철강 등 주요 산업부문 26건의 배출계수를 개발했고, 전국 1~3종 사업장 2,973개의 공정별 배출량을 산정하였다.

국내 배출계수 개발현황은 아직 타 선진국에 비교할 때에 부족하지만, 꾸준한 정부차원의 노력을 보여주고 있다. 또한 GHG-CAPSS(Greenhouse Clean Gas Air Policy Support System)를 이용한 온실가스 통계기반을 마련하였는데, 이는, 지역별, 연도별, 배출목록별 온실가스 및 대기오염물질 배출량을 산정하고 조회하는 시스템으로 지난 2008년도에 구축하였다.

GHG-CAPSS는 대기오염-온실가스 통합관리시스템으로, 대기 배출원 시스템을 통해 사업장별 활동도자료를 입력하고 이를 검증하고 확정한 후, IPCC 가이드라인에 따라 상향식 통계를 산정하는 방법이다. 현재, 전국 1~3종 사업장 2,973개와 전국 16개 광역지자체 및 248개 기초 지자체의 연도별 및 유형별 온실가스 배출량을 산정해 놓았다.

온실가스 통계를 위한 향후 대응계획으로서 '저탄소 녹색성장 기본법' 제정 이후 본격화 될 온실가스 인벤토리 체계제도화인 국가 온실가스 인벤토리 구축, 사업장 의무보고제도, 배출권 거래제 등에 대비하고 온실가스 측정, 보고, 산정 인프라 고도화를 추진할 것으로 전망된다.

또한 부문별 배출계수 개발 및 배출량 산정을 지속적으로 수행하여 2012년까지 총 30개의 환경부문 배출계수 개발을 목표로 하는 등 국가 고유계수 적용을 위한 부문별 배출계수를 자체개발 중이다.

환경부는 2009년 사업을 바탕으로 지자체 온실가스 배출량 산정지침을 완성하였으며, 기초 지자체 단위로 온실가스 인벤토리 구축사업을 확대해 나갈 방침이다.

정부에서는 중소기업을 위해 온실가스 인벤토리 구축을 지원하고 있는데, 인적, 물적 네트워크가 부족한 중소기업 관리업체의 목표관리제 이행지원을 위해 온실가스 인벤토리 구축비용 등을 지원하고, 중소기업을 대상으로 온실가스 인벤토리 구축, 배출량 명세서, 감축이행계획서 작성비용의 50%를 지원함으로써 중소기업의 부담을 경감시킨다는 계획이다.

(3) 온실가스 관리 전문인력 육성

저탄소 녹색성장 기본법 시행에 따른 온실가스와 에너지규제 대응수요가 발생함에 따라, 배출권거래제에 따른 탄소시장 등이 형성되면서, 산업계 및 공공기관의 수요에 맞춤형 인력을 공급하고 녹색성장 일자리를 창출하여 청년실업 해결에 기여하고자 온실가스 관리 전문인력 육성을 하겠다는 것이 주요 내용이다. 정부는 현재, 인력양성 수/취업자 수 현황을 2009년~2010년 9월말 기준으로 417명/177명으로 파악하고 있다.

온실가스 관리 전문인력 육성을 위한 대응 및 추진방안은 온실가스관리 전문인력 양성과정을 2011년 250명 목표로 총 8기에 걸쳐 운영하고, 취업박람회, 우수 수료생 인턴수당 지원, 기업 추천 등 취업지원도 실시하고 있다.

가칭, 온실가스 관리사 자격제도 시범운영 또한 추진하고 있으며, 제도 운영체계에 따라 관련근거를 마련해서, 검정 실시기반을 마련하여, 2011년 하반기에는 검정 실시 후 온실가스 관리사를 배출하였다. 이는, 기업이 원하는 녹색 인재를 원활하게 공급하고, 2011년 기준으로 약 500개의 온실가스 관리 녹색 일자리를 창출하는 기대효과도 있었다.

(4) 기후변화대응 R&D 사업추진

기후변화에 효과적으로 대응하고, 저탄소 녹색성장기본법에 따른 각종 대책을 차질 없이 추진하기 위한 목적으로 체계적인 R&D 사업을 추진하는 것이 핵심이며, 2008년 말에 기후변화대응 국가연구개발 중장기 마스터플랜이 마련됨에 따라 기후변화대응 R&D에 투자를 5년간 약 5조원 규모로 확대할 예정이다.

이를 위해서 교과부에서는 기후변화대응 기초원천기술개발사업, 지식경제부는 에너지와 지원 기술개발 지원 사업 및 환경부의 온실가스 감축 및 적응사업 등이 계획되어 있다. 추진방안은, 환경부에서 기후변화 대응 R&D 사업의 기본계획을 2011년 초에 수립하였고, 연구자의 연구수요 및 환경부의 정책 수요를 종합적으로 검토하고, 외국의 사례를 벤치마킹하여 종합적인 R&D 마스터플랜 작성할 계획이다.

2011년 6월에 기획재정부에서 예비타당성 조사를 착수하였으며, 예비타당성 조사 결과에 따른 예산을 편성하였다. 그로 인해, 과학적 · 기술적 · 정책적 기초연구를 통한 기후변화에 효과적으로 대응할 수 있는 기반이 마련되었으며, 각종 R&D 사업의 체계적 정리로 예산의 효율적 집행을 수행하였다.

(5) 녹색생활 Me first 운동추진

추진하고자 하는 녹색생활 Me first 운동은 가정과 교통 등 비 산업분야의 온실가스 감축을 위한 녹색생활 문화 확산으로 저탄소 녹색성장 구현에 기여하고자 함이며, 온실가스 전체 배출량의 43%를 차지하는 비 산업분야 감축역량 강화를 위해서는 시민의 절대적인 실천이 필수적이다.

본 운동을 범국민 실천운동으로 수행하기 위해서, 민간단체, 기업 등의 녹색생활운동 참여단체를 지속적으로 확대하여 민 · 관 파트너십을 통해 녹색생활 Me First운동 전개하고자 한다.

그린리더 1만 여명을 선발해서 육성하고, 2015년 목표 5만 명을, 1사 단체 1녹색 운동으로 추진하고자 하며, 녹색 청소년 단체 구성을 지원하고 학생, 군인등 차세대에 대한 맞춤형 녹색생활교육으로 녹색생활문화를 확산하고자 계획하고 있다. 녹색여행, 친환경 운전 등 시기별 · 계층별 국민 참여 실천행사를 실시하고 녹색생활 콘텐츠를 보급하며, 녹색생활 공익광고 등 방송사와 온라인을 통한 홍보를 강화할 예정이다.

다른 하나의 홍보운동으로 그린스타트 운동은 국민의 자발적 참여와 실천을 통해 가정, 상업, 교통 등의 비 산업부문의 온실가스를 줄이는 범국민 녹색생활운동인데, 사회 각 층이 참여하는 민 · 관 파트너십형의 추진체계와 관련 네트워크를 구성하였다. 정부–산업계–시민사회단체의 공동대표 체제로 구성하고, 환경부가 실천운동의 정부 파트너로 지원역할을 수행하고 있으며, 네트워크 활동 지원기구로 사무국을 운영하고 있다.

그린스타트 운동은 민 · 관 MOU 체결로 그린스타트 운동 등 협력기반을 확대하고 추진하고 있는데, 2009년 KT, 웅진코웨이, 롯데쇼핑, 코레일, 교통문화운동본부 등과 2010년도에는 동부화재, 5개 프로스포츠 단체, 육군본부, 녹색매장, 바르게살기운동중앙협의회, 대한체육회, 동양생명 등이 참여하고 있다.

녹색생활 실천 콘텐츠 개발과 보급 측면에서도, CO_2줄이기 시민실천 수칙을 제정하고, 탄소발자국 온실가스 배출진단 프로그램 개발과 Me First 운동의 CI 제작 및 범정부 확산을 기대하고 있다.

녹색교육 활성화추진은 그 대상범위를 초등학교의 기후변화의 이해라는 교육용 보조교재를 발간하고 교육 동영상 제작과 배포 등 각종자료 및 수업시간 체험교육을 제공할 계획이다.

이와 같은 범국가적인 운동의 적극적인 지원과 수행을 위한 녹색생활 실천 지원시스템을 구축하였으며, 이는, 전기, 가스, 수도 절약을 통한 온실가스 감축 실적에 따라 인센티브를 제공하여 온실가스 감축을 유도하는 탄소포인트제에 가입을 2009년 50만 가구에서 2010년에는 200만 가구로 확대하였으며, 고효율 제품설치를 지원하여 가정의 녹색화를 지원하고, 온실가스 감축 관련 산업도 육성하고자 하는 녹색가정 만들기 또한 운영하고 있다. 과천, 안양, 아산시 6,000가구에 대한 시범사업을 수행한 후 2011년에는 전국적으로 확대해서 추진하고 있다.

또한 탄소성적표지제, 녹색매장 인증제로 녹색소비를 활성화하고 녹색생활 실천 우수사례 포상 등 인센티브를 제공하고 있다. 2009년 탄소 성적표지 제품이 84개에서 2010년에는 150개로 확대되었다.

(6) 자동차 연비-온실가스 규제도입

녹색성장위원회, 지식경제부, 환경부 공동으로 자동차 연비 및 온실가스 기준 개선방안을 마련하고, 자동차 연비 및 온실가스 기준 · 벌칙 등을 마련해서, 제작사가 기준을 선택하도록 하는 선택형 단일규제 형태로 제도를 도입하였다. 이는, 저탄소 녹색성장 기본법 제47조 및 시행령 제37조에 근거하고, 연비, 온실가스 기준을 각각 정하되, 기준의 적용 및 관리는 환경부장관이 관장하고, 기준준수에 관한사항은 환경부장관이 고시하도록 규정하고 있다.

자동차 연비 및 온실가스 기준 개선방안의 주요내용은 수송부문 온실가스 감축을 위하여 자동차의 평균에너지소비효율기준 및 온실가스 배출허용기준을 도입하되, 선택형 단일규제로

운영함이다.

2012년부터 단계적으로 적용하여 2015년에 연비 17km/L, 온실가스 140g/km의 기준을 10인승 이하 승용·승합차에 적용하고 있다. 이는, 점진적으로, 2012년 30%, 2013년 60%, 2014년 80%에서 2015년 100% 적용할 계획이며, 업계 여건을 고려한 신축적인 보완장치 또한 마련할 예정이다.

공차중량을 고려한 신축적 기준 적용, 소규모 제작사에 대한 유예 검토, 초과/달성분에 대한 소급·이월 및 크레딧 허용 등도 고려하고, 연비 및 온실가스 측정방법, 관련 절차를 단일화하고, 자동차 인증은 국가기관에서, 시험은 기존 민간 시험기관을 활용할 계획이다.

이를 위한 그간 추진상황을 살펴보면, 2010년 4월 자동차 온실가스 규제를 위한 T/F 운영시행과 해외사례 조사·분석을 통한 자동차규제 세부운영방안을 마련하였으며, 기준과 선택 등을 위한 고시제정 등을 추진하였다.

자동차 연비·온실가스 세부 규제기준 마련을 위한 연구는 연비·온실가스 측정방법, 공차중량을 고려한 기준 설계, 유종간 보정계수 개발, 벌과금 요율 설정 등을 검토하였으며, 자동차 제작사·수입사 간담회도 여러 번 개최하였다.

세부 입법방안 마련을 위한 관계부처 회의도 개최되었는데, 총리실 재정금융정책관, 녹색위, 법제처, 지경부, 환경부 등이 참여하였으며, 저탄소 녹색성장 기본법 시행령에 따른 고시안 마련 및 지경부 관계부처 회의도 열었다.

향후 추진 대응계획은 녹색성장기본법에 따른 고시로 최대한 규정하되, 제도의 실효성 확보 및 최소한의 규제사항에 대하여는 녹색성장기본법을 개정하여 법적 근거를 마련할 것이며, 2012년부터는 차질 없는 제도시행 및 제작업체의 사전대응을 위해 조기에 법률 개정을 완료할 필요를 인지하였다.

자동차 제작업체가 한 기준을 선택적으로 준수할 수 있도록 하는 고시규정 기준 등에 대한 고시안을 마련할 계획이며, 고시초안 마련 후 조속히 고시제정을 완료할 계획에 있다. 법적근거 마련 또는 법률에 규정할 필요가 있는 법정규정 사항은 입법 방안을 검토하여 관계기관과 협의하고, 녹색성장기본법 및 대기환경보전법 개정방향에 대한 다각적인 검토를 할 계획이다.

3장 국내외 환경규제 동향

환경규제는 크게 환경협약과 환경규제로 구분할 수 있는데, 국제환경협약은 여러 국가들이 국제기구를 중심으로 제정한 국제법이고, 환경규제는 한 국가나 국가연합에서 제정한 법으로서, 모두 강제성이 있다. 국제환경협약은 수출 여부와 무관하게 전 세계 모든 지역에서 준수해야 하는 반면, 환경규제는 해당 국가나 지역에서 수출이나 생산 등의 경제 활동을 하는 경우에 한해서 준수를 요구받는다.

최근 세계 무역규제 동향을 살펴보면, FTA(Free Trade Agreement) 체결이 점차 확산되면서 전통적인 무역장벽인 관세나 수입 · 수량 제한(쿼터제) 등의 조치는 감축되는 반면, 환경 관련 표준, 인증, 기술규제 등과 같은 비관세장벽은 강화되는 추세이다.

전 세계 각국은 환경보호, 에너지 · 자원 절약, 온실가스 저감 등을 명분으로 친환경적이고 에너지효율이 높은 제품을 사용하도록 규제하거나 관련 제품에 에너지효율 표시를 의무화하고 있다. 또한 선진국 뿐 아니라 중국, 태국, 인도, 베트남, 브라질 등 개도국에서의 환경규제 도입이 강화되는 추세여서 전 세계 어느 나라에 수출하더라도 환경규제의 영향을 피해갈 수는 없는 실정이다.

1절에서는 대표적인 국제환경협약에 대해 알아보고, 2절에서는 국제적으로 중요한 환경규제에 대해 살펴보며, 3절에서는 주요 산업별 대표적인 환경규제를 고찰하고, 마지막으로 4절에서는 국내의 주요 환경규제에 대해서 설명한다.

3-1. 국제환경협약

국제환경협약(International Convention on Environment)은 환경을 보호하기 위해 체결되는 양자간 다자간 국제협약이다. 주로 지구적 차원의 환경을 보전하기 위한 국가별 의무 또는 노력을 규정하고 있다. 2011년 현재 체결된 국제환경협약은 대기, 수질, 폐기물 및 자연환경 분야에서 220여개에 달하고 있다(2011 환경백서).

산업 혁명 이후 화석연료를 사용하기 시작하면서 산업화가 급진전되고, 각국은 개발 위주의 경제 성장을 거듭하여 지구 자원의 무절제한 발굴과 공해 물질의 무분별한 배출이 초래되었다. 그 결과 지구의 환경이 파괴되고 자정능력이 저하되어 더 이상 좌시할 수 없는 지경에 이르자 범지구적 차원의 공동 대응이 요구되어 1972년 유엔 인간 환경 회의가 개최되었고, 그 이후 UN, OECD, WTO 등의 기구를 중심으로 환경 문제를 해결하려는 노력이 진행되고 있다.

1970년대 이후 국제환경협약의 주제를 살펴보면, 1970년대에는 주로 자연환경과 동식물 보호에 대한 내용이 주류를 이루고 있다. 습지보호에 관한 람사협약(1971), 폐기물 해양투기 방지에 관한 런던협약(1972), 멸종위기 동식물을 보호하기 위한 국제열대목재협정(1973), 해양오염 방지를 위한 국제협약(1978) 등이 채결되었다.

1980년대는 기후변화에 대한 관심이 고조되어, 오존층보호에 관한 비엔나협약(1985)을 시작으로 구체적으로 오존층 파괴물질 감축 일정을 제시한 몬트리올의정서(1987), 기후변화에 대한 UN기본협약(1992) 등이 연이어 채결되었다.

이와 더불어 해양법에 관한 UN협약(1982)과 유해폐기물의 이동을 규제하는 바젤협약(1989) 등이 채결되었다. 1990년대에는 기존 환경협약의 유효성을 갖추기 위한 구체적인 의정서들이 채택되었다.

기후변화협약을 이행하기 위해 온실가스 감축 일정을 구체적으로 규정한 교토의정서(1997)가 그 대표적인 예라 할 수 있다. 2000년대에 들어서는 지속가능발전(sustainable development)이 화두가 되어 2002년 8월 남아프리카공화국 요하네스버그에서 개최된 '지속가능발전 세계정상회의'(WSSD: World Summit on Sustainable Development)에서는 날로 심각해져 가는 빈곤과 환경문제에 대한 해결방안 등 지구촌 발전 방안을 담은 WSSD 이행계획(요하네스버그 이행계획)과 이에 대한 정치적 의지를 표명한 요하네스버그 선언문을 채택하기에 이르렀다(2011 환경백서).

이러한 지속가능발전 개념은 국제무역질서 재편과정에도 도입되어, 2001년 11월 출범한 도하개발 아젠다(DDA: Doha Development Agenda) 환경무역 협상은 국제적 차원은 물론 국내적 차원에서의 환경보호 노력을 세계무역규범과 조화시키고 환경서비스 및 환경상품의 국제적 교역을 확대함으로써 환경기술의 국가간 이전을 촉진하는 것을 목표로 하고 있다.

[표 3-1] 주요 국제환경협약 요약

구분	협약명	채택	발효	분야	주요 내용
대기	비엔나 협약	'85.3	'88.9.22	전 분야	• 오존층 파괴물질 규제
	몬트리올 의정서	'87.9	'89.1.1	전 분야	• CFC 등 오존층 파괴물질규제 • 전기, 전자, 반도체 등 CFC 물질 사용산업에 대한 규제
온실 가스	기후변화협약 (UNFCCC)	'92.6	'94.3.21	산업 전 분야	• 온실가스 배출 감축에 관한 기본내용 규정
	교토의정서	'97.12	'05.2.16	산업 전 분야	• 지구온난화 물질(CO_2) 등 6개 물질의 감축 • 에너지사용과 관련된 협약으로 전 산업에 영향을 끼침
유해 물질	바젤 협약	'89.3	'92.5.05	화학	• 유해폐기물의 국가간 이동금지
	스톡홀름 협약 (POP)	'01.5	'04.5.17	정밀화학 농약	• 잔류성 유기오염물질(21개 물질)에 대한 제거, 사용금지 및 배출저감
	로테르담 협약 (PIC)	'98	'04.2.24	화학 농약	• 선진국 중심으로 시행 예정 • 산업용 및 소비자용 화학물질, 농약의 수출입시 사전승인 의무화
해양 오염	런던 협약	'72.12	'75.8.30	해양	• 폐기물 투기에 의한 해양오염 방지를 위한 각국의 의무 규정
	해양법 UN협약	'82.12	'94.11.16	해양	• 해양환경의 오염방지를 위한 포괄적 해양법 체제 구축
자유 무역	도하개발 아젠다 (WTO, DDA)	'01.11	'12.6 현재 미타결	산업 전 분야	• 환경과 무역규제의 연계

이와 더불어 보다 구체적으로 양국 간의 무역장벽 해체를 협의하는 자유무역협정(FTA)은 무역이 환경에 미치는 영향과 환경시장 개방을 중점 논의함으로써 궁극적으로 환경과 경제의 상호발전을 추구하고 있다. 이러한 다자간 혹은 양자간 협의 체제를 통하여 무역과 환경의 상호발전을 통한 지속가능발전 달성의 추진계기를 마련하였다(2011 환경백서).

국제환경협약은 이와 같이 지구를 살리자는 순수한 취지에서 시작되었고, 아직까지 그 취지를 잃었다고 볼 수는 없지만, 기술적 우위를 앞세운 선진국들이 자국의 산업을 보호하는 도구로 사용할 수 있는 여지를 남기고 있다. 중국과 같이 거대한 산이 우리 경제를 위협하고 있는 지금, 우리 산업 또한 환경기술 개발에 전력하여 국제 환경협약을 이용할 수 있는 위치에 도달해야 할 것이다. 여러 산업에 걸쳐 큰 영향을 미치는 주요 국제환경협약은 [표 3-1]과 같다.

3-1-1. 기후변화기본협약

(1) 협약의 개요

1992년 6월 브라질 리우 환경개발회의에서는 이산화탄소 등 온실가스 증가에 따른 지구온난화에 대처하기 위해 국제연합기본협약(UNFCCC: United Nations Framework Convention on Climate Change)을 채택하였으며, 회의 참가국 178개국 중 한국을 포함한 154개국이 서명하여 1994년 3월 21일 공식 발효되었다.

이 협약은 '인간이 기후체계에 위험한 영향을 미치지 않을 수준에서 대기 중 온실가스를 안정화' 하는 것을 협약의 궁극적인 목표로 설정하여, 지구온난화에 책임이 있는 선진국들이 먼저 온실가스 배출량을 2000년까지 1990년 수준에서 평균 5.2%으로 감축할 것을 권고하고 온실가스의 배출 흡수 현황을 보고하며 감축을 위한 국가 전략의 수립과 시행을 공개하라는 내용을 담고 있다.

기후변화협약의 주요내용은 공통의 차별화된 책임의식과 동시에 개발도상국의 사정을 감안해서 빠르고 동시에 유효한 예방조치를 실시하고, 온실가스 감축과 관련된 국가보고서 제출 등 형평성을 유지하자는 것이다. 그러나 공통의 차별화된 책임원칙이 과거의 역사적 배출량에 대해 부과되어야 한다는 개도국의 시각과 현재 또는 미래의 배출량도 고려해야 한다는 선진국의 견해에 차이가 커서 논쟁의 불씨가 꺼지지 않고 있다.

기후변화에 관한 UNFCCC는 그 실효성에 대한 이구심이 제기되어 왔으나, 지구온난화 문제가 부각되면서 지구환경논의의 중심 주제가 되어왔다. 1998년 세계기상기구(WMO: World Meteorological Organization)와 유엔환경계획(UNEP: UN Environmental Program) 주관하에 기후변화에 관한 정부간 패널(IPCC: Intergovernmental Panel on Climate Change)이 설립되었고, 그 이후 기후변화의 원인, 영향과 대응에 관한 종합적인 연구가 진행되어 왔다.

기후변화협약은 1992년 채택 당시 국가를 온실가스 감축의무를 부담하는 선진국(부속서1 국가)과 감축의무를 부담하지 않는 개도국(비부속서1 국가)으로 구분하여 우리나라는 개도국 범주에 포함되었다.

이후 부속서1 국가의 범위가 OECD 24개 회원국, 동구 경제전환국 14개국, 여타 2개국으로 확대되었으며, OECD 회원국은 다시 부속서2 국가로 분류되어 개도국에 대한 재정 및 기술지원 의무를 부담하도록 하였다.

기후변화협약은 온실가스 감축문제와 관련하여 선진국들에게 2000년까지 1990년 배출수준으로 복귀할 것을 요구하였고, 이러한 노력이 기후변화 대응에 적절한 지 여부를 정기적으로 점검하도록 하고 있다.

1995년에 개최된 제1차 당사국총회(독일 베를린)에서는 협약에 대한 평가를 토대로 선진국에 대해 2000년 이후에도 온실가스 감축의무를 부과하고 이를 위해 협약 부속 의정서에 대한 협상을 하도록 하였다. 1997년 제3차 당사국총회에서 채택된 교토의정서는 이러한 요구의 결과로 탄생하였다(2011 환경백서).

(2) 협약의 취지

기후변화협약에 따르면 협약의 취지와 배경을 다음과 같이 밝히고 있다. 협약의 당사자는 아래와 같은 사항에 대해 의견을 같이 한다는 내용이다.

- 지구의 기후변화와 이로 인한 부정적 효과가 인류의 공통 관심사임
- 인간 활동이 대기 중의 온실가스 농도를 현저히 증가시켜 왔으며, 이로 인해 자연적 온실효과가 증대되고 이것이 평균적으로 지구표면 및 대기를 추가적으로 온난화시켜 자연생태계와 인류에게 부정적 영향을 미칠 수 있음을 우려
- 과거와 현재의 지구전체 온실가스의 큰 부분이 선진국에서 배출되었다는 것과 개발도상국의 1인당 배출량은 아직 비교적 적으나 지구전체의 배출에서 차지하는 개발도상국의 배출비율이 그들의 사회적 및 개발의 요구를 충족시키기 위하여 증가할 것임을 주목
- 육지와 해양 생태계에서 온실가스의 흡수원과 저장소가 하는 역할과 중요성을 인식하며, 기후변화에 대한 예측, 특히 그 시기규모 및 지역적 양태에 대한 예측에 불확실성이 많음을 주목

- 기후변화의 세계적 성격에 대응하기 위하여 모든 국가가 그들의 공통적이면서도 그 정도에 차이가 나는 책임, 각각의 능력 및 사회적 · 경제적 여건에 따라 가능한 모든 협력을 다하여 효과적이고 적절한 국제적 대응에 참여하는 것이 필요함
- 1972년 6월 16일 스톡홀름에서 채택된 국제연합인간환경회의 선언의 관련규정을 상기하고, 국가는 국제연합헌장과 국제법의 원칙에 따라 고유의 환경정책과 개발정책에 입각하여 자기나라의 자원을 개발할 주권적 권리를 가짐
- 자기나라의 관할 혹은 통제지역안의 활동 때문에 다른 국가나 관할권 이원지역의 환경에 피해가 발생하지 아니하도록 보장할 책임이 있음
- 기후변화에 대응하기 위한 국제협력에 있어서 국가주권원칙을 재확인하고, 국가는 효과적인 환경법령을 제정하여야 하며, 환경기준과 관리의 목적 및 우선순위는 이들이 적용되는 환경 및 개발상황을 반영하여야 함
- 어떠한 국가에 의하여 적용된 기준이 다른 국가, 특히 개발도상국에 대해서는 부적절하며 또한 부당한 경제적 · 사회적 비용을 유발할 수도 있다는 것을 인식
- 국제연합 환경개발회의에 관한 총회결의(1989.12), 인류의 현재 및 미래 세대를 위한 지구기후의 보호에 관한 결의(1988.12, 1989.12, 1990.12, 1991.12) 규정을 상기
- 해수면 상승이 도서 및 해안지역, 특히 저지대 해안지역에 가져올 수 있는 부정적 효과에 관한 총회결의(1989.12) 규정과 사막화 방지실천계획의 이행에 관한 총회결의(1989.12) 관련규정을 또한 상기
- 1985년의 오존층 보호를 위한 비엔나협약, 1990년 6월 29일에 개정된 1987년의 오존층 파괴물질에 관한 몬트리올의정서를 또한 상기하고, 1990년 11월 7일 채택된 제2차 세계기후회의 각료선언을 주목
- 많은 국가가 행한 기후변화에 관한 귀중한 분석 작업과 세계기상기구 · 국제연합환경계획 및 국제연합체제안의 그 밖의 기구들, 그리고 그 밖의 국제적 및 정부 간 기구가 과학연구결과의 교환과 연구의 조정에서 이룩한 중요한 기여를 의식
- 기후변화를 이해하고 이에 대응하기 위하여 필요한 조치는 관련 과학적 · 기술적 및 경제적 고려에 바탕을 두고 이러한 분야의 새로운 발견에 비추어 계속적으로 재평가될 경우에 환경적 · 사회적 및 경제적으로 가장 효과적이라는 것을 인식

- 기후변화에 대응하기 위한 다양한 조치는 그 자체만으로도 경제적으로 정당화될 수 있으며, 또한 그 밖의 환경문제를 해결하는 데 도움을 줄 수 있음을 인식
- 선진국이 온실효과의 증대에 대한 자기나라의 상대적 책임을 정당히 고려하여 세계적 · 국가적 그리고 합의되는 경우 지역적 차원에서의 모든 온실가스에 대한 종합 대응전략의 첫 단계로서 명확한 우선순위에 입각하여 신축성 있게 신속한 조치를 취할 필요성을 또한 인식
- 저지대 국가 및 군소 도서국가, 저지대 연안지역 · 건조지역 · 반 건조지역 또는 홍수 · 가뭄 및 사막화에 취약한 지역을 가지고 있는 국가, 그리고 연약한 산악생태계를 가지고 있는 개발도상국이 특별히 기후변화의 부정적 효과에 취약하다는 것을 또한 인식
- 그 경제가 특별히 화석연료의 생산 · 사용 및 수출에 의존하고 있는 국가, 특히 개발도상국이 온실가스 배출을 제한하기 위하여 취한 조치로 인해 겪을 특별한 어려움을 인식
- 기후변화에 대한 대응은 사회적 및 경제적 발전에 대한 부정적인 영향을 피하기 위하여 특히 개발도상국의 지속적인 경제성장 달성과 빈곤퇴치를 위한 정당하고 우선적인 요구를 충분히 고려하여 사회적 및 경제적 발전과 통합적인 방식으로 조정되어야 한다는 것을 확인
- 모든 국가, 특히 개발도상국은 지속가능한 사회적 및 경제적 발전을 달성하는 데 필요한 자원에의 접근을 필요로 하며, 개발도상국이 이러한 목적을 달성하기 위해서는 경제적 및 사회적으로 유리한 조건의 신기술의 적용 등을 통하여 더 높은 에너지 효율성을 달성하고 온실가스 배출량을 전반적으로 통제할 수 있으리라는 가능성을 고려
- 개발도상국의 에너지 소비가 증가할 필요가 있을 것임을 인식하며, 현재와 미래의 세대를 위하여 기후체계를 보호할 것을 결의

(3) 협약의 정의와 목적

기후변화협약에서는 사용한 용어들을 다음과 같이 정의하고 있다.

- 기후변화의 부정적 효과 : 기후변화에 기인한 물리적 환경 또는 생물상의 변화로서 자연적 생태계 및 관리되는 생태계의 구성 · 회복력 또는 생산성, 사회경제체제의 운용 또는 인간의 건강과 복지에 대하여 현저히 해로운 효과를 야기하는 것

- 기후변화 : 인간 활동에 직접 또는 간접으로 기인하여 지구대기의 구성을 변화시키는 상당한 기간 동안 관측된 자연적 기후 가변성에 추가하여 일어나는 기후의 변화
- 기후체계 : 대기권, 수권, 생물권과 지리권과 이들의 상호작용의 총체
- 배출 : 특정지역에 특정기간동안 온실가스 또는 그 전구물질을 대기 중으로 방출하는 것
- 온실가스 : 적외선을 흡수하여 재방출하는 천연 및 인공의 기체성의 대기 구성물
- 지역 경제통합기구 : 이 협약 및 부속의정서가 규율하는 사항에 관하여 권한을 가지며, 또한 내부절차에 따라 정당하게 권한을 위임받아 관련문서에 서명 · 비준 · 수락 · 승인 또는 가입할 수 있는 특정지역의 주권국가들로 구성된 기구
- 저장소 : 온실가스 또는 그 전구물질이 저장되는 기후 체계의 하나 또는 그 이상의 구성요소들을 말하며, 흡수원은 대기로부터 온실가스, 그 연무질 또는 전구물질을 제거하는 모든 과정 · 활동 또는 체계
- 배출원 : 대기 중으로 온실가스, 그 연무질 또는 전구물질을 방출하는 모든 과정 또는 활동

기후변화협약에서는 "기후체계가 위험한 인위적 간섭을 받지 않는 수준으로 대기중 온실가스 농도의 안정화를 달성하는 것"이라고 그 목적을 밝히고 있다. " 또한 온실가스 농도의 안정화 수준은 생태계가 자연적으로 기후변화에 적응하고 식량생산이 위협받지 않으며 경제개발이 지속가능한 방식으로 진행되도록 할 수 있기에 충분한 기간 내에 달성되어야 함을 명시하고 있다.

3-1-2. 교토의정서

(1) 협약의 개요

기후변화협약의 실효성에 대하여 의구심이 제기되던 중, 제3자 당사국총회(COP: Conference Of the Parties)에서 협약상의 감축 의무만으로는 불충분함을 인지하고 부속서1 국가들의 온실가스 배출량 감축을 골자로 하는 교토의정서(Kyoto protocol)를 체결하게 되었다.

교토의정서의 커다란 의의는 대상 선진국이 2008~2012년까지 온실가스를 1990년 대비 평

균 5.2% 감축할 것과 경제적인 유인책으로서 배출권거래제, 공동이행제도, 청정개발체재 등 교토메커니즘이라는 구체적 이행수단을 제시한 점이라 할 수 있다.

또한 교토의정서는 각 국가의 온실가스 감축목표율을 EU, 동유럽, 스위스(이상 −8%), 미국(−7%), 일본, 캐나다, 헝가리, 폴란드(이상 −6%), 크로아티아(−5%), 러시아, 뉴질랜드, 우크라이나(이상 0%), 노르웨이(+1%), 오스트레일리아(+8%)와 아이슬란드(+10%) 등 구체적으로 규정하고 있을 뿐 아니라, 감축대상가스도 이산화탄소, 메탄, 아산화질소(1990년 기준), 수불화탄소, 과불화탄소, 육불화황(1990년 또는 1995년 기준) 등 여섯 가지로 명시하고 있다. 또한 온실가스 배출원은 에너지 연소, 산업공정, 농축업, 폐기물 등으로 구분하고 있다.

교토의정서는 국제연합기본협약보다는 좀 더 상세한 부분에 있어서 조항을 이루고 있는데, 예를 들면 90년 이후의 식목, 재식목 및 벌채에 의한 흡수원의 변화를 인정하는 조항과 같은 것이 있다. 발효조건은 55개국 이상이 비준해야 하며, 비준국들이 90년도 부속서1 국가의 이산화탄소 배출총량의 55% 이상을 차지하고 있는 실정이다. 비준이 끝나면 끝난 시점에서 90일 이후에 발효가 된다.

최근의 교토의정서 비준현황을 살펴보면 제3차 COP에서 결정된 사항으로서 기후변화협약의 실질적 이행을 위하여 전 세계 국가들이 누가, 얼마만큼, 어떻게 줄이는가에 대한 문제를 결정한 것이 교토의정서라고 할 수 있으며, 교토의정서는 1998년 3월 16일부터 1999년 3월 15일까지 뉴욕의 유엔본부에서 서명을 받아 채택되었고, 그 이후 각 협약 당사국들은 의정서가 발효될 수 있도록 자국의 비준을 위해 노력해왔다.

그러나 2001년 3월 최대 온실가스배출국인 미국이 의정서가 자국의 경제에 심각한 피해를 줄 수 있고 중국, 인도 등 개발도상국들이 의무감축 대상에서 제외되어 있다는 이유를 내세워 반대 입장을 표명하였으며 이에 교토의정서는 그 실효성에 큰 타격을 입었지만, EU와 일본 등이 중심이 되어 협상을 지속하였고 마침내 2004년 11월 러시아가 비준서를 제출함에 따라 교토의정서의 발효조건이 충족되어 정해진 규정(의정서 25조)에 의해 2005년 2월 교토의정서는 발효되었다.

(2) 교토메커니즘

교토의정서에 의하면, 온실가스 감축의무가 있는 선진국가에 배출쿼터를 부여한 후 동 국가 간의 배출 쿼터의 거래를 허용하는 배출권거래(ET: Emission Trading), 선진국 간에 투자하여 발생된 온실가스 감축량 일정분을 배출 저감국으로 인정하는 공동이행(JI: Joint Implementation)과 선진국이 개도국에 투자하여 발생한 온실가스 배출감축량을 선진국의 감축량으로 인정하는 청정개발체제(CDM: Clean Development Mechanism) 등 경제시장 원리에 부합되게 규정하고 있다.

교토의정서는 온실가스를 효과적이고 경제적으로 줄이기 위하여 공동이행제도(JI), 청정개발체제(CDM), 배출권거래제도(ET)와 같은 유연성체제를 도입하였는데, 이들을 교토메커니즘(Kyoto mechanism)이라고 하고 있다. 여기서 유연성체제는 선진국들이 온실가스 감축의무를 자국 내에서만 모두 이행하기에는 한계가 있다는 점을 인정하여 배출권의 거래나 공동사업을 통한 감축분의 이전 등을 통해 의무이행에 유연성을 부여하는 체제를 말하며, 전 세계적으로 온실가스 감축 비용을 줄이기 위한 체제이다.

공동이행제도는 부속서I 국가들 사이에서 온실가스 감축 사업을 공동으로 수행하는 것을 인정하는 것으로 한 국가가 다른 국가에 투자하여 감축한 온실가스 감축량의 일부분을 투자국의 감축실적으로 인정하는 체제이며, 한국은 비부속서(non-Annex)국가로서 활용할 제도는 아니지만 논의동향은 파악해 둘 필요는 있다.

배출권거래제는 온실가스 감축의무 보유국가(부속서B)가 의무감축량을 초과하여 달성하였을 경우 이 초과분을 다른 부속서 국가(부속서B)와 거래할 수 있도록 허용하였다. 이와 반대로 의무를 달성하지 못한 국가는 부족분을 다른 부속서B 국가로부터 구입할 수 있다.

이것은 온실가스 감축량도 시장의 상품처럼 서로 사고 팔 수 있도록 허용한 것이라고 할 수 있다. 이 제도가 시행될 경우, 각국은 최대한으로 배출량을 줄여 배출권 판매수익을 거두거나, 배출량을 줄이는데 비용이 많이 드는 국가는 상대적으로 저렴한 배출권을 구입하여 감축비용을 줄일 수 있으므로 전체적으로는 감축비용을 최소화할 수 있게 되었다.

청정개발체제는 선진국(부속서I 국가) 이 개발도상국(비부속서I 국가)에서 온실가스 감축사업을 수행하여 달성한 실적의 일부를 선진국의 감축량으로 허용하는 것이다.

(3) Post-2012 체제

교토의정서는 선진국의 차기 공약기간에 대한 의무부담 논의를 제1차 공약기간이 2012년 종료되기 최소 7년 전에 개시하도록 하였다. 이에 따라 2005년부터 교토의정서 의무부담 선진국에 대한 온실가스 감축협상이 시작되었으나, 선진국들은 개도국들이 온실가스 감축에 기여할 것을 보장하지 않는 한 의무부담 논의를 진전시키고자 하지 않았다.

그러던 중 2007년 12월 인도네시아 발리에서 개최된 당사국총회에서 2013년부터 시작되는 'Post-2012 협상' 일정을 제시한 '발리로드맵'(bali roadmap)이 채택되어 큰 전환점을 맞게 되었다. 발리로드맵의 특징은 Post-2012 협상을 교토의정서와 기후변화협약의 이원 트랙(two-track)으로 진행시킨다는 점이다. 발리로드맵은 교토의정서 하에서 선진국들의 후속 공약기간에 대한 협상 논의를 진전시키는 한편, 'Bali Action Plan' 이라는 결정문을 통해 기후변화협약 하에 새로운 협상트랙을 설치하였다.

교토의정서 트랙은 교토의정서 의무 부담 선진국의 온실가스 감축문제만을 다루지만, 기후변화협약 트랙은 온실가스 감축문제 뿐만 아니라 장기비전, 기후변화 적응, 기술개발 및 이전, 재정지원 문제 등을 포괄적으로 다루도록 퐈 막館 개도국의 온실가스 감축문제, 선진국의 기술 및 재정 지원 문제가 모두 다루어지게 된 것이다(2011 환경백서).

'Post-2012' 체제에 대한 협상 시한은 2009년 말 코펜하겐 기후변화회의로 설정되었다. 2009년 덴마크 코펜하겐에서 개최된 기후변화협약 당사국총회에서는 기온상승을 20℃ 이내로 하고 2050년까지 세계전체의 배출량을 50%까지 저감하는 방안이 논의되었고, 특히, 선진국 전체의 배출량은 80%로 저감하는 것으로 논의되었으나, 'Post-2012' 체제에 대한 구체적인 퐈 퓔 이끌어내지는 못하였다.

다만 실질적인 온실효과가스의 저감목표가 무엇인가와 선진국으로부터의 온난화방지대책자금 및 기술이전을 인식하였으며, 선진국 전체에서 2010~2012년 사이에 새롭게 추가된 원조로 300억 달러를 지원과 2020년까지 1,000억 달러의 지원을 약속하는데 그쳤다.

2010년 12월 멕시코 칸쿤(Cancun)에서 열린 제16차 기후변화협약 당사국총회에서는 모든 회원국들이 좀 더 확고하게 저탄소 미래를 향해 나아가고, 개발도상국가에 기후변화에 관한 강화된 활동을 지원한다는 균형 잡힌 합의문을 채택하였다. 각국은 기후변화에 취약하고 빈곤한 계층을 보호하고, 개발도상국들이 지속가능한 미래를 계획하고 건설하는 데 필요한 자본과 기술을 효율적으로 활용하기 위한 계획 및 시행에 착수했으며 개발도상국들이 삼림을 보호하기 위해 구체적인 활동을 시작하는 것에 합의했다.

또한 각국이 지구기온상승을 2도 아래로 유지하기 위해 노력할 것과, 범지구적인 행동이 최근의 기후변화 현실에 부합할 만큼 충분한 수준으로 이루어지도록 보장할 것을 재검토할 명확한 일정을 세울 것에 합의했다. 칸쿤 합의의 주요 내용은 다음과 같다.

- 선진국의 온실가스 감축목표는 다자협의과정 하에 공식적으로 승인됨
- 선진국들은 저탄소 발전 계획 및 전략을 개발하고, 시장구조를 고려할 때 가장 적합한 수준으로 충족되는 방법을 평가해 연례 보고해야 함
- 온실가스 배출을 줄이기 위한 개발도상국의 행동은 다자협의과정 하에 공식적으로 승인됨. 이에 따라 선진국의 재정 및 기술 지원에 따른 개발도상국의 감축 활동을 기록하고 행동 목표를 달성하기 위한 등록기구 설치될 예정. 개발도상국은 2년에 한 번 진행과정을 보고해야 함.
- 교토의정서 협약 당사국들은 그들의 온실가스 감축 노력을 완성하고, 1~2차 의무 이행기간 사이에 공백이 생기지 않도록 하기 위해 협의를 계속 진행할 것에 합의함
- 교토의정서에 규정된 CDM은 개발도상국 내에서 더 많은 주요 자본투자와 기술을 이끌어내어, 친환경적이고 지속가능한 탄소배출 감축 계획에 사용될 수 있도록 강화함
- 각국은 기후변화에 취약한 계층을 보호하고, 개발도상국들이 지속가능한 미래를 계획하고 건설하는 데 필요한 자본과 기술을 효율적으로 활용하기 위한 계획 및 시행에 착수
- 선진국들이 개발도상국의 기후행동 지원을 위해 2012년까지 총 300억 달러($) 규모의 긴급자금지원과 2020년까지 1,000억 달러의 장기기금을 모으기 위한 계획 수립
- 기후재정 분야에서는 당사국총회 아래 녹색기후펀드(green climate fund)가 설립되며, 이를 위한 이사회는 선진국과 개발도상국의 대표들로 구성되며 동등한 권리를 가짐
- 새로운 "칸쿤 적응체제"가 도입되며 이를 통해 개발도상국들이 더 나은 기후적응 프로젝트를 실행하고 계획할 수 있도록 함. 여기에는 투명한 과정을 통해 피해를 지속적으로 관리할 수 있도록 하는 것과 재정 및 기술 지원을 증가시키는 것이 포함됨
- 각국 정부는 재정 및 기술 지원을 통해 개발도상국의 삼림파괴로 인한 온실가스 배출을 제한하는 행동을 촉진할 것을 합의

• 당사국들은 기후적응 및 완화 행동을 지원하는 기술 협력을 증가시키기 위해 기술집행위원회(Technology Executive Committee) 및 기후기술센터네트워크(Climate Technology Centre and Network)와 함께 기술체계를 확립

2020년까지 연간 1,000억 달러 규모의 녹색펀드를 조성해서 녹색기후기금의 재원을 마련하고자 하는 방안에 대해서는 합의를 이루지 못했으며, 조림과 재조림에 대한 온실가스 배출 저감 프레임 워크를 창설하는데 동의는 했으나, 창설하고자 하는 재원마련 방안에 대해서도 합의를 못했다. 또한, 1차 교토 의무이행기간의 남은 배출권 문제를 어떻게 처리할지에 대해서도 미합의 상태이다.

다만 선진국의 후진국지원프레임 워크설치 및 기술이전 메커니즘을 설치하는데 대해서는 동의를 하였으며, 가능한 빠른 시간에 교토의정서를 합의하고 연장하자는 노력과 산업화 이전 대비 지구온도의 상승폭을 20℃ 이내로 낮추자는 데에 대해서만 합의를 이루었다.

코펜하겐 기후변화총회와 칸쿤회의에서는 선진국-개도국간 첨예한 갈등으로 'Post-2012' 체제에 대한 퐈   퓻   이르지 못하였으며, 2011년 더반에서 열린 제17차 기후변화협약 당사국총회에 가서야 교토의정서 2차 공약기간 연장과 2020년 이후에 모든 당사국에게 적용되는 단일한 의정서 또는 법적 문서를 통한 체제 구축에 합의하였다.

(4) 해외 대응동향

기후변화협약은 인류의 활동에 의해 발생되는 위험하고 인위적인 영향이 기후시스템에 미치지 않도록 대기 중 온실가스의 농도를 안정화시키는 것을 궁극적인 목적으로 하고 기후변화의 예측방지를 위한 예방적 조치의 시행, 모든 국가의 지속가능한 성장의 보장 등을 기본원칙으로 하고 있고, 선진국은 과거로부터 발전을 이뤄오면서 대기 중으로 온실가스를 배출한 역사적 책임이 있으므로 선도적 역할을 수행하도록 하고 개발도상국에는 현재의 개발 상황에 대한 특수 사정을 배려하되 공동의 차별화된 책임과 능력에 입각한 의무부담 하기로 한 것이다.

지구온난화를 방지할 수 있는 수준으로 온실가스의 농도 안정화를 목적으로 온실가스에 대한 연구 및 체계적 관측, 배출통계 현황보고서 작성, 온실가스 저감화 정책 및 조치의 이행, 온실가스 흡수원 보호 및 확대, 공공인식의 제고와 교육훈련 및 정보교환 등을 의무화하는 것으

로 되어 있다.

기후변화협약에 가입한 국가를 당사국이라고 하며, 이들 국가들이 매년 한 번씩 모여 협약의 이행방법 등 주요 사안들에 대하여 결정하는 자리를 당사국총회(COP)라고 하는데, 당사국총회는 협약에 대한 최고 의사결정기구라고 할 수 있다.

1995년 3월 독일 베를린에서 제1차 당사국총회를 시작으로 하여 2006년 11월 케냐 나이로비에서 제12차 COP가 개최되었고 2007년 12월 인도네시아 발리에서 제13차 COP가 개최되었으며, 온실가스 의무감축 참여국가 결정 및 감축량을 설정하는 것 등이 주 의제로 되었다.

온실가스가 대부분 에너지사용의 결과로 발생하므로 에너지사용량을 줄이기 위한 에너지절약 및 이용효율 향상이야말로 기후변화를 완화시킬 수 있는 기본적인 방안이라 할 수 있고, 이에 대부분의 선진국들도 기후변화 방지를 위하여 에너지 절약사업과 효율향상 위주로 정책의 틀을 짜고 있으며, 풍력, 태양에너지 등의 신재생에너지 및 저탄소연료 사용 확대 등에도 관심을 갖고 적극적으로 추진하고 있다.

특히 EU는 공동대응을 원칙으로 유럽의회 차원에서 공동정책을 구상하고 있으며, 기후변화문제를 1980년대부터 주요지구 환경문제로 분류하여 유럽이 주도권을 행사해야 한다는 입장을 내세우고 있다. 선진국은 5.2%의 온실가스 삭감을 결정하였지만, 대기 중 온실가스를 안정화시키기 위해서는 50~70% 수준의 삭감이 필요함을 주장하였다.

[표 3-2] 기후변화에 대한 주요국 대응 동향

국가	주요 대응 방안
EU	- 배출권거래제(EU-ETS) 도입 및 시행('05) - 2020년까지 1990년의 온실가스 배출량 대비 20% 감축 목표 설정 - 온실가스 감축을 촉진하는 EU 기후변화 종합법(Directives) 발효('09.4) - 비-ETS 분야에 에너지 과세(안) 마련 계획 발표('10.6)
미국	- 향후 10년간 1,500억 달러를 투자, 신재생에너지산업 집중 육성하여 저탄소 에너지 보급 계획('09.1) - '2009 청정에너지와 안보' 법안(Waxman-Markey) 입법 제안 등으로 온실가스 감축을 위한 제도적 인프라 구축 추진 - 연방정부 연비기준('16년 35.5mile/gallon) 발표('09.5) - 2020년까지 2005년 대비 17% 감축(1990년 대비 약 4% 감축), 2050년까지 83% 감축 - 환경보호청(EPA)은 청정대기법(clean air act)에 의해 온실가스 규제를 단계적으로 시행('10.3) - 상원에서 '20년까지 '05년 대비 17%의 온실가스 배출량을 감축하는 에너지 · 기후법안 발표('10.5)
영국	- 기후변화 전담 조직인 '에너지 · 기후변화부(DECC)' 신설 - 세계 최초로 기후변화 법안을 도입, 온실가스 감축목표량을 법으로 명시('08.12) - 1990년 대비 2020년 까지 34%, 50년까지 80% 감축목표 설정 - 새로운 에너지효율향상 계획 발표('10.5)

국가	주요 대응 방안
일본	- 저탄소 사회구축을 위해 Cool Earth 50 발표(2007.5) - 저탄소 사회 달성을 위한 '후쿠다 비전' 선포(2008) - 온실가스 배출량 2005년 대비 15% 감축(2020) - 2090년 대비 2020년까지 25%, 2050년까지 80% 감축목표를 설정한 기후 법안 통과 - 에너지효율 및 신재생에너지 관련 핵심기술 구체화
중국	- 5개년 계획의 일환으로 2020년까지 탄소원단위(GDP 대비 탄소배출량)를 2005년 대비 40 ~ 45% 감축하겠다는 자발적인 목표 발표(2009.11)

출처 : 에너지관리공단(2010), 에너지 · 기후변화 편람

유럽의 '에너지 2020' 정책을 수립하여 6% 이산화탄소 감축계획을 수립하고 있고, 유럽의 자동차제조자협회(ACEA)는 2008년까지 신규 자동차이산화탄소배출량을 1990년 대비 25% 감축(140g/km)하고 2012년까지 신규 자동차 이산화탄소 배출량 120g/km 이하로 줄이기로 합의한 실정이다.

일본의 대응정책으로는 내각에 지구온난화 대책 추진본부를 설립하고 1998년에는 지구온난화방지대책법을 제정하였으며, 일본의 감축 목표는 2008~2012년에 1990년 대비 6%로 청정 연료 및 신 · 재생에너지 사용량을 증가시키고 원자력 발전소를 추가 건설함으로써 이산화탄소 배출 안정화를 추진하고 있다.

일본은 또한 2005년 대비 2020년까지 15% 감축의 중기목표와 2050년까지 60~80% 감축이라는 장기목표 아래, 에너지 효율을 향상시키고 온실가스 배출량을 감축하기 위해 기후변화대책 추진법을 시행 중에 있다.

탄소배출권이 가장 활발하게 거래되는 곳은 유럽이며, EU가 2005년 시범적으로 설립한 배출권거래소 EU ETS(Emission Trade Scheme, 유럽기후거래소)에서는 전체 탄소배출권 시장의 80%에 달하는 연간 243억 달러가 거래되고 있으며, EU내 1만1,000여개 기업들이 감축할 당량을 받아 의무적으로 참여하고 있다.

전 세계의 공식거래소는 뉴욕상품거래소(NYMEX)등 4곳이며 거래규모는 연 300억 달러가 넘었고 2011년에는 약1,500억 달러 이상이었다. 주요 국가별 기후변화 대응 동향은 [표 3-2]와 같다.

(5) 국내 대응동향

기후변화에 대한 세계적인 규제동향에 대응하기 위한 한국정부는 과연 어떠한 방향으로 자체규제와 국제적인 대응을 할 것인가를 살펴보기로 하자. 우리나라의 2009년 온실가스 배출량은 5억 3,000만톤(tCO_2)으로 전 세계 배출량의 약 2%를 차지하며 세계 8위에 해당한다.

1인당 배출량은 12.24톤으로 개도국의 3.3톤을 훨씬 상회하며 선진국 평균 14.1톤에 근접하고 있다(2011 환경백서). 1990년 이후의 연평균 배출량 증가율은 약 5%에 육박하여 2011년 현재 1990년 대비 2배의 배출량을 나타냄으로써 심각한 문제를 보이고 있다.

우리나라는 2009년 11월 국가 중기 온실가스 감축목표를 2020년 배출 전망치(BAU)대비 30%로 확정했으며, 녹색성장기본법 시행령을 2010년 4월에 공포하였다.

2009년 말에 국회를 통과한 '저탄소 녹색성장기본법'은 녹색경제와 녹색산업의 창출과 단계적인 전환을 촉진하기 위해서, 녹색산업투자회사를 설립하고, 기후변화와 에너지 목표관리제를 도입함으로서 총량재한 배출권 거래제도와 저탄소 교통체제를 구축하기 위한 목적으로 추진되고 있다. 온실가스 감축목표 달성을 위해 정부에서 추진하고 있는 녹색성장 관련 국정과제 현황은 [표 3-3]과 같다.

에너지 관련 기타법률로는 에너지 기본법, 에너지용 합리화법, 신에너지 및 재생에너지 개발, 이용, 보급, 촉진 등이 있으며, 2030년까지 기본적으로 국가에너지 기본계획을 확정하여 저탄소 녹색성장을 지원함으로 장기적인 에너지 정책비전을 제시할 예정이다.

[표 3-3] 녹색성장 관련 정부의 국정과제

국정과제	세부 추진과제
친환경 산업과 에너지 절감 핵심 인프라 조성	○ 에너지 R&D 확대 및 사업화 촉진 ○ 환경산업의 수출전략산업화 ○ 녹색성장 패러다임 구축 ○ 그린카 세계 4대 강국도약 ○ 녹색 기술 R&D 2배 이상 확대 ○ 그린 에너지 기술 개발
기후변화에 대응한 신산업 개척	○ 기후변화 종합대책 수립 ○ 에너지 저소비.탈화석연료 사회로 전환 ○ 시장 메커니즘을 활용한 온실가스 감축
에너지 자주개발율 제고	○ 패키지형 자원개발 해외진출 전략 추진 ○ 동북아 오일허브 구축 ○ 원자력 비중 제고

국정과제	세부 추진과제
에너지 자주개발율 제고	ㅇ 자주 개발율 향상 ㅇ 극지탐사 및 연구를 통한 국제사회 기여 및 미래자원 확보
신재생에너지와 청정 에너지 개발	ㅇ 신재생 에너지 산업 육성 ㅇ 원자력 및 전략산업 수출산업화 ㅇ 새만금 신재생에너지 시범단지 조성 ㅇ 그린 홈 백만호 프로젝트
녹색 한반도 건설	ㅇ 내륙과 연안을 잇는 광역생태축 조성 ㅇ DMZ 생태평화공원 조성 외 2건

자료 : 대한민국정부(2008), 이명박 정부의 100대 국정과제

현재 에너지원단위를 0.341에서 0.185 수준으로 개선하는 목표와 화석에너지 비중은 현재 83% 수준에서 2030년에는 61% 수준으로 축소하고, 신재생에너지를 2.4%에서 11%, 원자력을 14.9%에서 28% 수준을 목표로 하고 있는 것이 국가에너지 기본계획의 주요내용이라 할 수 있다.

또한 녹색기술 등 에너지관련 기술을 현재 60%에서 2030년 세계 최고수준으로 끌어올리고, 석유와 가스의 자주 개발비율을 현재 4.2%에서 40% 수준을 목표로 청정에너지 산업을 신성장 동력으로 육성할 것과, 에너지 이용의 합리화를 위해서 2012년에는 2007년 대비 국가에너지 효율을 11.3%로 향상시키고 2030년까지 46%를 목표로 1차 에너지소비량의 연평균 증가율을 지난 5년간 3.1%에서 이후 5년간을 2.3%로 억제할 것을 천명하였다.

이를 위해서 지속적인 에너지 효율 연구개발과 부문별 수요관리의 혁신적인 방안, 고효율 제품의 시장창출 및 저효율 제품의 퇴출 등을 중심으로 규제를 추진하려 하고 있고, 2012년까지 18.3조원이 투입될 것이고 그럴 경우에 약 6,930만 톤의 이산화탄소를 감축할 것으로 예상하고 있다. 부문별 에너지 효율목표와 그 개선방안은 [표 3-4]와 같다.

또한 신재생에너지의 기술개발과 보급과 확대를 위해서 2030년까지 보급투자비 99.9조원과 기술개발투자비 11.5조원 등 총 투자비 111.4조원을 소요할 계획에 있다.

[표 3-4] 우리나라의 부문별 에너지효율목표 및 개선방안

구 분	주 요 방 안	2012년	2017년
		CO_2 감축 (만톤)	CO_2 감축 (만톤)
산업	• 산업체 절감협의 강화 및 투자 • EMS 인증 및 중소기업 에너지진단 지원	2,900	6,970
수송	• 기준평균연비 강화 • 첨단교통체계, 교통물류 인프라 구축	1,050	2,490
건물	• 건물에너지효율 등급 • 백열전구 퇴출 및 LED 보급 확대	1,300	3,140
공공	• 에너지소비 총량제 등	160	380
기타	• 에너지가격체계, 산업구조 개선효과 등	1,520	4,600

출처 : 지식경제부, 국가에너지 기본계획

대규모 사업장이나 관리업체의 온실가스를 감축시키고 에너지 절약과 에너지 이용효율에 대한 목표를 설정해서 이행을 하는 제도인 에너지 목표관리제는 국내 탄소규제의 시작이 되었다.

[표 3-5] 정부의 기후변화 대응 종합 기본계획

3대 목표	12대 전략과제
기후친화산업을 신성장 동력으로 육성	(전략 1) 산업부문의 에너지 효율 향상 (전략 2) R&D 투자 확대로 선진국 수준의 녹색기술 확보 (전략 3) 기후친화산업의 육성.보급과 수출 경쟁력강화
국민의 삶의 질 제고와 환경 개선	(전략 4) 교통체증 완화를 통한 삶의 질 제고 (전략 5) 녹색생활환경 창출 및 사회체질 개선 (전략 6) 기후변화 적응대책 추진으로 안전사회 구축 (전략 7) 저탄소 의식 및 생활양식 확산 (전략 8) 기후변화 감시 예측 능력 고도화
기후변화 대처를 위한 국제사회 노력 선도	(전략 9) 국가 온실가스 감축목표 설정 (전략 10) 적극적.능동적 협상 전략 추진 (전략 11) 개도국 지원 및 국제협력 활성화
추진수단.체계	(전략 12) 추진정책 수단 및 방안

출처 : 기후변화대응 종합 기본계획(2008)

[표 3-6] 우리나라의 목표관리제와 국내 탄소규제 동향

구 분	진 행 경 과	비 고
온실가스 에너지 목표관리제 (NA: Negotiated Agreement)	• 전면실시(전국 470개 사업장) • 2010년 3월까지 배출량 및 감축실적(명세서) 검증 • 2011년 6월 총량목표 설정 후 이행강제	미달성시 과태료 및 정보공개
배출권거래제도	• 금융업계 등 거래소 추진기관의 본격적인 투자준비와 환경부 시범 사업의 시행 • 온실가스 배출권 거래제도에 관한 법률안 입법예고 예정(2013년 부터 시행 예정)	초과감축량 판매 증설시 배출량 구매
탄소세	• 시행을 위한 세부적인 논의 수행	
에너지직접규제 (효율 및 절감)	• 건물위주로 우선 시행 후 수송산업 순으로 확대 예정	인증과 사용제한

출처 : 생산기술연구원(2012), 주요 산업 · 국가별 무역 환경규제 대응 가이드라인

정부차원에서 추진 중인 기후변화 대응 종합 기본계획은 [표 3-5]와 같이 3대 목표와 12대 전략과제로 구성되어 있다. 이와 병행하여 온실가스 및 에너지 목표관리제와 같이 목표 미달성시엔 벌금을 부과하는 직접적인 규제와 점진적으로 별도의 법률과 제도를 신설하여 배출권 거래제도와 탄소세 등을 시행할 것으로 예측되고 있다. [표 3-6]은 국내의 탄소규제 전망과 목표관리제를 요약한 것이다.

결론적으로 국내의 기후변화협약과 CDM의 추진배경은 지구온난화에 대한 과학적 자료의 증가와 우려가 현실로 나타나자 범지구차원의 노력이 필요하다는 인식이 확산되면서 1993년 12월에 47번째로 기후변화협약에 가입함으로써 시작되었다고 볼 수 있다.

이 협약에서는 차별화된 공동부담 원칙에 따라 가입 당사국을 부속서 국가와 비부속서 국가로 구분하여 각기 다른 의무를 부담하기로 결정하고, 부속서1의 당사국인 선진국은 1990년 수준 이하로 온실가스 배출량을 줄이도록 노력할 것을 규정한 것이나, 우리나라는 1990년 이후의 증가율이 너무 높아서 2005년도를 기준으로 감축 목표를 수립할 수밖에 없는 실정이다.

우리나라의 정책방향은 기본적으로 온실가스 감축의무 부담이 없는 상황이나 1차 의무기간(2008~2012)이 끝나는 시점에 우리나라도 감축의무국이 될 것으로 예상하여 범국가적 추진체계를 구축하고 종합대책을 수립, 분야별 실천계획을 내실 있게 추진하여 왔다.

CDM을 통하여 선진국은 온실가스 감축량을 얻고, 개발도상국은 선진국으로부터 기술과 재

정지원을 얻을 것으로 기대하고 있다. CDM 운영기구(operational entity)는 CDM사업계획에 대한 타당성확인과 사업에 의한 감축실적을 검증하는 독립된 인증기관으로서 교토의정서 당사국총회(COP/MOP)로부터 지정받았으며 한국은 전 세계 12번째 에너지부문에서 에너지관리공단이 CDM 운영기구로 지난 2011년 5월에 지정 받았다.

우리나라에서도 CDM사업에 참여한 기업이 있는데, 울산화학의 자회사인 퍼스텍이 2004년부터 울산화학공장의 HFC 저감설비에 투자하고 연간 140만~200만톤의 온실가스 감축분을 일본과 영국 등에 판매함으로써 연간 140억원 가량의 매출이 나오고 있다.

국내 CDM 사업의 가장 성공적인 사례로 꼽히는 LG디스플레이의 경우, 공정에서 사용 후 배출되는 육불화황 가스를 열분해하는 처리시설을 개발하여 CDM 사업을 추진함으로써 2010년 7월 LCD 업계에서는 세계 최초로 UN의 사업승인을 획득하였다.

사업기간 10년간(2010년 8월~2020년 7월) 총 1,200만톤 상당의 온실가스를 감축함으로써 막대한 사업수익과 더불어 '온실가스 목표관리제' 대응 부담을 덜게 되었다.

정밀화학 소재업체 휴켐스도 아산화질소 분해시설에 투자해서 이산화탄소 126만톤에 해당하는 감축분을 유엔으로부터 인증 받았으며, 2007년 3월 기준 국내에서 CDM 사업으로 등록된 프로젝트는 10개로써 예상되는 배출권 규모는 1,237만톤으로 개발도상국의 약 11%를 차지할 것이며, 삼성물산과 포스코 등이 이미 동남아를 상대로 CDM투자를 준비하고 있다.

3-1-3. 몬트리올의정서

몬트리올의정서는 오존층 파괴 물질인 염화불화탄소(CFCs)의 생산과 사용을 규제하려는 목적에서 제정한 국제협약이다. 정식명칭은 '오존층 파괴 물질에 관한 몬트리올의정서'(Montreal Protocol on Substances that Deplete the Ozone Layer)로서, 오존층의 파괴 예방과 보호를 위해 제정한 국제협약을 말한다.

이 협약은 1989년 1월에 발효되었다. 1985년 3월에 채택된 오존층파괴물질의 배출을 억제하여 오존층을 보호함으로써 오존층파괴로 인한 지구생태계 및 동식물의 피해를 방지하기 위한 '비엔나협약'의 후속 의정서라고 할 수 있다.

몬트리올의정서의 출범 배경은 1980년대 중반에 남극 상공의 심각한 오존층 파괴현상에 대한 연구결과와 실질적인 측정 자료를 토대로 오존층 보호를 위한 신속한 대응조치에 대한 필요성이 국제사회의 공동인식으로 형성되면서부터이다.

오존층 보호를 위한 1986년 비엔나 협약에서 미국과 EU 등 주요 국가와 프레온 가스 생산업체 대표들이 회의를 갖고 오존층 보호를 위해 프레온 가스(CFCs)의 생산, 소비 및 배출을 제한하기 위한 구체적인 규제조치가 필요하다는 것에 합의를 했고, 비엔나 협약 서명국들의 간의 실무회의를 통해 오존층 파괴물질에 대한 구체적인 규제안이 입안되었고, 규제대상물질의 범위, 생산과 소비의 규제 및 개도국의 우대문제 등에 합의를 도출하게 되었다.

1987년 9월 캐나다 몬트리올에서 개최된 국제회의에서 24개국과 유럽공동체 간에 오존층 파괴물질에 관한 몬트리올의정서가 정식 국제협약으로 채택된 것이다.

그 이후 현재까지 4차례의 개정이 있었다. 동 의정서는 염화불화탄소(CFC), Halon 등 96종의 오존층 파괴물질을 규제대상물질로 정하고 이 물질에 대해 생산량 및 소비량 전폐일정을 확정하였다.

몬트리올의정서가 시행될 당시 5종의 CFC 물질과 3종류의 소화제인 Halon만 규제대상 물질로 지정하였으나, 그 이후 이 정도의 규제조치로는 오존층 보호에 미흡하다는 연구보고서 발표로 인해 규제강화의 필요성이 제기되었기 때문이다. 또한 염화불화탄소의 단계별 감축과 비협약체결국가에 대한 통상도 제재하기 시작하였으며, 1990년부터 최소한 4년 주기로 최대 가용한 과학적, 환경적, 기술적 및 경제적 정보에 입각하여 선진국과 개도국의 규제수단을 재평가하기로 하였다.

몬트리올의정서에 따르면 선진국의 경우 CFC는 1996년부터, Halon은 1994년부터 생산 및 소비가 금지되었다. 우리나라를 포함하여 개발도상국의 경우에는 1995~1997년 사이의 평균 생산 및 소비량 기준으로 2009년까지 이를 유예 받았으나, 2010년부터는 해당 물질의 생산 및 소비 금지의무를 부담하게 되었다.

몬트리올의정서와는 별도로 EU는 오존층 파괴물질 수입자, 수출자 및 사용자에 대한 2003년도 지침을 마련하여 역내외 국가로의 수입 및 수출을 규제하고 협약 비당사국에 대한 수입과 수출을 금지토록 하였으며, 중국도 Halon의 제조 및 사용을 2006년부터 금지키로 하고, 자동차, 가전업계에 대해 2002년 1월부터 CFC 사용을 중지토록 하는 등 각 국가들이 오존층 파괴물질에 대한 규제를 강화해 나가고 있다.

최근의 동향을 살펴보면, 2007년 제19차 캐나다 당사국회의에서 HCFC의 경우 결정사항 부속서XIX/6에 의거해 한국을 포함한 개도국은 2009~2010년 평균 생산 및 소비량을 기준수량으로 2013년부터는 동결할 예정이며, 2009년 제21차 포트갈립 당사국회의에서는, 개도국의 HCFC 규제일정 단축문제와 함께 오존층 파괴물질 함유제품의 분류 라벨링 및 불법교역에 관한 정보공유 방법에 대해서 각 국가간의 이견을 조율하였다.

지구온난화 물질인 HFC를 제거할 최선의 방법에 대한 공감대는 도달할 수 없었지만, 검역 및 선적 전 오존파괴 화학물질을 이용하고 관리하는 화학물질 재고 파괴 등 다른 분야에서는 진전이 이루어졌다.

선진국과 개도국의 환경규제의 일정을 차등화는 하지만, 기본적으로 규제물질은 동일하며, 냉매나 세정제로 사용되는 CHC를 포함하여, 3종류의 하론, 10개 종류의 프레온, 사염화탄소, 메틸클로로 포름, 40개 종류의 염화불화탄화수소, 34개 종류의 HBFC, 메틸브로마이드와 브로모클로로메탄 등이 규제물질로 지정되어 있다.

우리나라는 1994년 이래 몬트리올의정서 체제상 개도국 지위를 인정받고 있으므로 개도국 특례조항에 따라 개도국의 감축 일정을 적용받고 있다. 우리나라가 몬트리올의정서 체제에 가입함으로써 규제물질의 생산과 소비의 전폐일정을 준수하고, 비당사국과의 규제대상물질의 무역을 금지하는 등 의정서 상 무역제한조치를 준수하며, 규제대상물질의 생산량과 소비량을 매년 사무국에 보고해야 하는 등의 의무를 부담하게 되었다.

우리나라는 의정서의 가입 준비과정에서 규제대상물질의 생산 및 소비를 제한하는 국내 특별법 및 관련 행정조치를 마련함으로써 의정서의 국내적 이행을 위한 법적 제도적 장치를 마련하였다.

구체적으로는, 산업자원부(현 지식경제부) 주관으로 1991년 1월 '오존층보호를 위한 특정물질의 제조규제 등에 관한 법률(법률 제4322호)' 을 제정하고, 1992년 1월 1일부터 시행하고 있다. 또한 의정서의 준수를 위해 특정 물질의 제조 · 수입 및 판매를 규제하고 있으며, 대체물질 및 그 이용기술을 개발하기 위한 기금을 조성 중이며, CFC 등 특정 물질의 사용합리화방안을 추진하고 있다.

특히, 1997년 1월부터는 CFC를 사용하지 않는 냉장고 등 제품에 대하여 환경마크를 부여함으로써 소비자들로 하여금 대체물질을 포함한 제품을 사용하도록 적극 유도하는 등의 제도도 도입되었다.

대체물질의 개발에도 노력하여, 1990년 이후 한국과학기술원의 CFC 대체기술센터 주관으로 지식경제부, 교육과학기술부 및 민간이 공동 참여하여 CFC 대체물질 개발 사업을 추진하고 있다. 최근에는 대체 냉각시스템, 대체 소화시스템, 대체 발표시스템, 대체물질 제조공정 등 4개 분야의 개발과제를 중점적으로 추진하고 있다.

3-1-4. 바젤협약

유해폐기물의 국가간 이동과 처리의 규제에 관한 바젤협약(Basel Convention on the Control Transboundary Movements of Hazardous Wastes and their Disposal)은 유해폐기물을 이동할 때에 가능한 사고예방을 위한 폐기물 이동절차를 통제하고, 유해폐기물의 생산의 최소화와 유해폐기물 처리 및 폐기관리 능력이 없는 개도국의 환경을 보호하기 위해 선진국으로부터의 유해폐기물 이동을 금지하고자 하는 목표로 추진되었다. 단, 폐기물 관리능력이 있는 국가 간 재활용을 위한 폐기물의 이동은 금지하지 않고 있다.

바젤협약의 배경은 1970년대 초부터 구미 선진국을 중심으로 유해폐기물의 국가 간 이동이 발생하게 되면서, 1980년 초부터는 이들 국가에서 발생한 폐기물이 아프리카 개도국에 방치되어 환영오염 문제를 야기하게 되면서부터이다.

이에 따라 인체건강과 환경에 피해를 끼칠 위험성이 있는 유해폐기물의 국가 간 이동 및 최종처리에 관한 국제규범 채택 필요성이 유엔환경계획(UNEP) 등에서 논의되어, 1987년 12월 제42차 유엔총회에서 협약채택을 위한 정부 간 회의를 개최할 것을 결의하게 되었다.

1989년 3월에 스위스, 바젤에서 협약이 채택되고, 한국을 포함해 105개국이 최종의정서에 서명하였다. 협약사무국은 현재 제네바에 위치하고, 2005년 5월 아프가니스탄, 아이티, 서인도제도, 미국, 대만과 북한 등을 제외한 165개국 1기구가 회원국으로 가입되어 있다.

바젤협약의 의의는 유해폐기물의 국제교역 규제에 대한 최초의 다자협약이며, 유해폐기물의 교역 최소화와 불법교역 규제 등 국가간의 공동지침을 확립했다는 것에 기인된다.

특히, 동 협약의 채택으로 개도국은 선진국으로부터 무분별한 유해폐기물 수입을 사전에 통제하고 규제할 수 있게 되었으며, 선진국은 대내적으로 환경보호 단체와 여론에 부응하게 되고, 대외적으로는 유해폐기물로 인한 개도국과의 마찰을 어느 정도 해소하게 되었다는 것이다.

협약의 적용범위(제1조)는 부속서1에 규정된 45종의 폐기물로서 부속서3에 규정된 유해특성을 가진 것이며, 1988년 유해물질 목록 부속서8로 채택된 것들이다. 이에 속하지 않더라도 수출, 수입, 경유국가의 국내법이 유해폐기물로 규정한 폐기물과, 부속서2에 규정된 그 밖의 생활폐기물로 그 적용대상이 된다.

바젤협약 전문(http://www.basel.int/text/documents.html)에 따르면 방사성 폐기물과 선박의 정상 항해 중에 발생된 폐기물은 그 적용대상에서 제외된다고 규정하고 있지만, 1997년 9월 국제원자력기구(IAEA: International Atomic Energy Agency)의 사용 후 연료 및 방사성 폐기물 관리 안전성에 관한 상호협약(Joint-Convention on the Safety of Spent Fuel Management and on the Safety of Radioactive Waste Management)이 채택됨에 따라 동 협약의 적용을 받지 않는 저준위 및 자연발생 방사성 폐기물은 바젤협약이 적용된다.

협약 당사국은 자국법에 의한 본 협약부속서 외의 폐기물에 대한 결정사항과 변동사항을 협약 사무국에 통보해야 하는 의무사항(제3조, 제4조)을 명시하고 있다. 또한, 협약국의 일반적 의무사항(제4조)과 유해폐기물 수입 금지를 선언한 나라에 대한 수출금지의 의무가 있다.

수입 금지를 선언하지 않았다 하더라도 유해폐기물을 수출할 경우 수입국으로부터 서면동의를 얻어야 하며, 유해폐기물 처리기술이 부족하다고 판단되는 나라에 대한 수출도 금지하고 있다. 협약 당사국과 협약 비당사국간의 유해폐기물의 수출과 수입은 불허(제4조 5항)하고 있다.

유해폐기물의 국가 간 이동절차 규정(제6조~제8조)에서 유해폐기물의 국가 간 이동요건을 갖추어야 한다고 규정하는데, 이동요건은 수출국이 처리기술과 장소 등을 갖추지 못한 때, 수입국이 재이용 또는 재생산업의 원재료로 사용할 때와 수입국의 기후 등 조건이 수출국에서의 처리보다 환경적으로 유리하다고 판단될 때이다. 또한 수출국은 이동에 관련되는 국가의 주무기관에 문서로 통지하고, 60일 이내에 서면동의를 받아야 하며, 동의 없이는 재수입해야 한다고 규정하고 있다.

당사국은 유해폐기물과 그 밖의 폐기물의 국가 간 이동 또는 처리 중에 사고가 발생된 때에는 이를 해당국가에 즉시 통보해야 하며, 매년 발 이전에 전년도에 관하 보고서를 당사국총회에 정보를 전달해야 할 의무도 있다. 20개국이 비준, 수락, 공식적인 확인, 승인 또는 가입문서를 기탁한 날로부터 90일이 경과한 날부터 협약이 시행된다.

2006년 케냐 나이로비에서의 제8차 당사국회의에서는 전자폐기물(e-waste)에 관한 선언을 채택하고 OECD 국가가 상대하는 개도국의 유해폐기물 수출금지 수정조항(ban amendment)의 발효요건에 관해 의견을 수렴하였으며, 국제해사기구(IMO: International Maritime Organization)에서 추진 중인 선박재활용에 관한 협약이 바젤협약과 동등한 수준으로 유해폐기물 관리를 규정할 것을 촉구하였다.

또한 잔류성 유기오염물질에 관한 스톡홀름협약 및 특정 유해화학물질의 거래 시 사전동의(PIC)에 관한 로테르담협약과의 협력을 위해 구성된 공동 작업반의 지속적인 활동을 하기로 결정하였다.

2008년 인도네시아 발리에서 개최된 제9차 당사국회의에서는 유해폐기물의 국가 간 이동 및 처리통제에 관한 내용을 검토하고 2010년 2월에는 바젤, 로테르담, 스톡홀름 협약과 연계하여 화학물질의 관리강화를 추진하였다.

최근 이에 부응하는 대응현황은 지난 2010년 5월, 바젤, 로테르담, 스톡홀름 협약에 대한 특별공동당사국회의가 개최되어 3개 협약에 대한 공동전략과 향후 계획에 대한 협의를 하였으며, 스웨덴 제노바에서 개최된 제7차 개방작업자그룹 회의(Open-ended Working Group)에서도 바젤, 로테르담, 스톡홀름 협약의 상호협력과 조정을 시행하고, 목표를 위한 전략적 계획과 새로운 전략 수집을 통해 바젤협약 효율성을 강화하도록 하고 있다.

또한 2010년 9월 스페인 바르셀로나에서 개최된 바젤, 로테르담, 스톡홀름 협약에 대한 제1차 공동회의에서는 유엔식량농업기구(FAO: Food and Agriculture Organization)와 UNEP가 바젤협약 및 스톡홀름협약의 지역 내에서 유해화학물질 및 폐기물의 국제교역에 대한 국가적 관리를 강화하는 계획에 합의를 도출하였다. 또한 국제녹색네트워크(green global network)를 14개 바젤협약지역, 15개의 스톡홀름협약지역, 18개의 FAO 및 7개의 UNEP로 구성하고 그 의무를 강화하였는데, 3개 협약에 대한 제재조치의 지역 간 협력 및 조정강화에 공동대응하기로 결의하였다.

3-1-5. 잔류성 유기오염물질 협약 (POPs)

본 협약은 사전예방의 원칙(precautionary principle)에 입각하여 잔류성 유기오염물질(POP: Persistent Organic Pollutants)로부터 인간의 건강과 환경을 보호하자는 목적으로 전문, 본문30조 및 부속서6개로 구성된 잔류성 유기오염물질에 대한 스톡홀름 조약(Stockholm Convention on Persistent Organic Pollutants)이다.

여기서 잔류성 유기오염물질은 일반적으로 내분비계 장애물질(endocrine disrupter)이라고도 알려져 있으며, 주로 인간의 생산 활동이나 폐기물의 처리과정에서 생성되는 인공적인 산물이며, 이 물질은 생태계나 인체에 일단 유입되면 매우 안정적으로 존재하면서 변이현상을 유발하는 물질이다

[표 3-7] POP 1차 목록(12개 물질)의 국내규제현황

화학물질 (CAS* 번호)	부속서	독성(증상)	용 도	국내규제현황			
				농약관리법	유해화학물질관리법 (농도)	폐기물 관리법	비 고
알드린(Aldin)	A	두통, 초조불안, 식욕감퇴, 구토	살충제	등록취소/금지 ('69)	금지(0.1%) ('99)	-	-
클로르단(Chlordane)	A	발암성, 편두통, 기관지염, 부비강염	살충제	등록취소/금지 ('69)	금지(1%) ('99)	-	-
디엘드린(Dieldrin)	A	발암성, 두통, 초조물안, 구토, 식욕감퇴	살충제	등록취소/금지 ('70)	금지(1%) ('99)	-	-
엔드린 (Endrin)	A	신경시스템 손상, 흥분, 경련	살충제	등록취소/금지 ('69)	금지(1%) ('99)	-	-
헵타클로르(Heptachlor)	A	발암성,간손상, 신경시스템 손상	방충제	등록취소/금지 ('79)	금지(6%) ('99)	-	-
미렉스 (Mirex)	A	발암성,간손상, 신경시스템 손상	화염 억지제 살충제	미 도입			
톡사펜 (Toxaphene)	A	발암성,호흡장애, 폐, 간 손상	살충제	등록취소/금지 ('82)	금지(1%) ('91)	-	-
헥사클로르벤젠 (Hexachloro benzene)	A C	발암성,피부손상, 복통, 신경쇠약	살충제 부산물	미 도입			
다염소화비페닐 (Polychlorinated biphenyls, PCB)	A C	간질환, 생물의 중성화, 기억력장애	산업용 절연제 부산물	-	금지 (50ppm) ('96)	지정 폐기물 (2ppm 이상)	전기 산업법 사용금지('79)

<table>
<tr><th rowspan="2">화학물질
(CAS* 번호)</th><th rowspan="2">부속서</th><th rowspan="2">독성(증상)</th><th rowspan="2">용 도</th><th colspan="4">국내규제현황</th></tr>
<tr><th>농약관리법</th><th>유해화학물질관리법
(농도)</th><th>폐기물관리법</th><th>비 고</th></tr>
<tr><td>디디티(DDT)</td><td>B</td><td>발암성</td><td>살충제</td><td>등록취소/금지
(1969)</td><td>금지(1%)
(1991)</td><td>-</td><td>-</td></tr>
<tr><td>다이옥신
(Polychlorinated dibenzo-p-dioxines, PCDD)</td><td>C</td><td>발암성,피부손상, 간질환</td><td rowspan="2">부산물(소각. 산업공정)</td><td>-</td><td>-</td><td rowspan="2">소각시 설배출 허용기준(1997)</td><td>-</td></tr>
<tr><td>퓨란(Polychlorinated dibenzofurans, PCDF)</td><td>C</td><td>발암성,간질환, 피부손상</td><td>-</td><td>-</td><td>-</td></tr>
</table>

(*) CAS No (Chemical Abstract Service Registry Number)

출처 : 환경부 보도자료(2006)

잔류성 유기오염물질 협약(POP)의 채택경위를 살펴보면, 2001년 5월 전 세계 130여개 국가대표들이 스웨덴 스톡홀름에서 POP의 국제적인 근절을 위한 외교회의를 갖고, 2004년 5월 151개국이 서명하고 59개국이 비준한 상태로 그 협약이 발효되었다.

우리나라는 2001년 10월 협약에 서명한 후 협약가입을 위해 잔류성 유기오염물질의 배출실태를 파악하고, 관련법규를 제정하는 등 협약가입을 준비하여 왔다.

2007년 2월 한국을 포함하여 138개국이 협약을 맺었고, 한국은 이미 잔류성 유기오염물질의 배출실태의 파악과 더불어 관련법규인 다이옥신 국가배출목록 작성 및 '잔류성 유기오염물질 관리법'을 제정하여 2007년 1월에 공포하였다. POP 1차 목록(12개 물질)의 국내규제현황은 [표 3-7]과 같다.

2009년 5월에 스위스 제네바에서 열린 제4차 스톡홀름협약 당사국총회에서 PFOS (Perfluorooctane Sulfonic Acid) 및 일부 브롬계난연제(BFR: Brominated Flame Retardants) 등 9개 물질을 POP 목록에 추가하였다([표 3-8]). 이로써 기존 관리대상인 다이옥신, 다염소화비페닐(PCB: Polychlorinated Biphenyls) 등 12가지 물질에서 총 21가지 잔류성 유기오염물질(POP)의 스톡홀름 협약의 규제를 받게 되었다. 국내에서는 환경부를 중심으로 다이옥신 배출저감, PCB 안전관리, POP 측정망 운영 및 실태조사 등 신규 POP 후속대책을 추진하고 있다.

잔류성 유기오염물질 협약에 관한 최근 동향을 살펴보면, 2010년도에 많은 관련회의가 개최되었다. 특히, 공기중, 모유, 혈액 및 다른 매체에서 감시되고, 채취되고, 분석되어야 하는 POP에 대해 검토를 하고, 지침서 개정에 관한 작업계획에 대해 그 일정을 합의하였다.

2010년 6월 스웨덴 제노바에서는 제2차 효율성평가 특별작업부회(Ad Noc Working Group on Effectiveness Evaluation of the Stockholm Convention)가 개최되어 효율성평가 초안을 마련하였으며, 그 해 10월에는 HBCD(Hexabromcyclododecane)에 대한 위해성보고서 채택건과 엔도설판(endosulfan)의 부속서A 등재를 권고하였다.

스톡홀름협약의 주요내용을 살펴보면, 의도적으로 제조 · 사용되는 POP 물질이 환경 중으로 배출되는 것을 근절하기 위하여 협약부속서 A, B에 등재된 PCB, 알드린 등 10종에 대하여 제조 · 사용 · 수출입을 금지 또는 제한하고 있는데, 부속서A에 규정된 PCB 등 9종은 취급 금지물질로 제조 · 사용 · 수출입을 금지하고, 부속서B에 규정된 1종의 취급 제한물질 DDT (Dichloro-Diphenyl-Trichloroethane)는 병해충 방재 등 제한된 용도에 국한하여 제조 · 사용을 허용하고 있다.

[표 3-8] POP 2차 목록(9개 물질)의 국내규제현황

물질명 (CAS 번호)	부속서	용 도	허용여부	국내 사용
Chlordecone (143-50-0)	A	농약	금지	없음
Lindane (58-89-9)	A	이, 진드기제거	특정면제(최장 10년간)	이 제거제 등 전문의약품
Alpha-HCH(319-84-6)	A	농약	금지	없음
Beta-HCH(319-85-7)	A	농약	금지	없음
Hexabromobiphenyl (36355-01-8)	A	산업용물질	금지	'06.7 이후 국내사용 금지 (RoHS, 전기전자 제품 및 자동차의 순환에 관한 법률 등에 의거)
Tetrabromodiphenyl ether & pentabromodiphenyl ether (4008-47-9)	A	산업용물질 (방염제 등)	기존함유제품의 재활용을 위한 사용 한시허용 (2030년에 특정면제 종료)	
Hexabromodiphenyl ether (68631-49-2) & Heptabromodiphenyl ether (446255-22-7)	A	산업용물질 (방염제 등)		
Pentachlorobenzene (608-93-5)	A	농약	금지	없음
	C	비의도적 생성물, 연소부산물	저감	
PFOS(1763-23-1), its salts & PFOSF(307-35-7)	B	세정제, 방염제, 광마스크 등	항구적면제 (용도별로 정의되고, 특정면제는 최장 10년간)	반도체, 필름, LCD 등의 중간산물, 소화용 방염제

출처 : 환경부(2009), 스톡홀름협약 이행을 위한 국가이행계획서

또한 배출시설 운영중 비의도적으로 생성(부속서C)되는 다이옥신, 퓨란 등 POP의 배출을 저감하기 위하여 각국이 배출원 목록을 작성하고 배출량을 평가하도록 하고 있으며, 최적 가용기술 및 최적 환경관리방안을 적용하는 등 행동계획을 수립하도록 규정하고 있다.

아울러, POP 함유폐기물의 부적정한 처리에 의한 오염을 방지하기 위하여 친환경적인 수집·보관·처리를 하도록 하고, 각국의 POP 근절을 유도하여 협약 이행을 담보하기 위하여 가입 후 2년 내에 국가이행계획서를 작성하여 사무국에 제출하도록 하고 있다.

스톡홀름협약에서 제재하는 물질목록은 아래 표와 같이 요약되고, 부속서A는 근절, 부속서B는 제한, 그리고 부속서C는 비의도적 물질을 정의하는데, 자세한 내용은(http://chm.pops.int/Convention)를 참조하면 된다. PFOS 는 2015년부터 매 4년 주기로 평가하여 대체기술이 인정되는 용도는 항구적 면제에서 제외하는데, 항구적 면제용도는 광이미지, 비행기 코팅, 금속세정, 의약용 기기, 반도체 코팅, 방염제 등이 있고, 반도체와 LCD 등인 광마스크, 칼라인쇄 전기제품, 섬유, 종이 카펫 등은 특정면제용도로 제한되며, PFOSF(Perfluorooctane Sulfonyl Fluoride)도 포함된다.

부속서A 물질대상인 취급금지 POP은 제조, 수출입과 사용이 완전 금지되며, 이를 위반 시 벌칙이 부과되며, 부속서B 대상물질인 취급제한 POP은 협약에서 규정한 용도로만 제조, 사용이 허용된다. 유독물에 준하는 관리기준이 설정되어 있고, 수출입은 승인 의무화를 규정하고 있다.

제3차 DDT 전문가 회의에서는 질병예방을 위해 DDT를 계속 사용하는 것에 대한 평가보고서 제출을 요청하였고, 스톡홀름협약 개정에 따른 워크숍과 PCB 제거네트워크인 PEN(PCB Elimination Network) 자문회의에서는 PCB의 친환경적 관리와 정보공유를 위해서 제4차 당사국회의에서는 PEN 설립을 합의하였다.

제5차 Toolkit 전문가회의는 다이옥신, 퓨란 배출의 확인 및 정량에 대한 표준화 Toolkit 개발을 목적으로 개최하였으며, 위 3개 협약의 중앙아메리카에서의 이행강화와 협력 및 조정을 위한 계몽워크숍과 스톡홀름 협약 및 로테르담 협약의 효과적 참여를 위한 워크숍 등 많은 노력을 하고 있다.

3-1-6. 사전통보 승인절차에 관한 협약 (PIC)

사전 통보 승인절차에 관한 협약인 PIC(Prior Informed Consent)는 유해화학물질과 농약이 인류건강과 환경에 미치는 영향을 방지하고, 국제적으로 거래되는 유해화학물질의 유해성을 수출 및 수입국가가 공동으로 책임을 촉진하기 위함을 그 목적으로 협약된 내용이다.

참여국가가 자국으로 수입될지도 모르는 잠재적으로 유해한 화학물질의 특성을 파악하는데 도움을 주며, 이는, 향후 이러한 유해화학물질의 수입문제에 대한 정책결정에 도움을 주는 동시에 타 국가에 이러한 결정을 전달하는 것을 촉진시키는 절차이다.

협약의 제정 배경을 살펴보면, 1960년대부터 1970년대에 걸쳐 화학물질의 국제교역이 증가함에 따라 유해화학물질의 사용으로 인해 많은 문제가 발생하였다. 베트남 전쟁의 고엽제나 맹독성 농약 등 유해화학물질로 인해 매년 수많은 사람들이 죽거나 심각하게 건강을 해치고, 자연환경도 오염되고, 많은 야생생물들도 사라져 갔다.

유해화학물질의 국제교역 문제는 선진국들이 자국 내에서는 판매나 소비가 금지된 물질들을 개발도상국에 수출하여 산업 활동을 영위해 왔다는 점에서 선진국과 개도국 간의 대립과 갈등의 원인이 되어왔다.

각국 정부들이 1980년대 들어 자발적인 사전통보승인절차를 마련함으로써 이 문제에 관한 구체적인 논의가 시작되었다. 한편 건강 및 환경에 유해한 물질의 국제적 거래를 규제할 필요성이 제기되어 UN 총회는 1983년 사전통보승인원칙의 기초가 되는 결의안을 채택하였다.

초기에는 구속력이 없는 지침의 형태로 논의가 진행되다가, OECD와 EC에서 구속력 있는 논의를 진전시켰으며, 1983년 이후 FAO, UNEP 등을 비롯한 관련국제기구들의 지침, 강령 등이 잇따라 채택되고 국제회의도 계속 개최됨으로써 사전통보승인절차를 강제적인 성격으로 법제화하기 위한 논의가 본격적으로 진행되었다.

1995년 5월 UNEP 제 18차 이사회에서의 결정내용에 따라 총 5차례의 정부간 협상회의가 개최되어 협약안에 대한 구체적인 논의와 합의를 도출하여 1998년 9월 협약이 최종 채택되기에 이르렀다.

공식적인 협약의 명칭은 '특정 유해화학물질 및 살충제의 국제교역에 대한 사전 통보 승인 절차에 관한 로테르담 협약'(Rotterdam Convention on the Prior Informed Consent

Procedures for Certain Hazardous Chemicals and Pesticides in International Trade)으로서, 협약에서 사용하는 주요 용어의 정의는 다음과 같다.

- 화학물질 : 물질 그 자체로서 또는 혼합물이나 체제 내에 존재하고 천연적으로 얻어지거나 제조된 물질(농약과 산업용화학물질). 살아있는 생명체는 포함하지 않음.
- 금지화학물질 : 인체건강이나 환경을 보호하기 위하여 하나 또는 그 이상의 분야에서 최종규제조치에 의해 모든 사용이 금지된 화학물질. (최초사용을 위한 승인이 거부되었거나, 산업계에 의해 국내시장이나 국내승인과정의 추가고려대상에서 철회되고, 이러한 조치가 인체건강이나 환경을 보호하기 위하여 취하여 졌다는 명확한 증거가 있는 경우의 화학물질)
- 엄격히 규제된 화학물질 : 인체건강이나 환경을 보호하기 위하여 하나 또는 그 이상의 분야에서 최종규제조치에 의해 실제로 모든 사용이 금지되었으나 특정 세부사용은 허용된 화학물질. (실제로 모든 사용에 대해 승인이 거부되었거나, 산업계에 의해 국내시장이나 국내승인과정의 추가고려대상에서 철회되고, 이러한 조치가 인체건강이나 환경을 보호하기 위하여 취하여 졌다는 명확한 증거가 있는 경우의 화학물질)
- 고유해성농약제재 : 사용여건 하에서 단일 또는 중복 노출 후 짧은 기간 내에 관찰할 수 있는 심각한 인체 또는 환경상의 영향을 일으키는 농약으로 사용하기 위해 제재된 화학물질
- 최종규제조치 : 화학물질을 금지 또는 엄격히 규제하기 위하여 당사국이 취하는 조치로서 추가로 규제조치를 취할 필요가 없는 조치

주요 내용을 살펴보면, 금지 또는 엄격히 제한된 화학물질과 고유해성농약제재를 대상으로 하고 있으며, 협약적용에서 배제되는 물질은 폐기물, 마약, 향정신성물질, 화학무기, 의약품, 식품첨가물, 연구, 문석 및 개인적인 사용목적의 물질 등이다.

금지 또는 엄격히 제한된 화학물질에 관한 절차로서, 각 당사국은 규제조치를 취할 수 있는데, 그 경우 해당조치의 효력발생 후 90일 이내에 서면으로 관련 유해성자료 및 규제사유 등을 첨부하여 사무국에 통보해야 하는데, 사무국은 6개월마다 이를 모든 당사국에 통보를 하고 사무국이 특정물질에 대해 PIC 권역에서 최소한 1개씩 통보서를 접수한 경우 당사국총회에서

부속서3에 수록여부를 결정한다.

부속서3에 수록된 물질을 수입하거나 수출하려는 국가의 의무사항은 사무국을 통해서 법적 및 행정적 조치를 시행할 수 있으며, 특히, 자국에서 금지 또는 엄격히 제한된 화학물질을 수출하는 경우, 해당물질에 대한 유해성 자료 등을 첨부하여 수출통보서를 매년 첫 수출 전에 수입당사국에 통보해야 할 의무가 주어진다.

부속서3에 수록된 물질의 경우 관세품목분류코드(HS Code)를 수출 선적서에 기재하여야 하고, 부속서3에 수록된 물질과 자국에서 금지 또는 엄격히 제한된 화학물질의 수출시 유해성 표시를 하고 물질안전보건자료(MSDS: Material Safety Data Sheet)를 각 수입자에게 제해야 한다. 부속서3의 PIC 절차에 따라야하는 화학물질은 농약 28종, 농약제제 4종과 산업용 화학물질 11종 등이며([표 3-9], [표 3-10], [표 3-11]), 의약품, 방사선 물질, 식품첨가물과 소량의 연구용 화학물질 등은 제외항목이다.

[표 3-9] 사전통보승인절차에 따라야 하는 화학물질 (농약)

물질 명	CAS 번호
2,4,5-T	93-76-5
Aldrin	309-002
Captafol	2425-06-1
Chlordane	57-74-9
Chlodimeform	6164-98-3
Chlorobenzilate	510-15-6
DDT(Dichloro-Diphenyl-Trichloroethane)	50-29-3
Dieldrin	60-57-1
Dinoseb & dinosebsalts	88-85-7
1,2-dibromoethane (EDB)	106-93-4
Fluoroacetamide	640-19-7
HCH(mixed isomers)	608-73-1
Heptachlor	76-44-8
Hexachlorobenzene	118-74-1
Lindane	58-89-9
Mercury compounds, incl. inorganic mercury compounds, alkyl mercury compounds, alkyloxyalkyl & aryl mercury compounds	단일 CAS 번호 없음
Pentachlorophenol	87-86-5

출처: 환경부(2004), 유해화학물질의교역시사전통보승인절차에관한협약

PIC 협약과 관련하여 2011년 3월 로마에서 개최된 제7차 화학물질검토위원회(CRC: Chemical Review Committee)는 검토할 Amitraz, Carbaryl, Endosulfan, Perfluorooctane, Sulfonate, Pentabromodiphenyl, Ether, Pentachlorobenzene, Octabromodiphenyl ether 등 9개의 물질에 대해 공공자문을 실시하고, 2011년 6월 스웨덴 제네바에서 개최된 제5차 당사국회의에서 Alachlor, Aldicarb, Chrysotile, Asbestos, Endosulfan 등에 대해 부속서3에 추가하였다.

[표 3-10] 사전통보승인절차에 따라야 하는 화학물질 (고유해성농약제재)

물질 명	CAS 번호
Monocrotophos (Soluble liquid formulations of the substance which exceed 600g active ingredient/l)	6923-22-4
Methamidophos (Soluble liquid formulations of the substance which exceed 600g active ingredient/l)	10265-92-6
Phosphamidon (Soluble liquid formulations of the substance which exceed 1000g active ingredient/l)	13171-21-6 (mixture, (E) & (Z) isomers) 23783-98-4 ((Z) isomer) 297-99-4 ((E) isomer)
Methyl-parathion (certain formulations of parathion methyl emulsifiable concentrates(EC) with 19.5%, 40%, 50%, 60% active ingredient and dusts containing 1.5%, 2%, 3% active ingredient)	298-00-0
Parathion (all formulations - aerosols, dustable powder(DP), emulsifiable concentrate(EC), granules(GR) and wettable powders(WP) of this substances are included, except capsule suspension(CS))	56-38-2

출처: 환경부(2004), 유해화학물질의교역시사전통보승인절차에관한협약

[표 3-11] 사전통보승인절차에 따라야 하는 화학물질 (산업용)

물 질 명	CAS 번호
Crocidolite	12001-28-4
Polybrominated biphenyls(PBB)	59080-40-9 (hexa-) 27858-07-7 (octa-) 13654-09-6 (deca-)
Polychlorinated biphenyls(PCB)	1336-36-3
Polychlorinated terphenyls(PCT)	61788-33-8
Tris (2,3 dibromopropyl) phosphate	126-72-7

출처: 환경부(2004), 유해화학물질의교역시사전통보승인절차에관한협약

우리나라는 1999년 9월 동 협약에 서명하고 2003년 8월에 비준서를 기탁하였으며, 현재 전체 73개 국가가 서명한 이후 2002년 말 33개국이 비준하였다. 정부는 유해성 정보소통체계를 강화하여 산업계와의 협력체계 구축을 통한 유해물질 사용저감을 도모하고 있다.

그 일환으로 2008년 개별 사업장의 배출량 공개제도를 시행하여, 필요하다고 인정될 때 유해화학물질관리위원회의 심의를 거쳐 개별 사업장별로 공개하도록 함으로써, 지역 내 유해화학물질 사용 및 배출현황과 이로 인한 위험성에 대한 지역주민의 알권리를 충족시키고, 기업이 책임의식을 갖고 화학물질의 배출저감에 노력하도록 유도하고 있다.

미국, 일본, 호주 등 11개 OECD 국가 사업장의 배출량 조사결과를 이미 공개하였으며, 내분비계장애물질, PCB 등 잔류성 유기화합물 등 특정 물질의 규제에 앞서, 사용업체들의 단계적 사용 저감을 추진 중이다.

한편, 다양한 수요자 요구를 수렴하여 기존의 물질안전보건 자료(MSDS)를 개선함으로써 산업계의 화학물질 정보전달체계를 개선하고, 화학물질 목록, 규제 및 유해성 정보를 통합한 화학물질정보시스템을 구축하여 운영하고 있다.

또한 화학물질 정보에 대한 지역주민, 시민단체 등의 이해도를 제고하고 이해 관계자간 화학물질 정보 공유 및 원활한 의사소통을 도모함으로써 이해관계자간 쌍방향 의사소통체계를 구축하고 있다.

3-1-7. 도하 개발 아젠다 (DDA)

본 협약은 2001년 11월에 카이로 도하에서 개최된 제4차 WTO 각료회의에서 개도국 개발에 중점을 두어야 한다는 개도국의 주장을 반영한 무역협상 체제로 공식명칭은 세계무역기구(WTO) 도하 개발 아젠다 협상(DDA: Doha Development Agenda) 이다.

DDA 출범 시에는 2005년 이전에 협상을 일괄타결방식으로 종료하는 것이 목표였으나, 농산물에 대한 수입국과 수출국의 대립이 발생하고, 시장개방에 대한 선진국과 개도국 간의 대립 등으로 현재도 협상을 지속하고 있는 실정이다.

협상의제로는 농산물, 공산품과 임수산물과 서비스 시장의 개방, 반덤핑, 보조금, 지역협정, 분쟁해결에 대한 기존 WTO 협정의 개선과 관세행정의 개선 등을 촉구하는 무역원활화, 환경, 개발 그리고 지적재산권 등 다양한 의제가 남아있다.

특히 농산물, 비농산물(NAMA: Non-Agricultural Market Access), 서비스, 반덤핑, 보조금, 지역협정의 규범, 환경, 지적재산권, 분쟁해결, 무역원활화, 개발 분야에 대해 협상그룹이 설치되어 2002년부터 본격적인 협상이 진행되고 있다.

농산물과 비농산물에 대해서는 우선 관세와 보조금의 감축정도와 같은 시장개방의 정도를 정하는 자유화세부원칙에 합의하고 이에 따라 각국이 구체적인 품목과 보조금 프로그램 감축 수준을 제시하는 이행계획서를 제출하여 최종적인 합의를 도출하는 방식으로 협상이 진행 중이다.

최근 추진 동향은 2009년 말에 제네바 제7차 WTO 각료회의에서 2101년 DDA 협상타결 목표를 1/4분기 중 DDA 협상현황을 점검했고, 2010년 3월 개최된 협상점검위원회에서는 WTO 사무총장이 제시한 향후 협상 프로그램에 합의하였다.

미시간 대학교의 연구결과는 DDA를 통해 무역장벽이 1/3으로 줄었을 경우 세계경제에 6,100억 달러의 이익창출이 되는 경제적 효과가 있다고 보고하고 있고, 세계은행의 연구에서는 완전한 무역자유화가 실행될 경우 전 세계적으로 2조 8천억 달러의 후생증대효과가 발생할 것이라고 보고하고 있다.

이와 관련된 협상 동향을 살펴보면, 2010년 초 스위스 다보스에서 개최된 다보스 통상장관회의에서 세계적인 경제위기의 악화를 방지하기 위해서 지속적인 WTO의 모니터링이 필요하며, DDA는 전반적인 고용 창출 효과에 기초해서 세계경제를 회복하기 위한 최선의 방법인 것을 인지하게 되었다.

이러한 협상을 진전하기 위해서는 각국이 정치적인 의지가 필수적이며, 향후 수개월간 각료급 또는 정상급의 개입으로 핵심 쟁점 리스트를 점검하는 작업이 필요하다고 하였다.

2010년 4월 우루과이 푼타 델 에스테에서 개최된 케언즈 그룹(Cairns Group)의 제35차 각료회의에서는, DDA 협상타결을 우선적으로 케언즈 그룹은 농업분야의 개혁을 위해 지속적으로 기술적 및 정치적인 노력을 할 것으로 계획했고, 이에 따라 APEC(Asia Pacific Economic Cooperation)과 OECD 등 계기를 활용한 각료급의 지속적인 개입을 촉구하였다.

2010년 6월 일본에서 개최된 APEC 통상장관회의에서도 다자무역체제의 강화가 경제성장과 일자리 창출의 원천이며 세계 경제 회복을 위한 기초라는 인식하에 WTO DDA 협상의 조속한 타결을 촉구하는 특별성명을 채택하였다.

높은 실업률이 정치적 압력으로 작용하여 보호무역주의 조치를 유인할 수 있음을 감안해서 2009년 APEC 싱가포르 통상장관회의에서 합의된 신규 보호주의 조치도입 동결 1년 연장을 2011년까지 1년간 재연장하고, WTO 등과 협조해서 보호무역주의 조치를 정기적으로 검토하기로 합의하였다. 이상 살펴본 국제환경협약 및 앞으로 설명할 주요 환경규제들의 일정표는 [표 3-12]와 같다.

[표 3-12] 국제환경협약 및 환경규제 일정표

환경협약/규제	발효(시행)	'03	'04	'05	'06	'07	'08	'09	'10	'11	'12	'13	'14	'15
기후변화협약(교토의정서)	'05.02.16						온실가스 평균 5.2% 감축 CO_2, CH_4, N_2O : '90년 기준 PFCs, HFCs, SF_6 : '90년 또는 '95년 기준							
비엔나협약(몬트리올의정서)	'88.09.22 ('89.01.01)	CFC-13 20% 삭감		프레온,하론 삭감		프레온 85% 삭감			프레온, 하론, 사염화탄소, 메틸 등 삭감				메틸 유전폐	
바젤협약	'92.05.05	유해 폐기물의 국가 간 이동 및 발생 억제												
스톡홀름협약(POP)	'04.05.17			살충제, Dioxine 등 잔류성 유기오염물질(21개) 규제										
친환경설계의무지침(ErP)	'09.10.21					에너지 관련제품이 환경친화적인 설계가 안 된 경우 EU 내 판매금지(기존 ErP 지침 대체)								
REACH(신화학물질관리제도)	'06.12.18 ('07.06.01)				1,000톤 이상 화학물질등록			100톤 이상 화학물질등록						
WEEE(폐전기전자제품처리지침)	'05.08.13				무료수거 시스템		10대품목별 의무비율: 재생-70~80% 재사용 및 리사이클-50~70%							
RoHS(유해물질사용제한지침)	'03.02.13 ('06.07.01)					전기전자제품 내 납, 수은, 카드뮴, 6가크롬, PBB, PBDE 사용금지(카드뮴 100mg/kg 등)								
ELV(폐자동차처리지침)	'00.10.21 ('02.07.01)		납,수은, 크롬금지		재생: '06년 85%, 재사용 및 리사이클: 80% ('06.01.01)							재생95%		
EURO II ~ VI	IV: '05.01 V: '08.10 VI: '13.01	가솔린디젤 규제시작		가솔린 / 디젤 CO 1.0 / 0.5 NOX 0.08 / 0.25 PM — / 0.025					가솔린 / 디젤 CO 1.0 / 0.5 NOX 0.06 / 0.18 PM — / 0.005					

출처 : 생산기술연구원(2012), 주요 산업.국가별 무역 환경규제 대응 가이드라인

3-2. 주요 국제 환경규제

본 장에서는 대표적인 국제 환경규제를 살펴본다. 국제 환경규제의 선두주자는 단연 EU라 할 수 있는데, EU는 대표적으로 농수축산물을 제외한 전제품을 대상으로 하는 신화학물질관리규정(REACH: Registration, Evaluation, Authorisation and Restriction of CHemicals), 전기 및 전자제품을 대상으로 하는 유해물질 사용 제한지침(RoHS: Restriction of the use of certain Hazardous Substances in electrical and electronic equipment), 폐전기 · 전자제품 처리지침(WEEE: Waste Electrical and Electronic Equipment)과 에너지 관련제품 대상으로 한 친환경 설계 의무지침(ErP: Energy related Product) 등을 제정하여 국제 환경규제를 선도하고 있다.

그 뿐 아니라 자동차를 대상으로 하는 폐자동차 처리지침(ELV: End of Life Vehicle), EURO(European emission standards)와 연비라벨링규제 등을 제정하였으며, 포장재 및 포장폐기물 지침, 전자 및 전지제품을 대상으로 하는 에코라벨링을 시행하고 있다.

미국정부는 TSCA(Toxic Substance Control Act)와 California Proposition 65 등을 통해 화학제품을 그 대상품목으로 하는 규제를 시행하고 있고, 폐전자제품 재활용법, 에너지 라벨링과 에너지스타 등의 규제는 주로 가정용기기와 가전제품의 환경성을 규제하고 있다. 또한, 자동차를 대상품목으로 기업평균연비(CAFE: Corporate Average Fuel Economy)규제와 LEV(Low Emission Vehicle) 배기가스 규제 등을 시행하고 있다.

중국은 신규화학물질환경관리제도, China RoHS(전자정보제품오염관리법), China WEEE(폐가전 및 전자제품 회수처리 관련규칙), 전기전자제품의 에너지소비 규제와 자동차를 대상품목으로 하는 China EL(Energy Labeling) 등의 환경규제를 시행하고 있다.

일본은 지정물질함유제품과 화학제품을 대상으로 환경규제를 하는 화관법과 화심법을 시행하고 있고, 6대 유해물질 사용금지를 규제하고 있는 J-MOSS와 가전 리사이클링법, 에너지를 사용하는 기계 및 기구를 대상으로 환경 규제하는 Top Runner와 자동차를 대상으로 하는 ELV 등의 관련규제를 시행하고 있다. 이러한 개별 국가, 혹은 경제구역의 환경규제에 관한 내용을 간략히 요약하면 [표 3-13]과 같으며, 다음 절부터 자세하게 살펴보기로 한다.

[표 3-13] 주요 국가별 환경규제 현황

국가	규 제	발효시기	주요 내용	대상품목
EU	WEEE (폐전자제품 처리지침)	'05.8.13 (수거 시스템)	- 폐전기전자제품의 회수 및 재활용 의무화, 재생율(70~80%), 재활용율(50~75%) - WEEE 심벌 부착 의무화	전기 · 전자제품
	RoHS (유해물질사용 제한 지침)	'06.7.1	- 납, 수은, 카드뮴, 6가크롬, PBB 및 PBDE 함유 전기 · 전자제품 판매제한, 카드뮴(0.01%)/나머지(0.1%)	전기 · 전자제품
	REACH (신화학물질 관리규정)	'07.6	- 화학물질의 등록/평가/허가/제한 • 연간 1000톤 이상('10.11.30) • 100톤~1000톤('13.5.31) • 100톤 미만('11.6.1) 이내 등록	화학물질을 포함하는 전제품
	ErP (친환경설계 의무지침)	'09.10	- 친환경설계 기준 미달 제품의 시장진입 금지 • 전 과정 고려 • CE마크와 통합하여 시장 통제	에너지 사용 제품
	EURO V	'09.9	- EURO IV('06.1) 대비 20% 강화된 기준 적용 (단위: g/km) • 가솔린: HC(0.1), NOx(0.06), CO(1.0) • 디젤: NOx(0.18), CO(0.5), PM(0.005)	자동차
	연비 라벨링 규제	'00.1	- 연비 및 CO_2 배출량 정보를 소비자에게 제공 - 제조사 및 모든 배장에 연비 라벨링 의무화	자동차
	ELV (폐자동차 처리지침)	'00.10	- 생산자의 폐차처리 비용부담 및 재활용(재생)의무 • 재활용율: '06년 85%, '15까지 95%로 확대 • 중금속 규제 (RoHS와 병행)	자동차
미국	TSCA	'76.10	- 신규화학물질 등록 및 사전제조신고(PMN)	화학제품
	에너지라벨링	'80	- 최소에너지효율 기준 미달 제품의 미국 내 판매 제한 - 요건 만족시 라벨 부착	가전기기
	에너지스타	'92	- EPA 제시 요건 만족시 라벨링 - 기준 미달시 판매 제한	가정기기 등 8개 제품군
	캘리포니아주 폐전기 · 전자제품 재활용법	'05.1.1 시행	- 폐전자제품에 대한 재활용요금 부과	CRT, LCD, PDP TV, CRT 모니터 등
	기업평균연비 (CAFE) 규제	'75.1	- 승용차 및 경트럭의 제조사별 평균연비 규제 • 미 준수시 과태료 부과	자동차
	배기가스 규제	'66.1	- LEV(Low Emission Vehicle) • 지속적으로 기준 강화 추세	자동차
중국	전지전자제품 에너지소비 규제	'98	- 에너지소비량 표기 의무화 (제품설명서, 에너지효율 라벨)	에너지 사용 제품
	China RoHS	'07.3	- 전자 · 정보제품에 대한 6대 유해물질의 제한	전자 · 정보제품
	신규화학물질 환경 관리제도	'10.10	- 신규화학물질 등록 의무화	화학물질 함유 제품

국가	규 제	발효시기	주요 내용	대상품목
중국	China WEEE	'11	- 전자제품의 에코디자인, 제품정보, 회수/처리에 대한 강제의무 부과	에어컨, TV, 냉장고, 세탁기, PC 등
	China ELV	'11	- 생산자의 폐차처리 비용부담 및 재활용(재생)의무	자동차
일본	화심법	'73	- 신규화학물질 등록	화학물질
	화관법	'01.4	- 화학물질 배풀량/이동량 신고 - MSDS	지정물질 함유제품
	Top Runner	'99	- 에너지 절약 달성도 표시 라벨링	에너지 사용 제품
	가전 리사이클법	'03.4	- 제조업자 및 수입업자의 리사이클(60~70%) 의무화	냉장고, TV, 세탁기, 에어컨 등
	PC 리사이클법	'03.10	- PC포함 유해물질 회수, 분리처리 의무화	PC 등
	J-MOSS	'06.7	- 전기 · 전자기기의 특정 화학물질 표시방법 * 규제 허용치는 RoHS와 동일	에어컨, TV, 냉장고, 세탁기, PC, 전자레인지, 건조기 등

출처 : 생산기술연구원(2012), 주요 산업.국가별 무역 환경규제 대응 가이드라인

3-2-1. EU REACH

(1) 개요

REACH는 2006년 12월 18일 제정된 화학물질의 등록, 평가, 허가 및 제한에 관한 법령(Regulation (EC) No. 1907/2006: concerning the Registration, Evaluation, Authorisation and Restriction of CHemicals)으로서, 화학물질, 혼합물 및 완제품 등에 관한 화학산업의 대표적인 규제라 할 수 있다.

그 목적은 물질의 유해성 평가를 위한 대처방법의 개발을 촉진해서, 인간건강과 환경을 보호하고, 물질의 자유로운 유통을 보장을 통해 관련 산업의 경쟁력 강화를 위함이다. EU 내에서 연간 1톤 이상 제조 또는 수입되는 모든 화학물질에 대해 등록을 의무화하는 신(新)화학물질관리제도로서, 2007년 6월 1일에 시행되었다.

EU REACH가 시행됨에 따라, 전 세계 각국에서도 자국 산업의 보호 및 대응을 위해 자국의 REACH, 혹은 유사 환경규제를 제정, 또는 강화하였다. 그 결과, [표 3-14]에 나타난 국가 외 다수의 국가에서도 화학물질관리규정을 제정해 놓은 바 있다.

REACH규제는 연간 100톤 이상의 물질과 위해성이 높은 물질에 대해서는 우선적으로 평가

를 하게 되며, 특정물질에 대해서는 허가를 받아야 하며, 일부물질에 대해서는 사용을 제한하는 제도이며, REACH는 화학물질(substance)을 관리하는 법으로, 모든 제품이 화학물질로 구성되지 않은 제품은 없기 때문에, EU에서 생산, 수입, 유통되는 모든 제품들이 REACH의 적용 범위에 해당된다고 보면 된다.

[표 3-14] 국가별 화학물질관리 규제동향

구분	EU	중국	미국	일본	한국
규제명	신화학물질관리 제도(REACH)	신규화학물질의 환경관리제도	독성물질관리법 (TSAC)	화심법	유해화학물질 관리법
화학물질목록	EINECS (ELINCS)	IECSC	TSCA	ENCS	ECL
의무이행주체	EU 내 제조자, 수입자, 유일대리인	중국 내 제조자, 수입자, 대리인	미국 내 제조자, 수입자	일본 내 제조자, 수입자	한국 내 제조자, 수입자
적용범위	기존 및 신규물질	신규물질	신규물질	기존 및 신규물질	신규물질
주요의무	등록, 신고, 평가, 허가, 제한	등록	등록	등록, 신고, 심의	등록
시행일	2007.06	2003 (2010.10)	1976.10	1973 (2009)	1991.02

자료 : 주요 산업 · 국가별 무역 환경규제 대응 가이드라인(2011)

본 규제에 따라 EU로 연간 1톤 이상 수출하는 모든 화학물질은 반드시 유럽 화학물질청에 등록하여 화학물질 등록번호를 발급받아야 하며, 2008년 12월 이후 처음으로 연간 1톤 이상 수출하는 경우, 최초 수출 후 6개월 이내에 사전등록서류를 제출하면 사전등록을 마친 것으로 간주하며, 해당 톤수별 유예기간이 적용된다.

특히 완제품에서 고위험성 물질이 비의도적으로 배출되는 경우 그 함량이 완제품 대비 0.1 중량% 초과하고 연간 1톤이 초과되면 신고를 해야 한다. 또한, 연간 100톤 이상 물질과 특성물질 등은 평가 및 허가절차를 거치도록 규제하고 있다.

REACH를 이해하기 위해서는 먼저 사용되는 용어의 의미를 알아야 한다. 뒤에 3-3-1절 석유화학산업 부분에서도 나오지만, 다음과 같은 용어와 약어들이 자주 사용되므로 우선 소개한다.

- 물질(substance) : 일반적으로 '화학물질'이라고 하는 것으로 자연상태 혹은 제조공정에서 얻어진 화학적 원소 및 그 화합물. 액체, 기체, 고체 등 다양한 형태로 존재

- 기존물질(phase-in substance) : 1981년 9월 18일 이전에 시장에 출시된 물질로서, EINECS(기존물질목록)에 등재된 물질
- 신규물질(Non phase-in substance) : 1981년 9월 19일 이후 REACH와 유사한 절차에 따라 신고되어 ELINCS(신고물질목록)에 등재된 물질과 앞으로 나오게 될 물질
- 혼합물(preparation) : 두 가지 이상의 화학물질을 인위적으로 섞어 놓은 것. 혼합물 내에서 화학물질은 단지 물리적으로 혼합되어 있는 것임. 혼합물은 화학 반응 없이 2가지 이상의 물질을 섞어서 얻는 반면, 다성분물질(multi-constituent substance)은 화학 반응의 산물임
- 완제품(article) : 우리 주변에서 볼 수 있는 거의 모든 고체상태의 물건. REACH에서는 그것을 구성하는 화학물질보다 특정 형태, 표면 및 디자인이 기능을 결정하는 물건으로 정의함
- 의도적 배출(intended release) : 완제품에서 배출되는 화학물질이 완제품의 주기능이 아닌 경우 '의도적 배출' 이라고 함. (청바지의 청색 염료, 지우개의 향기 등)
- 비의도적 배출(unintended release) : 완제품에서 사용 또는 폐기 과정에서 화학물질이 배출될 가능성이 있는 경우
- 고분자(polymer) : 한 가지 이상의 단량체 단위(monomer units)의 배열(sequence)로 특징지어진 분자들(molecules)로 구성되는 물질. ①최소한 1개 이상의 다른 단량체 단위나 다른 반응물과 공유결합되어 있는 최소한 3개 이상의 단량체 단위를 포함하는 분자의 무게가 과반수 이상 ②동일한 분자량을 가진 분자의 무게가 과반수 미만
- 중간체(intermediate) : 다른 물질로 합성될 목적으로 제조되거나 사용되는 물질
- 수송분리중간체(transported isolated intermediate) : 서로 다른 사이트 간에 이송되거나 다른 사이트로 공급되는 중간체
- 유일대리인(only representative) : 수입업자를 대신하여 등록하도록 우리기업이 지정한 EU 내의 개인 또는 법인
- 물질정보교환포럼(SIEF: Substance Information Exchange Forum) : 같은 물질을 등록하려는 기업들이 모이는 기구로서, 사전등록을 하면 자동적으로 SIEF의 회원이 됨.
- Read-across : 유해성 자료 등 정보가 있는 물질과 대상 물질을 비교하여 유해성을 도출

하는 방법

- QSAR(Qualitative or Quantitative Structure–Activity Relationship): 유해성 시험을 하지 않고도 물질의 분자 또는 분자 구조의 연관성을 비교하여 유해성을 예측하기 위해 개발된 프로그램
- CMR(Carcinogenic, Mutagenic, or toxic for Reproduction) : 발암성, 돌연변이 및 생식독성물질. CMR 카테고리 1, 2 물질은 허가 의무가 있음.
- ECHA(European CHemical Agency) : REACH 산하의 화학물질 관리기관인 유럽화학물질청. 핀란드 헬싱키에 소재.
- EINECS(European INventory of Existing Commercial chemical Substances) : 기존물질 목록
- ELINCS(European LIst of Notified Chemical Substances) : 신고물질 목록
- GHS(Globally Harmonised System for classification and labelling of chemicals) : UN이 주도하는 새로운 물질 분류 및 표지 체계
- PBT(Persistent Bio–accumulative and Toxic Substances) : 잔류성이 강한 생체 축적 독성물질로서 허가 의무가 있음.
- SVHC(Substance of Very High Concern) : CMR, PBT, vPvB 등 고위험성이 우려되는 물질로서 신고, 허가, 제한 대상이 되는 화학물질
- vPvB(very Persistent, very Bio–accumulative) : 잔류성이 매우 강하거나 생체 축적성이 매우 심한 물질
- IUPAC(International Union of Pure and Applied Chemistry): IUPAC 명명법이란, IUPAC이 정한 화합물 명명법. 일단 영어 명명법을 정하면, 각국의 화학회는 그 명명법을 자기나라 언어 체계에 맞게 재규정함.

(2) 규제절차

REACH의 법령은 총 15편 141개 조문인데 일반사항, 물질의 등록, 자료공유 및 불필요한 시험의 배제, 공급망 내의 정보, 하위사용자, 평가, 허가, 특정 위험물질, 혼합물, 완제품의 제조와 시장출시 및 사용에 대한 제한사항, 수수료 및 요금, 화학물질관리청, 분류 및 표지 목록,

정보, 대응당국, 시행, 경과 및 최종 규정의 순으로 구성되어 있다. 또한 17개의 부속서와 22개의 별도 가이드라인을 규정해 놓고 있으며, 규제절차를 간략히 살펴보면 [표 3-15]와 같다.

(3) 규제내용

EU 뿐만 아니라, 각 국가별로 화학기존물질에 관한 목록은 다양하다. 중국, 미국, 캐나다, 호주, 뉴질랜드, 필리핀, 대만 및 한국의 경우도 기존물질과 신규물질의 분류를 이미 시행하고 있다. 최근 들어, 유럽을 향한 수출시장의 확대와 더불어 REACH의 규제에서 면제되는 물질이 과연 어느 것인가에 대한 초점이 산업에서 일고 있는데 [표 3-16]과 같이 요약된다.

국내 기업이 유럽 국가를 대상으로 제조, 수입 및 수출을 할 경우에 REACH에서 규정한 화학물질, 혼합물, 의도적 배출의 완제품 및 비의도적 배출의 완제품의 종류에 따라 그 의무사항을 준수해야 한다. 이는, 제조자, 수입자, 하위 사용자 및 유일 대리인의 역할을 정의하고 의무준수를 이행하여야 한다는 것이다.

불이행에 관한 벌칙은 이미 회원국들 간에 규정이 수립된 상태이며, 처벌은 효과적이며 형평성이 있고 제재성이 있어야 한다. REACH 규제에 관한 다양한 정보와 대응에 관한 것은 많은 관련기관과 정부차원에서도 쉽게 찾아볼 수 있다.

[표 3-15] REACH의 규제절차 및 적용범위 요약

규정	주요내용	적용범위
사전등록	화학물질 제조자 및 수입업자는 기초정보를 유럽화학물질청(ECHA)에 제출	화학물질/혼합물: 연간 EU 역내에서 단일 사업자에 의해 1톤 이상의 제조/수입되는 기존물질 완제품: 연간 EU 역내에서 단일 사업자에 의해 1톤 이상의 기존물질 중 의도적 배출 물질
등록	대상 화학물질의 물리화학적 특성, 유해성 및 위해성을 ECHA에 온라인 제출	화학물질/혼합물: 연간 EU 역내에서 단일 사업자에 의해 1톤 이상의 제조/수입되는 기존물질 완제품: 연간 EU 역내에서 단일 사업자에 의해 1톤 이상의 기존물질 중 의도적 배출 물질
신고	완제품 내 화학물질이 SVHC 후보목록인 경우 ECHA에 온라인 제출	SVHC 후보목록 등재물질: EU 내에서 단일사업자에 의해 제조, 수입되는 완제품 중량대비 0.1%를 초과하고 연간 1톤 이상 단, 포함농도가 0.1% 이하이거나, 제품의 사용 및 폐기단계에서 배출이 전혀 없는 경우나, 상위공급자 또는 다른 사업자에 의해 동일용도로 등록된 경우는 면제
허가	특정 화학물질이 허가대상 물질(부속서 14)로 지정될 경우 하위사용자는 사전에 허가신청	REACH 부속서 14에 포함된 고위험성 우려 물질, 단, 허가유예기간 이후에는 허가를 받아야 사용할 수 있음

규정	주요내용	적용범위
제한	특정 화학물질이 허가대상 물질(부속서 17)로 지정될 경우 제조업자와 수입업자는 제조, 사용 및 시장출시 금지	REACH 부속서 17에 기술된 물질을 해당용도로 사용한 경우

출처 : 생산기술연구원(2012), 주요 산업 · 국가별 무역 환경규제 대응 가이드라인

REACH의 절차와 내용을 좀 더 구체적으로 살펴보면, REACH는 화학물질 그 자체와 혼합물에 함유되어있는 화학물질, 그리고 완제품에 함유되고 의도적으로 배출되는 기존물질들은 등록 대상이 되는데, 화학물질과 혼합물을 구성하는 각각의 화학물질, 그리고 완제품에서 의도적으로 배출되는 화학물질의 종류 별로 연간 1톤 이상이면 등록 대상이 되는 것이다.

고분자 자체는 등록대상이 되지 않지만, 그를 구성하는 반응에 참여한 화학물질에 대해서는 연간 1톤 이상이고 2% 이상 함유되어 있는 물질은 등록대상이 된다.

[표 3-16] REACH 규제에서 면제되는 화학물질

물 질	정 의
식품 또는 사료	(Food Safety Regulation) (EC) No 178/20002에 따라 인간을 위한 식품 또는 동물을 위한 사료로 사용된 물질
의 약 품	인체 및 수의학용 약품의 허가 및 관리와 유럽의 약청 설립에 관한 EU 역내 절차를 다룬 Regulation (EC) No 726/2004
부속서 4에 포함된 물질	현재 인체건강과 환경에 대한 위해성 최소인 것으로 간주하기에 충분한 정보가 제공되고 있는 68개의 물질목록
부속서 5에 포함된 물질	현재 등록이 부적절하거나 불필요한 광의의 물질 9개 카테고리
이미 등록된 재활용/재생 물질	역내에서 등록, 재생된 물질
재수입물질	물질이 EU에서 처음 제조되고, 수출된 뒤, EU에 다시 반입된 경우
고 분 자	고분자물질은 그 수가 광범위하고 분자량이 높은데 비해 우려 수준이 낮은 것으로 간주되기 때문에 등록에서 면제

출처 : 생산기술연구원(2012), 주요 산업 · 국가별 무역 환경규제 대응 가이드라인

완제품에서 발암물질, 돌연변이 물질, 생식독성물질 등의 CMR의 고위험성우려물질(SVHC)이 비의도적으로 배출되는 경우 그 함량이 완제품 대비 0.1중량% 이상이고 연간 1톤 이상이면 신고를 해야 한다. REACH 적용 범위와 대상을 정리하면 [표 3-17]과 같다.

REACH에서 기본적인 등록 의무자는 EU 내의 제조자와 수입자이며, 수출하는 한국기업은 법률상 등록의무가 없다. 그러나 EU 수입자가 등록을 할 수 있도록 모든 정보를 제공해야만 하며, 그렇지 않은 경우 즉 등록을 회피하는 경우는 EU 수입자의 등록의무를 수행하기 위해 EU 내 유일대리인을 선임하여 등록해야 하며, 한국기업 입장에서 수입자에게 정보제공이 어려울 경우 수입자의무를 수행하기 위해 유일대리인을 지정해야 한다. 특히, EU 수입자가 화학물질에 대해 잘 모를 경우에는 수입자와 상의하여 등록주체를 결정하는 것도 필요하다.

EU로 직접 수출하지는 않지만 공급한 제품이 국내 또는 해외 기업에 사용되어 혼합물, 완제품 등으로 EU에 수출되는 경우가 있으며, 이 경우 구매 기업에서 물질에 대한 정보를 요청할 수 있으므로 이에 대한 대비도 필요하다.

[표 3-17] REACH 적용범위 및 적용대상 요약

적용범위	적용 대상	적용 조건*	의무사항
화학물질	화학물질	연간 1톤 이상	등록
		고위험성우려물질(SVHC)	허가
혼합물	혼합물을 구성하는 각각의 화학물질	화학물질별로 연간 1톤 이상	등록
고분자(Polymer)	고분자를 구성하는 모노머 및 반응에 참여한 화학물질 ※고분자 자체 제외	반응에 참여한 화학물질별로 연간 1톤 이상이고 2%이상 함유	등록
완제품	의도적으로 배출되는 화학물질	화학물질별로 연간 1톤 이상	등록
	비의도적으로 배출되는 화학물질	고위험성우려물질(SVHC)이고 0.1중량% 이상이며 연간 1톤 이상	신고

* 연간 톤수 산정은 EU내의 제조자 및 수입자 기준

출처 : 산자부(2007), REACH 대응 길라잡이

(4) 허가대상물질

허가대상물질은 고위험성우려물질(SVHC) 후보목록을 바탕으로 여러 단계의 절차를 거쳐 선정하게 되는데, 허가후보목록은 2012년 6월 18일 현재 총 84종이다. 이는 [표 3-18]과 같이 2008년 10월 15개의 SVHC 허가후보목록을 시작으로 총 8회에 걸쳐 발표된 목록이 누적된 것이다. REACH 법령의 부속서14에 추가로 포함되는 물질은 EC/1272/2008 규정에 따라 발암성, 돌연변이성, 생식독성 등을 포함하는 물질과 부속서13에 따른 잔류성, 생체농축성/독성

(PBT), 고잔류성/고생체농축성(vPvB) 물질 등을 포함하거나, 인체 건강과 환경에 심각한 위해가 있을 것으로 확인된 물질 등이 대상이 된다.

[표 3-18] REACH 허가후보목록 (1/8)

(2008.10.28.)

No.	물질명	EC No.	CAS No.
1	Lead hydrogen arsenate	232-064-2	7784-40-9
2	Benzyl butyl phthalate (BBP)	201-622-7	85-68-7
3	Bis (2-ethylhexyl)phthalate (DEHP)	204-211-0	117-81-7
4	5-tert-butyl-2,4,6-trinitro-m-xylene (musk xylene)	201-329-4	81-15-2
5	Bis(tributyltin)oxide (TBTO)	200-268-0	56-35-9
6	Diarsenic trioxide	215-481-4	1327-53-3
7	Sodium dichromate	234-190-3	7789-12-0 10588-01-9
8	Triethyl arsenate	427-700-2	15606-95-8
9	Diarsenic pentaoxide	215-116-9	1303-28-2
10	Dibutyl phthalate (DBP)	201-557-4	84-74-2
11	4,4' - Diaminodiphenylmethane (MDA)	202-974-4	101-77-9
12	Alkanes, C10-13, chloro (Short Chain Chlorinated Paraffins)	287-476-5	85535-84-8
13	Anthracene	204-371-1	120-12-7
14	Cobalt dichloride	231-589-4	7646-79-9
15	Hexabromocyclododecane (HBCDD) & all major diastereoisomers identified: Alpha-hexabromocyclododecane Beta-hexabromocyclododecane Gamma-hexabromocyclododecane	247-148-4 221-695-9	25637-99-4 3194-55-6 (134237-50-6) (134237-51-7) (134237-52-8)

출처: http://echa.europa.eu/web/guest/candidate-list-table

[표 3-18] REACH 허가후보목록 (2/8)

(2010.1.13.)

No.	물질명	EC No.	CAS No.
1	Lead sulfochromate yellow (C.I. Pigment Yellow 34)	215-693-7	1344-37-2
2	Lead chromate molybdate sulphate red (C.I. Pigment Red 104)	235-759-9	12656-85-8
3	Anthracene oil	292-602-7	90640-80-5

No.	물질명	EC No.	CAS No.
5	Anthracene oil, anthracene paste, anthracene fraction	295-275-9	91995-15-2
6	Anthracene oil, anthracene-low	292-604-8	90640-82-7
7	Tris(2-chloroethyl)phosphate	204-118-5	115-96-8
8	Diisobutyl phthalate	201-553-2	84-69-5
9	Lead chromate	231-846-0	7758-97-6
10	Anthracene oil, anthracene paste	292-603-2	90640-81-6
11	Pitch, coal tar, high temp.	266-028-2	65996-93-2
12	Anthracene oil, anthracene paste,distn. lights	295-278-5	91995-17-4

[표 3-18] REACH 허가후보목록 (3/8)

(2010.3.30)

No.	물질명	EC No.	CAS No.
1	Acrylamide	201-173-7	79-06-1

[표 3-18] REACH 허가후보목록 (4/8)

(2010.6.18)

No.	물질명	EC No.	CAS No.
1	Trichloroethylene	201-167-4	79-01-6
2	Potassium dichromate	231-906-6	7778-50-9
3	Tetraboron disodium heptaoxide, hydrate	235-541-3	12267-73-1
4	Ammonium dichromate	232-143-1	2151163
5	Boric acid	233-139-2, 234-343-4	10043-35-3, 11113-50-1
6	Sodium chromate	231-889-5	2146108
7	Disodium tetraborate, anhydrous	215-540-4	1303-96-4 1330-43-4 12179-04-3
8	Potassium chromate	232-140-5	7789-00-6

[표 3-18] REACH 허가후보목록 (5/8)

(2010.12.5)

No.	물질명	EC No.	CAS No.
1	Cobalt(II) diacetate	200-755-8	71-48-7
2	Cobalt(II) sulphate	233-334-2	10124-43-3
3	2-Ethoxyethanol	203-804-1	110-80-5
4	2-Methoxyethanol	203-713-7	109-86-4
5	Chromium trioxide	215-607-8	1333-82-0
6	Acids generated from chromium trioxide & their oligomers. Group containing: Chromic acid, Dichromic acid, Dichromic acid, Oligomers of chromic acid & dichromic acid	231-801-5, 236-881-5	7738-94-5 13530-68-2
7	Cobalt(II) carbonate	208-169-4	513-79-1
8	Cobalt(II) dinitrate	233-402-1	10141-05-6

[표 3-18] REACH 허가후보목록 (6/8)

(2011.6.20)

No.	물질명	EC No.	CAS No.
1	1,2-Benzenedicarboxylic acid, di-C6-8-branched alkyl esters, C7-rich	276-158-1	71888-89-6
2	Strontium chromate	232-142-6	2151068
3	1,2-Benzenedicarboxylic acid, di-C7-11-branched and linear alkyl esters	271-084-6	68515-42-4
4	1-Methyl-2-pyrrolidone	212-828-1	872-50-4
5	1,2,3-Trichloropropane	202-486-1	96-18-4
6	2-Ethoxyethyl acetate	203-839-2	111-15-9
7	Hydrazine	206-114-9	302-01-2 7803-57-8

[표 3-18] REACH 허가후보목록 (7/8)

(2011.12.19)

No.	물질명	EC No.	CAS No.
1	4-(1,1,3,3-tetramethylbutyl)phenol	205-426-2	140-66-9
2	N,N-dimethylacetamide	204-826-4	127-19-5
3	Phenolphthalein	201-004-7	77-09-8
4	Lead diazide, Lead azide	236-542-1	13424-46-9

No.	물질명	EC No.	CAS No.
5	Lead dipicrate	229-335-2	6477-64-1
6	Calcium arsenate	231-904-5	7778-44-1
7	1,2-dichloroethane	203-458-1	107-06-2
8	Dichromium tris(chromate)	246-356-2	24613-89-6
9	2-Methoxyaniline; o-Anisidine	201-963-1	90-04-0
10	Pentazinc chromate octahydroxide	256-418-0	49663-84-5
11	Arsenic acid	231-901-9	7778-39-4
12	Potassium hydroxyoctaoxodizincatedichromate	234-329-8	11103-86-9
13	Formaldehyde, oligomeric reaction products with aniline	500-036-1	25214-70-4
14	Lead styphnate	239-290-0	15245-44-0
15	Trilead diarsenate	222-979-5	3687-31-8
16	Zirconia Aluminosilicate Refractory Ceramic Fibres**		
17	Aluminosilicate Refractory Ceramic Fibres*		
18	Bis(2-methoxyethyl) phthalate	204-212-6	117-82-8
19	Bis(2-methoxyethyl) ether	203-924-4	111-96-6
20	2,2' -dichloro-4,4' -methylenedianiline	202-918-9	101-14-4

[표 3-18] REACH 허가후보목록 (8/8)

(2012.6.18)

No.	물질명	EC No.	CAS No.
1	[4-[4,4' -bis(dimethylamino) benzhydrylidene]cyclohexa-2,5-dien-1-ylidene]dimethylammonium chloride(C.I. Basic Violet 3) 〈em〉 [with 〉= 0.1% of Michler' s ketone (EC No. 202-027-5) or Michler' s base (EC No. 202-959-2)] 〈/em	208-953-6	548-62-9
2	1,3,5-tris[(2S and 2R)-2,3-epoxypropyl] -1,3,5-triazine-2,4,6-(1H,3H,5H)-trione (I²-TGIC)	423-400-0	59653-74-6
3	1,2-bis(2-methoxyethoxy)ethane (TEGDME; triglyme)	203-977-3	112-49-2
4	4,4' -bis(dimethylamino)-4' ' -(methylamino)trityl alcohol [with 〉= 0.1% of Michler' s ketone (EC No. 202-027-5) or Michler' s base (EC No. 202-959-2)]	209-218-2	561-41-1
5	Lead(II) bis(methanesulfonate)	401-750-5	17570-76-2
6	1,2-dimethoxyethane; ethylene glycol dimethyl ether (EGDME)	203-794-9	110-71-4
7	Diboron trioxide	215-125-8	1303-86-2
8	α, α-Bis[4-(dimethylamino)phenyl]-4 (phenylamino)naphthalene-1-methanol(C.I. Solvent Blue 4) [with 〉= 0.1% of Michler' s ketone (EC No. 202-027-5) or Michler' s base (EC No. 202-959-2)]	229-851-8	6786-83-0

No.	물질명	EC No.	CAS No.
9	1,3,5-Tris(oxiran-2-ylmethyl)-1,3,5-triazinane-2,4,6-trione (TGIC)	219-514-3	2451-62-9
10	4,4' -bis(dimethylamino)benzophenone (Michler' s ketone)	202-027-5	90-94-8
11	N,N,N' ,N' -tetramethyl-4,4' -methylenedianiline (Michler' s base)	202-959-2	101-61-1
12	[4-[[4-anilino-1-naphthyl][4-(dimethylamino)phenyl]methylene]cyclohexa-2,5-dien-1-ylidene] dimethylammonium chloride (C.I. Basic Blue 26) [with 〉= 0.1% of Michler' s ketone (EC No. 202-027-5) or Michler' s base (EC No. 202-959-2)]	219-943-6	2580-56-5
13	Formamide	200-842-0	75-12-7

출처: http://echa.europa.eu/web/guest/candidate-list-table

2011년 2월 유럽화학물질청(ECHA)은 2009년 6월에 제안된 7개 후보물질에 대하여 오랜 검토 끝에 [표 3-19]와 같이 기존 6개 물질(1~6)을 선정하고, 이에 8개 물질(A1~A8)을 추가하여 총 14종의 물질을 허가대상물질로 부속서14에 등재하고 물질별로 허가유예 종료일(sunset date)을 발표하였다.

[표 3-19] REACH 허가대상물질 목록

(2012.7 기준)

No.	물질명	EC No.	CAS No.	해당사항	신청마감	유예종료
A1	2,4-Dinitrotoluene (2,4-DNT)	204-450-0	121-14-2	발암성	'14.2.21	'15.8.21
A2	Tris(2-chloroethyl)phosphate (TCEP)	204-118-5	115-96-8	생식독성	'14.2.21	'15.8.21
A3	Diarsenic pentaoxide	215-116-9	1303-28-2	발암성	'13.11.21	'15.5.21
A4	Lead sulfochromate yellow (C.I. Pigment Yellow 34)	215-693-7	1344-37-2	발암성 생식독성	'13.11.21	'15.5.21
A5	Diarsenic trioxide	215-481-4	1327-53-3	발암성	'13.11.21	'15.5.21
A6	Lead chromate	231-846-0	7758-97-6	발암성 생식독성	'13.11.21	'15.5.21
A7	Lead chromate molybdate sulphate red (C.I. Pigment Red 104)	235-759-9	12656-85-8	발암성 생식독성	'13.11.21	'15.5.21
A8	Diisobutyl phthalate (DIBP)	201-553-2	84-69-5	생식독성	'13.8.21	'15.2.21
1	5-tert-butyl-2,4,6-trinitro-m-xylene (musk xylene)	201-329-4	81-15-2	vPvB	'13.2.21	'14.8.21
2	4,4' - Diaminodiphenylmethane (MDA)	202-974-4	101-77-9	발암성	'13.2.21	'14.8.21

No.	물질명	EC No.	CAS No.	해당사항	신청마감	유예종료
3	Hexabromocyclododecane (HBCDD) & Alpha-HBCDD Beta-HBCDD Gamma-HBCDD	221-695-9 247-148-4	3194-55-6 25637-99-4 134237-50-6 134237-51-7 134237-52-8	PBT	'14.2.21	'15.8.21
4	Bis (2-ethylhexyl)phthalate (DEHP)	204-211-0	117-81-7	생식독성	'13.8.21	'15.2.21
5	Benzyl butyl phthalate (BBP)	201-622-7	85-68-7	생식독성	'13.8.21	'15.2.21
6	Dibutyl phthalate (DBP)	201-557-4	84-74-2	생식독성	'13.8.21	'15.2.21

출처: http://echa.europa.eu/web/guest

(5) 대응절차

REACH에 대응하려면 컨설팅비용과 등록 수수료 등의 비용이 발생하나 이것은 모든 기업에 해당이 되며, 또한 이러한 비용은 제품가격에 반영될 수 있을 것으로 예상되므로 적절히 대응한다면 지속적인 제품수출이 가능할 것이다. REACH 규제일정은 [표 3-20]과 같다.

REACH에 대응하기 위해서는 우선 EU로 수출하는 품목에 대한 목록을 작성하고, 각 품목이 화학물질인지, 단일성분 물질인지, 다성분물질인지 혹은 혼합물인지, 완제품인지를 구분하여 대응해야 한다.

기존물질의 대응인 경우에는 성분분석 및 명명을 화학물질의 성분을 분석하여 그 물질명을 정확히 파악을 해야 한다. 또 법 제2조 및 15조의 등록면제, 제외 대상인지 또는 등록된 것으로 간주되는 것인지를 파악해서 물질등록대상 물질이 신규물질인지 기존물질인지를 확인해야 한다.

수입자와의 협의를 통해 물질의 등록 주체를 수입자 또는 유일대리인으로 결정해야 하며, 인터넷, 물질정보 DB 등을 통해 기존자료의 확보, QSAR, 실험 등을 통해 자료 확보, 등록수량 시 요구되는 자료와의 GAP 확인과 사전등록 서류 작성을 하는 물질에 대한 등록정보 확보 및 GAP 확인절차를 인지해야 한다. 품목별 REACH 대응절차는 [그림 3-1]과 같다.

[표 3-20] REACH 규제일정

<table>
<tr><th colspan="3">구분</th><th>기간</th></tr>
<tr><td rowspan="6">등록</td><td rowspan="5">기존물질</td><td>사전 등록</td><td>2008년 6월1일~2008년 12월1일</td></tr>
<tr><td>CMR cat 1, 2 물질
R50~53 물질
연간 1000톤 이상</td><td>~2010년 11월30일</td></tr>
<tr><td>연간 100톤 이상
1,000톤 미만</td><td>~2013년 5월31일</td></tr>
<tr><td>연간 1톤 이상
100톤 미만</td><td>~2018년 5월31일</td></tr>
<tr><td colspan="2" style="display:none"></td></tr>
<tr><td>신규물질</td><td>◇ 연간 1톤 이상</td><td>2008년 6월1일~</td></tr>
<tr><td>신고</td><td colspan="2">신고대상 물질*</td><td>2011년 6월1일~</td></tr>
<tr><td>허가</td><td colspan="2">허가대상 물질**</td><td>2009년 6월1일까지 공표되는 허가물질목록의
사용허용 마감일로부터 18개월 전까지</td></tr>
<tr><td>제한</td><td colspan="2">제한대상 물질</td><td>2009년 6월1일~***</td></tr>
</table>

* 신고대상 물질목록은 2009년 6월1일 이내에 공표, 2년마다 개정
** 허가에 관련된 조항은 2008년 6월부터 시행
*** 물질별로 제한 시점이 다를 수 있음
출처 : 산자부(2007), REACH 대응 길라잡이

① 대응전략 및 계획수립

기업이 REACH에 적절히 대응하기 위해서는 우선적으로 법규에 대해 기본적인 내용을 파악하고 있어야 한다. 명확한 이행주체, 대상물질, 의무요건, 일정 등을 파악하고 있어야 앞으로 대응전략 및 계획을 수립할 수 있다.

자사의 제품에 적용되는 예상 의무사항을 파악하여 REACH 대응여부에 대한 의사결정이 수립되어야 한다. 또한 연구수행 팀을 구성하여 본격적인 REACH 대응에 대한 전략과 계획을 수립해야 한다. 사전등록, 물질정보교환포럼(SIEF) 참여, 등록 등의 이행전략과 더불어 등록주체에 따른 변동사항 등을 파악하여 계획을 수립하는 것이 바람직하다.

다음으로 물질에 대해 정확히 파악해야 한다. 물질규명을 위해서는 먼저 자사의 제품에 대한 명확한 파악이 필요하며, 공정에 대한 세부적인 내용까지도 파악하여 물질목록을 작성하도록 한다. 물질목록에는 불순물과 첨가물뿐 아니라 의도적, 비의도적 배출물질도 포함하도록 한다.

또한 자사의 현황 뿐만 아니라 협력사를 포함한 공급망 정보까지도 취합하여 협력사 제품의 구성성분 및 수출상황까지도 면밀히 파악하고 있어야 한다. 구축된 물질목록을 통해서 자사의 제품에 해당되는 의무사항을 명확히 파악하고, 면제규정 및 제외규정 등을 정확히 식별하여 대상물질을 확인하도록 한다.

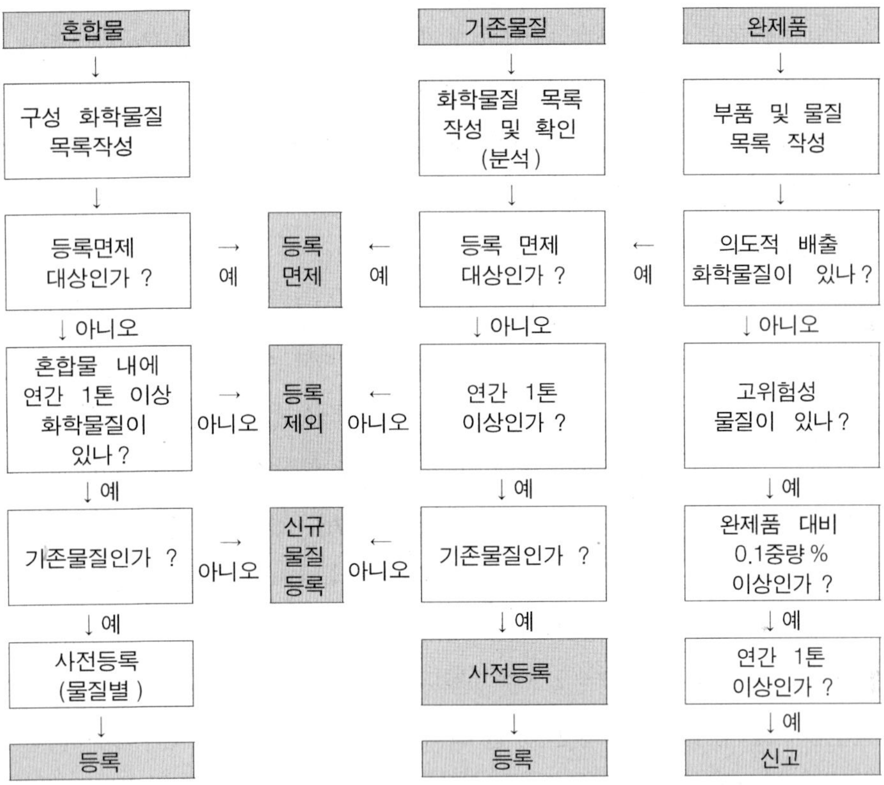

출처: 산자부(2007), REACH 대응 길라잡이

[그림 3-1] 품목별 REACH 대응절차

② 사전등록

REACH는 2006년 12월 18일 법이 최종 승인되어 발효되었으며, 2007년 6월 1일부터 시행이 되었다. 모든 기존물질은 2008년 6월 1일부터 12월 1일까지 사전등록 절차를 밟아야 하며 본 등록은 연간 톤수에 따라 결정된다.

사전등록을 해야 만이 본 등록 기간까지 유예기간을 받을 수 있으며, 사전등록을 하지 못한 경우에는 별도의 절차를 밟아 등록을 마쳐야 수출이 가능하다. 신규물질인 경우에는 2008년 6월 1일부터 바로 등록 절차가 진행된다.

사전등록은 등록에 앞서 반드시 해야 하는 절차이며 이것은 귀찮을 수 있지만 톤수별 등록 마감일까지 시간을 연장해 줄 뿐만 아니라 SIEF에서 물질정보를 공유할 수 있게 해주는 유익한 제도이므로 최대한 활용해야 한다. 사전등록의 의무는 EU 제조자와 수입자에게 있다. 따라서 가급적 빨리 EU 수입자가 사전등록 의사가 있는지 확인하는 것이 좋다.

만일 EU 수입자가 사전등록 의사가 없거나 수입자에게 등록정보를 제공하기 어려울 경우에는 한국기업이 EU 내 유일대리인을 선임해야 하는데, 유일대리인은 사전등록은 물론 등록과 향후 화학물질 관리책임이 있으므로 신뢰할 수 있는 사람이나 법인을 찾아야 한다. 한국기업이 한 물질을 EU 여러 국가에 수출하는 경우에는 수입자별로 사전등록을 하거나 유일대리인을 선임하여 일괄 사전등록을 할 수도 있다.

사전등록을 하려면 필요한 서류를 갖추어 등록을 해야 하는데, 사전등록 서류는 다음과 같다. ①물질명(IUPAC, EINECS, CAS 등), ②부속서VI의 2항 물질 기본정보(조성, 분자구조, 분자량, 순도 등), ③부속서VI의 2항 등록예정자와 담당자 정보(성명, 연락처), ④부속서VI의 1항 톤수 범위와 예정 등록시한, ⑤부속서VI의 3항 EINECS 및 CAS 번호를 포함한 부속서VI의 2절에 명시된 정보가 불가능할 경우 Read-across나 QSAR을 이용한 물질에 대한 정보 등이다.

이러한 서류가 갖추어지면 EU 수입자나 유일대리인을 통해 유럽화학물질청(ECHA) 홈페이지(ec.europa.eu/echa/home_en.html)를 통해 접수하게 된다. 등록하려는 물질에 대한 조성을 GC(Gas Chromatography)나 GC-Mass 등으로 조성을 확인하고 등록 물질명을 결정해야 한다. 혼합물 내 화학물질이나 완제품 내 의도적 배출물질에 대해서는 공급선에 물질자료를 요청할 수 있다.

만일 공급선에서 물질자료를 제공해주지 않으면 직접 물질분석을 해야 하고 그 분석결과를 토대로 CAS, EINECS 번호 등을 확인해야 한다. 이렇게 확인된 화학물질에 대해서는 사전등록에 필요한 경우 관련된 물질정보를 확보해야 하는데, 물질정보는 자체적으로 생산한 것을 포함하여 공급선이 제공한 것, 인터넷을 통해 찾은 것, 물질정보 DB에서 얻은 것 등을 망라하여 톤수 범위와 관계없이 가능한 많은 자료를 찾아야 한다.

없는 정보는 사용허가를 취득해야 하거나 비용을 지불하고 구매할 수도 있으나 이 단계에서는 가급적 비용을 들이지 않고 얻을 수 있는 자료를 찾는 것이 좋다. 또한 등록 예상시점의 톤수를 결정해야 하며, 과거의 수출 실적과 앞으로의 시장 상황을 판단하여 톤수를 예측해야 한다.

사전등록 대상임에도 불구하고 사전등록을 하지 못하고 등록을 할 경우에는 ECHA에 등록하려는 물질에 대해 이미 등록되었는지를 문의(법 제26조)해야 한다. 만일 그 물질이 12년 이내에 등록되었다면, ECHA는 등록예정자에게 등록자 정보를 등록자에게는 등록예정자 정보를 알려주어 필요한 자료를 공유하여 등록절차를 밟게 된다.

③ 등록

물질의 등록은 기존물질의 경우 이미 2008년 6월 1일부터 12월 1일까지 사전등록 절차를 완료해야 했으며, 신규물질인 경우 2008년 6월 1일부터 등록 절차를 밟아야 하는데, 사전등록을 마친 후 컨소시엄에 참여 하여, 정보를 공유하고 공동 또는 개별로 서류를 작성하고 수량별 등록 시기에 맞게 등록 절차를 밟아야 한다.

혼합물 대응의 경우에는 먼저 혼합물을 구성하는 화학물질의 목록을 작성하고, 혼합물의 각 화학물질 별로 기존물질 대응순서에 따른다. 완제품의 경우 그 대응은 먼저 등록절차인데, 완제품을 구성하는 부품 및 화학물질 목록을 작성하고, 부품을 구매하는 경우 공급자에게 부품에 대한 물질정보를 요청하며, 의도적으로 배출되는 화학물질이 있는지 확인해야 한다. 그러한 경우에는 각 물질에 대한 수량을 계산하고 등록수량에 해당 하면 각 화학물질 별로 기존물질 대응 순서에 따른다.

REACH 등록은 원칙적으로 EU 내 제조자, 수입자, 유일대리인 등의 사전등록자가 하도록 되어있다. 만약 한국기업이 수입자의무를 수행하기 위하여 유일대리인을 선임하여 사전등록을 하였으면, 그 대리인이 등록해야 한다. 그러한 등록에 필요한 등록서류는 [표 3-21]과 같다.

[표 3-21] REACH 등록에 필요한 서류

<table>
<tr><th>톤수범위</th><th colspan="2">제출서류</th><th>작성주체</th></tr>
<tr><td rowspan="11">1톤 이상</td><td rowspan="11">기술 서류</td><td>1. 수입자 또는 제조자의 신원</td><td>각자</td></tr>
<tr><td>2. 물질정보(identity)</td><td>각자</td></tr>
<tr><td>3. 제조 및 용도에 대한 정보</td><td>각자</td></tr>
<tr><td>4. 분류 및 표지</td><td>공동</td></tr>
<tr><td>5. 물질의 안전사용에 대한 지침</td><td>공동 또는 각자</td></tr>
<tr><td>6. 톤수 범위별 연구요약문(study summary)</td><td>공동</td></tr>
<tr><td>7. Robust study summary(필요시)</td><td>공동</td></tr>
<tr><td>8. 3,4,6,7번에 대한 전문가 검증여부 표시</td><td>공동 또는 각자</td></tr>
<tr><td>9. 시험제안서(100톤 이상물질)</td><td>공동</td></tr>
<tr><td>10. 노출정보(부속서 4의 6)</td><td>각자</td></tr>
<tr><td>11. 기업비밀 공개 제한 요청</td><td>각자</td></tr>
<tr><td rowspan="2">10톤 이상</td><td colspan="2">1. 1톤 이상에서 제출하는 기술서류(10번 제외)</td><td>위 참조</td></tr>
<tr><td colspan="2">2. 안전성 보고서(부속서 1)</td><td>공동 또는 각자</td></tr>
</table>

출처 : 산자부(2007), REACH 대응 길라잡이

물질정보교환포럼(SIEF)에서 정보교환, 비용분담, 보상 등에 대해 합의가 이루어지면 공동 또는 단독으로 등록할 수 있는데, 공동등록을 하는 경우 대표등록자가 공동항목에 대해 선 등록을 한 후 나머지 등록자들은 각자 필요한 정보를 작성하여 등록하게 된다. 기업비밀 등을 이유로 단독으로 등록을 하는 경우는 그 이유가 타당해야 하며, 단독으로 등록하는 경우에도 다른 등록예정자와 함께 자료공유를 할 수 있다.

대상물질별 등록 시기 및 수량의 계산에 있어서는 기존물질 등록대상은 연간 1톤 이상 제조/수입되는 물질과 혼합물에 함유된 물질을 등록해야 한다. 고분자에 함유된 물질(모노머 포함)의 목록작성을 모노머에 대한 것과 반응 참여물질, 첨가제 등과 같은 물질의 목록을 작성하여야 하고 각 함유물질별 수량산정 및 등록 시기를 결정하고 그에 대한 등록서류를 준비해야 한다.

REACH에서 고분자 자체는 등록과 평가가 제외되나 고분자를 구성하고 있는 단량체 단위(monomeric unit) 및 화학적으로 결합된 물질이 2중량% 이상이고 연간 1톤 이상일 경우 등록을 해야 한다.

단, 상위공급자가 모노머를 등록한 경우 고분자 제조자 또는 수입자는 등록의무가 없다. 고분자에서 등록해야 하는 물질 확인 사례로는 고분자를 연간 50톤 생산하는 경우 각 물질별 총량은 아래와 같으며, 등록 조건에 따라 두 모노머에 대해 등록을 해야 한다.

완제품은 화학조성보다 그 기능이 더 많게 특정모양, 표면 또는 디자인을 갖는 것을 말하며, 예로는 직물, 전자 칩, 가구, 장난감, 주방용품 등이 있고, 등록대상은 완제품에 함유된 해당물질로 완제품 내에 함유된 화학물질이 제조자 또는 수입자 별 연간 1톤 이상이고, 의도적으로 배출된다면 등록해야 한다.

또한 완제품에 함유된 물질의 목록 작성 및 확인을 해야 하는데, 함유물질이 어떤 물질인지 분류해야 하며, 즉 기존물질, 혼합물, SVHC 물질 등에 대한 확인과 등록 면제 및 등록 여부 등 확인이 필요하다.

중간체 중 현장분리 중간체(법 제17조)와 수송 분리 중간체(법 제18조)가 등록대상이며, 등록 시기 및 방법은 기존물질과 동일하나 서류는 간소화된 서류로 등록해야 하며, 현장분리 중간체는 연간 1톤 이상 현장분리 중간체 제조자는 등록, 수송 분리 중간체는 연간 1톤 이상 수송 분리 중간체 제조자, 수입자는 등록과 한국 또는 EU 외 국가는 현장분리 중간체는 해당되지 않는다.

이에 필요한 등록서류로는 부속서Ⅵ의 1에 명시된 제조자/수입자의 신원, 부속서Ⅵ의 2.1~2.3.4 항에 명시된 중간체의 확인, 부속서Ⅵ의 4에 명시된 중간체의 분류 및 표지, 부속서Ⅵ의 3.5항에 의한 확인된 용도에 대한 일반적이다.

즉 간략한 정보, 중간체의 물리화학적, 인체 건강 및 환경적 특성에 관한 유용한 기존의 정보, 적용되는 위해성 관리수단 열거, 현장분리 중간체는 엄격히 통제가 가능하면 상기 정보로 등록가능하나 통제가 어려우면 법 제10조의 정보를 포함하여 등록하고, 수송 분리 중간체는 1,000톤이 넘을 경우 상기 정보에 부속서Ⅶ의 정보를 추가해야 한다고 규정하고 있다.

④ 신고

그 후 신고절차에서는 화학물질이 비의도적 배출에 해당이 될 경우인지와 각 부품별로 고위험성우려물질(SVHC)이 있는지 확인해야 하며, SVHC가 있을 경우 완제품 대비 0.1중량% 이상이고 연간 1톤 이상이면 신고절차를 따라야 한다.

신고 적용 대상은 완제품에서 발암물질, 돌연변이 물질, 생식독성 물질(CMR) 등의 SVHC가 비의도적인 배출에 해당되는 경우 그 함량이 완제품 대비 0.1중량% 이상이고 연간 1톤 이상이면 신고해야 한다.

여기서 0.1중량%의 기준은 일부 EU회원국 사이에 균질한 재질(homogeneous part)별 기준으로 해야 한다는 의견이 있으나 법령에는 완제품 기준으로 명시되어 있고, 2007년 8월에 개정된 REACH Q&A에는 이 부분이 미확정이라고 언급하고 있으며, EU엔지니어링 산업협회 및 자동차 산업협회에서도 완제품 전체무게를 기준으로 가이드라인을 만들어 보급하고 있다.

완제품내의 신고물질 목록은 2009년 6월 1일 이후에 발표되었고, 현재 신고 대상 물질로 예상되고 있는 것은 다음과 같다. 발암성 물질 범주 1, 2(67/548/EEC), 돌연변이 유발물질 범주 1, 2(67/548/EEC), 생식독성 물질 범주 1, 2(67/548/EEC), 잔류성, 생물농축성, 독성물질(부속서8), 고잔류성 및 고생물농축성 물질(부속서8), 내분비계장애물질 등이다.

이러한 완제품 신고에 필요한 서류는 생산자 또는 수입자의 신원 및 담당자 정보, 등록번호, 물질정보(부속서VI의 2.1~2.3.4), 물질분류 및 표지, 물질의 용도에 관한설명, 톤수 범위(1톤~10톤 미만, 10톤~100톤 미만 등) 이다. EU화학물질청은 등록된 서류에 대한 서류 평가에서는 등록서류에 제시된 모든 시험제안서 또는 부속서IX 및 X에 명시된 물질의 정보 조항에 대한 하위사용자 보고서를 검토하고 우선권은 PBT, vPvB, 민감성 및 발암성, 돌연변이성 또는 생식독성(CMR)의 특성을 가지거나 가질 것으로 보이는 물질 또는 Directive 67/548/EEC에 따라서 위험물로 분류 되고 연간 100톤 이상의 물질 및 위해성이 큰 물질을 우선 대상으로 하며, 등록서류 평가는 법 제40조 1항 및 제41조 5항에 의거하여 전체 등록서류의 5% 이상을 대상으로 한다.

물질평가기준의 우선순위는 법 제44조 1항에 의거해서 위해성을 근거로 한 접근으로 이루어져야 하고 평가기준은 물질 또는 하나 이상의 변형된 제품이 우려의 성질을 가지거나 잔류성 및 생물농축성이 있음을 보이는 유해성 정보, 노출정보, 여러 등록자가 제출한 등록서류상의 합계톤수를 포함한 총량으로 규정하고 있다. 화학물질청은 등록된 서류에 대한 보완요청이나 시험제안서에 대한 승인을 하게 된다.

⑤ 허가

현재 허가대상 물질은 SVHC인 CMR, PBT, vPvB, 내분비계장애물질 등으로, 사용하는 양에 관계없이 적용된다. 허가란 일반적인 물질 사용허가가 아니며, 특정 용도에 대한 허가를 받아야 하며 허가받은 용도 이외에는 사용할 수 없다. 각 건별로 허가기간이 다를 수 있으며, 허가기간 만료 18개월 전에 재신청이 가능하며, 시한 내에 허가를 받지 못하면, 해당 용도의 물질은 사용이 금지된다.

허가에 필요한 서류는 물질정보(부속서6), 신청자 성명 및 세부연락처, 허가 신청 물질의 용도, 화학물질안전성보고서, 물질 대체에 대한 기술적 및 경제적 실행가능성 분석, 물질 대체계획 등이다. 허가가 면제되는 조항은 과학적 연구개발 용도의 물질, 식물보호 제품, 살생물제, 차량 연료에 사용되는 물질, 미네랄 오일 제품을 이동식 또는 고정식 연소플랜트, 그리고 밀폐시스템에서 연료로 사용하는 경우, 화장품에 사용되는 물질, 식품 접촉 물질, 혼합물 내 0.1% 미만의 물질, 67/548/EEC, 1999/45/EC에 명시된 농도한계 미만의 물질, 용도나 용도의 카테고리에 대해 위험성이 적절히 관리된다는 것을 증명하는 경우이다.

⑥ 제한

현재 제한물질 목록은 부속서17에 수록되어 있다. 이 목록은 주기적으로 수정되어 공표되므로 최신 목록을 파악할 필요가 있다. 물질자체, 혼합물 또는 완제품 내의 제한 물질에 대한 제한 사항을 지키지 않으면 그것이 포함된 물질, 혼합물, 완제품을 제조, 시장출시 또는 사용할 수 없게 주의를 기울여야 한다.

물질 사용 및 수입 제한은 2009년 6월부터 시행되었으나, 제한되는 물질별로 제한 시점이 다를 수 있다. 제한이 면제되는 조항이 있는데, 연구개발 목적으로 사용되는 물질의 제조, 시장출시, 사용에는 적용되지 않으며, 화장품에 사용되는 물질에도 적용되지 않는다.

(5) 대응 사례

REACH에 관한 규정과 수출대응 및 절차에 대한 지원을 주는 한국 내 REACH 기업지원센터에서 하는 일을 법령 및 화학물질관리청 자료번역 제공, 국내외 EU 관련 뉴스 제공, 온라인 상담 및 콜센터운영, 현장교육 및 현장컨설팅 제공, 물질별 컨소시엄 정보 제공 및 참여 유도,

EU 유일대리인 정보 안내, 화학물질 정보 제공, 산업별 REACH 대응 T/F 운영 지원, REACH 길라잡이 자료 제공 등 다양하기 때문에 EU국가를 대상으로 하는 기업에서의 대응전략과 지원을 받을 수 있다.

마지막으로 한국기업의 EU 대응전략의 많은 경우에서 대부분 수출 및 수입하고자 하는 것이 완제품일 경우이기 때문에 완제품으로부터 의도적으로 배출되는 물질들에 대한 예를 살펴보기로 한다.

완제품들 내의 물질들의 등록은 REACH 법령 제7조 1항의 모든 조건들이 충족될 때 요구되어진다. 물질이 통상적 또는 합리적으로 예상 가능한 사용조건들 하에서 의도적으로 배출되며, 그 물질이 배출됨으로써 완제품의 기능을 수행한다.

또한 한 명의 당사자에 의해서 생산 또는 수입되는 의도적인 배출이 있는 모든 완제품들에 존재하는 물질의 총량이 연간 1톤을 초과한다. 만약 그 물질이 그 용도로 이미 등록이 되어져 있다면, 등록은 요구되지 않지만 사전등록은 권고된다.

일반적으로 의도적인 배출은 완제품의 기능과 관련된다. 이것은 물질이 의도적으로 배출되지 않으면, 완제품의 각 기능이 수행되지 않을 것이다. 예를 들면, 향기가 나는 완제품들의 경우에 그 완제품이 냄새를 나기 위해서는 방향물질들이 흡입되어야만 한다. 완제품들이 오래되거나, 닳거나 부셔져서 또는 사고에 의해서 배출되는 물질들은 그 배출 자체가 기능을 수행하는 것이 아니기 때문에 의도적인 배출은 아니다.

완제품들 내의 물질들과 혼합물들의 양을 알고 있을 경우 완제품들에 들어가 의도적으로 배출되는 물질과 혼합물의 양을 알게 되면, 그 양을 합산하여 한계톤수(tonnage threshold)와 비교해볼 수 있다. 이들 양들은 그 완제품에 물질과 혼합물을 넣는 완제품 생산자들에게 알리게 된다.

배출되는 물질과 혼합물의 양은 배출되기 전과 후의 완제품 무게를 측정함으로서 산정될 수 있다. 이 값은 배출되지 않은 물질과 혼합물이 완제품 안에 남아있지 않다는 것이 배제될 수 있을 경우에만 결정을 위해 이용될 수 있다.

많은 경우들에 있어 완제품으로부터 배출되는 물질 또한 그 완제품 본체의 부분이라는 것을 배제하는 것이 가능할 것이다. 예를 들면, 향이 나는 지우개안의 방향물질은 그것으로부터 의도적으로 배출되지만 그 지우개의 고무 본체의 일부가 될 것으로 기대되지는 않을 것이다. 의도적으로 배출되는 물질의 등록을 잠재적으로 발생시키는 완제품들의 시장 임계량(critical barket volume)은 다음과 같다.

의도적으로 배출되는 완제품안의 혼합물의 최대량에 근거하여, 등록의무들을 초래하는 것 없이 시장에 출시될 수 있는 완제품의 최대량은 단순한 역산에 의해서 결정될 수 있다.

$$Vol_{article}[t/a] < \frac{1[t/a]}{maxCon_{preparaton}\ \ in\ \ article[\%] \times 0.01}, \text{ 혹은}$$

$$Number_{article}[number/a] < \frac{1[t/a]}{maxCon_{preparaton}\ \ in\ \ article[t/article]}$$

으로 계산되며, 여기서 $Vol_{article}$은 생산/수입되는 완제품들의 톤수, $Number_{article}$은 완제품들의 수, 그리고 $maxCon_{preparaton}$은 완제품 내의 혼합물의 최대 중량 퍼센티지를 의미한다.

의도적으로 배출되는 혼합물의 예로서 향기가 나는 지우개의 경우를 살펴보면, 지우개는 의도적으로 배출되는 몇 개의 방향물질들로 이루어진 혼합물을 함유하고 있다.

예를 들어 여러 물질들로 구성된 방향 혼합물의 최대 함량은 ①지우개의 중량기준 20%, 또는 ②지우개 당 2g의 방향 혼합물로 주어진다. 지우개의 생산자/수입자는 다른 완제품들을 생산 또는 수입하지 않는다고 가정한다. 방향물질이 완제품 본체의 부분이라는 것은 배제될 수 있다. 등록의무가 부과되지 않는 완제품의 최대량은 다음과 같이 산정된다.

$$① \ Vol_{article}[t/a] < \frac{1[t/a]}{20[\%] \times 0.01} = 5t[\text{지우개}/a], \text{ 혹은}$$

$$② \ Number_{article}[number/a] < \frac{1[t/a]}{2g[t/\text{지우개}]} = 500,000[\text{지우개}/a]$$

로 도출된다.

이 결과는 완제품이 연간 5톤 미만으로 생산 또는 수입되거나 또는 지우개들의 수가 연간 500,000개 미만이라면, 지우개 안에 포함된 방향 혼합물의 양은 여전히 연간 1톤 미만으로 함유됨으로 혼합물 안에 포함된 어떤 물질도 연간 1톤의 한계량을 초과하지 않을 것임을 보여준다. 이것은 다른 완제품들이 생산/수입되지 않는다고 가정되었으므로 하나의 완제품 내의 혼합물 함유량에 근거한 최소량 산정 방법이다.

또한 완제품들의 시장수량(market volume)을 알게 되면, 의도적으로 배출되는 혼합물 내의 물질들의 임계농도들도 도출할 수 있는데, 특정 물질을 지닌 하나의 혼합물만이 사용되고 하나의 완제품에만 함유되어 있다고 가정하고, 완제품의 총 시장수량과 완제품에 포함되어 있는 혼합물의 최대량을 알고 있으면, 농도한계는 그 물질들에 대해 다음과 같이 계산할 수 있다.

$$\text{혼합물질 내 물질의 최대농도}[\%] < \frac{1[t/a]}{\mathrm{Vol}_{\mathrm{article}}[\mathrm{t/a}] \times \mathrm{Con}_{\mathrm{preparaton}}[\%]/100} \times 100$$

이때 공급망 상에서 요청되는 정보는 임계량으로 계산된 농도를 초과하는 물질들에 초점이 맞추어진다. 앞에서와 같은 예를 들어 지우개는 최대 15%의 방향물질들로 이루어져 있다고 가정하고, 수입자는 매년 EU 시장에 이들 지우개들을 30톤을 판매하고 그 지우개의 수입자는 다른 완제품들은 수입 또는 생산하지 않고 있다면, 당사자는 연간 4.5톤(연간 30톤의 지우개 × 15/100)의 방향물질들을 수입하게 된다.

이 경우 방향제 내 물질의 최대 농도 $[\%] < 1[t/a]/4.5[t/a] = 22[\%]$가 된다. 이것은 중량기준 22% 미만으로 방향제 내에 포함된 물질들에 대해서는 등록이 불필요하다는 것을 의미한다. 이것이 방향제 내 모든 물질들에 적용되지 않을 수도 있음으로 추가적인 정보를 조사해보아야 한다. 지우개의 공급자는 수입자에게서 방향제에 사용된 물질들 중 22%의 농도를 초과하는 물질이 있는지에 대해 질의를 받을 수 있다.

의도적으로 배출되는 물질들의 확인하기 위해서는 가장 먼저 물질의 ID와 의도적으로 배출되는 혼합물 내의 물질들의 양(농도)들이 공급자들에게 요청되어야 한다. 만약 당사자가 완제품에 물질 자체를 넣는다면 당사자는 이들 물질들의 ID에 대해 공급자에게 요청해야만 한다.

만약 당사자가 완제품에 혼합물을 넣는다면, 임계량 수준 이상으로 혼합물에 함유된 물질들의 ID를 공급자에게 요청해야만 한다. 만약 당사자가 의도적인 배출이 있는 완제품들을 수입한다면, 비 EU 공급자에게 각각의 물질정보를 요청한다.

등록이 필요한지에 대한 여부를 확인하고 사전등록을 하기 위한 첫 단계로 물질들의 CAS 또는 EINECS/ELINCS 번호를 아는 것으로 충분하다. 공급자가 기밀 유출에 대한 우려로 인해 물질의 ID들과 양들에 대한 정보전달을 기피할 수도 있기 때문에 필요한 정보만을 요구하는 것이 필수적이다. 또한, 그 정보가 왜 필요한지에 대해 공급자, 특히 비 EU 완제품 공급자들에게 알려주는 것이 도움이 될 수 있을 것이다.

공급망 의사소통을 통해서 물질 ID를 얻을 수 없는 경우에는 다른 접근방법들이 이용될 수도 있다. 그 완제품의 데이터베이스, 발간물들 등에 나타난 정보와 화학적 분석의 조합을 통해서 그 물질을 확인하는 것이 가능할 수도 있다.

또한 물질의 등록이 면제되는지를 사전에 확인하면 불필요한 수고를 덜 수도 있다. 실제로 다수의 물질들이 등록이 면제되고 있으므로 완제품들로부터 그러한 물질들이 의도적으로 배출될지라도 등록될 필요가 없다. CAS 또는 EINECS 번호를 포함하는 물질 ID들을 등록 면제되는 물질들과 대조해보아야 한다.

어느 물질이 해당 용도로 이미 등록되어 있는지를 확인하는 절차도 필요하다. 그러나 2008년 12월 전에 기존물질이 등록되어 있을 가능성은 매우 희박하기 때문에 2009년이 이후에 등록된 각각의 물질을 확인하는 것이 합리적이다.

이것은 당사자가 만약 자신의 완제품들을 계속 공급하기를 원한다면, 자신이 완제품에 이미 이용되거나 수입하는 의도적 배출이 되는 모든 물질을 등록해야만 하는 것을 의미한다.

해당 물질이 사전 등록할 필요가 있다고 확인되면, 당사자는 한계 톤수가 초과 되는지를 결정하기 위해서 양들에 대한 추가 정보를 수집해야 하며, 만약 초과한다면 사전등록을 위해서 등록 톤수범위를 알아야 한다.

의도적으로 배출되는 물질의 총량을 확인하기 위해서 당사자는 연간(one calendar year)생산 및 수입된 그 물질을 의도적으로 배출하는 모든 완제품들에서 모든 양을 합산해야만 한다. 의도적으로 배출되는 양들뿐만 아니라 완제품들 내의 총량이 고려되어야만 하며, 그 물질을 배출하는 모든 수입 및 생산된 완제품들이 고려되어야만 한다.

물질들 자체 또는 혼합물 내 물질들의 양 및 농도를 확인하기 위한 가장 효율적인 방법은 공급자들과 의사소통하는 것이다. 정보요청을 목적으로 이용 가능한 정보유형에 따라 다른 방법들 또는 시작점들이 선택될 수도 있다.

여기서 완제품에 함유되어 의도적으로 배출되는 물질의 총량계산을 위해서는 완제품 내 혼합물의 최대 함유량과 혼합물 내의 어느 특정 물질의 최대 농도를 알게 되면, 생산 및 수입되는 완제품에서 그 물질의 최대량이 계산될 수 있다. 의도적으로 배출되는 완제품 내 물질의 최대량은 다음과 같이 계산할 수 있다.

$$
\begin{aligned}
Vol_{substance}[t/a] = {} & Weight_{article}[t] \times (maxCon_{preparation}[\%] \times 0.01) \\
& \times (maxCon_{substance}[\%] \times 0.01) \times (\text{완제품 수}/a)
\end{aligned}
$$

하지만 만약 생산 중에 증발, 세척 또는 잉여 물질들을 통한 감소로 인한 혼합물의 감소량을 측정할 수 있다면 등록될 물질의 양에서 각각의 비율만큼 감할 수 있는데, 이것은 물질이 완제품에 혼합되는 공정일 경우만 해당된다.

등록될 물질양이 감소하는 예를 들면, 직물을 향기 나게 하기 위한 방향제 안에 포함된 용매의 10%가 직물이 완성되기 전에 증발한다는 것을 문서화할 수 있다면, 생산자는 등록될 용매의 양을 10%만큼 감할 수도 있다.

만약 동일한 물질이 당사자의 다른 완제품들로부터 의도적으로 배출된다면, 그러한 모든 완제품들 내의 이 물질의 양들이 다음과 같이 합산되어야만 한다.

$$\text{Total Vol}_{\text{substance}}[t/a] = \Sigma \text{Vol}_{\text{substance}}[t/a] \text{ per article}$$

예를 들어 동일한 용매가 직물과 지우개에 동시에 사용된다고 가정하면, 이 용매의 총량은 다음과 같이 계산된다.

$$\text{Total Vol}_{\text{substance}}[t/a] = \text{Vol}_{\text{substance}}[t/\text{직물}] + \text{Vol}_{\text{substance}}[t/\text{지우개}]$$

물질의 총량은 그 물질의 특정 농도를 이용하여 더 정교하게 계산할 수 있다. 완제품의 생산 또는 수입되는 양을 알게 되면, 완제품에 함유된 물질의 총량을 다음과 같이 계산할 수 있다.

$$\text{Vol}_{\text{substance}}[t/a] = (\text{Con}_{\text{substance}}[\%] \times 0.01) \times \text{Vol}_{\text{article}}[t/a]$$

의도적으로 배출되는 물질의 등록의 예로써, 의도적으로 배출되는 방향물질을 함유한 T-셔츠가 있다고 가정하자. 이 T-셔츠는 EU 내에서 연간 100톤이 생산되며, T-셔츠의 중량기준 5%를 방향물질이 구성하고 있고, 그 생산자의 다른 완제품들에는 함유되어 있지 않을 경우, 방향물질의 총량은 다음과 같이 계산된다.

$$\begin{aligned}\text{Vol}_{\text{fragrance}}[t/a] &= (\text{Con}_{\text{fragrance}}[\%] \times 0.01) \times \text{Vol}_{\text{T-shirt}}[t/a] \\ &= (5[\%] \times 0.01) \times 100[t/a] = 5[t/a]\end{aligned}$$

이는 연간 1톤의 한계가 초과되기 때문에 T-셔츠의 생산자는 그 용도로 방향물질을 등록해야만 한다.

이렇듯 완제품들로부터 의도적으로 배출되는 물질들의 등록은 완제품의 생산자 또는 수입자는 ECHA에 등록을 제출해야만 할 것이다. 등록서류를 위한 요건들은 일반적으로 물질들의 제조자들과 수입자들 그것과 동일하다.

하지만 연간 10톤 이상 생산되는 경우 화학안전성보고서(Chemical Safety Report)가 요구되고, 그 물질이 위험물질 또는 PBT 혹은 vPvB로 분류된다면, 완제품 생산자는 자신의 노출평가와 위해도 결정에 완제품의 용도 및 완제품의 폐기를 포함해야만 한다.

제출될 정보는 REACH 제10조에 따라야만 한다. 그것은 등록되는 한 당사자의 모든 완제품들 내의 물질의 총량 에 달려 있다. REACH 부속서VII~X에 설명된 표준정보 요건들과 모든 이용 가능한 정보는 수집되고 등록을 위해서 제출되어야만 할 것이다.

등록서류를 준비하는 방법에 관한 안내는 등록관련 지침서(Guidance on registration)에서 제공되어 있다. 정보수집 및 SIEF 참가를 위한 도움은 정보요건들에 관한 지침서(Guidance on Information Requirements), 자료공유에 관한 지침서(Guidance on data sharing), 사전등록에 관한 지침서(Guidance on pre-registration), 정보 요건들 및 화학물질 안전성평가(Chemical Safety Assessment)에 관한 지침서에서 받을 수 있다.

3-2-2. 미국 TSCA

미국은 화학물질이 사람의 건강과 환경에 미치는 영향을 우려하여 1976년 제조자와 수입자를 의무이행주체로 관련 법률로서, 독성화학물질관리제도(TSCA: Toxic Substance Control Act)를 제정하여 미국에서 생산 및 수입되는 화학물질을 관리할 수 있는 포괄적인 통제권을 EPA(Environmental Protection Agency)에 부여했다.

이 법에 따라서 EPA는 해당 화학물질이 제조, 운송, 유통, 사용 및 처분되는 모든 과정을 통제할 수 있으며, 미국에서 사용되고 있거나 미국으로 수입되는 약 75,000가지의 유해화학물질을 대상으로 하고 있다.

TV세트나 인쇄회로기판(PCB) 등 대상 화학물질로 제조된 제품이나 이런 화학물질을 함유하고 있는 수많은 제품들이 규제 대상이 된다. 단, 식품, 약품, 화장품, 살충제 등은 제외 대상이다.

대표적인 규제 내용을 살펴보면, 석면, 카드뮴, 수은 등과 같이 인체에 치명적인 유해물질들의 사용이 금지되며, 제품 및 제품포장재 등에 납성분 혹은 솔벤트를 함유한 페인트나 코팅제 등의 사용이 금지되고, TV세트 뒷면 등의 방열처리용 유해물질(폴리브롬 화디페닐 에테르 등)의 사용이 금지된다.

연간 100파운드 이상의 납 및 납 합성물을 방출하는 업체는 정부에 보고서를 제출해야 하며, EPA는 다음과 같은 권한 행사를 통해 독성화학물질을 통제한다.

- 중대한 위험이 발생할 우려가 있거나 대량생산체제를 구축함으로써 인체 및 환경에 영향을 미칠 수 있는 화학물질에 대한 시험분석 요구
- 화학물질의 생산과 시장의 판매경로, 유통이 개시되기 전 생산 공정을 사전 검토
- 이미 생산되고 있는 화학물질의 제조, 사용, 유통 및 폐기를 금지 또는 제한
- 환경청이 화학물질에 대한 새로운 정보를 계속 확보할 수 있도록 업계에게 기록을 유지하고 보고하도록 하는 권한
- 제조업자가 화학물질을 수출하는 경우 환경청이 외국정부에 대해 화학물질의 선적 사실 및 관련 정보를 제공할 수 있도록 수출관련 내용을 통보해야 함
- 수입의 경우에는 수입된 화학물질이 TSCA의 규정에 위배되지 않는지를 검토할 수 있도록 수입증명서를 발급 받아야 함

EPA는 TSCA 법의 통제를 받는 화학물질 목록(TSCA Inventory) 을 작성하여 지속적으로 업데이트해야 한다. 이 리스트에 기재되지 않은 물질을 제조 하거나 수입하고자 하는 자는 신규화학물질(New Chemical)에 대한 유독물질규제법 제5조에 규정된 사전제조신고(PMN: Pre-Manufacture Notification) 절차에 따라 생산 · 수입 90일 이전에 신고해야 한다.

그러나 일정한 조건 하에서 사전신고가 면제되는 경우도 있는데, 천연물질, 불순물, 부산물, 최초 성분과 다른 혼합물, 최종용도 반응의 생성물, 수출 목적으로 제조된 화학물질, 비분리 중간체, 완제품 제조 중 생성된 물질 등이 이에 해당된다.

수입하고자 하는 물질이 TSCA 목록에 등록되어 있는지 여부를 확인하는 것은 수입업자의 책임으로 만약 물질이 목록에 등록되어 있지 않고 상업적 목적으로 수입하고자 한다면 수입하기 이전에 PMN 요건을 이행해야 한다. 만약 물질이 목록에 등록되어 있지 않고 순수하게 R&D 용도로만 수입된다면 수입업자는 동 물질이 TSCA에 따라 수입된다는 내용의 증명서(positive certification)를 제출해야 한다.

최근 유럽의 REACH 등장 이후 미국 NGO 단체를 중심으로 현행 TSCA의 한계를 지적하면서 자국의 화학물질 평가와 관리를 강화해야 한다는 주장이 있어 왔다. 이에 미국 환경협의회(Environmental Council of the State)는 개정에 관한 결의안을 2010년에 만장일치로 채택하였으며, 동 결의안은 13개 개정 항목을 포함하고 이를 시행하고 있다.

동 결의안은 환경적으로 취약한 지역이나 화학물질에 의해서 크게 영향을 받은 지역과 같은 특별 우려 지역에 대한 기관과 지역 정부사이의 더 나은 협의와 협력을 위해 미국 환경청이 화학물질 관련 정보를 각각의 주와 공유해야 된다고 주장하고 있으며, 공유정보에는 기밀정보도 포함되어 있다. 미국 환경협의회는 화학물질 관리향상을 위한 기술적인 제공을 위해서 주와 지역 정부에 자금을 지원해야 한다고도 주장하고 있다.

그 대상범위는 REACH와 유사하게 화학물질, 혼합물 및 화학물질, 혼합물을 포함한 완제품으로 화학물질의 제조사 및 수입자는 신규화학물질의 제조 및 수입 90일 이전에 EPA에 사전제조신고를 제출하게 되어있다.

PMN 신고에는 물질의 특성, 생산량, 부반응물, 용도 및 환경적 배출, 폐기방법 및 인체노출의 자료를 요구하며, 2010년 4월 6일부터는 인터넷으로 제출이 가능하다.

다만, PMN 신고 예외물질은 담배 및 특정담배제품, 핵물질, 군수품, 식품 및 식품첨가제, 의약품과 살충제로만 사용되는 화학물질 등이며, 제외 물질은 자연에서 생성된 물질, 우연한 반응에 의한 생성물, 최종용도 반응의 생성물, 혼합물, 불순물, 부반응물, 수출만을 위해 제조된 화학물질, 비분리 중간체와 환제품의 제조 중에 생성된 물질 등이며, 사전제조신고의 경감된 경우도 있다.

PMN의 신고 예외 대상은 담배 및 특정 담배제품, 핵물질, 군수품, 식품 및 식품첨가제, 의약품, 화장품 및 살충제로만 쓰이는 화학물질 등이며, 심고예외 대상은 자연에서 생성된 물질, 최종용도 반응의 생성물, 혼합물, 불순물, 부반응물, 수출만을 위해 제조된 화학물질, 비분리 중간체와 완제품의 제조 중에 생성된 물질 등이다.

또한 경감된 PMN 요건이 적용되는 물질로는 연간 10톤 이하로 제조 또는 수입되는 물질로 소량면제, 연구개발을 위해 소량으로 제조되는 물질, 낮은 배출과 노출이 예상되는 물질, 시험판매를 위해 제조 또는 수입되는 물질과 화학적으로 활성화 되지 않고 특정 기준을 만족하는 고분자 등이다.

TSCA에서의 물질에 대한 정의(TSCA section 3(2)(A))는 전체 또는 일부가 화학반응으로 생성되거나 자연에서 생성되는 물질의 조합, 원소 또는 결합되지 않은 라디칼을 포함하여 분자 특성의 유기 또는 무기물질이라고 규정되어 있다. 미국 환경청 EPA는 온라인상으로도 TSCA 목록을 2010년 3월에 공개한 바 있다.

따라서 TSCA는 대량 생산되는 화학물질과 혼합물의 건강, 안전, 노출정보를 수집하고 시험을 요구하고 있다. TSCA 목록은 화학물질의 명칭, CAS번호, 생산 및 수입량, 생산 및 수입지 정보를 포함하며, 연간 백만 파운드 이상 생산되는 화학물질을 대량생산물질(high production Volume)로 간주한다.

약 4,000여종의 대량생산물질에 대해 자료생성과 정보공유를 하고 있으며, 수집되거나 생성된 화학물질 자료는 일반에게 공개되어 화학물질의 노출에 의한 잠재적 위해성 평가의 기초자료로 활용된다.

그 이외에도 EPA는 중요 신규 용도규칙(SNUR: Significant New USe Rule)을 발표하면 새로운 용도로 사용을 원하는 제조자나 가공자는 중요 신규 용도신고를 90일 이전에 제출하도록 하고 있다. 미국 관세청 역시 TSCA의 요건에 준수하지 않는 화학물질, 혼합물 또는 완제품의 미국 내 반입을 거부하고 있다. 이렇듯, 환경규제에 관한 한 엄격하게 대처하고 있다.

또한 미국과 캐나다는 멕시코가 화학물질의 목록을 만들고, 북미의 화학물질 평가 및 관리 프로그램을 강화하기 위한 시험 및 평가에 대한 새로운 방법의 개발 및 연구개발 시도를 2007년도에 합의하였다. 이는 인체 건강과 환경을 보호하려는 목적이었으나 기실 미국 내 환경보호에 더욱 초점을 둔 사항이라고 보인다.

이를 위해 미국은 약 6,750여종의 화학물질에 대해 평가 및 필요한 조치를 시작하였으며, 캐나다는 화학물질 관리계획을 인지하고 멕시코는 화학물질 인벤토리를 확립하게 되었다.

그러나 미국의 환경보호 단체의 주장은 공공보건 환경전문가의 TSCA 개혁안과 부합된 내용을 보이고 있는데, 이는 모든 제조업체들에게 현존하거나 신규 화학불질의 안정성 증명을 책임지어야 하며, EPA가 모든 화학물질의 안전을 보장하고 이를 위한 행동을 취할 수 있도록 효과적인 권한을 부여하도록 하며 각 주와 자료를 공유할 수 있는 간소화된 과정을 수립하는 것을 요구하고 있다.

이는 EPA가 지속성, 생물농축성, 독성화학물질이나 지속성 및 생물농축이 매우 큰 화학물질같이 우선 화학물질로 식별된 화학물질을 대상으로 더 안전한 물질평가를 요구할 수 있도록 권한을 부여하고자 함이다. 따라서 제작된 나노물질과 기타 신규기술들의 위험성과 즉각적인 조치의 권한 등과 더불어 비즈니스, 혁신, 일자리 창출을 부양하는 동시에 녹색화학연구, 개발, 도입강화 및 향상을 위한 훈련과정 또한 강화할 필요가 있다고 주장하고 있는 것이다.

TSCA 목록갱신 보고(TSCA Inventory Update Reporting) 제도는 TSCA 목록에 등재된 물질이 매년 미국 내의 한 사업장에서 25,000 파운드 이상으로 제조 또는 수입되는 경우에 제조자나 수입자로 하여금 사업장 및 제조 관련 정보를 보고하도록 한다. 추가적으로 한 사업장에서 300,000 파운드 이상으로 제조되는 화학물질에 대한 가공 및 사용 정보도 역시 보고되어야 한다. 이에 대한 마감은 2011년 9월 30일까지이다.

TSCA 목록갱신 보고 정보는 미국 내에서 상업적으로 유통되는 화학물질에 대한 스크리닝 수준의 노출관련 정보를 취합하기 위한 것으로 이 정보는 스크리닝 위해성 평가, 우선순위 물질 선정 및 관리를 지원하는 정보가 될 것이다.

따라서, 규정된 보고량 이상을 미국으로 수출하는 국내 기업은 미국 내의 수입자와 상의하여 관련정보가 마감기한을 놓치지 않고 보고되도록 해야 할 것이다.

미국 EPA는 지난 2011년 8월, 기존의 TSCA하의 목록갱신보고 규칙을 화학물질정보보고(CDR: Chemical Data Reporting) 규칙으로 변경하였다. 2011년에 미국 기존물질목록(TSCA Inventory)에 등재된 화학물질을 상업적인 목적으로 25,000 파운드 이상으로 제조하거나 수입하였다면 CDR 규칙에 따라 해당 정보를 2012년 2월 1일부터 6월30일까지 EPA에 보고해야 한다. 보고는 EPA의 온라인 보고툴인 e-CDRweb을 통해서 제출하면 된다.

3-2-3. 중국 신규화학물질 환경관리제도

중국 환경보호부(Ministry of Environment Protection)는 2003년 10월 '신화학물질 환경관리방법' (Provision on the Environmental Administration of New Chemical Substance Notification)을 발표하고, 1년 후인 2004년 10월에 '신화학물질신고지침' (Guidance for New Chemical Substance Notification)을 발표하였다. 이로 인하여 중국에서도 신규화학물질관리제도가 시행되었다.

신화학물질환경관리방법은 중국의 기존화학물질목록(IECSC: Inventory of Existing Chemical Substances)에 등재되지 않은 신규화학물질에 대한 신고 제도를 핵심으로 하며, 이에 따라 중국 내 제조·수입되는 신규화학물질은 그 수량에 따라 물리화학적 성질, 인체독성 및 생태독성정보, 용도 정보 등에 대한 서류를 준비하여 중국 당국의 평가를 받게 되었다.

이후 중국 환경보호부는 2009년 5월 이 법안의 개정 초안을 발표하였으며, 이 개정초안은 최근 추가 수정을 거쳐 그 최종안이 국무원을 통과하여 2010년 10월부터 시행되고 있다.

이 법규의 목적은 중국 내 제조자, 수입자 및 대리인을 그 의무이행주체로 신규화학물질의 환경위해성을 통제하고, 공중보건을 보장하며, 환경을 보호하기 위한 것이며, 그 적용범위는 타 나라와 유사하게 신규화학물질의 연구, 제조, 수입, 가공 및 사용에 관련된 활동의 환경관리에 적용된다.

법규가 개정됨에 따라 기존에 규제대상에서 제외되었던 의약품, 농약, 화장품, 식품 및 식품첨가제, 사료첨가물, 화학비료 등의 원료물질이 적용대상에 포함되었다. 이에 따라 기존 법에 맞추어 이런 물질들을 중국에 수출하던 화학 산업계는 세심한 주의를 기울여야 할 것이다.

또한 기존에는 화학물질의 연간 제조·수입수량(tonnage)을 10톤 미만, 10톤 이상 100톤 미만, 100톤 이상 등 3등급으로 나누어 신고를 위한 시험자료를 요구하였으나 개정법에서는 1톤 이상 10톤 미만, 10톤 이상 100톤 미만, 100톤 이상 1000톤 미만, 1000톤 이상 등 4등급으로 나누었으며, 신고유형의 경우 기존에 보통신고, 간이신고로 나누던 것을 보통신고, 간이신고, 연구개발신고의 3개 유형으로 개정하였다.

보세구역 및 수출가공구역에서의 제품의 원료물질에 대해서도 개정법의 적용을 받지 않는다. 해당지역으로 화학물질을 수출하는 업체들 역시 동법에서 규정하는 각종 의무사항을 인지해야 하며, 기존 법에 의해 화학물질 등록면제 확인을 받은 경우 면제 확인증 역시 개정제도시행 이후에도 여전히 유효하다. 즉 2003년에 발표된 중국의 기존 신규화학물질 환경관리제도는 폐지되고 개정된 내용을 인지해야 할 것이다.

이 제도에 따라 사전에 신고되지 않은 신규화학물질은 제조, 수입, 가공 및 사용이 엄격히 금지되며, 사전에 신고되지 않았거나, 연구개발 신고를 하지 않은 신규화학물질은 연구개발에 사용될 수 없다. 신고의 종류는 연간 제조와 수입량의 양에 따라 보통신고, 간이신고와 연구개발신고로 나뉜다.

보통신고의 대상은 연간 1톤 이상의 신규화학물질로서 화학물질 분류, 경고표지와 안전사용지침 등 국가 관련 표준에 따른 분류, 표지와 화학물질 안전기술 설명서 등의 정보와 신규물질의 위해성평가, 노출시나리오 평가, 위해서 관리대책, 환경위해성 및 건강위해성 평가 등이 포함된 위해성평가보고서까지 제출하도록 되어있어서 EU의 REACH 제도에 못지않은 부담이 될 것으로 우려되고 있다. 특히 생태독성 시험보고서는 기존 법규와 마찬가지로 중국 역내에서 제공되는 생물을 사용하여 중국 역내에서 관련 규정에 따라 시험한 자료를 포함하도록 규정하고 있다.

또한 물리화학적 특성, 독성 및 생태독성의 시험보고서와 시험기관의 품질보증서와 수량등급이 높을수록 더 많은 자료를 요구하고 있고 그것은 4개의 등급으로 구분된다. 보통신고의 등록절차는 서류제출 후 전문가의 검토기간이 60일을 넘을 수 없으며 적절한 위해서 관리대책의 유무에 따라 등록여부가 정해진다.

보통신고의 종류는 한 기업이 유사한 분자구조나 동일하거나 유사한 용도와 유사한 시험자료의 여러 신규화학물질의 등록을 원할 경우인 계열신고와 두 명 이상의 신청인이 동시에 동일한 신규화학물질을 신고하고 공동으로 신고서류를 제출하는 경우인 공동신고, 두 명 이상의 신청인이 전후로 동인한 신규화학물질을 신고하고 후자가 전자의 동의를 거친 후 전자의 시험자료를 사용할 경우의 중복신고 등이 대표적이다.

등록은 되어있지만 아직 기존화학물질목록에 등재되지 않은 신규화학물질이 등록수량이 증가한 경우와 중점 환경 관리위험 신규화학물질의 용도가 변경된 경우에 하는 재신고 등이 있다. 모든 등록자는 등록된 화학물질의 새로운 위해성을 발견할 경우 즉시 등록 센터에 제출해야 한다.

간이신고 대상은 연간 제조 및 수입량이 1톤 미만인 신규화학물질이며, 특별간이신고의 대상으로는 중간체 혹은 수출만 하는 연간 제조 또는 수입량이 1톤 미만인 신규화학물질, 연간 제조 또는 수입량이 100kg 이상이고 1톤 미만인 신규화학물질, 신규화학물질인 단량체의 함량이 2% 미만인 고분자 및 저유해 고분자, 연간 제조 또는 수입량이 10톤 미만이고 기한이 2년 이하인 제품의 제조, 가공기술과 연구개발을 목적으로 하는 신규화학물질이다.

간이신고에 필요한 서류는 생태독성 시험보고서이며, 간이신고의 등록절차 중 전문가의 검토기간은 30일을 넘길 수 없으며 간이신고 된 신규화학물질은 기존화학물질목록에 등재되지 않는다.

연구개발신고 대상은 연간 제조 혹은 수입량이 100kg 미만인 연구개발을 목적으로 하는 신규화학물질 및 생태독성 시험을 위한 시료로서, 중국에서 제공하는 생물로 중국 역내에서 신규화학물질의 생태독성 시험을 위해 시료를 수입한 경우이며 검토 없이 신고될 수 있으며, 연구개발신고 된 신규화학물질도 역시 기존 화학물질목록에 등재되지 않는다.

정보전달, 위해성관리대책, 양도 금지, 활동보고, 연례보고, 관리감독과 검사 등의 이행관리가 주어지며, 법규를 위반하거나 신고 과정에서 관련 정보를 속이거나 허위자료를 제공한 경우 벌금이 부과되며, 이미 등록된 경우에는 등록증을 취소한다.

좀 더 구체적으로 살펴보면 정보전달은 보통신고의 등록자는 화학물질 안전 기술 설명서에 신규화학물질의 위해성을 명확히 기재해야 하며 가공자와 사용자에게 등록증에 명시되어 있는 위해성 관리대책, 화학물질안전 기술설명서, 화학물질의 분류, 경고표시 및 설명안전 규범에 따른 분류결과 등의 정보를 말한다.

위해성관리대책은 보통신고의 등록자와 사용자는 신규화학물질의 위해성과 예방교육을 실시하고 작업자에 대한 보호조치 및 경고표시 등이 위해성관리대책을 취해야 하며, 중점 환경관리 위험 신규화학물질의 등록자 및 사용자는 제조, 가공 및 사용 중에 환경으로 배출되는 상황을 감독해야 하고 운송과 폐기 시 적절한 조치를 취해야 한다고 규정하고 있다.

또한 보통신고의 등록자는 등록을 허가 받은 신규화학물질을 위해성관리대책을 취할 수 없는 가공자 또는 사용자에게 양도할 수 없도록 규정하고 있으며, 보통신고의 등록자는 처음으로 제조하거나, 가공자 또는 사용자에게 수입한 화학물질을 전달한 후 30일 이내에 등록 센터에 신규화학물질의 개시활동보고서를 제출해야 하며, 중점 환경관리 위험 신규화학물질의 등록자는 다른 가공자 또는 사용자에게 중점 환경관리 위험 신규화학물질을 전달할 때마다 30일 이내에 등록 센터에 화학물질의 도착지정보를 보고하도록 규정하고 있다.

간이신고의 등록자는 매년 2월 1일 이전에 전년도의 제조 및 수입현황과 위해성관리대책의 실시 현황과 환경 및 인체건강에 노출된 현황 등을 보고해야 한다.

[표 3-22] 중국 화학물질 관리제도의 개정내용

구분	기존	개정내용
신고자	제조자, 수입자, 외국인도 가능	중국내 등록된 기업, 제조자, 수입자나 대리인(외국인 신고 불가 → 반드시 대리인 지정)
대상물질	방사성 물질, 군수제품(신호탄), 농약, 생물학적 물질, 의약품, 수의학품, 화장품, 식품, 식품 첨가물, 사료, 사료 첨가물, 담배 및 담배제품 등	의약품, 농약, 동물의약품, 화장품, 식품 (식품첨가제와 사료첨가제 제외) 단, 상기 제품의 제조에 사용되는 원료와 중간체는 대상
대상지역	보세구역과 수출가공구역은 제외	중국역내 및 보세구역과 수출가공구역 적용
완제품 내 품질	없음	의도적 배출물질이 신규물질인 경우 신고대상이 됨
등록톤수	10, 100, 1000톤으로 구분	유럽 REACH와 같이 1, 10, 100, 1000톤으로 구분
1톤 이하 등록면제	과학적 연구용 100kg까지 면제, 기술개발용 1톤까지 면제(1회한함)	1톤 이하라도 등록이 면제되는 것 아님(간이등록) -연구개발신고: 연간 제조 또는 수입량이 100kg 미만인 과학적 연구 개발 목적용 신규화학물질 (1회만 신고하면 됨)
GLP 일정 시험자료	-기본적으로 양이 늘어날 수록 시험자료 더 요구 - 생태독성에 중국종 포함	기본적으로 양이 늘어날수록 시험자료 더 요구 (수생생태독성 시험은 중국시험종으로 시험한 결과를 반드시 포함. 단, 톤수가 늘어날수록 요구 중국시험종도 늘어남)
평가기간	완전성검토(15일) + 전문가평가(60일) + 최종결과평가(30일)	완전성검토(5일) + 전문가평가(60일) + 최종결과평가(15일) (간이등록은 전문가 평가 30일)
위해성관리 개념의 도입		- 등록시 REACH와 유사하게 위해성평가보고서 제출 (위해성 평가, 노출시나리오, 위해성 관리대책 등)
사후관리		- 일반물질, 위험물질(UN GHS 분류에 따른 유해물질) 및 우려물질(PBT; 잔류성, 생물농축성, 인체독성이 있는 물질)의 경우 매년 2월 1일 전까지 전년도 제조/수입현황 등 보고 의무 (위험물질, 우려물질 : 당해년도 제조 수입계획 및 위해성 관리 조치 보고) * 자료보관: 10년

이에 따라 환경보호부는 개시활동보고서 또는 도착지정보를 접수하면 30일 이내에 제조자 또는 사용자 소재지의 성급환경보호국에 관리감독을 요청해야 하며, 지방 환경보호국은 신규화학물질의 관리감독 검사기준에 따라 신규화학물질의 제조, 가공 및 사용에 대하여 검사를 이행해야 한다.

한편, 이번 개정안에는 '신의성실의 원칙' (개정안 제17조)이라는 조항이 명시되어 있는데, 이는 신고인이 신고 시에 해당물질의 위해성에 대하여 알고 있는 모든 정보를 성실히 제출하도록 하는 조항으로서, 요구 자료에 관계없이 위해성과 관련한 모든 자료 및 증거를 제출해야 한다는 것이다. 중국에서는 이러한 법규 위반사항에 대해서 벌금을 부과하며, 사안이 위중할 경우 등록을 취소할 수도 있으므로 이에 대한 기업들의 주의가 필요하다.

개정법 제2조에는 '물품의 일반적인 사용 시 그 물품에 포함된 신규 화학물질의 의도적인 배출이 있을 경우 본 제도를 적용한다' 라는 문구가 명문화되어있다. 여기서 말하는 물품은 EU REACH 제도에서도 언급되는 완제품에 대응되며, EU REACH에서 사용된 '의도적 배출' 이라는 용어가 들어 있음에 유의해야 할 것이다. 중국이 이 조항의 적용 수위를 어느 정도로 가져갈지 확실하지는 않지만, 국내 완제품 수출업계에서도 EU REACH 수준의 대응을 준비해야 할 것이다.

이번 개정법에는 신고자격과 관련한 중요한 개정사항(제16조)이 있는데, 바로 중국 내 법인으로 그 신고주체를 한정하고 있다는 것이다. 기존에는 중국 내 신규화학물질 제조 · 수입자 및 외국의 수출자도 신고가 가능했으나 앞으로는 중국 내 수입자 또는 제3의 법적 대리인을 통해서만 신고가 가능하게 될 것이다. 이는 중국에서도 EU의 REACH제도의 '유일대리인' 의 개념을 도입하려 한다는 의미이다. 중국 화학물질 관리제도의 개정내용을 요약하면 [표 3-22]와 같다.

2010년도 기존화학물질목록인 IECSC(Inventory of Existing Chemical Substances in China)에 따르면 총 45,602종의 물질이 등재되었으며, 그 중에 비밀번호가 신청된 물질은 3,166종, CAS번호가 있는 물질은 37,427종, 구조정보가 있는 물질은 32,793종이 된다.

또한 수록범위에 해당하는 화학물질은 증빙자료를 제출하면 기존화학물질 목록에 추가적으로 등재될 수 있었으나, 2011년 11월 18일 환경보호부의 1366호 통지에 따라 '중국에서 이미 생산 또는 수입된 화학물질의 기본화학물질 목록' 의 추가 등재를 폐지하였다.

3-2-4. 일본의 화학물질 관련법

일본의 화학물질 심사 및 환경규제에 관하 법률은 신규화학물질 제조 또는 수입 시 신고를 의무화하고 있고, 신고 된 신규화학물질의 환경영향 평가실시에 따라 일반화학물질, 우선평가화학물질, 제1, 2종 특정화학물질, 감시화학물질로 분류하여 분류별 제조, 수입, 사용 등에 대한 규제를 실시하고 있으며, 환경으로의 방출가능성이 적어서 환경위해성이 낮은 물질과 1톤 이하의 소량생산 등과 같이 사전확인을 받은 경우는 사전신고 적용에서 예외 된다.

(1) 일본 화관법

일본은 사업자에 의한 화학물질의 자율적 관리개선을 촉진하여 환경오염을 미연에 방지하기 위해 1999년 화관법(화학물질배출파악관리촉진법)을 제정하여 2001년 4월부터 시행하고 있다. 1980년대 유럽에서는 환경오염 방지와 투명성 제고를 위하여 사람과 동물에 위해하지만 그 위험이 잘 알려지지 않은 화학물질의 배출량과 이동량을 사업자가 파악하여 정부에 보고하고 이를 정부가 공표하는 PRTR(Pollutant Release and Transfer Registers) 제도가 정비되었다.

1996년에 OECD이사회가 일본을 포함한 가맹국들에게 이 제도의 구축을 권고한 것이 계기가 되어 환경오염에 대해 자국민의 관심이 높아지자 도입하게 되었다. 화학물질을 취급하는 사업자가 자발적으로 배출량을 파악하여 주무당국에 신고하는 제도로서, 정부는 이를 바탕으로 경제 산업성과 환경성 지표를 공표함으로 환경 모니터링 조사와 인체의 건강영향에 관한 조사를 시행하고 있다.

화관법은 일본 내 제조자 및 수입자를 의무이행주체로 1종 지정화학물질을 함유한 제품대상인 PRTR과 1종과 2종 지정화학물질을 함유한 제품대상인 MSDS(물질안전보건자료) 제도로 구성되어있다. 즉 특정 화학물질의 환경 배출량 파악 및 개선촉진에 관한 법률로서, 사업자에 의한 화학물질의 자율적 관리개선을 촉진하여 환경오염을 미연에 방지하고자 하는 목적을 갖고 있다.

제1종 지정화학물질은 인간과 생태계에 유해성이 있고 환경에 넓게 존재하거나 장래에 넓게 존재할 가능성이 인정되는 물질로서 약 460여개이며, 그중 발암성이 있는 15개 물질을 제1종 특정지정화학물질로 지정하고 있다. 예를 들어, 질량비 1% 이상을 함유하고 있는 화학제품, 염료 및 용제 등을 들 수 있겠다.

PRTR 제도는 사업자로 하여금 개별 사업소마다 환경으로의 화학물질 배출량 및 이동량을 파악하여 정부에 신고하게 규정하면서 정부는 그 신고사항의 관리, 집계 및 공표를 하게 되어 있다.

즉 사업소관대신은 보고된 정보를 환경대신 및 경제산업대신에게 통지하고, 경제산업성 및 환경성은 공동으로 보고된 정조를 전자문서화 하여 물질, 업종, 지역별로 집계하여 공표함과 동시에 사업소관 담당자 및 도, 구, 시 등에 통지하여야 한다.

일본정부는 PRTR 집계결과 등을 포함한 환경모니터링조사 및 인체의 건강환경에 관한 조사를 실시하고 있다. PRTR 제도는 MSDS 제도와는 달리 그 대상 화학물질이 제1종 지정화학물질이지만 대상 화학물질이 환경으로 배출되는 가능성이 적다고 예상되는 제품은 사업자의 부담을 고려하여 예외적용하고 있다.

PRTR 대상 사업자는 점령에서 지정하고 있는 23종류의 업종에 속하는 사업을 경영하고 있는 사업자와, 상시 종업원 수가 21인 이상의 사업자, 그리고 제1종 지정화학물질의 연간 취급량이 1톤 이상인 사업소를 소유하고 있는 사업자 또는 타법령에서 정하는 특정시설을 설치하고 있는 사업자를 그 대상으로 하고 있다.

MSDS는 화학물질의 성상, 취급주의에 대한 정보를 기록한 자료로 정령에 지정된 화학물질을 취급하는 사업자간 거래가 이루어지는 경우, 재료제공을 의무화하고 있는 제도이다.

화학물질을 취급하는 사업자는 규제와 관계없이 사람의 건강과 환경에 악영향을 주지 않도록 화학물질을 관리할 사회적 책임이 있다는 발상을 근본으로 유해성 정보 제공의무화와 같다고 보면 된다. 이와 같은 제도는 유해성 정보제공에 대한 규칙으로 국제적인 ILO 표준화절차가 정비되어 있어서 미국 등 많은 국가에서 MSDS제공을 의무화하고 있는 실정이다. 두 가지 제도를 비교하면 [표 3-23]과 같다.

MSDS제도의 대상 화학물질은 인간과 생태계에 유해성이 있는 제1, 2종 지정화학물질로 1종 462물질과 2종 100물질로 총 562물질이며, 그 대상예외 제품으로는 대상 화학물질의 함유량이 1% 미만인 제품, 분말형태를 제외한 고형물로 금속판과 금속파이프, 건전지와 같은 밀폐된 상태로 사용하는 제품, 가정용 세제와 살충제와 같은 일반 소비자용 제품 및 폐 금속과 공병 같은 재생자원 등이다.

[표 3-23] 일본 화관법의 PRTR 제도와 MSDS 제도 비교

	PRTR 제도	MSDS 제도
대상 업종	정령으로 지정한 업종	모든 업종
사업자규모	고용수 21인 이상	고용자 수 상관없음
대상화학물질	제1종 지정화학물질	제1종/제2종 지정화학물질
연간 취급량	1톤 이상(제1종특정물질은 0.5톤)	연간 취급량에 상관없음

출처 : 생산기술연구원(2012), 주요 산업 · 국가별 무역 환경규제 대응 가이드라인

일본 규정인 JIS Z7250 및 국제규격 ISO 11014-1에 따라 작성하여야 하며 위반 시에 과태료는 제1종 지정화학물질 등 취급사업자의 조건을 충족하지만 배출량신고서 작성 및 MSDS 보고의무를 이행하지 않거나 허위로 작성하여 보고하는 경우에는 20만엔 이하의 과태료를 부과하게 된다.

(2) 일본 화심법

일본정부는 지난 1973년 화학물질의 심사 및 제조 등의 규제에 관한 법률인 화심법(화학물질 심사 및 제조 등의 규제에 관한 법률)을 제정하였으며 가장 최근 개정은 2009년 5월에 완료되어 2011년 4월부터 시행되고 있다. 이 법은 PCB에 의한 환경오염 문제를 계기로 제정되어 새로 제조 수입되는 화학물질대해 사전에 사람에게 유해성 등에 대해 심사하고, 환경을 통해 인체 건강을 해칠 위험성이 있는 화학물질의 제조, 수입 및 사용을 규제하는 제도이다.

화학업종 내 화학물질의 제조, 수입 및 사용에 관여하는 모든 관련자를 의무이행 주체로 그 적용범위는 화학물질을 신규화학물질, 일반화학물질, 우선평가화학물질, 제1종 특정 화학물질 및 제2종 특정 화학물질로 구분하여 규제하고 있으며, 이를 바탕으로 대상물질의 분해성, 축적성, 만성독성 및 생태독성에 대한 사전평가를 실시하고 있다.

그 후 국제협약과의 불일치에 대한 우려로 법을 개정하게 되는데, 일본정부는 국제협약으로 엄격한 통제 하에 사용되어 질 수 있는 물질을 새로이 목록에 추가하는 것에 초점을 맞추었다.

[표 3-24] 일본 화심법에 따른 화학물질의 분류에 따른 규제사항

화학물질 분류	정의 및 규제사항
제1종 특정화학물질 (28개 물질)	난분해성, 고축적성 인간 또는 고등 포식동물에 대해 장기 · 만성독성을 가진 화학물질 - 제조 · 수입에 대한 허가 필요(사실상 금지) - 법령 지정제품의 수입금지 - 법령 지정용도 이외의 사용금지 - 물질 및 법령 지정제품의 취급기준 적합 표시 의무화 - 회수 등의 조치명령
제2종 특정화학물질 (23개 물질)	인간 및 생활환경 동식물*에 대한 장기 · 만성독성을 가지며 그 위해성이 인정되는 화학물질 *인간 생활과 밀접한 관계가 있는 생육환경 내의 동식물 - 제조 · 수입(예정 및 실적)량, 용도 등의 신고 - 필용에 따라 제조 · 수입 예정수량 등의 변경 명령 - 물질 및 법령 지정제품의 취급 기술지침 공표 - 법령 지정제품의 표시 의무화

화학물질 분류	정의 및 규제사항
감시화학물질 (37개 물질)	난분해성, 고축적성, 독성여부가 불명확한 화학물질 - 제조 · 수입 누적수량, 상세용도 등 신고 위해성 관점에 따라 취급상황 정보 및 유해성 조사 지시 가능
우선평가 화학물질 (88개 물질)	특정화학물질에 속하지 않으나 인간 및 생활환경 동식물에 대한 장기 · 만성독성이 우려되고 그 위해성이 충분히 낮지 않다고 판단되어, 이에 대한 정보를 수집하거나 그 사용 등의 상황을 파악하기 위해 평가를 우선적으로 실시할 필요가 있다고 인정한 물질 제조 · 수입 누적수량, 상세용도 등의 신고 취급사업자에 대한 정보전달 노력의 의무화 향후 지속적인 대상물질 지정 *제2종 및 제3종 감시화학물질은 폐지
일반화학물질	위에 열거한 화학물질(제1종 특정화학물질, 제2종 특정화학물질, 감시화학물질, 우선화학물질)을 제외한 화학물질 연간 1톤 이상 제조 · 수입량, 용도 등 신고 신규화학물질 통상산업장관이 공시한 신규화학물질명부에 기재되어 있는 화학물질

출처 : 국제환경규제 종합정보망(www.compass.or.kr)

대표적인 화학물질로는 반도체용과 포말소화기용 등이다. 스톡홀름 협약에 의해 새로이 금지되는 화학물질에 관한 예외적 사용에 관한 동의가 필요한 이유도 있었다. [표 3-24]는 2011년 4월 1일자로 시행하고 있는 일본 화심법에 의한 화학물질의 분류에 따른 규제사항을 요약한 것이다.

일본 화심법의 개정배경은 지속가능한 발전을 위한 세계정상회의(WSSD)에 의거 2020년까지 인간의 건강과 환경에 대한 화학물질의 유해영향을 최소화하려는 움직임과 요구에 2007년부터 시행되고 있는 EU의 REACH 및 미국의 화학물질 평가와 관리의 필요성이 대두되고 일본정부가 그동안 기존 화학물질의 부분적인 안정성 평가를 수행해 오고 있었으나 아직 그 모두에 대하여 평가를 받지 못하고 있는 실정이며 국제협약인 스톡홀름 협약에 의해 새로이 금지되는 화학물질에 관한 예외적 사용에 관한 동의도 필요할 뿐 아니라 예외적 용도에 대해 보다 엄격한 기존법률로 일본에서의 필수적인 용도를 보장하는데 실패할 우려 때문에 개정할 시기가 되었던 것이다.

화학물질로 인한 안전과 보호에 관한 일반국민의 관심이 증가되면서 기존화학물질을 포함해서 지정수량을 초과하여 어떤 화학물질을 제조 또는 수입한 회사는 정부에 그 수량 및 관련 정보가 포함된 신고서를 제출하도록 새로운 의무를 부과하고 있다. 이로써 일본정부는 국제협약으로 예를 들어 반도체용이나 포말소화기용 등과 같이 엄격한 통제 하에 사용되어 질 수 있는 물질이 새로이 목록화되는 것을 일치하려 하고 있다.

특히 2011년 4월 1일자로 기존 화학물질을 포함, 지정수량을 초과하여 어떤 화학물질을 제조 또는 수입한 회사는 정부에 그 수량 및 관련정보가 포함된 신고서를 제출하도록 새로운 의무를 부과하고 있다.

3-2-5. 글로벌조화시스템 (GHS)

(1) GHS 개요

화학물질이 어떠한 위험성을 갖고 있는가를 시험하고, 평가하는 것은 매우 전문적이어서 별도의 교육과 훈련을 받은 전문가 외에는 그 결과를 이해하거나 타인에게 의미하는 바를 정확하게 전달하기란 거의 불가능하다.

따라서 화학물질의 위험성을 명확한 기준에 따라 적절하게 분류하고, 그것을 간결하고도 알기 쉽게 표시하여 화학물질을 제조, 사용, 취급, 저장 및 운반하는 근로자 또는 소비자에게 알리는 것은 근로자와 일반 국민의 건강과 환경을 보호하고, 사고를 미연에 방지하는 데 매우 중요하다.

이러한 화학물질의 분류와 표시는 미국, EU, 캐나다 등 선진국을 중심으로 제도화되었으며, 우리나라 또한 유해화학물질관리법과 산업안전보건법에 반영되어 있다.

다만, 목적은 동일함에도 불구하고, 국가마다 그리고 같은 국가 내에서도 관련기관마다 기준과 세부규정이 달라 산업체의 규정준수가 어렵다는 것이 지적되었으며, 특히 화학물질의 무역 시 불필요한 기술적 장벽으로 작용되곤 하여 이의 개선 필요성이 산업체를 중심으로 제기되었다.

국제적으로도 오래전부터 운송부문의 경우 통일화된 UN위험물운송규정을 갖추고 있다는 사실을 인식하고 1989년 ILO 총회에서 인도는 화학제품의 위험유해성에 관한 분류 및 표지의 세계통일화를 제안하였고, 1990년 ILO 화학물질회의에서 인도의 제안이 채택되었다.

또한 ILO를 중심으로 한 UN과 OECD에서는 분류와 표시사항의 국제적 통일화의 필요성을 인식하게 되었고, UN환경개발회의(UNCED)는 1992년 6월 Agenda 21, 제19장에서 화학물질의 분류 및 표시체계의 통일화를 주요 실행프로그램으로 채택하였다.

국제적 분류표시 통일화업무를 위하여 1995년부터 OECD등 7개정부간 기구 IOMC(Inter-Organization Programmes for the Sound Management)의 조정기구(Coordinating Group for the Harmonization of Chemical Classification Systems)에서 화학물질 분류 · 표시의 통일화 작업을 조정하고 감독 하에 수행하여 일차적인 작업이 마무리되었다.

이에 따라 2002년 9월 남아프리카공화국의 요하네스버그 지속가능개발세계정상회의(WSSD)에서는 2008년을 목표로 가능한 빠른 시일 내 GHS의 범세계적 시행을 권장하였으며, OECD 또한 2003년 6월 GHS 시행을 지원하기 위하여 위원회규정(council act)을 제정하기로 한바 있다.

마침내 GHS(Globally Harmonized System of Classification and Labelling of Chemicals)로 통칭되는 범세계적으로 통일화된 화학물질의 분류 및 분류표시체계는 10여 년간의 작업 끝에 2002년 12월 UN SCEGHS(Sub-Committee on the GHS of Classification and Labelling of Chemicals)에서 채택되고, UN CETDG GHS(Committee of Experts on the Transport of Dangerous Goods and on the GHS of Classification and Labelling of Chemicals)에서 승인되었다.

현재 미국, 네덜란드 등 여러 나라와 APEC 등 지역공동체, UNITAR(United Nations Institute for Training and Research) 등 국제기구에서 GHS가 도입되었거나, 도입이 논의되고 있어 우리나라도 이에 관한 정보를 적극적으로 수집, 분석할 필요가 있다.

한편, IOMC는 업무의 효율성과 전문성을 극대화하기 위하여 환경유해물질과 건강유해성물질의 분류는 OECD가 물리적 위험물질의 분류는 UN CETDG/ILO가, 유해성주지(hazard communication)에 대해서는 ILO가 각각 책임을 분담하였다. IOMC가 아닌 UN SCEGHS가 분류표시의 유지 및 국제적 시행에 책임을 지게 되었다.

GHS는 3개의 Part로 된 본문과 9개의 부속서로 구성되어 있다. 이중 Part 2(물리적 위험성)과 Part 3(인체 및 환경유해성)의 내용이 가장 중요한 부분으로 나타나고 있다.

[표 3-25] GHS 지침서의 물질분류

물질분류	세부항목	상세분류
물리적 유해성 (physical hazards)	1. 폭발성 물질 (explosives)	위험성에 따라 6개 범주로 분류
	2. 인화성 가스 (flammable gases)	인화성에 따라 2개 범주로 분류
	3. 에어로졸 (aerosol)	인화성 기준에 따라 3개 범주로 분류
	4. 산화성 가스 (oxidizing gases)	공기보다 연소가 잘되는 경우
	5. 고압가스 (gases under pressure)	보관시 물리적 상태에 따라 4개 범주로 분류
	6. 인화성 액체 (flammable liquids)	인화성에 따라 4개 범주로 분류
	7. 인화성 고체 ((flammable solids)	연소율 시험(burning rate test) 결과에 따라 4개 범주로 분류
	8. 자기반응성 물질과 혼합물 (self-reactive substances & mixtures)	산소 개입 없이도 발열 분해되는 경우, 시험 결과에 따라 7개 범주로 분류
	9. 발화성 액체 (pyrophoric liquids)	공기와 접촉시 5분 이내에 발화되는 액체
	10. 발화성 고체 (pyrophoric solids)	공기와 접촉시 5분 이내에 발화되는 고체
	11. 자기발열성 물질과 혼합물 (self-heating substances & mixtures)	양과 온도 시험 결과에 따라 2개 범주로 분류
	12. 물반응 인화성 가스 방출 물질과 혼합물 (substances and mixtures which, in contact with water, emit flammable gases)	방출 가스의 인화성에 따라 3개 범주로 분류
	13. 산화성 액체 (oxidizing liquids)	시험 결과에 따라 3개 범주로 분류
	14. 산화성 고체 (oxidizing solids)	시험 결과에 따라 3개 범주로 분류
	15. 유기과산화물 (organic peroxides)	시험 결과에 따라 7개 범주로 분류
	16. 금속부식성 물질 (corrosive to metals)	화학반응에 의해 금속을 손상시키거나 파괴시키는 물질과 혼합물
인체유해성 (health & environmental hazards)	1. 급성독성(acute toxicity)	구강(oral), 피부(dermal), 가스, 증기(vapour), 먼지/안개 등 노출 경로 별로 5개 범주로 분류
	2. 피부부식성/자극성(skin corrosion/irritation)	부식성(3개 하부범주)과 자극성 2개 범주 등 3개 범주로 분류
	3. 심각한 눈 손상/자극성(serious eye damage/irritation)	회복기간에 따라 2개 범주로 분류
	4. 호흡기과민성 또는 피부과민성(respiratory or skin sensitization)	호흡기와 피부 각각 2개 하부범주로 분류
	5. 배종세포 변이원성(germ sell mutagenicity)	변이정도와 농도 기준에 따라 1A, 1B, 2 등으로 분류
	6. 발암성(carcinogenicity)	인과정도와 농도 기준에 따라 1A, 1B, 2 등으로 분류
	7. 생식독성(reproductive toxicity)	인과정도와 농도 기준에 따라 1A, 1B, 2, 추가범주 등으로 분류
	8. 특정표적장기독성(specific targer organ toxicity)(일회투여)	영향의 특징 및 심각성에 따라 3개 범주로 분류
	9. 특정표적장기독성(반복투여)	영향의 특징 및 심각성에 따라 2개 범주로 분류

물질분류	세부항목	상세분류
	10. 흡인 위험성(aspiration hazard)	위험 정도에 따라 2개 범주로 분류
환경 유해성	1. 수생환경 위험성(hazardous to the aquatic environment)	급성(3개), 만성(4개) 등으로 분류
	2. 오존층 위험성(hazardous to the ozone layer)	몬트리올의정서 부속서 상의 관리물질

자료 : http://www.unece.org/trans/danger/publi/ghs

화학물질의 분류기준은 물리적 위험성, 건강 및 환경유해성의 큰 범위에 대하여 분류항목(end-points)을 정하고, 정의하며, 소 범주의 수와 각 범주별 세부기준을 정하는 방식으로 진행되었다. 결론적으로 UN CETDG를 주축으로 논의된 물리적 위험성의 경우 현재의 UN CETDG의 분류기준과 거의 유사하며, [표 3-25]와 같이 구성되어 있다.

한편 인체건강 및 환경유해성물질의 분류기준은 시험지침(test guideline) 및 유해성평가 등에 대한 OECD의 선도적 역할과 전문성을 고려하여 OECD에서 추진되었다.

OECD는 1996년 이러한 논의를 위하여 자문그룹을 구성하여 각 분류항목별로 논의하였으며 필요에 따라 전문가그룹이나 초안 작성그룹을 활용하고, 워크숍도 여러 차례 개최하면서 통일된 분류기준을 도출하였다.

10차에 걸친 회의를 거쳐 일차적으로 목표했던 항목에 대한 분류기준을 도출하여 IOMC에 제출한 것이 현재의 GHS에 포함된 주요 분류기준이며, OECD 특별전문위원회에서는 지금도 일차 작업 시 미진했던 부분과 호흡기부식성과 자극성 등 추가로 작업하기로 하였던 분야에 대한 논의를 하고 있으며, 과거와 달리 OECD에서는 분류기준 외에도 심벌이나 위험문구 및 경고 문구에 대한 작업도 병행하고 있다. 새로이 채택되거나 수정되는 부분은 SCEGHS로 이송되어 검토된 다음 GHS에 추가된다.

다음의 유해성 심벌은 GHS에서 사용해야 할 표준 심벌로서, 건강 유해성에 사용되는 새로운 심벌인 감탄부호 및 물고기와 나무를 제외하고는 유엔 위험물 운송에 관한 권고, 모델규칙에서 사용되는 표준 심벌의 일부이다([표 3-26]).

이와 같이 글로벌 조화를 목적으로 하는 GHS가 성공적으로 운영된다면 다음과 같은 효과를 기대할 수 있다.

① 유해 화학물질에 대해 국제적으로 통일된 시스템을 통해 이해하기 쉬운 정보를 전달함으

로써 사람의 건강과 환경보호가 증진된다.

② 기존 시스템을 갖추지 못한 국가들에게도 국제적으로 공인된 기본 시스템을 제공함으로써 유해물질 관리를 지원한다.

③ 이미 공인된 화학물질을 중복적으로 시험하고 평가하는 불필요한 노력이 감소된다.

④ 개별 화학물질의 유해성이 국제적으로 적정하게 평가되고 식별됨에 따라 화학물질의 공신력 있는 국제적 교육 및 정보전달이 수월하게 된다.

[표 3-26] GHS 표준 심벌과 그림문자

불꽃 (Flame)	원위의 불꽃 (Flame over circle)	폭탄의 폭발 (Exploding bomb)

부식성 (Corrosion)	가스 실린더 (Gas cylinder)	해골과 X자형 뼈 (Skull and crossbones)
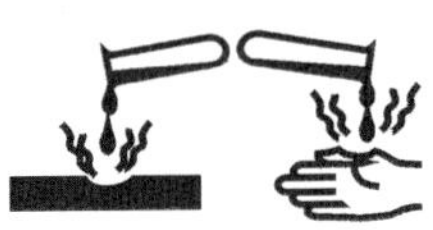		
감탄부호 (Exclamation mark)	환경 (Environment)	건강 유해성 (Health hazard)

인화성액체 그림문자	피부자극성 물질 그림문자	수생 오염물질 그림문자

출처: 화학물질의 분류 및 표지에 관한 세계조화시스템(GHS), 2006
[http://www.unece.org/trans/danger/publi/ghs/pictograms.html]

(2) EU CLP 법령

유럽의 화학물질 표시제도는 1992년 리우환경회의에서 유해 화학물질을 환경적으로 건전하게 관리하는데 필요한 6개 실천 강령의 최우선과제로서 '화학물질의 분류 및 표시제도의 국제적인 통일화 방안' 마련에 중추적인 역할을 수행하였다. 이에 따라 OECD와 ILO를 중심으로 표시체계의 통일화를 추진하는데 있어서 유럽의 분류 표시제도가 상당부분 반영되었다.

EU는 Directive 67/548/EEC를 개정하여 가능한 한 빠른 시일 내에 GHS를 이행하도록 하였으며, 2008년 12월에 '화학물질 및 혼합물의 분류, 표지 및 포장'(CLP: Classification, Labelling and Packaging)에 관한 최종본(EC 1272/2008)을 발표하여 2009년 초부터 시행하고 있다. 이 CLP 법령은 기존의 EU Directive 67/548/EEC와 1999/45/EC(유해물질, 혼합물에 관한 분류 및 표지에 관한 법령)를 대신하는 것이다.

CLP 법령 발효에 따라 REACH의 부속서Ⅱ도 물질안전보건자료에 대한 GHS의 규정이 반영되도록 개정되며, 전이기간동안(단일물질은 2010. 11월 30일, 혼합물질은 2015. 5. 31까지)은 공급자가 분류 및 표지에 대한 결정을 기존법과 GHS 중 하나를 선택할 수 있다. GHS의 완전이행 시기는 물질 및 혼합물의 분류가 완료되어 EU규정이 법적 효력이 없어지는 2단계 말(2015. 6. 1)이 될 것이다.

현재 약 3,000만종의 화학물질이 지구상에 존재하고 있고, 이중 상업적으로 사용되는 물질도 10만여 종 이상인데, 우리나라에서는 약 4만여 종의 화학물질이 사용되고 있으며 매년 500여종의 신규화학물질이 새로 사용되고 있는 것으로 추정된다.

이 중에서 약 70% 이상이 인간에게 유해하거나 위험한 화학물질로 보고 있다. 특히, 국가별 뿐 아니라 한 국가에서도 부처에 따라 다른 분류기준과 정보제공 방법을 적용하고 있는데, 이러한 분류 및 표시에 따라 중복 비용에 따른 야기될 수 있는 화학제품의 국제무역 제한이나 화학물질 취급자의 교육 부담 증가와 혼동된 정보전달의 우려를 해결하기 위한 법령이다.

화학물질의 분류, 표지 및 MSDS의 통일화에 대한 국제적 합의로 화학물질을 GHS에 맞게 분류하고 표지하고, GHS에 맞는 MSDS를 작성해야 하며, GHS는 모든 유해물질에 적용하며 각 국가별로 실정에 맞는 빌딩블록(building block)을 적용하는 의무성이 있다.

EU CLP는 UN의 화학물질 분류, 표지 및 포장에 대한 국제적 합의체계(GHS)에 대응하기 위하여 EU에서 기존의 유해물질 분류, 표지 및 포장지침과 유해 혼합물 분류, 표지 및 포장지침을 수정하고 보완한 규정으로 볼 수 있다.

EU 역내로 출시되는 물질 및 혼합물은 유해성을 확인 후 이에 따른 분류를 해야 하며, EU 역내에서 화학물질을 제조하는 제조자와 화학물질을 들여오는 수입자 및 이들 화학물질을 사용하는 하위사용자는 톤수와는 무관하게 분류를 해야 하고, CLP 규정은 그 분류에 대한 기준을 제공하고 있다. 또한, CLP 에서는 화학물질의 분류에 있어 부속서VI의 조화된 분류의 사용을 권고하고 있다.

화학물질의 공급자는 시장 출시 전 화학물질을 취급하는 자에게 화학물질의 유해성을 알리기 위해 CLP 규정에 따른 물질 및 혼합물의 표지를 해야 하며, 공급망 내에서 유해하다고 분류된 화학물질과 특정농도한계 이상의 유해물질로 분류된 화학물질이 한 가지 이상 함유된 혼합물의 경우는 MSDS를 제공하도록 하고 있다.

따라서 REACH 규정에 따라 등록 대상이 되는 1톤 이상의 화학물질과 EU 내의 시장에 출시되는 제조 및 수입되는 모든 유해한 화학물질은 신고 대상 물질로 간주된다. 특히, 화장품, 완구, 휘발성유기 화합물, 폐자동차, 페인트에 함유된 휘발성 유해물질 등에 관한 물질은 2008년 12월에 개정해서 관보에 게재한 바 있다.

CLP는 REACH와 달리 유예기간이 없기 때문에 당사자는 신속히 규정을 이행하기 때문에 신속하고 철저한 대응이 요구된다. CLP에 대응하기 위해서는 유럽시장에 유통되는 물질의 연간 톤수범위가 1톤 미만일 경우라도 CLP 규정을 준수해야 하며, REACH와 달리 CLP는 이미 의무조건이 충족된 물질이라도 EU 제조자로부터 물질을 구입하거나 EU 국가에 재수출할 때에 다시 신고 절차를 거쳐야 한다.

따라서 유럽에 물질을 수출하려는 비 EU권 공급업자는 각각의 물질에 대하 CLP 의무를 이행해야 하며, REACH에서는 제외되는 많은 물질들이 CLP 에서는 적용을 받는 경우가 많음을 고려해야 한다.

관련규정 개정의 주요내용을 살펴보면, 화장품 규정(Directive 76/768/EEC)에서는 2010년 12월부터 발암성, 돌연변이성, 생식독성 구분 1A, 1B 및 2에 해당하는 화학물질의 사용을 금지하고 있고, 완구규정(Directive 88/378/EEC)는 2015년 6월부터 장난감과 관련부품에 유해물질이나 유해물질이 포함된 혼합물이 함유되어 있을 경우 이를 규제하고 있다.

또한 휘발성유지화합물규제(Directive 1999/13/EC)는 2015년 6월부터 발암성, 돌연변이성,

생식독성 물질로 분류되는 VOC(Volatile Organic Compounds)는 유해성이 낮은 물질로 대체하도록 규정하고 있다.

폐자동차규정(Directive 2000/53/EC, ELV) 및 폐전기전자제품규정(Directive 2002/96/EC, WEEE)에 의하면 유해물질은 CLP 규정에 의해 물질정보를 제공하도록 하고 있고, 페이트에 함유된 휘발성유해물질규정(Directive 2004/42/EC)는 건축 및 자동차용 페인트 등에서 방출되는 VOC 물질을 제한하고 있다. 개정된 규정(2008/112/EC)은 REACH 규정의 의무사항을 제외하고 화장품규정의 요구사항 준수를 위하여 수행되는 동물시험도 금지하고 있다.

(3) 미국

미국의 경우도 화학물질 및 혼합물을 대상으로 물리적 위험성 16개 항목과 건강유해성 10개 항목을 도입한 관련 법률이 다양하다. 폭발성, 인화성 가스, 인화성 에어로졸, 산화성 가스, 고압가스, 인화성 액체 및 고체, 자기반응성 물질 및 혼합물, 자연발화성 액체, 발화성 고체, 자기발열성과 물 반응성의 물질 및 혼합물, 산화성 액체 및 고체, 유기과산화물과 금속 부식성 물질 등 16개의 물리적 유해성 항목과 급성독성, 피부부식성/자극성, 심한 눈 손상/자극성, 호흡기 또는 피부과민성, 생식세포 변이원성, 발암성, 생식독성, 특정 표적 장기 전신 독성 1회 및 반복노출 및 흡인 유해성 등 10개의 건강유해성 항목을 도입하고 있다.

미국 노동부 산업안전보건과(OSHA)에서는 환경보호국(EPA), 교통부(DOT), 소비자보호국(CPSC) 등 3개 기관과 협조하여 GHS 도입을 위하여 준비하여 왔으며, 기존 유해정보표준의 요구항목과 GHS 조항의 상세 비교목록을 발표하고 이에 따른 GHS 지침서를 발표하였다. 이에 따라 작업장 부문에서는 2009년 GHS가 적용된 OSHA의 유해정보표준에 따라야 한다.

위험물 운송부문에서는 연방법 코드 Title49의 극히 일부를 제외하고 UN 규정 15개정판을 바탕으로 개정하여 시행하고 있으며, 농약부문에서 미 환경부는 백서와 연방 관보의 공시를 통해 농약표시에 관한 GHS 도입과 관련된 포괄적인 계획을 명시하고 있다.

특히 미국 소비자 안전위원회는 소비재 부문에 있어서 CPSC의 분류 및 표시가 GHS와 일부 상이한 점을 발견하고, GHS의 해당 섹션 및 도입을 위한 법률을 정비하고 있다.

(4) 중국

중국의 경우 역시 유사한 법률이 2005년도에 시행되었는데, 특이할 사항은, 중국의 화학물질의 유해위험성 분류, 표지 및 MSDS를 GHS 체계에 맞게 국가기준을 정립했으나 UN 및 주요 시행국가와 달리 흡인유해성을 적용하고 있지 않다.

중국은 특히, 중국어로 표기 명시를 해야 하며, GHS의 표지에 제품명, 그림문자, 신호어, 유해위험문구, 예방조치문구, 공급자정보, 그리고, 중국 내 긴급연락처도 포함시켜야 한다.

중국도 미국과 마찬가지로 16개의 물리적 위험성 항목과 10개의 건강유해성 및 환경유해성으로 분류하고 있고, 흡인유해성은 배제하되, 유해성 정보전달은 표지 및 MSDS로 구성되며, 단일물질을 포함하는 화학물질과 혼합물 모두에 적용된다.

표지 요소 및 유해성 표지의 표기절차는 운송에 있어 그림문자의 사용과 최소 사이즈는 100mm × 100mm 로 규정하고, 극히 작은 크기의 포장에는 작은 그림문자의 사용도 가능하다. 위험물 운송에 있어서의 표지규제 및 작업장에서의 용기나 플래카드의 유연한 사용과 표지사용이 합당하지 않는 특별한 경우에는 주 구성요소와 원래의 표지와 MSDS를 참고하라는 주의문구를 요구하고 있다.

(5) 일본

일본은 GHS를 반영하여 2006년 12월 산업안전보건법 등을 개정 공표하였고, 동남아시아 등 개도국을 위한 교육, 지원프로그램을 운영하고 있다. 환경성 및 후생노동성에서 GHS 이행 준비를 하여 왔으며, 신규 성분을 1% 이상 포함하는 경우와 기존 대상물질 기준(cut off)이 5%에서 1%로 하향된 화학물질을 포함하는 경우 등 2008년 웹사이트에 658종에 대한 분류결과를 발표했다.

일본정부는 노동안전위생법, 독극물관리법, PRTR법에 해당하는 물질, 로테르담협약물질과 화학물질관리법의 제2종 특정 화학물질, MSDS 작성과 표지가 필요한 물질 및 GHS/JIS에서 권고되는 물질에 대한 분류작업을 시행하여, 2007년부터 1,500종의 화학물질에 대한 분류결과를 영문으로 제공하고 있다.

(6) 호주

호주에서는 UN 권고사항에 일치하기 위하여 다양한 분야에서 화학물질들에 대한 분류 및 표지 방법을 연구하는데 노력을 기울이고 있으며, 이러한 노력을 통하여 보다 적절하게 GHS 이행을 준비하고 있다.

생활용품을 비롯하여 살충제, 농약, 수의약품 및 유해화학물질 운송에 이르기까지, 화학물질에 대한 분류 및 표지에 대해 책임이 있는 호주의 각 정부기관에서는 GHS의 잠재적인 영향에 대해 분석하고 적용하고자 노력하고 있다.

이와 더불어 작업장의 유해화학물질과 위험물질 규제를 위한 요구사항을 통합하여 화학물질 분류를 위한 GHS를 적용하고자, 작업장 유해화학물질 규제와 작업장 화학물질 표지코드 등의 내용을 포함하는 '국가직업건강안전' 관련 법규를 2006년 제정하여, 단일물질에 대해서는 2012년까지, 혼합물질은 2015년까지 적용 유예기간을 두어 시행하고 있다.

(7) 한국

한국은 유해화학물질관리법, 산업안전보건법과 위험물 안전관리법을 비롯한 여러 법령에서 독자적으로 운영되고 있고, 국내 GHS 시행은 국가마다의 차이 때문에 공동대응이 필요한 상황이다. 국제적 노력에 부응하여 국내에서도 GHS 제도 도입을 위한 관계부처간의 공동 대응으로 2005년 5월 UN의 GHS 지침서를 국가 GHS 전문가 작업반에서 '대한민국 정부공식 GHS 지침서'로 번역 출판하게 되었다.

국내 GHS 시행은 무역 및 기술 장벽제거와 함께 위험물안전관리법 등 행정제도 개선에 주력하고 있으며, 노동부는 이에 맞춰 적용시기를 합리적으로 연장하는 개정령을 발표하여 2015년으로 연기한 바 있다.

환경부는 유해화학물질관리법 및 해당 고시에 따른 GHS 이행에 대한 대응계획으로 단일물질의 분류 및 표시를 시행하고 시행 3개월 이전에 대상물질의 분류결과를 공개했으며, 혼합물의 경우는 구성성분과 함량 변화에 따른 분류 및 표시방법을 집중적으로 교육하고 있다.

노동부 역시 산업안전보건법 및 해당 고시에 따른 단일물질에 대한 GHS 전면시행을 2010년부터 적용하고 있으며, 혼합물질에 대한 전면 시행은 2013년 EU로 대표되는 다른 전면시행 국가와의 공조와 도입에 따른 충격을 최소화하기 위해 2015년으로 연기했다.

또한 산업안전보건연구원은 GHS 분류정보를 제공하고 있으며, GHS에 적용한 MSDS 참고자료 및 편집기능을 가진 툴을 제공하여 이 같은 정보를 통한 MSDS 작성 및 경고표시 작성을 돕고 있다. 이 정보는 참고자료이며 해당 정보를 단순히 출력하고 보관하는 것은 법적의무 이행과는 상관이 없다.

노동부는 현재 단일물질의 경고표시 및 MSDS 작성의무 위반으로 판단되면 과태료를 부과하고 있고, MSDS 갱신 및 제공의무를 신설하여 제조자 및 수입자는 MSDS 기재내용 변경이 필요한 경우 갱신된 MSDS를 제공하도록 규정하고 있으며, 근로자의 교육의무나 정보전달에 대한 사항도 상세하게 규정하고 있다.

교육에 대한 시기는 화학물질 취급 작업 배치 전, 새로운 유해화학물질 취급 시에 유해성과 위험성의 정보를 전달할 때마다 시행해야 하며, 교육방법은 유해성과 위험성이 유사한 화학물질은 그룹별로 분류하여 함께 가능하고 집단별이나 개인별 등 작업장 특성에 적합하게 교육이 가능하도록 하고 있다.

MSDS는 사업주가 근로자 교육과 작업장관리 등의 목적으로 주로 활용하고 있으며, 필요시 근로자가 열람할 수 있도록 했으며, 보기 쉬운 곳에 OPS 등의 자료를 게시하도록 규정하고 있다.

(8) GHS 적용

국제적으로 합의된 GHS를 국내 실정에 맞게 적용하기 위해서는 분류기준과 유해성주지와 관련된 세부적인 검토는 물론 GHS를 작업장, 운송부문, 소비자등 영역별로 어떻게 차별화하여 적용하여야 할 것인가에 대한 사항과 특히 블록화되어 있는 분류기준을 어떤 형태로 우리나라의 법령에 제도화 할 것인가 등에 대한 세부 검토가 필요하다.

보다 구체적으로 GHS의 체계와 한국 정부에서 대응해야 할 필요가 있는 핵심내용을 살펴보자. 채택된 GHS 문서의 Part 3에는 화학물질 및 혼합물질에 대한 분류기준이 상세하게 기술되어 있는데 분류항목에 대한 정의, 물질분류기준, 혼합물질의 분류기준, 유해성주지(Hazard Communication) 및 결정논리에 대한 사항을 포함하고 있는데 정의와 분류기준은 OECD에서 결정된 사항이다(http://newchem.nier.go.kr).

몇 가지 주요한 부분을 살펴보면 급성독성분류인데, 그 기준은 단순함에도 불구하고 가장 오랫동안 논의된 분야이다. 그 이유는 대부분의 국가가 급성독성분류기준을 갖고 있고, 이 분야가 각 법령에서 차지하는 비중도 매우 크기 때문이었다.

결국 급성경구독성의 범주 3은 OECD 자문그룹에서 합의안 도출에 실패하여, 고위급회의에서 유럽 기준(200㎎/kg)과 미국, 캐나다 기준(500㎎/kg)을 절충하는 방식으로 300㎎/kg에서 결정되었다. 특히 Cat.3은 국제적으로 유독성물질과 그렇지 않은 물질을 구분 짓는 매우 중요한 범주이기에 논란이 많았다.

현재 일본의 독극물분류기준이 300㎎/kg이기는 하지만 이는 분류표시와 무관하기 때문에 EU나 미국, 우리나라 등 모든 국가가 유독성을 구분하는 독성 값을 모두 변경하여야 하는 결과를 낳았다.

환경유해성 분류기준중 급성독성에 대한 사항은 현재의 우리나라나 EU의 기준과 같다. 물론 세부적으로 급성독성이 강한 특정의 물질을 분류하는 것과 급성독성이 강하지 않으나 대량으로 유출될 가능성이 있는 분야의 경우 별도의 분류도 가능하다는 차이는 있다.

그러나 무엇보다도 중요한 것은 만성독성에 의한 분류기준을 도입한 것이다. 물론 현재의 EU나 우리나라의 경우 생물농축성이나 난분해성을 일종의 만성독성의 대체자료로서 분류요소로 사용하였다.

GHS에서는 이러한 자료 외에도 만성독성시험에서의 무영향관찰농도(NOEC: No Observed Effect Concentration)를 생물농축성이나 분해성에 우선하여 일부 분류에 사용하는 체계를 채택하였다.

급성독성이 강하면서 난분해성/생물 농축성물질에 해당되는 만성독성의 Cat. 1의 경우는 NOEC 값에 무관하게 분류되지만 나머지 Cat.의 경우 적절한 만성독성자료가 있는 경우로 NOEC가 1mg/L를 초과하면 생물농축성이나 분해성 값과 관계없이 만성독성으로 분류할 필요가 없게 되었다.

물론 앞으로 만성 독성 분야의 분류기준에 대해서는 더 논의하기로 하였지만 이러한 기준을 채택한 이유는 만성독성시험자료의 제한성을 감안하여 산업체로 하여금 만성독성시험을 장려하기 위한 목적이 포함되어 있다.

유해성주지 표시에서 가장 중요한 요소는 심벌(symbol), 유해그림 (pictogram), 위험문구(hazard statement), 경고문구(signal word)이다. 물론 이외에도 취급 시 주의사항(precautionary statement)이나 취급주의 유해그림 (precautionary pictogram)도 표시에 사용될 수 있다.

이중 심벌, 유해그림, 위험문구 및 경고 문구는 GHS에서 통일화되었다. 심벌이란 유해성을 그림으로 나타낸 것으로 해골 또는 느낌표와 같은 그림 자체를 말하며, 여기에 배경색과 모양선(마름모) 등을 추가하여 나타낸 것을 유해그림이라고 한다. 한편 위험문구는 현재 EU의 'Risk phrase'와 같은 의미로서 화학물질의 유해성을 글로 나타낸 것을 말한다.

취급 시 주의사항은 EU의 'Safety phrase'와 유사한 것으로서, 유해화학물질을 취급하는 경우 또는 취급하는 장소에서 일반적으로 안전 관리상 피하여야 할 사항을 글로 표현한 것을 말한다.

취급 시 주의사항의 경우 여러 가지 위험성이나 경우별로 여러 가지 예시가 GHS의 부속서에 포함되어 있다. GHS에는 분류기준과 유해성주지, 향후 적용과 관련된 내용 등 매우 광범위한 내용이 포함되어 있다. 그러나 현재 우리나라의 유해화학물질관리법 및 산업안전보건법상의 분류 및 표시기준과 비교해 볼 때 전혀 새로운 개념이나 규정은 그리 많지 않다.

현재 세계적으로 급성경구독성(LD50)이 200㎎/kg(EU, 우리나라 등)과 500㎎/kg(미국, 캐나다)는 유해성을 구분하는 중요한 기준이다. 더욱이 이 기준은 표시에서 핵심이고, 사용하기를 상당히 꺼리는 해골모양(skull and crossbones)의 심벌을 사용하느냐 아니냐가 결정되어 더욱 중요하다.

비록 절충안인 300㎎/kg이 해골모양의 심벌을 사용하는 기준으로 채택되었지만 본래 현재의 보호수준을 손상하지 않는다는 GHS 작업취지에는 어긋나는 것으로 일부 국가는 많은 우려를 표명한바 있다.

급성독성 분류기준의 두 번째 중요한 사항은 Cat. 5의 채택이다. 물론 이 범주의 경우 별도의 유해그림을 사용하지는 않지만 현재 EU등에서 2000㎎/kg이하의 급성경구독성을 갖는 물질에 대해서는 분류표시나 MSDS 작성비치 대상이 되지 않고 있다는 점에서 관심을 가질 필요가 있다.

물론 이 기준은 모든 섹터에 적용되지는 않을 것으로 판단되며, 특히 일부 민간 집단에 쉽게 노출될 수 있는 농약 등 일부 화학물질군에 적용될 수 있을 것이다.

현재 우리나라를 비롯한 대부분의 국가에서 유전독성, 생식독성 및 발암성물질에 대해서는 급성독성이 강한 물질에 적용되는 것과 동일한 해골을 심벌로 사용하고 있다.

그러나 GHS에서는 인체흉부가 표시된 새로운 심벌(health hazard)을 사용하며, 이러한 심벌은 또한 표적장기 전신독성 물질 및 호흡기과민성물질에도 사용된다.

새로운 심벌의 사용은 급성독성과 전혀 다를 수밖에 없는 반복적인 노출이나 만성적인 노출의 위험과 그때의 취급 시 주의사항을 동시에 알려주는 부가효과도 거둘 것으로 판단된다.

또한, 급성독성이 낮거나 자극성물질, 피부과민성물질에 대해 적용되고 있는 (X) 심벌이 주의를 표하는 느낌표(!)로 모두 바뀐다. 따라서 이러한 물질에 해당되는 물질 및 혼합물질의 경우 유해그림을 모두 교체해야 한다. 그리고 심벌에 배경색과 경계모양을 그려 넣은 것을 말하는 유해그림 또한 배경색과 경계선의 모양과 색이 모두 바뀌었다.

위의 두 가지 변경사항 외에도 GHS에는 우리나라의 현재의 규정과 많은 차이가 있다. 예를 들어 ①환경유해성에 만성독성 개념이 도입되었고, ②부분적으로만 반영되었던 표적장기 전신독성부분이 일회 노출과 반복노출로 세분화되어 반영되었으며, ③생식독성분류에 착유에 영향을 주거나 착유를 통해 영향을 주는 물질이 추가되었다.

그리고 무엇보다 중요한 것은 ④혼합물질 분류기준의 복잡성이다. 현재 유해화학물질관리법상 분류표시대상이 되는 유독물의 경우 유독물별로 한계 값이 별도로 주어져 있으며, 산업안전보건법의 경우 인체발암물질은 0.1%, 기타는 1.0%로 정해져 있어 혼합물질을 분류하는데 큰 어려움이 없다.

그러나 GHS의 경우 한계 값이 CMR(발암성, 유전독성 및 생식독성)분야를 제외하고는 분류항목별 및 유해성의 심각성이나 물리적 특성에 따라 차이가 있다. 특히 한계 값 이하이나 동일 분류항목에 대하여 분류되는 여러 가지 성분이 혼합물에 포함되어 있는 경우 유해성의 심각성별로 가중치를 부여한 다음 이를 합산하여 분류여부를 결정하도록 되어 있다.

물론 경험상 특정의 혼합물질에 대하여 가중치나 합산방식을 적용하여야 하는 경우가 많지는 않을 것으로 판단되지만, 여러 가지 유사한 구조나 유해성을 갖는 성분이 포함된 혼합물의 경우 각별한 주의가 필요할 것으로 판단된다.

또한, ⑤발암성이나 생식독성 등의 경우 한계 값이 두 개로 주어져 있어 적절히 선택하여 사용할 수 있도록 되어 있다. 이러한 두 한계 값 사이로 어떤 성분이 존재하는 경우는 MSDS에는 해당 유해성을 표기하되, 라벨링 하는 것은 선택사안으로 하기로 하여 자칫 혼란을 줄 우려도 있다.

마지막으로 ⑥MSDS의 16개 항목의 이름과 개수는 현재의 우리나라 규정과 같으나 현재의 항목 2(동질성/구성성분)가 GHS에서는 항목 3으로 이동되며, 현재의 항목 3(유해성확인)은 GHS에서는 항목 2로 바뀌면서 여기에는 GHS 분류나 표시와 관련된 정보가 포함되도록 규정되어 있다.

[표 3-27] 현재 우리나라의 규정과 GHS와의 주요 차이점 요약

현재(국내)	항 목	GHS
200mg/kg	급성경구독성 Toxic 구분	300mg/kg
2000mg/kg	급성경구독성 non-hazardous 구분	5000mg/kg
부분반영	표적장기독성	일회 및 반복 노출로 세분화
1.0%, 0.1%	혼합물질 분류기준의 복잡성(cut-off value)	1.0%, 0.1% 외에도 additivity rule, 가중치부여 등 추가 * Double cut-offs
없음	압축상태의 기체 유해그림	
	발암성, 생식독성, 유전독성 및 표적장기독성 유해그림	
	유해성, 자극성 유해그림	
	호흡기과민성 유해그림	
2. 동질성, 구성성분 관련 정보	(M)SDS	2. 유해성확인: GHS 관련 정보

출처 : 화학물질분류 · 표지에 관한 세계조화 시스템(2006)

한국도 GHS를 도입하였고 GHS가 현재의 우리나라 체계와 다소의 차이가 있지만 우리나라의 산업체는 아시아권에서는 거의 유일하게 유해화학물질관리법과 산업안전보건법등을 통해 그간 6~7년간 유해화학물질을 분류하고, 표시하며, MSDS를 통해 이를 전달하는 규정을 이행해왔었다.

GHS가 비록 복잡하고 여러 가지 세부적인 규정을 두고 있지만, 근간은 현재의 우리나라 분류표시 체계와 크게 다르다고 볼 수는 없다. 그러나 GHS의 적용범위가 다양하고, 세부분류기준이 매우 전문적임을 고려할 때 앞으로 관련부처 및 전문연구기관을 중심으로 GHS를 분석하고, 제도화방안을 연구하고, 산업체와 협동으로 훈련하여야만 국제적 통일화를 손상하지 않으면서 또한 산업체의 부담을 최소화 하면서 GHS를 도입할 수 있을 것이다.

아울러 미국이나 브라질 등에서 다른 국가에 앞서 GHS를 도입하고 있으므로 이들 국가로 화학물질을 수출하는 산업체는 보다 적극적으로 GHS체계를 파악하여 무역상 혼란을 사전에 방지할 필요도 있다. 현재 우리나라의 규정과 GHS와의 주요 차이점 요약하면 [표 3-27]과 같다.

3-2-6. EU RoHS

(1) 개요

RoHS는 EU 전기전자제품 내 유해물질 사용제한지침으로서, 2006년도에 관련 법률(Directive 2002/95/EC on the RoHS)이 시행되었다.

EU 지역에서 판매되고 있는 전기전자제품 내에 포함된 유해물질의 폐기로 인하여 환경오염의 증가와 함께 재활용 및 재사용 비율이 증가함에 따라 이를 관리하고, 유해물질 사용을 제한하며, 이를 대체할 수 있는 물질의 사용의무를 부여하여 환경 개선을 하고자 하는 목적으로 시행된 것이다. 유의할 점은, 국내에서는 RoHS 지침(directive)으로 번역하여 통용되는데, 지침이라하더라도 강제성이 있다는 점이다.

RoHS는 자사 브랜드로 전기전자제품을 만들거나 판매하는 자, 다른 공급자에 의해 생산된 장비를 자사의 브랜드로 재판매하는 자와 회원국 내에서 전문성을 기초하여 전기전자제품을 수입하거나 수출하는 자를 생산자 의무이행주체로 하고 있다. 또한 자기선언(CE마킹)의 의무화를 신규 추가사항으로 규정하고 있다.

[표 3-28] EU 내의 전기전자제품 대상범위 목록

제 품 군	주 요 제 품
1. 대형 가정용 전기기구	냉장고, 세탁기, 건조기, 전기팬, 전자레인지, 에어컨 등
2. 소형 가정용 전기기구	진공청소기, 다리미, 토스터, 시계, 드라이어 등
3. IT 및 통신장비	프린터, 노트북, 컴퓨터, 휴대폰, 자동응답기, 팩스 등
4. 소비자 일반기기	TV, 라디오, 오디오, 비디오카메라, 음향기기 등
5. 조명기기	전등 및 조명, 형광등, 나트륨등, 네온사인 등
6. 전동공구	드릴, 전기톱, 재봉틀, 용접장비, 선반, 절삭장비 등
7. 완구, 레저용 기기	비디오 게임기, 슬롯머신, 스포츠장비, 전동차 등
8. 의료기기	심전도 측정기, 방사선 치료장비, 인공호흡기 등
9. 검사 및 제어기기	난방조절기, 가스검출기, 측정 및 조절 실험장비 등
10. 자동판매기	냉 · 온 자동판매기, 현금인출기, 과자 자동판매기 등

출처 : 중소기업청(2007), 중소기업형 유해물질 환경규제 대응 실무 가이드

EU RoHS 지침은 2011년 6월에 개정되어 대상 제품이 확대되었으며, 새롭게 CE 마킹 관련 의무조항을 도입하여 적용하고 있다. EU 내에서 판매되는 교류 1,000V, 직류 1,500V 미만의 전압을 사용하는 전기전자제품과 그 제품에 포함된 부속품과 하위 조립품과 소모품을 포괄하는 대형가전제품 등 10개 전기전자제품군에 대해 대상범위를 하고 있으며, 상세한 분류는 [표 3-28]과 같다.

(2) 규제물질

또한, RoHS 지침에서는 단일물질을 기준으로 총 6가지 물질에 대한 최대허용농도를 규정하여 제한하는데, 납(Pb), 수은(Hg), 6가크롬(Cr6+), PBB(Polybrominated biphenyl), PBDE (Polybrominated biphenyl ethers) 등은 최대허용농도를 0.1(wt%)로 제한하고 있고, 카드뮴(Cd)은 0.01(wt%)로 제한하고 있다.

즉 전기전자제품에 포함된 유해물질 사용에 대한 규제인 RoHS는 전기 및 전자 기기에 사용하는 유해 물질의 사용 제한에 관한 가맹 각국의 법률의 격차를 없애고, 인류의 건강 보호와 WEEE의 환경부하의 삭감과 처분에 기여하기 위함이며, 제한하고 있는 유해물질의 특성을 살펴보면 다음과 같다.

① 카드뮴(Cd: Cadmium)

카드뮴(Cd)은 주로 플라스틱 및 고무 안정제 금속표면 보호 및 광택제도금 시에 내식성을 향상하기 위하여 사용되는데, 그 사용분야가 니켈-카드뮴 배터리, 접점재료, 내식도금, 플라스틱부품, 세라믹, 유리의 염료 PVC 안정제, 철과 비철 금속의 코팅제, 특수 합금, 장식용 도료, 염화비닐배선피복, 퓨즈, 형광체, 광학유리렌즈 · 광화이버, 플러그, 모터정류자, 스위치전원, 광학유리, 각종스위치 등 매우 다양하다.

그러나 인체에 미치는 유해성은 위경련, 신장손상 고혈압, 혈중철분 감소, 중추신경 및 뇌손상혈중이 5~10%로 전이되는 것으로 나타나고 있다. 따라서 EU Directive 91/338/EEC에 의해 법적으로 100ppm이 넘는 제품은 유럽지역으로의 통관이 금지되어 있으며, 그 시험방법은 EN 1122, USEPA 3050B, ASTM D 3335 등이 있다.

② 납(Pb: Lead)

납(Pb)은 주로 납땜에 사용되며, 연성 및 접합성이 우수하고 고밀도, 저융점, 저강도 주물가공이 용이하며 사출물 내식성이 향상되게 하는데, 그 사용분야는 부품접합(solder) 외에도 케이블 피복, 튜브, 사출제품, 세라믹, 활자금속, 베어링, 합금, 납축전지, 플라스틱, 광학유리렌즈 · 광화이버, 기계구조부품, 염화비닐배선피복(안정제), 도료 · 잉크, 모니터용 브라운관, 가황고무성형품, 세라믹컨덴서, 전해도금, 반도체, 습도센서, 압전센서 등 다양하다.

그러나 납 역시 인체에 미치는 유해성이 큰데, 납 과다흡입의 증상은 중추신경손상, 관절약화, 고혈압, 뇌손상 불임 및 유산조직손상에 의한 정자감소 등이다. 미국 California proposal 65에 의해 납 함량 300ppm으로 규제하고 있으며, 그 시험방법은 ISO 6101-2, USEPA 3050B, USEPA 3052, ASTM D 4004 등이 있다.

③ 수은(Hg: Mercury)

세 번째로 제한하고 있는 유해물질인 수은(Hg)의 사용목적은 발광 및 전력효율향상, 의약용 소독 및 살균 등이며, 그 사용분야로는 수은전지, 램프, 배선 및 스위치 치과용 아말감 및 방부제, 폴리머(polymer) 촉매제, 페인트, 잉크, 전극, 형광관, 액정용 백라이트, 프로젝터, 전기접점 등이다.

그러나 이 역시 인체 유해성으로는 구토, 피부발진, 눈 경련 신장 및 뇌 손상 시력장애, 실명, 기억감퇴 등이다. 따라서 EU Directive 89/677/EEC 및 91/157/EEC에서는 수은 화합물의 사용을 엄격히 제한하며 그 시험방법은 USEPA 3052 등이 있다.

④ 브롬계난연제 (PBB, PBDE)

PBB/PBDE는 그 사용목적이 플라스틱의 열화 및 화재 방지내구성을 향상하기 위함인데, 그 사용분야가 기계 및 전자제품의 하우징코팅 및 도료의 난연제, 각종 첨가제, 프린트기판, 전선피복, 전자커넥터, 전등패널, 스위치, 퓨즈, 스위치보드, 전원케이블, 전기 · 전자하우징재료(TV, 컴퓨터, 헤어드라이어, 폴리스틸렌, ABS, 폴리우레탄폼, 섬유코팅, 인테리어) 등으로 다양하다.

그러나 역시 인체에 미치는 유해성이 커서 피부이상, 탈모, 체중 감소, 중추 신경간, 신장, 갑상선, 면역계 손상 등을 유발할 수 있다.

⑤ 6가크롬(Cr6+)

마지막 제한하고 있는 유해물질인 6가크롬(Cr6+)의 사용목적은 내식성 및 내열성 향상, 전기 저항을 이용한 전열기 도색제 및 안료 등이며, 그 사용분야는 배터리, 스테인리스 용접, 합금주물, 비철합금, 칼라필터, 금속방식 크로메이트처리(아연도금, 무전해도금, 각종합금, 다이캐스팅), 흑색크롬도금, 스크루, 샤프트, 프린터 토너 페인트 및 안료, 고무, 시멘트 등이다.

인체 유해성으로 코 흘림, 재채기, 코피발생, 종기, 경련, 천식, 폐암 신장 및 간 손상, 급사 등이 있어 매우 유해하다. 따라서 2ppm 이하로 사용을 엄격히 제한하고 있으며 그 시험방법으로는 ISO 3613, DIN 53314, EPA 3060A/7196A 등이 있다.

(3) 규제 대응

제품에 대한 유해물질의 사용여부를 사용자가 확인하기에는 한계가 있기 때문에 생산자 스스로 제품의 적합성을 입증하기 위한 단계로, 생산자가 RoHS에서 제한하고 있는 유해물질 사용의무를 충족하고 있다는 사실을 밝히는 자기선언을 요구하고 있다.

이를 입증하기 위해서, 담당자정보, 회사정보, 규제대응 접근방법, 데이터 품질관리시스템

개요를 담은 개요문서, 대응보증시스템, 대응보증시스템 관리에 대한 증빙을 보여주는 프로세스 관점의 기술문서와 자기증명, 물질정보제공 및 분석결과자료의 제품/부품 관점의 기술문서 등 기술증빙 문서를 준비해야 한다.

단속대상으로는, 제품의 시장점유율, 무작위 추출, 주의물질 함유제품, 판매량이 많은 제품, 수명이 짧은 제품, 재활용이 용이하지 않은 소비자 제품, 외부 단체의 제보와 타 회원국의 제보를 대상으로 동 법에서 제시하는 요건을 만족하지 않을 경우는 제품의 시장출시, 판매 및 유통을 할 수 없게 된다.

[표 3-29] 제품 및 부품의 샘플링 기준

기 준	해당 부품의 예
해당물질이 일반적인 고위험 물질인가? (과거 유해물질 사용 및 함유이력 등)	• PVC(Cd, Pb) • PS, ABS(PBDE) • Red/orange/yellow plastics(Cd, Pb, Cr6) • Plated metal enclosures, fasteners, clips, and screws(Cr6) • PWBs와 그 부품들(Pb) • Decorative name plates, buttons(Hg) • Switches, relays(Hg) • Pb solder, thick circuits(Cd)
일반적인 도구를 이용한 분리가 가능	• 선별분석(screening analysis) 판정불가 부품 • 기계적 해석(mechanically disjointed) 가능 부품
단일물질(Homogeneous Materials)	• 분석치의 신뢰성이 낮은 부품 • 여러 가지 단일물질로 구성된 부품 • 기계적 해체가 불가능한 부품

출처 : 생산기술연구원(2012), 주요 산업.국가별 무역 환경규제 대응 가이드라인

따라서 RoHS 준수에 대한 정형화 또는 법제화된 방법은 없지만 기업들은 다양한 방법으로 유해물질 포함여부를 증명할 수 있는 시스템을 구축하여 RoHS 대응여부를 확인하고 있으며, 제품이 유해물질을 함유했다고 의심이 가거나 분석이 필요하다고 판단되는 제품 및 부품을 샘플링하여 [표 3-29]와 같은 방법으로 시험분석을 수행할 수 있다. 분석을 위한 샘플링을 실시할 때 고려할 사항은 다음과 같다.

① 샘플의 재질 및 부품 공급사에 대한 정보를 확보하여, 동일 재질이라도 상이한 공급자로부터 공급되었을 경우, 다른 재질로 간주한다.

② 유해물질이 포함되었거나 의심스러운 경우는 분해시 주변 재질에 오염을 야기할 수 있으므로 특별히 유의하여 분리에 유의해야 한다.

③ 특정 공정과 공급망을 가진 경우 유해물질 함유 가능성이 높아지므로, 공정과 부품 공급망의 정보를 확인한다.

④ 매우 작거나 분해가 어려운 부품은 균질화 처리하도록 한다.

⑤ 분석 방법에 따라 유해물질 검출 결과가 달라지므로 재질에 따라 불필요한 분석은 제외하고, 분석 방법 선택에 유의하도록 한다.

유해물질 분석에 있어서 예외기준을 미리 알아두는 것이 불필요한 노력을 절감할 수 있다. 기존의 예외기준에 추가하여 2010년 11월 24일에 EU 의회에서 통과시킨 예외규정을 이미 만료된 기준을 제외하고 요약하면 [표 3-30]과 같다.

[표 3-30] EU RoHS의 예외 사항 (1/3, 수은)

예 외 내 용		제품의 범위와 날짜
1	단일 마개 소형 형광램프의 수은 함유량이 다음 미만인 경우	
1(a)	일반 조명, 30W	3.5mg (2012.12.31 이전) 2.5mg (2012.12.31 이후)
1(b)	일반 조명, 30W이상 50W미만	3.5mg (2011.12.31 이후)
1(c)	일반 조명, 50W이상 150W미만:	5mg 미만
1(d)	일반 조명 150W이상	15mg 미만
1(e)	원형/직선형 일반 조명, 직경 17mm이하	7mg (2011.12.31 이후)
1(f)	특정한 용도로 사용	5mg미만
2(a)	일반 조명, 두 개의 마개로 된 직선형광램프(tri-band phosphor)의 수은 함유량이 다음 미만	
2(a) (1)	평균수명 보유, 튜브직경 9mm미만	4mg (2011.12.31 이후)
2(a) (2)	평균수명 보유, 직경 9mm ~ 17mm	3mg (2011.12.31 이후)
2(a) (3)	평균수명 보유, 직경 17mm ~ 28mm	3.5mg (2011.12.31 이후)
2(a) (4)	평균수명 보유, 직경 28mm초과	3.5mg (2011.12.31 이후)
2(a) (5)	긴 수명 보유(수명시간 25,000h 이상)	5mg (2011.12.31 이후)
2(b)	다른 형광램프의 수은 함유량이 램프마다 다음 미만인 경우	
2(b) (1)	직경 28mm 초과 선형 halophosphate 램프	10mg (2012.4.13 만료)
2(b) (2)	비선형 halophosphate 램프 (모든 직경)	15mg (2016.4.13 만료)
2(b) (3)	튜브직경 17mm 초과 비선형 tri-band phosphor 램프	15mg (2011.12.31 이후)

	예 외 내 용	제품의 범위와 날짜
2(b) (4)	다른 일반용도와 특별용도로 사용되는 램프	15mg (2011.12.31 이후)
3	특별한 용도로 사용되는 cold cathode fluorescent lamps와 external electrode fluorescent lamps(CCFL과 EEFL)에서 수은 함유량 다음 미만	
3(a)	짧은 길이(500mm 이하)	3.5mg (2011.12.31 이후)
3(b)	중간 길이(500mm ~ 1500mm)	5mg (2011.12.31 이후)
3(c)	긴 길이(길이 1500mm 초과)	13mg (2011.12.31 이후)
4(a)	다른 낮은 압력을 가진 방전램프	15mg (2011.12.31 이후)
4(b)	일반적인 조명의 용도로 사용된 램프가 연색 평가수(Ra)60을 초과한 High Pressure Sodium(수증기)램프 수은 함유량이 다음 미만	
4(b)-I	소비전력(P) 155W	30mg (2011.12.31 이후)
4(b)-II	155W 소비전력 405W	40mg (2011.12.31 이후)
4(b)-III	소비전력(P) 405W	40mg (2011.12.31 이후)
4(c)	일반 조명, High Pressure Sodium(수증기)램프 수은 함유량 다음 미만	
4(c)-I	소비전력(P) 155W	25mg (2011.12.31 이후)
4(c)-II	155W 소비전력 405W	30mg (2011.12.31 이후)
4(c)-III	소비전력(P) 405W	40mg (2011.12.31 이후)
4(d)	고압력 수은(수증기)램프(HPMV)에서의 수은	2015.4.13. 만료
4(e)	Metal Halide(MH)램프에서 수은	
4(f)	이 부속서에 언급되지 않은 특정용도로 사용된 다른 방전램프의 수은	

출처 : EU(2011), Directive on the RoHS(recast)

[표 3-30] EU RoHS의 예외 사항 (2/3, 납)

	예 외 내 용	제품의 범위와 날짜
5(a)	음극선튜브(CLT)의 유리 내의 납	
5(b)	중량대비 0.2%를 초과하지 않은 형광튜브의 유리 내의 납	
6(a)	기계가공의 용도로 철과 합금하는 성분으로써 중량대비 0.35%까지 함유된 납, 아연도금된 철에서 합금하는 성분으로 중량대비 0.35%까지 함유된 납	
6(b)	중량대비 0.4%까지 알루미늄과 합금하는 성분으로써의 납	
6(c)	중량대비 4%까지 함유된 동 합금	
7(a)	고온에서 용유하는 땜납 내의 납(예를 들면 중량대비 85% 또는 그 이상의 납을 함유하는 합금)	
7(b)	서버, 저장장치, 저장장치배열시스템에 사용되는 솔더내 납 및 스위칭, 시그널링, 전송을 위한 네트워크 기반제품, 통신을 위한 네트워크에서의 납	
7(c)-I	커패시터 내에 유전체 세라믹 외에 유리 또는 세라믹 내의 납늘 포함하는 전기전자부품(예: 압전장치 또는 유리 혹은 세라믹 화합물 내 납)	

	예 외 내 용	제품의 범위와 날짜
7(c)-II	125V AC 또는 250V DC 또는 그 이상의 정격전압을 위해 사용되는 커패시터 내의 유전체에서 납	
7(c)-III	125V AC 또는 250V DC 보다 낮은 정격전압을 위해 사용되는 커패시터 내의 유전체에서 납	2013.1.1 이후에는 이미 출시된 예비부품 사용
9(a)	냄방, 통풍, 냉난방 조절과 냉방(HVACR)을 위해 압축기를 포함하는 냉각장치에서 셀과 부시내 납	
11(a)	C-press compliant pin connector에서 사용된 납	
11(b)	C-press compliant pin connector 이외의 pin connector에서 사용된 납	
12	열전도 모듈 c-ring의 코팅물질로서 사용된 납	
13(a)	광학제품을 위해 사용되는 흰색유리에서 납	
13(b)	반사율규격을 준수하기 위해 사용된 유리와 필터 유리 내의 카드뮴과 납	
14	마이크로프로세스의 핀과 패키지의 연결을 위해 사용되는 두 가지 물질 이상으로 구성되는 납의 함유량이 중량대비 80~85%인 땜납의 납	2011.1.1 이후에는 이미 출시된 예비부품 사용
15	Integrated Circuit Flip chip 패키지 내의 반도체 다이와 캐리어의 전기적 연결을 완성하도록 하는 땜납의 납	
16	실리게이트로 코팅된 튜브를 내장한 선형열등 내의 납	2013.9.1 만료
17	전문복사기술장비에 사용되는 고강도방전(HID) 램프내의 발광체로 쓰이는 납 할로겐 화합물	
18(b)	BSP(BaSi2O5:Pb)와 같은 인광체를 포함하는 선 탠 램프로소 사용될 때 방전램프의 형광 파우더 (납의 합량이 중량대비 1%이하)내의 활성제로 사용되는 납	
19	아주 작은 에너지 절약형 램프(ESL)에서 주요 아말감과 PbBiSn-Hg 그리고 아말감의 특정한 혼합물에 포함된 PbBiSn-Hg와 PbInSn-Hg 내의 납 (2011.6.1 만료)	
20	LCDs에 사용되는 납작한 형광 램프의 전면과 후면을 접합하기 위해 사용되는 산화납 (2011.6.1 만료)	
21	붕규산염과 소다석회 유리에 사용되는 에나멜에 대해 칠해지는 잉크에서의 납과 카드뮴	
23	0.65mm 또는 그 이하의 피치를 가진 커넥터를 제외한 가는 피치의 마감재에서의 납	2010.9.24 이전에 출시된 예비부품 사용
24	원반형 평판 세라믹 다층 콘덴서를 기계에 접합하기 위하여 사용되는 땜납 내의 납	
25	구조적요소와 특히 봉합 프릿과 frit ring 애서 사용된 SED(surface conduction electron displat)내 산화납	
26	BLB 램프(black light blue)의 유리 봉합에 사용되는 산화납	2011.6.1 만료
27	고출력(125dB SPL 그리고 그 이상의 음성출력으로 몇 시간동안 동작하도록 작성된(스피커 내의) 변환기 접합에 사용되는 납	2011.10.24 만료
29	Council Directive 69/493/EEC의 부속서1	
31	수은이 함유되지 않은 평면 형광램프에서 땜질용 납(예를 들면 LCD, 디자인 또는 산업용 전구에서 사용되는 램프)	
32	아르곤과 크립톤 레이저 튜브에 대한 window assembly제조 시에 사용된 봉합유리원료에서의 산화납	
33	변압기에서 직경이 100um 또는 그 이하의 얇은 구리 와이어의 땜납에 사용되는 솔더에서 납	
34	합금(cermet)으로 만들어진 트리머 풍향기 (trimmer potentionmeter elements) 내의 납	

예 외 내 용		제품의 범위와 날짜
36	디스플레이당 30mg까지 함유량을 가지는 DC 플라즈마 디스플레이에서 전극 불꽃 방지용으로 사용되는 수은	2010.7.1. 만료
37	Zinc borate glass가 주요부분인 고전압 다이오드의 plating layer(도금층)에서의 납	

출처 : EU(2011), Directive on the RoHS(recast)

[표 3-30] EU RoHS의 예외 사항 (3/3, 기타)

예 외 내 용		제품의 범위와 날짜
8(a)	shot pellet type의 열 차단기에서 카드뮴과 카드뮴 혼합물	2012.1.1 이후에는 이미 출시된 예비부품 사용
8(b)	전기접점에서 카드뮴과 카드뮴 혼합물	
9	냉각장치에서 중량대비 0.75%까지 탄소강 냉각시스템의 부식방지제로서 6가크롬	
13(b)	반사율규격을 준수하기 위해 사용된 유리와 필터 유리 내의 카드뮴과 납	
21	붕규산염과 소다석회 유리에 사용되는 에나멜에 대해 칠해지는 잉크에서의 납과 카드뮴	
30	100dB(A)rm 이상의 음압레벨을 가진 고출력 스피커에 사용되는 변환기의 음성코일에 위치한 전기전도체를 전기적/기계적으로 접합하는 땜납용 카드뮴 합금	
38	베릴륨 산화물이 접합된 알루미늄에 사용된 두꺼운 film pastes에서 카드뮴과 카드뮴 산화물	
39	고체상태 표면 또는 디스플레이 시스템에서의 사용을 위해 색상을 변환시키는 II-VI LCDs (조명발광면적 mm2당 10ug 미만인 카드뮴)의 카드뮴	2014.7.1 만료

출처 : EU(2011), Directive on the RoHS(recast)

RoHS에 대응하기 위하여 제품(부품)의 적합성 자가 선언을 수행하는 절차는 [그림 3-2]와 같이 요약할 수 있다.

먼저 대상 제품(부품)을 선정하고, 제품을 BOM(Balance Of Material)이나 포장재를 포함한 부품목록으로 분류하여 누락된 부품이 없도록 한다. 부품목록을 검토하여 균질한 재질로 분류한 다음 정밀분석을 통하여 순물질 단위의 적합성을 평가한다. 취합된 성적서를 정리하고 검토하여 문제의 소지가 있는 시료에 대한 검증시험을 통하여 확인하고 성적서를 취합하여 분석을 완료한다.

누락된 부품이 있으면 추가하여 다시 분석하고, 문제가 나타난 시료에 대해서 대체물질 등의 개선 · 보완 조치를 취하여 부적합 사항이 없으면 DoC(Document of Conformance)를 발행한다. 여기에는 부품 적합성 자가 선언서, 부품 목록, 정밀 분석 보고서, 관리 체크시트, 기록 및 유지관리 현황 등의 문서들을 포함하도록 한다.

관리평가 단계 또한 중요한데, 공정 및 RoHS 관리에 대한 절차 수립 및 기록을 유지하여 추후의 대응에 대비한다. 구매, 자재관리, 식별관리, 방침 및 목표 관리, 내 · 외주 체크시트 작성 및 운영, 시정 및 예방 조치 관리, 우발 사태 관리 등에 대한 기록을 모두 관리하도록 한다.

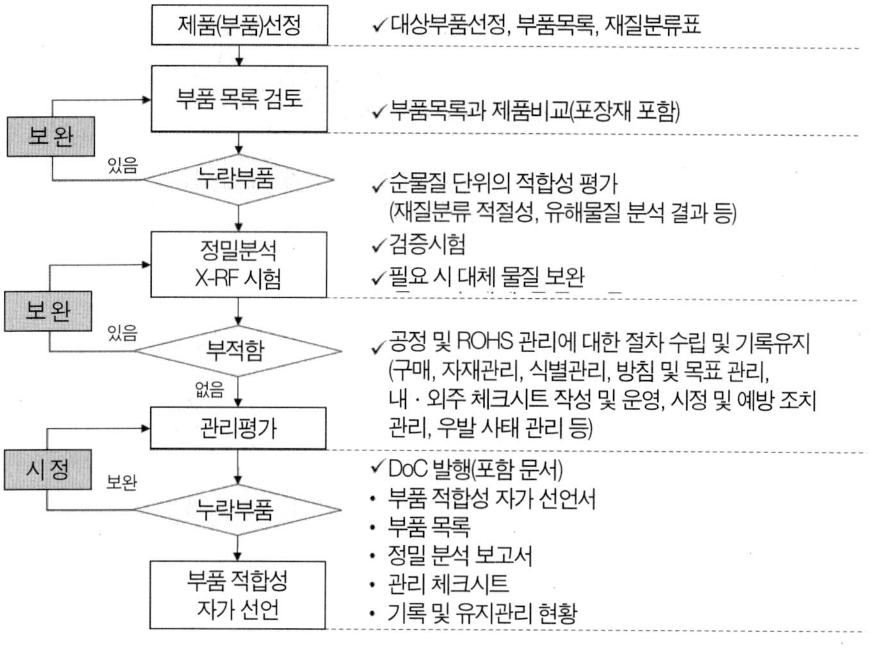

[그림 3-2] RoHS 대응 적합성 자기선언절차

(4) 국내외 동향

EU RoHS 지침에 대한 회원국들의 대응동향을 살펴보면 한국에서 EU로 수출하는 제품 중 국제환경규제 대상품목인 전기 · 전자제품, 자동차(부품포함) 및 화학제품은 그 비중이 매년 증가하여 예를 들어 2005년에는 69.8%를 나타내었다.

이 중 전기 및 전자제품은 46.1%로 가장 큰 비중을 차지해 이미 전기 및 전자제품의 유해물질사용을 제한하는 RoHS가 본격적으로 시행하고 있는 경우 EU로 수출하는 국내기업에 직 · 간접적으로 심각한 영향을 미치고 있다.

현재 규제권한을 가지고 있는 EU 각 회원국은 RoHS 시행에 근거법령을 마련하고 세부사항에 대해 하위법령을 정비했으며 EU 차원에서는 EU 기술적합위원회(Technical Adaptation Committee)를 중심으로 규제대상범위, 예외사항, 최대허용치 및 적합성 증명방법 등에 대해 논의해 오고 있는 것은 이미 인지하고 있는 사실이다.

RoHS 지침의 주요 내용은 EU에서 폐전기 및 전자제품의 친환경적 재생 및 처리, 인간의 건강보호를 목적으로 EU에 출시되는 제품내의 6대 유해물질사용을 규제하는 지침(Directive, 2002/95/EC)이며 대체기술 및 소재가 개발되지 않은 제품항목에 대해서 예외를 인정하고 있는데 지침이 공표될 당시에는 특정 램프에 사용되는 수은, 특정합금 및 고온 땜납의 납, 그리고 흡수 냉각 장치의 탄소강 냉각 시스템에 사용되는 6가크롬 등 10개 품목을 규정하고 있었다.

그 후 예외규정 항목에 대한 이해당사자의 의견수렴과 EU 기술적합위원회 논의를 거쳐 특정한 예외 품목을 채택하였다. EU 각 회원국은 RoHS 지침을 바탕으로 구체적인 방법을 자국법으로 만들어 시행하기 때문에 회원국마다 책임 당사자의 법률 위반에 대한 벌칙규정도 다르다.

일반적으로 법규를 위반할 경우에 규제당국은 책임 당사자를 기소하고 만일 책임 당사자가 법규준수에 대한 증빙 문서를 규제당국에 제출하지 못할 경우 위반단계에 따라 벌금을 부과하고 있다. 벨기에, 덴마크, 그리스 및 스웨덴 등 일부 EU 회원국의 경우, 벌금과 함께 책임 당사자의 일정 기간 강제적 구속을 명시하고 있다.

RoHS 관련 법규를 집행할 기관도 EU 회원국별로 각기 다르지만 대부분 정부기관에서 담당할 예정이다. 오스트리아의 경우, 연방환경국(Federal Environment Agency), 프랑스는 생태지속가능 발전부(Ministry for Ecology and Sustainable Development), 그리고 영국은 국가도량형시험소(National Weights and Measures Laboratory)이다.

25개 회원국의 동향 및 규제방식도 RoHS 지침 제9조에 의하면 EU 회원국은 RoHS 지침을 따르기 위해 필요한 회원국의 법과 규칙, 그리고 행정적 규정을 채택하도록 규정하고 있다. 하지만 키프로스, 에스토니아, 그리스, 리투아니아, 네덜란드 등 5개국만이 RoHS 지침이 규정한 시한 내에 자국법으로 채택하였을 뿐 나머지 20개 회원국은 그 제정시한을 넘겨 자국 법령을 정비하였다.

현재까지 EU 모든 회원국이 RoHS 규제 시행을 위한 근거법률을 마련한 상태이며 이를 바탕으로 RoHS 규제가 EU 모든 회원국에서 시행되고 있으며, 정비된 대부분의 EU 회원국 법령은

EU RoHS 지침을 변경 없이 그대로 받아들이고 있으나 법규 위반 시 벌칙에 대한 사항을 회원국별로 다르게 규정하고 있다.

현재까지 논의된 RoHS 지침에 대한 생산자의 적합성 증명방법은 EU의 다른 환경규제인 ELV과 마찬가지로 생산자가 기술적 자료 및 정보제공을 통해 생산제품이 RoHS 지침을 만족한다고 주장하는 자기 적합성선언 방식을 인정하고 있다.

다만, 제품의 생산자가 RoHS 법규를 잘 준수하고 있는지 점검하기 위하여 규제당국이 시장 내에서 유통되는 제품에 대한 테스트 구매 검사를 실시하도록 되어 있다. 전기 및 전자제품 생산자는 각 회원국의 RoHS 집행기관이 요구 시 자기 적합성선언에 대한 증명 자료를 제출해야 하므로 재료 및 부품 공급업체로부터 RoHS 규제치를 만족하다는 보증서를 요구하고 확보하여 제품이 시장에 출시된 이 후 4년 이상 관련 기록들을 보유하고 있어야 한다.

[표 3-31] EU 회원국별 RoHS 관련 현황

연번	국가	근거법령 마련시기	집행기관	벌칙	
				벌금 (파운드)	구속
1	오스트리아	'05.4.29	Federal Environmental Agency	350~7,270	-
2	벨기에	'04.10.12	Federal Public Service Health, Food Chain Safety and Environment	40~4백만	3일~3년
3	키프로스	'04.7.30	Ministry of Agriculture, Natural Resources and the Environment	35,000	~3년
4	체코	'05.1.6	Czech Trade Inspection	약 238,000	-
5	덴마크	'04.10.30	Danish Environmental Protection Agency	~1,000(1회) 제한없음(2회~)	~2년
6	에스토니아	'04.4.29	Ministry of Environment	~3,200	-
7	핀란드	'04.9.9	Safety Technology Authority	부과가능	수감가능
8	프랑스	'05.7.22	Ministry for Ecology and Sustainable Development	~1,500	-
9	독일	'05.3.23	Local trade supervisory office	~50,000	-
10	그리스	'04.3.5	Ministry of Environment EOEDSAP	3,000~150,000	~3년
11	헝가리	'04.10.8	National Directorate for the Environment, Nature and Water	부과가능	
12	아일랜드	'05.7.6	Environmental Protection Agency	~15백만	~10년
13	이탈리아	'05.7.29	Ministry of Environment	~100,000	
14	라트비아	'04.8.17	Ministry of Environment	미정	
15	리투아니아	'04.4.22	Ministry of Health	미정	

연번	국가	근거법령 마련시기	집행기관	벌칙	
				벌금 (파운드)	구속
16	룩셈부르크	'05.1.18	Ministry of Environment	62~123,950	6일~2년
17	몰타	'04.8.31	Department of Consumer Affairs	250~12,500	~4년
18	네덜란드	'04.7.6	Ministry of Housing, Spatial planning and the Environment	~450,000	-
19	폴란드	'04.10.6	General Inspector of Environment Protection	5~1,250	-
20	포르투갈	'04.12.1	National Waste Institute 등	250~3,700(개인) 500~44,800(조직)	-
21	슬로바키아	'04.12.2	미정(National Control Institute)	~86,000	-
22	슬로베니아	'05.1.11	Ministry of Health-National Chemicals Bureau	2,000~83,000	-
23	스페인	'05.2.25	(국가)Ministry of Industry & Ministry of Environment(지방)Department of Environment of regional Authority	~12백만	
24	스웨덴	'05.8.13	Swedish Chemicals Inspectorate	90~16,200	~2년(경) 6개월~6년(중)
25	영국	'05.10.7	National Weights and Measures Laboratory	~5,000	

2006.8월 데이터 생성

출처 : 생산기술연구원(2012), 주요 산업.국가별 무역 환경규제 대응 가이드라인

전기전자제품의 폐기지침인 WEEE는 EU의 로마조약 175조에 따라 회원국의 환경보호에 중점을 두고 있어 회원국 간에 지침 세부의무사항의 이행에 있어 상당한 차이를 보이는데 반해 RoHS는 EU 단일 시장 내에서 조화에 중점을 두고 있기 때문에 회원국들에 거의 일률적으로 적용된다.

따라서 다른 환경규제보다 EU 회원국의 재량권이 상대적으로 적기 때문에 EU 차원의 논의에 보다 더 관심을 가져야 할 것이다. 그 대표적인 것이 EU 기술적합위원회에서 논의되는 사항이라 할 수 있다. 다만 제품의 적합성 확인 등 규제방식이나 위반 시 징계수위가 각 회원국별로 다르므로 규제의 세부사항에 대해서는 EU 각 회원국에 확인해야 할 것이다.

EU 집행위원회는 RoHS의 조기 시행에 강력한 의지를 갖고 추진해 왔으며, EU 각 회원국도 시행을 위한 근거 법률을 완료하고 법 시행에 들어간 상태이다([표 3-31]). 하지만 유해물질에 대한 구체적인 시험방법 표준이나 일부 회원국에서 하위법령의 변경이 있을 수 있으므로 지속적으로 관련 동향을 파악하는 것이 필요하다. 더욱 주목해야 할 점은 EU의 RoHS가

EU에만 국한되지 않고 우리나라를 비롯하여 중국, 일본 등 전 세계적으로 점차 확산되고 있다는 것이다.

3-2-7. 타 국가의 RoHS

(1) 중국 RoHS

중국정부는 전자정보제품 오염방지관리법은 전자레이더제품, 전자제품 등 11개 전자정보제품군을 대상범위로 환경, 인체의 건강보호 및 전자정보제품에 포함된 유해물질을 비롯한 환경오염을 유발하는 물질사용을 제한하고, 전자정보제품의 회수처리 및 재활용업무에 대한 기초 작업으로 폐기 후에 유발되는 환경오염의 통제 및 감소를 목적으로 2007년 3월 전자정보제품오염방지관리법(Measures for Administration of the Pollution Control of Electronic Information Products)을 시행하였다.

중국판 RoHS는 EU RoHS에 비해 규제범위가 광범위하고 모든 조항이 강제성을 가져 가장 큰 무역장벽으로 작용할 가능성이 크다. 중국은 관련법인 전자정보제품 오염방지관리법을 제정하고 시행하고 있다. 적용대상품목을 단계적으로 확대해 나갈 예정이며, 제한 유해물질도 RoHS의 6대 유해물질 외에 기타 국가가 지정하는 유해물질로 규정하여 그 적용범위가 상대적으로 넓다.

또한 EU RoHS에 없는 정보공개 및 라벨링 의무 규정을 두어 유해물질의 함량 및 제조 원산지, 제품 안전사용기간을 표시하도록 하고 있고 규제에 대한 적합성 증명절차도 EU는 자기적합성 선언 방식이지만 중국의 경우 중국 당국이 지정한 기관에서 강제인증을 받도록 규정하고 있다.

현재 중국 RoHS 법안이 공표되기는 했으나, 법 집행을 위한 세부 조치들에 변경이 있을 수 있으므로 지속적인 모니터링과 별도의 대응책 마련이 필요하다.

의무이행주체는 중국 내 모든 전자정보제품의 생산 및 판매, 수입에 종사하는 개인 혹은 조직, 중국시장으로 고유 브랜드를 수출하는 자와 OEM 및 생산조립을 위해 부속품을 수출하는 자로 규정하고 있다.

전자정보제품이라 함은, [표 3-32]에서 보는 바와 같이 가정용 전자제품 중 흑색가전제품을 의미한다. 이 범주에서 냉장고, 세탁기, 에어컨 등의 백색가전제품, 군사용 제품, 자동차 내부 부품, 중국에서 생산 및 조립을 했으나 중국이 아닌 다른 국가에 판매되는 제품은 제외된다.

[표 3-32] 중국 내의 1단계 적용대상 전자정보제품 목록

제 품 군	주 요 제 품
1. 전자레이더제품	지휘자동화시스템, 부대장비
2. 전자통신제품	통신무선송신기, 광통신기기, 교환기, 전환기, FAX, 휴대폰 등
3. TV방송제품	TV방송제작기기, TV 및 관련기기 등
4. 컴퓨터제품	노트북, PDA, 데스크톱, 모니터, 컴퓨터 주변기기 등
5. 가정용전자제품	TV, 비디오, 오디오, STB 등
6. 전자측량기구제품	오실로스코프, 디지털 테스트기, 측정기기 등
7. 전자전용제품	반도체장비 및 집적회로 전용기기, 전자부품 전용기기 등
8. 전자부품	콘덴서, 저항기, 스위치, 계전기, 스피커, PCB, 센서 등
9. 자동판매기	냉온음료 판매기, 현금인출기, 기타 자동판매기 등
10. 전자부속기기	전자관, 브라운관, 광전자부품, 집적회로, 건전지 등
11. 전자응용제품	전자게임기, 전자레인지, 디지털피아노, 의료기기(초음파 등)

출처 : 생산기술연구원(2012), 주요 산업.국가별 무역 환경규제 대응 가이드라인

국내의 기업대응을 위한 정보로서 중국 내에서는 오염통제 및 정보공개의 1단계와 유해물질 사용제한 및 자발적 인증의 2단계로 관리법을 적용하고 있는데, 1단계 적용대상 전자정보제품은 아래와 같다. 모든 전자정보제품에는 명확하고, 확인하기 쉽고, 지워지지 않으며, 제품 기능에 영향을 주지 않는 오염통제 로고의 표기와 제품관련 정보를 제공해야 함은 물론이고 환경안전 사용기한이 표기되어야 한다.

예를 들어 통신장비 중에 네트워크 통신장비의 환경안전 사용기한은 50년이고, 휴대폰과 전화기는 20년, 워크스테이션(20년)을 제외한 모든 컴퓨터산업 제품은 10년 등으로 제한된다.

[표 3-33] 중국 내의 환경안전 사용기한 확인방법

방 법	내 용
실천법	정상적인 사용조건 하에서 제품 중 유독 · 유해물질이 유출될 경우, 제일 먼저 발생할 시간을 기준으로 하여 환보사용기한을 정함

방 법	내 용
실험법	정상적인 사용조건 하에서 제품 중 유독 · 유해물질 또는 원소가 유출되지 않을 경우, 환보사용기한 총칙에서 제시한 방법 및 실험기술에 따라 환보사용기한을 정함
안전사용 기한법	제품의 안전사용기한을 알고 있을 경우, 안전사용기한을 환보사용기한으로 할 수 있음
기술수명법	제품의 설계단계에 환경요소를 고려하여 기술수명을 확정하였을 경우, 다음과 같은 방법을 사용하여 제품의 환보사용기한을 제정할 수 있음(환보사용기한=기술수명+차액) 기술수명: 생산자가 설계 시 설정한 제품의 평균수명 차액: 제품의 운송, 저장 등 시장진출 소요시간, 수리 및 부품갱신 후 사용수명을 고려한 요소
비교법	기술수명과 안전사용기한을 확정하기 어려운 새로운 전자정보제품은 생산기술 및 재료가 유사한 제품의 환보사용기한을 사용할 수 있음
LIST법	환보사용기한 총칙의 부록A의 LIST를 참고하여 환보사용기한을 사용

출처 : 생산기술연구원(2012), 주요 산업 · 국가별 무역 환경규제 대응 가이드라인

환경안전 사용기한 확인방법은 전자정보제품이 유해물질 또는 원소를 포함하고 있지만 해당물질이 외부로 누출되지 않아서 환경을 오염시키거나 인체 및 재산에 심각한 피해를 주지 않는 기한을 년 단위로 로고 중앙에 표기해야 하는데, 환경안전 사용기한이 5년 이하인 경우는 1년, 2년 등으로, 5년 이상인 경우에는 5의 배수 중 가까운 년도를 사용하여야 한다. 환경안전 사용기한 확인방법은 실전경험과 실험기술의 여부에 따라 [표 3-33]과 같이 법으로 규제하고 있다.

Intel과 HP의 경우, 중국 RoHS에 대응하여 대상제품에 대해 유해물질 함유여부에 대한 시험분석을 하고 이에 대한 정보를 제공한 기업대응 사례도 있다.

특히, 유해물질 사용과 최대허용농도에 대해서는 [표 3-34]와 같이 엄격하게 규제하고 있는데, 중점관리목록에 포함된 전자정보제품은 유해물질의 최대허용농도 내에서 개발되어야 하며, 인체와 환경에 위해성이 있는 6대 유해물질에 대한 정보를 공개하여야 한다.

[표 3-34] 중국 내의 유해물질 최대허용농도

유해물질	허용함량
납, 수은 6가크롬, PBB, PBDE	1,000mg/kg(0.1%)
카드뮴	100mg/kg(0.01%)

출처 : 생산기술연구원(2012), 주요 산업.국가별 무역 환경규제 대응 가이드라인

이를 미 준수시에는 법에 따라 처벌하고 있으며, 최근 제조업체가 독성, 유해물질의 사용을 줄이거나 대체하도록 권장하기 위해 중점관리목록을 목표관리목록으로 개정하고, 중점관리목록은 강제제품인증을 받아야 하나 관리목록은 전기전자제품 오염방지관리를 위한 국가인증시스템에 따른 인증을 받도록 하고 있으며, 인증을 받은 제품에 한해 자발적 국가인증 라벨링을 하고 있다.

또한 중국의 강제인증제도(China Compulsory Certification)는 2002년에 중국 내에서 강제인증 목록에 속한 전선 및 케이블, 전동공구 등 총 162개 제품 및 부품을 생산, 유통 및 수입하는 자를 의무이행주체로 시행되었다.

이는 전선 및 케이블(6개), 회로, 설치보호 및 연결 장치를 위한 스위치(6개), 저전압 전기장치(10개), 소형 파워 모터(1개), 전동공구(17개), 용접기계(15개), 가정용 및 유사전기제품(20개), 오디오 및 비디오장치(16개), IT장비(13개), 광원응용기구인 조명기기(1개), 통신 단말장치(10개), 자동차 및 안전부품(4개), 자동차타이어(3개), 안전유리(3개), 식물보호기계인 농업기계(1개), 고무 콘돔인 고무제품(1개), 의료기기(7개), 소방장비(3개), 침입탐지기인 침입자경보감지기(1개), 무선네트워크 시스템(1개)와 완구(23개)이며, CCC 대상제품이 인증을 취득하지 않을 경우 RMB 30,000(약 480만원)과 CCC 인증을 취득했지만 CCC 마크를 부착하지 않을 경우 RMB 10,000(dir 160만원)의 벌금이 부과된다. 이러한, CCC 마크신청은 인증취득기간은 약 90일이 소요되기 때문에, 중국으로 수출하고자 하는 국내외의 기업대응 시간을 고려해야 한다.

(2) 일본 RoHS

일본의 J-MOSS(Japan RoHS)는 개인용 컴퓨터, 전기냉장고 등 7가지 특정 자원-절약제품을 대상범위로 재생자원의 이용촉진을 위해 제품에 함유되어 재생자원의 품질을 저하하고 재활용 공정을 저해할 우려가 있는 유해물질 관리를 목적으로 2006년 규제(전기전자제품의 특성 화학물질 함유표시 JIS C 0950)가 시행되었다. 이 법은 RoHS에서 규제하는 6대 유해화학물질의 허용농도를 넘을 경우 함유마크를 기기본체, 포장상자 및 카탈로그 등에 표시하고 관련 정보를 인터넷에 공개하도록 하고 있다.

일본정부는 천연자원의 소비감축, 폐기물발생 저감 및 환경부하 최소화를 위해 제품의 전

과정대응 방침, 경제 전반에 친환경 생산체제 구축, 환경배려 정보 활용과 질적인 성과달성, 국제사회와의 정합성 확보 등을 배경으로 친환경설계, 제조 및 제품 함유물질 관리에 따른 구체적인 조치를 마련하고 회수 및 리사이클링 실적이 충분한 가전제품을 대상으로 우선적으로 시행하고 있다.

J-MOSS 근거조항은 일본의 지정 재생촉진제품의 자원재생 및 재생산품의 이용 촉진에 관한 판단기준은 주무장관인 경제성장관이 제21조에 근거하여 정하도록 되어 있다. 동 법 시행령 제31조에 근거하여 7가지 특정 자원-절약제품(specified resource-saved product)는 개인용 컴퓨터, 전자레인지, 전기냉장고, 조립식 에어컨디셔너, 의류건조기, 전기세탁기와 TV수상기 등이며, 유해물질 및 최대허용농도는 EU에 따르고 있다.

6대 물질의 함유가 기준치 이상인 경우 J-MOSS 함유마크는 오렌지색으로 기준치 이하인 경우는 녹색으로 표시하고 있는데, 동 법에서 제시하는 요건을 만족하지 않는 경우의 제품은 시장출시, 판매 및 유통이 금지된다.

납, 수은, 카드뮴 등에 대한 유해물질 예외사항은 규정되어 있고 6가크롬의 경우는 흡수 냉각장치 내 탄소강 냉각시스템의 부식방지제로서의 6가크롬과 PBDE인 경우는 중합체(polymeric applications)에 포함된 제품은 예외가 적용되며, PBB는 예외사항이 없다.

J-MOSS는 "전기전자기기의 특정 화학물질 함유 표시방법"에 관한 일본 공업규격(JIS C 0950)에 근거하며, 그 구성은 서문, 적용범위, 인용규격, 용어정의, 특정 화학물질 함유표시, 부속서(A, B, C, D)등이다. 원안 작성은 JIS 작성 위원회에서 하며, 간사기관으로는 전자정보기술산업협회(JEITA)와 관계 단체로는 가전제품협회(AEHA), 정보통신 네트워크산업협회(CIAJ), 비즈니스 기계 · 정보산업협회(JBMIA), 일본 전기공업협회(JEMA), 일본 냉동공기조절공업회(JRAIA) 등이 있다.

J-MOSS의 서문에 따르면 그 지정 전기전자기기에 함유된 특정 화학물질의 함유표시 방법을 표준화하여, 공급망(supply chain) 단계별 사업자의 화학물질 관리 개선 및 소비자 이해를 확대하고 자원 유효이용 및 환경부하 저감 전기전자기기의 보급을 그 목적으로 하고 있다.

J-MOSS에서 정의하고 있는 주요 용어로서 함유 표시는 전기전자기기에 함유된 산출 대상물질의 함유율이 함유율 기준치를 초과하는 경우 기기본체, 기기의 포장상자 및 카탈로그에 표시하는 것이다. 기기 본체는 전기전자기기 중에서 그 기능을 발휘하는데 있어 기본이 되는

것, 기기의 포장상자는 전기전자기기를 수송 보관하는 경우, 그 기기를 보존할 수 있는 기능을 가진 상자로 일반적으로 외부의 상자를 말한다. 카탈로그류는 카탈로그 취급 설명서 등 인쇄물 또는 웹사이트 상의 전자적 정보를 말한다. 균일물질 혹은 균질재료는 기계적인 분리를 할 수 없는 상태의 물질 또는 기계적인 분리를 할 수 없는 상태의 재료로 정의하고 있다.

여기서 기계적인 분리를 할 수 없는 것이란 나사 풀림, 절단, 파쇄, 분쇄 또는 연마 등의 기계적인 조작에 의해 분리할 수 없는 것을 의미하며, 산출 대상물질은 균질물질 또는 균질재료에 포함되어 있는 물질가운데 함유율 산출 대상이 되는 물질이며, 유닛은 기기본체를 구성하는 일부로서 이것이 여러 개가 모여 하나의 제품이 됨을 의미한다.

부속서A에 따르면 함유물 산출이란 산출 대상물질의 질량을 균질물질의 질량으로 나눈 값을 의미하며 균질물질이란 나사, 절단, 파쇄, 분쇄, 연마 등과 같이 기계적으로 분리가 불가한 물질이고 화합물, 고분자합금, 금속합금 등과 같은 복합물질 및 성형된 세라믹 등을 균질물질로 간주한다. 함유율은 공급망 각 계층의 관리물질 조사결과에 의해 얻은 측정치로 산출하고 있다.

이러한 함유표시는 전기전자기기에 함유된 산출 대상물질의 함유율이 기준치를 초과하는 경우 함유마크를 표시해야 하며, 함유마크(R) 색상은 JIS Z 8102 (색 번호 2.5YR5.5/13) 준용하고 배경색과 구분이 어려울 경우 녹색 계통이 아닌 배경보색 사용이 가능하다. 함유마크(R) 크기는 표시대상 대비 확인 용이한 크기(다만 폭은 15mm 이상)로서, 함유마크(R)는 일본공업표준조사회(http://www.jisc.go.jp) 혹은 일본전자정보기술산업협회에서 무료 다운로드 받을 수 있다.

함유마크와 함유된 화학물질 기호를 함께 표시하는 경우에 있어서는 함유마크(R)와 화학물질 기호(부속서A)를 아래 또는 우측에 일체화하여 표기해야 하며, 화학물질 기호로는 문자는 고딕, 색상은 함유마크와 동일하게 하며 용이한 크기(높이는 함유마크 높이의 1/6 이상)이어야 한다고 구체적으로 규정하고 있다.

함유마크 표시방법은 기기 본체에 표시하는 경우에 있어 기기 본체에는 함유마크만 표시하고 표시 방법은 각인, 봉인지 부착 등 기기 폐기까지 쉽게 지워지지 않는 방법으로 기기의 형식 등이 기재된 것을 함께 확인할 수 있는 장소에 부착해야 한다.

또한 기기 포장상자에 표시하는 경우는 기기 포장상자에는 함유마크만 표시하고 인쇄 등 기기를 포장상자에서 꺼낼 때까지 쉽게 지워지지 않는 방법으로 기기의 형식 등이 기재된 것을 함께 확인할 수 있는 장소에 부착해야 한다.

그러나 복수의 유닛으로 구성되며, 포장상자가 분리되는 경우에는 특정 화학물질을 함유된 유닛 포장상자에 표시한다. 기기의 카탈로그 류(인쇄물, 웹사이트)에 표시하는 경우는 인쇄물에는 함유마크 및 화학물질 병행표시하고 기기를 사용하는 동안 쉽게 떨어지지 않는 방법으로 기기의 형식 등이 기재된 것을 함께 확인할 수 있는 장소이어야 하며 함유표시에 관한 정보가 기재되어 있는 자사 웹사이트의 URL을 기재해야 한다.

그린마크의 표시는 부속서D에 의하면 임의사항이지만, 부착 가능한 경우는 모든 산출 대상물질의 함유율이 함유율 기준치 이하인 경우와 산출 대상물질 중 일부는 함유마크 제외항목(부속서B)이고, 그 외 물질은 함유율이 기준치 이하인 경우로 규정하고 있으며, 그린마크 색상은 JIS Z 8102 (색 번호 2.5G 6.5/10)를 준용하며 배경색과 구분이 어려울 경우 황적색 계통이 아닌 배경 보색을 사용가능하다.

그린마크 크기는 표시대상 대비 확인 용이한 크기이어야 하며 그린마크 확보는 일본 전자정보기술산업협회로 신청(수수료 1,000엔/1개사)해야 하며, 동 협회에서는 그린마크를 신청업체에 그림파일(jpg)로 송부한다(JEITA가 그린마크 상표권 소유). 그린마크를 표시하는 경우 단위별 산출 대상물질의 함유상황을 자사 웹사이트에 표시하여야 하며 일부 산출대상물질이 함유마크 제외항목에 해당하고, 그 이외에 산출 대상물질의 함유율이 함유기준치 이하인 경우에는 문장으로 표시가 가능하다.

함유마크의 제외항목은 부속서B에서 규정하고 있는데 특정 화학물질의 함유마크 제외항목은 다음에 게재하는 항목들이다.

- 소형형광등 램프에 함유하는 수은이 램프 당 5mg을 초과하지 않은 것
- 일반 조명용 직관형광램프에 함유된 수은이 있는 다음 사용량을 초과하지 않는 것으로 할로 인산 칼슘계 형광체를 사용한 램프 10mg, 3파장 형광체를 사용한 표준수명램프 5mg, 3파장 형광체를 사용한 장수명 램프 8mg
- 특수 용도용 직관형광등램프에 함유된 수은
- 이 부속서B에 규정되어 있지 않은 기타 램프에 함유된 수은
- 브라운관, 전자부품 또는 형광램프의 유리에 함유된 납

- 납함유량 0.35wt%(질량비, 이하 같음) 이하의 철, 납함유량 0.4% 이하의 알루미늄 및 납함유량이 4wt% 이하의 동합금에 합금성분으로 포함된 납
- 다음 중에 포함된 납
  - 고융점 땜납에 포함된 납 (예를 들면 납이 85% 이상 함유된 땜납합금)
  - 서버, 기억장치 · 기억장치 어레이시스템, 신호변환 · 송수신 · 전송 또는 전기통신 네트워크관리용 네트워크 기반설비 전용으로 이용되는 땜납에 포함된 납
  - 전자세라믹 부품에 포함된 납(예를 들면 압전기 장치)
- 전기접점에 함유된 카드뮴 및 그 화합물, 특정위험물질 또는 조제 판매 및 사용을 제한하는 것을 규정한 지령(76/769/EEC1))의 수정 지령(91/338/EEC2))에 의해 금지되어 있는 해당품목을 제외한 카드뮴 도금에 함유된 카드뮴 및 그 화합물
- 흡수식 냉장고의 탄소냉각시스템의 방지 부식방지제로서의 6가크롬
- 폴리머 용도의 데카브로모디페닐에테르(DBDE)
- 납청동제의 베어링 몸체 또는 부싱에 포함된 납
- 컴플라이언트 · 핀 · 커넥트시스템에 사용되는 납
- 열전도 모듈 형 C링크 대상 코팅재료로의 납
- 광학 유리 또는 필터 유리 중에 함유된 납 또는 카드뮴
- 마이크로프로세스 또는 패키징 간의 접합용으로 사용되는 납함유량을 80wt%를 초과하고 85wt% 미만의 2종 이상의 원소로 구성된 땜납용 납
- 집적회로 패키징(플립칩) 내부 반도체 조형 또는 캐리어간에 있어서 확실한 전기접속이 필요한 땜납에 함유한 납
- 다음 주석 whisker 방지보호막에 함유된 납
  - 좁은 피치(1mm 이하)의 커넥터에 접속된 기판 도금에 포함된 납
  - 좁은 피치(1mm 이하)의 리드프레임을 지지하는 전자부품의 도금에 포함된 납
  - FPC, FFC 또는 커넥터의 리드단자 도금에 함유된 납
- 다음의 특정 용도로 사용되는 납 또는 카드뮴을 함유하는 땜납
  - 업무용 무선 고주파 전력 증폭 모듈의 알루미나 기판과 동방열판 사이에 접합용 땜납
  - 열센서의 열차단 또는 열측정소자에 사용되는 저융점 땜납 합금

• 다음의 특정 용도로 사용되는 6가크롬 보호막
  - 무전해 니켈 도금된 부품의 부식방지 처리
  - 흑색아연으로 도금된 부품의 부식방지 처리
• 플라즈마 디스프레이 패널 및 SED 플랫패널의 산화납유리에 포함된 납
• 광 아이솔레이터(isolator), 광 서큘레이터(circulator)의 광수동 부품에 이용되는 희토류자성 석류석(garnet)결정에 포함된 납
• 히터의 방습을 위한 봉지(封止)용 유리에 함유된 납
• 황화 광전 셀에 포함된 카드뮴
• 온도 퓨즈 감온소자에 사용되는 납 또는 카드뮴
• 방전램프에 사용되는 아말감에 포함되어 있는 납

(3) 터키(Turkey) RoHS

터키의 RoHS는 전기 또는 전자기장을 발생, 이동, 측정을 위한 제품과 교류 1,000V, 직류 1,500V를 초과하지 않는 전압정격으로 사용되기 위해 설계된 대형가전제품, 소형가전제품, 정보통신 및 원격통신장비, 소비가전제품, 조명기기, 전자공구(대형고정산업장치 제외), 완구 및 레저장비, 자판기 등 8개 전기전자제품군을 대상범위와 유해물질을 함유한 전기전자제품의 생산과 수입 감소를 목적으로 하는 전기전자제품의 유해물질제한에 관한 규정(RoHS)을 2009년도에 시행하였다.

유해물질 사용제한과 생산자의 의무는 EU와 유사하나, 터키환경청에서는 미준수 사항에 대해 시장출시전인 제품은 시장출시금지명령, 이미 출시된 제품은 시장에서 회수와 환경코드(environmental code)에 따라 벌금을 적용하고 있다.

3-2-8. EU WEEE

EU의 WEEE는 폐전기전자제품 처리지침(Directive 2002/96/EC)으로서, 폐전기전자제품 발생을 억제하고, 폐전기전자제품의 재사용, 재활용, 재생촉진과 폐전기전자제품의 환경성을 개선할 목적으로 대형가전제품 등 10개 전기전자제품군을 대상범위로 2005년 시행하였다. 이와 유사한 법규는 전 세계로 확산되어 [표 3-35]와 같이 여러 나라에서 시행하고 있다.

[표 3-35] 국가별 폐전기전자제품 처리지침

구분	EU	미 국	일 본	중 국	한 국
규제명	폐전기 전자제품 처리지침 (WEEE)	폐전자제품 재활용법	가전 리사이클링법	폐가전 및 전자제품 회수처리 관련규칙 (안)	전기전자제품 및 자동차의 자원순환에 관한 법률
의무이행주체	생산자/제조자	생산자, 판매자	생산자	제조업자, 소매업자	제조업자, 수입업자, 재활용업자
적용범위	전기전자제품	비디오 디스플레이 기기	냉장고, 세탁기, 에너컨디셔너, TV	가전 및 전자제품	전기전자 제품 및 부속품
주요의무	라벨링, 재활용, 회수, 정보제공 등	라벨링, 재활용, 비용 등	재활용, '친환경제품설계, 회수 등	라벨링, 재활용, 친환경제품설계 등	재활용, 회수, 정보제공 등
시행일	2005.08.01 (개정진행 중)	2003.08.01	2001.04.01	2012.10.01. (시행 예정)	2008.01.01

출처 : 생산기술연구원(2012), 주요 산업.국가별 무역 환경규제 대응 가이드라인

[표 3-36] EU WEEE 대상제품 (2018년 까지)

제 품 군	주 요 제 품
1. 대형가전제품	냉장고, 냉동기, 세탁기, 의류건조기, 식기세척기, 조리기구, 전기스토브, 전기열판, 전자레인지, 전열기구, 전기방열기, 전기팬, 에어컨 등
2. 소형가전제품	진공청소기, 카펫청소기, 기타 청소도구, 섬유가공기기, 다리미, 토스터기, 전기프라이팬, 커피기기, 전기칼, 머리손질 및 body care 기기, 시계, 전기저울 등
3. 정보통신장비	중앙데이터 처리장치, 메인프레임, 컴퓨터, 노트북, 노트패드, 프린터, 복사기, 전기타자기, 계산기, 전화기, 휴대폰, 자동응답기, 팩시밀리 등
4. 소비가전	TV, 라디오, 오디오, 비디오카메라, 녹화기, 앰프, 음악도구, 기타 소리/영상 재생/녹화용 기기 등
5. 조명기기	전등/조명, 형광등, 나트륨등, 네온사인, 기타 조명기구(필라멘트 전구 제외) 등
6. 전동공구	드릴, 전기톱, 재봉틀, 용접장비, 선반, 절삭장비, 기타 목재/금속/재료 가공기기 등
7. 완구 및 레저스포츠 장비	전기기차/장난감경주용차, 비디오게임기, 슬롯머신, 레저용 컴퓨터, 전기 스포츠장비 등
8. 의료장비	방사선치료 장비, 심전도기, 투석기, 인공호흡기, 원자력 의료기, 분석기기, 냉동기, 배양기 등
9. 검사 및 통제기기	연기탐지기, 난방조절기, 자동온도조절장치, 기타 측정/ 조절 장치 등
10. 자동판매기	냉/온 자동판매기, 현금인출기, 기타 모든 종류의 제품을 자동으로 제공하는 장치

출처 : 생산기술연구원(2012), 주요 산업.국가별 무역 환경규제 대응 가이드라인

EU WEEE 대상제품은 [표 3-36]과 같다. 다만, 무기, 군수품, 전재물자 등 국가안보와 관계되어 있거나 군사적용도로 사용되는 기기, 원유시추기계, 산업현장에 고정되어 있는 공장기계 등과 같이 대규모 고정산업도구 등이다.

또한 생체이식 제품이거나 감염된 의료기기, 가정용 형광등, 백열등 등의 조명기기, 필라멘트 전구, 기차에 설치된 커피메이커, 자동차 오디오 등의 전기전자기기가 아닌 제품에 고정되어 있거나 부품인 경우는 적용에서 제외된다.

2012년 1월 유럽의회는 WEEE 지침 개정안을 승인하였는데, 대상제품과 재생 · 재활용 요건 등에 변경이 있었다. 이에 따라 2018년 이후 대상범위는 열린 범위(open scope)로 전환되고, 대상 제품군도 [표 3-37]과 같이 10개에서 6개로 축소될 전망이다(국제환경규제기업지원센터 분석보고서 332-12-021, 2012).

[표 3-37] EU WEEE 대상제품 (2018년 이후)

제 품 군	주 요 제 품
1. 온도교환기기	냉장고, 냉동고, 에어컨, 가습기, 히트펌프, 방열기 등
2. 스크린, 모니터, 스크린 포함 기기	스크린, TV, 전자액자, 모니터, 노트북, 컴퓨터 등(면적 100cm2 이상)
3. 램프	백열전구, 형광등, LED램프 등
4. 대형기기(50cm 이상)	세탁기, 빨래건조기, 식기세척기, 대형 음향기기, 복사기,대형 프린터, 대형의료장비, 자판기, 태양광 패널 등
5. 소형기기(50cm 이하)	청소기, 다리미, 토스터기, 전자레인지, 전기포트, 드라이어, 전자계산기, 시계, 라디오, 오디오, 비디오카메라, 저울, 온도계 등
6. 소형 정보통신 기기(50cm 미만)	휴대폰, 라우터, GPS, 프린터, 전화기 등

출처 : 생산기술연구원(2012), 주요 산업.국가별 무역 환경규제 대응 가이드라인

폐전기전자제품을 처리하는 재활용센터는 제품군별 재활용(50~75%) 및 재생률(70~80%)을 만족해야 하며, 의료기기에 대한 재활용 및 재생률 의무조항은 없다. 또한 WEEE 지침은 지침의 대상이 되는 전기전자제품과 일반 도시폐기물을 구별하여 수거할 수 있도록 [그림 3-3]과 같은 WEEE 심벌 부착을 요구하고 있고 그 표시위치와 부착의 내구성도 규정하고 있다.

제품군별로 재활용 및 재생률 기준을 살펴보면, 대형가전제품과 자동판매기(재생율 80%, 재

활용율 75%), 정보통신장비와 소비가전(재생율 75%, 재활용율 65%)와 그 밖의 소형가전제품, 조명기기, 전동공구, 완구, 레저 및 스포츠제품, 검사 및 통제기기는 재생율 70%와 재활용률은 50%로 규정하고 있다. 이러한 기준은 점점 강화되는 추세인데, 제품군별 재활용 및 재생율 기준을 요약하면 [표 3-38]과 같다.

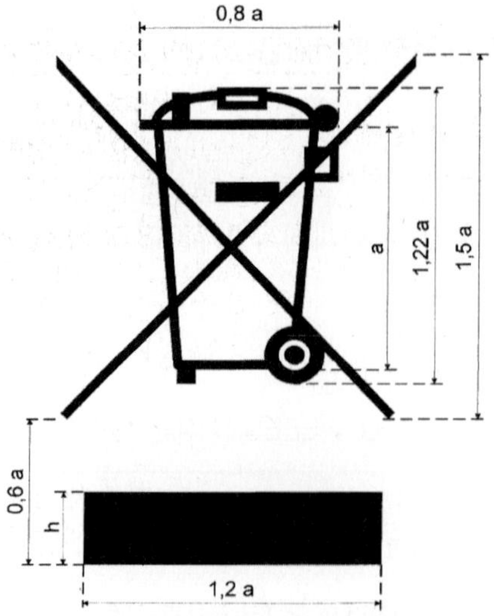

[그림 3-3] WEEE 표준 심벌

[표 3-38] 제품군별 재활용 및 재생율 기준

제품군		재활용 및 재생율 기준	
2018년 이전	2019년 이후	2015년 이전	2016년 이후
1. 대형가전제품 10. 자동판매기	1. 온도교환기기 4. 대형기기	재활용율 75% 재생율 80%	재활용율 80% 재생율 85%
3. 정보통신기기 4. 소비가전, 태양광 패널	2. 스크린, 모니터 스크린 포함 기기	재활용율 65% 재생율 75%	재활용율 70% 재생율 80%
2. 소형가전제품\ 5. 조명기기 6. 전동공구 7. 완구, 레저, 스포츠 용품 8. 의료기기 9. 검사 및 통제기기	5. 소형기기 6. 소형 정보통신 기기	재활용율 50% 재생율 70%	재활용율 55% 재생율 75%
	3. 램프	n.a	재활용율 80% 재생율 80%

출처 : 생산기술연구원(2012), 주요 산업.국가별 무역 환경규제 대응 가이드라인

생산자의 무료수거 의무화에 따라 회원국들은 2005년 8월 13일까지의 인구밀도를 기초로 2006년 말일까지 거주자 당 연평균 최소 4kg 이상 회수할 수 있도록 하기위해 소비자들과 유통업자들이 무료로 폐전기전자제품을 회수할 수 있는 시스템을 설립하였다. WEEE 심벌의 부착의무는 지침 대상이 되는 전기전자제품과 일반 고시폐기물을 구별하여 수거할 수 있도록 규정하고 있고, 그 표시 위치나 부착의 내구성도 구체적으로 규정하고 있다.

생산자는 회원국 별 가입 재활용제도의 청구 유형에 따라 회수처리비용을 부담해야 하며, 매월 판매실적 및 재활용 처리실적을 관리하고 매년 정부당국에 보고해야 한다.

보고 내용에는 국가 생산자 식별 코드, 보고기간, 제품군 카테고리, 해당국가 판매중량, 폐전자전기제품의 회수/재활용/재생/폐기/수출량 등이 포함되어야 한다. 기업대응사례로 Philips사는 재활용 정보를 제공하기 위해 'Recycling Passport' 프로그램을 만들어 제품별로 홈페이지를 통해 정보를 제공하고 있다.

대표적인 재활용 정보제공은 EICAT, OECED, AeA, Euroupe, EERA 가이드로 생산자와 재활용센터 간의 지속적인 의사소통을 용이하게 하며, 재활용센터에서는 사전처리 부품 또는 물질존재 여부를 선언해야 한다.

또한 무료수거의 의무도 규정하고 있는데 생산자의 무료수거 의무화에 따라 회원국들은 2005년 8월 13일까지의 인구밀도를 기초로 2006년 말까지 거주자 당 연평균 최소 4kg이상을 회수할 수 있도록 하기위해 소비자들과 유통업체들이 무료로 폐전기전자제품을 수거해야 하며 이를 위해 제품회수시스템에 가입하거나 개별적으로 수거시스템을 구축하도록 규정하고 있다. 무료수거에 때한 비용부담은 회원국 별 가입 재활용제도의 청구 유형에 따라 회수처리비용을 부담해야 한다.

회원국들은 모든 폐전자전기제품의 회수율 목표치에 따라 2016년부터 2018년까지 과거 3개년 평균 판매중량의 45% 이상, 2018년부터 2121년까지 65% 이상 또는 발생된 폐전자전기제품의 85% 이상 회수를 달성해야 한다.

적용의 예외사항은 유예기간(법규 발효 휴 6년까지, 2018년까지) 무기, 군수품, 전쟁물자 등 국가보안과 관계되어 있거나 군사용 용도로 사용되는 기기, 이 법령의 제품군 범위에 포함되지 않는 다른 종류의 제품 부속품으로 특별히 설계되어 오로지 그 기기의 부속품으로서의 기능만을 수행하는 기기, 필라멘트 전수, 고정식 대형 산업도구, 생체이식 제품이거나 감염된 의료기기로 규정하고 있다.

유예기간(법규 발효 후 6년 이후, 2018년 이후) 이후 추가되는 예외사항으로는 우주로 보내지도록 설계된 기기, 고정식 대형설비기기로 특별히 이 설비들의 부속품으로 설치되거나 설계되지 않는 기기들은 제외하고, 고정식 대형 산업도구, 형식승인을 받지 않은 전기이륜차를 제외한 사람이나 재화를 운송하는 수단, B2B 용도로만 사용가능한 조사 및 개발용도로만으로 특별히 설계된 기기, 제품 폐기 후 감염이 예상되는 체외진단용 의료기기 및 능동형 이식의료기기 등 총 6개 제품군으로 규정하고 있다.

3-2-9. EU ErP (에코디자인)

EU는 에너지관련 제품(ErP: Energy-related Product)에 대한 친환경설계 의무화, 친환경설계 기준에 부합하지 않는 제품의 EU 내 시장 진입금지와, 불안정한 유가에 따른 자원 확보 및 기후변화에 대응하고자 제품의 환경성과 에너지 효율을 높이기 위한 방안과 제품의 전 과정에 걸쳐 발생하는 환경영향을 감소하고 EU 회원국마다 상이한 에코디자인 기준을 통일할 목적으로 2009년 관련 법률을 시행하게 되었다.

그 대상범위는 승객과 화물 운송수단을 제외한 에너지의 생산, 사용, 이동, 측정 제품과 사용단계에서 에너지 절감에 기여할 수 있는 에너지관련 제품에 두고 있다. 더구나 우선적용 대상제품은 [표 3-39]와 같으며, 친환경제품설계 요구사항은 일반 및 특정 친환경제품설계로 구분되어 규정하고 있다. 따라서 내부설계관리, 이행방안 요구사항에 대한 기술문서 작성 및 보관, 경영시스템 구축을 통한 적합성 평가 등 에너지관련 제품의 시장출시 및 서비스 개시 전에 이행방안의 요구사항에 대한 적합성 평가를 수행하고 있다.

[표 3-39] EU ErP 우선적용 대상제품

구 분	대 상 제 품
1차 대상제품군 (14개)	보일러, 온수기, 개인용 컴퓨터와 모니터, 이미지기기, TV, 충전기와 외부전원 공급장치, 가로등, 사무조명1, 에어컨, 모터, 상업용 냉장 및 냉동고, 가정용 냉장 및 냉동고, 식기세척기와 세탁기, 대기전력
2차 대상제품군 (5개)	청소기, 복합셋톱박스, 건조기, 사무조명2, 소형고체연소장치
3차 대상제품군 (확대 중)	네트워크, 대기모드, 물사용 기기, 머신툴, 냉장냉동기기, 네트워크, 테이터처리, 저장기기 등

출처 : 국제환경규제종합정보망(http://www.compass.or.kr)

EU는 2009년 말부터 셋톱박스와 조명, 세탁기, 식기세척기, 냉장고 등에 대한 친환경설계지침 기준을 확대 적용하고 있다. 세탁기는 용량별로 세탁성능, 에너지효율, 에너지소모, 물소모량 등을 맞춰야 한다.

제품설명서에 일반 세탁제와 농축세제의 사용량 등을 자세히 표기해야 하고, 식기세척기는 세척성능, 건조효율, 에너지효율 등에 대한 구체적인 요구 사항을 반드시 명시해야 한다. 또한 산업용 전기모터, 냉장고 등은 에너지 효율성 등급을 강화해서 일정 등급 이하의 제품은 판매가 금지된다.

EU에서 요구하고 있는 친환경제품설계는 일반 친환경제품설계와 특정 친환경제품설계로 구분된다. 일반 친환경제품설계의 요구사항은 설계자의 제조공정과 관련된 정보, 제품의 주요한 환경적 특성과 성과정보를 제품과 함께 제공해야 한다.

제품의 환경영향을 최소화하고 최적의 평균수명을 보장하기 위한 제품설치, 사용, 유지보수 방법과 폐기제품처리에 관한 정보, 제품의 업그레이드 가능성 및 예비부품의 이용가능 기간에 관한 정보, 제품의 해체, 재활용 및 폐기에 관련된 처리시설에 관한 정보 등이다.

이에 따른 제조자 요구사항은 제품의 전 과정에 걸친 환경성 분석표를 작성해야 하고, 이행방안에서 제공된 기준제품 대비 달성된 환경성과를 평가하고 에코디자인 파라미터를 선정하고 제공해야 한다고 규정하고 있다.

특정 친환경제품설계는 전 과정의 다양한 단계에서 자원의 적절한 사용제한을 그 목적으로 하고 있는데, 사용단계에서 전력 및 용수소비에 대한 제한, 제품에 들어가는 특정재료의 양에 대한 제한, 재활용 원자재의 최소요구량, 특정 에코디자인 요구사항의 경우는 레벨이나 한계값 등 구체적인 요구수준이 제시되어야 한다.

그러한 디자인의 적합성 평가는 내부설계관리, 기술문서의 작성, 경영시스템 구축을 통한 적합성 평가방법 등이 있는데 이는 모두 CE마킹을 위한 절차로 볼 수 있다.

CE마킹은 EU 시장으로 출시되는 제품에 대해 관련된 EC규정과 표준규격의 필수요구사항을 준수했음을 제조자가 EU 역 내 수입업자와 사용자에게 선언하는 절차이며, 제품이 어떠한 제한 없이 시장에 유통되기 위해서는 CE마크를 부착하고 적합성 선언서를 제출하도록 하는 제도이다.

[표 3-40] EU ErP 적합성 평가단계

모 듈		적합성평가(제조자)		적합성평가(공인기관)	
A	자체 생산관리	설계단계	공인기관의 열람을 위한 기술문서를 보존	생산단계	재료특성항목 시험, 불특정 간격으로 제품확인
		생산단계	필수요건에 대한 적합성 선업, CE마크 부착		
B	형식검사	설계단계	공인기관에 기술문서, 형식(견본)제출	설계단계	필수요건에 따라 적합성확인, 필요에 따라 시험, EC형식검사 인증서 발급
C	형식적합성	생산단계	승인된 형식과의 적합성 선언, CE마크 부착	생산단계	제품특성항목시험, 불특정간경제품 확인
D	생산품질보증	생산단계	제조/시험에 관한 품질시스템 운영, 승인된 형식과의 적합성 선언, CE마크 부착	생산단계	품질시스템 승인 및 감독
E	제품품질보증	생산단계	검사/시험에 관한 품질시스템 운영, 승인된 형식과의 적합성 선언, CE마크 부착	생산단계	품질시스템 승인, 감독
F	제품검증	생산단계	승인된 형식과의 적합성 선언, CE마크 부착	생산단계	적합성 확인, 적합성 인증서 발행
G	개별제품검증	설계단계	기술문서제출	생산단계	지침서 요건과 각 제품과의 적합성 확인, 적합성 인증서 발행
		생산단계	제품제출, 적합성 선언, CE마크 부착		
H	종합품질검증	설계단계	설계에 대한 품질시스템 운영	설계단계	품질시스템 감독, 설계의 적합성 확인, EC설계검사(인증서발급)
		생산단계	인증받은 제조 및 시험에 관한 품질시스템 운영, 적합성 선언, CE마크 부착	생산단계	품질시스템 감독

출처 : 국제환경규제종합정보망(http://www.compass.or.kr)

EU 시장으로 출시되는 제품에 대해 관련된 EC 규정과 표준규격의 필수요구사항을 준수했음을 제조자가 EU 역내 수입자와 사용자에게 선언하는 절차로서, 제한 없이 시장에 유통되기 위해서는 최소 5mm 이상 크기의 CE 마크를 부착하고 적합성 선언서를 제출하도록 하고 있다. EU ErP 적합성 평가단계는 [표 3-40]과 같고, 제품별 이행방안 진행 동향은 [표 3-41]과 같다.

[표 3-41] EU ErP 제품별 이행방안 진행 동향

구 분	제 품 군
시행 중(12개)	TV(Lot5), 대기 및 오프모드, 외부전원공급장치(Lot7), 간접조명(Lot8~9), 전기모터(Lot11), 공기순환기(Lot11), 환기팬(Lot11), 가정용 냉장기기(Lot14), 가정용 세탁기(Lot14), 가정용 식기세척기(Lot14), 심플 셋톱박스(Lot18a), 일반조명기기(Lot19)
법제화완료(1개)	실내에어컨(Lot10)
법제화 진행 중(8개)	보일러 및 콤비 보일러(Lot1), 온수기(Lot2), PC 및 컴퓨터 모니터(Lot3), 이미징 기기(Lot4), 전기펌프(Lot11), 상업용 냉장 및 냉동기(Lot12), 의류건조기(Lot16), 복합셋톱박스(Lot18)
이행방안 의견수렴 중(8개)	환기팬(Lot10), 진공청소기(Lot17), 직접조명(Lot19 Part2), 가정 및 상업용 오븐(Lot22), 가정 및 상업용 그릴(Lot23), 커피머신(Lot25), 네트워크 대기손실(Lot26), 의료기기
사전연구 완료(1개)	고체연료 소형연소장치(Lot15)

출처 : 생산기술연구원(2012), 주요 산업.국가별 무역 환경규제 대응 가이드라인

3-2-10. EU ELV

EU는 폐자동차 쓰레기의 축소와 재사용 확대를 촉진하고, 폐기물의 발생방지와 폐자동차 처리에 직접적으로 관여하는 처리업자의 환경에 대한 기여도 향상을 목적으로 2002년 ELV (Directive 2000/53/EC on End of Life Vehicle) 법률을 시행하였다.

예비부품과 교체부품을 포함한 9인승 이하 승용차, 승합차와 RV 전 차종을 포함해서 차량 총 중량 3.5톤 이하 트럭과 3륜 모터사이클을 제외한 삼륜차량을 적용범위로 하고, 자동차 제조업자와 협력업체로 구별하고 생산자와 수입업자 모두를 그 의무이행주체로 하고 있다.

ELV 지침의 주요 의무사항과 이행주체에 대한 내용은 [표 3-42]와 같고, 2003년부터 적용되어온 유해물질 관리기준의 허용한계치는 [표 3-43]과 같다.

[표 3-42] EU ELV 지침의 주요 의무사항 및 이행주체

구 분	주 요 내 용	영향	이행주체
중금속 사용금지	4대 중금속 사용금지/예외(부속서2) 2003. 7. 1 이후 EU 판매 차량	수출 벌금	OEM & 협력업체
폐자동차 무상 회수	2002. 7. 1 이후 판매 : 무상회수 2002. 7. 1 이전 판매 : 2007. 1. 1부터 무상회수 경제운영자가 회수 시스템 구축	비용	OEM (제조업체)
폐자동차 재활용	생산자에 대한 의무 폐차	비용	OEM

구 분	주 요 내 용	영향	이행주체
자동차 형식승인	재활용 가능률(85%),재생 가능률(95%) 형식승인	자동차 판매	OEM & 협력업체
정보제공	신차종 출시 6개월 이내에 해체정보 제공	수출	OEM & 협력업체
	부품 재질 표기(재질마킹 법규 2003. 3. 28 확정)		

출처 : 국제환경규제종합정보망(http://www.compass.or.kr)

[표 3-43] EU ELV 유해물질 관리기준

구 분	허용 한계치, wt%(mg/kg)
납(Pb)	0.1(1,000)
수은(Hg)	0.1(1,000)
카드뮴(Cd)	0.01(100)
6가크롬(Cr6+)	0.1(1,000)

출처 : 국제환경규제종합정보망(http://www.compass.or.kr)

이러한 규정은 지속적으로 개정되어 왔고, 자동차 부품중량 재질과 구성성분 등을 협력업체와 연계하여 입력하고 관리하기 위한 시스템으로, 현재 한국자동차 업체를 포함한 40여개의 업체가 사용 중인 국제재질정보시스템(IMDS: International Material Data System)는 EU 폐차처리 지침 중금속 규제에 대응하기 위하여 8개 유럽자동차회사와 독일의 EDS 시스템업체가 공동으로 개발한 것이다.

또한 생산자 혹은 수입업자가 소비자로부터 폐자동차를 무상회수 및 재활용하기 위한 현지 네트워크를 구축하고, 2002년 7월 이후 판매된 모든 차량을 무상회수 하였으며, 2007년 초부터는 2002년 7월 이전 판매된 차량까지 모두 무상회수하고 있다.

[표 3-44] EU ELV 유해물질관련 국내 기술개발 현황

대 상		국내현황
Pb	납/황동 Bearing-Shell & Bush 류	Pb-Free Al Bearing 일부개발 적용(2008)
	고압 혹은 Fuel Hose 가황제	개발완료
	전자부품 및 회로의 납땜	Pb-Free Soldering 개발: Sn-Ag(-Bi -Cu계) Lead Free Solder 개발완료
	밸브 시트	개발완료 및 적용

대 상		국내현황
Pb	전구유리 및 스파크 플러그	개발 완료되어 2003년부터 생산시작
	플라스틱 첨가제	안전제 대체개발(납-주석-칼슘비륨): Pb-Free 칼슘-아연 안전제 개발
	전기모터용 Carbon Brushes	2005.1.1부터 교체가능하나 브러쉬의 수명과 신뢰성은 아직 문제점으로 남아 있음
	연료탱크	부식방지를 위한 납 코팅방법 대신 주석-니켈합금 소재 등으로 대체물질 및 납 저감 기술개발 추진 중
	보호용 Paint 내의 안정제	전착도료 pb-Free(5세대 Paint)개발: 2003~2004.3 개발완료 및 적용
Cr6+	6가 크롬 표준처리	Cr3+전기아연도금 대체: 백색 및 황색 크로메이드 대체기술 개발완료(2002), 흑색 크로메이드 개발완료(2005), 국방색 크로메이드(예정 없음)-Plasma 산질화 처리대체, 일부 열처리 후 백색 또는 황색 전기아연도금 사양대체, 내식성(SST: 120~720Hr, Cr-Free 공정대체), 대체자료 개발(유럽, 미국 2001 완료), ZINT다/GEOMET 등

출처: 한국산업기술시험원(KTL)

생산자에 대한 폐자동차 처리과정에서의 의무 재활용 및 재생비율도 규정하고 있으며, 차량의 안전과 배기가스 및 소음과 관련된 환경 요구사항에 위배되지 않을 경우에는 재활용이 우선적으로 수행될 수 있도록 장려하고 있다.

[표 3-44]는 EU ELV의 폐자동차 유해물질과 관련해서 한국의 대응되는 기술개발 현황을 나타내고 있고, [표 3-45]는 EU ELV의 제6차 개정 지침 부속서2에서 지정한 예외사항(Directive 2011/37/EU)을 요약한 것이다.

재활용 촉진을 위한 처리작업으로는 촉매(catalysis)의 제거, 파쇄 작업으로 분리가 불가능할 경우 구리, 알루미늄, 마그네슘을 함유한 금속부품의 제거, 파쇄공정을 통해 미 분리되는 경우처럼 효율적인 방법으로 재료 재활용이 어려울 경우에는 타이어와 대형 플라스틱 부품의 제거와 유리의 제거작업을 의미한다.

[표 3-45] EU ELV 개정 지침 예외사항 (1/3, 합금용도의 납)

No	물질 및 부품(component)	범위 및 만료일자
1(a)	중량대비 0.35% 납을 포함하는 batch hot dip형태의 용융아연 도금 부품 및 기계목적의 철강제품	2008.7.1 이전형식 승인차종 및 동일차종의 A/S 부품
1(b)	중량대비 0.35%납이 함유된 용융아연도금 강판	2016.1.1 이전형식 승인차종 및 동일차종의 A/S 부품

No	물질 및 부품(component)	범위 및 만료일자
2(a)	중량기준으로 2%납을 함유하는 가공목적을 위한 알루미늄	2005.7.1 이전형식 승인차종 및 동일차종의 A/S 부품
2(b)	중량기준으로 1.5%납을 함유하는 알루미늄	2008.7.1 이전형식 승인차종 및 동일차종의 A/S 부품
2(c)	중량기준으로 0.4%납을 함유하는 알루미늄	
3	중량기준으로 4%납을 함유하는 구리합금	
4(a)	베어링 쉘과 부시	2008.7.1 이전형식 승인차종 및 동일차종의 A/S 부품
4(b)	엔진, 변속기 및 에어컨 컴프레서에 사용되는 베어링 쉘과 부시	2011.7.1 이후에 2011.7.1 이전형식 승인차종 및 동일차종의 A/S 부품

출처 : 생산기술연구원(2012), 주요 산업.국가별 무역 환경규제 대응 가이드라인

[표 3-45] EU ELV 개정 지침 예외사항 (2/3, 부품 내 납(혼합물))

No	물질 및 부품(component)	범위 및 만료일자
5	배터리	
6	진동댐퍼	2016.1.1 이전형식 승인차종 및 동일차종의 A/S 부품
7(a)	브레이크 호스, 연료호스, 공기환기호스, 섀시제품에서 엘라스토머/금속부품, 엔진 마운팅 에서의 가황제 안정제	2005.7.1 이전에 시장에 출시된 차량을 위한 예비부품
7(b)	중량대비 0.5%납을 포함한 브레이크 호스, 연료호스, 공기환기호스, 섀시제품에서 엘라스토머/금속부품, 엔진 마운팅에서의 가황제 안정제	2006.7.1 이전형식 승인차종 및 동일차종의 A/S 부품
7c)	중량대비 0.5%납을 포함한 전동기구에서 엘라스토머를 위한 접착제	2009.7.1 이전형식 승인차종 및 동일차종의 A/S 부품
8(a)	전자회로기판용 솔더에 사용되는 납, 그리고 전자회로기판, 부품 터미널, 부품 핀 도금에 사용되는 납	2016.1.1 이전형식 승인차종 및 동일차종의 A/S 부품
8(b)	전자회로기판 또는 유리용 솔더를 제외하고 전자제품의 솔더에 사용되는 납	2011.1.1 이전형식 승인차종 및 동일차종의 A/S 부품
8(c)	전해질 알루미늄 축전기의 단자의 도금에 사용되는 납	2013.1.1 이전형식 승인차종 및 동일차종의 A/S 부품
8(d)	대량기류센서 내 유리에 사용되는 솔더용 납	2015.1.1 이전형식 승인차종 및 동일차종의 A/S 부품
8(e)	고온 용융타입 솔더에 사용되는 납(예. 납 함유 85%이상 함유)	
8(f)	Compliant 핀 커넥터 시스템에 사용되는 납	
8(g)	집적 플립 칩 패키지 내의 반도체 die와 carrier 간의 전자연결의 마감을 위해 사용되는 솔더 내의 납	

No	물질 및 부품(component)	범위 및 만료일자
8(h)	돌출면적 1cm2 이상의 칩 크기를 가지며 실리콘 칩 구역에서 정상 전류밀도 1 A/mm2 이상인 전력 반도체 어셈블리에서 전력 반도체의 Heat sink 접합에 사용되는 솔더용 납	
8(i)	유리의 전기부품 솔더에 사용되는 납(단, Laminated Glazing은 제외)	2013.1.1 이전형식 승인차종 및 동일차종의 A/S 부품
8(j)	Laminated Glazing 솔더에 사용되는 납	
9	밸브 시트	
10(a)	유리 혹은 세라믹 내의 납, 유리 혹은 세라믹 화합물질 내의 납, 유리-세라믹 혼합물 내의 납 또는 유리-세라믹 화합물 내의 납을 포함한 전기전자부품이 예외조항은 아래 부품내의 납을 포함하지 않음 - 점화플러그의 Glaze와 전구 내의 유리 - 10(b)~10(d)에 작성된 부품의 유전체 세라믹 물질	
10(b)	집적회로 또는 개별반도체의 무품이 되는 콘덴서의 유전체 세라믹 물질을 기반으로 한 lead zirconate titanate(PZT) 내의 납	
10(c)	125V AC 또는 250V DC 이하의 정격전압을 갖는 콘덴서의 유전체 세라믹 물질 내의 납	2016.1.1 이전형식 승인차종 및 동일차종의 A/S 부품
10(d)	초음파 소나 시스템 내 센서의 온도관련 편차를 보충하기 위한 콘덴서의 유전체 세라믹 물질 내의 납	2014년 이전 재검토
11	Pyrotechnic initiators	
12	배출열의 회수에 의한 CO2 배출저감을 위한 자동화 전기제품 내 납 포함 열전기물질	2019.1.1 이전형식 승인차종 및 동일차종의 A/S 부품

출처 : 생산기술연구원(2012), 주요 산업.국가별 무역 환경규제 대응 가이드라인

[표 3-45] EU ELV 개정 지침 예외사항 (3/3, 기타 물질)

No	No	물질 및 부품(component)
6가크롬		
13(a)	부식방지 코팅	2007.7.1 이전형식 승인차종 및 동일차종의 A/S 부품
13(b)	섀시제품에서 볼트 및 너트결합과 관련된 부식방지 코팅	2008.7.1 이전형식 승인차종 및 동일차종의 A/S 부품
14	환경 및 인간건강, 소비자 안전성에 부정적인 영향을 주지 않으며, 다른 냉각기술을 사용하지 않는 흡수식냉동기에서 탄소강 냉각시스템의 부식방지용으로 사용되는 6가크롬	
수은		
15(a)	헤드라이트 제품을 이한 방전램프	2012.1.1 이전형식 승인차종 및 동일차종의 A/S 부품
15(b)	계기 패널 디스플레이에 사용되는 형광 튜브	2012.1.1 이전형식 승인차종 및 동일차종의 A/S 부품

No	No	물질 및 부품(component)
카드뮴		
16	전기자동차를 위한 배터리	2008.12.31 이전형식 승인차종 및 동일차종의 A/S 부품

출처 : 생산기술연구원(2012), 주요 산업.국가별 무역 환경규제 대응 가이드라인

EU는 신차에 대한 재활용 및 재생 가능률 형식지침을 2005년에 규정하고 형식승인을 위한 서류로 차량제원, ISO 22628:2002(Road Vehicle Recyclability Calculation Method)에 의한 측정기준, 각 85%의 재활용 및 재생 가능률 목표치, 차량의 재질 분류별 구성중량과 에어백, 차량좌석 및 배기소음기 등 7개 품목 등 재사용 불가용 규정에 관한 제출을 요구하고 있다.

[표 3-46]은 EU의 자동차 산업에서 재활용 형식승인절차를 요약한 것이며, 이를 바탕으로 대응하는 하여야 하는데, 이를 위해 RAIS-H(Recyclability Assessment Information System for Homologation)은 재활용 형식승인 인증지원 시스템이라고 하며, 이는 재활용 형식승인법규에 대응하기 위해 한국의 현대. 기아자동차에서 자체적으로 개발한 시스템이다. 이는 XML 편집기를 이용하여 단일재질부품의 재질 및 중량 Data를 담당 협력업체 및 설계팀에서 직접 입력하여 환경개발기술팀으로 송부하는 시스템이다.

정보제공 면에서 신차종 출시 6개월 이내에 해체 매뉴얼을 해체업자에게 제공하는 것을 의무화하고 있다. 이에 대응하기 위해 국제해체정보시스템 IDIS(International Dismantling Information System)는 국내의 많은 자동차 제조업체에서 활용하는 전자해체정보 매뉴얼로 IDIS에 가입한 전 세계 자동차 제조업체의 차량정보를 DVD 형태나 인터넷 정보형태로 제공하고 있다.

[표 3-46] EU 재활용 형식승인 절차요약

단계	요구사항
예비 평가	제조업체 제출 서류(Body Type/Trim Level/옵션 사항별) · 부품 재질(재질 마킹 포함), 중량 · 재활용 및 재회수 가능률(ISO 22628 규격에 의한 산출) 제조업체가 추천하는 재활용 전략에 대한 관련 서류 증명
대표사양 선정	인증기관에 의해 승인 대상 대표사양 선정
인증기관 시험	차량 분해를 통해 재질별 중량 및 재질 마킹 확인

단계	요구사항
승인 수여	차량 및 예비 평가에 대한 형식승인 확인서 발행
생산 일치성 검사	제조업체 자체수행 증명 서류제출(제조업체에 의한 검사가 검증 안 될 경우, 인증기관에서 차량 및 부품검사 직접 수행)

출처 : 국제환경규제종합정보망(http://www.compass.or.kr)

3-2-11. 에코라벨링

에코라벨은 해당제품이 친환경적이며 일정한 요건을 충족한 우수한 품질의 제품임을 해당 국가나 경제블록의 공인기관에서 공인해주고 있음을 의미한다. 대부분의 에코라벨 부착은 강제규정이 아닌 자율규정으로서, 부착여부는 제조업체나 수입업체의 선택에 달려 있다.

[표 3-47] 주요 국가별 에코라벨 동향

국 가	제 도 명	주 요 내 용
EU	Eco Label (EU Flower)	냉장고, 세탁기, TV, PC, 세제, 의류, 가구, 전등, 종이, 호텔 등의 품목에 대해 인증기준 설정
	EU Energy Label	1992년부터 시행하고 있는 의무적 라벨링 제도 냉장고와 에어컨 등의 가전제품과 자동차에 대해 A~G까지 에너지효율등급 표시 최저효율기준에 못 미치는 제품은 EU 내 판매 금지
독일	Blue Angel	1979년 세계최초로 도입된 Type I 에코라벨링으로서 현재 가전제품, 사무기기, 생활용품, 건축자재 등의 품목에서 만여 개의 제품 및 서비스에 부착됨
스웨덴	Good Environmental Choice	민간차원의 환경마크제도로 법적 강제규정이 없음 제품의 전과정 환경정보를 공개한 제품에 대해 자발적 신청을 받아 스웨덴 환경경영 위원회에서 인증
북유럽 5개국	Nordic Swan	북유럽 국가들의 공식적 환경 친화 라벨 부착 제도 북유럽 국가들의 다양한 환경 친화 라벨 부착 프로그램을 통합하기 위해 1989년에 도입된 자발적이고 중립적인 공식 인증 프로그램
프랑스	NF Environment	제품수명, 상세 제품정보, 40% 이상의 재생 가능 원료 및 중금속, 플라스틱 사용정도를 기준으로 하여 기준 이상의 제품에 환경마크를 부착하는 제도
싱가포르	Green Label	환경 친화적 제품을 표시하여 국내소비자들에게 환경보호에 대한 인식을 제고시키고, 기업으로 하여금 환경친화적인 제품생산을 촉진
호주	Good Environmental Choice	화장지, 재활용제품 등 총 10개 품목을 대상으로 한 친환경 제품인증제도 호주 환경 라벨링 협회에서 운영
캐나다	Environmental Choice Program(ECP)	90여개의 제품군에 대한 환경성 기준안 개발 기준에 따라 제품에 환경마크 부여

국 가	제 도 명	주 요 내 용
네덜란드	Stichting Milieukeur (Dutch Ecolabel)	인체/환경에 유해한 제조과정에 의해 생산된 제품, 위험물질, 제약품 등을 제외한 모든 제품 대상 수입자 혹은 생산자의 자발적 요청에 의해 검토 후, 적격제품에 대해 환경마크 부착
뉴질랜드	MRPI (Milieurelevante Productinformatie)	1992년에 도입된 정부 프로그램, 민간 위탁 운영 페인트, 사무기기, 화장지, 재활용 플라스틱 제품 등 대상
미국	Energy Star	미국 EPA에서 도입한 절전형 전기전자제품에 대한 제3자 인증제도, 가전 및 사무기기 대상 일본 통상성과 상호협약 하에 사무기기만을 대상으로 International Energy Star도 함께 운영 5개 대상제품군으로 most-efficient 라벨적용(2011.7)
	Green Seal	1991년 시행된 친환경 제품인증제도 미국 EPA의 공공기관 친환경구매정책 (EPP program)과 연계하여 정부녹색화사업 추진
	Certified Eco-Profile (CEP)	펄프 및 제지, 쓰레기봉투 등 20여개 제품에 대한 친환경 제품인증제도
한국	환경마크	1992년 도입, 환경부와 한국환경산업기술원 운영 동일용도의 제품 중 생산 및 소비과정에서 오염을 상대적으로 적게 일으키거나 자원을 절약할 수 있는 제품에 환경마크를 표시
	환경성적표지	2001년 환경부 Type III 환경라벨링제도로서 시행 전과정 평가를 수행하고, 그 결과가 환경성 정보로 제공된 제품에 환경성적표지 표시
일본	Eco Mark	1989년에 도입, 매년 5,000개 이상의 제품이 인증을 받고 있어 가장 활발한 운영성과를 기록 문구류, 화장지, 세제 등 생활용품 중심에서 최근 전기전자제품도 인증대상으로 포함
중국	환경표지	건축자제, 가전제품, 사무기기류 등의 품목 대상 환경연합인증중심유한공사(CEC)에 의해 운영 대상제품 범위를 7개에서 8개로 확대 적용
홍콩	Green Label	국제적인 환경라벨인증제도(ISO 14024)를 기준으로 엄격한 심사를 거쳐 합격한 환경친화적인 제품과 기술에 한해 부착
대만	Green Mark	1992년 8월 대만환경청(EPA)에 의해 도입 기준개발/인증업무 대만환경개발재단(EDF)에 위임
태국	Green Label	태국 환경 연구원에 의해 운영되는 사무기기, 가전제품, 건축자재, 생활용품 위주의 39개 품목 대상

출처 : 생산기술연구원(2012), 주요 산업.국가별 무역 환경규제 대응 가이드라인

그러나 에코라벨은 범 국가/경제블록 차원의 환경마크로 인식되고, 전 세계적으로 환경에 대한 관심이 높아지면서 점차 소비자들의 물품 구매기준의 결정적 요인으로 작용하고 있다. 주요 국가별 에코라벨 현황은 [표 3-47]과 같이 요약될 수 있다.

(1) EU

EU에서는 동일한 제품그룹에서 다른 제품끼리의 환경영향을 비교하여 제품의 환경영향 절감달성과 소비자에게 제품의 과학적이며 정확한 정보를 제공하기 위한 목적으로 2000년 9월 에코라벨링 법률(Regulation(EC) No 1980/2000 of the European Parliament and of the Council of 17 July 2000 on a revised Community eco-label award scheme)을 제정하였다.

[표 3-48] EU 에코라벨 기준제정 현황

구 분	품 목 군		
기준 기제정 품목	• 위생용 화장지와 클리너 • 유리세정제 • 화장실용 세정제 • 복사용지 • 식기세척기용세제 • 신발 • 전구 • 식기세제 • 세탁세제	• 목재바닥재 • 섬유바닥재 • 경질바닥재 • 여행용숙박서비스 • 샴푸와 비누 • 가구 • 윤활유 • 가구 • PC	• 휴대용 컴퓨터 • 토양개선제 • 원예용 제품 • TV • 티슈 • 위생용품(냅킨) • 히트펌프
기준 제정중인 품목	• 인쇄물 • 세탁기	• 조명제품 • 냉장고	• 랩톱 • 데스크톱
기준 개정중인 품목	• 섬유제품 • 실내용 도료	• 샴푸와 비누 • 매트리스	• 헤어컨디셔너
제정 가능성 검토품목	• 전문가용 식기세제 • 신문용지 • 화장실변기 • 건축부분품	• 건축서비스 • 이미징기기 • 샤워기 • 수도꼭지	• 난방시스템 • 전문가용 세탁세제

출처 : 생산기술연구원(2012), 주요 산업.국가별 무역 환경규제 대응 가이드라인

EU 에코라벨은 제품의 제조, 유통, 소비과정에서 환경에 미치는 영향을 줄이기 위하여 제조과정에서 사용을 금지하거나 제한하는 화학물질들을 규정함으로써, 특정제품의 EU 역내판매를 실질적으로 제한해 왔다. 특히 유럽 소비자 단체와 환경단체와 에코라벨 보유업체들이 에코라벨 부착을 마케팅 전략으로 활용함으로써 에코라벨 대상품목은 계속 늘어나고 있는 추세이다. EU에서는 에코라벨의 대상범위를 [표 3-48]과 같이 클리닝제품, 전자제품, 제지제품, 가정용 제품, 의류 등의 제품 및 서비스에 대하여 시행하고 있다.

제조업체, 수입업체 및 서비스 제공업체 등 의무이행주체는 자발적 인증방법으로 인증을 해

야 하며, 도소매 유통업체는 자신의 브랜드명으로 제품을 출시하는 경우 신청이 가능하다.

기준이 제정된 제품에 한해서 에코라벨의 부착이 허용되는데, 에코라벨 기준은 기준 제종과 관련된 생산자, 소비자, 환경단체, 수입업자, 유통업자와 정부기관 등 모든 이해당사자들이 참여하는 EU 에코라벨 작업반(EUEB)에 의해 그 기준이 설정되고 검토된다.

EU 에코라벨의 제외 대상제품은 식료품과 음료, 의약품, 그리고 Directive 93/42/EEC (Official Journal L 169 of 12.07.1993)에서 엑스레이장비나 치과장비 등의 의료기기에 대하여 규정된 의학기기가 있다.

또한 EU 위험물질의 분류, 포장, 표시에 관한 지침으로 위험물질 해당여부와 분류 및 표지를 확인하기 위한 규제에 해당되는 위험물질 또는 혼합물, 인체 및 환경에 유해한 공정에 의해 생산된 제품은 제외 대상제품이 된다.

EU의 에코라벨 인증을 받기 위한 일반적인 조건은 대량 생산되는 대중적인 제품으로 생산이나 사용 시 환경에 큰 영향을 미치지 않아야 하며, 친환경적 방식으로 제조되어야 한다.

제품에 대한 환경영향은 제품의 전 과정에서 고려되는 과학적인 기준인데, 기후변화, 자연 및 생물 다양성, 에너지 및 자원소비, 폐기물 발생, 환경으로 배출되는 물질, 물리적 영향으로 인해 발생하는 오염물질, 유해물질 사용 및 배출 등의 특정 환경영향이 그 기준이 된다.

유해물질의 대체, 환경영향 절감의 잠재성, 건강 및 안전 측면을 포함한 환경이득 및 환경부담에서의 순환경균형(net environmental balance), ILO 표준과 같은 국제적인 기준을 통한 사회 및 윤리적 측면, 동물시험 수행을 감소시키기 위한 기준과, 다른 환경라벨을 위해 설립된 기준 등을 언급하고 있다. EU 에코라벨 기준에 관한 일반적 요건은 다음과 같다(녹색경영정보포털, http://www.gmi.go.kr).

① EU 에코라벨 규범: 환경영역에 있어 공동체의 최신의 전략적 목표를 고려하여 제품의 환경적 수행(수준), 즉 환경보호의 노력에 기초해야 한다.

② EU 에코라벨을 획득하기 위해 제품이 갖추어야 하는 환경적 요구치 규정을 만족해야 한다.

③ EU 에코라벨 규범은 제품의 전체 수명을 감안하여 과학적 근거에 따라 규정되어야 한다.

④ EU 에코라벨 기준 규정 시 다음 사항을 고려해야 한다.

– 환경적 영향, 특히 기후변화에 대한 영향, 자연환경과 생물다양성, 에너지, 자원소비에

대한 영향, 모든 환경적 매체(토양, 물, 공기)에 대한 폐기물, 배출 가스, 물리적 영향에 따른 오염, 유해물질의 사용과 배출 문제

- 기술적으로 가능한 다른 재료나 디자인을 사용함으로써 유해한 물질을 보다 안전한 물질로 대체
- 제품의 전체 수명기간 동안의 환경적 이득과 부담간의 환경적 균형(안전 및 보건의 영역 포함)
- 제품의 내구성 강화 및 재활용 가능성으로 인한 환경적 영향의 감소 가능성

⑤ EU 에코라벨을 부여 받은 상품들의 본래의 용도에 따라 사용되도록 보장해야 한다.

EU 에코라벨 기준에 부합한 제품에 대해 라벨을 부착하고, 추가적인 사항으로 선택에 따라 제품의 세 가지 주요 환경 특성을 기입한 선택적 라벨 부착이 가능하며, 이때 기준에 명시된 텍스트에 기입하고 등록번호 또한 부착하여야 한다. 일반적으로 에코라벨 인증유효기간은 5년이지만, 제품에 따라 다르게 적용된다.

에코라벨 인증은 인증비용과 연간비용이 있으며, 그 비용은 다양하게 적용되고 있다. 에코라벨 사후관리는 소비자 신뢰도 확보를 위해, 에코라벨 인증제품 기준 준수여부를 조사하는데, 환경성과 품질에 대한 인증기준 지속여부와 표시나 광고내용의 적절여부와 도안표시 규정 준수 여부 등을 조사하고 있다.

또한 환경마크의 무단사용조사는, 환경마크인증을 받지 않고 제품에 환경마크 도안을 부착하여 유통시키거나, 환경마크 인증이 종료된 제품에 환경마크를 부착하여 유통시키는 경우를 조사하고 있다.

(2) 일본

일본정부도 가방, 프린트 잉크 및 의류 등 46개 제품군을 그 적용대상범위로 유사한 제품군 사이에서의 제품 전 과정에 대한 환경영향을 비교하고 제품 사용으로 인해 발생할 수 있는 환경영향을 최소화하려는 목적으로 1989년 관련 법률을 시행하고 있으며, 일본 환경협회가 자발적 인증방법으로 운영하는 에코마크가 있다. 마크의 'e'의 상징적인 의미는 earth+environment를 말하고, 마크의 색상과 크기도 규정하고 있다.

(3) 한국

우리나라의 환경표지제도는 '환경기술개발 및 지원에 관한 법률(제20조)' 에 의거한 법정 임의인증제도로서 1992년 4월부터 도입되었다. 환경마크 제도는 1996년 8월에 제정된 '환경표지인증에 관한 업무규정' 에 의거 시행되고 있으며, 2009년 1월에 개정되어 환경부와 한국환경산업기술원이 주관하고 있다.

환경마크 역시 자발적 인증제도로서, [표 3-49]와 같이 사무용기기와 가정용기기 등 143개 제품군을 대상범위로 하고 있다. 친환경적인 제품을 생산하고 소비할 수 있도록 소비자에게 정확한 제품의 환경 정보를 공개하고, 기업은 소비자의 친환경적 구매 욕구에 부응하는 환경 친화적인 제품과 기술을 개발하도록 유도해서 지속가능한 사회를 지향하고자 하는 목적으로 시행하고 있다.

[표 3-49] 국내의 환경표지 마크표기

제 품 군	구 분	표 기 방 법
사무용 기기, 가구 및 사무용품	인쇄용지, 사무용지 및 사무용 종이제품, 종이접착테이프 및 종이접착시트, 토너카트리지, 필기구	친환경 사무용품
	전기 냉온수기	친환경 냉온수기
	가스 캐비닛 히터	친환경 가스난방기
	복사기, 프린터, 팩시밀리, 개인용 컴퓨터 및 모니터, 노트북	친환경 사무기기
	사무용 목제가구, 사무용 칸막이, 의자	친환경 사무기기
주택 건설용 자재, 재료 및 설비	형광램프, 형광램프용 안정기, 안정기 내장형 램프, 감지형 등기구, 방전램프용 안정기-나트륨램프용 및 메탈핼라이트용 안정기, 전선케이블, 전기손 건조기	친환경 전기자재
	절수형 수도꼭지, 샤워헤드 및 수도꼭지 절수부속, 절수형 양변기, 양변기요 부속, 수도계량기, 자동 온도조절 밸브, 수도용 급수관	친환경 수도자재
	페인트, 벽지, 보온 · 단열재 및 흡음재, 건설용 방수재, 투수 콘크리트 제품, 실내용 바닥 장식재, 조립식 바닥 난방시스템 및 배선용 바닥재, 벽 및 천장 마감재, 층간 소음 방지재, 창호, 접착제, 장식용 한성수지 시트	친환경 건축자재
	가스보일러, 히트펌프 시스템, 열 회수 환기장치	친환경 건축설비
개인용품 및 가정용품	비누, 세탁용 세제, 주방용 세제, 식기세척기용 세제, 자동차용 창유리세정액 및 다목적 세정제, 화장지, 스프레이 제품, 전지	친환경 생활용품
	의류	친환경 의류
	가방, 신발, 모조 귀금속	친환경 생활잡화

제 품 군	구 분	표 기 방 법
가정용기기	에어컨디셔너, 세탁기, 식기세척기, 냉장고, 김치냉장고, 전기진공청소기, 공기청정기, TV, 비디오 재생 · 기록기, 휴대전화기, 전기주전자 및 전기커피제조기	친환경 생활가전
가정용가구	부엌용 목재 식탁, 붙박이형 목제 제품, 침대	친환경 생활가구
교통, 여가, 문화관련 제품	승용차용 타이어, 트럭, 버스용 타이어	친환경 타이어
	가솔린 자동차용 엔진오일, 디젤 자동차용 엔진오일, 2사이클 엔진오일	친환경 엔진오일
	자동차용 부동액, 비석면 운송부품, 공기청정기 여과제	친환경 차량제품
	낚시 추, 낚시 미끼	친환경 레저용품
	인쇄물	친환경 인쇄물
산업용제품 및 장비	유압 작동유, 인쇄용 잉크, 포장재	친환경 산업용자재
	산업용 축전지, 산업용 세척기 및 산업용 세정제	친환경 산업용제품
	냉 · 온 음료 자동판매기, 냉동 · 냉장 쇼케이스	친환경 전기기기
	저소음 건설기계	친환경 건설기계
	수처리제, 탈취제, 토양개량제, 수산양식용 부자	지정하지 않음
복합용도 및 기타	유류	친환경 에너지
	태양열 온수기, 태양전지 및 자가발전장치 사용제품	친환경 에너지사용제품
	단련용 동합금, 주물용 동합금	친환경 동합금제품
	합성수지 제품, 고무제품, 목재 성형제품, 생분해성 수지제품, 무기성 토목.건축자재, 슬래그 가공제품, 재보충 제품, 폐기물 감량.감용화 기기, 전기.전자제품용 부품	별도로 지정하지 않음

출처 : 생산기술연구원(2012), 주요 산업 · 국가별 무역 환경규제 대응 가이드라인

특히 2011년 10월 대만에서 개최된 '2011 국제 환경라벨링 네트워크(GEN : Global Ecolabelling Network) 총회' 에서 우리나라의 환경표지 인증시스템이 '국제통합 환경라벨링 시스템(GENICES) 인정서' 를 획득하였다.

이로써 우리나라는 GEN 전체 48개 회원국 중 11번째로 인정서를 받게 됨에 따라, 환경표지 인증에 관한 국제 공조와 함께 국제 공통기준 개발에 적극 참여할 수 있는 발판을 마련하였으며, 국내에서 환경표지 인증을 받은 국내 기업의 친환경 제품이 우리나라와 상호인정협정(MRA: Mutual Recognition Agreement)을 체결한 외국으로 수출할 때, 간소화된 절차로 외국의 환경표지(에코라벨)를 취득할 수 있게 되었다(환경부 보도자료. 2011.11).

한국의 환경마크 사용 약정기간은 2년이며, 이 기간 종료 후, 환경마크를 사용하고자 하는

경우, 종료일 이전에 해당 제품에 대한 현행 인증기준에 적합하다는 사실을 확인하여 환경마크 사용을 위한 약정을 체결해야 한다고 규정하고 있다. 2010년 11월 말을 기준으로 인증제품은 생활용품과 사무용품 등을 포함하여 143개 제품군, 7,879개 제품에 대한 인증을 완료한 상황이다.

(4) 중국

주요 수출대상 몇 국가의 환경마크에 대해 살펴보면, 먼저, 중국의 환경마크는 1994년 가정용 냉장고와 세제음료 등 56개 제품군을 그 대상범위로 기업의 친 환경제품의 생산과 소비를 장려하고, 소비자에게 환경적으로 우수한 제품을 제공할 목적으로 운영은 중국환경연합인증중심유한공사(http://www.sepacec.com) 에서 하고 있고, 자발적 인증 방법을 채택하고 있는 중국환경표지이다.

중국의 환경마크 인증취득을 취한 절차는, 제품에 대한 환경마크 신청서를 제출하고 심의실시, 신청기업과 심의기관과의 계약 체결, 현장검증 실시, 제품샘플 지정지관 검증, 기술위원회 심의실시를 통해 환경마크의 발급 여부를 결정하게 되며, 인증유효기간은 3년이다.

3-2-12. 탄소라벨링

주요 국가별 탄소라벨링 제도를 살펴보면, 한국은 2009년에 한국환경산업기술원(http://www.edp.or.kr/carbon/main/main.asp)에서 운영하고 있고, 관련 법률인 탄소성적표지인증제도가 있다. 인증방법은 인증기준을 적용하여 탄소배출량을 산출하는데, 일반제품과 에너지사용제품에 대한 작성지침이 별도로 있고, 인증을 받은 제품에 한해 라벨을 부착할 수 있다.

제품 및 서비스 전 과정에서 발생한 온실가스 배출량을 정량적으로 파악하여 인증부여를 하는데, 이는 해당 제품에 대한 배출기준치(baseline)이다. 라벨에는 탄소성적표지 인증기업과 인증제품 구매자는 기후변화에 대응한다는 문구의 기후변화대응과, 인증신청 제품의 탄소발자국인 그램(g)수, 그리고 대표적 온실가스인 CO_2의 정보 등 세 가지를 포함하여야 한다. 현재, 인증제품은 식품, 화학제품, 에너지 사용제품 등을 포함하여 60개 이상의 기업에서 300개 이상의 제품에 대한 인증을 완료한 상태이다.

영국정부도 자발적 인증형식의 Carbon Reduction Label 규제를 2007년도부터 시행하고 있는데, BS(British Standard Institute) PAS 2050:2008의 영국표준협회에서 제공하는 표준으로 탄소발자국에 대한 산정방법과 기준제시를 통해 대상제품을 선정하고 제품에 대한 온실가스의 배출량을 산정하고, 인증을 받은 제품은 2년 이내에 탄소발자국 저감달성을 완료해야 한다고 규정하고 있다.

영국은 현재, 식품, 의류, 화학제품과 에너지 사용제품 등을 포함하여 90개 이상 브랜드의 7,000개 이상의 제품에 대해 인증을 완료한 상태이다.

스웨덴 역시, 각 제품군별 162개 PCRs(Product Category Rules) 규칙을 적용하여 1998년에 자발적 인증방법으로 기후선언(climate declaration) 관련 법률을 시행하고 있다. 만약 인증을 받고자 하는 제품에 대한 PCRs가 없다면 EPD system에 개발을 요청해야 하며, 제품에 대한 독립적인 제3자가 검증기관이 Climate Declaration 규칙에 부합한지 검증을 수행해야 한다.

검증이 완료된 제품에 한해 라벨링 부착과 웹 사이트에 정보를 공개하고 있다. 라벨링은 제품의 환경 측면에서 보여주는 EPD 라벨과 동일하며, 인증신청 양식, 기후선언, 인증보고서, 기업로고 및 제품이미지 등의 정보도 제공되어야 한다. 스웨덴은 현재, 가구, 식품, 금속, 서비스, 에너지 사용제품 등을 포함하여 총 97개 제품에 대한 인증을 완료한 상태이다.

스위스는 식품과 생활용품 등을 포함하여 총 9개 기업의 29개 제품에 대한 인증을 완료하였는데, 인증기준은 ISO 14040과 ISO 14044를 기준으로 한 제품 온실가스 배출량을 산정하는 관련법률 Climatop을 2008년부터 시행하고 있다. 제품이 Climatop 라벨을 부착하고 있다는 것은 자사의 동일한 제품군과 비교하여 최소 20% 미만의 온실가스를 배출한다는 것을 의미한다.

프랑스 정부는 지속가능발전부에서 운영하는 2010-788 the National Commitment for the Environment(Grenelle II) 규제를 2011년부터 시행하고 있는데, 타 국가와 유사하게 제품 및 서비스의 전 과정에서 발생하는 환경영향에 대한 탄소 배출량, 환경영향정보 및 에너지 효율성 정보 등을 내용으로 하고 있다.

스위스의 경우, 강제적인 라벨링 부착을 해야 하며, 2010년 말 환경라벨링에 관한 이산화탄소 배출량 산정 방법과 기업수준에 따른 다른 시행방법, 인간 또는 제품의 수송 등에 관한 서비스에 대한 정보를 제공할 세부조항이 발표되었다. 스위스는 또 다른 관련 법안으로, 내부공기질 향상과 폐기물 관리에 대해 이미 적용하고 있는데, 이는, 건물, 가구, 벽 및 바닥재, 페인트 등 공기오염에 관여하는 제품을 대상으로 하는 내부공기질 향상(제180조)와 포장지, 중고 가구 수거 및 재활용 가능제품에 대한 관련법안(제199조 및 제200조)을 적용하고 있다.

미국은 탄소라벨링의 관련 법률인 Climate Conscious Carbon Label을 2008년부터 자발적 인증방법으로 시행하고 있다. Climate Conscious Methodology 인증방법은 ISO 14040, ISO 14044, PAS 2050:2008을 기준으로 하여 제품 전과정에 대한 온실가스 배출량을 산정하고 있으며, 검증결과에 따라 등급별 제품 라벨링을 부여하고 있다.

베이스라인 기준은 탄소집약도인 GDP(Gross Domestic Product) 1$를 기준으로 탄소배출량을 계산하고, 현재까지 공개된 인증제품은 New Belgium Brewing Company의 맥주 Fat Tire, amber ale이 있다.

일본도 제품탄소발자국(CFP: Carbon Footprint of Product) 법률을 정부기관인 경제산업성에서 운영하고 있는데, 인증기준은 일반기준과 제품별 기준으로 나누고 있다. CFP 검증위원회에서 대상제품에 대한 인증을 수행하고 있으며, 현재, 식품, 문구, 의류, 서비스 등을 포함하여 총 94개 제품에 대한 인증을 완료한 상태이다.

식품, 생활용품과 에너지 사용제품을 포함해 9개 제품에 대한 인증을 완료한 대만정부는 대만환경부, 환경보호서의 운영을 통해 관련 법률인 CFP를 2009년 말부터 시행하고 있다.

대만 정부는 탄소라벨링 규제에 대해 자발적 인증을 택하고 있고, 2단계 탄소라벨링 규제를 추진 적용하고 있다. 1단계는 제품에 대한 탄소배출량을 계산하고 소비자들이 정보를 제공받을 수 있도록 라벨에 관련정보를 부착하는 단계이며, 2단계에서 제품에 대한 저탄소 라벨링을 개발하고 소비자에게 저탄소 제품을 제공하여 제품에 대한 배출량 감축을 달성하기 위한 단계이다.

현재, 대만에서는 1단계만을 추진 중에 있으며, 대만 표준 CNS 14044와 CNS 14044를 근간으로 대만 탄소라벨링 가이드라인을 채택하고 있다. 특히, 전원공급장치, TV와 가정용 세탁기 등의 10개 제품에 대한 PCR을 제공하고 있으며, 환경부에서 발간한 Product Carbon Footprint Labeling Essentials에 따라 인증을 진행하고 있다.

3-3. 산업별 국제 환경규제

주요 산업별 국제환경규제의 세부내용은 광범위하지만, 본 저서에서는 한국생산기술연구원 국가청정생산지원센터와 관련기관에서 발표한 내용을 바탕으로 다음과 같이, 화학산업, 전기 · 전자산업, 자동차산업, 철강산업, 섬유산업, 생활용품산업, 항공산업, 나노물질 활용산업 등의 대표적인 산업의 국제환경규제를 서술하고자 한다.

3-3-1. 석유화학산업

전 세계적으로 지구환경문제의 주범이 되고 있는 산업이 바로 화학분야이다. UN에서 2002년도 요하네스버그 회의에서 국제적 화학물질관리에 관한 전략적 접근(SAICM: Strategic Approach to International Chemical Management)을 채택하고 화학물질 관리를 강조하기 시작했다. 이는 화학물질 관리의 국제 규범의 기초가 되면서 포괄적 환경문제의 전략 및 지구행동계획을 마련하는 틀이 되었던 것이다.

UN은 국제 화학물질 분류표시 체계를 표준화하기 위하여 GHS 제도를 추진하고 있다. 국가마다 상이한 화학물질 분류 및 표시 제도를 단일화하고 통일화하려는 움직임이 일어나면서 사용자로 하여금 쉽게 유해성을 인식할 수 있도록 하였으며, 이는 APEC 역내 국가까지도 도입하게 되었다.

OECD도 유해물질에 대한 평가, 관리 및 화학물질 관련규제의 국제적 조화를 위한 프로그램을 진행하고 있는데 이는 화학물질 배출량 보고제도 확산, 신규화학물질 유해성 심사제도 조화, 화학물질 정보공동 인정, 위해성 평가 및 관리, GHS 추진, 시험지침 및 GLP 규정 수립 등의 노력을 하고 있다.

또한 국제 화학단체 협의회(ICCA)를 중심으로 화학제품의 전 과정에 걸쳐 환경과 인간건강을 보존하도록 배려하고 이를 경영방침 공약으로 실행하는 생산자 중심의 자발적 활동인 RC(Responsible Care)를 확산하고 있으며, EU, OECD 및 미국 등을 중심으로 산업계참여를 통한 오염자 부담원칙을 추진하고 있다. 국내 화학산업계도 2000년도에 46번째로 ICCA/RCLG(Responsible Care Leadership Group)에 강비하고 활발한 활동을 하고 있다.

화학산업 분야는 유기화학과 무기화학분야 내에도 수많은 화학제품을 제조하는 세부분야를 포함하는데, 그 동안 화학산업에서의 환경기술 개발은 주로 제품생산 후의 오염물질과 폐기물 처리에 초점을 두었다.

국내외로 환경규제 강화로 기업이나 산업계에서의 큰 부담과 함께 에너지 절약과 효율성 향상을 위한 개선에 노력을 하지 않으면 안 되게 되었다. 특히, 화학산업은 광범위하게 인류사회와 인간건강에 직접적인 영향을 주는 산업으로써 제일 먼저 환경보호에 앞장서야 할 입장인 것이다.

석유화학산업에 대한 환경규제는 다음과 같이 화학물질관리규제, 유해물질규제, 배터리규제, 오존층파괴물질 · 온실가스규제 등으로 구분할 수 있다.

① 화학물질관리규제 : EU 신화학물질관리규정(REACH), 미국 TSCA, 중국 신규화학물질환경관리제도, 일본 화관법, 일본 화심법, 화학물질관리제도(대만, 터키, 필리핀), 한국 유해화학물질관리법

② 유해물질규제 : DMF(Dimethyl Fumarate)규제, 미국 캘리포니아 Proposition 65

③ 배터리규제 : EU 배터리지침, 배터리규제(미국, 중국 등)

④ 오존층파괴물질 및 온실가스 규제

⑤ 유해물질 분류 · 표지규제 : EU CLP 법령, GHS(미국, 중국, 일본, 한국 등)

석유화학산업은 화석연료를 주원료로 사용하여 다량의 온실가스가 생성되고 제조공정에서 막대한 에너지를 소비하기 때문에 기후변화협약의 영향을 크게 받아왔으나, 최근에는 선진국과 개도국 모두 기후변화 관련 규제보다는 유해화학물질 저감을 위한 규제를 강화하는 추세이다.

화학산업의 경우 화학제품의 주요 생산지 대부분이 중국과 중동으로 이동한 상태이고 유럽과 미국의 화학 제조업 비중이 낮기 때문에, 선진국에서 온실가스 배출 저감을 목적으로 무역제재를 강화할 가능성은 높지 않으나, 국가별 감축목표에 따라 석유화학산업에도 상당한 감축 압박이 부과되고 있다.

화학물질 관리에 대한 다수의 국제협약이 제정되었으며, 1988년 발효된 비엔나협약은 CFC 등 오존층 파괴물질을 규제하고 있으며, 1992년 발효된 바젤협약은 유해 화학물질 폐기물의

국가 간 이동을 금지하고 있다. 1998년 9월에 제정되어 2004년 2월부터 발효된 로테르담 협약(PIC: Prior Informed Consent)은 인류의 건강과 환경에 영향을 미치는 화학물질에 대한 정보교환의 필요성을 강조하고 있다.

또한 2004년 4월에는 스톡홀름협약이 발효되어 다이옥신과 등 강한 독성을 갖고 분해가 용이하지 않아 생물체 내에 축적되고 생식기능을 저하시키는 물질을 잔류성 유기오염물질(POP)로 규정하여 규제하고 있다.

최근에는 세계 각국에서 안전 · 보건을 목적으로 하는 유해화학물질 관리 규제가 강화되고 있어 석유화학 수출 기업에게 어려움을 주고 있다. 가장 대표적인 EU의 REACH제도는 2007년 시행된 이래로 중국, 일본, 최근에는 대만과 동남아 지역 국가들에까지 확산되어 환경규제가 가속화되고 있다.

일본은 2011년부터 모든 화학물질에 대하여 수입량에 따른 신고서 제출을 의무화하고 있으며, 중국의 경우에도 석유화학산업을 핵심 육성산업으로 지정하고 이를 보호하기 위해 반덤핑 관세를 부과하고 신규 화학물질의 신고 · 등록 제도를 시행하고 있다. 앞에서도 간략히 설명된 바 있으나, 복습하는 의미에서 화학산업별 환경규제에 앞서 [표 3-50]과 같이 화학제품 및 관련된 용어와 약어를 다시 정리해보기로 한다.

[표 3-50] 화학산업의 용어 및 약어설명

용어 및 약자	해 설
물질 (Substance)	화학물질이라고 하는 것으로 자연 상태 혹은 제조공정에서 얻어진 화학적 원소 및 그 화합물로 액체, 기체, 고체 등 다양한 형태로 존재함.
기존물질	1981년 9월 18일 이전에 시장에 출시된 물질(Phase-in substance)로서 EINECS(기존물질목록, European INventory of Existing Commercial Chemical Substances)에 등재된 물질로 EU회원국에서 제조되었으나 REACH시행 15년 이전에 적어도 한번 제조되었으나 시장에 출시되지 않는 물질과 REACH 시행 전에 EU회원국의 시장출시와 Directive 67/548/EEC 6차 개정에 따라 신고된 것으로 간주되나 REACH 상의 폴리머 정의를 만족하지 않는 물질(NLP, No longer polymer)도 기존물질로 분류되며 사전등록대상 됨.
신규물질	신규물질(Non phase-in substance)은 1981년 9월 19일 이후 REACH와유사한 절차에 따라 신고되어 ELINCS(European LIst of Notified Chemical Substances)에 등재된 물질과 앞으로 나오게 될 물질을 말함

용어 및 약자	해 설
혼합물 (Preparation)	두 가지 이상의 화학물질을 인위적으로 섞어놓은 것으로 혼합물 내에서 화학물질은 단지 물리적으로 혼합되어 있는 것임. 그 예로는 왁스, 워셔액, 페인트, 합금괴, 고분자펠렛, 그래뉼, 파우더, 페이스트, 마스터배치, 콤파운드, 폭죽, 잉크 및 토너 카트리지, 세척포 등. 혼합물은 화학 반응 없이 두 가지 이상의 물질을 섞어서 얻는 반면, 다성분 물질(multi-constituent substance)은 화학반응의 산물임. 만약 혼합물을 구성하는 세 개의 화학물질이 각각 1톤을 넘으면 세 화학물질 모두에 대해 등록해야 함. 반면 다성분 물질은 화학물질 명명 및 분류에 따라 등록해야함. 볼펜 내 잉크, 크레파스, 양면 접착테이프, 수정 테이프 등 화학물질을 배출하면서 기능을 발휘하는 경우는 모두 혼합물로 분류되어 물질별 등록을 고려해야 함.
완제품 (Article)	우리주변에서 볼 수 있는 거의 모든 고체상태의 물건이라고 할 수 있고, REACH에서는 그것을 구성하는 화학물질보다 특정, 형태, 표면 및 디자인이 기능을 결정하는 물건으로 정의되어 있음. 자동차나 TV 등은 여러 개의 부품으로 구성된 완제품인데 부품도 개별적으로 수출 하는 경우에는 완제품이 됨.
의도적 배출 (Intended Release)	완제품에서 배출되는 화학물질이 완제품의 주 기능이 아닌 경우. 예로 청바지의 경우 멋을 내기 위해 배출되는 청색염료는 주 기능이 아닌 부가기능을 하는 것으로 의도적 배출물질임. 배출되는 물질이 세 가지 물질로 구성되어 있고 이 중 두 가지 물질이 연간1톤 이상인 경우 두 가지 물질에 대해 등록해야 함. 이미 등록 되었다면 그 물질에 대해서는 등록이 면제됨. (제7조제6항)
비의도적 배출 (Unintended Release)	완제품에서 사용 또는 폐기과정에서 화학물질이 배출될 가능성이 있는 경우. 비의도적으로 배출되는 화학물질이 고위험성물질(SVHC)이고 완제품 대비0.1중량% 이상이며 연간 1톤 이상인 경우 에는 유럽화학물질청(ECHA)에 신고해야 함. 신고기준인 0.1중1량%는 EU내에서 일부 다른 의견이 있지만 완제품 전체무게를 기준으로 함. 따라서 자동차, 선박 등 고중량제품의 경우에는 신고대상이 거의 없을 것으로 예상됨. 부품단위로 수출하는 경우에는 부품이 곧 완제품이 되므로 신고 해당 여부를 검토해야 함.
고분자 (Polymer)	고분자(Polymer)란 한 가지 이상의 단량체 단위(monomer units)의 배열(sequence)로 특징지어진 분자들(molecules)로 구성되는 물질로 다음 두 가지 조건을 모두 만족해야 함: 최소한 한 개 이상의 다른 단량체 단위나 다른 반응물과 공유 결합되어 있는 최소한 세 개 이상의 단량체 단위를 포함하는 분자의 무게가 과반수이상 이거나, 동일한 분자량을 가진 분자의 무게가 과반수 미만일 경우 임.
수송분리 중간체 (Transported Isolated Intermediate)	중간체(Intermediate)란 다른 물질로 합성될 목적으로 제조되거나 사용되는 물질이며, 수송분리중간체(Transported isolated intermediate)는 서로 다른 사이트 간에 이송되거나 다른 사이트로 공급되는 중간체 임. 중간체가 엄격히 관리되는 상태에서 다른물질을 합성한다는 것을 스스로 입증하거나 사용자로부터 확인을 받을 경우에는 등록요건이 일반화학물질보다 매우 완화되어 있음.(제18조) EC의 공식답변에 의하면 이 조항은 한국기업이 수출하는 중간체에도 동일하게 적용됨. 단량체도 일종의 중간체이나 중간체 조항을 적용받지 못함.(제6조제2항) 수송분리중간체는 허가대상에서 제외됨.(제2조제8항)
유일대리인 (Only Representative)	유일대리인은 수입업자를 대신하여 등록하도록 기업이 지정한 EU내의 개인 또는 법인. 유일대리인은 화학물질에 대한 전문적인 지식을 갖추고 있어야 하며 화학물질관리에 대한 책임이 있음. EU에 있는 시험분석기관, 컨설팅기관, 법률회사, 글로벌 화학회사(BASF, Ciba 등) 등이 유일대리인이 될 수 있으며, 기업의 EU현지법인도 유일대리인 역할을 할 수 있음.
물질정보 교환포럼 (SIEF)	물질정보교환포럼은 같은 물질을 등록하려는 기업들이 모이는 기구로 사전등록을 하면 자동적으로 SIEF의 회원이 됨. SIEF를 운영하는 목적은 불필요한 시험(특히 동물시험)을 배제하고 자료공유를 하는 것임. SIEF에서 동물시험자료는 강제로 공유되며, 나머지 자료도 요청할 경우 공유해야 함. 자료를 공유 할 때에는 공평하고, 투명하며, 차별이 없도록 비용분담을 해야 함. SIEF는 회원들이 자발적으로 운영하는 것이며, EU화학물질청은 SIEF운영에 대한 간섭을 하지 않음. SIEF에 회원이 모인 것 자체는 컨소시엄이 아니며, 본 등록을 할 때 여러 회원이 모여 공동등록(Joint submission)을 할 수 있음.

용어 및 약자	해 설
Read-across	유해성자료 등 정보가 있는 물질과 대상물질을 비교하여 유해성을 도출하는 방법.
QSAR	QSAR(Qualitative or Quantitative Structure-Activity Relationship): 유해성 시험을 하지 않고도 물질의 분자 또는 분자구조의 연관성을 비교하여 유해성을 예측하기 위해 개발된 프로그램.
CMR	CMR(Carcinogenic, Mutagenic, or toxic for Reproduction): 발암성, 돌연변이 및 생식독성물질. CMR 카테고리 1,2 물질은 허가 의무가 있음.
ECHA	ECHA(European CHemical Agency): REACH 하에서 화학물질관리기관. 핀란드 헬싱키에 소재.
EINECS	EINECS(European INventory of Existing Commercial chemical Substances): 기존물질목록.
ELINCS	ELINCS(European LIst of Notified Chemical Substances): 신고물질목록.
GHS	GHS(Globally Harmonised System for classification and labelling of chemicals): UN이 주도하는 새로운 물질분류 및 표지 체계
PBT	PBT(Persistent Bio-accumulative and Toxic Substances): 잔류성이 강한생체 축적 독성물질로서 허가 의무가 있음.
vPvB	vPvB(very Persistent, very Bio-accumulative): 잔류성이 매우 강하거나 생체 축적성이 매우 심한 물질.
SVHC	SVHC(Substance of Very High Concern): CMR, PBT, vPvB 등의 고위험성물질로 신고, 허가, 제한대상이 되는 화학물질.
REACH	REACH(Registration, Evaluation, Authorisation and Restriction of Chemicals): EU의 新 화학물질 관리 제도

(1) 유해물질규제

DMF(Dimethyl Fumarate) 규제는 DMF를 함유한 제품의 시장출시 제한에 대한 EU 집행위원회 결정으로 2009년도에 EU 내 제조자 및 수입자를 대상으로 시행된 규제이다. DMF는 피부화상, 습진, 알레르기를 유발하는 유해성 화학물질이다. 특히, 피부 접촉시에 통증, 가려움증, 염증, 홍진을 유발하고 호흡장애 또한 유발하며, 쥐를 이용한 암 유발 시험에서 피부건조증이 발생되는 유해성 화학물질로 알려져 있다.

영국, 프랑스, 폴란드 등의 EU 회원국에서 시장에 출시된 가구와 신발에서 소비자의 불만이 발생하였는데, 임상적인 시험, 보관 및 수송과정에서 발생하는 습기로 인한 곰팡이 발생을 방지하기 위한 살충제인 DMF로 인해 소비자 피해가 발생된 것으로 확인이 되었다.

이는 살충제 지침에 따라 DMF를 함유한 제품을 EU 역내에서 합법적으로 제조할 수 없으나, 수입된 제품 내의 DMF의 제한은 불가능하였기 때문이었다. 사안의 긴급성을 감안하여 일반제품안전(general product safety) 지침에 의해 DMF 규제에 대한 결정을 채택하게 된 것이다.

가죽으로 된 가구와 신발의 수입 및 시장 출시를 금지하였으며, 이러한 제품을 회수하기에 이르렀다. 특히, 벨기에 정부는 DMF를 함유한 모든 제품의 시장 출시를 금지하였으며, 스페인은 피부와 접촉하는 모든 소비자 제품에서 DMF 사용을 금지하였다.

국내 기업의 대응은 일부기업에서 이탈리아 수입자로부터 실리카겔 사용을 중지해달라는 요청을 받은 경우도 있고, IBM에서는 포장에 DMF를 사용하고 있지 않다는 자료를 배포한 경우도 있다. 국내기업의 경우는 제품내 DMF 함유여부를 확인해야 하고, DMF를 함유한 제품은 DMF를 함유한 원료를 DMF를 함유하지 않은 다른 물질로 대체하기에 이르렀다.

또 다른 중요한 유해물질규제는 미국 California Proposition 65로서, 1986년도에 미국 내 제조자 및 수입자를 그 의무이행주체로 Proposition 65목록 함유 제품을 대상으로 안전한 식수 및 독성물질 관리법을 시행하였다.

1986년 캘리포니아 독성화학물질의 노출에 관한 우려에 대응하기 위한 계획을 승인하였으며, 캘리포니아 Proposition 65로 알려진 안전한 식수 및 독성물질 관리법으로 발전되었다. Proposition 65에 따라 매년 암을 유발하거나 생식동성 물질에 대한 목록을 발표하고 있으며, 현재 약 800여개의 물질이 등재되어 있다.

목록에 등재된 물질을 식수원에 폐기하는 것은 금지되었고 위반 시에는 최대 2,500달러의 벌금이 부가되거나 판매중지명령을 할 수 있다. Proposition 65목록은 살충제, 생활용품, 식품, 의약품, 안료 및 용매의 첨가제 또는 성분으로 제조나 건축과정에 사용될 수 있으며 화학반응의 부생성물로 정의하고 있다.

(2) 배터리 지침

① EU 배터리규제

EU는 배터리, 축전지 및 폐축전지 지침에 관한 관련법률(Directive 2006/66/EC of the European Parliament and of the council of 6 September 2006 on batteries and accumulators and waste batteries and accumulators and repealing Directive 91/157/EEC)을 제정하여 배터리 및 축전지 제조자 및 수입자를 의무이행주체로 2008년 9월부터 시행하고 있다.

배터리 및 축전지에 포함된 수은, 카드뮴, 납의 유해물질 사용제한과 폐배터리 및 폐축전지의 수거율 및 재활용률을 향상시키며, 재활용 및 폐기를 포함하는 전 과정에서의 배터리 및 축전지의 친환경성 향상을 그 목적으로 하고 있다.

수은 또는 카드뮴을 포함하는 유럽시장에 출시된 모든 배터리 및 축전지를 규제대상 제품으로 하고 일반적으로 배터리는 충전이 불가능한 1차 배터리와 축전지는 충전이 가능한 2차 배터리로 구분하고 있다. 수은은 0.0005(wt%), 카드뮴은 0.02(wt%)로 농도를 제한하고 있으며 납은 해당사항이 없다.

용도별로 살펴보면, 휴대용은 산업용 또는 자동차용으로 사용되지 않으며 휴대가 가능한 포장된 배터리를 의미하며, 산업 또는 전문적으로 사용하도록 설계되고 전력원으로써 전기자동차에 사용되는 배터리는 산업용으로 정의된다. 또한, 자동차용은 자동차 시동 및 조명 등을 위해 사용되는 배터리를 의미한다([표 3-51]).

[표 3-51] EU 배터리 지침 요약

구분	휴대용(Portable)	산업용(Industrial)	자동차용(Automobile)
정 의	산업용 또는 자동차용으로 사용되지 않으며, 휴대가 가능한 포장된 배터리	산업 또는 전문적으로 사용하도록 설계되었으며, 전력원으로써 전기자동차에 사용되는 배터리	자동차 시동, 조명 등을 위해 사용되는 배터리. 단 산업용으로 구분되는 자동차 전력원 배터리는 제외
수거율	-2012년 9월까지: 25% -2016년 9월까지: 45%	100% (매립 및 소각금지)	100%(매립 및 소각금지)
재활용 및수거를 위한 대응방안	하나 또는 그 이상의 의무대행기관의 선정	개인기관 또는 생산자 의무대행기관 선정	개인기관 또는 생산자 의무대행기관 선정
이행주체의 의무	모두 등록, 의무대행기관에 가입 필요	모두 등록, 직접수거 및 재활용하거나 의무대행기관에 가입	모두 등록, 직접수거 및 재활용하거나 의무대행기관에 가입

출처 : 국제환경규제종합정보망(http://www.compass.or.kr)

배터리는 수은, 카드뮴과 납의 성분이 포함되어 있기 때문에 유해물질로 사용 및 규제를 제한하고 있으며 수거 및 재활용을 위한 대응 방안이 엄격하고, 모든 배터리와 축전지에 보기 쉽고 지워지지 않도록 규정된 크기의 라벨을 부착해야 한다.

배터리 및 축전지에 포함된 물질의 환경 및 인간건강에 대한 잠재적인 영향에 대한 정보제공과, 포장에 용량에 대한 정보를 포함하는 명료하고 선명한 표시부착과 바퀴달린 쓰레기통에 X 표시 및 화학물질 포함에 따른 표시, 그리고 판매시점에서 폐배터리 및 폐축전지 폐기에 관한 정보를 판매자가 직접 제공하도록 규제하고 있다.

② 미국 배터리규제

미국의 경우는 수은 함유 배터리 및 축전지 관리법(Mercury-Containing and Rechargeable Battery Management Act, PUBLIC LAW 104-142-MAY 13, 1996)을 제정하여 해당 배터리의 수집, 폐기, 재활용 및 표시를 통해 인체건강 및 환경을 보호하기 위한 목적으로 1996년도부터 시행하고 있다.

미국은 매년 3억 5천만 개 이상의 축전지가 판매되고 있으며, 타국의 경우와 마찬가지로 수은, 카드뮴 및 납의 성분을 함유한 유해한 중금속이나 배터리의 사용 중에는 인체건강 및 환경에 어떠한 유해한 영향을 미치지는 않는다.

그러나 이러한 배터리가 가정이나 작업장에서 일반적인 폐기물과 동일하게 버려질 경우에는 심각한 영향을 미칠 수 있기 때문에, 미국에서는 각 주별로 독립적으로 배터리에 대한 재활용, 표시 및 폐기규정을 제정하여 시행하고 있다.

특히 배터리에서 수은의 사용을 제한하고 휴대폰, 노트북과 같이 소비자 제품 내 축전지를 포함한 충전 가능한 니켈, 카드뮴 및 소형 밀폐형 납산 배터리와 반복된 사용을 위해 충전 가능한 배터리는 규제대상 제품이 된다.

그러나 예외인 경우는 자동차 시동용 또는 1차 전력원으로 사용되는 납산 배터리와 대체에너지 배터리, 1차 전력원의 고장을 대비하기 위해 사용되는 배터리와 충전 가능한 알카라인 배터리 등이 있다.

미국 정부는 특히 수은 함유 배터리의 사용을 제한하고 있는데, 수은을 의도적으로 첨가한 알카라인-망간 배터리와 아연-탄소 배터리, 단추형 소형 산화수은 배터리와 제조자 또는 수입자가 이 내용을 이행하지 않을 경우 다른 산화수은 배터리 등을 들 수 있다.

이를 위해 표시요건을 명시하도록 하고 있는데, 규제되는 니켈-카드뮴(Ni-Cd) 배터리, 납산 배터리 등은 재활용 표시 등이 포장에도 표시되어야 한다.

③ 중국 배터리규제

중국의 경우에도 역시 염기성 및 비염기성 아연 · 이산화망간 배터리 중 수은, 카드뮴, 납 함량의 제한요구와 아연 · 산화은, 아연 · 이산화망간식 배터리 중 수은 함량의 제한요구에 관련 법률을 2010년도부터 시행하고 있다.

중량 대비 수은 함량 0.025% 이상인 아연 · 망간 배터리, 아연 · 망간 알카라인 배터리는 중국 내에 판매가 중지되고 중량 대비 수은 함량 0.0001% 이상인 것에 대해서는 생산, 수입 및 판매도 금지하고 있다. 폐납축전지에 대해서는 재활용 의무화와 따른 방법으로 처분하는 것을 금지하고 있다.

(3) 오존층 파괴물질 및 온실가스 규제

① EU 오존층 파괴물질 규제

EU는 오존층 파괴물질과 이를 포함한 제품을 대상으로 오존층 파괴물질에 관한 규정(Regulation(EC) No. 1005/2009 on substances that deplete the ozone layer)을 2008년 8월부터 개정해서 시행하고 있다.

주요 내용은 오존층 파괴물질 및 이를 포함하는 제품의 생산, 판매 및 사용과 제3국으로의 수출을 제한하고, 몬트리올의정서 당사국으로서 의정서 규정을 반영해서 대상물질별 감축과 전면폐기일정을 제시하며, 재활용, 재생산 및 적절한 폐기 시스템 구축 등이다.

몬트리올의정서 당사국의 오존층 파괴물질 감축계획에 따라 대상물질에 따른 판매, 사용, 생산 및 수입금지 일정을 제시하고, EU집행위원회에 사전보고 후 규제물질의 판매나 허용허가의 권리양도가 가능하도록 되어 있다.

시행법에 따르면, 오존층 파괴물질의 생산, 유통, 사용금지에 관한 단계별 사용금지 내용에 대한 산재된 규정을 별도의 장에 신설하고 이를 간소화하고 있고, HCFCs를 제외한 기존 오존층 파괴물질의 사용금지 기한이 도래함에 따라 무의미해진 단계별 사용금지 일정을 간소화하고 있다.

규제대상물질의 몬트리올 비당사국의 수출은 금지되어 있으나 MeBr(Methyl Bromide)와 HCFCs 이외 물질을 당사국으로 수출하는 경우 EU 집행위원회의 승인과 의정서에서 승인한 범위 내에서 가능하다. 이에 따라 냉동공조기의 유지보수를 위해 새로 생산된 HCFC의 사용이 2010년부터 금지되었고, 2020년부터는 HCFC 생산이 전면 금지된다.

시행법의 개정은 몬트리올의정서의 이행과 관련하여 각 물질별로 정해진 단계별 사용금지 시기 도래에 따른 관련 규제의 간소화와 이에 따른 행정절차를 간소화함으로써 정부 및 산업계가 규제를 좀 더 쉽게 이해하고 규제에 대응할 수 있도록 하는 것에 주력하고 있다.

EU 회원국은 대상물질의 재활용 및 재생산 또는 생태적으로 수용 가능한 폐기시스템을 구축하도록 규정하고 있다. EU의 오존층 파괴 대상물질에 대한 규제내용과 적용시기는 [표 3-52]와 같다.

EU의 주요개정내용은 오존층 파괴물질의 생산, 유통, 사용금지에 관한 단계별 사용금지 내용에 대한 산재된 규정을 별도의 장에 신설하고 이를 간소화함은 물론이고 기술적이나 경제적으로 타당성 있는 특정물질의 회수방법의 적용확대 등 구체적인 대상 화학물질의 규제를 규정하고 있다.

[표 3-52] EU의 오존층 파괴 대상물질의 규제내용과 적용시기

대상물질	규제내용	적용시기
CFCs(그룹 I), Halons(그룹III), carbon tetrachloride(그룹IV), 1,1,1-trichloroethane(그룹 V), hydrobromo-fluorocarbon	판매, 사용, 생산, 수입이 금지되고 해당규정이 발표되기 이전 생산된 경우는 제외	2000.10.01
methyl bromide(그룹VI)	판매, 사용, 생산, 수입금지	2004.12.31
HCFCs(그룹VIII) (hydrochloro-fluorocarbons)	냉매로서 신규생산 HCFCs 사용금지	2009.12.31
	회수물질을 포함한 모든 HCGFCs 사용금지	2015.01.01
	HCFCs 생산금지	2125.12.31

출처 : 생산기술연구원(2012), 주요 산업.국가별 무역 환경규제 대응 가이드라인

② 미국 캘리포니아 온실가스 관리제도

또 다른 관련규정으로 미국 캘리포니아 온실가스 관리제도를 소개하면, 자동차의 배기가스 규제에 있어 캘리포니아주는 미연방에 비해 엄격한 기준을 설정하고 미연방을 주도하고 있는 배경으로 캘리포니아 대기자원위원회에서는 세계최초로 자동차 이산화탄소 배출규제초안을 채택하여 2005년 관련 배출규제법인 온실가스 배출 감축법과 자동차 배기가스 규제법을 시행하고 있다.

2002년 7월 세계최초로 자동차에서 배출되는 온실가스, 특히 이산화탄소 배출의 삭감을 목적으로 자동차 배기가스 규제법이 제정되었다는 것은 환경보호를 위한 엄격한 제한사항이라 할 수 있으며, 미국정부에서도 캘리포니아주가 예외적으로 연방법보다 강력한 규제수단을 제정할 수 있도록 허용한 것이다.

이산화탄소 배출규제법에 따라 CARB(California Air Resource Board)에서는 2009년 이후부터 연비뿐만 아니라 승용차 및 경트럭과 중형 승용차량에 대해 온실가스를 규제하는 AB1493 규정을 시행하고 있다. 온실가스는 CO_2, CH_4, N_2O, HFCs 등으로 자동차 엔진뿐 아니라 에어컨, 타이어 등에서도 발생하며, 이산화탄소 이외 다른 배출물은 별도의 가중계수를 이용하여 이산화탄소 등가 배출량으로 계산되는데 각 기체의 온실계수(GWP)는 이산화탄소 1, 메탄 23, 아산화질소 296, 수불화탄소 134a 1,300, 수불화탄소 152a 120 등으로 알려져 있다.

캘리포니아주는 1950~1960년대 대기오염의 악화가 심각해짐에 따라 미국 내에서 최초로 배기가스 중 일산화탄소와 탄화수소의 규제와 NOx의 규제를 도입했었다.

이러한 캘리포니아주의 노력이 타 주에도 영향을 줄 것으로 전망되며, 관련 자동차 산업은 연비 개선을 시작으로 공해 삭감대책을 마련해야 할 것이며, 미국뿐 아니라 일본을 포함한 세계 각국의 자동차 배기가스 규제에 큰 영향을 줄 것으로 예상된다.

AB1493 규정내용을 살펴보면, 승용차 및 총 중량 3,750lbs 이하인 LDT1 차량과 총 중량 3,750lbs~8,500lbs 이하인 LDT2 차량의 온실가스 배출량 규제목표도 구체적으로 제시하고 있다.

③ 중국 오존층 파괴물질 규정

중국 정부도 중국의 오존층 파괴물질에 대한 규제의 단순화를 목적으로 향후 냉매, 소화기, 세정제, 살충제 및 에어로졸 등에 사용되는 오존층 파괴물질에 대한 구체적인 퇴출 조치를 2010년도에 마련하였다.

오존층 파괴물질 관리조례 중화인민공화국 국무원령 제573호로 시행을 공표하고 환경부와 상무부, 세관 등이 오존층 파괴물질 목록을 제정, 조정 및 공표하며 대상 물질의 생산, 판매, 사용과 수출입은 이 조례의 관련 규정을 준수하도록 하는 강제성 규정을 마련하였다.

그 핵심내용은 오존층 보호를 위한 비엔나 협약과 오존층 파괴물질에 관한 몬트리올의정서의 의무이행에 관한 사항으로, 생산, 판매, 사용과 수출입에 관한 강력한 법률책임의 의지를 보여주고 있다.

HCFCs의 예를 들어 2015년에 90%, 2020년 99.5%까지 저감하고 2030년까지 0.5% 이내 만 허용하기로 한 일정을 갖고 있다. 오존층 파괴물질 관리조례는 총 6장 41조로 구성되어 있는데 주요 사항만을 기술하기로 하면 다음과 같다(http://www.compass.or.kr).

[1] 총칙

- 조례는 중국 역내에서 이루어지는 오존층 파괴물질의 생산, 판매, 사용, 수출입 활동에 적용
- 생산은 오존층 파괴물질의 제조를 의미하며 사용의 경우 오존층 파괴물질을 포함한 제품을 사용하는 활동은 포함하지 않음
- 냉매, 발포제, 소화제, 용제, 세척제, 살충제 등의 용도로 쓰이는 오존층 파괴물질을 점차 감축해 중국에는 도태시킴
- 오존층 파괴물질의 생산, 판매, 사용, 수출입에 대해 출량 통제와 쿼터관리를 시행
- 오존층 파괴물질의 대체재를 개발, 생산, 사용할 경우 국가산업정책에 부합해야 하며 관련규정에 따라 우대정책을 실시

[2] 생산, 판매 및 사용

- 오존층 파괴물질을 생산, 사용하는 기관 및 기업은 매년 10월 31일 이전 국무원 환경보호 관리부문에 서면으로 차년도 생산 및 사용 쿼터를 신청해야 함
- 국무원 환경보호 관리부문은 신청을 받은 날로부터 업무일 20일 이내에 심사를 완료하며, 불합격한 경우 그 사유를 서면 통지함
- 오존층 파괴물질이 생산, 판매, 사용, 회수, 재생이용, 폐기 등에 종사할 경우 관련활동에 관한 원시자료를 최소 3년 보관하고 국무원 환경보호 관리 부문에 관련 수치를 보고해야 함

[3] 수출입

- 오존층 파괴물질을 수출하는 기관 및 기업은 관련물질의 종류, 수량, 용도 등에 관한 자료를 구비, 수출입 관리부문에 수출입 쿼터를 신청해야 함
- 수출입 관리부문은 신청을 접수한 날로부터 20 업무일 이내에 허가여부를 결정
- 수출입 허가증의 유효기간은 최장 90일이며 기간초과 또는 차년도 이월 사용을 금지

[4] 감독검사

- 현 급 이상 인민정부의 환경보호 관리부문과 기타 관련부서는 오존층 파괴물질을 생산, 판매, 사용, 수출입하는 기관 및 기업에 대해 관련자료 제출을 요구할 수 있으며 허가받은 활동의 이행상황을 점검하고 기타 법정 의무준수 여부를 감독, 감리함

[5] 법률책임

- 오존층 파괴물질의 생산 및 사용쿼터 허가증, 수출입 허가증을 발행하거나 기타 조례를 위반한 경우 직접 관련자에 대해 형사책임을 물을 수 있음
- 생산쿼터허가증 없이 생산한 경우 관련원료와 물질 소득 설비, 시설 등을 몰수 또는 폐기 처분하며 100만 위안의 벌금에 처함
- 사용쿼터허가증 없이 생산한 경우 관련원료와 물질, 소득, 설비, 시설 등을 몰수 또는 폐기처분하며 20만 위안의 벌금에 처하며 사안이 엄중한 경우 50만 위안의 벌금에 처함

(4) 각국의 화학물질 관리제도

앞의 3–2절에서 이미 EU, 미국, 중국, 일본 등의 화학물질 관리제도를 살펴보았다. 여기서는 그 밖의 국가에서 시행하는 화학물질 관리제도를 설명한다.

① 대만의 화학물질관리제도

대만의 경우는 역내에 유통되는 화학물질에 대한 정보의 부재로 인해 UN 화학물질의 분류나 표시의 세계조화시스템과 국제적 화학물질 관리를 위해 전략적 접근을 참고하여 노력하고 있는 실정이다. 화학물질의 면제종류와 신고유형에 관한 연구를 하고 있고 조만간 시행할 예정이나 그 시행방법과 절차는 타국과 거의 유사하다.

대만정부는 2009년 10월에 대만 내 제조자, 수입자 및 외국 수출기업을 대상으로 하는 기존물질을 통지하고, 2011년 7월에는 대만 내 제조자, 수입자 및 대리인을 대상으로 하는 신규물질을 등록하도록 하는 '신화학물질 신고지침'을 제정하였다. 이는 화학물질의 안전을 관리하기 위한 제도를 구축하고 신규화학물질의 신고 제도를 도입하는 목적이 있다.

기존화학물질목록 작성 내용 및 절차에 관한 가이드라인은 4차에 걸쳐 개정되었으며 최종개정은 2009년 11월에 발표되었다. 이 최종 가이드라인에 따르면, 1993년 연초부터 2010년 연말까지 대만으로 수입되었거나 대만 내에서 제조, 취급(handles), 사용 · 판매되는 화학물질 물질이 등재 대상이 된다.

등재 신청 기간은 2009년 12월 초부터 2010년 연말까지이다. 기존화학물질 목록에 등재되지 않는 물질은 신규화학물질로 간주하여, 신규화학물질은 제조, 수입 전에 유해성 및 리스크

평가 보고를 갖추어 중앙주관기관에 신고하여야 한다. 기존 화학물질에서 등재 면제되는 물질은 다음과 같다.

- 물리화학적으로 가공되지 않은 천연물질 또는 고분자
- 2% 규칙이 적용되는 고분자
- 시운전을 위한 기계 및 설비에 부속된 화학물질
- 반응용기 또는 제조공정의 화학반응에서 분리할 수 없는 중간체
- 혼합물, 완제품, 세관 감독하의 물질, 국가방위 목적의 물질
- 상업적 목적이 없는 부생성물 또는 불순물
- 폐기물

[표 3-53] 대만의 신규화학물질 신고지침

신고유형	제조 및 수출량	심사기간	비 고
간이 신고	• 연간 제조, 수입량 1톤 이하 • 연구개발용은 0.1톤 이하 • 고분자는 다음 사항에 해당될 경우 - 평균분자량이 1,000~10,000달톤이고 활성 작용기가 없는 고분자, 분자량 500달톤 미만 고분자 함량 10% 이하, 분자량 1,000 달톤 미만 고분자 함량 25% 이하 - 평균분자량이 10,000달톤 이상, 활성 작용기가 없는 고분자, 분자량 500달톤 미만 고분자 함량 2% 이하, 분자량 1,000달톤 미만 고분자 함량 5% 이하 - 고분자의 블록 또는 가지가 기존화학물질 목록에 등재되어 있는 경우	30일	간이신고에 해당되는 신규화학물질이 GHS의 발암성, 돌연변이성, 생식독성 물질 및 수생환경유해물질의 만성독성 1급의 분류에 포함되면 완전신고를 해야 함
완전 신고	신규화학물질에 해당하고 간이신고가 적용되지 않을 경우, 아래사항에 해당되지 않을 경우	90일	
	- 적어도 2개국 이상에서 신고를 완료하여 이미 등재되어 있는 경우 - OECD와 같은 지역경제체제의 기존화학 물질목록에 등재된 경우	30일	- 6개국(EU, 미국, 일본, 중국, 캐나다, 호주)중 2개국 - 신고인은 기타 신고국가에서 심사 완료된 11개 항목의 내용과 증빙서류를 제출

출처 : 국제환경규제종합정보망(http://www.compass.or.kr)

기존 화학물질 신고에 필요한 정보로는 신고자의 이름, 주소, 연락처, 이메일 등이 기본정보, CAS 번호, 영문과 중문의 화학물질명과 연간 평균 톤수 등이다. 대만의 신규화학물질의 등

록에서 면제되는 물질도 기존화학물질과 유사한데 타 법률의 적용을 받는 신규화학물질로 방사성물질, 농약원제, 환경용 약품원제, 식품첨가물, 약품 등이 추가된다. 신규화학물질 신고의 유형은 크게 간이신고와 완전신고 두 가지로 구분되며, 신고지침은 [표 3-53]과 같다.

② 터키의 화학물질관리제도

EU 가입을 앞두고 터키정부는 EU 관련 화학물질 관련규제를 시행함에 따라 이에 부응하기 위한 새로운 화학물질 관리제도를 2009년에 제정하였다. 화학물질관리 및 목록지침과 분류, 표지 및 포장지침 등 유해물질을 효과적으로 관리하기 위한 화학물질 인벤토리 구축 및 유지를 위한 행정적인 절차와 원칙의 구축에 노력하고 있다.

터키 정부는 터키 역내 1톤 이상의 제조나 수입 또는 사용되는 모든 화학물질을 환경산림부에 등록하도록 하고 있으며, 그 등록대상은 물질, 혼합물 내 물질과 고분자제품에 사용되는 첨가제 등이다.

특히 광석, 광물, 석탄, 화학적 처리가 되지 않은 원유, 국가 방위를 목적으로 하는 물질과 고분자는 면제물질로 적용하고 있다. 포장지침은 반드시 터키어로 된 화학물질명을 사용하여야 하며, 부속서에 명시된 위해성 문구와 안전성 문구사용을 요구하고 있다.

③ 필리핀의 화학물질관리제도

필리핀 정부 또한, 필리핀 내 제조자와 수입자를 의무이행주체로 1993년도에 제정한 관련 법률에 따르고 있다. 필리핀은 1993년 말부터 신규화학물질을 사용, 저장, 수입, 판매, 제조, 운송 및 가공하기 위해서는 사전에 환경관리국의 승인이 필요하며, 기존물질 역시 신청서를 제출해야 한다.

필리핀 화학관리규정(PICCS)에 등록된 수은, 석면, 시안화물 등 특정관리대상 화학물질을 제조, 수입, 판매 및 운송을 하기 위해서는 등록증명서가 요구된다. 또한, 신규화학물질 관련 요건 중에서 소량수입확인, 사전제조수입신고 등은 일본 관련법의 MSDS 절차와 유사하다.

기존화학물질의 관련요건을 살펴보면 제조자 및 수입자는 기존화학물질 목록 등제 확인을 위해 신청서를 작성하여 환경관리국에 제출 후 승인을 받아야 하는데 이에 필요한 정보로는 기존화학물질 목록등재 확인신청서 및 발급요청서, 화학물질명(IUPAC), 관용명 및 상품명, 분자식, 제품의 성분일 경우 제품명과 다른 성분의 명칭, 기밀보호 신청여부 등이다.

신규화학물질에 관련된 요건은 기존화학물질에 등재되어 있지 않은 순수 화학물질, 제품 또는 혼합물에 포함된 성분을 연간 1톤 미만으로 수입할 경우, 사전에 소량수입확인을 해야 한다고 규정하고 있고 그에 요구되는 정보로는 신청서 및 MSDS 등이다. 사전제조수입신고(PMPIN)의 요건은 기존화학물질목록에 등재되어 있지 않은 화학물질을 연간 1톤 이상으로 제조 또는 수입하기 위해서는 사전에 신고를 해야 한다.

④ 한국 유해화학물질관리법

한국도 역시 한국 내 제조자 및 수입자를 의무이행주체로 신규화학물질(물질 자체 및 혼합물 내)을 대상범위로 1991년도부터 유해화학물질 관리법 시행규칙을 시행하고 있다. 그 목적은 화학물질로 인한 국민건강 및 환경상의 위해를 예방하고 유해화학물질을 적절하게 관리함으로써 모든 국민이 건강하고 쾌적한 환경에서 생활할 수 있기 위함이다.

정부는 1992년 2월 2일 전에 국내에서 상업용으로 유통된 화학물질로서 환경부장관이 고용노동부장관과 협의하여 1996년 12월 23일에 고시한 화학물질과, 또는 그 이후 종전의 규정이나 이 법의 규정에 따라 유해성심사를 받은 화학물질로서 환경부장관이 고시한 화학물질 어느 하나에 해당하는 물질을 기존물질로 정의하고 있다.

또한 화학물질이라 함은 신규화학물질, 유독물, 관찰물질과 취급제한 및 금지물질로 구분되는데, 원자력에 따른 방사성물질, 약사법에 따른 의약품과 의약외품, 마약류관리에 따른 법률에 따른 마약류, 화장품법에 따른 화장품, 농약관리법에 따른 원재와 농약, 비료관리법에 따른 비료, 식품위생법에 따른 식품과 식품첨가물, 사료관리법에 따른 사료, 총포, 도검, 화약류 등 단속법에 따른 화약류 및 고압가스 안전관리법에 따른 독성가스 등은 해당 법률이 적용되기 때문에 유해화학물질관리법에서는 적용되지 않는다.

또한 신규화학물질은 유해성 검사를 받아야 하는데, 기계 또는 장치에 내장되어 있거나 시운전용으로 그 기계 또는 장치류와 함께 수입되는 신규화학물질, 특정한 고체 형태로 일정한 기능을 발휘하는 제품에 함유되어 그 사용 과정에서 유출되지 아니하는 신규화학물질과 유해성심사 면제확인을 받은 신규화학물질에 대해서는 예외를 두고 있다. 이를 위반할 경우에는 최대 3년 이하의 징역 또는 1,000만원 이하의 벌금형을 받게 된다.

3-3-2. 전기 · 전자산업

전기 및 전자산업에서 발생되는 폐기물은 환경오염 뿐만 아니라 인간의 건강에 가장 유해한 물질생성의 원인 중 하나이다. 전력소비에 수반된 환경부하와 더불어 전기 · 전자 제품의 폐기물은 그 처리도 고심거리에 있다.

산더미처럼 쌓아있는 폐기물을 볼 때마다, 각 나라들은 서로 그 처리를 회피하고 쓰레기 매립에 온갖 신경을 쓰고 있으면서, 정작 환경규제에 대한 청정기술 개발이라든지 사전처리방법들은 그 동안 잊고 환경이 극심하게 황폐해지고 그 심각성이 주목받게 되어서야 비로소 여러 가지 방안을 내놓기 시작한 것이다. 전 세계적으로 환경규제에 대한 인식이 시작되면서 선진국을 시작으로 관련 산업분야에 대한 연구가 시작되었다.

이에 부응하듯이 전기 · 전자 제품의 재활용이나 재이용 등 사후처리기술보다는 향후 지구 인류의 생존과 결합한 문제이기 때문에 좀 더 강력한 규제로서 기업이나 관련 산업계에서는 신경을 곤두세워야 할 것이다.

각 국가 정부의 환경규제만으로는 기준치만을 만족하고 있는데 전기 · 전자 제품의 환경 부하요소와 경제성을 고려하면 전 세계적인 환경규제의 동향과 대응에 관한 연구가 필수적이다.

더구나 전기 · 전자산업은 석유화학산업과 더불어 인간생활에는 없어서는 안 되는 것이며, 특히 고부가가치를 생성하는 산업이기에 관련 산업에서는 기업의 경쟁력과 생존을 위해 각 나라의 환경규제 동향을 잘 살펴보고 대응해야 하는 것이다.

전기 · 전자산업의 규제는 다음과 같이 크게 유해물질규제, 자원순환규제, 에너지규제 등으로 구분할 수 있다.

① 유해물질규제 : EU RoHS, 중국 전자정보제품오염방지관리법(China RoHS), 중국 강제인증제도(CCC), 일본 J-MOSS, 터키 RoHS

② 자원순환규제 : EU WEEE, 미국 폐전자제품재활용법, 미국 충전지재활용법, 중국 폐가전및전자제품회수처리관련규칙, 중국 고형폐기물(배터리)환경오염방지법, 일본 가전리사이클링법, 인도 E-Waste Rule, 한국 전기전자제품및자동차의자원순환에관한법률

③ 에너지규제 : EU ErP, EU 에너지라벨링지침, 미국 에너지스타프로그램, 미국 가정용기기에너지효율기준및등급표시제도, 중국 전기전자제품에너지소비규제(에너지절약법), 중

국 전기전자제품에너지표지제도, 일본 Top Runner, 한국 에너지효율등급제, 호주 에너지라벨링, EU 비자동차용불소화가스규정, 한국 대기전력저감프로그램

전기 · 전자산업과 관련된 가장 대표적인 국제환경규제는 2007년 1월부터 시행된 EU의 WEEE라고 할 수 있다. Directive 202/96/EC는 폐기물의 재사용과 재활용 및 기타 폐기물 재생을 촉진하기 위해 유통업체 및 제조자에게 폐가전제품의 무료 수거의무를 부여하고 품목별로 재생, 재활용 비율을 설정하였으며 이를 준수하는 기업의 제품만 EU 역내에서의 판매를 허용하도록 규정하고 있다.

이 규제는 전 세계 각국으로 퍼져나가 우리나라를 포함한 주요 국가들에서 시행되고 있다. WEEE 규제는 전기 · 전자제품의 생산 및 수출에 가장 크게 영향을 미치고 있는 것으로 나타났다. 전자제품은 그 특성상 생산단계에서도 오염물질이 배출되지만, 기술발전이 가속화되면서 제품의 수명주기가 단축됨에 따라 다량의 폐기물이 발생할 수밖에 없다.

따라서 전기 · 전자 기업은 제품을 사용한 후에도 재활용할 수 있도록 제품 기획 및 설계단계에서부터 친환경성을 고려해야 하는 상황에 직면하게 된 것이다.

제조기업 및 생산기업은 2005. 8. 13 이후에 EU시장에 출시되는 자사제품에 WEEE 마크를 부착해야 하며, EU RoHS(6대물질) 법규를 만족시키는 수준에서의 유해물질(납, 수은, 카드뮴, 6가크롬, 브롬계(PBB, PBDE))을 대체해야 한다.

또한 자사 홈페이지, 별도 안내문, 사용자 매뉴얼 등을 통하여 사용자에게 재활용 정보를 공개하고, 사용자에게 제품 내 유해물질이 환경과 인체에 영향을 줄 가능성을 알려야 한다. 그뿐 아니라 2006. 12. 31까지 자사 제품의 재생비율 기준(정보통신장비의 경우 재생율 75% 이상, 재사용/재활용율 65% 이상)을 만족시키기 위하여 재활용을 고려한 제품 설계를 수행해야 한다.

생산기업은 이와는 별도로 생산자 등록기관에 생산자로 등록해야 하고, 매월 판매실적 및 재활용 처리 실적을 관리하여 매년 연간 재활용 실적 및 방법을 재활용 기관을 통해 정부당국에 보고해야 하며, 폐전기전자제품 회수처리 비용을 부담해야 한다. 국가별 전기전자제품 내 유해물질 사용제한지침은 [표 3-54]와 같다.

[표 3-54] 국가별 전기전자제품 내 유해물질 사용제한지침

구분	EU	일본	중국	한국
규제명	RoHS	J-MOSS	전기전자제품 오염방지관리법	전기전자제품 및 자동차의 자원순환에 관한 법률
의무이행주체	생산자, 제조자	생산자, 수입자	생산자, 판매자, 수출업자	제조업자, 수입업자, 재활용업자
적용범위	전기전자제품	전기전자제품	전기전자제품 (개정예정)	전기전자제품
주요의무	유해물질 사용제한	유해물질 사용제한, 라벨링, 정보제공	유해물질 사용제한, 라벨링, 정보제공	유해물질 사용제한, 정보제공
시행일	2006.07.01 (개정진행 중)	2006.07.01	2007.03.01 (개정진행 중)	2008.01.01

출처 : 생산기술연구원(2012), 주요 산업.국가별 무역 환경규제 대응 가이드라인

오래전부터 시행되어온 규제로는 몬트리올의정서에 기초한 오존층 파괴물질(CFC, 할론, 프레온 사염화탄소, 메틸크로로포름 등)에 대한 규제, 96년 1월부터 적용된 전자기파(EMC: ElectroMagnetic Compatibility) 지침(89/336/EEC), 제품 전력소비량 규제, 에너지 라벨, 에코라벨, 중금속(수은, 카드뮴, 납, 니켈 등) 함유 제품 규제 등 다양하다.

전기 · 전자 제품의 에너지 소비는 생산단계보다 사용단계에서 훨씬 크게 발생하므로, 에너지 효율에 대한 무역조치가 확산되는 추세이다. EU에서는 2009년 7월 온실가스 저감을 위한 EuP(친환경설계지침)에 냉장고, TV, 전기모터 등에 대한 요건을 새로이 규정하여 에너지효율성 등급을 강화하고, 제품 관련 정보표기를 의무화하고, 대기 상태에서의 전력소비량 규정을 제정하였다.

미국 캘리포니아주에서는 2011년부터 58인치 이하 TV의 시간당 전력소비량을 183W 이하로 규제하고, 2013년부터는 163W 이하의 제품만 판매가 가능하도록 제정하였다. 선진국뿐만 아니라 개발도상국에서도 온실가스 감축에 노력을 기울이는 추세이기 때문에, 저효율 전자제품의 수출이 어려워질 전망이다.

(1) 폐전자제품 재활용 관련 규제

① 미국 폐전자제품 재활용법

미국의 폐전자제품 재활용법은 현재 28개 주에서 시행되고 있다. 재활용 비용을 징수하고 재활용을 저해하는 제품 내 특정 유해물질의 사용을 제한하고, 징수된 재활용비용을 기반으로 재활용 시설기반구축 및 사업체지원 등을 수행하는 것을 목적으로 관련 법률들이 유사한 목적으로 각 주에서 시행하고 있다.

주마다 구별되는 대상범위는 있지만, 주로 4인치 이상의 음극선 장치와 비디오 디스플레이 등 전기 · 전자제품을 대상으로 하고 있으며, 특히 캘리포니아주는 휴대폰 재활용법도 2006년부터 시행한 바 있고, 각 주마다의 벌금은 상이하다.

캘리포니아주의 폐전자제품 재활용법(Electric Waste Recycling Act)(SB50)을 대표적으로 예로 본다면, 지난 2005년 초에 재활용 비용을 징수하고 재활용을 저해하는 제품 내 특정 유해물질의 사용을 제한하는 목적과 징수된 재활용 비용을 기반으로 재활용 시설기반 구축 및 재활용 사업체 지원 등을 수행할 목적으로 시행되어 왔다.

그 대상범위는 4인치 이상의 음극선장치, 비디오 디스플레이 등 전기전자제품이며 이러한 기기가 폐기되었을 경우 유해폐기물이 배출된다는 판정을 받은 전자제품도 포함되며, 자동차나 대규모 상업용 또는 산업제품이나 상업용 의료제품은 그 대상범위에서 제외된다. 캘리포니아주는 라벨링 부착의 의무와 보고 및 공지의무, 소비자의 재정의무도 구체적으로 규정하고 있다.

② 중국 WEEE

중국정부도 냉장고, 세탁기, 에어컨디셔너, TV, 컴퓨터 등의 가전기기 및 전자제품을 대상범위로 2011년 관련 법률을 폐가전 및 전자제품으로 발생되는 환경오염 문제를 관리할 목적으로 시행하였다. 제조자는 폐가전 및 전자제품의 회수와 재활용을 향상시킬 수 있도록 제품을 설계해야 하고, 직접 회수하여 재활용을 이행하며, 자체처리가 가능한 처리 기업에 위탁처리를 해야 한다.

중국은 전기전자산업 및 자동차산업에 사용되는 배터리를 대상범위로 2003년 고형폐기물 배터리 환경오염방지법을 시행하였는데, 그 목적은 유해물질을 함유하는 배터리를 안전하고 효율적으로 회수하고 전 과정에 걸친 관리를 통하여 관련자의 환경기여를 향상시키고 폐전지로 인한 오염을 방지하여 환경성을 증대하고자 함이다.

전기전자 및 자동차산업에 사용되는 배터리는 아연-망간 배터리, 납축전지, 알칼리성 아연-망간 배터리, 니켈-카드뮴 배터리와 기타 유해배터리를 의미한다.

특히, 수은함량이 0.025% 이상인 배터리는 판매가 금지되고 있다. 동 법에서 제시하는 요건에 부합하는 경우, 제품의 제조, 수입, 사용 등이 불가능하도록 제제 조치하고 있다.

중국정부에서 세관제품 코드를 포함한 폐전기전자제품 처리목록은 5개 제품으로 흑백과 컬러를 포함한 음극선관TV, 플라즈마 TV, 액정 TV, 후면 프로젝션 TV 및 기타 신호접수에 사용되며 이미지 복원 및 더빙 단말기기인 TV군과 냉장냉동고, 냉동고, 냉장고 및 기타 냉각시스템, 에너지를 소비하여 냉각을 하는 단열기기인 냉장고군, 와류식 세탁기, 드럼식 세탁기, 교반식 세탁기, 탈수기 및 기타 기계작용에 의거하여 옷을 세탁하는 기기인 세탁기군, 일체식 에어컨, 분할식 에어컨, 멀티 에어컨 등의 공기 조절기기인 실내 에어컨군과 데스크톱 컴퓨터, 휴대용 컴퓨터 등 정보사무 처리기기인 컴퓨터군 등 이다.

폐전기전자제품의 회수처리 관리조례를 살펴보면, 전기전자제품 생산자와 수입업자 또는 대리인 등을 의무이행자로 규정하고, 생산자의 의무는 자원의 포괄적인 사용 및 폐기물 무해처리방법을 지원하기 위한 설계방법을 적용해야 하며 재활용소재, 무해 화학물질 및 원재료, 저독성물질을 사용해야 하며, 제품에 대한 재활용 정보와 함께 독성 및 유해물질에 관한 제품 설계 매뉴얼에 대한 정보를 제공해야 한다.

의무이행자의 공통적인 의무는 폐전기전자제품 처리 및 폐기에 관한 비용을 사용하기 위해 생산자가 비용을 지불해야 한다. 또한 회수 또는 처리업자는 전기전자제품 사용자를 위한 회수처리 시스템을 구축해야 하며, 지역 환경 보호국(EPB: Environmental Protection Bureau)에 관련 자료를 제출해야 하고 그 자료는 최소 3년 이상을 보관해야 한다고 규정하고 있다. 이를 불이행시에는 중국내 생산자나 수입업자 모두 영업금지 또는 5~50만 위안 이하의 벌금이 부과된다.

폐전기전자제품 처리자격 허가 관리법에 따르면 세관제품코드를 포함한 폐전기전자제품 처리목록과 동일하고 환경보호국에서 제시한 조건들을 만족해야 한다. 주로 폐기시설에 관한 조건 등인데 폐기시설은 폐전기전자제품의 폐기와 저장, 공장운영 등을 위해 분해 장비, 오염물질 방지 및 관리 설비 등과 같은 폐기시설을 모두 갖춰야 하며, 환경문제가 발생하였을 경우 응급상황에 대응할 수 있는 폐기계획을 세워야 한다.

또한 제품의 수송 및 중앙 모니터링 시스템을 통해 폐전기전자제품에 대한 포장재 시스템 또는 용량별 분류 등의 설비와 안전, 제품품질 및 환경보호와 관련된 전문인력 또한 보유해야 한다.

중국정부는 2011.11.1을 시행기준으로 6대 제품군을 표준관리목록으로 적용했으며, 오염통제 자발적 인증시행과 함께, EU와 예외조항은 유사하나 6대 제품군에 대한 기술요건을 추가 발표하였다.

③ 일본 가전리사이클링법

일본의 경우에도 마찬가지로 TV, 냉장고 등의 특정 가전제품 폐기물의 수거, 운반 및 재상품화와 재활용 촉진을 목적으로 2003년 가전 리사이클링법을 시행하고 있다.

따라서 친환경적인 제품설계를 독려하고 있으며, 제품별 재활용율 규정하고 있다. 또한, 회수의무, 처리의무, 재정의무 등에 관한 조항이 엄격하게 규정되어 있다고 그 주 대상범위는 TV 및 냉장고 등의 특정 가전제품 등으로 의무이행주체는 생산자가 된다.

생산자는 수거한 폐전기전자제품들을 재활용해야 하며 특정 가전제품에 대해서는 재활용부피 및 회계연도 관련표준에 따라 재활용을 시행해야 하는데, 제품별 재활용률은 에어컨 70%, 냉장고 및 냉동고 60% 이상, 세탁기 및 의류건조기 65% 이상, 일반 TV 55% 이상, LCD 및 PDP는 50% 이상으로 규정하고 있다.

특히 생산자에게는 특정 가전제품의 내구성 강화 및 수리시스템 강화 등 제품에 대한 폐가전제품의 발생부피를 최소화해야 하는 친환경제품설계를 요구하고 있다.

생산자는 폐전기전자제품의 재활용 및 처리를 위해 주무관청의 허가를 받은 지정단체에 등록해야 할 의무가 주어지며, 기업 및 소비자는 폐전기전자제품이 발생할 경우 수집 또는 운반의 의무가 주어진다. 소매업자는 과거 소매업자가 판매했었던 특정 가전제품 관련 폐기물을 수집하도록 요청받을 경우 수집해서 생산자에게 운반해야 한다.

또한 생산자가 수집을 위한 지정장소를 결정할 경우 지역적조건, 교통상황, 제조한 특정 가전제품을 판매할 곳 등을 고려해서 재활용의 효과적인 이행을 촉진하기에 적합한 곳이나 소매업자에게 운반이 용이한 곳을 고려해야 한다.

생산자가 결정한 지정단체는 특정 가전제품 폐기물 처리, 수집운반, 재활용과 관련된 업무를 수행해야 하며, 생산자가 폐전기전자제품의 자체 재활용시스템을 설립할 경우 주무관청의 지침을 만족시키고 주무장관의 허가를 받아야 한다.

소비자는 폐전기전자제품의 운반 및 재활용과 관련된 비용을 부담해야 하며, 제조자나 수입업자는 소매상들이 회수한 폐전기전자제품 재활용 비용을 소매업자에게 청구할 수 있다.

④ 인도 E-Waste Rule

인도는 2010년 10월 '2010 E-waste Management and Handling Rules'에 대한 법률을 공포하였는데, 기존 20종에서 6종으로 제한물질 목록을 축소하고 대상제품의 범주를 축소하여 모든 의무이행 주체에 대해 연간 보고서 제출을 의무화하고 있다. 이 법은 [표 3-55]와 같이 IT 및 통신장비와 가전제품 두 개의 카테고리로 구분하고 전기전자제품에 대한 유해물질 사용의 금지와 관련된 제조업자, 수입업자 등에게 재활용 의무를 부여하여 환경을 보호하고자 하는 목적을 두고 있다. 이 법이 2012년 5월 발효됨에 따라 대상 전기 · 전자제품을 인도로 수출하려면 유해물질 제한치를 준수해야 한다.

특히 의무이행주체를 제조자, 판매업자, 재활용센터, 재가공자(refurbishers: 전기전자제품을 새롭게 가공하는 사람), 분해업자, 재활용업자 및 소비자 등으로 구분한 것이 특이하고, 각 의무에 대해 상세하게 규정하고 있다. 저감대상 유해물질로는 카드뮴(100ppm), 6가크롬, 납, 수은, PBB 와 PBDE(1,000ppm) 등 6개의 물질들이다.

전기전자제품 제조 시에 유해물질 및 유해물질 제한치에 따른 의무를 적용하고, 모든 전기전자제품 생산자는 유해물질에 대한 사용을 절감하도록 규정하고, 전기전자제품 수입업자는 연간 유해물질 사용에 대한 정보를 제출토록 하고 있다. 동 법에서 제시하는 요건을 미준수시에는 제품에 대한 제조, 수입, 사용 및 재활용 등에 제재조치를 부과하고 있다. 또한 생산자, 판매업자, 재가공자, 허가된 재활용센터, 소비자, 대량소비자, 분해업자가 해야 할 의무 등은 구체적으로 규정하고 있다.

[표 3-55] 인도 E-Waste Rule의 대상범위제품

대상범위구분	제 품
(1) IT 및 통신장비	중앙 데이터 처리기기 (본체, 미니컴퓨터), 개인 컴퓨터 (CPU와 입출력 장치), 노트북, 노드패드, 카트리지를 포함한 프린터기, 복사기기, 전기적 및 전자공학의 타자기, 휴대용과 사무용 계산기, 수집/저장/처리/프리젠테이션/정보소통 등을 위한 제품, 팩스, 텔렉스, 전화기, 공중전화, 무선전화기, 휴대폰, 자동응답 시스템, 음성송신장비, 이미지나 통신 기타정보제공을 위한 장비
(2) 가전제품	TV 세트(LCD 및 LED포함), 냉장고, 세탁기, 에어컨

출처 : 국제환경규제종합정보망(http://www.compass.or.kr)

⑤ 한국 자원순환 법률

한국은 2008년부터 전기 · 전자제품 및 자동차의 자원순환에 관한 법률을 시행하고 있다. 10개의 전기 · 전자제품군으로 분류하여 폐전기전자제품의 발생에 대한 사전예방과 재사용, 재활용, 재생 등을 통한 폐전기전자제품의 최종 처리량 저감하고, 제품 전 과정에서의 환경성 개선과 제조 및 수입업자에게 유해물질 사용제한, 정보제공 등의 의무를 부여하여 환경을 보호하고 경제적 손실을 예방하는 것을 목적으로 하는 관련 법률이다.

한국의 WEEE는 타 국가의 것과 유사하나, 2008년 이전에 출시된 전기전자제품의 수리를 위한 부분품 및 부속품과, 연구개발이나 수출을 목적으로 제조된 제품 및 부품과 환경부장관이 필요하다고 인정하여 고시한 물질 및 부품은 적용 예외사항 목록으로 한다. 소비자 정보제공, 재활용 및 정보제공과 보고의무는 EU와 유사하다.

한국의 RoHS의 대상범위는 전류 또는 전자기장에 의해 작동하는 전기전자제품 및 부속품, 폐전기전자제품과 다기능을 가진 제품의 경우는 제품의 주요 성능에 따라 대상 포함 여부를 결정하고 있으며, 유해물질 및 최대허용농도는 EU에 따르고 있다.

한국정부는 2012.1.6일 시행 일자를 기준으로 유해물질에 납을 예외조항으로 총 24개종으로 규정하고 프린터, 복사기, 팩시밀리의 재활용을 75%로 하며, 2012년부터 전기전자제품 재활용 및 회수 의무율을 추가로 규정하고 있다.

(2) 에너지관련 규제

① 미국 에너지스타 프로그램

미국의 에너지스타 프로그램(energy star program)은 에너지효율이 높은 제품을 알리고 사용을 권장하기 위한 목적으로 1992년 시행한 법률이다. 가전제품과 건축자재 등 8개 제품군을 대상범위로 미국 EPA에서 지정한 기관에서 3자 인증을 받아야 하며, 호주, 캐나다, 일본, 뉴질랜드 및 유럽연합 등에서도 이를 도입한 바 있다.

[표 3-56] 미국 에너지스타 프로그램 대상제품 목록

분류	제 품
가전제품	배터리충전기, 세탁기, 제습기, 식기세척기, 냉동고, 냉장고, 공기청정기, 냉수기
건축자재	방수재, 단열재, 지붕재, 창문, 문, 천장채광창
상업용 가전제품	상업용 세탁기, 자동판매기, 냉수기
상업용 식품서비스 장비	상업용기기(주방패키지, 식기세척기, 튀김기, 요리용 번철, 식품온장고, 아이스메이커, 오븐, 냉장고/냉동고, 찜기)
컴퓨터 및 전자장치	오디오/비디오, 배터리충전기, 컴퓨터, 무선전화, 디스플레이, 기업서버, 외부전원 어댑터, 이미지장치, 셋톱박스&케이블박스, TV
냉난방	중앙/실내에어컨, 보일러, 제습기, 송풍기, 환풍기, 전기난로, 공기열원 열펌프, 지열펌프, 가정단열, 실내공기청정기, 경상용 냉난방
조명 & 선풍기	장식용 끈, 천장선풍기, LED램프, CFL, 조명기구, 가정용 LED조명
펌프	가스컨덴싱 방식 온수기, 열펌프식 온수기, 고효율 가스저장식 온수기, 태양열 온수기, 비가스탱크 방식 온수기

출처 : 국제환경규제종합정보망(http://www.compass.or.kr)

에너지스타 프로그램은 그린라이트, 메탄프로그램과 같이 자발적 프로그램으로써 온실가스를 줄이고 더 나아가 지구온난화를 방지하기 위한 노력으로 시작되었다. 에너지스타 라벨링을 획득하기 위해서는 EPA에서 제시하는 각 제품군별 에너지스타 요건에 부합되어야 한다.

대상제품의 라벨링은 에너지스타 제품 요구사항에서 제시된 에너지효율을 만족시키면 획득이 가능하고, 라벨은 제품에 따라 변형될 수 있고 에너지 가이드라벨에 삽입될 수 있으며, 상세한 대상제품은 [표 3-56]과 같다.

에너지스타 프로그램은 EPA와 DOE가 공동으로 운영하여 왔으나, 2010년부터는 EPA가 운영을 전담하고 DOE는 기술적인 지원과 프로그램을 지원하는 것으로 역할을 분장하였다. 에너지스타 라벨이 제품에 남용되는 것을 막기 위해서 미국 정부는 2010년 4월 14일 인증절차를 강화하는 방안을 발표하였다. 이에 따라 전문 검사원들이 각 품목에 대한 신청서류를 일일이 심사해 검토한 후 인증을 결정하여 해당상품에 대해 인증라벨 부여하도록 하며, 인증을 받기 원하는 제조자들은 인증 신청 전에 미리 연구 테스트 결과를 제출해야 한다.

에너지스타 마크를 획득한 제품을 사용한 소비자는 일반 제품 사용자에 비해 약 20~30%의 에너지 절약 효과를 누리는 것으로 나타남으로써 프로그램의 효과가 입증되었다. 2009년부터 에너지스타 마크를 부착한 제품을 구입하면 연방정부와 주정부의 세제혜택이 주어짐에 따라 기업의 판매 전략에 필수적 요소로 급속히 부상하고 있다. 또한 에너지스타 마크는 제조업체가 자체적으로 판정하여 부착하던 방식에서 2010년 말부터 제3자 시험소가 발급한 성적서를 미국 환경청이 평가한 후 승인하는 방식으로 강화되었다.

미국은 에너지스타 프로그램 외에도 특정 신형 전자제품에 대해서 유사 상품 간 에너지효율의 비교가 가능하도록 표시를 의무화하는 에너지가이드라벨 제도를 시행하고 있다. 1980년에 연방거래위원회의 가전기기 라벨규정(appliance labeling rule)이 시행되어 에너지정책 및 절약법(energy policy and conservation act)에 따라 1987년부터 냉장고, 냉동고, 온수기기, 식기세척기, 세탁기, 룸에어컨, 히트펌프, 난방로, 보일러 등 9개 품목에 대해서 모든 신제품을 대상으로 에너지가이드라벨의 부착이 의무화되었다.

이는 가전제품 사용 시 소비되는 에너지 소비량을 다른 유사제품과의 에너지와 비교하여 소비자의 에너지 절전형 제품구매를 촉진함으로써 에너지 절약을 유도할 목적으로 추진되고 있다.

단, 가스레인지, 오븐, 건조기, 순간온수기, 가습기와 제습기는 예외 품목으로 하고 있다. 2009년 현재 국가 에너지정책 및 절약법에 의한 에너지가이드라벨의 대상 품목 중에서 에너지효율라벨이 존재하는 경우는 모두 10개 제품으로 냉장고, 냉동 냉장고, 냉동고, 룸에어컨, 센트럴 에어컨, 히트 펌프, 온수기기, 난방로, 식기세척기, 세탁기, 풀 히터 등이다.

이 제도에 따라 미국 내 생산자는 그 해에 생산이 중단된 모델을 포함해서 모든 생산중인 가전제품과 관련하여 연간보고서를 연방무역위원회(Federal Trade Commission)에 제출해야 하며, 또한 신 모델은 출시에 앞서 해당모델의 에너지효율과 소모량을 데이터로 제출해야 한다.

에너지가이드라벨은 노란색 배경에 검은 글씨로 구성되며, 에너지스타 인증을 받은 경우에는 에너지 가이드 라벨도안에 에너지스타 마크를 삽입한다. 에너지가이드라벨의 예를 들면, 형광램프용 안정기나 일반형 형광램프 등 조명기기 품목은 광출력, 에너지소비량, 제품수명, 최저에너지 효율기준을 만족한다는 의미를 표시하고, 샤워헤드, 수도꼭지나 양변기 등의 품목의 수도기기에 대해서는 톤 수량 및 해당품목의 물 소비 기준을 만족한다는 표시를 하며, 최소에너지 효율기준에 미달되는 제품은 미국 내에서 판매가 제한되며, most-efficient 라벨을 적용하고 있다.

② 중국 에너지절약법

중국의 전기전자제품 에너지소비규제인 에너지 절약법은 사회 전 산업문야에 걸쳐 에너지를 보존하고자 하는 큰 의미와 에너지 사용단계에서 에너지 효율을 개선하여 경제적 비용을 감소하고 지속가능한 사회경제 발전을 이룩하고 환경을 보호하고자 하는 목적에서 1998년부터 시행되고 있다.

공업, 건축물, 교통운송, 공공 및 에너지 분야에서 실내에어컨, 선풍기, 다리미, 가정용 냉장고, 가정용 세탁기 등 에너지 사용제품을 대상범위로 에너지사용 제품의 최저 소비기준을 규정하고 에너지소비량 표기를 의무화하고 있으며, 에너지소비량을 제품설명서 또는 에너지효율 라벨에 표시해야 한다.

중국의 전기전자제품 에너지효율 표지제도는 에너지절약관련 관리기반 강화와, 에너지절약 기술개발 및 효율향상을 목적으로 2005년에 시행되었다. 가정용 냉장고와 실내 에어컨 등 에너지사용제품을 대상범위로 2005년 3월부터 출시되는 제품부터 에너지효율라벨을 부착해야 하며, 해당 품목, 생산업체, 수입업체 등도 국가표준관리위원회에 등록하도록 규정하고 있다.

중국정부는 에너지효율 대상품목이 늘어남에 따라 시장 감시를 강화하고 있으며, 허위라벨 부착이나 규정 미시행 등에 대한 단속이 강화되고 있다. 반면에, 에너지효율라벨관리센터는 업체 생산품목의 에너지 절감수준이나 시장판매규모 등을 종합 평가해서 연도별 에너지효율 라벨사업의 진행상황과 에너지절감 우수기업명단 등을 발표해서 격려하기도 한다.

특히 2010년도 중국 고효율 에너지절약 대상 제품으로서 실내에어컨, 회전식 실내에어컨, 전기세탁기, 저장형 전기온수기, 가정용 가스온수기, 컴퓨터 모니터, 형광등 안정기, 가정용

인덕션 쿠커, 가정용 냉장고와 냉동고 등을 지정했다.

중국의 에너지라벨링(china energy label)은 생산자명칭 또는 약칭, 제품모델명, 에너지효율등급, 에너지 소모량, 해당되는 에너지효율 국가표준번호 등이 표시사항이며, 이에 해당하는 생산자 및 수입자는 에너지효율등급표시 사용 30일 이내에, 생산자 영업면허증 또는 등록증 사본, 제품의 에너지효율 시험결과, 에너지효율표시 견본, 최초 사용일자 등 기타 관련 자료와 대리인이 자료 등록시에는 생산자 및 수입자의 위임장 등을 서신, 팩스, 이메일 등의 방법으로 관리기관에 제출하도록 되어있다.

③ 일본 Top Runner Program

일본의 Top Runner Program은 각 제품별 현재의 최고효율수준을 미래의 최저효율기준으로 설정하고 이를 목표 기간 내에 달성하도록 하는 제도로서, 차량과 전기전자제품 등 에너지를 사용하는 기계 및 기구를 그 대상범위로 1999년도에 관련 법률을 시행하였는데, 인증방법은 자발적 인증제도를 도입하고 있다.

일본에서 대량으로 사용되는 기계 및 기구, 사용할 때 상당량의 에너지를 소비하는 기계 및 기구와 에너지 소비효율향상을 도모할 필요가 있다고 고려된 제품을 대상범위로 하다가, 2010년 5월에 23개의 제품에 대한 표준을 마련하였는데, 이는 승용차, 화물차, 에어컨, 전기냉장고, 전기냉동고, 전기밥솥, 전자레인지, 조명기기, 전기변기, TV세트, VCRs, DVD 레코더, 컴퓨터, 자기디스크 장치, 복사기, 히터, 가스조리기구, 가스온수기, 석유온수기, 자동판매기, 변압기, 루팅기기, 스위칭 기기 등이며, 각 제품별로 라벨링 요건이 다르게 요구되고 적용되고 있다.

일본은 2000년도에 JIS(Japan Industrial Standard) 규격을 표준화하고 Top Runner 방식을 에너지 절약기준 달성 정도의 표시를 제도화하는 에너지 절약 라벨링 제도(energy-saving labeling program)을 표면화하는데, 에너지 절약 성능이 우수한 제품에 마크를 부여하는 에너지 절약마크, 제품마다 정해진 목표치를 어느 정도 달성했는가를 (%)로 표시하는 에너지 절약기준 달성률, 에너지 소비효율, 그리고 에너지 절약기술달성의 목표시기로 제품마다 설정하는 목표연도 등 4가지 정보의 표시를 의무화하였다.

또한 연간 기준전기요금을 대상제품을 위해 에너지 소비율의 개념으로 규정하였으며, 에어컨, TV, 전기냉장고 등 기기 자체의 에너지 소비량이 크고 제품마다의 에너지 절약 성능의 차가 큰 제품의 경우, 에너지 절약 라벨링 제도 및 연간 기준전기요금뿐 아니라 다단계 평가 제도를 라벨에 표시하도록 명시하는 Uniform Energy-Saving Label을 규정하였다.

④ 멕시코 에너지효율 라벨링

멕시코에서는 2011년 9월 냉장고, 세탁기, 에어컨 등 186개 전기 · 전자제품에 대한 에너지 효율 라벨링 부착을 의무화하여 2012년부터 본격적인 단속을 하고 있다. 이 제도는 판매시점에 에너지 라벨 부착을 의무화하고 있으며, 부착하지 않았을 때에도 통관은 가능하지만 미부착 제품을 판매할 때 제품 모델당 약 10만 달러의 과징금이 부과된다. 하나의 제품군에만 많게는 수백 종의 모델이 있는 경우도 있기 때문에 과징금 부담이 매우 클 수도 있다.

이 제도의 특징은 각국에서 시행되고 있는 EU 에코라벨, 미국의 에너지스타, 캐나다의 에너지 효율 등급, 한국의 에너지효율마크 등 공인된 기준에 따라 검사한 결과에 근거하여 반드시 스페인어로 에너지 소비량을 제품표면과 포장표면에 표기하여 부착해야 한다. 또한, 수출기업은 에너지 소비량, 제품 명칭, 브랜드, 모델, 유형, 수입 또는 제조 여부, 용량 등의 정보를 소비자보호원과 에너지절약국가위원회에 스페인어로 된 신고양식에 따라 신고하지 않으면 소비자보호원으로부터 통관제제를 받을 수 있으므로 유의해야 한다. 현재 멕시코 정부에서는 2011.9.10일 시행일자로 대상제품을 186개 전기전자제품으로 적용하고 있으며 에너지라벨링 부착을 규정하고 있다.

⑤ UAE 에너지효율등급 라벨제도

아랍에미리트연합(UAE)에서는 2011년 4월에 '국가에너지 효율화와 보전 프로그램'을 공포하여 전력 사용량이 높은 에어컨을 대상으로 에너지 효율등급 라벨의 부착을 의무화 하였고, 2012년부터 적용대상을 확대하여 세탁기, 냉장고, 전등 제품 등까지 포함시켰으며, 2013년부터는 덕트 등 에어컨 관련제품까지 확대될 예정이다.

에너지 효율등급 라벨을 취득하기 위해서는 표준계량청에 관련 지원서를 제출하고 심사를 거쳐야 하는데, 심사결과에 따라 에너지 효율성 별(☆)등급을 받게 된다. 에너지 효율등급 라벨은 에너지 효율성을 별(☆)의 개수로 나타낸 것으로서, 별이 많을수록 에너지 효율성이 높은 제품이라는 것을 의미하는데, 최소 에너지 효율성 기준을 통과하지 못하는 경우 에너지 효율 등급 라벨을 취득할 수가 없다.

⑥ 한국 에너지 소비효율등급표시제도

한국의 에너지 소비효율등급표시제도는 소비자들이 효율이 높은 에너지 절약형 제품을 손쉽게 식별하여 구입할 수 있게 하고 제조 및 수입업자들이 생산 및 수입단계에서부터 원천적으로 에너지절약형 제품을 생산 및 판매하기 위한 목적으로 1992년에 전기냉장고 등 에너지 사용제품 22대 품목을 그 대상범위로 시행하였다. 대상 업체 수는 [표 3-57]에서 보는 바와 같이 해마다 증가하고 있다.

타 국가와 유사한 시스템을 적용하고 있는데, 한국의 에너지 소비효율등급표시제도는 에너지 절약형 제품의 보급과 확대를 위해 국내 제조업자, 국내 수입업자에게 제품의 에너지소비효율 또는 사용량에 따라 1~5등급으로 수분하여 라벨 등의 의무표시와 시험 후 의무적인 제품신고 및 5등급 기준 미달제품의 생산 및 판매금지 조치를 취할 수 있는 최저소비비율기준 적용이라는 3가지 의무를 생산자에게 부여하고 있다. 따라서 에너지효율기준에서 5등급 기준을 달성하지 않은 제품은 생산, 판매 및 유통이 금지되고, 대상제품이 최저소비효율기준을 위반할 경우 2천만 원 이하의 벌금이 부과된다.

[표 3-57] 국내 에너지효율등급제 대상업체수

구분	2004	2005	2006	2007	2008	2009
업체수	442	433	492	502	528	850
전년대비(%)	-	-2.0	13.6	2.0	5.2	61

자료: 에너지관리공단(2010), 효율관리기자재 2009년도 생산(수입).판매실적

한국의 대기전력 저감프로그램은 소비자의 절전형제품 구매촉진을 유도하여 낭비되는 사무 및 가전기기의 대기전력 소모량에 따른 에너지비용 절감을 통한 지구환경 보전을 목적으로, 컴퓨터 및 모니터 등 에너지사용제품을 그 대상범위로 1999년 관련 법률을 시행하였다.

대기전력 저감을 위해 제조업체의 자발적 참여를 기초로 대기시간에 슬립모드 채택과 대기

전력 최소화를 유도하는 자발적 협약(voluntary agreement)제도로 대기전력저감우수제품은 사용하지 않는 시간에 자동적으로 슬립모드 등의 최소 전력모드로 전환되어 에너지를 절약하고자 하는 배경이 있다.

정부와 에너지관리공단은 대기전력 1W 이하 달성 국가 로드맵인 'Standby Korea 2010' 에 따라 대기전력저감기준에 미달하는 경우 강제 괌 ㅐ 경고표시제를 도입하고 있으며, 대기전력경고표시 대상제품의 대기전력 신고의무화 의무화 위반과 대기전력저감기준 미달제품에 대한 경고표시 의무화 위반 시에 500만원 이하의 벌금을 규정하고 있다.

제품별 측정방법은 각 제품에 대한 오프모드와 무 부하모드 소비전력을 측정해야 하는 경우에는 KSC IEC 62301(가정용 전기기기의 대기전력 측정)에 따르고 있다. 에너지절약마크도 주황, 빨강, 남색, 검정으로 경우에 따라 단색으로도 표현이 가능하며 제품표면의 경우 먹 100% 또는 표면의 주 색상을 사용할 수 있으며, 그 크기는 제품크기에 따라 참가사업자가 정할 수 있다고 규정하고 있다. 현재 한국정부는 2011.12.23 시행일자를 기준으로 대상제품범위를 22개에서 35개 제품군으로 확대 적용하고 있다. 또한 한국의 대기전력 저감 프로그램은 2011.2.16 시행일자로 그 대상범위를 20개에서 22개 제품군으로 확대하고 있다.

⑦ 호주 에너지라벨링

호주의 에너지 라벨링 및 최소에너지효율기준법은 1986년에 냉장고 및 세탁기 등 에너지 사용제품을 대상범위로 강제적 및 자발적인 인증으로 시행하고 있다. 1970년대 New South Wales와 Victoria 주가 에너지 라벨링 제도도입을 최초로 제안했고 그 이후 범정부차원에서 2000년에 법제화가 완료되었다.

온실가스 저감목표로 최소에너지효율기준(MEPS)을 적용해서 소비자에게 가전제품의 에너지효율을 비교하여 구매할 수 있도록 하고, 생산자에게는 인센티브의 역할을 하여 제품의 에너지효율을 개선하고자 추진되었다.

수영장 가열기는 자발적인 품목으로 정하고 나머지 대부분의 관련 제품은 의무사항으로 구분하고 있다. 호주정부는 에너지효율위원회(Equipment Energy Efficiency, E3)에서 사용단계에서 제품의 에너지효율을 관리하고 프로그램을 강화하고 있으며, 이해 관계자와의 포럼이나 세미나를 개최하는 등 활발한 활동을 하고 있다.

⑧ EU 에너지라벨링

EU는 에너지관련 제품에 대한 라벨링 및 에너지소비 표준제품정보의 표시에 대한 지침의 관련 법률을 2010년도에 시행하고 있는데, 최종 사용자가 명확하게 표준화된 정보에 따라 에너지 효율성이 높은 에너지관련 제품을 선택하도록 하기 위함을 그 목적으로 하고 있다.

[표 3-58] 국가별 에너지라벨링 지침

구분	EU	미국	일 본	중 국	한 국
규제명	에너지관련제품에 대한 라벨링 및 에너지소비표준제품 정조의 표시에 대한 지침	에너지 스타	Top Runner Program	에너지효율라벨 관리방법	에너지효율 등급제
의무이행주체	공급자, 딜러	제조사	제조업자, 소매업자	제조업자 등	생산자
적용범위	에너지 관련제품	60개 제품 범주	23개 기계 및 기구	전기전자제품	전기냉장고 등 22개 제품
주요의무	정보제공, 라벨링 등	라벨 부착 EPA 승인 필수 ('10.4.14)	Energy-Saving Labeling Program, 연간기준전기요금, Uniform Energy-Saving Program 등	시장감시, 라벨링 등	에너지 소비효율, 라벨링 등
시행일	2010.06.18 (개정완료)	1992	1999	2005.03.01 (발효)	-

출처 : 생산기술연구원(2012), 주요 산업.국가별 무역 환경규제 대응 가이드라인

그 대상범위는 재사용제품, 사람 또는 제품수송에 사용되는 제품, 안전을 목적으로 사용되는 제품을 제외한, 기존의 7개 가정용기기에서 에너지관련 제품으로 그 범위를 확대하고 있다.

예를 들어 제품사용동안 에너지 소비에 직접 및 간접적으로 영향을 주는 제품, 창문이나 문 등의 설치 또는 사용에 있어서 잠재적인 에너지 절감효과를 나타낼 수 있는 제품, 그리고 자판기나 냉보관실 등과 같이 산업 및 상업군에서 에너지를 사용하여 작동하는 제품 등을 들 수 있다.

기존의 A 등급을 구분하고 등급별 표시 색도 최고 에너지라벨링은 진한 녹색이며, 최하 에

너지라벨링 등급의 색은 붉은 색으로 규정하고 있다. EU를 포함한 국가별 에너지라벨링 지침은 [표 3-58]과 같다.

⑨ 백열전구 사용규제

전 세계적으로 많은 국가들이 에너지효율이 낮은 백열전구의 사용을 억제하는 규제를 시행하고 있는데, EU, 호주, 뉴질랜드, 대만 등은 이미 백열전구의 판매를 금지하고 있으며, 러시아, 캐나다 등도 2014년부터 전면 금지할 예정이다.

EU에서는 2009년 9월부터 100W 이상 백열전구에 대한 에너지효율 기준을 크게 강화하였으며, 2012년 9월부터 모든 백열전구에 대한 기준을 강화하여 사실상 유통을 금지하고 있다.

뉴질랜드에서는 2009년 10월부터 백열전구의 수입과 판매를 금지하고 있으며, 호주에서는 2009년 2월부터 일반 가정용 백열전구의 수입을 금지하고 단계적으로 규제기준을 강화하여 2015년부터는 모든 백열전구의 유통이 금지될 예정이다. 대만은 2010년부터 백열전구 생산을 금지하고 공공기관에서의 사용을 금지하여 왔으며, 2012년부터는 민간부분에서도 전면적으로 사용이 금지된다.

미국 정부는 백열등(incandescent lamp)을 에너지효율이 높은 조명으로 대체하기 위해 2012년 1월부터 100W 이상 백열전구의 에너지 절감율 기준을 28%로 강화하여 현실적으로 유통을 차단시키고 있다.

이는 2007년 통과된 에너지 독립 및 안보법(Energy Independence and Security Act)을 근거로 일반용 백열등에 대해 밝기(lumen)에 따른 최대전력소비량과 최소수명(1,000시간)에 대한 허용기준을 부과함으로써, 사실상 2014년까지 모든 백열등의 사용과 판매를 제한하게 되는 것이다. 이보다 더 강력하게 캘리포니아 주정부는 2011년 1월부터 72W 이상의 백열등 판매를 금지하고 있다.

2011년 11월 중국 국가발전개혁위원회, 상무부, 세관총서, 국가공상관리총국, 국가품질감독총국 등은 공동으로 '일반 조명 백열등 수입과 판매 금지에 관한 공고'를 발표하여 2012년부터 점진적으로 백열전구의 생산 · 수입 · 사용을 금지하고 2016년 10월부터 모든 백열전구 판매가 전면 금지되도록 규정하고 있다. 이에 따라 2012년 10월부터는 100W 이상, 2014년 10월부터는 60W 이상, 2016년 10월부터는 15W 이상 백열전구의 수입과 판매가 금지된다.

우리나라도 2014년까지 백열전구 사용을 전면 중지한다는 목표로 2012년부터 소비효율기준을 20%로 대폭 강화하여 2012년 1월부터 70W 이상 백열전구에 대하여, 2014년 1월부터는 25W 이상 백열전구에 대하여 적용함으로써 사용을 억제하고 있다(에너지이용 합리화법 제15조 등에 따른 효율관리기자재 운용규정(지식경제부고시 제2011-241호, 2011.11).

3-3-3. 자동차산업

자동차산업의 경우 제조공장의 규모가 크고 다단계의 제조공정을 거쳐 생산되는 대량 에너지 소비와 배출량이 따르는 산업이며, 전 세계적으로 시장판매를 위한 전략을 각 나라마다 고부가가치 산업으로 최선을 다하고 있는 산업이다.

자동차산업은 IT산업과 더불어 우리나라의 수출을 선도하는 대표산업으로서, 거의 모든 기술이 종합적으로 융합되어 녹아드는 산업이다. 따라서 설계, 생산, 수송, 사용, 폐기 및 재활용에 이르기까지 주요 국제환경협약과 환경규제에 다발적으로 영향을 받는 대표적 산업이다. EU, 일본, 한국의 자동차산업 규제현황을 정리하면 [표 3-59]와 같다.

자동차는 지구온난화의 주범으로 인식되는 온실가스 및 대기오염물질 등의 주요 배출원으로 지목되어 환경규제가 점점 강화되고 있다. 자동차산업에 대한 환경규제는 다음과 같이 크게 연비규제, 배기가스규제, 자원순환규제, 타이어규제, 기타규제 등으로 구분할 수 있다.

① 연비규제 : 연비라벨링규제(EU, 미국), 미국 기업평균연비(CAFE)규제, 연비규제(중국, 일본, 한국 등)

② 배기가스규제 : EU EURO, 미국 LEV(Low Emission Vehicle)와 Tier, 중국 자동차배기가스규제, CO_2 배출규제(EU, 미국, 한국 등)

③ 자원순환규제 : EU 폐자동차처리지침(ELV), 일본 ELV, 포장재회수의무규정(독일, 스웨덴, 덴마크 등), 재활용의무규정(독일), 한국 전기전자제품및자동차의자원순환에관한법률

④ 타이어규제 : 타이어라벨링(EU, 일본), EU 타이어제품내특정PAHs사용규제

⑤ 기타규제 : EU 배터리지침(자동차), EU 연료품질규제, 중국 자동차연료품질규제, EU 자동차용불소화가스규제, EU 자동차냉매누설량규제

[표 3-59] EU, 일본, 한국의 자동차산업 규제현황

구분	EU	일본	한국
규제명	폐자동차처리지침(ELV)	폐자동차의 재자원화 등에 관한 법률	전기전자제품 및 자동차의 자원순환에 관한 법률
의무이행주체	생산자(제조자와 구별)	제조업자, 관련사업자, 소비자	제조업자, 수입업자, 재활용업자
적용범위	승용, 승합, RV, 전차종, 트럭과 삼륜차량	폐자동차	자동차, 피견인자동차
주요의무	폐자동차 회수 처리, 중금속 사용금지, 재활용, 정보제공 등	폐자동차 회수 처리, 재활용, 정보제공, 비용 부담 등	유해물질 사용 제한, 재활용, 보고 등
시행일	2002. 07. 01	2005. 01. 01	2008. 01. 01

출처 : 생산기술연구원(2012), 주요 산업 · 국가별 무역 환경규제 대응 가이드라인

(1) ELV

① 일본 ELV

일본의 폐자동차의 재자원화 등에 관한 법률은 2005년 시행되었는데, 이는, 자동차 제조업자 및 관련 사업자에 의한 폐자동차의 수거, 인도 및 재자원화 등을 적절하고 원활히 실시하고, 폐자동차로부터 발생되는 폐기물의 감량을 위해 재생자원과 재생부품으로 이용하며, 폐기물의 적정처리와 자원을 유용하게 활용할 수 있도록 함이다.

특히 폐차시에 발생하는 폐기물 중에 ASR(Automobile Shredder Residue)의 적정처리에 대한 제도를 마련하기 위한 것이 그 배경인데, ASR은 자동차 총 중량의 약 20%를 차지한다.

자동차 제조업체는 자신이 제조 또는 수입한 자동차가 폐자동차가 된 경우에 그 폐자동차로부터 프레온류는 파괴하고, 에어백 인플레이터 및 ASR을 인수하고 재활용해야 하며, 허가된 해체업자는 에어백 인플레이터를 회수해 자동차메이커, 수입업체에게 인도해서 폐자동차를 해체 및 부품을 회수하여 파쇄업자에게 인도할 의무와, 폐자동차 소유자는 자동차를 폐차시킬 때 딜러나 정비업자 등의 인수업자에게 인도하거나 재활용 요금을 부담해야 한다.

제조업자는 재활용 3개 품목에 대한 구체적 인수기준, 장소, 적정 처리정보, 처리비용설정 및 공표의 의무가 주어지며, 재자원화를 행하기 2개월 전까지는 규정하는 신청서와 서류를 주무장관에게 제출하도록 규정하고 있다.

일본의 경우 2008년 폐자동차 수는 약 360만대이며, 자동차 리사이클링법에 근거하여 폐자

동차 파쇄 잔재와 에어백류에 대해서는 재자원화의 수치목표를 미리 설정해 놓고 있다. [표 3-60]은 2005~2008년도 일본의 폐자동차 처리실적 현황을 요약한 것이다.

[표 3-60] 일본의 폐자동차 처리실적 현황(2005~2008)

연 도	재자원화율(%)	
	Shredder dust	에어백류
2005년도	48.0 ~ 70.0	93.0 ~ 94.7
2006년도	63.7 ~ 75.0	93.5 ~ 95.1
2007년도	64.2 ~ 78.0	92.0 ~ 94.7
2008년도	72.1 ~ 80.5	94.1 ~ 94.9
목표치	30.0(~ '05년) 50.0(~ '10년) 70.0(~ '15년)	85.0

출처 : 국제환경규제종합정보망(http://www.compass.or.kr)

일본 자동차산업의 폐기물 처리에서는 특히 3가지 제품에 대한 재활용을 중요시하고 있는데, ASR의 재활용은 순조로이 진행하고 있다고 판단하고 있으며, 향후 다른 금속류나 수지부품 등에서 회수한 자원을 완제품 자동차 제조 시 재활용하는 재료 재활용(material recycle)을 최대 목표로 하고 있다. 또한, 일본에서는 자체의 전기 배선을 폐차에서 회수할 때 해체를 용이하게 하는 설계방법 가이드라인을 작성하여 닛산 등 5개사에서 공유하기로 하였다.

프레온가스의 경우 리사이클링법 시행 이전에도 자동차 메이커 주도로 프레온가스 회수 및 파괴처리 시행을 하고 있으며, 에어백 인플레이터는 자동차 메이커가 직접 인수하여 재자원화를 하고 있으며 에어백 재활용 목표는 총중량의 85% 이상으로 하고 있다. 이를 위반할 경우는 타 국가와 유사하게 벌금을 부과하고 있다.

② 영국 ELV

영국정부의 자동차 생산회사의 폐차회수의무제도 시행현황을 살펴보면 EU ELV 지침의 시행을 위한 국내적 준비를 진행해 왔는데, 2005년 2월 ELV 생산자 책임(producer responsibility) 규제를 제정하여 생산자의 폐차회수의무를 확정하고 2006년 1월부터 회수의무가 실질적으로 적용되고 있다. 현재까지 영국 내 자동차 생산업체 혹은 수입업체가 자사브랜드 차량을 회수한 실적은 전무하며 2006년 1월부터 회수가 시작되었다.

영국의 폐차회수 및 재활용체제는 생산자 및 수입자가 폐차 및 재활용 전문 업체와 계약을 맺거나 혹은 자체 폐차 및 재활용시스템을 구축하고 폐차회수의무를 이행토록 하는 것인데, 2003년 ELV 제정 당시에는 국가적인 폐차처리시스템을 구축하고 그 처리비용을 생산자로부터 강제로 징수하는 방안도 고려되었으나, 2005년 규제에서는 업체들이 자체적으로 재활용 목표를 달성하도록 의무를 부과하는 시스템으로 확정하였다.

폐차회수의무 시행일정은 2005년 4월까지 생산자 및 전문수입자는 폐차회수 책임이 있음을 통산부장관에게 등록하여야 하며, 2005년 8월까지 생산자 및 전문수입자는 자사 폐차회수를 담당할 인가받은 폐차회수 및 처리시설(ATF) 확보계획을 제출하여야 하며, 2006년부터는 생산자 및 전문수입자는 회수한 차량중량의 85%에 해당하는 부품 및 소재를 재사용 및 회수하거나, 80%를 재사용 및 재활용하여야 한다.

또한 2007년 1월부터는 생산자 및 전문수입자는 차량의 최종소유자가 폐차를 하고자 할 경우 무료로 차량을 인수하여야 하며 2015년부터 생산자 및 전문수입자는 회수한 차량중량의 95%에 해당하는 부품 및 소재를 재사용 및 회수하거나, 85%를 재사용 및 재활용하여야 한다고 규정하고 있다.

폐차회수의무 시행관련 주요 법조항(End-of-Life Vehicles(Producer Responsibility) Regulation 2005)에 따르면 생산자의 폐차회수책임 등록(제7조), 생산자의 폐차회수시스템 확보의무(제10조~제15조), 재사용, 회수, 재활용 목표(제18조), 의무이행실적 제출(제19조)에 관한 사항이 명시되어 있다.

폐차 시 발생하는 소재 및 부품의 중량기준 비중은 철금속(ferrous metal) 68%, 비철금속(non-ferrous metal) 8%, 플라스틱 11%, 타이어 및 고무 5%, 유리 3%, 각종 오일 및 액체 2%, 기타(배터리, 전기전자부품, 카펫 등) 3%로 규정되어 있다.

ACORD(Automotive Consortium on Recycling and Disposal)의 보고서에 따르면 위 부품 및 소재 중 80% 정도가 이미 재활용 혹은 회수되고 있으며, 특히 철 및 비철금속, 타이어 등의 재활용률이 매우 높다고 한다.

주요 소재 재활용 및 회수율을 보면 철 및 비철금속 98%, 타이어 60%(22% 재활용, 8% 에너지로 사용, 10% 재처리, 16% 재사용 등), 배터리 90%(폐배터리에 대한 별도의 처리지침에 따라 재활용률이 상대적으로 매우 높음), 플라스틱 및 유리는 소재의 다양성 및 분리회수 비용의 과다로 재활용률은 상대적으로 매우 낮으며, 소재가 아닌 부품자체로서의 재활용실적에 대한 통계는 입수 불가능하며, 영국에서는 우리나라에 비해 폐차로부터 중고부품들을 회수하여 재활용하는 경우가 많지 않다.

폐차의 회수 및 재활용에 따른 경제적 고려를 살펴보면 각 자동차 생산자나 수입자가 각국별로 자체적인 폐차회수 및 재활용시스템을 갖추고 EU의 폐차지침이 제시하는 목표 재활용률을 달성하는 것은 경제성이 거의 없으나, 대규모 처리시설을 갖춘 전문처리업자의 경우 충분한 처리물량이 확보될 경우 경제성이 있는 것으로 보인다.

2003년도에 최초로 영국에 생산자의 폐차회수의무 관련 규정이 제정되었을 당시, 자동차 생산업체들은 별도의 비용을 부담하고 폐차회수의무를 이행하여야 할 것으로 예상하고, 이를 위한 별도의 충당금도 적립하였다.

그러나 폐차회수업체들의 규모를 고려할 때에 국제 원자재가격 상승 등의 경제성 확보에 따라 대규모 폐차회수업체들이 재활용으로부터 발생하는 수익으로 처리비용을 충당할 수 있는 상황으로 전환됨에 따라, 현재 자동차 생산자나 전문수입업체들은 별도의 비용부담 없이 인가된 전문업체와 계약을 맺고 자사의 폐차회수시스템을 갖출 수 있다.

③ 한국 관련법

한국정부도 2008년 전기전자제품및자동차의자원순환에관한법률을 승용차, 9인 이하 승합차와 화물차를 그 적용범위로 시행하고 있다. 생산단계에서 유해물질의 사용을 억제하고 재활용이 용이한 재질을 사용하고, 사후단계에서는 재활용의무를 부과하거나 재활용률을 준수하도록 해서 전기 및 전자제품 및 자동차에 대해 재활용 및 적정처리를 촉진하고자 하는 것을 목표로 하고 있다.

유해물질이라 함은 동일물질 중량기준(wt) 0.1% 미만의 납, 수은, 6가크롬과 0.01% 미만의 카드뮴으로 그 사용을 제한하고 있다. 재활용 가능비율과 재활용 비율을 법률전문기준으로 규정하고 있는 것은, 특히, 폐자동차 재활용 의무를 강화하기 위함이다.

폐차의 가격보다 폐차처리 및 재활용에 드는 비용이 큰 경우에는 자동차 폐차업자, 파쇄재활용업자 및 파쇄 잔재물 재활용업자와의 계약 등을 통해 폐차를 요청한 자로부터 무상으로 회수하고 재활용하도록 규정하고 있으며, 폐차되는 자동차에 대하여 재활용비율과 방법 및 기준에 따라 재활용하도록 규정하고 있다.

자동차의 폐차를 요청한 자로부터 무상으로 회수하여 재활용한 때에는 분기별 재활용 처리와 에너지 회수실적을 매분기 종료 후 15일 이내에 환경부장관에게 제출해야 하며, 이를 위반했을 경우의 과태료는 다양하게 규정하고 있다.

(2) 연비 규제

① EU 연비 규제

EU는 연료소비와 이산화탄소 배출량 정보를 소비자에게 제공할 목적으로 자동차 제조업체와 모든 매장을 대상범위로 연비라벨링을 의무화하는 관련 법률을 2000년에 시행하고 있으며, 대표적인 국가들의 연비라벨링 관련 규제는 [표 3-61]과 같다.

관련법률(Directive 1999/94/EC of the European Parliament and of the Council of 13 December 1999 relating to the availability of consumer information on fuel economy and CO_2 emissions in respect of the marketing of new passenger cars)의 규제 세부내용은 연료소비와 이산화탄소 배출량에 대해 라벨을 부착함으로 소비자에게 고연비 저배출 자동차 구매를 장려하고자 함이다.

EU 회원국별 자동차의 연비와 이산화탄소 배출에 대한 가이드북을 제공하고, 자동차 전시장에서 해당 정보를 제공하는 포스터부착 및 광고문건, 브로슈어 등의 홍보물에는 연지 라벨링 정보를 표기해야 하나, 라벨 형태는 회원국별로 상이하다. 이를 미준수시에는 본 지침 Article 11에 따라 회원국별로 효력 있는 제재사항을 규정하도록 명시하고 있다.

[표 3-61] 국가별 연비라벨링 관련 규제동향

구 분	EU	미 국	중 국	일 본	한 국
규제명	Directive 2003/73/EC	신자동차 연비 라벨링	GB19578 -2004	에너지 사용 합리화에 관한 법률	에너지이용 합리화법

구 분	EU	미 국	중 국	일 본	한 국
적용범위	자동차 제조업체 및 모든 매장	- 새로운 자동차 연비. 환경라벨은 2013년 모델 자동차에 적용 - 적용차량은 승용차, 경트럭, 중형승용차	스파크점화 및 압축점화 엔진으로 구동되는 유럽의 승용차(M1)	승차정원과 차량총중량을 기준으로 휘발유, 경유, LPG자동차(승차정원 11인승 이상 버스, 차량총중량 3.5톤 초과 트럭 및 트레일러는 별도)	휘발유 대체연료를 사용하는 승용차, 15인승 이상의 승합차, 특수용도를 제외한 경형 및 소형 화물차
주요내용	차량별 연비 및 이산화탄소 배출량 정보	신기술 자동차(EVs와 PHEVs)와 일반 자동차 간의 에너지 사용량과 비용을 비교하는 새로운 방법을 제공	규제 기준치를 자체 중량별 16개로 구분	차량별 연비 및 이산화탄소 배출량 정보	2012년까지 연비를 17km/L, 온실가스를 140g/km로 목표설정
시행일	2001. 1. 18	2013.1.1	2005. 7. 1	1979. 10. 1	2010. 4. 14

출처 : 생산기술연구원(2012), 주요 산업.국가별 무역 환경규제 대응 가이드라인

② 미국 연비라벨링 규제

미국정부는 미국 내 판매되는 6,000 파운드 이하의 신규자동차 또는 대체연료자동차를 포함한 수입자동차에 연비표시 라벨의 부착의무를 규정하고 하이브리드 자동차, 에탄올 연료차량 등의 대체에너지 및 저배출자동차에 대한 정보제공 의무도 포함된 차량정보 및 비용절약법(Motor Vehicle Information and Cost Savings Act of 1975)의 관련 법률을 1992년도부터 시행하고 있다.

미국 환경보호청 EPA와 에너지부에서는 연비 가이드를 발표했고, 같은 등급의 자동차 중 연비가 좋은 자동차를 선택할 수 있도록 정보제공을 하고 있는데, mile/gal 수치, 미국 연간 평균 주행거리 및 연료가격 등을 바탕으로 그 추정치를 계산하고 온라인 버전으로 소비자별 맞춤화된 정보를 제공하고 있다.

미국 내의 라벨링 의무 미준수시에는 AIDA(Automobile Information Disclosure Act) 규정을 위반한 것으로 간주하고, 판매 이전에 의도적으로 라벨을 부착하지 않거나 훼손과 변경시킨 경우에 개인은 건당 $100,000, 기업은 건당 $200,000의 과태료를 부과하고 있다.

미국 정부는 기업평균연비(CAFE) 규제를 1975년 에너지정책 및 보존법의 관련 법률을 토대

로 미국에서 1만대 이상을 판매한 제조사를 대상으로 시행하고 있다. 한 업체가 생산하는 승용차 또는 경트럭군내 전 차종별로 적용 대상이 되는데, 8,500 파운드를 초과하는 트럭 및 중차량과 모터사이클 및 비도로 차량은 적용범위에서 제외하고 있다.

이는 1973년 오일쇼크로 인해 원유가격이 세배 이상 상승하면서 자동차 연료효율성 부족이 사회문제로 대두되면서 야기 되었으며, 주유비용 절약, 해외 석유에 대한 의존도 감소와 기후변화를 유발하는 탄소배출의 감소를 그 목적으로 하고 있다.

2000년대에 들어서 경트럭에 대한 연비규제가 점차 강화되었고, 2011년부터 개정된 CAFE 규정에 따라 본격적으로 승용차와 경트럭 모두에 대한 연비 규제 수치를 단계적으로 강화할 예정에 있으며, 2020년에는 모두의 평균연비를 35.0mpg까지 향상할 예정에 있다.

이를 위한 시험방법은 LA시가지의 주행흐름을 모의한 LA-4모드를 사용하는 FTP-75모드와 고속도로의 주행흐름을 모의한 Highway cycle모드 측정법을 사용하고 있는데, FTP-75모드는 총 4,277초 동안 감속 및 기어변속을 행하면서 속도를 연속적으로 변화시켜 평균 34.1km/h, 최고속도 91.2km/h의 속도로 17.84km/h를 주행하는 것이다. 또한, 시가지 및 고속도로 인증연비를 조화 평균한 연비값을 사용하는 방법도 있다.

2010년 미국정부는 강화된 연비 규제를 제안하였는데, 소형차 생산이 적고 하이브리드카 기술이 떨어지는 미국자동차업체에는 약 500억 달러 이상의 추가투입이 되어야 하는 큰 어려움이 예상된다.

따라서 각 주와 자동차노조가 정부와 함께 마련한 연비 목표값 규제치는 [표 3-62]와 같다. 이번 CAFE 규정부터 미국 50개 주가 별도로 인정한 규제를 인정해야 하고 별도로 운영되는 캘리포니아 배기가스 규제인증(ULEV)도 만족해야 하는 강화된 규제를 시행하고 있다.

[표 3-62] 미국 내 기간별 기업평균연비 목표

구 분	승용차	경트럭	합 계
2009년	27.5	23.1	
모델년도 2010	27.5	23.5	25.5
~	~	~	~
모델년도 2015	35.7	28.6	31.6
2016년까지	39.0	30.0	35.5(15.0km/l)

(단위: mpg)

출처 : 생산기술연구원(2012), 주요 산업 · 국가별 무역 환경규제 대응 가이드라인

자동차 제조사 및 수입사의 미국 내 판매차량의 생산량 기준에서 가중평균연비에 대하여 기준치를 설정하여야 하며 이를 준수하지 못하는 업체에 대해서는 미달분에 비례하는 과태로 연비 0.1mpg 당 5.5달러의 과태료를 부과하고 있다. 또한, 기준 초과 달성 시에는 모델연도에서 3년 전후로 하여 발생하는 초과분에 대한 상쇄로 사용이 가능하도록 하고 있으며, 최근 경트럭의 새로운 CAFE 연비기준을 설정하였다.

③ 중국 연비 규제

중국의 승용차 연료 소비제한 관련법률(GB19578-2004)은 2005년 7월 1일부터 스파크점화 및 압축점화 엔진으로 구동되는 승용차를 그 대상범위로 시행하고 있다. 규제 기준치는 차체 중량별로 16개로 구분하고 있으며, 측정방법은 유럽에서 사용하고 있는 EC모드를 채용하고 있으며, 중국정부 역시 2010년부터 연비라벨링 부착을 규제하고 있다.

기준을 준수하지 못할 경우, 기준에 미달하는 차량의 생산 및 판매를 금지하고 이미 생산하여 사용 중인 차량도 2008년까지 기준을 만족하도록 규제하고 있다. 규제기준치는 차체 중량별로 16개로 구분하고 자동 및 수동변속기로 구동방법별로도 구분하고 있다.

도입 시기는 2005년 7월 1일부터를 1단계로 하고, 2단계는 2008년 1월 1일부터 승용차 대상과 2008년 2월 1일부터 소형 트럭 또는 버스를 대상으로 시행 및 강화하고 있으며, 마지막 3단계는 2015년을 기준으로 하고 있다.

측정방법은 유럽의 ECE모델을 채용하고 있으며, 미국의 자동차 연비규제 강화를 발표한 데 이어 중국정부 역시 기존의 연비규제를 강화하고 있다. 대형차 대신 좋은 연비를 가진 소형차의 구매촉진을 위한 배기량기준 세제를 도입하고 있다.

중국정부는 2011.12.27일을 시행일자로 에너지절약 보조금 지급기준을 100km당 유류소모량 6.9L에서 6.2L로 낮게 변경하였으며, 따라서 대당 3,000위안의 보조금을 받던 자동차의 80%가 지급대상에서 제외되고 있다.

④ 일본 관련법

일본은 휘발유, 경유, LPG 자동차, 1.5톤 이하의 경량화물차, 1.5~3.5톤의 중량화물차, 차량총중량 3.5통 초과 트럭 및 트레일러를 대상으로 1979년 에너지 사용합리화에 관한 법률을 시행하였다. 이는 승차정원과 차량총중량을 기준으로 각각의 목표연비를 설정하고 휘발유, 경유, LPG를 사용하는 10인승 미만의 승용차를 대상으로 각 연비규제를 시행하고 있으며, 고연비와 소형차량은 우대 세제를 시행하고 있다.

일본 정부는 고연비, 소형차량을 대상으로 세제를 우대해 주고 있고, 연지규제를 미준수할 경우 2015년까지 미준수시 시전권고, 목표 미달업체 및 차종공개, 벌금부과 등의 제재조치를 예정하고 있으며, 이미 2015년 기준으로 소형버스, 소형 화물자동차, 경 화물자동차, 휘발유 중형 화물자동차, 경유 중형 화물자동차, 대형 수송버스, 대형 일반버스, 대형 트럭 및 대형 트랙터 등의 연비규제를 구체적으로 제시하고 있다.

⑤ 한국 관련법

한국도 역시 승용차의 에너지소비효율 및 등급에 대한 정보를 소비자에게 제공함으로써 생산자는 에너지 소비효율이 높은 차를 개발 및 생산토록 유도하고 소비자로 하여금 에너지 절약형 자동차를 선택하도록 권장하는 에너지이용합리화법과 저탄소 녹색성장 기본법을 2010년도 시행하였다.

특수목적차량을 제외한 국내에서 제작되거나 수입되어 판매되는 승차인원 10인승 이하의 승용자동차 및 승합자동차 중 자동차 총 중량이 3.5통 미만인 자동차를 그 적용대상으로 제작업체로 하여금 평균에너지소비효율기준과 온실가스 배출허용기준 중 한 기준을 선택적으로 준수하도록 규정하고 있다.

자동차 평균에너지소비효율기준은 28.4577−0.007813×m으로서, m은 해당 연도의 판매자동차의 종류별 공차중량값을 의미하며, 또 다른 자동차 평균에너지소비효율기준은 다음과 같이 정한다.

$$\frac{\text{대상자동차 총 판매량(댓수)}}{\sum \text{대상자동차 종류별 판매량(댓수)/대상자동차 종류별 에너지소비효율기준}}$$

자동차 제작업체별 평균에너지소비효율기준을 적용받는 자동차에 대해 제작업체별 판매량을 기준으로 2012년부터 단계적으로 상향하여 적용한다.

2015년까지 자동차 제작업체가 해당 연도에 판매한 자동차들 중 평균에너지소비효율 계산시 고연비 차량에 대하여 자동차 평균에너지소비효율이 유종에 따라 2대 혹은 3대와 같은 경우 상이한데, [표 3-63]은 판매실적으로 정한 인정기준을 비교한 것이다.

에너지소비효율을 향상하기 위해 적용된 기술을 통해 효율향상을 입증할 수 있는 경우에 한하여 평균에너지소비효율 산정에 반영하며, 상기 항목에 따라 계산된 평균에너지소비효율에 대하여 초과 달성분 또는 미달성분을 계산하는데, 초과달성분이 발생한 경우 발생한 연도 이후부터 3년간 이월하여 사용 또는 자동차 제작업체 사이의 거래에 사용이 가능하나, 최근 3년간 기준을 달성하지 못한 미달성분이 있는 경우에는 우선하여 상환해야 한다고 규정하고 있다. 에너지소비효율 초과 달성분(양수) 또는 미달성분(음수)은 다음과 같이 계산한다.

(평균에너지소비효율−평균에너지소비효율기준)×기준적용대상 자동차 판매량×140/17

자동차 제작업체는 자동차의 판매가 이루어지기 전에 자동차를 동일 차종군으로 구분하여 환경부장관으로부터 평균에너지소비효율에 대한 인증을 받아야 하며, 에너지소비효율 표시와 함께 인증 받은 자동차 온실가스 배출량 등을 표시해야 한다.

또한 평균에너지소비효율기준 달성여부를 확인할 수 있는 자료는 해당 연도의 자동차 판매량, 동일차종 에너지소비효율에 관한 자료, 평균에너지소비효율기준과 기준의 초과 달성분 또는 미달성분 등에 관한 자료를 환경부장관에게 매년 3월 말까지 제출하도록 규정하고 있다.

[표 3-63] 연비에 따른 판매실적 인정기준

유종	에너지소비효율 기준 = 연비 (km/ℓ)	
	3대 기준	2대 기준
휘발유자동차	46.9 초과	23.4 ≤ 연비 ≤ 46.9
경유자동차	53.8 초과	26.9 ≤ 연비 ≤ 53.8
LPG자동차	35.3 초과	17.7 ≤ 연비 ≤ 35.3
전기자동차	-	-

출처 : 환경부(2011), 환경부고시 제2011-89호

(3) 배기가스 관련 규제

① EU 자동차 CO_2 규제

EU는 2012년 자동차산업에서의 CO_2 배출규제안과 관련된 법률 Regulation(EC) No

443/2009[OJ L 140, 2009]을 유럽위원회 및 각료이사회의 승인을 얻어 발효할 예정이다.

EU CO_2 배출규제는 EU 내에서 자동차를 판매하고 있는 모든 업체를 대상으로 하고 있으며, Directive 2007/46/EC의 부속서2에 분류된 승용차(M1)의 신규자동차를 대상으로 기간에 따라 단계적으로 적용대상으로 한다.

EU 집행위원회에서는 소규모 판매 제작자에 한해서 예외 적용 기준을 적용하고 있는데, 연간 22,000대 이하를 판매 또는 제작하는 업체에 대해서는 세부배출기준의 적용에 대해 제외요청을 하여 별도 기준을 부여 받을 수 있다.

CO_2 배출량 저감을 위하여 에탄올 85%와 가솔린 15% 혼합연료인 대체연료 E85를 사용하는 자동차에 경우에는 2015년까지 이산화탄소 배출량의 5%를 감하여 줄 예정이나, 회원국 내 30% 이상의 주유소에서 대체연료 공급이 가능해야 하며 사용되는 바이오 연료가 지속가능성 기준(sustainability criteria)을 만족해야 한다고 규정하고 있다.

EU에서 Regulation (EC) No 715/2007에 의해 2009년 9월부터 도입된 EURO V는 EURO IV보다 각종기준치를 20% 정도 강화하면서 승용차의 경우 배기가스 자기진단장치 OBD(On-Board Diagnostic) 탑재를 의무화했으며, 2014년 9월부터 EURO VI가 시행되면 배기가스 배출규제는 더욱 강화할 전망이다.

예를 들면, 가솔린 승용차 연료의 질소산화물(NOx)에 대한 배출 허용기준이 EURO III에서는 150(milligram/km) 이하였으나, EURO VI에서는 60(mg/km) 이하로 대폭 강화되었으며, 디젤 승용차의 미세입자(PM)에 대한 기준이 50(mg/km)에서 3(mg/km)로 강화되었다. [표 3-64]는 유럽승용차 배기가스 규제를 보여주며, 본 지침을 위반할 경우 EU 회원국별 부과 벌금 규정에 의해 벌금이 부과된다.

[표 3-64] EU 내의 승용차 배기가스 규제

		유럽 기준(mg/km)					
규제단계		EURO I	EURO II	EURO III	EURO IV	EURO V	EURO VI
규제항목 / 연도		1993	1996	2000	2005	2008/9	2014
가솔린	HC+NOx	970	500	-	-	-	-
	HC	-	-	200	100	100	100
	NOx	-	-	150	80	60	60
	CO	2720	2200	2300	1000	1000	1000

		유럽 기준(mg/km)					
규제단계		EURO Ⅰ	EURO Ⅱ	EURO Ⅲ	EURO Ⅳ	EURO Ⅴ	EURO Ⅵ
연도 규제항목		1993	1996	2000	2005	2008/9	2014
디젤	HC + NOx	970	700	560	300	230	170
	NOx	-	-	500	250	180	80
	CO	2720	1000	640	500	500	500
	PM	140	80	50	25	5(3*)	5(3*)
적용시점		'92. 07.	'96. 01.	'00. 01.	'05. 01.	'09. 09.	'14. 09.

(*) 2007년 3월 강화된 기준

출처 : 국제환경규제종합정보망(http://www.compass.or.kr)

EU의 시기별 신규 자동차의 규제적용은 2012년 65%에서 연도별로 증가하여 2015년은 100%로 규정하고 있다. EU의 초과배출량 대비 벌금은 [표 3-65]와 같이 그 부담이 과다할 것으로 예상되고 있으며, EU의 이산화탄소 배출규제의 세부내용을 살펴보면 [표 3-66]과 같다.

[표 3-65] EU의 초과배출량 대비 벌금의 예

시 험	초과배출량			
	1g/km 이하	1~2g/km	2~3g/km	3g/km 초과
2012~2018년	5유로	15유로	25유로	95유로
2019년 이후	95유로			
〈벌금 산출 예시〉 1. 2015년 - 이산화탄소 5g/km 초과배출, 신규차량 1,000대일 경우: 벌금: [(5g/km - 3g/km) x 95유로 x 1g/km x 25유로 + 1g/km x 15유로 + 1g/km x 5유로] x 1,000대 = 235,000유로 2. 2019년 - 이산화탄소 5g/km 초과배출, 신규차량 1,000대일 경우: 벌금: [5g/km x 95유로] x 1,000대 = 450,000유로				

출처 : 생산기술연구원(2012), 주요 산업.국가별 무역 환경규제 대응 가이드라인

[표 3-66] EU 배기가스 배출규제 세부내용

구 분	주 요 내 용
대상국가	EU 27개국
대상업체	EU에 차량을 판매하는 모든 업체
대상차종	M1 (승용차) 신규등록차량

구 분	주 요 내 용	
제작사별	배출기준	
통합적 달성방안	차량기술개발(업계목표)	130g/km
	연비 효율형 에어컨 저 저항 타이어 저탄소연료 사용 바이오연료 사용확대 N1 차량의무감축	10g/km증가
	EU 전체목표(업계평균)	120g/km
목표미달시 벌금(/g대)	20유로(2012)→35유로(2013)→60유로(2014)→95유로(2015) 2015년 대당 벌금은 2012년의 4.5배	
목표달성시 유연성부여	-Pooling 허용: 서로 다른 업체들이 연합하여 감축목표 달성 -연간 1만대 미만 판매업체는 별도 목표치 부여 가능	
기 타	-95g/km(2020년) 추가감축 검토 예정 -연비 라벨링 개정을 통한 연비 효율적 차량판매 촉진 -이산화탄소 배출량에 연계한 자동차세제 도입을 회원국에 장려 -차량 마케팅과 광고에 관한 자발적 협정을 개별기업과 체결	

출처 : 생산기술연구원(2012), 주요 산업.국가별 무역 환경규제 대응 가이드라인

배출가스를 적게 배출하는 자동차의 경우에 50g/km 미만으로 이산화탄소를 배출하면서 회사 전체의 평균배출량을 산정하게 될 때는 우대조치가 부여되나, 이도 2015년을 마지막으로 2016년도부터는 적용하지 않을 것이다.

유럽(EU)은 이미 교토의정서에 의거 CO_2 감축목표 8% 달성을 위한 방안의 일환으로 각국 자동차업계와 CO_2 감축 자발적 협정을 체결하였다. 이에 따라 한국을 포함한 유럽, 일본의 자동차메이커는 [표 3-67]과 같이 2008년 또는 2009년까지 EU 내 판매차량의 평균 CO_2 배출량을 140g/km 이내로 줄여야 한다.

이 협약을 통해 EU 내에 수출되는 모든 자동차의 이산화탄소 배출량을 감축하게 되고, 이러한 감축은 차종구성의 변경이 아닌 기술적으로 감축목표가 달성되어야 함을 강조하고 있으며, 2012년에 온실가스 배출량을 120g/km로 감축하는 것에 대해 검토하고 있다.

우리나라도 자동차 CO_2 배출 감축을 위해 연비표시제도, 목표소비효율제도 등 다양한 연비제도를 시행하고 있으며, 연료전지자동차, 하이브리드자동차 등 고효율자동차 개발을 위한 노력을 기울이고 있다. 현재는 이산화탄소 배출량을 아예 고려하지 않는 녹색 전기자동차와 더불어 인간건강과 안전을 고려한 이륜차를 위한 기술개발 등 다양한 노력을 기울이고 있다.

[표 3-67] EU와 자발적 협약의 CO_2 감축목표

구분	유럽자동차협회(ACEA)	한국자동차협회(KAMA)	일본자동차협회(JAMA)
중간목표 달성시기	165~170g/km 2003년	165~170g/km 2004년	165~175g/km 2003년
최종목표 달성시기	140g/km 2008년	140g/km 2009년	140g/km 2009년

출처 : KAMA저널(http://www.kama.or.kr)

② 미국 LEV, Tier

미국의 자동차 배출가스 규제는 1970년 연방법과 1966년 캘리포니아주 대기위원회(California Air Resource Board)가 정하는 LEV(Low Emission Vehicle)기준과 연방환경청(EPA)이 정하는 Tier 기준으로 대별하고 있으며, Tier I의 경우 2003년부터 캘리포니아 LEV 배출기준을 따르고, 미국 연방규제는 1994년부터 1999년까지 1단계로서 Tier I 표준이, 1999년부터 2003년까지 NLEV 표준이, 2004년부터 2009년까지는 Bin 체계인 Tier II 표준이, 2010년부터 2016년까지는 LEV II 규제로 점차 강화되고 있다.

Tier I 규제의 초점이 HC(탄화수소)인 반면에 Tier II는 오존과 스모그에 영향을 미치는 NOx(질소산화물) 규제로 크게 강화되었고 증발가스 기준치도 50% 수준으로 강화하는 내용의 관련법률 Clean Air Act, California Low-Emission Vehicle Regulation [13 CCR Section 1900~1978]을 시행하고 있다.

미국의 자동차 배출가스 규제는 EPA가 정하는 캘리포니아주 독자적인 대기방지 조례인 LEV기준을 적용하고 있으며, 휘발유 및 경유승용차에 대한 배출가스 허용기준은 [표 3-68]과 같다.

[표 3-68] 미국 캘리포니아의 승용차 배출가스 허용기준

대분류	소분류	CO	NMHC	NOx	PM	HCHO
일반 승용차	휘발유	3.4/4.2 (2.11/2.61)	0.25/0.31 (0.156/0.193)	0.4/0.6 (0.25/0.37)		0.015 (0.009)
	경유	4.2 (2.61)	0.31 (0.193)	1.0 (0.62)	0.08 (0.05)	0.015 (0.009)
저공해 자동차 (LEV-I)	TLEV	3.4/4.2 (2.11/2.61)	0.125/0.156 (0078/0.097)	0.4/0.6 (0.25/0.37)	0.08 (0.05)	0.015/0.018 (0.009/0.011)

대분류	소분류	CO	NMHC	NOx	PM	HCHO
저공해 자동차 (LEV-I)	LEV	3.4/4.2 (2.11/2.61)	0.075/0.090 (0.047/0.056)	0.2/0.3 (0.12/0.19)	0.08 (0.05)	0.015/0.018 (0.009/0.011)
	ULEV	1.7/2.1 (1.06/1.31)	0.040/0.055 (0.025/0.034)	0.2/0.3 (0.12/0.19)	0.04 (0.025)	0.008/0.011 (0.005/0.007)
	ZEV	0	0	0	0	0
저공해 자동차 (LEV-II)	LEV	3.4/4.2	0.075/0.090	0.05/0.07	-/0.01	0.015/0.018
	ULEV	1.7/2.1	0.040/0.055	0.05/0.07	-/0.01	0.008/0.011
	SULEV	-/1.0	-/0.010	-/0.02	-/0.01	-/0.004

출처 : 자동차와환경(http://www.autoenv.org)

LEV I 기준은 1994~2004년 모델차량에 대해서 적용하고 있고, Tier II LEV II는 LEV I보다 대폭 강화된 규제이며, 특히 NOx규제는 0.044g/km에서 0.03g/km로 75% 강화하고, 증발가스 기준치도 50% 수준으로 강화했다. LEV는 배출가스 수준에 따라 TLEV(Transitional LEV), LEV, ULEV(Ultra LEV), SULEV(Super-Ultra LEV), ZEV(Zero Emission Vehicle) 등으로 구분되고 있다.

LEV II 규제 하에서는 ILEV(Inherently LEV), PZEV(Partial ZEV), AT-PZEV(Advanced Technology PZEV), NLEV(National LEV) 등으로 분류하고 있다. 이로 인해 제조업자는 일정 비율의 무공해차량(ZEV) 판매를 의무화하고 오존 또는 일산화탄소의 환경기준을 초과하는 오염밀집지역에 대해 일정대수 이상의 차량소유자를 대상으로 신차 구입시 청정연료 자동차의 일정비율 구입을 의무화함을 [표 3-69]와 같이 살펴볼 수 있다.

[표 3-69] 미국 무공해차량(ZEV) 의무판매 비율

년도	의무비율	PZEV	첨단 PZEV	ZEV
2003년 ~ 2008년	10%	6% 이하	2% 이상	2% 이상
2009년 ~ 2011년	11%		2.5% 이하	2.5% 이상
2012년 ~ 2014년	12%		3% 이하	3% 이상
2015년 ~ 2017년	14%		4% 이하	4% 이상
2018년 ~	16%		5% 이하	5% 이상

출처 : 국제환경규제종합정보망(http://www.compass.or.kr)

무공해차량 의무판매 비율을 준수하지 못하는 경우, 캘리포니아 대기오염관리법의 Health and Safety Code section 43211에 의거하여 판매가 금지되고 배출기준을 충족시키지 못할 경우에는 위반행위 당 $5,000의 벌금이 부과된다.

미국에서는 또한 이산화탄소를 비롯한 6종의 온실가스를 규제물질로 포함하고 있으며, 2010년 연방정부는 2012~2016년 자동차 생산모델에 대한 온실가스배출기준(GHS) 및 기업평균연비(CAFE) 기준안을 2014년에 발표할 예정이다.

이는, 2012년부터 2016년까지 생산한 자동차에 대한 온실가스 배출기준과 기업평균연비를 단일기준으로 제시하고, 제조업체를 위해 초기단계에서 유연하게 규제를 운영하기 위함이다.

에어컨 기술에 대해서 크레딧(credit)을 부여하고 있으며 전통적으로 자동차 배기가스에 대한 규제는 인체건강에 위험한 것인가에 초점을 두고 이산화탄소와 같이 직접적인 인체 위해성이 드러나지 않는 온실가스도 규제물질에 포함하고자 하는 목적으로 이미 1970년부터 경형 및 대형차량 모두에게 관련 법률인 Clean Air Act[40 CFR Part 85(Control of air pollution from mobile sources), Part 86(Control of emission from new and in-use highway vehicles and engines)]를 시행해왔다.

특히 캘리포니아주는 2009년부터 2016년까지 신규 승용차와 경트럭을 대상으로 이산화탄소 배출기준을 엄격하게 설정하고, 이를 미준수시에 위반차량은 대당 $32,5000 이하의 벌금이 부과되도록 규정하고 있다([표 3-70]).

[표 3-70] 캘리포니아주의 연도별 이산화탄소 배출기준

(단위: g/mile)

생산모델	2011	2012	2013	2014	2015
승용차+경트럭 (~1,700kg)	233	227	222	213	205
경트럭 (1,701~3,856kg)	361	355	350	341	332

출처 : 생산기술연구원(2012), 주요 산업.국가별 무역 환경규제 대응 가이드라인

③ 중국 자동차 배기가스 규제

중국은 제작차의 배기가스 규제기준을 설정하고 차량검사 및 관리시스템을 강화하고 있다. 중국 내에서 생산되고 판매되는 모든 디젤차량, 모터사이클 및 자동차엔진을 포함한 제작자에 대해서는 자가진단장치를 장착하도록 권고하고 있으며, 3.5톤 이하의 경차는 2004년 이후 Euro II 기준을 적용하며, 3.5톤 이상의 주량차량은 2005년 이후 Euro II 기준을 적용하고 있다.

이를 위해, 중국정부는 1995년 중화인민공화국 대기오염방지법을 시행하고, 법규준수사항을 만족시키지 못하는 모든 기관 및 개인에 대해서는 해당 자동차의 제조, 판매 및 수입이 금지된다.

④ 한국 배기가스 규제

한국도 특수목적차량을 제외한 국내에서 제작되거나 수입되어 판매되는 승차인원 10인승 이하의 승용자동차 및 승합자동차 중 자동차 총 중량이 3.5통 미만인 자동차를 그 적용대상으로 제작업체로 하여금 평균에너지소비효율기준과 온실가스 배출허용기준 중 한 기준을 선택적으로 준수하도로 규정하는 관련 법률인 저탄소 녹색성장 기본법과 자동차의 평균에너지소비효율 및 온실가스 배출허용관리를 2012년부터 시행하고 있다.

자동차 온실가스 배출허용기준은 140+0.0484×(M−1,423.2)으로서, M은 해당 연도의 제작사별 판매자동차의 평균 공차중량값을 말하며, 자동차 온실가스 배출량(g/km)은 CO_2(g/km)+23×CH4(g/km)+296×N_2O(g/km)로 표시하고 있는데, 메탄(CH_4)과 아산화질소(N_2O)는 2015년부터 적용할 예정이다. 또한, 온실가스 배출허용기준을 적용받는 자동차에 대해서는 제작업체별 판매량을 기준으로 2015년까지 100% 단계별로 상향하여 조정할 예정이다.

실적의 산정방법은 EU와 유사하며, 이를 대응하기 위한 자동차 제작업체의 대응은 자동차의 판매가 이루어지기 전에 자동차를 동일자동차군으로 구분하여 환경부장관으로부터 온실가스 배출량에 대한 인증을 받아야 하고, 에너지소비효율표시와 온실가스 배출량 등을 표시하도록 규정하고 있음을 인지해야 한다.

[표 3-71] CO_2 배출규제 비교

구분	EU	미국	중국	한국
규제명	Regulation(EC) No 443/2009	Clean Air Act	중화인민공화국 대기오염방지법	저탄소 녹색성장 기본법, 자동차의 평균에너지소비 효율 및 온실가스 배출 허용관리
적용범위	M1(승용차) 신규등록차량	승용차, 트럭, 대형트럭, 버스	디젤차량, 모터사이클, 자동차엔진 탑재차량	국내에서 제작/수입/판매 10인승 이하의 승용자동차 및 승합자동차 중 중량 3.5톤 미만
주요내용	자동차에서 배출되는 CO2 감축 의무	CO2 포함 6종의 온실가스 규제	배기가스 규제 자가진단장치 부착, EURO II 기준	평균연비 17km/L 이상, 온실가스 평균배출량 140g/km 이내 2012년부터 단계적으로 상향
시행일	2012. 01. 01.	1970.1.1	1995	2010.4.14

출처 : 생산기술연구원(2012), 주요 산업.국가별 무역 환경규제 대응 가이드라인

자동차 제작업체는 온실가스 배출허용기준 달성여부를 확인할 수 있는 자료로, 해당 연도의 자동차 판매량, 동일차종별 온실가스 배출량에 관한 자료, 온실가스 배출허용기준과 기준의 초과 달성분 또는 미달성분 등에 관한 자료를 매년 3월 말까지 환경부장관에게 제출해야 한다.

이를 미준수시 제재사항으로는 3년 이내에 해당하는 미달성분에 대한 상황계획서 작성과 제출을 해야 하며, 미달성분에 대해 다른 제작사의 초과 달성분을 매수하여 상환해야 한다.

이상 설명한 EU와 미국의 CO_2 배출규제 동향과 우리나라의 배출규제를 비교하면 [표 3-71]과 같이 요약할 수 있다. 또한, 여러 국가들의 CO2 및 연료 경제성(FE: Fuel Economy)을 비교하면 [표 3-72]과 같다.

[표 3-72] CO_2/FE(Fuel Economy) 규제 비교

국 가	규 제 내 용
유럽	• 160g/km (2007년) → 120g/km (2015년까지) : Phase-in - 모든 신형 승용차에 대해 단계적 확대 적용 - 2012년 65%, 2013년 75%, 2014년 80%, 2015년 100% - 2020까지 95g/km
미국	• 오바마 정부 : 2016년까지 35.5mpg(mile/gallon)으로 연비기준 강화 • FE의 경우 자동차급에 따른 규제 • EPA와 DOT 연비 향상 및 온실가스배출 감축에 관한 연방 프로그램 발표 (2016년 적용 연비기준) - 승용차 : 27.5→38mpg, 트럭 : 23.1→28.3mpg - CO2 배출기준 : 250g/mile
일본	• 2015년부터 승용차 평균연비 2004년 대비 23.5% 향상 • 2010년 15.1km/L, 2015년 16.8km/L • 달성하지 못하면 기업에 벌금 부과(백만 엔 이하)

국 가	규 제 내 용
한국	• FE : 17km/L, CO2 : 140g/km 이하 • 2012년 ~ 2015년 단계적 적용 (Phase-in) - 향후 2012년 30%, 2013년 60%, 2014년 80%, 2015년 100%

출처 : 생산기술연구원(2012), 주요 산업.국가별 무역 환경규제 대응 가이드라인

(4) 타이어 라벨링

① EU 타이어 라벨링

EU는 기후변화에 대응하기 위해 에너지 효율규제를 강화하는 대책을 수립하여 타이어 라벨링(Regulation (EC) No 1222/2009 of the European Parliament and of the Council of 25 November 2009 on the labelling of tires with respect to fuel efficiency and other essential parameters) 규제를 시행하고 있다.

이 규제는 2015년까지 신차의 CO_2 배출량을 130g/km 이하로 달성하기 위해 타이어의 연비를 개선하고 에너지 효율을 높여 2020년까지 전체 에너지 소비감소를 20% 감소하고자 하는 EU Action Plan을 2012년 11월부터 시행하도록 규정하고 있다. 따라서 2012년 11월부터 EU에 타이어를 수출하려면 연비, 젖은 노면 접지력(wet grip), 소음(noise performance)등을 나타내는 라벨링을 반드시 부착해야 한다.

2012년 7월 이후에 생산되는 C1, C2, C3 등급의 타이어를 적용대상으로 하는데, ①재생타이어, ②Off-road 전문타이어, ③1990년 10월 이전에 최초로 등록된 자동차에만 적용되는 타이어, ④T-type의 임시 타이어, ⑤속도가 80km/h 미만인 타이어, ⑥Normal rim 지름이 254mm 이하이거나 635mm를 초과하는 타이어, ⑦Studded Tyre와 같이 제동력을 향상시키기 위해 추가적으로 장치가 부착된 타이어와 ⑧경주용 타이어는 예외사항으로 두고 있다.

라벨링 부착 의무화와 나타내야 하는 내용은 첫째, 타이어 연비(fuel efficiency) 표시인데 타이어의 회전저항의 크기에 따라 회전저항이 작으면 작을수록 자동차 연료소비는 감소하고 7등급으로 연비의 우수함을 구분해서 표시해야 한다.

둘째로, 타이어 안전표시로 젖은 노면의 접지력을 의미하는데, 회전저항이 작은 타이어는 연료소비 측면에서 유리하나 도로나 빗물 등으로 젖어있는 도로에서 밀착성이 약할 수 있어서

안전측면에서 문제를 발생할 수 있기 때문에, 젖은 노면 접지력(wet grip)에 관하 정보를 A 부터 G 등급까지 나누어 우수도에 따라 해당등급을 표시해야 한다.

마지막으로 타이어 소음(noise performance)표시인데, 주행 시 소음이 적은 타이어를 장려하고 E/ECE 324 규정이 요구하는 시험환경에서 측정된 구체적인 회전 소음 측정치를 데시벨(dB)로 표시해야 함을 규정하고 있다. 회전저항의 시험방법은 ISO 28580(Passenger car, truck and bus tyres – Methods of measuring rolling resistance – Single point and correlation of measurement results)의 절차에 따르며, 젖은 노면 접지력 및 소음은 E/ECE 324(Test method for C1 tyre wet grip grading)의 시험방법을 채택한다.

EU는 이를 통해 소비자의 저연비 타이어에 대한 인식전환과 동시에 연료를 10% 절감하고 연간 CO_2 배출량을 150만~400만톤 정도 줄일 수 있을 것이라 고려하고 있다. 다만, 본 규제는 연비개선에 따른 인센티브 제공을 목적으로 하는 규정이므로 미준수시에 별도의 제재사항은 마련하지 않고 있다.

EU는 타이어제품 내 특정 PAHs 사용규제를 2010년 초부터 관련법률 76/769/EEC 중 PAH IN EXTENDER OILS AND TYRES(ENTRY 50 OF ANNEX XVII TO REACH)을 시행하고 있다.

특히 발암, 돌연변이 유발 및 생식독성물질로 알려져 있으며, 스톡홀름 협약에서 POP로 분류되고 있는 다환방향족탄화수소(PAHs)를 구성성분으로 하고 있는 신전유(extender oils) 및 이를 포함하는 타이어제품 내 특정 PAHs 함량을 제한하고자 유해화학물질의 사용 및 유통제한지침인 76/769/EEC 부속서1에 규제대상 물질로 특정 PAHs를 추가하였다.

타이어제품, 즉 경화고무와 경화고무화합물 내 특정 PAHs는 0.35% 미만으로 규정하고 그 분석방법은 ISO 21461로 NMR을 이용한 Bay proton 함량을 측정한다. 다만 재생용 타이어는 대상이 되지 않으며, 2101년 초 이후 기준치 이상의 규제물질을 포함한 타이어의 시장 판매가 금지되었다. 외국기업의 대응사례도 스위스와 독일 등 주요국가에서 많은 노력을 하고 있다.

예를 들어 스위스는 자국의 화학물질을 EU관련법규와 부합하기 위해서 연방환경, 교통, 에너지 및 통신부(UVEK: Department for Environment, Traffic, Energy and Communication)에서는 화학물질 사용제한과 관련한 최근 EU 법규를 반영한 자국의 화학물질 위험 저감법(ChemRRV: Chemicallien-Risikoreduktions-Verordnung)을 개정하여 반영한 법안은 스위스 산업계가 EU로 제품을 수출할 때 발생할 수 있는 무역장벽 제거를 목적으로 하고 있다.

독일의 대응방침은 기업 및 BfR(German Federal Institute for Risk Assessment)이 EPA3610의 PAHs 16종에 대해 각각 1mg/kg 이상, 총 10mg/kg 이상 사용을 금지하고 있으며, 전기, 전자제품의 독일 시장을 위한 GS(독일안전) 인증마크 취득시 고무, 폴리머 사용부품에 대한 PAHs 검증은 필수로 규정하고 있다.

국내 타이어 업계는 EU의 라벨링 의무화에 따른 시험비용 등 추가적인 비용부담이 불가피하여 가격상승 등의 부담을 지게 되었으나, 국산 타이어의 품질도 이미 높은 수준이어서 큰 부담은 없을 것으로 전망된다. 오히려 2011년 기준 EU 시장점유율 약 2.9%로 15위권인 점을 고려할 때, 상대적으로 기술적 열세에 있는 중국 업체(EU 시장점유율 약 8.9%로 2위)와의 경쟁에서 우위를 점하여 시장점유율을 높이는 계기가 될 것으로 기대된다.

② 일본 타이어 라벨링 규제

일본은 2011년 말까지 모든 승용차용 여름 타이어를 적용하는 저연비 타이어 등의 보급 촉진에 관한 표시 가이드라인의 관련 법률이 있다. IEA(International Energy Agency) 권고에 따라 지구온난화 대책의 일환으로 2015년까지 자동차 관련 신규연비 규정을 마련하고 추진하고 있다. 일본 경제산업성과 국토교통성이 주도하고 있는 저연비 타이어 보급촉진책의 일환의 규제로 사단법인 일본자동차타이어협회가 관리하고 있다.

현재까지는 위반사례는 없으며 자발적 시행인 만큼 수입상에게 라벨링 적용에 대한 권장만 하고 있는 상태이며, 회전저항계수(RRC)와 젖은 노면 접지력(G)에 대한 외국업체와의 상호인증부분에 대해서도 검토 중이다. 그러나 2012년부터는 강제 규제화 될 것으로 예상되고, 회전저항계수(JIS D4234:2009(ISO28580)는 5등급으로 젖은 노면 접지력(EU 규칙 타이어의 젖은 노면 접지력 시험방안: Test Method for Tyre Wet Grip Grading(C1 Tyres))은 4등급으로 분류하고 있다.

(5) EU 자동차 배터리 지침

EU는 일반 배터리와 유사하게 자동차의 배터리 및 축전지에 포함되는 수은, 카드뮴 및 납의 유해물질에 대해 사용제한을 하는 관련 '폐배터리 및 축전지 처리지침'(Directive 2006/66/EC)을 2008년 9월부터 시행하고 있다. 폐배터리와 폐축전지의 수거율과 재활용을 향상하고 재활용 및 폐기를 포함하는 전 과정에서 배터리와 축전지의 환경성을 향상하고자 하는 목적으로 구체적인 대상제품을 휴대용, 산업용, 자동차용 등으로 구분하고 있다.

EU는 특히 유해물질 사용제한에 있어서 엄격하게 규제하고 있는데, 특정제한 농도 이상의 유해물질을 포함한 배터리 및 축전지의 시장 출시를 금지하고 있고 [표 3-73]은 그 제한농도와 예외사항을 보여준다.

EU는 자동차산업의 배터리 수거율과 수거방법도 아래와 같이 엄격하게 규제하고 있다. 2009년 9월부터 자동차산업에 있어 배터리 처리에 있어서도, 최소한 건전지와 축전지에 함유된 모든 액체와 산이 제거되어야 하며, 2011년 9월부터는 [표 3-74]와 같이 재활용률이 적용된다. 회원국은 수거 및 재활용, 처리에 대해 위원회에 매년 보고할 의무가 주어진다.

[표 3-73] EU 자동차 배터리 유해물질 제한농도와 예외사항

유해물질	제한농도(wt%)	예외사항
수은	0.0005	Button cell(단추형 소형 배터리)의 경우, 2wt%로 제한
카드뮴	0.02	비상사태, 경보 시스템 등에 사용되는 경보등,의료기기, 무선기기에 사용되는 배터리 및 축전지
납	해당 없음	배터리에 대한 납의 제한농도는 따로 주어지지 않음. 단, 배터리 및 축전지에 포함되는 납의 농도가 0.004% 이상인 경우, Pb라벨을 부착해야 함.

출처 : 국제환경규제종합정보망(http://www.compass.or.kr)

[표 3-74] 대상제품에 대한 수거율 및 수거방법

구 분	휴대용	산업용	자동차용
정의	산업용 혹은 자동차용으로 사용되지 않으며, 휴대가 가능한 포장된 배터리	산업 혹은 전문적으로 사용하도록 설계되었으며, 전력원으로써 전기자동차에 사용되는 배터리	자동차 시동, 조명 등을 위해 사용되는 배터리(단, 산업용으로 구분되는 자동차 전력원 배터리는 제외
수거율	2012. 9. 26일까지 : 25% 2016. 9. 26일까지 : 45%	100% (매립 및 소각 금지)	100% (매립 및 소각 금지)
수거 및 재활용을 위한 대응 방안	하나 혹은 그 이상의 의무대행 기관 선정	개인 기관 혹은 생산자 의무대행 기관 선정	개인 기관 혹은 생산자 의무대행 기관 선정
이행주체의 의무	모두 등록, 의무대행 기관에 가입 필요	모두 등록, 직접 수거 및 재활용하거나 의무대행 기관에 가입	모두 등록, 직접 수거 및 재활용하거나 의무대행 기관에 가입

출처 : 국제환경규제종합정보망(http://www.compass.or.kr)

라벨링 역시 모든 배터리와 축전지에 보기 쉽고 지워지지 않도록 부착해야 함을 규정하고 있는데, 배터리와 축전지의 크기에 따라 라벨의 크기도 달라진다. 라벨을 통해 다양한 정보를 소비자에게 제공하도록 되어있다.

배터리와 축전지에 포함된 물질의 환경 및 인간건강에 대한 잠재적인 영향에 대한 정보, 그리고 명료하고 선명한 배터리와 축전지 포장을 요구하고 있으며, 본 지침을 위반할 경우에는 EU 회원국별 부과 벌금규정에 따라 벌금이 부과된다. 액체 및 산을 포함한 자동차용 배터리 및 축전지에 대한 처리지침은 [표 3-75]와 같다.

[표 3-75] 자동차용 배터리 및 축전지에 대한 처리

대상제품	재활용률	비고
납-산 배터리 및 축전지	65%	기술적으로 실현가능한 최고 수준의 납 재활용
니켈-카드뮴 배터리 및 축전지	75%	기술적으로 실현가능한 최고 수준의 납 재활용
기타 배터리 및 축전지	50%	-

출처 : 국제환경규제종합정보망(http://www.compass.or.kr)

(6) 자동차 유해물질에 대한 규제

① EU 자동차 유해물질 규제

EU는 가솔린, 디젤 및 가스 등 자동차연료에 관한 법률을 2009년도 시행하고 있는데, 이는 2005년 이후부터 연료 내 납성분이 함유되지 않도록 규정했으며, 이후 2009년 6월에 개정된 지침인 Directive 2009/30/EC가 발표되면서 2020년까지 에너지/연료 당 온실가스 배출을 10% 감축한다는 목표를 제시하였다.

이 감축량은 2010년 EU에서 화석연료에 의해 배출되는 온실가스의 최소 6%를 차지하는 양이다. Auto-Oil 지침으로 알려진 Directive 98/70/EC는 자동차 휘발유 및 경유에 대한 환경기준을 규정하고 있는데, 특히 황과 납의사용을 제한하고 있으며, 5년마다 연료 내 황의 함량 규제를 강화하고 있다.

이산화탄소 발생량을 감소시키기 위해 휘발유 내 산소함유량 2.7%와 에탄올 함유량 5%, 경유는 FAME(fatty acid methyl ester) 7%를 포함해야 한다고 규정한다. 이러한 허용치를 초과하는 연료의 역내 판매는 원칙적으로 금지하고 있으나, 특정상황에 대하여 회원국의 자국 내 판매를 허용하는 예외규정 명시를 가능하게 하고 있다.

[표 3-76] EU 규제 불소화 온실가스 목록

불소화 온실가스	화학 분자식	GWP
육불화황	SF_6	22,200
수불화탄소 (HFCs):		
HFC-23	CHF_3	12,000
HFC-32	CH_2F_2	550
HFC-41	CH_3F	97
HFC-43-10mee	$C_5H_2F_{10}$	1,500
HFC-125	C_2HF_5	3,400
HFC-134	$C_2H_2F_4$	1,100
HFC-134a	CH_2FCF_3	1,300
HFC-152a	$C_2H_4F_2$	120
HFC-143	$C_2H_3F_3$	330
HFC-143a	$C_2H_3F_3$	4,300
HFC-227ea	C_3HF_7	3,500
HFC-236cb	$CH_2FCF_2CF_3$	1,300
HFC-236ea	CHF_2CHFCF_3	1,200
HFC-236fa	$C_3H_2F_6$	9,400
HFC-245ca	$C_3H_3F_5$	640
HFC-245fa	$CHF_2CH_2CF_3$	950
HFC-365mfc	$CF_3CH_2CF_2CH_3$	890
과불화탄소 (PFCs):		
과불화메탄	CF_4	5,700
과불화에탄	C_2F_6	11,900
과불화프로판	C_3F_8	8,600
과불화부탄	C_4F10	8,600
과불화펜탄	C_5F_{12}	8,900
과불화헥산	C_6F_{14}	9,000
과불화사이클로부탄	$c\text{-}C_4F_8$	10,000

출처 : EU Regulation 842/2006

EU는 자동차용 불소화가스 규제지침(EU Regulation 842/2006)을 제정하여 2008년 초부터 자동차용 에어컨 냉매로 사용되는 일부 HFCs 사용을 금지하고 지구온난화지수(Global Warming Potential: GWP)가 150을 초과하는 불소화가스의 냉매사용을 단계적으로 제한하는 규제를 시행하고 있다.

불소화가스(fluorinated gas)는 불소가 함유된 가스(HFCs, PFCs, SF6)로서, 오존층파괴물질(ozone-depleting substances)의 대체물질로 1990년대부터 냉매, 소화약제, 변압기, 세정제, 발포제 등 다양한 산업분야에서 사용되었으며, 지구온난화지수(GWP)가 크고 대기 중 수명이 긴 특성을 갖는다.

여기에 해당되는 불소화가스 목록은 [표 3-76]과 같다. 이에 따라 자동차 에어컨의 냉매로 사용되는 HFC-134a의 사용이 2011년 1월 1일부터는 신규 자동차 모델 제품에 사용이 금지되었고, 2017년 1월 1일 부터는 모든 신규 자동차에 동 냉매의 사용이 금지된다.

또한 불소화가스 누출검사를 실시하고 결과를 기록하여 관리할 수 있는 타임테이블을 제공하고, 타임테이블에 따라 누출여부를 운영자는 지속적으로 파악하고, 검사빈도는 장비가 포함하고 있는 불소화가스 양에 따라 결정하고 있다. 또한 300kg 이상의 불소화가스를 포함하고 있는 장비나 시스템은 누출감시 시스템 장착을 의무화하고 최소 3개월에 한번 검사를 실시하고 있다.

3kg 이상의 불소화 가스 함유 장비의 운전자는 초기 설치 당시의 불소화가스 종류와 량, 서비스 및 유지보수 동안 회수량과 추가 충진량, 유지·보수를 실시한 회사명 및 기술자 이름 등의 정보를 기록, 보존하여야 하며 요구 시 제출하여야 한다.

라벨링 역시 대상 불소화가스를 포함하고 있는 제품에 대해 해당 물질명과 그 함량을 명시한 라벨을 제품에 부착해야만 역내 시장판매가 가능하고, 해당제품의 사용설명서에 대상 물질의 지구온난화 영향을 표기하도록 규정하고 있다. 누출 검사주기는 [표 3-77]과 같다.

EU는 또한 자동차 냉매누설량 지침(Directive 2006/40 EC)을 제정하여 2008년 초부터 제조업자에게 재활용 및 적절한 폐기를 위하여 제품에 함유된 불소화가스의 회수의무를 부여하였으며, EU의 각 회원국은 규제지침을 자국법으로 전환하였다.

EU 위원회는 2007년 7월까지 표준화된 누출탐지방법(harmonized leakage detection test)을 마련하고, 지침 적용대상을 자동차 에어컨의 다른 품목으로 확대할 것인지에 대한 검토를 진행하였다.

[표 3-77] EU 자동차 불소화가스 누출 검사주기

불소화가스 충진량	검사주기	비고
3kg 이상	1년에 1회 이상	밀폐 · 봉인된 시스템(Hermetically Sealed system)을 장착한 불소화가스 함유량 6kg 이하 장비 제외
30kg 이상	6개월에 1회 이상	
300kg 이상	3개월에 1회 이상	누출 감시 시스템을 의무적으로 장착하고 1년에 1회 이상 기능 점검. '07.7.4일 이전에 설치된 소화 시스템의 경우 누출 감시 시스템을 '10.7.4일 까지 장착하여야 함.

출처 : EU Regulation 842/2006

자동차 에어컨 시스템의 경우 1년에 HFC-134a 누출량이 40g 이상이어서는 안 되며, 미니밴과 같이 증발기가 2개인 자동차의 경우 1년 누출량이 60g 미만이어야 한다. 이를 준수하지 못할 경우 200유로의 과태료가 부과된다.

이에 따라 에어컨을 사용하는 모든 차량의 에어컨 냉매에 대해 규제가 실시되고 있으며, [표 3-78]에 나타난 바와 같이 자동차의 에어컨 시스템에 사용하는 HFC와 CFC 계열인 HFC-13a와 CFC-12 등의 냉매는 지구 환경보호에 중요한 역할을 하는 오존층을 파괴하고 지구온난화를 유발시키는 유해물질로 규정하고 있다.

[표 3-78] EU의 자동차냉매의 연간규제 내역

2007년~	연간 누출량을 단일 증발기 시스템의 경우 40g 이하로, 이중 증발기 시스템인 경우는 연간 60g을 초과하지 않도록 규제 (신규모델은 2008년 6월부터, 기존모델은 2009년 6월부터 적용)
2011년~	생산되는 형식승인차량(New Types of Vehicle) HFC-134a 시스템 탑재 전면 불가
2017년~	생산된 모든 신차의 HFC-134a 시스템 탑재 전면 불가

출처 : 국제환경규제종합정보망(http://www.compass.or.kr)

기후변화협약인 교토의정서(Kyoto Protocol)에 의하면 이산화탄소 방출을 규제하는 가이드라인을 채택하고 지구온난화 방지규제대상가스를 화석연료 연소로 발생하는 CO_2, CH_4와 기타 화학공정 등의 물질인 N_2O, HFC, PFC SF6의 6종으로 정하고 있다. 유럽위원회 역시 플루오르화 온실가스에 대한 규제제정이 추진되었고, 2010년을 기준으로 2,300만 톤의 온실가스를 저감하기로 결정하였다.

몬트리올의정서가 시행될 당시 5종의 CFC물질과 3종류의 할로만 규제대상물질로 지정했었으나, 그 이후 오존층 보호에 대한 규제강화와 필요성이 제기되었다. HFC물질은 오존층 파괴물질인 CFCs 대체물질로 널리 사용되었으나 CO2보다 1만배 이상 강력한 온실가스임이 밝혀졌으나, 몬트리올의정서는 오존층 파괴물질로 규정하고 있지 않다.

② 중국 연료품질 규제

중국의 자동차 연료품질 규제는 1999년 5월부터 시행된 중화인민공화국 대기오염방지법과 자동차배출 오염방지 기술정책 등에 근거하고 있다. 이는 유연휘발유의 역내 생산, 판매 및 사용중단과 무연휘발유로의 대체생산 및 사용을 위한 조치로 유연휘발유 사용에 대한 소비세부과 등에 대한 내용을 규정하고 있다.

중국정부는 2000년 초부터 유연휘발유의 생산을 중단했고 무연휘발유 생산으로 전환하고, 휘발유 첨가제로 TEL(Tetraethyl-Lead)의 생산, 판매 및 수입을 금지하고 고품질 무연휘발유의 개발을 촉진하고 있다. 현재 적용되는 경유의 황함량 기준은 2,000ppm이며, 저황 경유제품의 개발 촉진을 권고하고 있으며, 강화되는 자동차 배기가스 기준에 상응하여 유럽 기준에 부합하는 휘발유 및 경유 품질 기준을 마련하고 있다.

③ 미국 자동차 유해물질 규제

미국은 자동차에 의한 대기오염 감소를 위하여 1990년 11월 대기정화법(Clean Air Act)을 개정하면서 관련 정책을 체계화 하였는데, 핵심 전략은 연료정책 강화, 자동차 오염물질 배출기준의 강화, 청정차량 프로그램 등으로 구분할 수 있다. 연료정책(40 CFR Part 52 & 80) 강화의 일환으로서 다음과 같은 규제를 시행하고 있다.

- 일산화탄소(CO) 저감을 위하여 일산화탄소에 대한 연방기준을 만족시키지 못하는 지역에 대하여 연료내 산소함량을 증가시킨 산소함유연료(oxygenated fuel) 사용을 도입
- 대기오염이 심각한 지역을 중심으로 오존오염이 심각한 캘리포니아 등 9개의 대도시에 대하여 개질휘발유(RFG, reformulated gasoline) 사용을 의무화
- 1993년부터 디젤 연료의 황함량을 제한하고, 1992년부터는 연료의 휘발성 규제 등을 실

시하여, 자동차용 경유의 황함량을 15ppm으로 적용하고, 기관차용 및 선박용 경유의 경우 2007년 6월 이후부터 500ppm 이하, 2012년 6월 이후부터는 15ppm 이하로 적용

미국 캘리포니아 마찰재내 사용금지 물질 법제화는, 마찰재내 니켈(nickel), 아연(zinc), 안티몬(antimony)과 그 혼합물 및 구리농도 수준에 대한 기준조사를 수행하면서 마찰재내 물질에 대해 수준대비 50% 초과 증가여부를 모니터링하고, 만약 과학적 연구결과가 규제필요성을 증명한다면 상기 금속에 대해 우선적으로 규제를 검토하겠다는 관련법률 'Hazardous Materials: Motor Vehicle Brake Friction Materials'를 2014년 초부터 시행할 예정이며, 캘리포니아 유독물질 관리부(DTSC: the Department of Toxic Substances Control)가 담당하고 있다.

DTSC의 주요 이행사항은 기준조사, 인증 및 마크기준의 개발인데, 이해관계자들과 협약하여 인증과 마크의 기준을 개발해야 한다. 2014년 초부터는 인가받은 브레이크만 판매가 가능하게 규정하고 있다.

기준조사의 주요내용은 마찰재 내 니켈, 아연, 안티몬과 그 혼합물 및 구리농도 수준에 대한 기준조사를 수행하고 마찰재 내 물질에 대해 기준조사 수준대비 50%초과 증가여부를 모니터링 해야 하며, 이는 주기적으로 2013년 초부터 최소 3년이다.

니켈, 아연, 안티몬 등이 50%를 초과하는 경우, DTSC는 수자원통제국(Water Resource Control Board)에게 규제의 필요여부 결정을 위한 과학적 문헌공개와 데이터를 이용하도록 요청해야 하며, 만약 과학적 연구결과가 니켈, 아연, 안티몬 등에 대한 규제 필요성을 증명한다고 결정하면 상기 금속에 대해 우선적으로 규제를 검토할 예정이다.

그러나 면제대상은 군용전투 차량, 내부순환오일충전 브레이크(internal closed oil immersed brakes) 또는 정상적인 운행상태에서 구리, 잔해(debris), 용액이 유출되지 않은 유사 브레이크 시스템, 정차중인 상태를 유지할 것을 주목적으로 설계된 브레이크 등이며, 신 차축(axle) 마찰재료 세트에 대해서는 요금을 부과하고 있다.

이에 대응하는 관련업계의 현황을 살펴보면, 대표적으로 국제자동차제조업협회(AIAM: Association of International Automobile Manufacturers)는 현재 대체가능 기술이 없는 경우에는 규제기한을 연기요청하고 있으며, 기술과 경제적 측면을 고려해서 신차에만 적용하기로 했다. 마찰재 내 구리 함유량과는 무관하게 모든 새로운 마찰재 세트에 요금을 부과하는 것은

부당하다고 주장하고 있다.

④ 국내 자동차 유해물질 규제

우리나라의 경우, 한국 신규제작 자동차 실내공기질 관리기준을 2010년 7월 이후 생산된 신규 제작된 자동차를 대상으로 적용하고 있다. 신규제작 자동차의 실내 내장제로부터 방출되는 인체 유해물질에 대해 적절한 관리가 이루어지도록 함이 그 목적이며, 그 적용범위는 10인 이하를 운송하기에 적합하게 제작된 자동차와 자동차관리법시행규칙 제6장 및 제7장에 따라 국토해양부장관이 고시한 자동차 자기인증요령 등에 관한 규정 제5조 관련 별표 4 자동차 제원관리번호 부여기준에 따라 부여되는 제원관리번호 중 최초번호가 부여되거나 그 최초번호가 변경된 자동차로 2가지 기준을 충족하여야 한다.

국내규제기준 재정동향을 보면, 2007년 신규제작 자동차의 실내 내장부품으로부터 방출되는 인체 유해물질에 대해 적절한 관리가 이루어지도록 함으로써 국민의 안전운행을 도모하고 건강을 보호함을 목적으로 국토해양부에서 그 관리기준을 발표했고, 2009년 7월 이후 신규제작 자동차 실내공기질 관리기준 공표에 따라 신차부터 VOCs(벤젠, 톨루엔, 에틸벤젠, 스티렌, 포름알데히드)를 규제치 이하로 유지되도록 권고했다([표 3-79]).

[표 3-79] 국가별 신차 실내공기질 권고기준

(단위:)

국가 (조건)	포름알데히드	벤젠	톨루엔	자일렌	에틸벤젠	스티렌
한국 (25℃ × 2hr)	250	30	1000	870	1600	300
독일 (23℃ × 0.5hr)	60	5	200			30
일본 (40℃ × 5hr)	100	-	260	870	3800	300
중국 (25℃ × 16hr)	120	110	200	200	-	-

출처 : 국제환경규제종합정보망(http://www.compass.or.kr)

2009년 8월 국토해양부에서는 국내 자동차 완성차업체 및 부품소재업체에 미치는 파급효과가 크기 때문에 여러 경제상황을 고려하여 이 고시의 폐지와 개정 등의 조치를 2012년 8월까지 한다고 발표한 바 있다.

타 국가의 신차 실내공기질 VOC 권고기준은 미국, 독일, 일본 등 자국실정에 맞는 차량 VOC 시험방법 및 관리기준을 설정하고 국제표준화에 반영하고자 노력하고 있는 실정이다. 우리나라의 경우는 독일과 일본의 기준보다 다소 완화된 수준이지만 점차 강화될 전망이다.

3-3-4. 철강산업

철강산업에 가장 큰 영향을 미치는 국제 환경규제는 기후변화협약으로서, 기후변화의 주범으로 알려진 온실가스 배출을 일정 수준 이상으로 저감하는 것을 목표로 하며, 대기오염물질과 기후변화 물질을 다량 배출하는 철강산업의 경쟁력에 심각한 위협요인이 될 수 있다.

바젤협약은 UNEP와 세계 환경단체들이 1989년 3월 스위스 바젤에서 유해폐기물의 국가간 불법이동에 따른 지구 환경오염 방지와 개도국의 환경친화사업을 지원할 목적으로 채택한 협약으로서, 철강, 제지, 석유화학, 비철금속 등의 산업에서 원자재 확보에 부담이 되고 있다.

대표적인 기후변화협약으로서, 교토의정서는 지구온난화 방지를 위한 구체적 이행방안으로 1997년 채택되고 2005년 2월 공식 발효되어 지구온난화를 유발하는 이산화탄소 등 6종의 온실가스 배출량을 대폭 줄이고자 하는 목표를 이행하고 있다.

이에 따라 선진 38개국(OECD 국가와 동구권 국가)은 2008년부터 2012년까지 전체 온실가스 배출량을 1990년 대비 평균 5.2% 줄일 것을 의무화하였고, 공동이행, CDM, 배출권거래제 등 시장원리에 입각한 온실가스 감축 실적에 대한 경제적 인센티브를 도입하였다.

2012년 교토체제가 일단 종료된 후, 2013년부터 2017년까지 실시될 온실가스 감축을 위한 신기후변화협약이 2007년 12월 발리 로드맵으로 채택되어 2년간의 협상을 거쳐 2009년 12월 코펜하겐(덴) 총회에서 결의하고 2013년 발효하기로 하였으나, 미국의 미온적 태도와 중국의 부정적 행보로 인해 협상타결에 실패하고 대신 법적 구속력이 없는 코펜하겐 협정을 체결하였다.

우리나라는 2002년 교토의정서를 비준하였으나 개도국 지위를 인정받아 1차 의무 감축 대상에서는 제외되었으며, 2차 의무 감축 대상국이 될 것으로 예상하였으나 최근에 이 또한 면

제반았다. 그러나 온실가스 배출 대국이자 OECD 회원국인 우리나라는 자발적으로 2009년 11월 국가 온실가스 감축목표를 결정하여 2020년까지 온실가스 배출량을 배출전망치(BAU) 대비 30% 감축할 계획을 내놓음으로써 철강산업에도 긴장감이 고조되고 있다.

세계 각국에서는 철강재에 수입관세와 반덤핑관세 등 직접적인 무역규제를 시행하고 있기 때문에 환경규제로 인한 무역장벽의 영향은 상대적으로 크지 않지만, 국내 온실가스 감축 목표를 달성하기 위해서는 상당한 부담을 감수해야 할 전망이다.

국내 철강산업의 에너지절약 가능 잠재량 및 CO_2 감축 가능 잠재량은 매우 낮은 수준인데, 그 이유는 대기오염물질 배출 억제를 위하여 철강업계가 에너지 기술개발과 친환경 설비 등에 지속적인 투자를 해왔기 때문이다.

[표 3-80]에 나타난 바와 같이 한국과 일본은 중국이나 타 국가들과 비교할 때 에너지절약 및 CO_2 감축 수준이 높아 감축할 여지가 상대적으로 적은 편이다. 이는 2005년 기준으로서, 철강생산 최종공정개선, 고로가스 회수발전, 고로개선 등의 BAT(Best Available Technology) 적용시 예상치이다.

[표 3-80] 철강산업의 에너지절약 및 CO_2 저감 잠재량

구분	한국	일본	EU	중국	전 세계
에너지절약 잠재량 (GJ/톤)	0.92	0.83	2.12	5.57	3.90
CO_2 저감 잠재량(CO_2 톤/철강 1톤)	0.08	0.07	0.22	0.48	0.30

자료 : IEA, Energy Technology Perspective 2008 : Scenarios and Strategies to 2020

최근 보도자료에 의하면, '온실가스 배출권의 할당 및 거래에 관한 법률' 이 국회를 통과하여 2012년 5월 14일 공표되었다. 이 법률에 따라 정부는 배출권의 총 수량, 대상 부문 · 업종 등을 포함하는 5년 단위의 국가 배출권 할당계획을 수립하여 일정 규모 이상의 온실가스 배출업체에 할당하고, 할당 대상업체는 매 이행연도 종료 후 해당 이행연도의 실제 배출량을 전문 검증기관의 검증을 거쳐 보고하고, 주무관청은 적합성 여부를 평가하여 이를 인증한다.

정부는 배출권거래제 도입으로 인한 기업의 경쟁력 감소를 방지하기 위해 온실가스 감축설비 설치사업 등에 금융상 · 세제상의 지원을 하거나 보조금을 지급할 수 있고, 배출권거래제의 원활한 시행을 위한 기업의 준비기간을 고려하여 시행시기는 2015년 1월 1일부터로 하였다.

3-3-5. 섬유산업

우리나라 섬유산업은 과거 해외수출을 주도하였으며, 지금도 세계 6위의 수출경쟁력을 유지하고 있으나, 최근 고유가로 인한 원자재 가격 상승, 환경 및 건강에 대한 관심 고조, 자원순환성 향상 요구 등 여러 가지 도전에 직면해 있다.

섬유산업에 대한 환경규제는 염료 등에 포함된 유해물질에 대한 규제와 에코라벨 부착 의무화 등이 주류를 이루고 있다. 에코라벨이란 생산 및 소비 단계에서 오염을 상대적으로 적게 일으키거나 자원을 절약할 수 있는 제품에 라벨을 부착하여 표시하는 제도로서, 제품에 대한 정확한 환경정보를 소비자에게 제공함으로써 기업으로 하여금 소비자의 선호에 부응하는 친환경 제품을 개발하여 생산하도록 유도하는 환경정책 수단의 하나이다.

에코라벨, 환경라벨, 환경마크, 에코마크 등의 용어가 모두 같은 의미로 사용된다. 에코라벨은 OECD의 권유로 79년 독일에서 처음 도입된 이래 EU, 북유럽, 캐나다, 일본 등 40여 국가에서 시행되고 있으며, 우리나라에도 1992년 도입되었다.

섬유제품에 대한 유해물질 사용 제한은 EU에서 1992년부터 제창되기 시작한 섬유제품 에코라벨 부착 요구로 시작되어 Oeko-Tex Standard 100 등 수십 종의 에코라벨이 등장하기에 이르렀다.

Oeko-Tex Standard 100에서 섬유제품 사용에 강력하게 규제하고 있는 유해물질로는 포름알데히드, PCP(Pentachlorophenol), 유해아민, 알레르기 염료, 암유발 염료, 중금속, 유기캐리어, 농약 등 20여종에 달하며, 유해물질의 기준치는 물질에 따라 미함유, 혹은 극미량의 함유만이 허용된다.

민간단체가 주도하는 세계적 범용 가능성의 에코라벨은 Oko-Tex Standard 100, DIN gepruft, Toxproof, SG, Ecoproof, ASG 등이 있고, 국가연합이 주도하는 에코라벨로는 Flower(유럽연합), Swan(북극연합) 등이 있으며, 국가별 에코라벨은 네덜란드, 일본, 싱가포르, 인도, 중국, 스페인, 대한민국 등 다수가 있다. 또한 섬유회사에서 제창한 에코라벨은 Esprit사의 ecollection, Otto-Versand의 Otto-Versand, Steilmann사의 its one world, Nike사 등이 있다.

섬유 제품에 함유된 유해물질 양을 기준으로 하는 에코라벨로는 Oko-Tex Standard 100,

DIN gepruft, Toxproof, ASG, SG, GuT, ELTAC 등이 있으며, 제품의 유해성뿐만 아니라 생산 공정까지 고려한 에코라벨은 eco-Tex, Ecoproof, EU 라벨(Flower), DIN plus, Oko-Tex Standard 1000, MILJOMARKT(북극연합의 Swan), Milieukeur(네덜란드), MUT 등이 있다.

EU에서 규제하는 유해물질은 유해아민(24종), 포름알데히드, 중금속(10종), 농약, TeCP 및 PCP, pH, 알레르기 유발 염료(20종), 암 유발 염료(7종), CPC, 유기캐리어(10종), VOC, 방염제, 항균 가공제 등의 물질과 염색견뢰도 등이며, 독일 법규에 명시하고 있는 항목은 유해 아민, 포름알데히드, PCP 및 Ni 방출량 등이다.

섬유제품을 생산하는 사업장(site)에 부여하는 인증으로서 Oeko-Tex Standard 1000이 대표적이며, 기업의 품질보증과 환경경영 능력을 조직적 측면과 기술적 측면에서 평가한다.

조직적 측면은 ISO 9000(품질경영시스템)과 ISO 14000(환경경영시스템) 등으로 대체할 수 있으며, 기술적 측면은 제품의 3할 이상이 Oeko-Tex Standard 100 기준을 만족해야 하며, 그 밖에 금지기술, 금지화학약품, 공지 의무사항, 향후 개선목표, 폐수관리, 대기관리, 소음관리, 에너지관리, 작업장관리 등에 대한 기준을 만족해야 한다.

3-3-6. 생활용품산업

(1) 포장재 관련 규제

① EU 포장재 및 포장폐기물 지침

EU의 생활용품 환경규제 중에 포장재 및 포장폐기물 지침(Directive 94/62/EC on Packaging and Packaging Waste)은 제조자 및 수입자를 그 의무이행주체로 EU는 포장재 및 포장폐기물에 대한 강력한 처리지침을 전 세계에서 가장 먼저 제정하고 시행하고 있다. 유럽 이사회는 2004년 말에 포장재 및 포장폐기물 지침 안을 채택하여 1995년 초에 공식으로 발표하고 목표달성 기한은 2008년 말까지 규정하고 있다([표 3-81]).

[표 3-81] EU 포장 및 포장폐기물 지침 세부 개정내용

구분	1994년 지침	2004년 개정 지침
목표달성기한	2001년: EU 12개국 2005년: 그리스, 아일랜드, 포르투갈	2008년: EU 12개국 2011년: 그리스, 아일랜드, 포르투갈
재생목표 (중량기준)	50~65%	60%이상(소각에 의한 에너지 회수 포함)
재활용목표 (중량기준)	25~45%	55~80%
포장 재료별 목표 (중량 기준)	모든 재료에 대해 15%	유리, 제지 60% 금속 50% 플라스틱 22.5% 목재 15%

출처 : 생산기술연구원(2012), 주요 산업.국가별 무역 환경규제 대응 가이드라인

[표 3-82] EU 회원국별 포장재 및 포장폐기물지침 주요규정

국가	주 요 규 정
오스트리아	2004년 1월 1일까지 매립되는 폐기물에 대한 반입기준과 매립에 관한 조항 완전 시행 에너지 회수를 통해 재활용되지 않은 포장폐기물의 소각과 매립 제한
벨기에	환경세(Eco-tax)
덴마크	가연성 포장폐기물 매립 금지 1차 · 2차 포장된 제품에 세금 부과
핀란드	용기포장에 세금부과 (단, 재활용이 가능하면 세금 면제)
독일	2005년까지 매립되는 폐기물에 대한 반입기준과 매립조항 완전 시행
이탈리아	수거된 포장 폐기물 매립 금지
네덜란드	2001년까지 매립되는 포장 폐기물 제한
스웨덴	포장재에 물질정보 표시 2002년까지 분리된 가연성 폐기물 매립 금지 2005년까지 유기성 폐기물 매립 금지

출처 : 국제환경규제종합정보망(http://www.compass.or.kr)

각 회원국은 지침발효 후 18개월 이내에 동 지침에 부합한 법규, 규정, 행정지침을 제정한 후 개별법규는 유럽위원회에 즉시 통보해야 한다. 포장분야를 포함한 국제환경문제에 관해서는 유럽이 선도적이며, 유럽은 28개 회원국이 공동으로 지켜나가야 할 친환경포장 규약으로 포장 및 포장폐기물 처리지침을 2004년에 발표했다([표 3-82]).

개정 지침에서는 포장폐기물의 재활용을 저해하고 환경유해영향이 있는 물질로써 납, 카드뮴, 6가크롬 등 중금속 총 함유량을 100ppm 이하로 제한하고 있다.

또한 포장재에 대한 필수요건으로서 포장재 소각 · 매립시 유해성분을 최소화하도록 제작할 것, 재사용 포장재는 반복사용 가능한 소재, 재생가능한 소재, 에너지회수 가능한 소재를 사용할 것, 복합 재생포장재의 경우 분해특성이 유지되어야 할 것, 생분해성 포장재의 경우 물리적, 화학적, 열적, 생물학적 처리를 통해 분해되어야 할 것 등을 규정하고 있다.

② 미국 포장재 규제

미국의 경우는 관련 기반기술은 가장 앞서있었으나 민간부문의 영향력이 강하고 지방분권주의에 의한 영향으로 친환경포장에 대한 체계적인 대응은 유럽에 못 미치는 실정이다.

최근 개정된 지침에는 2008년 연말까지 달성해야 하는 포장폐기물의 재생 및 재활용 목표가 설정되어 있고 중량기준 재생목표의 강화 및 포장재질의 최소 재활용률을 일률적으로 규정한 기존지침을 소재별로 구분하고 강화하고 있다.

포장재 성분 중에 포함된 납, 카드뮴, 수은, 6가크롬 등 4대 중금속 총 함유량은 100ppm 수준을 만족해야 하며, 포장재에 대한 요건도 세부적으로 규제화되어 있다.

EU 포장재의 유해물질 함유량에 관련표준(EN 13428)에서는 포장 재료의 무게 및 부피를 최소화 하도록 포장재 평가절차를 명시를 해야 하며, 지침(Directive 94/62/EC) 11조에 명시된 4대 중금속 및 포장재에 존재하거나 폐기물 처리결과로 환경에 방출될 수 있는 위험물질 또는 혼합물을 확인 및 최소화 할 수 있는 방법과 절차를 명시하도록 되어 있고, 표준에 대한 요구조건과 적합성을 증명하도록 규정되어 있다.

③ 일본 포장재 규제

일본의 포장재규제에 관한 법률은 용기와 포장재의 분리수거와 재활용 촉진법과 자원의 효율적 이용 촉진법인 재생자원이용촉진법으로서, 포장재 및 포장폐기물을 그 대상범위로 시행하고 있다.

용기포장 리사이클링법은 주로 가정에서 나오는 쓰레기 중 병이나 캔, 포장지 등 용기포장 폐기물을 분리수거하여 재상품화하는 것으로서 쓰레기 감량과 유효자원 재이용을 촉진하기 위해 재정하고 있으며, 법률에 의해 각 가정에서 소비자는 용기포장의 분리배출을 의무화하고 반환할 수 있는 용기나 단순 포장된 제품을 구입하도록 하고 있다.

관련 지자체는 용기포장 분리수거와 필요에 따라 선별, 세정, 압축 및 보관의무를 부과하고 있으며, 용기 생산자와 특정 사업자는 지자체가 수집하고 보관하고 있는 용기포장을 회수하고 재상품화 하도록 규정하고 있다.

일본은 일반폐기물의 감량 및 재생자원 이용 활성화를 통해 폐기물 적정처리 및 유효자원을 확보하고 생활환경보존 및 국민경제의 건전한 발전을 도모하기 위해 1977년 용기 및 포장에 관련된 분리수집 및 재상품화의 촉진 등에 관한 법률을 제정하고 2001년 초에 시행된 순환형 사회형성 추진기본법은 환경기본법의 기본이념에 따라 순환형 사회를 형성하는 것을 기본원칙으로 하고, 순환형 사회형성 정책을 종합하고, 체계적으로 추진하여 현재 및 미래의 국민건강과 문화적 생활을 영위하기 위해 제정되었다.

용기포장 리사이클링법은 유리병, PET병, 종이용기 및 포장재, 플라스틱 용기, 그리고 스틸캔, 알루미늄캔, 음료용 종이팩, 판자상자를 제외한 포장재에 적용되나, 일정규모 미만의 소기업은 일본 소기업 기본법 제2조에 의거해서 그 적용이 제외된다.

주무장관은 정부지시에 따라 해당 법안의 이행을 증명할 필요가 있는 경우에 용기와 포장재 사용자 및 용기 생산자에게 사용과 생산되는 상황에 대해 보고할 것을 지시할 수 있으며, 연간 50톤 이상의 용기포장 이용 사업자는 매년 사용실태에 대해 해당기관에 보고해야 할 의무가 있다.

이를 정당한 이유 없이 재활용을 이행하지 않을 경우 시정권고를 받게 되며, 권고에도 불구하고 시정하지 않을 경우 최고 50만 엔의 벌금이 부과된다. 일본 용기 및 포장재 재활용 협회에 처리대행의 위탁처리가 가능하며 이 경우 재활용 수수료가 발생된다.

자원의 효율적 이용 촉진법인 재생자원 이용 촉진법은 PVC 건축자재, 주류를 제외한 7L 이하의 음료를 담은 스틸 및 알루미늄 캔, 150ml 이상의 음료 또는 간장을 담은 PET병, 주류를 담은 PET병, 명시된 용기와 포장재 등을 지정제품으로 이들은 일본어로 표기된 표시나 도장을 찍어야 한다. 그러나 지정제품을 생산하고 판매하고자 하는 사업자의 업체 규모에 따라 예외사항도 제시하고 있다. 검증방법 평가와 보고, 그에 따르는 벌칙도 엄격하게 규제하고 있다.

일본의 포장재 유해물질 함유량 관련 표준은 납, 수은, 카드뮴, 6가크롬 등 4대 중금속 및 포장재에 함유되어 있는 위험물질에 대한 평가방법 및 명시를 해야 하고, 각각의 포장 구성요소 내에 존재하는 4대 중금속 농도의 합은 100mg/kg이 넘지 않아야 하며, 만약 법, 규칙, 표준 등에 그 값이 명시된 경우에 그 해당값을 우선적으로 적용해야 한다.

(2) 완구지침

EU에서는 2009년 6월 18일 완구안전에 관한 EU 지침(Directive 2009/48/EC on the safety of toy)을 제정하여 회원국 간 완구의 안전성에 대한 조화로운 수준을 보장받고, 시굴발전에 따른 완구의 안전성에 대한 소비자의 우려를 반영하여 2009년 7월부터 시행하고 있다.

EU 회원국은 2011년 초까지 새로운 지침인 Directive 88/378/EEC에 따른 법률적 조치를 완료했으며, 제조자는 시장출시 이전에 화학적, 물리적, 기계적, 전기적, 인화성 및 위생요건에 적합한 안전성 평가를 수행해야 한다.

그 적용범위는 14세 이하의 어린이가 사용하는 완구로서 스포츠 용품과 자전거 등 완구로 간주되지 않는 제품의 목록은 부속서1에서 확인할 수 있는데, 일반적인 용도로 사용되는 놀이기구와 오락기, 엔진이 있는 장난감 자동차와 장난감 엔진, 새총과 아기띠(sling) 등은 그 적용범위에서 제외된다.

수입자나 제조자는 유사한 의무규정을 준수해야 하는데, 일반적으로 제조자는 완구를 시장에 출시할 때에 안전성 요건에 따라 설계되고 제조되었음을 보장해야 하고 21조에 따르는 기술문서의 준비와 19조의 적합성평가를 수행해야 한다. 또한, 관련서류의 보관은 10년이며, 위험성이 제기될 경우에는 적합한 시험 또는 검사를 수행해야 하고 적합하지 않은 완구는 회수와 판매가 금지된다.

제조자는 완구 자체에 형식, 배치, 모델번호 등 완구에 대한 정보와 제조자명, 제품명 및 연락할 수 있는 주소도 회원국의 언어로 표기해야 한다고 규정하고 있다.

주요 안전성요건은 크게 다섯 가지로 요약되는데, 첫째로 물리적 및 기계적 특성을 살펴보면, 완구나 부품이 사용 중에 파괴되어 상처를 야기할 수 있기 때문에 기계적 강도가 있어야 하며, 모서리, 코드, 케이블, 나사 등은 상처를 예방할 수 있게 설계되고 제조되어야 한다.

36개월 이하의 어린이가 사용하는 완구 및 부품은 삼키거나 흡입할 수 없고, 목막힘의 위험이 없는 크기이어야 하며, 어린이가 안에 들어갈 수 있는 완구는 사용자가 쉽게 안에서 열 수 있어야 한다. 전기로 작동하는 탈 수 있는 완구는 부상의 우려를 최소화하기 위한 최대속도의 제한과, 청력손상 방지 및 어린이가 올라가서 노는 완구는 그 무게를 견딜 수 있게 설계되어야 한다고 규정한다.

둘째로, 인화성인데 어린이의 환경에서 위험한 인화성을 가진 재료로 수정되어서는 안 되고, 폭발성의 재료나 물질의 함유가 없어야 하며, 화학적 반응에 의해 폭발할 수 있는 물질은 함유되어서는 안 된다.

셋째로, 화학성 특성은 Directive 67/548/EEC와 1999/45/EC 및 CLP 법령에 따른다. 스테인리스 강중의 니켈은 제외되나, 발암성, 돌연변이성, 생식독성은 CLP에 의해 사용이 금지되며, 니트로사민과 관련물질은 36개월 이하의 어린이가 사용하는 완구 또는 입에 넣도록 의도한 완구에서 용출량이 기준치 이상일 경우 그 사용을 금지시키고 있다. 또한, 알레르기를 유발하는 55개의 방향물질의 함유를 규제하고 있는데, 기술적으로 불가피하고 100mg/kg을 넘지 않는 미량의 방향물질의 함유는 허용하고 있다.

네째로, 전기적 특성은 24볼트를 초과하는 전원의 사용금지와 전기적 충격을 방지하기 위해 적절히 절연되고 보호되어야 한다. 전기완구는 접촉할 수 있는 표면의 온도가 화상을 야기하지 말도록 설계 및 제조되어야 하며, 예상 가능한 잘못된 사용 시에 전원으로부터 전기적 위험을 방지할 수 있어야 한다. 화재위험 방지와 오작동 시에도 안전하게 동작할 수 있어야 하며, 레이저, LED로부터 눈 또는 피부손상을 방지할 수 있게 설계되고 제조되어야 한다.

마지막으로 위생인데, 완구는 감염, 질병 및 오염의 위해성을 방지하기 위해 위생요건에 부합하도록 설계되고 제조되어야 하는데, 36개월 이하의 어린이가 사용하는 완구는 세척될 수 있어야 한다. EU는 특히 완구에 대해서는 그 적합성에 대한 EC 선언을 하고, CE마크도 부착해야 한다고 엄격하게 규정하고 있다.

적합성에 대한 EC 선언은 10조 및 부속서2의 요건에 부합한다는 것을 나타내어야 하며 최소한 부속서3에 명시된 요소를 포함해야 한다. 완구는 시장출시 이전에 CE마크를 눈에 잘 보이는 곳에 읽을 수 있고 지워지지 않게 완구, 라벨 또는 포장에 부착해야 하며, CE마크가 외부에서 보이지 않을 경우 포장에도 부착해야 한다고 규정하고 있다.

한국정부도 2011.12.27 시행일 기준으로 어린이용 공산품에 대한 공통적용 유해물질의 안전기준을 제정 고시하였는데 어린이용 공산품에 대해 납, 카드뮴, 니켈, 프탈레이트 가소제, 자석 및 자석부품 등 5종의 유해물질의 사용을 제한하고 있는 실정이다.

(3) EU 화장품 법령

EU는 화장품에 대해서도 관련 법률인 화장품 지침(COUNCIL DIRECTIVE of 27 July 1976 on the approximation of the laws of the Member States relating to cosmetic products(76/768/EEC))을 1976년 7월부터 시행하고 있다.

EU 회원국은 1977년 말까지 화장품 지침에 명시된 요건을 수행하기 위한 법률적 조치를 완료했으며, 이를 이행하지 않은 화장품이 시장에 출시되지 않도록 적절한 조치를 취하고 있다.

화장품은 청결, 향수, 외관의 변화 등 좋은 상태의 유지를 위해 인체의 외부 또는 치아 및 구강에 도포될 것을 목적으로 하는 물질 또는 혼합물로 정의하고 있고, 부속서1에 화장품의 예를 제시하고 있다.

EU 내에서 출시된 화장품은 일반적인 또는 합리적으로 예상 가능한 사용조건에서 제품의 제조자, 대리인 또는 출시에 책임이 있는 자에 의해 제공된 제품의 표시, 사용 및 폐기에 대한 설명, 기타 정보로 인해 인체건강에 악영향을 끼쳐서는 안 된다고 규정하고, 화장품의 EU 내 시장출시 금지목록을 제시하고 있다. 따라서 우수제조품질관리기준인 GMP(Good Manufacturing Practice)에 따라 화장품은 제조되어야 한다.

화장품 표시의무는 화장품의 용기와 포장에 제조자 및 책임자의 정보, 포장 시의 용량(중량 또는 부피), 최소 유효기간, 사용 상 주의사항, 제조시의 batch 번호 또는 제품을 확인 할 수 있는 정보, 제품의 기능과 중량 순의 성분목록을 지워지지 않고 쉽게 읽을 수 있도록 표시할 의무를 주고 있다.

화장품의 광고, 문구, 제품명, 그림 등에 함유하지 않은 기능을 암시하지 못하며 제6조(1)(a)항에 따라 제조자, 대리인 또는 수입의 책임이 있는 자는, 제품의 정량적 및 정성적 조성, 원료 및 제품의 물리화학적 및 생물학적 기준 및 화장품의 순도, GMP를 만족하는 제조방법과 제품의 인체건강에 대한 안전성 평가, 안정성 평가 담당자의 이름과 주소, 화장품 사용으로 야기되는 의도하지 않은 효과에 대한 보유자료, 효과에 대한 근거, 제품 또는 성부개발 또는 안전성 평가와 관련된 제조자, 대리인, 또는 공급자에 의해 수행된 동물시험에 대한 자료 등을 보유하고 있어야 하며, 이를 EU 회원국 주무당국에 신고해야 한다고 규정하고 있다.

2009년 11월 30일 공포된 화장품법령(Regulation (EC) No 1223/2009 on cosmetic products)가 2013년 7월에 시행될 예정이며, 이는 기존에 회원국의 자국법률화가 요구되는 지침에서 자국법화가 요구되지 않는 법령으로 격상된 것이다.

부속서1에 따르면 화장품의 종류는 손, 얼굴, 다리 등에 바르는 크림, 에멀젼, 로션, 겔 및 오일, 얼굴에 사용하는 팩, 염색 베이스(액상, 페이스트, 파우더 등), 화장파우더, 목욕 후 마르는 파우더, 비누, 향수, 샤워액(염, 폼, 오일, 겔 등), 제모제, 냄새제거제, 지한제, 머릿결관리제품, 염색 및 탈색제, 머릿결 웨이브, 스트레이트 및 고정제품, 세팅제품, 클린징제품(로션, 파우더, 샴푸), 컨디셔닝 제품(로션, 크림오일), 헤어로션류(로션, 락카, 광택제), 면도용제품(크림, 폼, 로션), 얼굴 및 눈 화장제품 및 화장제거제품, 입술에 바르는 제품, 구강 및 치아관리제품, 손톱관리제품, 외부위생제품, 선탠제품, 선탠유사제품, 피부미백제품, 주름방지제품 등이다.

개정 법률의 주요내용은 동물시험의 금지와 나노물질의 신고로 크게 두 가지인데, 동물에서 시험 된 화장품은 근본적으로 시장출시가 금지되며, 불용해성 또는 생체잔류성이나, 하나 이상의 외부 직경 또는 내부구조가 1~100mm인 의도적으로 제조된 물질로 정의된 나노물질은 제13조에 따라 색소, 방부제 또는 UV차단제 이외의 용도로 나노물질을 사용한 모든 화장품은 2013년 상반기 내에 온라인으로 신고를 해야 한다.

신고에 필요한 정보는 화학물질명(IUPAC), 부속서2에서 6까지의 서문 2항에 명시된 다른 나노물질의 정보, 연간 예상되는 화장품에 함유된 나노물질의 시장 출시량, 독성학적 특성, 화장품 분류와 관련된 나노물질의 모든 안전성 자료와 합리적이고 예상 가능한 노출조건 등이다.

3-3-7. 항공산업

항공산업에 대한 주요 환경규제는 역시 온실가스 관련 규제로서, 탄소배출권이나 탄소세 등이 해당된다. 2012년 1월 1일부터 EU 역내에 이 · 착륙하는 항공기를 보유한 항공사는 국적에 관계없이 탄소배출 감축할당을 부여받고 EU 배출권거래제(EU-ETS: Emission Trade Scheme) 적용을 받는다.

항공산업에 대한 배출권 총량은 [표 3-83]과 같이 두 기간으로 나누어 역사적 운항 및 할당 기간에 상응한 연수에 기초해서 할당하고 있다. 역사적 운항이라 함은 2004~2006년 3년간의 운항실적 평균을 의미하며, 배출권 할당은 바로 이 역사적 운항을 기준으로 산출된다.

[표 3-83] EU 항공산업 배출권 총량 할당기준과 유상비율

기 간	배출권 총량 할당 기준	유상비율
2012. 1. 1일부터 2012. 12. 31일까지	역사적 운항의 97% 상당량	배출권의 15%
2013. 1. 1일 이후	역사적 운항의 95% × 할당기간에 상응한 연수	배출권의 15%

출처 : 국제환경규제종합정보망(http://www.compass.or.kr)

EU 항공산업 적용대상 활동 및 예외조항은 [표 3-84]와 같다. 모든 항공기가 규제대상은 아니고, 회원국의 지역 내에서 출발하거나 도착하는 항공기가 규제대상이며, 국가원수 전용기, 훈련기와 군용기 등은 지침적용대상에서 배제된다고 규정하고 있다.

EU ETS에서는 탄소배출권을 무상으로만 할당되는 것이 아니라 경매를 통해 할당하는 유상화(auctioning)를 적용하고 있는데, 할당된 배출권 총량의 15%는 유상으로 배분(경매)되기 때문에 업체는 비용 부담에 대한 대비책을 마련해야 한다. 유상화를 통해 얻은 수익은 EU 및 제3국내 기후변화를 막고 온실가스 배출을 감축시키거나 EU나 개발도상국 등의 기후변화와 관련된 부문에 활용된다.

ETS 지침에서 대상이 되는 온실가스는 이산화탄소(CO_2), 메탄(CH_4), 질산화물(N_2O), 플루오르화 탄소(HFCs), 과불화탄소(PFCs)와 육불화황(SF_6) 등이며, 기존의 에너지활동 산업, 철금속의 생산 및 처리 관련 산업, 광물산업, 펄프 및 인쇄산업, 석유화학산업, 알루미늄 산업 등에 해당하는 온실가스는 이산화탄소와 질산화물이지만, 항공산업에 있어서는 대상 온실가스를 이산화탄소로 제한하고 있다.

[표 3-84] EU 항공산업 적용대상 활동 및 예외조항

활 동
조약이 적용되는 회원국의 범위 내로 도착하거나 범위에서 출발하는 모든 항공기
○ 예외조항 • 회원국을 제외한 국가의 관공 파견, 국가 원수 및 직계가족, 주지사, 정부관 및 장관을 위해 운항되는 항공기 (회원국의 경우 제외되지 않음) • 군용 항공기 및 경찰 항공기 • 수색 및 구조 관련 항공기, 소방 항공기, 인도적 지원 항공기, 당국으로부터 허가를 받은 비상 구급 서비스 비행기 • 시카고 협약 부속서 2에 정의된 유시계 비행 방식 하에 의한 모든 항공기 • 이륙은 하였으나, 중간 착륙 없이 공항에서 사고 난 비행기 • 자격증을 얻기 위한 시험기 • 과학적 연구 목적 또는 항공기 성능 시험 및 인증을 목적으로 한 비행기 • 최대 이륙중량 5,700kg 이내의 항공기 • 가장 먼 지역 내의 경로(Article 299(2) of The Treaty) 또는 연간 수용 좌석이 30,000좌석이 넘지 않는 경로에 대한 공공 서비스 의무 체제 (Regulation(ECC) No2408/92) 내 운항되는 항공기 • 다음에 해당하는 무역 항공 운송 -4달 중 연속 3번을 243번 이하로 비행하는 경우 -연간 총 배출량이 10,000톤 이하인 경우

출처 : 국제환경규제종합정보망(http://www.compass.or.kr)

배출권의 이전, 양도와 상쇄에 대한 규정도 마련하고 있는데, 이는 부여받은 할당량 미만으로 온실가스를 배출할 경우 배출권의 여유분을 팔 수 있고, 그 반대로 초과할 경우 배출권을 구입하는 등 배출권의 거래를 의미한다.

할당 및 배출권 발행에 관해서는 회원국내 관계 당국에서 대상 산업 활동 내 포함되는 항공산업에 대해 모니터링 하는 동안 검증된 ton/km 자료를 제출함으로 무상배분 신청이 가능하다. 항공기 중량과 운항거리를 모니터링 하는 기간은 2010년으로 정해져 있고, 신청은 적어도 2011년 3월까지 해야 한다. 2013년 이후에는 3%의 별도 할당을 유보해서 신규 진입자 또는 고속성장항공사 등을 대상으로 할당한다.

모니터링하고 검증하는 일반원칙이 규정되어 있는데, 특히 항공 사업자의 EMAS(Eco-Management and Audit Scheme)의 등록 여부를 고려하고 있고, 검증의 방법론은 전략적 분석, 공정 분석, 위험성 분석, 보고, 검증자의 최소조건 등을 규정해 놓고 있다.

여기서, 검증자의 최소 조건은 사업자로 독립적이어야 하고, EU ETS 지침의 조항 및 관련기준/가이드에 부합해야 하며, 검증될 산업 활동에 관한 법률, 규정 및 행정적 조건, 그리고 배출시설의 배출원과 관련된 데이터의 수집, 측정, 계산, 보고에 관련된 모든 정보를 말한다.

2012년 2월 28일 이후로 매년 2월 28일 회원국의 관계 당국은 할당된 배출권을 각 항공사업자에게 발권하게 된다. 항공사는 연합등기소(Union Registry)에 계정을 개설한 후 무상 탄소배출 허용량을 할당받을 수 있으며, 전년도 배출한 총량에 상응하는 배출권을 매년 4월 말일까지 양도하여야 하며, 양도된 배출권은 바로 상쇄된다. 2012년도에 양도하는 배출권의 15%까지 공인배출감축인 CERs와 배출감축단위인 ERUs의 사용이 가능하다.

2013년부터 이 비율은 국제 기후변화 체제의 발전과 EU ETS 지침을 고려해서 재검토할 예정에 있다. 배출권에는 유효기간이 있는데, 이행 1단계인 2005~2007년의 종료 후로 4개월이 지나면 배출권은 더 이상 유효하지 않으며 양도될 수 없으며 관련 당국에 의해 취소된다. 할당된 배출량 감축에 실패한 항공사는 CO_2 톤당 100유로의 벌금을 물어야 하며, 유럽집행위원회에 의해 직접적으로 운항금지 조치를 당할 수도 있고, 회원국 위원회에 해당 항공 사업자에 대한 운항금지를 요청할 수도 있다.

EU의 본 규정에 대응하기 위한 국가별 동향을 살펴보면, IATA인 국제항공운송협회는 항공부문에서 연평균 1.5%씩의 연비 개선을 통해 2020년까지 탄소 중립을 달성할 것으로 서약했으며, 전 세계 탄소배출량의 2%에 해당되는 항공부문의 탄소배출량을 점차적으로 감소할 예정이다.

유럽위원회는 2012년 EU를 출입하는 모든 항공기에 대한 온실가스 배출량 상한선으로 2억 1천만 톤을 설정할 전망이며, 유럽항공사연합인 AEA(Association of European Airlines)는 EU ETS에 항공 부문 포함을 위한 시행령이 지침에서 규정한 2004년부터 2006년까지 배출량의 97% 수준보다 10~20% 낮은 엄격한 수준으로 배출 상한선을 공표하였다.

EU-ETS 편입에 따라 국제 항공사들은 유류할증료 인상을 통해 EU-ETS 규제에 따른 추가비용을 상쇄하려는 움직임을 보이고 있다. 독일 최대 항공사루프트탄자(Lufthansa)는 EU 배출권거래제 참여로 화주와 소비자에게 전가될 비용이 1억 3천만 유로에 이를 것이라고 밝혔으며, 델타 항공과 아메리칸 항공 등 5개 미국 항공사들은 EU-ETS 규제 시행으로 인해 유럽노선의 항공요금에 3달러의 할증료를 부과할 예정인 것으로 알려져 있다.

노르웨이 정부는 비 EU국이자 유럽경제구역인 EEA(European Economic Area)인데 자국 항공사들의 EU 배출권 거래제도 참가를 2012년부터 허용할 예정이며, 신규 진입하는 항공사는 의무적으로 배출량 및 활동자료를 보고하도록 규정하고 있다. 아이슬란드는 EU 지침이 유럽경제구역 회원국까지 확대될 것을 예비하여, 비 EU 국가인데 항공 분야 EU 배출권 거래제에 참가할 것으로 예상된다.

네덜란드는 환경조사단체에서 보고된 EU 집행위원회의 질소화합물(NOx) 등 기후변화 유발물질 감축정책을 도입할 것을 제안하였는데, 환경조사단체의 연구에 따르면 질소화합물 등 항공부문 배출이 미치는 총 기후변화 영향은 항공기 이산화탄소 배출의 두 배에 달하는 것으로 나타나고 있다.

영국정부는 항공부문 배출량 산정 및 배출모니터링 계획서 재출 마감기한을 지키지 않은 항공사에게 배출권 무상공여를 박탈하고 4,500 파운드의 벌금을 부여하겠다는 종래의 강경 방침을 고수하고 있고 모니터링을 지속적으로 시행하고 있다.

Pew 지구기후변화센터(PCGCC)는 효율성 개선 및 대체연료 사용증가로 인해 2050년까지 항공 및 해상운송 온실가스가 BAU 기준에서 50% 이상 감축이 가능하다고 발표했다. 선박 운행속도는 최대 25% 감축하고, 5%의 항공 교통관리 시스템 개선 및 저탄소 연료의 사용 증가를 통해 항공 및 해상운송 온실가스 감축에 기여할 것이며, 배출량 감축을 위해서는 각 국가간의 협조와 정치적 변화가 필요하다고 주장하고 있다.

한편 EU의 항공산업 배출권 거래제에 반대하는 움직임도 적지 않다. 중국은 국제 항공부문 포함이 합법적이라는 유럽사법재판소 판결을 또 하나의 무역장벽이라고 비난하며 중국 항공운송협회는 EU-ETS에 참여하지 않겠다는 의사를 표명하였으며, 말레이시아 저가 항공사 AirAsia는 EU-ETS 규제와 항공유 가격 인상, 유럽행 항공편 수요 감소, 공항세 인상으로 인해 2012년 4월부터 유럽행 항공편을 중단한다고 발표한 바 있다.

국내의 경우 2011년 12월 말 대한항공과 아시아나항공, 삼성테크윈, 현대자동차, LG전자, SK텔레콤, 한화 등 국내 7개 기업에 총량의무가 부과되었다. 2012년 배출 상한선은 대한항공이 약 200만톤, 아시아나항공이 약 80만톤으로 책정되었으며, 항공사 외 5개 기업의 경우에는 민간전용항공기에 대해 총량의무가 부과되었다. 2013년에는 배출 상한선이 보다 축소될 예정이어서 해당 기업에 추가적인 부담이 발생할 것으로 전망되고 있다.

3-3-8. 나노물질 활용산업

최근 환경오염물질의 유해성에 대한 관심이 증대됨에 따라 대기 중 미세입자와 입자에 함유된 유해성분에 대한 연구도 활발히 진행되어 왔다. 미세입자에 함유된 유해성분의 종류 및 양뿐만 아니라 그 크기에 따라서도 독성영향은 매우 달라지는 데, 일반적으로 나노입자는 입경 100nm 이하의 초미세입자(ultrafine particle)를 말한다.

어떤 물질이 그 크기가 나노 수준으로 줄어들면 원재료의 물리화학적 성질과는 전혀 다른 새로운 성질을 나타내며 이를 이용하여 다양한 용도의 소재를 만들 수 있기 때문에 나노물질은 인류의 미래를 변화시킬 신기술로 각광받고 있다.

그러나 나노물질의 변화무쌍한 특성은 이전에 경험하지 못한 새로운 생체반응을 유발할 수도 있기 때문에 나노물질이 사람과 환경에 미치는 잠재적 위해성을 줄이기 위한 규제가 등장하게 되었다.

(1) EU RoHS

나노물질에 관련된 대표적인 환경규제로는 앞에서 설명한 EU의 전기전자제품 특성 유해물질의 사용제한에 관한 지침(Directive 2002/95/EC, RoHS)이 있다. 2008년 말 유럽위원회는 2006년 7월부터 시행되어온 RoHS를 개정하고 Chemsec, Greenpeace 등의 NGO에서도 관련 유해물질 사용을 금지하도록 지시하였다.

할로겐계 난연제의 대체를 완료한 Acer, HP, Dell, Sony Ericsson 등 일부 기업들은 이들 물질에 대한 사용제한을 유럽의회에 요구한 바 있고, 유럽의회 녹색당의 제안으로 유럽위원회 개정안에 없었던 탄소나노튜브(carbon nano tube)와 나노실버(nano silver) 등의 나노물질에 대한 규제여부 논의가 시작되었다.

RoHS 개정안의 세부내용을 살펴보면, 전지전자제품 내에 나노실버, 탄소나노튜브 등 두 개의 나노물질의 사용을 제한하고 있으며, 소비자에게 노출될 수 있는 나노물질을 사용하고자 하는 경우 발효 후 2년부터 표시의무와 3년부터는 유럽위원회에 관련 자료를 제출하면서 신고하여야 한다.

또한 유기브롬(organobromine), 유기염소(organochlorine), PVC, 비스페놀A 등 8종과

REACH 허가후보물질 30종 등 총 38종의 물질을 RoHS의 제한후보물질목록으로 포함시켰다.

RoHS 개정을 담당하는 영국계 의원이 유럽이사회 의장국을 맡고 있는 스페인과 첫 논의가 시작되었고, 유럽위원회에서 개정이 통과될 경우는 유럽이사회로 이송되어 추가로 논의될 예정이므로 최종 통과까지는 어느 정도 시간이 소요될 것으로 예상된다.

기업들의 위와 같은 나노물질에 관한 EU RoHS 개정에 따라 나모물질은 세탁기, 컴퓨터, 마우스, 콘덴서, 반도체 칩, 전자파 차폐소재 등에 광범위하게 사용되며, 국내 나노관련 제품을 생산하는 기업 총 550개중 약 93%에 해당되기 때문에 이를 대응하는 방법이 시급한 것으로 사료된다.

브롬계난연제, 염소계 난연제 및 PVC 등의 유해물질은 부속서3에 남게 될 가능성이 있으나 제한하려는 동향을 무시할 수 없기 때문에 지속적인 관찰이 요구된다. 특히, 후보믈질에 대해서는 공급망에서 정보공개 요구가 급증할 것으로 예상되므로 관련업계 동향 및 물질대체 등 자체적인 대응방안을 마련해야 할 것이다. 이는 후보물질을 대체함으로 무역규제를 역으로 활용할 가능성을 배제할 수 없기 때문이다.

EU는 화장품 내 포함되어 있는 나노물질은 불용해성 또는 생체잔류성이고 하나 이상의 외부직경 또는 내부구조가 1~100mm인 의도적으로 제조된 물질로 정의하고, 이에 대해서도 화장품 법령(Regulation(EC) No 1223/2009)을 2013년 7월부터 시행할 예정이다.

화장품 법령 제13조에 따라 색소, 방부제 또는 UV차단제 이외의 용도로 나노물질을 사용하는 모든 화장품은 2013년 7월 11일 까지 온라인으로 신고를 해야 하는데, 신고에 필요한 정보는 화학물질명(IUPAC), 부속서2에서 6까지의 서문 2항에 명시된 다른 나노물질의 정보, 입자크기, 물리화학적 특성을 포함한 나노물질의 정보이다. 또한 연간 예상 시장 출시량, 나노물질의 독성학적 특성, 안전성 자료 및 합리적이고 예상 가능한 노출조건 등이 신고에 필요한 정보에 속한다.

(2) 미국 TSCA

미국정부도 역시 화학물질, 혼합물 및 완제품에 대해 독성화학물질 관리법(TSCA)을 통하여 나노물질을 규제하려는 노력을 하고 있다. 미국 환경보호부인 EPA는 독성화학물질 관리법을 통해 다중벽 탄소나노튜브(MWCNT: MUlti-walled Carbon Nanotubes)에 대해 중요 신규용

도규칙(SNUR)을 적용하고 있다. SNUR이란 특정화학물질에 대해 신규사용 목록을 규정하여 사전제조신고(PMN)를 통해 심사하는 제도를 말한다.

사전제조신고(PMN)에 따라서 단일벽 탄소나노튜브는 제조 90일전 관련 자료를 EPA에 제출하여 허가를 받은 후 제조 또는 판매가 가능하고, 다중벽 탄소나노튜브는 흡입독성자료제출과, BAL(기관지세척액 분석)자료, 제조 시 보호구 착용, 물질특성자료 등을 역시 EPA에 제출하도록 규제하고 있으며, SNUR에 적용하기 위해 물질자료를 준비 중에 있다.

현재 두 가지 나노물질인 Siloxane modified silica 나노입자(P-05-673), Siloxane modified alumina 나노입자(P-05-6867)이 2009년 초부터 SNUR이 적용되고 있다. EPA는 MWCNT 1g 제품에 대한 MSDS 사본을 요청하고 있는데 Bronchoalveolar lavage fluid(OPPTS 870.3465 or OECD 413) 분석을 포함하여 실험용 쥐를 이용한 90일 흡입독성시험 노출 후 3개월까지의 관찰, 실시와 면역독성시험을 시행한 6개월 이내에 물질 특성자료 등이다.

EPA에 요구되는 물질특성자료는 [표 3-85]와 같이 요약된다. 나노작업장의 경우에는, 나노입자에 대한 불투과성 장갑과 화학물질 보호복의 착용수칙이 있다. 또한 작업장 내 흡입에 의한 노출이 있을 경우 N-100 카트리지가 포함되고 NIOSH(National Institute for Occupational Safety and Health)에서 승인된 전면보호구를 착용하라는 수칙도 있다.

향후 규정방향은 다중벽 탄소나노튜브가 SNUR에 적용되면 사용용도를 변경할 때마다 사전신고를 이행하기 위해 위해성평가를 실시해야 하며, 새로운 나노입자(CNT)의 특성 가이드라인이 요구될 전망이며, 또한 제품으로부터 나노입자의 이탈에 대한 관련평가연구가 요구될 것이다.

이에 대한 기업들의 대응은 양질의 GLP 유해성 데이터 및 물리화학적 특성자료의 산출기술을 확립해야 하며, 제품과 작업환경에서의 노출평가기법 표준개발 및 데이터 산출기술 또한 확립해야 할 것이다. 지속적인 노출저감의 기법을 개발하고 관련 규제동향을 파악하는 노력을 기울여야 할 것이다.

[표 3-85] 미국 EPA에서 요구되는 나노물질특성자료

연번	물질특성자료
①	다중벽 탄소나노튜브 형태(실린더 또는 스크롤튜브 층/튜브 수)
②	나노튜브 말단 구성(예, 열림, 막힘)
③	나노튜브 가지에 대한 설명
④	내측층 튜브의 폭/직경(평균 및 범위)
⑤	셀고리 크기와 연결고리 탄소 단위
⑥	긴 축을 따라 나노튜브의 정렬 방식(연속직선, 구부러짐, 비틀림)
⑦	나노튜브의 제조에 사용되는 육각형의 배열 방향
⑧	나노튜브의 제조에 사용되는 촉매의 입자 크기
⑨	분자량(평균 및 범위)
⑩	입자 속성 : 모양, 크기(평균 및 분포), 중량(평균 및 분포), 수, 표면적(평균 및 분포), 표적과 체적비, 응결/응집

출처 : 생산기술연구원(2012), 주요 산업 · 국가별 무역 환경규제 대응 가이드라인

(3) 기타 나노물질 규제

미국의 연방 살충제, 살균제 및 살서제 법(FIFRA: Federal Insecticide, Fungicide Rodenticide Act)에 따라 은나노를 포함한 제품의 살충제로 등록되어야 하며, 은나노 제품으로 인한 인간건강 및 환경위험에 대한 잠재적 영향에 대한 분석이 진행되어야 한다고 일부기관에서 탄원서를 제출했고, 2008년 11월에 미국 EPA는 국제기술평가센터인 ICTA(International Center for Technology Assessment)에서 제출한 탄원서를 공개 후 의견수렴을 하고 있다.

탄원서를 제출한 기관들은 동일한 나노물질이라도 그 형태에 따라 전혀 다른 위해성을 지닐 수 있다는 것을 경고하고, 이들은 미국 EPA가 나노기술을 포함한 신기술 규제를 검토할 수 있는지를 지적하고 있다.

참여기관들의 주장은 은나노 물질을 살충제로 지정하고 관련물질을 FIFRA 규제에 따라 등록하도록 요구하며, 나노살충제의 경우, 나노물질에 해당하는 유해성시험 요구와 이들은 또한, FIFRA, FGPA(Food Quality Protection Act), ESA(Endangered Species Act), NEPA(National Environmental Policy Act) 등의 규제에 따라 나노물질이 인간건강과 환경에 미치는 영향을 평가하도록 요구하며, 은나노 제품의 판매금지에 대한 즉각적인 규제조치를 요구하고 있다.

국내 모기업에서 개발한 은나노 세탁기는 탁월한 살균효과를 부각시켜 해외시장 진출을 노렸으나, 은나노 규제에 저촉되어 미국시장 진입에 어려움을 겪고 있다.

대만정부는 나노 인증마크 제도(nano mark system)를 나노물질 함유 소비자제품을 그 대상범위로 2004년부터 규제하고 있다. 대만은 2004년 나노 인증마크 제도를 도입하기 위해 경제부는 나노제품 현황 및 국내·외 나노제품에 대한 인증시스템 정보를 취합하고, 나노 마크의 인증 시스템 규제, 취득 유도 및 사용 지침서발행 등 많은 노력을 하고 있다.

이는 소비자 보호의 불필요한 지출을 예방하고, 부정적인 관행으로 인한 성실한 기업 손실의 예방을 통해 신뢰할 수 있는 사회와 경제성장 촉진을 위한 목적으로 나노 제품 인증시스템 사업을 실행한 것이다.

대만 나노 인증마크 제도는 모든 상업적인 나노제품에 적용하지 못하고 소비자제품에 한해서만 발급하고 있으며, 모든 나노제품의 시험방법 및 분류가 아직 확립되지 않은 상태이다. 다만, 시장규모, 나노의 적용 가능한 시험방법과 시험을 시행할 수 있는 기관의 유무, 기업의 관심수준과 위해성 우려제품을 고려해서 분류를 선택하고 있다.

대만의 나노마크(nanoMark)를 사용하기 위해서는 100mm 나노 수준의 제품, 기능성 나노제품의 적합성, 품질경영시스템(ISO9001), 나노기술 응용 프로그램과 상표, 품질 및 안전관련 법률 적합성 또는 자기적합성선언서, nanoMark 사용을 위한 계약 등의 요구사항을 충족해야 하는데, 2010년에 대만의 nanoMark 발급현황은 24개 기업에 15개 분류와 467개 제품이며 8개의 시험기관이 있다.

호주의 나노물질 규제는 산업용 화학물질의 신고 및 평가에 대한 국가적 계획(National Industrial Chemicals Notification and Assessment Scheme)으로 나노물질을 함유한 산업용 제품을 그 대상범위로 2011년 초부터 시행하고 있다. 호주정부는 산업용 나노물질의 정의에 속하는 모든 신화학물질에 이를 적용할 것이다.

산업용 나노물질은 나노크기(1mm~100mm)의 독특한 특성 또는 특정구조를 갖고 있고, 나노물체이거나 나노 구조를 갖도록 의도적으로 생산, 제조, 설계된 산업용물질로 정의하고 있다.

이는 우발적으로 생산된 물질과는 다르게 의도적인 물질이며, 독특한 특성은 나노 크기 특징이 없는 동일한 물질과 비교할 때 나노 크기 특징으로 인해 새로운 용도를 가능하게 하는 고유한 현상을 말한다. 또한, 집합체 및 덩어리도 나노구조 물질로 간주하고, 크기 분포상 물질의 10% 이상이 나노 크기인 경우 NICNAS는 이러한 물질을 위해성 심사목적을 위해 나노물질로 간주하고 있다.

호주정부는 나노 형태의 물질은 기존 화학물질에 적용되는 모든 규제에 포함되도록 규정하고 있다. 현행 관리절차나 관행에 대한 개정은 신규화학물질 면제, 인증 및 허가에 따라 차이가 난다.

면제 범주에 대한 내용을 살펴보면, 신규화학물질 면제 요건은 1989법인 INDUSTRIAL CHEMICALS(NOTIFICATION AND ASSESSMENT) ACT 1989의 제 21(4) 및 (6)에 근거하는데, 화학물질을 도입하는 자에 대한 연례 신고를 의무화하고 있다. 2011년 초부터는 소량생산 화장품 및 비화장품 면제조항, 저밀도(1%) 비위험성 화장품 면제조항의 규제로 인체 및 환경노출 유해성이 예상되는 경우는 나노형태의 신규 화학물질은 허가 받을 수 없다고 규정하고 있다.

나노 형태의 신규 화학물질에 지속적으로 적용되는 면제 범주는 선적항에서 선적을 한 후 목적지에 가는 도중에 타 선박 또는 운송수단을 옮겨 싣는 환적과, R&D 면제 조항으로 연간 수량이 100g을 초과하여 도입되는 모든 나노물질이다.

현재 도입되고 있는 산업용 나노물질의 정의를 충족시키는 모든 물질은 2011년 초 이후 계속해서 도입하려면 NICNAS의 허가나 인증을 의무적으로 받아야 한다고 규정하고 있다.

허가 범주에 대한 내용은 기본적으로 모든 나노 형태의 신규 화학물질 도입자에게 지속적으로 적용하고 있다. NICNAS는 나노 형태의 화학물질에 대한 삼사기준을 규정할 수 있으며, 특정 조건하에서 보다 구체적으로 나노 입자의 크기, 형태 및 특성에 관한 정보를 요구할 수 있다.

인증 범주 중에서도 현재 시행중인 인증 범주 중에서 자기 심사범주를 제외한 모든 나노형태의 신규 화학물질 도입자에게 도입되고 있다. 자기 심사 인증 범주 하에서 매년 화학물질을 도입하는 신고자는 고입하려는 화학물질이 나노물질이 아니라는 사실을 의무적으로 신고하여야 한다. 호주정부의 산업용 나노물질 규제 개혁에 관련한 상세한 NICNAS 정보는 관련 웹 사이트에서 참조할 수 있다.

3-4. 국내 주요환경 규제

(1) 저탄소 녹색성장기본법

이 법은 경제와 환경의 조화로운 발전을 위하여 저탄소 녹색성장에 필요한 기반을 조성하고 녹색기술과 녹색산업을 새로운 성장동력으로 활용함으로써 국민경제의 발전을 도모하며 저탄소 사회 구현을 통하여 국민의 삶의 질을 높이고 국제사회에서 책임을 다하는 성숙한 선진 일류국가로 도약하는 데 이바지함을 목적으로 하여 2010년 1월 제정되었고, 2010년 4월부터 시행되고 있다.

제3조에서 천명하고 있는 저탄소 녹색성장 추진의 기본원칙에 따라 다음과 같은 분야에 대한 규제가 강화될 것으로 예상된다.

① 기후변화 문제(온실가스 저감)
② 에너지 문제 : 에너지 효율, 에너지 절약, 신재생에너지
③ 자원 문제 : 자원순환(재활용, 재이용, 재제조), 자원 이용 효율성
④ 오염 문제 : 대기, 토양, 수질, 건축

특히, 제44조(온실가스 배출량 및 에너지 사용량 등의 보고)는 관리업체가 사업장별로 매년 온실가스 배출량 및 에너지 소비량에 대하여 측정 · 보고 · 검증 가능한 방식으로 명세서를 작성하여 공신력 있는 외부 전문기관의 검증을 받아 정부에 보고하도록 규정하고 있다. 이 경우 정부는 명세서에 흠이 있거나 빠진 부분에 대하여 시정 또는 보완을 명할 수 있으며, 명세서를 체계적으로 관리하고 명세서에 포함된 주요 정보를 관리업체별로 공개할 수 있다.

또한 제46조(총량제한 배출권 거래제 등의 도입)는 효율적으로 국가의 온실가스 감축목표를 달성하기 위하여 온실가스 배출허용총량을 설정하고 온실가스 배출권을 거래하는 제도를 운영할 수 있다고 명시하고 있다.

(2) 전기 · 전자제품 및 자동차의 자원순환에 관한 법률

이 법은 전기 · 전자제품 및 자동차의 재활용을 촉진하기 위하여 유해물질의 사용을 억제하고 재활용이 쉽도록 제조하며 그 폐기물을 적정하게 재활용하도록 하여 자원을 효율적으로 이

용하는 자원순환체계를 구축함으로써 환경의 보전과 국민경제의 건전한 발전에 이바지함을 목적으로 하여 2007년 4월 공포되었고, 2008년 1월부터 시행되고 있다.

이 법은 전기 · 전자제품과 자동차의 재활용 촉진에 관하여 다른 법률에 우선하여 적용되며, 사업자에게 다음과 같은 책무를 부과하고 있다.

① 유해물질의 사용을 억제하고 재활용이 쉽도록 제조하거나 그러한 제품을 수입하도록 노력하는 등 재활용이 촉진되도록 함

② 재활용이 가능한 자원을 최대한 회수하여 자원을 절약하고, 재활용이 가능한 자원이 효율적으로 이용되도록 하여야 함

③ 환경에 미치는 영향이 최소화되도록 하여야 함

이 법의 제9조는 유해물질의 사용제한대상과 함유기준 등을 준수할 것을 명시하고 있으며, 이를 위반하여 유해물질의 함유기준을 초과한 제품을 유통시킨 자에게는 3천만원 이하의 과태료를 부과한다.

또한 제10조에서는 전기 · 전자제품의 재질 · 구조개선 지침 준수와 자동차의 연차별 재활용 가능률 달성 등을 요구하고 있는데, 제10조 제2항을 위반하여 재활용가능률을 지키지 아니하고 제품을 유통시킨 자에게는 2천만원 이하의 과태료를 부과한다.

또한 전기 · 전자제품 사업자는 환경부령으로 정하는 제품별 재활용방법과 기준에 따라 재활용하여야 하며(제15조), 재활용의무를 대행하지 아니한 경우에는 재활용 의무량 중 재활용되지 아니한 폐기물의 재활용에 드는 비용에 그 100분의 30의 범위 안에서 대통령령으로 정하는 기준에 따라 산출한 금액을 더한 금액(전기 · 전자제품의 재활용부과금)을 부과 · 징수한다(제18조).

특히, 제37조(보고와 검사 등의 의무)를 위반하여 거짓의 보고나 자료를 제출한 자나 출입 · 검사를 거부 · 방해 또는 기피한 자는 1년 이하의 징역이나 1천만원 이하의 벌금에 처한다는 점에 유의해야 할 것이다.

(3) 서울특별시 기후변화대응에 관한 조례

기후변화로 인한 부정적 영향에 적극적, 체계적으로 대처하고 시민의 활동으로 발생하는 온

실가스의 감축을 촉진함으로써 시민의 건강, 복지증진 및 서울특별시의 지속가능한 발전을 도모하기 위한 기후변화 대응에 관한 조례가 전국 지자체 가운데 최초로 2008년 9월 제정됐다.

주요 내용은 서울시의 온실가스 총 배출량을 1990년을 기준으로 2020년까지 25% 감축하는 목표를 설정하고 기후변화대응종합계획을 5년마다 수립하는 한편 연차별 시행계획을 수립 시행하도록 하고 이에 따른 백서를 매년 작성해 공표하도록 한다는 것이다.

기후변화대책조례안에서 규정하고 있는 중요한 이슈는 바로 목표량 설정이라는 규정이다. 온실가스 총배출량 및 부문별 · 기간별 저감목표를 설정하고, 저감을 위한 시, 사업자, 시민, 관광 여행자, 환경보전 단체 등의 역할과 책무를 규정하고 있다. 또한 기후변화 대책의 체계적 추진을 위한 계획수립과 이를 근본적으로 가능하게 만드는 재정상의 조치를 규정하고 있으며(제8조, 제11조), 사업자의 사업장 내 온실가스 배출상황 및 환경관리시스템 도입 및 환경보소서 작성 · 공표에 필요한 사항을 규정하고 있고(제12조, 제17조), 건축물의 기후변화대책으로 온실가스를 억제할 수 있는 각종 대책들을 삭감 계획서에 담도록 규정하고 있다(제18조, 제22조). 조례안의 주요내용은 다음과 같다.

① 서울시의 온실가스 총 배출량을 1990년 기준으로 2020년까지 25퍼센트 저감하는 목표를 설정함
② 기후변화에 대응하기 위한 시 · 자치구 · 사업자 · 시민 및 학교의 책무를 정함
③ 시는 기후변화 종합대책을 매 5년마다 수립하는 한편, 연차별 시행계획을 수립 · 시행하도록 함
④ 기후변화종합대책 추진과 관련된 백서를 매년 작성하여 공표하도록 함
⑤ 기후변화에 관한 시책의 결정 · 집행에 있어서 전문가 및 시민의 의견을 반영하기 위하여 기후변화대책위원회를 설치 · 운영하도록 함
⑥ 온실가스 배출량을 산정하여 실효성 있는 기후변화 시책을 추진하도록 함
⑦ 온실가스 배출 저감 설비 등에 투자하는 사업자에 대해서는 금융 · 세제혜택 등을 부여할 수 있고, 혜택을 받고자 하는 사업자는 온실가스 배출량 저감 계획서 및 보고서 등을 제출하도록 함
⑧ 건축물을 신축 또는 리모델링하는 자와 기존 건축물의 소유자는 시에서 정하는 친환경 건축기준을 따르도록 함

⑨ 시 및 자치구는 하이브리드자동차 등 친환경자동차를 우선적으로 구매하여야 하며 친환경자동차 구매자에 대하여 재정적 지원 등을 할 수 있도록 함

⑩ 승용차요일제의 참여를 권고하는 한편, 참여자에 대한 세제상 지원 등의 근거를 마련함

⑪ 시는 「차 없는 날」을 지정하고, 차 없는 날 행사에 참여하는 시민 및 시민단체에 대하여는 대중교통 무료이용 등 필요한 지원을 할 수 있도록 함

⑫ 기후변화로 인한 물적 · 인적 피해를 최소화하기 위한 적응대책 추진을 의무화하는 한편, 적응대책 수립 시에는 기후변화영향 평가 및 취약성 평가를 반드시 실시하도록 함

(4) 신규제작자동차 실내공기질 관리기준

이 관리기준은 신규제작자동차의 실내 내장재로부터 방출되는 인체 유해물질에 대하여 적절한 관리가 이루어지도록 함으로써 국민의 안전 운전을 도모하고 건강을 보호함을 목적으로 하여 제정되었다.

신규제작자동차의 실내공기질 관리를 위해 평가하는 대상 오염물질은 포름알데히드(formaldehyde), 벤젠(benzene), 톨루엔(toluene), 자일렌(xylene), 에틸벤젠(ethylbenzene), 스티렌(styrene) 등이다.

자동차 제작사는 신규제작자동차의 실내공기질을 측정하여 결과기록표에 기록하여 5년간 보존하고, 양산되는 자동차의 실내공기질이 지속적으로 권고기준 이하로 유지될 수 있도록 적절한 조치를 취하여야 하며, 자동차사용자가 실내공기질 유지를 위해 적정한 환기 등의 조치를 행할 수 있도록 자동차 취급설명서 등에 안내를 하여야 한다.

이 관리기준은 2009년 7월 1일 이후 생산한 신규제작자동차부터 적용되지만, 평가 대상 오염물질 중 벤젠과 자일렌의 권고기준은 2010년 7월 1일부터 적용된다.

(5) 잔류성 유기오염물질 관리법

이 법은 잔류성유기오염물질로 인한 국민건강 침해를 예방하고, 「잔류성유기오염물질에 관한 스톡홀름협약」의 비준 및 국내 이행에 대비하기 위하여 2007년 1월 공포되고, 2008년 1월부터 시행되었다.

이 법은 기존의 '유해화학물질관리법', '농약관리법', '폐기물관리법' 등을 통하여 부분적

으로 관리되어 온 다이옥신 등 잔류성유기오염물질을 효율적으로 관리하기 위하여 잔류성유기오염물질의 제조 · 수출입 및 사용을 제한하며, 잔류성유기오염물질의 배출을 제한하고 있으며, 주요 시행세칙은 다음과 같다.

① 배출시설 주변지역 영향조사 방법 및 범위(제15조, 별표 7) : 배출사업자는 3년마다 겨울철에 1회 이상 배출시설이 주변지역에 미치는 영향을 조사하고, 그 조사가 끝나면 그 날부터 30일 이내에 조사결과를 시 · 도지사에게 제출하도록 함

② 잔류성유기오염물질 함유폐기물의 처리방법 및 기준(제18조, 별표 8) : 잔류성유기오염물질 함유폐기물은 폐기물관리법령에 따른 지정폐기물 처리기준을 따르도록 하되, 폴리클로리네이티드비페닐 함유폐기물은 화학처리방법이나 '환경기술개발 및 지원에 관한 법률' 에 따라 기술검증을 받은 방법 등으로 처리하도록 함

③ 잔류성유기오염물질 함유폐기물의 재활용 방법(안 제19조) : 잔류성유기오염물질 함유폐기물은 '폐기물관리법' 에 따른 지정폐기물의 재활용 용도 및 기준에 따라 재활용하도록 하되, 폴리클로리네이티드비페닐 함유폐기물 중 폐절연유는 정제연료유로 재활용하고, 금속류는 전기변환장치 제조 외의 용도로만 재활용하도록 함

(6) 수도권 대기개선에 관한 특별법

이 법은 대기오염이 심각한 수도권지역의 대기환경을 개선하기 위하여 종합적인 시책을 추진하고, 대기오염원을 체계적으로 관리함으로써 지역주민의 건강을 보호하고 쾌적한 생활환경을 조성함을 목적으로 하여 2011년 4월부터 시행되고 있다.

이 법은 수도권 대기환경관리 기본계획 수립, 사업장 오염물질 총량 관리, 자동차 배출가스 억제, 휘발성유기화합물 배출 억제, 재원의 확보 및 관리 등의 내용을 담고 있으며, 시행세칙에는 다음과 같은 자세한 사항에 대한 설명이 첨부되어 있다.

① 대기오염물질별 최적방지시설의 종류 및 기준([별표 1], 제2조의2 관련)

② 저공해자동차 배출허용기준([별표 2], 제3조 관련)

③ 오염물질의 연도별 배출허용총량 산정방법([별표 3], 제12조 관련)

④ 배출허용기준 적용의 특례([별표 4], 제16조 관련)

⑤ 이전할 수 있는 배출허용총량([별표 5], 제17조제1항 관련)

⑥ 저공해자동차 구매비율 환산방법 ([별표 6], 제25조제2항 관련)

⑦ 특정경유자동차 배출허용기준([별표 7], 제28조 관련)

⑧ 배출가스저감장치 및 저공해엔진 저감효율([별표 8], 제32조 관련)

⑨ 도료에 대한 휘발성유기화합물의 함유기준([별표 9], 제39조 관련)

(7) 화학물질의 사전 유해성심사 의무제도

신규화학물질 유해성심사는 화학물질로 인한 인체건강 및 환경위해를 예방하고 유해화학물질의 적정한 관리를 목적으로 1990년 유해화학물질관리법이 제정되면서 동법에 의하여 새로이 수입 또는 제조되는 화학물질에 대하여 사전에 유해성심사를 받도록 법으로 규정한 제도이다.

심사를 받기 위해 제출하는 주요 서류는 다음과 같다.

① 주요용도, 녹는점, 끓는점, 증기압, 용해도 및 옥탄올물분배계수 등의 물리 · 화학적 성질에 관한 자료

② 급성독성 · 유전독성 · 분해성 · 수생생태독성 등에 관한 시험성적서

③ 환경에 배출되는 주요경로 및 예상배출량에 관한 자료

④ 고분자화합물의 수평균분자량 · 단량체구성비 · 잔류단량체함량및 안정성 등에 관한 자료

⑤ '산업안전보건법' 제40조의 규정에 따른 신규화학물질 유해 · 위험성조사 관련 자료

신청서 및 구비서류가 국립환경과학원에 접수되면 화학물질등록평가과에서 유해성심사를 수행한 후, 유해성심사 결과통지서를 민원인에게 발송하며 또한 결과요약문을 노동부에 통보한다. 또한 심사가 종결된 물질은 화학물질명 및 CAS 번호가 심사결과 통지일로부터 3년이 경과한 후 관보에 고시된다.

이 제도와 관련된 법규로는 '유해화학물질관리법', '화학물질의 유해성 심사 등에 관한 규정', '유해성심사자료 등의 보호에 관한 규정', '유독물 · 관찰물질지정' 등이 있다.

(8) 유해화학물질관리법

이 법은 화학물질로 인한 국민건강 및 환경상의 위해를 예방하고 유해화학물질을 적정하게 관리함으로써 모든 국민이 건강하고 쾌적한 환경에서 생활할 수 있게 함을 목적으로 한다.

신규화학물질을 제조하거나 수입하고자 하는 자(신규화학물질제조자)는 당해 화학물질에 대하여 미리 환경부장관의 유해성심사를 받아야 한다. 다만, 대통령령이 정하는 유해성심사 면제대상에 해당하는 것으로 환경부장관의 확인을 받은 경우에는 면제된다. 대통령령이 정하는 유해성심사 면제대상은 다음 각 호의 어느 하나에 해당하는 것을 말한다(2007년 1월 시행).

① 연간 100킬로그램 이하로 제조되거나 수입되는 신규화학물질

② 화학물질 또는 화학물질이 함유된 제품의 개발이나 공정개선을 위한 목적으로 제한된 장소에서 조사 · 연구자에 한하여 사용되는 신규화학물질

③ 기계 또는 장치에 내장되어 있거나 시운전용으로 그 기계 또는 장치류와 함께 수입되는 신규화학물질

④ 특정한 고체 형태로 일정한 기능을 발휘하는 제품에 함유되어 그 사용과정에서 유출되지 아니하는 신규화학물질

⑤ 전량 수출하기 위하여 연간 10톤 이하로 제조되거나 수입되는 신규화학물질 또는 전량 수출하기 위한 화학물질을 제조하기 위하여 연간 10톤 이하로 제조되거나 수입되는 신규화학물질

⑥ 그 밖에 국립환경과학원장이 유해성심사가 필요 없다고 인정하여 고시하는 신규화학물질

대통령령이 정하는 유해성심사가 필요하다고 인정되는 화학물질은 다음 각 호의 어느 하나에 해당하는 것을 말한다.

① 연간 10톤 이상 제조되거나 수입되는 관찰물질

② 연간 100톤 이상 제조되거나 수입되는 화학물질

③ 경제협력개발기구(OECD) 등 국제기구에서 유해성을 평가하는 화학물질

④ '특정유해화학물질 및 농약의 국제교역시 사전통보 승인절차에 관한 로테르담협약' 등

국제협약에 따라 제조 · 수입 또는 사용이 금지되거나 제한되는 화학물질

(9) 오염물질방출 건축자재의 사용제한

환경부는 '다중이용시설 등의 실내공기질관리법' 제11조 규정에 따라 오염물질 방출기준을 초과하는 건축자재의 다중이용시설 실내에서의 사용을 제한하고 있는데, 이 법은 다중이용시설과 신축되는 공동주택의 실내공기질을 알맞게 유지하고 관리함으로써 그 시설을 이용하는 국민의 건강을 보호하고 환경상의 위해를 예방함을 목적으로 한다.

환경부장관은 관계중앙행정기관의 장과 협의하여 환경부령이 정하는 오염물질이 많이 나오는 건축자재(오염물질방출건축자재)를 정하여 환경부령이 정하는 바에 따라 고시할 수 있으며, 다중이용시설을 설치(기존 시설의 개수 및 보수를 포함)하는 자는 환경부장관이 고시한 오염물질방출건축자재를 사용할 수 없게 된다.

만약 다중이용시설을 설치하는 자가 오염물질 방출 건축자재를 사용할 경우에는 1천만원 이하의 과태료가 부과된다. 환경부령이 정하는 오염물질은 포름알데히드와 휘발성유기화합물로 하되, [표 3-86]의 구분에 따른 방출농도 이상인 경우에 해당된다.

[표 3-86] 건축자재 오염물질 방출기준

(단위 : mg/m² · h)

오염물질 구분	접착제	일반자재
포름알데히드	0.12	0.12
휘발성유기화합물	2.0	4.0

출처 : 생산기술연구원(2012), 주요 산업.국가별 무역 환경규제 대응 가이드라인

환경부는 2004년부터 시중에 유통 중인 건축자재를 대상으로 오염물질 방출시험을 실시하여 기준을 초과한 제품을 오염물질방출 건축자재로 고시해오고 있다. 그 동안 오염물질 기준을 초과하여 사용이 제한된 건축자재는 상당히 많지만, 몇 가지 사례만 소개하면 다음과 같다.

2004년에는 200종의 건축자재에 대한 방출시험을 실시하여 2005년 5월에 14종의 자재를 오염물질방출 건축자재로 고시하였다. 또한 2005년 5월부터 9월까지 벽지 50종, 바닥재 49종, 페인트 73종, 접착제 28종 등 총 200개의 건축자재에 대해 포름알데히드와 휘발성유기화

합물의 방출시험을 실시한 결과, 바닥재 1종, 페인트 2종, 접착제 1종 등 4개 건축자재가 휘발성유기화합물 방출기준을 초과하여 오염물질방출 건축자재로 고시되어, 고시된 4개 제품은 2005년 12월 29일부터 다중이용시설의 실내사용이 제한되었다.

또한 2006년 10월부터 12월까지 페인트 272종, 접착제 155종 등 총 500개 건축자재를 대상으로 포름알데히드와 휘발성유기화합물의 방출시험을 실시한 결과, 페인트 63종, 바닥재 6종 등 72개 건축자재가 휘발성유기화합물 방출기준을 1.2배~14.7배 초과하는 것으로 나타나, 이 중 페인트 60종, 바닥재 6종 등 69개 건축자재에 대해 2007년 7월 다중이용시설 등의 실내사용 제한하도록 고시하였다.

이렇게 고시된 69종의 자재는 지하역사, 지하도 상가 등 다중이용시설과 공동주택, 학교 등의 설치 시에 실내사용이 제한되고 있다. 2007년 8월부터 2008년 1월까지 총 450종 건축자재를 대상으로 실시된 방출시험에서는 이 중 12.7%인 57종의 건축자재가 방출기준을 초과하여 2008년 5월 사용제한 자재로 고시되었다. 최근에 실시한 2010년 3월부터 2011년 6월까지의 방출시험에서는 총 10개 건축자재가 기준을 초과한 것으로 나타나, 이 제도가 건축자재의 친환경성 향상에 기여하고 있음을 알 수 있다.

(10) 건설장비의 소음 표지부착 의무화

건설장비 등의 고소음기계에 소음도표지부착 의무화를 통해 저소음건설기계의 소음으로 인한 피해를 방지하고, 저소음기계의 소비 및 기술개발 촉진을 유도하고자 소음발생건설기계를 제작 또는 수입하는 자에 대하여 실행하고 있는 소음도표지 부착권고제를 2008년 1월부터 의무화 하도록 하고 있다.

이 제도의 근거법률은 '소음 · 진동규제법' 제49조 2항이며, 건설 및 기계 업종을 대상으로 하고, 환경부 대기보전국 생활공해과에서 전담한다. 규제대상 장비는 굴삭기(정격출력 19kW~500kW), 다짐기계, 로우더(정격출력 19kW~500kW), 발전기(정격출력 400kW 미만, 실외용), 브레이커(휴대용 포함), 공기압축기(공기토출량 2.83m^3/min 이상, 이동식), 콘크리트절단기, 천공기, 항타 및 항발기 등이다.

2008년 전에는 고소음 발생 기계 등에 소음도 표지 부착 권고에 그쳤으나, 2008년 이후에는 소음발생건설기계제작자등은 당해 소음발생건설기계를 판매 · 사용하기 전에 환경부장관이 실시하는 소음도검사를 받아야 하고, 소음도검사에 따른 건설기계 소음의 정도를 표시하는 표지(소음도표지)를 부착해야 한다.

소음도검사를 받지 않았을 경우 3년 이하의 징역 또는 1,500만원 이하의 벌금(소음진동규제법 제57조)이 부과되며, 소음도표지를 부착하지 않았을 경우 1년 이하의 징역 또는 500만원 이하의 벌금(소음진동규제법 제58조)이 부과된다.

(11) 전기용품안전인증제도

본 제도는 지식경제부 '전기용품안전관리법' 에 의해 시행되는 강제인증 제도로서, 인증을 취득 한 제품에 한에서 국내에서 제조 또는 판매할 수 있도록 하는 제도이다.

이 제도는 안전인증 대상 전기용품을 교류전원 50V 이상 1,000V 이하에서 사용하는 전기용품으로 정하고, 대상품목을 전선 및 전원코드, 전기기기용스위치, 전원용캐패시터, 전기설비부속품, 보호용부품, 절연변압기, 전기기기류, 전동공구, 오디오비디오기기, 정보사무기기, 조명기기, 직류전원장치 또는 전기충전기에 연결되어 사용하는 전기용품 등 11개의 제품군으로 분류하여 약 200여 품목이 지정되어 있다.

이 제도에서는 전기용품 안전기준을 국제규격인 IEC 규격과 일치시켜 새로운 안전기준으로 제정 · 고시하였다. 안전인증 전기용품을 제조하거나 외국에서 제조하여 대한민국으로 수출하고자 하는 자는 안전인증기관으로부터 안전인증대상 전기용품의 모델별로 안전인증을 취득하여야 한다.

안전인증기관으로는 산업기술시험원, 한국전기전자시험연구원, 전자파장해공동연구소 등 3개 기관이 있으며, 산업자원부 기술표준원에서 지정하여 운영되고 있다. 인증대상에 해당되는 국내제품은 출고 전에, 수입제품은 통관 전에 인증기관으로부터 공장심사와 제품시험을 거쳐 안전인증을 취득하여야 한다.

안전인증을 취득한 제품에는 안전인증마크(KC) 및 인증내용을 표시하여야만 판매가 가능하고, 안전인증을 취득한 제조자는 매년 1회의 정기공장검사를 받아야 하며, 자체검사 및 사후관리 등 인증취득에 따른 책임이 부여되는 강제인증제도이다.

(12) 자동차 연료품질 등급제

환경부는 소비자에게 보다 환경친화적인 자동차 연료제품 선택정보를 제공하기 위하여 자동차 연료품질등급제 실시를 위한 평가기준을 고시하여 2006년 1월부터 시행하고 있다. 이 제도는 자동차연료의 환경품질등급을 공개하여 소비자가 친환경연료를 선택할 수 있도록 정보를 제공하고, 정유사가 자발적으로 연료의 환경품질을 개선토록 유도하기 위한 것이다.

이 제도는 수도권 지역에서 판매되는 자동차 연료에 함유된 대기오염물질의 함유량 및 환경상 위해의 정도 등에 대한 정보공개제도가 '수도권대기환경개선에관한특별법'에 도입됨에 따른 것으로서, 기존에 연료 분석 수치만 공개해오던 '자동차 연료 품질 공개제'를 한 단계 발전시킨 제도이다. 이에 따라 수도권지역에 공급되는 휘발유 및 경유를 대상으로 반기별로 대기환경보전법상 환경품질 기준항목에 대한 평가를 실시하고, 그 결과를 홈페이지를 통하여 공개하고 있다.

이 제도의 정착으로 인하여 소비자는 친환경 연료 구매를 확대하고, 정유사에게는 자발적인 연료 환경품질 개선 노력을 촉발시키는 계기가 되어 황산화물 배출량이 크게 감소하는 등 대기환경개선에도 크게 기여하게 될 것으로 평가되고 있다.

연료품질등급 산정을 위한 구체적인 평가기준 내용을 살펴보면, 등급 표시는 최고 등급(★★★★★)과 최저 등급(★) 5단계로 나누어 연료별로 개별품질 항목평가와 종합평가 결과를 ★개수로 나타냄으로써 정유사별 연료품질 차별화와 함께, 소비자로 하여금 연료의 환경친화성 여부를 한눈에 쉽게 파악할 수 있도록 하였다.

한편, 품질등급 평가방식은 연료 품질항목별 개별평가와 항목별 개별 평가 결과에 가중치(대기오염 영향, 인체유해성을 고려하여 산정)를 적용한 연료별 종합평가를 병행하여 실시함으로써, 연료의 평가항목별 상세한 정보 제공과 아울러 소비자가 환경친화적인 연료 제품을 종합적으로 판단할 수 있도록 하였다.

(13) 저공해자동차 보급 및 구매 의무

이 제도는 대기오염이 심각한 수도권지역의 대기환경을 개선하기 위하여 종합적인 시책을 추진하고 대기오염원을 체계적으로 관리함으로써 지역주민의 건강을 보호하고 쾌적한 생활환경을 조성함을 목적으로 하기 위해 2003년 12월에 제정한 '수도권대기환경개선에 관한 특별법' 을 근거로 하고 있다.

동법 제23조(저공해자동차의 보급)에 따르면, 환경부장관은 자동차를 제작 또는 수입하여 대통령령이 정하는 수량(최근 3년간 연평균 판매수량이 3천대 이상 또는 차량 총중량 3.5톤 이상의 승합 및 화물자동차의 최근 3년간 연평균 판매수량이 300대 이상인 경우) 이상을 대기관리권역에서 판매하는 자(자동차판매자)가 대기관리권역에서 연간 보급하여야 할 저공해자동차에 관한 기준(연간저공해자동차보급기준)을 매년 관계중앙행정기관의 장과 협의하여 정하고 이를 고시하여야 한다.

자동차판매자는 연간저공해자동차보급기준에 따라 매년 저공해자동차보급계획서를 작성하여 환경부장관의 승인을 얻어야 하며, 승인을 얻은 저공해자동차보급계획서에 따라 저공해자동차를 보급하고 그 실적을 환경부장관에게 제출하여야 한다.

또한 동법 제24조(저공해자동차의 구매 등)에 따르면, 대기관리권역에 있는 기관으로서 대통령령이 정하는 수량(10대) 이상의 자동차를 보유하고 있는 행정기관과 대통령령이 정하는 공공기관은 자동차를 새로이 구매하는 경우 환경부령이 정하는 비율 이상의 저공해자동차를 구매하여야 한다.

(14) 분리배출표시제도

이 제도는 자원재활용을 촉진하여 폐기물을 적정하게 처리하고 자원을 효율적으로 이용하도록 함으로써 환경의 보전과 국민경제의 건전한 발전에 이바지함을 목적으로 하여 제정된 '자원의 절약과 재활용촉진에 관한 법률' 을 근거로 하고 있다.

동법 제14조(분리배출표시)에 따라 폐기물의 재활용을 촉진하기 위하여 분리수거를 위한 표시를 하는 것이 필요한 제품 · 포장재로서 대통령령이 정하는 제품 · 포장재의 제조자 등은 환경부장관이 정하여 고시하는 지침에 따라 그 제품 · 포장재에 분리배출표시를 하여야 한다.

여기서 "대통령령이 정하는 제품 · 포장재"는 다음의 것들이 해당된다.

① 음식료품류, 농 · 수 · 축산물, 세제류, 화장품, 의약품/의약외품, 부탄가스제품, 살충 · 살균제 등의 포장에 사용되는 종이팩(합성수지 또는 알루미늄박이 접합 · 도포된 종이팩에 한함), 유리병, 금속캔, 합성수지재질의 포장재(용기류, 필름 · 시트형 포장재 및 트레이 포함)

② '전기용품 안전관리법' 제2조 제3호의 규정에 의한 안전인증대상전기용품 중 전기기기류, 오디오 · 비디오 응용기기 및 정보 · 사무기기의 완충재로 사용되는 발포합성수지 포장재

③ 그 밖에 종이 · 금속 · 유리 · 플라스틱재료를 사용하는 제품 · 포장재로서 환경부령이 정하는 바에 따라 환경부장관의 지정을 받은 제품 · 포장재

단, 제조업자 또는 수입업자가 수출을 목적으로 제조 또는 수입한 제품 · 포장재 및 '기술개발촉진법' 제7조 제1항의 규정에 의한 연구기관 · 단체가 수입하는 연구용 제품 · 포장재의 견본품을 제외한다.

(15) 합성수지 재질 포장재의 연차별 감량화 의무

이 제도는 '자원의 절약과 재활용촉진에 관한 법률' 제9조에 근거하여, 합성수지재질 포장재에 대해 연차별 감량화를 통한 합성수지제 포장폐기물 발생을 억제하고자 하는 제도로서, 2005년 10월부터 시행되고 있다.

이 제도는 합성수지제 포장폐기물 발생을 줄이기 위해, 합성수지포장재를 사용하는 제품의 제조 · 수입 · 판매자에 대하여 제품에 사용하는 합성수지 포장재의 연차별 감량화 목표율을 설정하고 이의 이행을 의무화하고 있다.

[표 3-87] 합성수지재질로 된 포장재의 연차별 감량기준

제품의 종류	대상포장재	연차별 줄이기 기준		
		2003년 · 2004년	2005년 · 2006년	2007년이후
가. 「가축분뇨의 관리 및 이용에 관한 법률 시행령」 제8조에 따른 신고대상 닭사육시설에서 생산되는 계란	계란판	60% 이상	70% 이상	80% 이상
	팩	35% 이상	40% 이상	45% 이상
나. 「농수산물 유통 및 가격안정에 관한 법률」 제2조에 따른 농수산물도매시장, 농수산물공판장, 민영농수산물도매시장, 농수산물종합유통센터를 통하여 거래되는 사과 · 배	받침접시	15% 이상	20% 이상	25% 이상
다. 매장면적 165㎡ 이상의 판매업소에서 판매되는 청과부류 · 축산부류 · 수산부류	받침접시	10% 이상	20% 이상	25% 이상
라. 「식품위생법 시행령」 제21조제1호에 따른 식품제조 · 가공업의 영업소에서 제조 · 가공하는 면류(麵類)	용기	20% 이상	30% 이상	35% 이상

출처 : 환경부 고시(2003) : 제2003-92호

대상제품은 ①시설 면적 150 이상의 닭 사육시설에서 생산되는 계란의 난좌 및 팩, ②농수산물도매시장, 농수산물공판장 등을 통하여 거래되는 사과와 배의 받침접시, ③매장면적 165 이상의 판매업소에서 판매되는 청과부류, 축산부류, 수산부류 등의 받침접시, ④전기용품 제조업체가 생산하는 전기용품 중 전기기기류, 오디오 · 비디오 응용기기 등의 포장용 완충재 등이 해당된다.

이 제도에 따라 제조자 등은 합성수지재질 외의 재질로 된 포장재를 사용하고, 합성수지재질로 된 포장재의 사용량을 감량하여 연차별 감량 기준([표 3-87])을 준수해야 하며, 감량화 의무를 이행하지 않으면 자원재활용법 제41조에 의하여 300만원 이하의 과태료가 부과된다.

(16) 제품의 포장 재질 및 포장방법에 관한 규칙

이 제도는 '자원의 절약과 재활용촉진에 관한 법률' 제9조에 따라 포장폐기물의 발생을 억제하고 재활용을 촉진하기 위해 마련되었으며, 제품의 포장재질과 포장방법에 관한 기준 및 합성수지재질로 된 포장재의 연차별 줄이기 목표 등을 정하여 시행하고 있다.

[표 3-88] 제품의 종류별 포장방법에 관한 기준

제품의 종류			기준	
			포장공간비율	포장횟수
단위제품	음식료품류	가공식품	15% 이하	2차 이내
		음료	10% 이하	1차 이내
		주류	10% 이하	2차 이내
		제과류	20% 이하 (케이크는 35% 이하)	2차 이내
		건강기능식품	15% 이하	2차 이내
	화장품류	화장품류(방향제 포함)	10% 이하(향수 제외)	2차 이내
	세제류	액체세제류	10% 이하	2차 이내
		분말세제류	15% 이하	2차 이내
	잡화류	완구 · 인형류	35% 이하	2차 이내
		문구류	30% 이하	2차 이내
		신변잡화류(지갑 및 허리띠만 해당)	30% 이하	2차 이내
	의약외품류	의약외품류	20% 이하	2차 이내
	의류	와이셔츠류 · 내의류	10% 이하	1차 이내

제품의 종류		기준	
		포장공간비율	포장횟수
종합제품	1차식품, 가공식품, 음료, 주류, 제과류, 건강기능식품, 화장품류, 세제류, 신변잡화류	25% 이하	2차 이내

출처 : 환경부령 제430호(2011)

규칙 제5조(포장재의 재질기준)에 따라 제조자등은 재활용이 용이한 포장재를 사용하도록 노력하여야 하며, 폴리비닐클로라이드를 사용하여 접합(라미네이션) · 수축포장 또는 도포(코팅)한 포장재(제품의 용기 등에 붙이는 표지를 포함한다)외의 포장재를 사용하여야 한다.

특히, 계란, 메추리알, 도시락 등이나 음식료품류, 화장품류, 세제류, 잡화류, 종합제품 등의 제품을 포장할 때에는 폴리비닐클로라이드 포장재외의 포장재를 사용하여야 한다. 또한 완구 · 인형 또는 종합제품을 포장할 때에는 발포폴리스틸렌계 외의 포장재를 사용하여야 한다.

또한 규칙 제10조(포장용기의 재사용)에 따라 아래의 제품을 제조하는 자는 그 포장용기를 재사용할 수 있는 제품의 생산량이 당해 제품 총생산량 중 차지하는 비율이 [표 3-88]의 기준 이상이 되도록 노력하여야 한다.

이상 설명한 우리나라의 주요 환경규제를 요약하면 [표 3-89]와 같다. 또한 국내외의 주요 환경규제를 찾아볼 수 있는 국내 환경 관련 사이트는 [표 3-90]과 같다.

[표 3-89] 한국의 주요환경규제 요약

구 분	대 상 업 종
저탄소 녹색성장기본법	녹색경제 및 녹색산업의 창출과 단계적 전환 촉진, 녹색산업투자회사 설립, 기후변화 및 에너지 목표관리제 도입, 총량제한 배출권 거래제 도입, 녹색국토 조성, 저탄소 교통체계 구축 등
전기 · 전자제품 및 자동차의 자원순환에 관한 법률	전기 전자 및 자동차
서울특별시 기후변화대응에 관한 조례(안)	자동차, 건설, 설비산업 등
신규제작자동차 실내 공기질 관리기준	자동차
잔류성 유기오염물질 관리법	화학, 건설, 금속산업, 자동차, 섬유 등
수도권 대기개선에 관한 특별법	화학, 건설, 금속산업, 자동차, 섬유 등

구 분	대 상 업 종
화학물질의 사전 유해성심사 의무제도	화학(화학물질을 제조 · 수입하기 전에 유해성심사를 시행하도록 하여, 유해화학물질을 안전하게 관리)
유해화학물질관리법	화학(화학물질로 인한 환경상의 위해를 예방하고 유해화학물질을 적정하게 관리하기 위함)
오염물질방출 건축자재의 사용제한	건축자재 및 기타 (접착제, 벽지, 도장재, 바닥재, 목재 및 그 밖의 실내건축자재 등)
건설장비의 소음 표지부착 의무화	대상 장비, 굴삭기, 다짐기계, 로우더, 발전기, 브레이커, 공기압축기, 콘크리트 절단기, 천공기, 항타 및 항발기
전기용품안전인증제도	전기 전자(안전인증대상전기용품에 대한 안전인증을 의무화함으로서 화재 · 감전 등의 위험 방지)
자동차 연료품질 등급제	자동차 및 화학(자동차 연료의 성분 및 대기오염도 등의 정보를 공개하여 정유사의 자율적인 연료 환경품질 개선 유도)
저공해자동차 보급 및 구매 의무화	수도권 내 보급 되는 저공해 자동차
분리배출표시제도	산업계 전반(음식료품류, 세제류 등의 제품 포장에 사용되는 종이팩(합성수지 또는 알루미늄박이 첩합, 도포된 종이팩), 유리병, 금속캔, 합성수지재질의 포장재(용기류, 필름, 시트형 포장재 및 트레이 포함한 안전인증대상전기용품 중 전기 기기류, 오디오 · 비디오 응용기기 및 정보 · 사무기기의 완충재로 사용되는 발포합성수지 포장재)
합성수지 재질 포장재의 연차별 감량화 의무	산업계 전반
제품의 포장 재질 및 포장방법 기준 설정에 의한 과대포장 규제	산업계 전반

[표 3-90] 한국의 주요환경규제 사이트 요약

주관부서	서비스 명	웹 사이트
지식경제부	국가표준인증종합정보센터	www.standard.go.kr
	REACH 기업지원센터	www.compass.or.kr
	화학물질정보지원시스템	www.coreach.net
	무역상기술장벽 정보시스템	Knowtbt.kr
	Eco-electronics 제품환경정보시스템	www.eco-electronics.or.kr
환경부	REACH 대응 추진기획단	www.reach.me.go.kr
	TEN 무역환경 정보네트워크	www.ten-info.com
	친환경상품진흥원	www.koeco.or.kr
	화학물질정보시스템	Ncis.nier.go.kr
중소기업청	환경 규제대응시스템	Selfcheck.smba.go.kr

4장 환경규제 대응

지구상에는 앞에서 설명한 국제환경협약과 국가별 환경규제 외에도 수많은 환경규제가 존재하며, 계속 새로운 규제가 만들어지고 있다. 이렇게 늘어나는 환경규제에 대해 적절히 대응하기 위해서는 지속적인 정보수집 능력이 필수이지만, 무엇보다도 기업의 대응체질을 강화하는 것이 중요하다.

이를 위해서는 새로운 환경기술, 혹은 녹색기술을 개발하여 기술적 우위를 선점함과 동시에 친환경 경영기법을 도입하여 체질화하는 것이 가장 효율적인 방법이라고 생각된다.

범지구적 차원에서 환경을 보전하기 위해서는 지역, 혹은 국가 이기주의를 타파하여 서로 협력하는 것이 중요하다. 이산화탄소 배출량을 줄이지 않겠다고 해서 물의를 일으킨 미국은 중국과 인도를 비롯한 개발도상국들이 먼저 이산화탄소 배출량을 규제해야 한다고 지적하곤 했다.

그러나 미국 EIA(Energy Information Administration)가 2005년 7월에 발표한 '2003 International Energy Annual'에 따르면, 미국이 전 세계 이산화탄소 배출량의 23퍼센트를 차지하는 반면, 개발도상국 가운데 심각한 공해 발생국이라는 중국과 인도의 배출량은 각각 14퍼센트와 4퍼센트였다.

오늘날 중국은 전 세계에서 소비되는 물자들의 대부분을 제조하고 있고, 업계의 전력소모 가운데 대부분이 중국에서 이루어진다. 이제는 미국, 중국, 인도, 한국, 일본 및 호주 등 전 세계적인 공감대를 갖고 지구와 인류를 위한 환경청정기술을 개발하기에 힘써야 할 때이다.

국제환경협약과 국가별 환경규제는 무역장벽의 성격도 있지만, 지구의 환경을 보존하고자 하는 인류 공동의 목표 달성을 위해 필요한 측면도 있다. 그 가운데 첫째가 2005년 2월 16일자로 법적 구속력을 갖게 된 교토의정서이다.

교토의정서는 다섯 종류의 기체에 대한 명목상의 배출량 감소 목표를 정한 것 외에도, 배출권(credit)을 사고팔 수 있도록 하고 있다. 이는 온실가스의 주범인 이산화탄소와 폐기물의 배출량을 줄이기 위한 일종의 경제적 인센티브이다. 이해 당사국들은 환경이 갖는 탄소흡수 능력을 증대시킬 수 있는 활동들을 할 경우 배출권을 높일 수 있다.

한편 중국은 장치들에 전력소모량 표시를 부착하도록 규제함으로써 자국의 전력 사용량을 줄이려 하고 있다. 그러나 전력 효율은 주로 수출 시장의 요구에 의해 좌우될 것이다. 중국은 또한 2003년 1월 1일부로 청정생산 촉진법(CPPL: Cleaner Production Promotion Law)을 발효했는데, 이는 친 환경적 생산을 장려하는 법규이다.

유럽은 폐가전처리지침(WEEE)을 통해 전자 폐기물(e-waste) 문제를 해결하려 하고 있다. 물론 WEEE 만으로는 전자 폐기물 문제를 해결할 수 없을 것이다. 일부 업체들은 이미 전자 폐기물을 중국과 인도에 재생이라는 명목으로 내다 버리고 있다는 비난을 환경 운동가들로부터 받고 있다.

2006년 7월 1일부터 발효되는 유해물질사용제한지침(RoHS)은 납, 수은 및 카드뮴 같은 물질들을 PPM(Parts Per Million) 단위로 제한하는 유럽의 법규이다. 이러한 한계치를 초과하는 부품을 포함하는 장치들은 이 법규를 위반하는 것으로 간주된다.

전자 산업을 비롯한 여러 분야에 영향을 미칠 수 있는 유럽연맹의 또 다른 친환경 법규 가운데 하나는 신화학물질관리법안(REACH)이다. 이는 해당 수출 및 수입업체들로 하여금 유럽에서 연간 1톤 이상 생산되거나 수입되는 3만종의 물질들에 대한 건강관련 데이터를 제출토록 할 것으로 보인다.

이는 단지 돌이킬 수 없는 동향 정도에 그치는 것이 아니라, 업계에 미치는 영향과 변화의 속도를 감안할 때 친환경적 노력에 가깝다. 전자 및 전기업체들은 엔지니어들로 하여금 배터리, 회로기판, 무 납땜 단자 및 커넥터 그리고 반도체를 위한 새롭고 보다 청정한 기술들을 개발토록 하고 있다.

환경보존과 더불어 국제 환경규제 대응을 위해서 환경 친화적인 제품과 공정의 설계 그리고 제조가 모두 환경을 고려한 설계를 구현하는 일은 필수불가결한 일이다. 즉, 제품과 공정 설계

시에 그 제품의 수명기간 전체에 걸쳐 환경과 관련되는 문제들을 고려해야 하는 것이 경쟁력을 좌우하는 일이기 때문이다.

이와 더불어 환경경영체제(EMS: Environment Management System)를 도입하여 체질화하는 것도 매우 중요하다. 환경경영이란 기존의 품질경영을 환경 분야에까지 확장한 개념으로, 환경관리를 기업경영의 방침으로 삼고, 기업 활동이 환경에 미치는 부정적인 영향을 최소화하는 것을 말한다. 환경경영체제는 환경경영의 구체적인 목표와 프로그램을 정해 이의 달성을 위한 조직, 책임, 절차 등을 규정하고 인적 및 물적인 경영자원을 효율적으로 배분해 조직적으로 관리하는 체제를 의미한다.

환경규격에 대한 국제 표준인 ISO 14000 시리즈 가운데 ISO 14001과 14004 규격이 EMS의 요건 및 지침을 규정하고 있는 분야이다. ISO 14001은 EMS 요건을 규정하고 있는데, 여기에는 일반요건, 환경방침, 계획, 실행 및 운영, 점검 및 시정조치, 경영자 검토 등으로 구성되어 있다.

ISO 14004는 EMS의 원칙, 체제 및 지원기법에 관한 일반지침을 규정하고 으며, 본 지침은 환경경영체제의 실행이나 발전에 필요한 실무적 지침을 제공하고 있다. 이 두 개의 규격들은 환경경영의 구체적인 실천방법일뿐 아니라, 기존의 기업 경영활동과 연관을 갖고 이윤추구라는 기업의 경제적 목적과 지구환경의 개선을 동시에 추구하기 위한 것들이다.

이러한 규격들이 하나의 경영체제를 규정하고 있다는 점에서 품질경경체제인 ISO 9000 시리즈와 공통된 원칙을 갖고 있다. 그러나 품질경영체제는 고객의 욕구가 주요한 관심사인 반면, 환경경영체제는 광범위한 이해관계자의 욕구와 환경보호에 대한 사회적 필요성을 반영하고 있다는 점에서 차이가 있다. 또한 ISO 9000 시리즈는 시장경쟁력을 유지하기 위해서 기업이 자발적으로 참여할 수 있는 선택적 개념의 시스템인 반면, ISO 14000 시리즈는 환경적으로 선택의 여지가 적은 절대적 개념의 시스템이라 할 수 있다.

이러한 성공적인 환경경영체제를 구축하기 위해서는, 환경 친화적 기업문화의 조성, 환경성 평가기법의 개발, 환경성과평가체계 확립, 환경을 고려한 경영분석기법 개발, 환경교육 프로그램의 개발, 환경감사제도의 도입 및 환경경영 정보시스템의 구축 등이 고려되어야 할 것이다.

따라서 본 장에서는 산업과 환경규제 중에서, 특히, 환경을 고려한 제품 및 공정설계의 개념을 서두로, 기업의 지속가능성을 위한 공급망관리 그리고 그린디자인 등 실질적이고 개념적인 공학적 기술을 살펴보고, 구체적으로 산업별 국제환경규제의 동향에 대해 알아보기로 한다.

4-1. 환경을 고려한 설계

기업이 주변 환경을 맞추면서 성공할 수 있는 가장 기본적인 요소 중의 하나가 바로 환경을 고려한 설계 프로그램일 것이다. 환경을 고려한 설계는 새로운 제품과 공정개발에 있어서 환경안전이나 건강 등과 같은 환경요소를 고려하면서 설계하는 시스템적인 절차인 것이며, 동시공학 기법중의 하나로도 알려져 있다.

환경을 고려한 설계기법의 목적을 간단히 표현하면 제품 설계 시에 비용, 품질과 일정계획 등의 제한조건을 고려하면서 설계 팀이 친환경적인 제품을 만들 수 있도록 지원하는 것이다. 친환경제품은 환경부하를 최소화하고 전 과정을 통해 가치 있는 자원을 최대화하는 것이며, 아래와 같은 요소의 특성을 지니고 있어야 한다.

제품의 공급을 기업과 소비자가 인식할 수 있는 시장에 관한 인식, 가격이 동일하다면 외면적인 면을 포함하여 에너지보존 등과 같이 환경부하를 보여줄 수 있는 타 상품과의 차별성, 제조업자 견해에서 제조부터 전 과정을 통한 비용감소나 이익에 관한 요소, 폐기나 재활용에 있어서도 환경규제에 부합한 제품, 그리고 ISO/TC207과 같은 전 세계적인 표준화에 부합한 요소 등을 고려해야 한다.

실제의 결과를 보더라도 환경에 대한 책임의식을 갖는 기업의 제품들이 경쟁력이 있다. 이것은 오염감소와 환경에 맞는 품질향상 운영비의 감소 등은 소비자뿐 아니라 제조업자에게도 시장잠재력을 더욱 부추기고 있다는 것이다. 예로 에너지와 자원보존에 관한 사항들은 배출량 감소의 결과를 주고 이는 결국 인간건강과 안전에 기여한다는 것이다.

4-4-1. 배경

EU를 비롯한 주요 선진국에서는 제품생산자의 환경책임범위를 사용이후단계까지 확장함으로써 제품의 폐기처리비용 및 회수의무를 부가하는 등 국제무역장벽으로 활용하고자 하는 동향이 강하고, 유럽시장이 통합되면서 해당 각 국가별로 운영해오던 다양한 제품관련 환경정책이 통합됨에 따라 EU와 무역교류관계에 있는 많은 국가들로의 파급효과가 예상되었다.

ISO TC/207/WR3 에서는 친환경 제품설계방법에 대한 광범위한 가이드를 제공하기 위하여 ISO/TR 14602를 발표했으며, 2001년 초에 시드니에서 이 보고서에 대한 전문가회의를 개최하여 국가 간의 다양한 의견을 교환하고 국제적 가이드로서의 틀을 마련했다.

유엔의 국제기구인 UNEP에서는 1997년 네덜란드 Delft대학과 공동으로 Eco-design 가이드라인을 개발하여 환경 친화적인 제품전략수립부터 기술적 개발기법 등을 회원국가에게 제공해오고 있다. 에코디자인(eco-design)은 일반적으로 제품의 전 과정에서 생길 수 있는 환경피해를 줄이면서 제품 기능과 품질 경쟁력을 높이도록 하는 환경 친화 디자인으로 정의되며, 유해물질을 사용하지 않으면서 장 수명으로 오랫동안 사용이 가능하고, 사용이 끝난 것에 대해서는 분해재이용, 폐기하기 쉽도록 설계하고, 생산 및 사용 시에 에너지소비가 적은 등, 환경에 영향을 배려하여 제품과 포장을 설계하는 것을 말한다. 즉 제품 탄생의 원천인 디자인 단계에서부터 환경에 미치는 악영향을 줄이는 것이 에코디자인의 요점으로 알려져 있다.

미국, 덴마크, 독일, 영국 그리고 일본은 국가차원에서의 에코디자인과 환경을 고려한 설계(DFE: Design For Environment)에 대한 다양한 연구와 기법을 개발해오고 있는데 미국 EPA에서는 1991년부터 산업계, 학계 및 관련 연구소와 협력하여 관련 사업을 추진해오고 있으며, 청정기술 대안평가, EMS와의 통합방안 그리고 다수 제품에 대한 사례연구를 통해 본 사업을 지원하고 있다.

덴마크 EPA는 EU의 IPP를 도입했을뿐 아니라 1998년부터 청정생산제품과 개발에 대한 다양한 프로그램을 개발하여 덴마크 환경부를 지원하고 있다. 독일과 영국은 환경부를 중심으로 DFE 국가지침서를 개발하여 산업계에 제공하고 있으며, 다양한 사례연구를 통해 이를 활성화하고 있다.

일본의 경우도 일본 산업환경관리협회인 JEMAI에서 기업의 친환경설계 도입 및 사용촉진을 위해 1994년 환경을 고려한 설계 위원회를 설립하여 다양한 설계 도구를 개발하고 있다.

이러한 국가차원의 활동이외에도 대표적인 전기, 전자회사인 IBM, HP, Xerox, SONY, Philips와 같이 기업차원에서 자원절약과 환경부하를 최소화하기 위한 제품개발과 재활용품 회수 및 재사용방안을 자체적으로 개발하여 다양한 이익을 도모하고 있다.

한국의 경우 이러한 국제무역시장에서의 변화에 대응하고 경쟁력을 갖추기 위하여 1990년 후반부터 환경부를 중심으로 환경 친화적 제품설계 확산방안을 마련을 위한 정책연구회를 운영해서 국내 환경을 고려한 설계 보급을 위한 기틀을 마련한 바 있다.

이 연구로 인해 정부의 환경정책 측면에서의 대응방안을 모색하게 되었으며 DFE 개념에 관한 국제동향과 이것의 근간이 되는 제품감시(product stewardship) 및 이론적 논의와 선진국가 및 기업의 사례를 연구함으로써 국내 산업에 적합한 DFE 활성화 방안이 논의되기 시작하였다. 또한 산업자원부에서는 청정기술 산업의 일환으로 가전제품의 환경 친화적 제품설계기술 및 시스템개발에 대한 연구를 수행하였다. 이는 제품 전 과정단계에서의 조립, 분리, 재활용 용이성 그리고 환경영향성을 통합하고 고려한 환경 친화적 설계기법으로서 실제 기업에서의 제품설계과정에서 적용되고 있다.

정부차원에서 이러한 정책이 국내 산업에서 활성화되는 것을 지원하기 위해서 국가기반정보를 구축했으며, 국내기업 차원에서는 전기 및 전자산업을 중심으로 제품에 대해 환경 친화적 설계의 기법을 개발하고 적용해오고 있고, 제품에 대한 환경영향 및 비용측면에서 상당한 효과를 얻고 있다고 평가하고 있다.

그러나 환경 친화적 설계를 위한 이론적 기반과 체계적 방법론이 부실하기에 이를 지원하고 통합하기 위한 국가적 차원의 지침서가 요구되었다. 이에 따라 2001년부터 환경부에서는 국내 산업에서의 환경 친화적 설계 확산을 위한 지침서와 이를 지원하기 위한 다양한 시스템을 개발하기에 이르렀다.

이 지침서에는 기반산업에 대한 환경, 품질, 보증, 비용정보 등을 제공하는 동시에 국내외 환경정책이 반영한 기법을 제공함으로써 국내제품의 세계시장에서의 경쟁력을 갖출 수 있는 기반기술을 확보하게 하고 장기적으로는 지속가능한 생산 및 소비체계를 구축하는 하나의 틀을 제공하게 되었다.

환경보고서는 기업의 모든 환경활동과 성과, 계획 등을 표현하는 의사소통 수단이므로 기업의 환경라벨 인증결과가 보고서에 포함되는 방식으로 연계가 된다. 환경라벨의 인증이 환경보고서에 직접적인 영향을 미치지는 않지만, 인증사실 자체는 환경보고서에서 큰 의미를 가지게 된다.

환경라벨이 동종 제품군에서의 환경적 우위를 공식적으로 인정하는 제도이기 때문에 환경보고서에서 환경라벨의 인증사실에 대한 표현은 시장경쟁력을 보여주는 척도로서 매우 중요하기 때문이다. 환경보고서는 기업의 DFE 관련 노력과 성과를 보여주는 장이 된다.

DFE는 단순한 제품개선과정이지만 그 파급효과 면에서는 상당한 의미를 가진다. 체계적인 제품개선방법은 일반적인 일반관계자들에게는 기업에 대한 믿음을 주며, 소비자들에게는 환경을 고려한 제품을 구매할 수 있게 하여, 녹색구매를 촉진하게 할뿐 아니라 투자자들에게도 시장선도와 개척을 통한 기대를 하게 하여 지속적인 투자대상으로 인식하게 된다.

DFE는 환경라벨링 인증을 위해 기업이 제품개선을 위해 거치게 되는 일련의 과정으로서 환경라벨링과 매우 밀접한 연계에 있다. 외국은 물론 국내에서도 환경라벨링에서 노트북이나 컴퓨터, 모니터 등의 경우 인증요건에 DFE에 대한 요건을 포함하는 추세여서 환경라벨링에 있어서 DFE는 매우 중요하다.

환경보고서에서도 전 과정설계(life cycle design) 등의 항목으로 DFE를 포함시키도록 하는 국제적인 가이드라인이 많이 발표되고 있고, 환경을 통한 시장기회에 대한 환경보고서에 기술하도록 하는 가이드라인도 발표되었는데, DFE는 시장기회를 창출하는 원동력이기에 환경보고서에 매우 중요한 평가요소가 되고 있는 것이다.

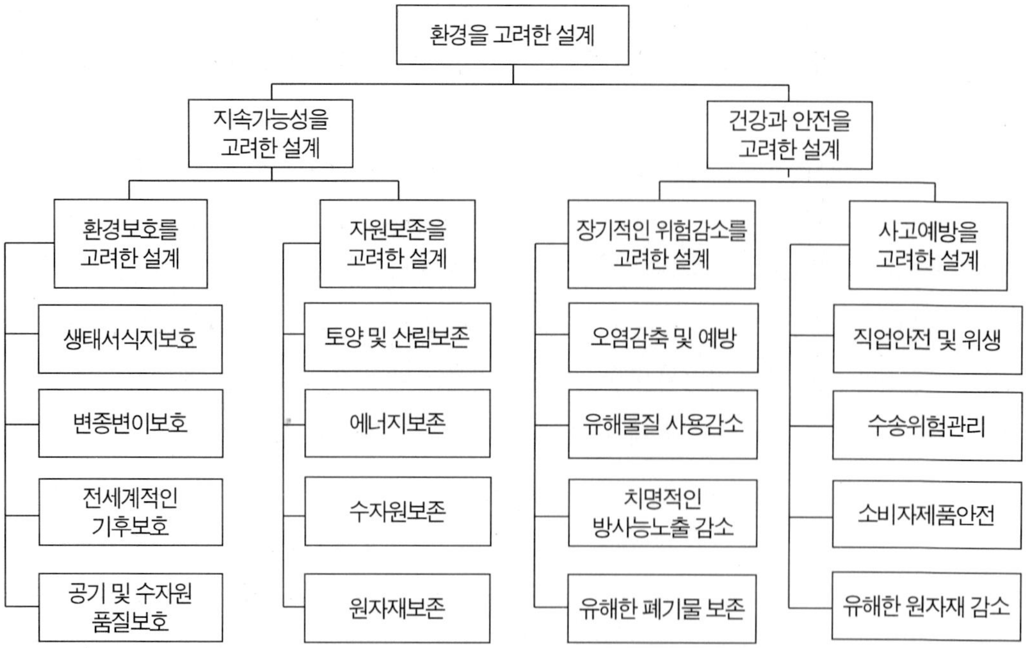

[그림 4-1] 환경을 고려한 설계의 구조체계

많은 기업이 환경부하를 감소할 수 있는 방법을 지워하기 위한 환경규제의 가이드라이도 수없이 많이 나와 있는데, 예로 1991년도에 'Valdez Principles'가 후에 CERES(Coalition for Environmentally Responsible Economies)로 변환된 것이다. 환경을 고려한 설계는 다양한 환경부하와 경제성 변수 등을 고려해야 하는데, 이는 [그림 4-1]과 같이 정리할 수 있다.

예를 들어 The German VDI(1993), British ICER(1993), the University of Manchester (Dowie and Simon 1994), Fiksel(1996), Bras(1998)과 General Electric Plastics(1995) 등 대표적인 가이드라인은 설계관점에서 지시하고 있는데, 주로 제품구조, 자재선택, 라벨링과 제구(fastening) 등에 관한 것이다.

이를 반영한 원자재 선택 가이드라인은 [표 4-1]과 같고, 제품구조 가이드라인은 [표 4-2]와 같으며, 라벨링과 표면처리 가이드라인은 [표 4-3]과 같고, 제구(fastener)에 대한 가이드라인은 [표 4-4]와 같다.

[표 4-1] 원자재 선택 가이드라인

가이드라인	이 유
• 다 기능화 된 제품의 설계 부품의 수 최소화 및 다기능 부품개발 • 부품의 분리방지와 통합된 부품으로 전환 • 기능분리를 고려한 가능한 모듈화 설계 • 재사용 및 재이용 모듈의 설계 • 리사이클링 불가부품은 쉽게 분리할 수 있도록 종속시스템에 부착 • 최대가치부품은 최적화된 분리지시와 함께 가능한 접근하기 쉬운 곳에 장착 • 분리작업시에 지속성을 고려한 부품설계 • 금속이입과 플라스틱 부품의 분리공정 • 접근절차와 중지점이 명확한 지시 • 재조립 부품의 명세화 • 운반을 위한 재사용 컨테이너 사용과 제품내의 사용가능한 것에 대한 명세서 • 사용하지 않는 제품에 대해서는 상이한 종속시스템을 고려한 부속전력의 설계 • 동일한 원자재와 개인적인 부품의 통합	• 다수의 단기능 제품보다 환경효율성 제고 • 분리시간과 자재 감소 • 분리시간과 자재 감소 • 서비스, upgrade, recycling 선택허용 • 서비스, upgrade, recycling 선택허용 • 빠른 분리공정 • 최적화 회수를 고려한 부분적 분리 가능 • 수공분리가 작업장에서 더 용이 • 분리나 감쇄의 필요성 제기 • 빠른 분리와 교육을 위한 이론적인 구조 • 재제조 요구의 활성화 및 새로운 원자재소비의 감소 • 원자재 소비의 감소 • 비 사용되는 부품의 낭비전력소비 제거 • 재활용 시 분리를 고려한 필요성 제거 • 유사부품의 사용 혹은 용해사용

환경을 고려한 설계의 대표적인 기업은 제록스, ITT, 폴라로이드. 제너럴 모터스 등 수많은 기업들이 현제 오염이나 폐기물처리 등 환경부하를 감소하기 위한 노력을 하고 있으며, 소비자들도 이들을 신뢰하고 구매하게 되었다.

[표 4-2] 제품구조 가이드라인

가이드라인	이 유
• 제한된 원자재의 사용 금지 • 상이한 원자재 수의 최소화 • 부착된 부품에의 동일하거나 상이한 원자재의 표준화 작업과 불합 원자재 제거 • 모든 부품에 원자재 표지 • 재활용한 원자재의 사용 • 전형적으로 순수한 재활용 가능한 원자재 사용 • 복합적인 원자재 회피 • 작동 부품에의 강력한 원자재의 사용 • 강합금보다는 약한 합금의 재활용 사용 • 동일금속의 사용시 상이한 금속의 제구 • 위험부품의 명확한 표시와 쉬운 제거	• 높은 환경부하 • 재활용 공정의 단순화 • 분리와 분류작업의 감소 • 원자재 가치를 위한 정확한 인지와 분류 • 재활용 된 자재의 시장잠재성 • 폐기물 최소화와 재이용도 향상 • 복합물질의 재활용 난이도 • 에너지 소비 감소원인 • 순도금속의 재활용 이용도 향상 • 알루미늄, 철, 마그네슘 금속의 분류 • 부품의 부정적인 가치의 제거

[표 4-3] 라벨링과 표면처리 가이드라인

가이드라인	이 유
• 부품표지를 위한 상호 적합한 잉크 사용 • 부품의 부적합한 페인트 제거와 라벨 사용 • 재활용을 고려한 금도금 안된 금속 사용 • 전자부품은 관련서류 사용	• 회복할 수 있는 원자재의 최대가치유지 • 부품훼손을 초래하는 페인트 제거작업 • 금도금 부품의 재활용 어려움 • 부품의 재이용도 향상

결국 환경을 고려한 설계는 전 세계적으로 위기의식을 고조시킨 온도변화, 오존층생성과 생물학적 손실, 공기오염, 산성비 등 다양한 환경적 변이요소에 대한 기업 및 산업차원에서의 책임이다. 환경을 고려한 설계를 위한 접근방법은 다양하다.

일반적으로 환경을 고려한 설계의 범위는 환경위험관리, 제품안정성, 직업건강과 안전, 오염예방, 생태계 및 자원보존, 사고예방 그리고 폐기물관리경영 등 많은 규범까지 그 영향을 미치고 있다.

기업들은 지구를 위협하는 오염배출량을 최소화해야 하는 지구생물권 보호요소, 자원의 지속가능한 사용에 관한 변수, 폐기물의 최소화를 위한 노력은 피할 수 없는 것이라면 리사이클링 가능성 고려, 환경적으로 안전한 에너지사용과 지혜로운 에너지 보존, 작업자와 공동체의 인간건강 위험요소 감소, 환경부하가 적은 제품의 판매와 소비자유도를 고려한 시장성 변수, 환경적으로 유해한 요소를 배출하였을 경우의 기업배상조건, 환경에 극히 유해한 사고를 발생했을 경우에 기업폐쇄 조치, 환경감시를 위한 기업에서의 최소한 인원배치, 일반에게 공개할 수 있는 기업자체의 연간 환경에 대한 감사 등이 포함되어야 한다.

[표 4-4] 제구(fastener) 가이드라인

가이드라인	이 유
• 죔쇠의 수 최소화 • 필요한 죔쇠제거 도구의 최소화 • 제거가 쉬운 죔쇠의 사용 • 쉽게 접근할 수 있는 죔쇠의 위치 • 스냅죔쇠의 명확한 위치와 표준화된 도구로써의 분리가능 • 상호 적합한 원자재로서의 부품과 연결된 죔쇠 사용 • 상호 부적합한 두 개의 부품일 경우 • 쉬운 분리가 가능한 설계 • 두 부품연결에서 상호 적합하지 않을경우 접착제 제거 • 사용된 전선/케이블 길이와 수의 최소화 • 제거된 죔쇠를 대체 연결할 수 있는 설계	• 죔쇠제거절차는 분리작업의 대부분 시간 • 도구 변화절차의 시간과 비용 • 분리시간의 감소 • 익숙하지 않은 동적흐름의 시간소요 • 특정한 도구의 표식과 유용성 향상 • 분리작업의 회비발생 요건 • recycling 위한 분리 • 원자재 recycling 절차의 오염발생 원인 • 유연한 요소의 제거작업 방해 • 수월한 분류의 분리작업

4-4-2. 에코디자인 대응전략

환경문제의 심각성에 대한 인식이 EU뿐 아니라 선진국을 중심으로 전 세계로 확산되기 시작한 것은 이미 오래전의 일이 되었다. 이러한 인식의 제고는 소비자, 환경단체, 기업 및 정부 간의 협의를 거치면서, 지속가능한 개발 및 소비(sustainable development and consumption)를 위한 국제협약 및 정부규제 혹은 세계시장에서의 요구 등으로 나타나고 있다. 이러한 세계적인 흐름들이 국가적 관점에서 무역상 기술 장벽으로 작용할 것이며, 이에 대비하지 않는 기업들은 큰 피해를 보던지, 또는 심지어 시장에서 도태될 수 있다는 사실에 주목할 필요가 있다.

지난 2001년 11월 일본의 소니(SONY)가 오락용 게임기인 플레이스테이션I을 네덜란드에 수출할 때 게임기의 컨트롤러와 본체를 연결하는 케이블 피복재에서 카드뮴(Cd)이 기준치를 초과하였다.

그 결과 게임기 1백 50만대가 리콜 되었던 사건은 대표적인 사례라고 볼 수 있다. 이 사건으로 약 130억 엔의 매출영향을 받은 소니사는, 이후에 에코디자인 관련 체계를 한층 강화하는 한편, 2003년 그린 파트너(green partner)라는 녹색구매 시스템을 도입하고 추진함으로써 국내 납품 업체들에게까지 그린 파트너 인증을 받도록 하는 등 실질적인 영향을 미치고 있는 실정이다.

일본, 미국 및 EU 등 선진국의 여러 기업들은 이러한 추세에 대응하기 위하여 새로운 제품 설계방법을 모색해왔다. 이 방법은 제품의 전 과정에 걸친 주요 환경측면을 기존의 제품설계 및 개발과정에 접목시키는 것이며, 이를 에코디자인이라 부르고 있다. 그러나 국내 기업의 경우 상대적으로 이 분야에 대한 연구가 극히 부진하며, 분해를 고려한 설계나 재활용을 고려한 설계 정도를 에코디자인이라고 이해하고 있다.

따라서 국내에서도 에코디자인에 대한 기술 및 도구개발에 대한 노력이 절실하며, 그 주축은 실행능력이 있는 기업이 되어야 한다. 국내 기업이 에코디자인에 대한 기술 및 도구 개발을 선도할 수 있다면, 산업 경쟁력을 제고 시킬뿐 아니라 지속가능한 소비가 달성되는 환경 친화적인 경제사회 구축에 크게 공헌할 수 있을 것이다.

한 예로 통합제품정책(IPP: Integrated Product Policy)은 2001년 2월 EU에서 'Green Paper'를 발간함으로써 공식의제로 채택되었다. IPP가 탄생된 근본원인은 환경문제 대응방안의 패러다임이 변화되었기 때문이다. 즉, 공정이 아닌 제품자체에 관련된 환경부하가 환경문제의 본질이 되었으며, 따라서 제품과 관련된 환경규제 정책을 실시해야 한다는 것이 핵심 논리이다.

제품관련 환경규제정책의 주안점은 제품의 전 과정에 걸친 환경영향과 자원소모를 저감시키는 제품을 설계하고 제조하는데 있다. 즉 환경 친화적으로 설계된 제품을 어떻게 기업들로 하여금 만들게 하고, 이를 어떻게 소비자들로 하여금 구매하게 할 것인가에 대한 방안이 요구된다. 이를 위하여 제품의 에코디자인과 녹색제품을 사용하는데 필요한 정보와 인센티브를 제시해야 한다는 것이 IPP에서 주장하는 바이다.

최근의 에코디자인 시스템 동향은 에코디자인 조직, 에코디자인 프로세스, 에코디자인 활용도구 및 데이터베이스 구축 등으로 구분하여 설명하면 다음과 같다. 먼저 에코디자인 조직은 환경선도 기업들은 대부분 최고경영자의 확고한 의지 하에 직속 환경기구를 설치하여 운영하고 있다는 특징이 있다. 이 기구에서는 에코디자인 관할부서를 관리할뿐 아니라 EMS나 청정생산 공정 등 환경관련 제반업무를 담당해야 한다.

필립스의 경우 설계 연구센터 내에 전사환경 및 에너지 사무국, 총괄사업부 환경사무국, 사업부 환경사무국 및 사업장 환경관리팀으로 체계적으로 조직되어 있으며 각 조직의 책임은 그룹 관리위원회, 총괄 사업부장, 사업부장, 사업장 환경관리팀장이 각각 맡고 있다.

일본의 마쯔시다의 경우 기업 최고경영자 산하에 환경직속 기구를 두고 전사적으로 무연솔더링(lead-free soldering)이나 에코디자인 등 환경 활동조직을 가동시키고 있다. 노키아의 경우 최고경영자 및 각 사업장 대표로 구성된 환경조직이 있으며, 그 조직 산하에 환경관련 전사적 조직이 있다.

이들 기업 동향 검토에서 알 수 있는 바와 같이 에코디자인을 추진하기 위해서는 최고경영자의 확고한 의지 하에 직속 환경기구가 있어야 함을 알 수 있다. 이때 이 직속 환경기구는 또한 전사적 관리가 가능하도록 추진력이 있어야 한다.

둘째로 대다수의 선도 기업들은 이미 자사 고유의 에코디자인 프로세스를 수립하여 추진하고 있다. NEC의 에코디자인 프로세스는 QCDE(Quality, Cost, Delivery, Ecology)와 제품 개발이 통합된 시스템으로서, 제품 개발단계에서부터 제품 전 과정의 환경성을 평가하는 가상공장(virtual factory) 형태로 운영되고 있다.

또한 사용, 대기 및 사용중지 모드에서 전력소비 감소, 제품무게 감소, 제품 자체부피 및 사용에 필요한 공간 감소, 재사용 가능한 부품 사용증가 등 총 24개 항목에 대한 친환경제품(eco-product) 기준을 설정하고 각 기준에 맞는 제품 생산을 위한 노력을 하고 있다.

샤프에서는 7가지 그린 제품 개념을 기초로 해서 제품을 설계하고 있으며, 캐논의 에코디자인 프로세스는 환경, 품질, 비용 및 유통이라는 'EQCD 방침'과 제품의 전 과정 고려라는 두 가지 원칙으로 구성된다. 이렇듯 선진 기업들의 에코디자인 프로세스는 상세하고, 체계적이며, 기업의 특성을 잘 반영하고 있다. 따라서 에코디자인을 추진하고자 하는 기업들은 우선 기업의 실정에 맞는 에코디자인 프로세스 및 에코디자인 추진 전략을 개발하여 제품에 적용해야 할 것으로 판단된다.

세째로 에코디자인을 추진하고 있는 기업에서는 각기 에코디자인 활용 도구를 사용하고 있다. 에코디자인 지침서, 경제성 및 환경성 분석이 통합된 분석도구, 'Eco-Product' 설계 프로그램 및 사업장 간 환경성 정보 네트워크 등이 그 대표적인 사례들이라 할 수 있다.

IBM의 경우 제품 설계 시 환경성 요건 통합을 지원하는 ECP(Environmentally Conscious Product) 프로그램이라는 도구를 사용한다. 또한 제품의 주요 환경 영향을 추적하고 기록하는 PEP(Product Environmental Profile) 시스템을 가동하고 있는데, 이는 제품 구성 물질, 에너지 사용, 포장, 에코디자인 공헌도, 배출, 재활용 및 최종처분에 관련된 정보들을 관리하는 것을 돕는다.

미쯔비시의 'Ecorates'는 종퐈 환경 정보시스템으로서 환경경영이 보다 능률적이고 효과적으로 진행되도록 돕는다. 다양한 MET(Material, Energy, Toxity) 환경정보에의 용이한 접근 및 통일된 관리를 통해 미쯔비시의 업무 효율성을 증진시키는데 기여할 것으로 예측된다. 또한 미쯔비시에서는 에코디자인 실무지침을 제작하여 사용하고 있다. 또한, 설계된 제품의 재활용 가능성 및 분해 용이성을 평가하기 위한 도구인 cDFE는 디자인 지원도구도 이용되고 있다.

마지막으로 기업들은 주로 LCA DB를 에코디자인에 적용하고 있다. NEC, 필립스, 마쯔시다 및 노키아 등의 기업에서는 이미 자사의 LCA DB를 구축하였다. 일부기업에서는 자사가 개발한 프로그램으로 환경성 DB를 구축하였는데, 필립스의 'ecoscan'이나, 마쯔시다의 화학물질 데이터베이스 시스템 등이 그러한 예이다. 또한 여러 기업에서 공급자들의 원료물질 정보나 재활용성 등을 데이터베이스화 하여 에코디자인에 활용하고 있다.

기업차원의 대응 방안으로 선진 기업들의 에코디자인 관련 현황 분석을 바탕으로, 국내 기업이 에코디자인 분야에서 나아갈 방향을 살펴보고 실행해야 한다. 최고 경영자의 환경경영에 대한 확고한 의지와 에코디자인 추진 체계수립, 환경경영에 대한 경영진의 확고한 의지와 실천할 수 있는 자원이 있어야 한다.

외국기업의 에코디자인 현황에서 검토한 바와 같이, NEC, 캐논, 마쯔시다 등 많은 선진 기업들도 최고 경영자의 확고한 의지 하에 전사적인 에코디자인 관련 기구가 있으며, 자사만의 차별화된 전력을 추진하고 있다. 비록 국내에서도 대기업을 위주로 이러한 움직임들이 시작되고는 있으나, 아직까지 경영층의 확고한 의지 아래 장기적인 에코디자인 추진 전략을 갖추고 이를 전사적으로 실천하는 것이 상대적으로 미흡한 상황이다.

제품개발 프로세스에 에코디자인 프로세스를 통합시켜야 하는데, 그 사례를 보면 대부분의 기업에서는 에코디자인의 개발체계 및 실행지침이 세워져 있다. 캐논의 경우는 제품 전체에 대한 에코디자인 지침서가 있으며, 각 제품별로 적용될 세부 지침서가 따로 있을 정도이다. 개발 단계 별 에코디자인 활동 및 결과물을 정의하고, 각 단계별 심의 시 활동 결과가 검토되어야 한다. 이를 위하여 에코디자인 도구를 개발하여 보급함으로써 제품 기획과 설계 단계에서 활용할 수 있도록 하여야 한다.

상대적으로 에코디자인 도입이 시작 단계인 국내 기업의 경우에는, 에코디자인 수행 시 초기에는 외부 전문가의 지원으로 추진되는 것이 바람직할 것이나 장기적으로는 설계자가 스스로 평가하고 개선하는 활동을 전개할 수 있도록 에코디자인 도구를 제공할뿐 아니라, 교육 프로그램을 제정하여 지속적으로 교육을 시켜야 할 것으로 판단된다.

제품에 대한 환경 마케팅 전략 중 가장 효율적인 것 중에 하나가 환경라벨링이다. 한국정부에서 시행하는 Type I 및 Type III 환경라벨링 제도에 대한 대응은 차분히 이루어지고 있는 반면, 안타깝게도 아직까지 환경을 개념으로 하는 마케팅 전략 제품은 거의 찾아보기가 드물다.

선진 기업에서는 에코디자인 제품을 다량 출시하고 이들의 마케팅에 비중을 두어 기업의 이미지를 높이는 노력이 한창이다. 자사 제품의 환경성을 홍보하기 위하여 에코디자인 마크를 만들고, 신문이나 TV에 제품의 친환경성을 광고하는 것은 해당제품의 경쟁력을 높일뿐 아니라, 자사 전체의 이미지 제고에 큰 기여를 하게 된다.

친환경제품 개발을 위해서는 원부자재, 부품, 조립품의 환경성을 개선하는 것이 필수적이다. 즉, 공급자 관리를 통한 그린 구매 시스템(green procurement system)을 도입해야 한다. 여기에는 모기업의 협력업체 지원도 뒤따라야 한다. 선진 기업 사례들을 보면, 공급자들의 환경 데이터를 네트워크를 통하여 관리하고 있다. 또한 공급자들에게 에코디자인 관련 항목을 설정하여 관련 정보를 요구하고 있다.

WEEE 및 ELV와 같은 법규에 의해 제품 생산자가 수행해야 하는 의무는 점차 확대되고 있다. 또한. 제품회수, 재사용 및 재활용 목표치가 법규가 개정될 때마다 상향 조정될 가능성이 크므로 이에 대한 적극적인 대응이 필요할 것으로 보인다. 특히 RoHS 관련 유해물질 대응 기술은 제품개발에 많은 시간이 소요되므로 사전에 기술 확보를 하여야 한다.

환경 선도 기업들은 이미 이에 관한 사전대응을 하고 있다. 선도 기업들 중에는 친환경 원료 개발을 위한 담당부서가 따로 설치되어 있는 경우도 많은데, 국내 기업에서도 소재 및 포장부서에서 이를 위한 제품개발에 보다 많은 노력을 기울여야 할 것이며, 기업에서는 이를 위한 지원이 필요하다.

EU, 일본 등 선진국의 전기전자제품 환경규제 강화에 따라, 국내에서도 정부 차원의 대응방안이 시급히 수립되어야 할 것으로 보인다. 한국정부도 산업자원부에서는 선진국들이 전기전자제품에 대한 폐기물의 발생을 줄이고 특정 유해물질의 사용을 억제하기 위한 환경규제를 대폭 강화하고 나섬에 따라 국내 전기 및 전자업계의 대응이 시급히 요구되며, 이에 따른 정부차원의 대응방안을 마련해 시행에 들어간다고 밝힌 바 있다.

또한 산업자원부에서는 중소기업의 청정생산 및 환경경영 능력 배양을 위하여 공급망관리 체제(SCM: Supply Chain Management)을 활용한 시범사업을 추진할 예정이다. 이 사업의 골자는 대기업이 공급기업과 함께 청정생산과 환경경영 도입 프로그램을 제시할 경우 정부는 사업비 중 일부를 지원하는 것이다. 이에 따라 국내외 기업에 부품을 납품하는 중소기업의 환경경영 도입이 가속화되고, EU의 WEEE 법규와 같은 무역 장벽 요소에 대한 대응에 도움이 될 것으로 판단된다.

이와 같이 정부는 EU 환경정책이나 규제가 무역 장벽의 소지가 될 가능성에 대해서 인식하고 이에 대한 대책을 수립하고 있는 것으로 판단된다. 이렇게 외부의 압력에 대한 수동적인 대처도 중요하지만, 기업 스스로 에코디자인 체계를 자발적으로 수립하여, 친환경제품들의 보급을 촉진하도록 유도하는 일이 본질적으로 필요한 문제이다.

즉 시장압력을 이용하는 것이 바람직할 수 있으며 여기에는 제품의 가격이 친환경 문제와 관련하여 과연 적정하게 책정되었는지를 검증하고, 검증결과에 따른 세금이나 보조금 형태로 제품가격을 적정화하는 것이 가장 효과적이다. 그러나 이 같은 적정가격이 설정되어 있지 않은 경우 소비자에게 제품의 환경 속성을 보다 잘 알리게 하고, 그 결과 기업들이 소비자의 요구에 부응하여 친환경 제품제조를 촉진시켜야 한다.

제품의 전 과정에 걸친 진정한 환경비용이 제품가격에 모두 반영된다면 제품의 환경성과는 시장에서 최적화 될 수 있다. 그러나 대부분의 경우에 있어서 이는 사실과 다르고 소위 시장실패가 발생한다. 이 같은 시장 실패를 바로 잡는 가장 강력한 도구는 오염자 부담원칙이다. 이 원칙의 목적은 제품의 전 과정에서 야기되는 진정한 환경비용을 제품가격에 반영시키도록 하는 데 있다.

여기에는 제품의 환경성과에 따른 차등적 세금 부과 방안이 효과적일 수 있다. 예를 들어 환경마크 또는 환경성적표지 인증을 받은 제품들에게 부가세 감면 조치 등이 있을 수 있다. 또한 환경 친화적인 제품에 인센티브를 주는 새로운 부가세 부과 체제를 고려해 볼 수도 있다.

녹색제품에 대한 수요는 기업들로 하여금 환경상의 노력을 배가시키는 가장 큰 원동력이 된다. 이렇게 녹색소비자 수요의 목표는 소비자가 제품을 선택하는 힘을 통하여 시장이 주도하는 제품의 환경성개선을 지속적으로 유도하는 것이다. 이 모든 일이 가능하게 되기 위한 기본

요건으로는 제품에 라벨이나 기타 용이하게 접근할 수 있는 정보를 통하여 이해하기 쉽고, 적절하고 또한 신뢰할 수 있는 정보가 소비자에게 주어지는 것이다.

또한, 정부 및 공공기관 스스로 녹색 구매에 앞장서는 것이 필요하다. 이는 공공기관의 구매력이 얼마나 큰지를 단적으로 나타내는 것 있다. 따라서 정부나 공공기관들은 녹색구매에서 자기들이 선도자 역할을 할 수 있다는 점을 분명히 인식하고 이를 실천해야 한다.

4-4-3. ErP

환경을 고려한 설계의 구체적인 예로 유럽 국가들의 에너지사용제품의 에코디자인인 ErP (Energy-related Product)를 살펴보기로 하자. 2006년 7월 1일부터 EU회원국의 구체적인 국가시행령을 발효할 계획으로 추진 중이고 현재도 구체적인 실행조치가 개발 중인 EU 법안으로 EU 내 판매되는 모든 에너지사용제품의 환경영향을 줄이기 위한 에코디자인을 강화하고 제품에 대한 환경관련 규제로 인한 국가간 보호무역 장벽을 철폐하고자 하는 법안으로 볼 수 있다.

ErP 생산자는 제품의 에코디자인 요건을 충족해야 하며 요건충족 자기선언, 제품설계단계의 EMS구축 및 CE마크 부착 등의 방법 중 한 가지를 통하여 충족여부를 선언해야 한다고 규정하고 있다.

ErP의 문서구성은 일반원칙과 가이드라인을 포함한 총 20개항의 본문과 구체적인 항목을 제시하고 있는 7개의 부속서로 되어 있다. 기본적으로 ErP 지침은 전기전자장비의 환경영향에 관한 지침으로 에너지사용 장비의 에너지효율성 요건에 관한 지침의 병합으로 볼 수 있다([그림 4-2]). ErP 지침의 주요내용은 [그림 4-3]과 같으며, IPP의 기본원칙인 전 과정사고를 제품설계에 통합하려는 시도인 것이다.

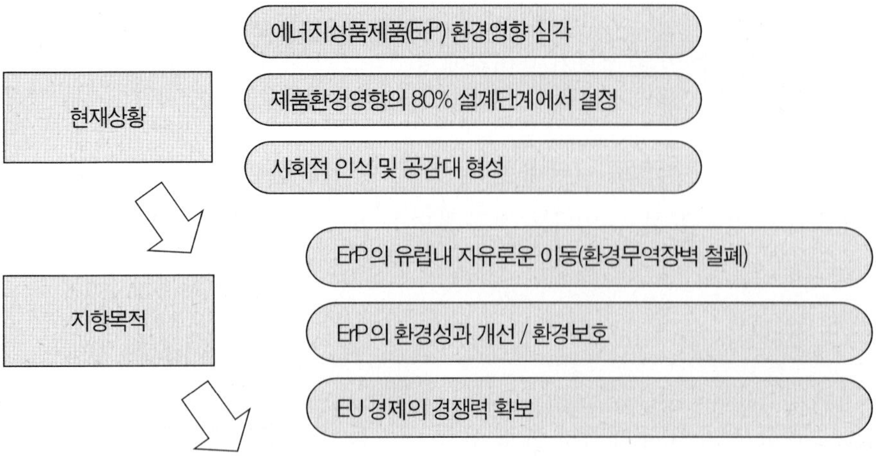

ErP 지침 대상 제품 및 현안 :
작동 시 에너지를 사용하는 모든 제품으로 유연하고 효과적인 지침의 적용을 위하여 특정한 제품으로 한정하지 않는다. 제품에 포함되는 부품이라 할지라도 시장에 독립적으로 판매되는 부품은 EuP에 해당하고 동일한 법적 적용을 받는다.
환경성 개선과 개선여부평가를 위한 실행방법이 없으면 생산자에 대한 의무도 없다. 따라서 현재 실행조치(implemINting measures) 보완에 중점을 두고 있다.

[그림 4-2] ErP 지침의 개요

IPP의 개념은 제품의 전 주기에 걸친 환경영향감소와 자원효율성개선을 목표로 자원소모의 최소화, 환경오염 배출 및 영향의 최소화이며, ErP 지침 설정의 원칙으로는 규제방법으로서 과학적 지식과 현실경험을 근거로 규제를 만들어야 하며, 즉각적인 의무조건 생성보다는 구체적인 규제로 활용이 가능한 개괄적 지침(framework directive)으로 제안된 형태이어야 하며, 에코디자인 요건설정을 위한 일반적인 원칙과 기준이 제시되어야 한다.

생산자 자체 규제는 자발적 협약이 가진 단점에도 불구하고 산업계의 자발적 노력을 통한 효과적인 정책방향이 제시되어야 하며, EU의 기존정책과 일관성을 유지하고 중복 또는 서로 갈등을 야기하는 지침이 되지 않도록 가급적 기존규제의 내용을 포괄해야 한다. 주로 WEEE, RoHS, 기후변화협약, 에코-라벨, IPPC(Integrated Pollution Prevention and Control), EMAS 등은 반영하도록 하고 있다.

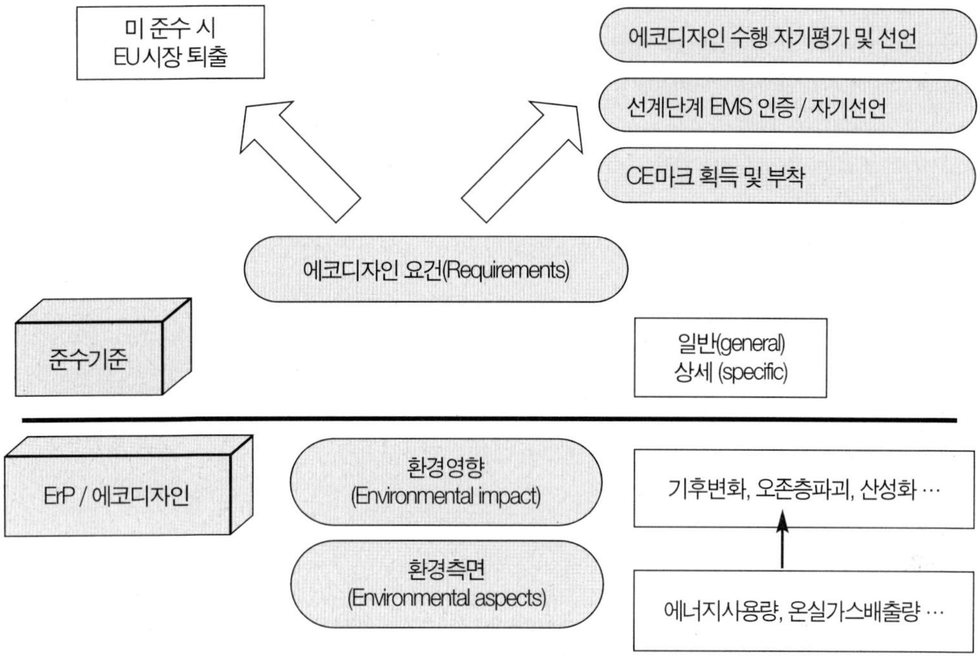

[그림 4-3] ErP 지침의 주요내용

국내 기업의 대응방안으로는 ErP 지침동향을 적극적으로 주시하면서 에코디자인 요건 등 구체적인 실행 안을 주시하여야 할 것이다. 또한 환경을 고려한 제품의 에코디자인 및 환경성과 정보체계를 구축해야 할 것인데, 이는 EMS를 제품개발단계로 확장하고 환경성 향상체제를 구축하고, 제품개발의 환경정책, 환경목표, 지표수립 및 표준화에 대한 공학적 표준화, 제품의 전 과정 환경 프로파일 정보의 수집을 통한 전 과정평가 체계의 구축과 부품 및 부품 공급사의 환경성 정보수집의 체계 또한 구축해야 할 것이다.

특히 예상되는 우선적용 대상품목은, 보일러, 급수히터(water heaters), PC 및 컴퓨터 모니터(최대 16개월), 복사기, 팩스, 프린터, 스캐너, 복합기기, TV, 대기상태(standby-mode) 및 꺼짐 상태(off-mode) 손실, 충전기 및 외부전원공급 장치, 사무조명, 가로등, 주거용 에어컨, 모터, 상업용 냉장고 및 냉동고, 가정용 냉장고 및 냉동고, 가정용 식기세척기 및 세탁기 등이다.

[표 4-5] ErP 준수 요구사항 I : 에코디자인 자기선언

1. 생산자는 ErP 요구사항의 준수여부 평가를 가능하게 하는 기술적인 문서(technical documentation)를 관리하고 있어야 한다. 기술문서는 특별히 다음의 사항을 구체적으로 기술하고 있어야 한다. • ErP와 사용목적의 일반적인 설명 • 생산자가 설계대안을 선정할 때 활용했던 제품의 환경영향평가 결과 • 제품의 환경프로파일 • 제품의 환경설계측면과 관련된 제품 설계명세서(시방서) • 지침 실행조치의 요건 준수하여 설계에 반영된 목록과 준수하지 못한 경우 목록과 내용 • 재활용 방법을 기술한 지시서 사본 2. 적용이 가능한 실행지침의 에코디자인 요건 별 에코디자인 측정결과 전 과정 환경영향 평가가 의무사항은 아니지만 대표 ErP 모델에 대한 환경프로파일을 작성하기 위해서는 전 과정영향평가에 버금가는 정보관리가 필요하다. 3. 자기 선언 시 포함되어야 할 문서 • 환경영향평가 단계 기술: 원재료획득/생산/포장/수송/설치/유지/사용/사용 후 단계 • 환경평가측면 (예상치): 물질사용/에너지/자원사용(물 등) / 대기, 수계, 폐기물 배출량 / 소음, 진동, 방사, 전자기파 방출량 / 재사용, 재활용, 열회수 가능성 • 구체적 항목 (예상치): 무게, 부피 / 재활용원자재사용 / 전 과정 에너지사용량 / 위해물질 함유 / 사용 및 유지보수단계 소비 자원량 / 재활용 및 재사용 용이성 (부품수, 공용부품수, 분해시간, 재활용마크 표시 부품수, 유해물질 접근 용이성 등) / 재사용부품 포함 / 부품 및 제품의 재활용 저해 기술을 사용하지 않은 정도 / 수명연장 (제품내구연수, 모듈화, 업그레이드용이성, 수리용이성) / 폐기물발생량 / 대기배출물 (온난화가스, 산성화가스, VOCs, 오존층파괴가스, 중금속 등) / 수계배출물 (중금속 등) / 토양배출물 (사용단계 유해물질 유출) • 생산공정과 관련된 지시서 / 제품의 중요한 환경특징 정보 / 사용자 지시서 / 재활용 지시서

2007년 3월부터 EU에 수출하는 각종 에너지사용 제품은 ErP 지침의 이행규정을 준수하여 제품의 시판 전에 에코디자인 자기선언을 하고([표 4-5], EMS를 구축하며([표 4-6]), 유럽통합인증(CE Mark)을 부착해야 하는 것으로 요약된다([표 4-7]).

[표 4-6] ErP 준수 요구사항 II : EMS 구축단계

생산자는 실행조치에서 요건을 고려하여 전반적인 제품의 환경성과가 개선되었음을 보일 수 있어야 하고 제품설계단계에서 제품환경성과 목표를 설정하고 검토하기 위한 목표, 성과지표 등의 틀을 가지고 있어야 한다. 1. 생산자의 정책조항: 제품의 환경프로파일을 생성하고 개선할 수 있도록 문서화된 절차와 지시로 체계적으로 구성되어야 한다. • 제품의 중요한 환경측면과 특성에 대한 기술 (description) • 환경성과목표, 지표, 조직구조, 책임과 역할, 에코디자인 실행과 유지를 위한 자원할당에 대한 기술 • 생산 후 제품의 환경성과를 확인할 수 있는 체크와 검증에 대한 기술 • 필요한 문서를 관리하는 절차와 관리에 대한 보증 • 환경경영시스템의 실행과 효과성을 보증하기 위한 방법 2. 계획: 생산자는 다음의 사항을 설정하고 유지해야 한다.

- 환경프로파일의 생성을 위한 절차
- 제품 환경성과 `목표, 지표: 기술적, 경제적 요구사항을 반영한 다양한 설계대안을 고려할 수 있는 목표와 표
- 제품 환경성과를 달성하기 위한 프로그램

3. 실행: 제품의 환경성과 보증과 보고의 책임과 권한
- 제품설계 시 활용되는 체계적인 측정지표와 설계관리 및 보증 절차에 대한 문서
- 에코디자인 요건의 측정결과를 기술하고 있는 문서
- 정해진 실행조치를 완전히 충족하지 못했을 경우 준수를 보증할 수 있는 구체적인 기준 (생산자가 따로 설정한 기준, 타당성과 충족성 여부)
- 요구되는 모든 문서를 관리할 수 있는 절차와 환경경영시스템의 핵심요소를 기술하고 있는 정보의 유지

4. 체크와 수정/보완 활동
- 생산자는 보완활동을 통해 변경된 (문서화된) 절차를 검토하고 유지해야 한다.
- 생산자는 적어도 3년에 1회 내부 환경경영시스템 감사를 수행해야 한다.

ErP에서 정의하는 에너지사용 제품은 제품의 작동을 위해 에너지원(전기, 화석연료, 재생연료)이 사용되는 제품으로 상기 에너지를 만들거나, 변환 또는 측정하는 제품, 시장에 단독으로 출시되어 거래되는 에너지사용 제품에 합체되는 부품으로 단독으로 환경성평가가 가능한 것 의미 하며, 에너지사용 제품의 목적은 제품설계 및 개발단계에서 환경측면을 접목시키기 위한 기본틀(framework)을 마련하여 에너지사용 제품이 시장에서 자유롭게 이동되는 것을 보장하는 것이다.

[표 4-7] ErP 준수 요구사항 III : CE마크 부착

1. CE마크를 전 제품에 부착해야 한다.
2. CE규격
- EU시장의 기술적 장벽 철폐와 지역 내 상품의 자유로운 이동 보장을 위한 건강, 안전, 환경, 소비자 보호 등에 관한 통일규격
- 20여개 EU Directives에 따른 총 19개 적용대상 공시: 완구, 단순 압력용기, 가스 기기, 기계류, EMC, 통신단말기, 비자동저울, 개인보호장비, 이식용 의료기기, 온수보일러, 건축자재, 저전압기기, 의료장비, 일반안전제품, 위성지상기기, 민수용 폭약, 방폭기기
3. CE규격 적합성 평가
- 자체 생산관리 및 자기선언, 형식검사, 단위검정, 종합품질보증 등 적합성평가 모듈의 조합에 따라 CE마크 부착과 검증이 달라짐

국제산업 환경동향을 살펴보면, 에너지 사용제품에 환경친화적인 디자인을 반영하도록 하는 에코디자인 준수지침을 2005년 2월에 승인하면서, 제품의 디자인 및 설계단계에서부터 제품의 사용 후 재활용에 이르기까지 환경친화적인 제품이 되도록 하는 것이 주요 목적이다.

ErP 지침의 적용대상은 특정산업이나 제품군이 아닌 제품의 기능을 수행하기위해 에너지를 사용하는 전 제품에 해당되며, 소비자에게 개별적으로 판매되는 부품도 해당되어 전 산업군에 영향을 미치기 때문에, 기업들은 제품개발 시 제품에 대한 전 과정사고(life cycle thinking)로 접근해야 한다.

이를 위해 제품 전 과정에 대한 환경평가 즉, LCA를 수행하여 그 결과를 제품개발 시에 반영해야 하므로, 기업뿐만 아니라 공급망에 속한 협력업체에서의 환경평가도 함께 고려해야 한다.

ErP 지침에 대한 내용은 온라인상으로도 용이하게 찾아볼 수 있으나, 구체적인 지침의 주요 내용을 요약하면 다음과 같다.

지침 1조: 문제 및 범위

- ErP 지침의 목적: 본 지침은 제품설계단계에서 환경측면을 공통적으로 고려함으로써 (환경에 의한 EU 회원국가간 장벽을 없앰으로 해서) 에너지사용제품(ErP)이 EU 시장에서 자유로운 이동이 보장될 수 있도록 하는 제도의 틀(framework)을 제공하는 것. ErP와 관련된 명확한 정의와 실행조치(implementing measure)를 제공(또는 향후 방향을 제공)하는 것
- ErP의 범위: 육상, 해상, 항공으로 이동되는 사람이나 제품을 수송하는 방법은 적용범위가 아님

지침 2조: 용어정의

- ErP(Energy-related Product) : 제품의 작동을 위하여 에너지(전기, 화석, 재생)를 필요로 하는 모든 제품으로 이러한 에너지를 생성, 전송, 측정하기 위하여 필요한 제품으로 ErP에 포함된 부품으로 독립적으로 시장에 출시되어 소비자에 판매되는 부품
- 컴포넌트(component and sub-assemblies) : ErP의 부속품으로 독립적으로 시장에 출시

되어 소비자에 판매되지 않는 조립품 (독자적으로는 환경성과를 평가할 수 없는 부속품)

- 이행척도(implementing measures) : ErP 또는 환경측면에 대한 지침의 목적을 달성하기 위하여 필요로 하는 에코디자인 요구사항을 제시한 지침을 준수하기 위하여 채택된 척도(measures)
- 시장출시(placing on the market) : 판매나 사용을 목적으로 유럽지역 내에서 처음 내 놓아지는 것 (유상/무상 모두 포함)
- 제조자(manufacturer) : 등록상표나 정해진 용도에 따라 지침이 적용되는 ErP의 준수 여부를 가진 자 (법인과 자연인 모두 포함)
- 권한대행자(authorized representative) : EU 지역에서 생산자를 대신하여 지침의 준수여부를 입증할 수 있는 자로 EU의 기관으로부터 지정될 수 있음 (법인과 자연인 모두 포함)
- 재료(materials) : 신규 재료, 중간제품, 부속품
- 제품설계(product design) : 제품에 요구되는 법적, 기술적, 안전적, 기능적, 시장 등의 요구를 ErP에 기술적으로 구체화하는 일련의 프로세스
- 환경측면(environmental aspect) : ErP가 자연환경과 상호작용을 할 수 있는 기능이나 요소
- 환경영향(environmental impact) : ErP에 의하여 부분적 또는 전체적으로 환경의 부정적인 변화를 가져오는 것
- 전 과정(life cycle) : ErP의 설계부터 최종 폐기단계까지의 상호 관련된 모든 단계
- 사용종료(end of life) : ErP가 사용된 이후 시점 (중고사용이 있을 경우 이전단계까지)
- 재사용(re-use) : ErP나 컴포넌트가 사용된 이후 동일한 목적으로 다시 사용되는 것 (또는 약간의 보완을 거쳐 재사용되는 것 포함)
- 재활용(recycling) : (에너지 회수를 제외한) 제품이 가진 원래의 목적대로 또는 다른 목적으로 사용하기 위하여 폐물질을 가공하는 것
- 회수(recovery) : Annex II B가 제안한 응용 공정 (매립을 제외한 재활용과 에너지 회수를 포함한 모든 사용 후 제품의 회수)
- 폐기물(waste) : Annex I에서 제안된 범주에 속한 대상 (폐기되었거나 폐기되어야 하는 대상)

• 생태프로파일(ecological profile) : ErP 지침의 실행조치에 제안된 구체적인 항목에 따라 ErP가 환경에 영향을 미칠 수 있는 구체적이고 물리적으로 정량화된 결과에 대한 기술(description)
• 환경성과(environmental performance) : ErP의 환경측면에 대한 생산자의 관리결과 나타난 환경프로파일의 변화
• 환경성과개선(improvement of the environmental performance) : (환경측면의 일부분이라도) ErP의 환경성과의 향상을 위한 과정
• 에코디자인(eco-design) : 제품 전 과정에서 ErP의 환경성과를 개선하기 위한 목적으로 제품설계 단계에 환경측면을 반영하는 체계적인 통합
• 에코디자인 요구사항(eco-design requirement) : ErP, ErP의 설계, 또는 ErP의 환경측면의 정보제공에 대한 요구사항
• 일반 에코디자인 요구사항(generic eco-design requirement) : 특정한 환경측면에 국한되지 않고 환경프로파일 전반적으로 해당하는 에코디자인 요구사항
• 특정 에코디자인 요구사항(specific eco-design requirement) : 특정한 환경측면(예: 에너지소비)에 대하여 정량화하고 측정가능한 수준의 에코디자인 요구사항
• 조화표준(harmonized standard) : 기존의 EU의 지침을 준수하기 위하여 필요로 하는 일련의 절차와 일관성을 가지도록 채택된 세부사항

지침 3조: 시장출시

• EU 회원국국은 ErP 지침의 모든 실행조치를 주수한 제품과 서비스만이 시장에 출시될 수 있도록 보장할 수 있는 적절한 방법을 시행해야 한다.

지침 4조: 표시와 준수선언

• ErP를 출시하기 전에 생산자나 권한대리인은 ErP가 적용 가능한 실행조치를 모두 만족시킨다는 보증하고 선언하면서 CE 마크를 부착하거나 준수선언을 공표해야 한다.
• CE 마크는 Annex III에서 지정된 이니셜로 구성된다.
• 준수선언은 Annex IV에서 명기된 항목을 포함하고 있어야 한다.

• 준수마크 부착에 있어 CE마크를 혼동되게 하거나 소비자로 하여금 의미를 오해하게 만드는 마크는 금지된다.
• 마크표기나 준수보고 시 EU가 정한 공식 언어로 제공해야 한다.

지침 5조: 자유무역

• EU 회원국은 에코디자인 요건을 만족하거나 4조에 준하는 제품표기와 적용 가능한 실행조치를 준수한 ErP의 시장진입을 방해하는 어떠한 장벽도 만들어서는 안 된다.
• ErP 회원국은 지침을 준수하지 않는 제품이 '지침을 준수하지 않았고 지침 준수를 하지 않는 한 시장진입을 하지 않은 것' 이라는 명백한 표기가 있는 경우 박람회, 전시회 등에 출품되는 것을 방해해서는 안 된다.

지침 6조: 시장진입의 제한

• 회원국의 준수확인 및 금지 조치 : EU 회원국은 ErP가 CE마크를 표시하였는지 정해진 실행조치를 준수하였는지의 여부를 조사하고 미준수가 계속될 경우 더 이상의 제품이 시장에 진입하는 것을 금지하고 시장에서 철수하도록 해야 한다.
• 회원국의 제한조치의 명시 : 회원국은 제한조치를 취한 경우 명백한 사유에 근거한 결과를 정확히 명시해야 한다.
• 회원국의 제한조치의 공표 : 회원국은 제한조치가 있는 경우 EU 위원회와 다른 회원국에 제한조치, 제한조치의 이유를 즉시 알려야 한다.
• EU 위원회의 점검 : EU 위원회는 회원국의 제한조치가 있을 경우 즉시 독립적인 외부 전문가의 조언을 기반으로 제한조치의 타당성을 검증하여 결과를 즉각 회원국에 알려야 한다.
• 타 제도와의 갈등조정 : 6조 1항의 제한조치가 타 제도와 갈등을 빚을 경우 EU 위원회는 9조 2,3,4항과 같은 일관성 유지 방안을 즉각 가동해야 한다.
• 지침을 준수하지 못한 제품이 CE표기를 했을 경우 회원국은 생산자에 대하여 적절한 조치를 위하고 EU 위원회와 다른 회원국에 즉각 알려야 한다.
• 회원국과 EU 위원회는 제한/시정조치가 취해지는 동안 모든 공개되는 정보의 타당성을

보증할 수 있는 필요한 방법을 취해야 한다.

- 회원국이 취한 제한조치는 반드시 공표되어야 하고 EU 위원회의 의견과 결정은 EU 공식 저널에 게재되어야 한다.

지침 7조: 준수여부 평가

- ErP가 시장에 진입하기 전에 생산자는 적용가능한 모든 실행조치에 대하여 ErP가 준수하였는지를 평가해야 한다.
- 어떻게 준수여부를 평가할 것인가에 대한 절차는 지침의 실행조치에서 구체적으로 명기되어야 한다. 준수여부 평가는 내부 제품설계관리(Annex IV)방법과 EMS(Annex V) 중 생산자가 선택할 수 있도록 해야 한다.
- ErP가 시장에 진입한 후 생산자 또는 권한대리인은 준수여부 평가 문서를 회원국의 사후검증에 대비하여 10년간 보관해야 한다.
- 생산자가 EU 지역 내에 있지 않거나 권한대리인을 지정하지 않은 경우 준수여부에 대한 책임은 제품을 EU 시장에 도입한 사람이 져야 한다.
- 준수여부 평가 문서나 선언은 EU 공식 언어로 작성되어야 한다.

지침 8조: 준수인정

- CE 마크를 표기한 ErP는 적용 가능한 실행조치를 준수했다고 인정해야 한다.
- EU 공식저널에 공표된 기준을 충족하거나 ErP 지침과 일관된 기준을 충족한 ErP는 적용 가능한 실행조치를 준수했다고 인정해야 한다.
- EC의 다른 에코라벨이 본 지침이 정한 기준과 같을 경우 이 에코라벨을 획득한 ErP는 적용 가능한 실행조치를 준수했다고 인정해야 한다.

지침 9조: 일관된 기준

- 회원국은 국가별로 일관된 기준을 준비하고 모니터링 되는지를 검증해야 한다.
- 회원국 또는 EU 위원회가 일관된 기준 정도를 검토할 때 완전히 만족스럽지는 못하지만 (실행을 위한 어느 정도) 만족할 준비가 된 경우 준비위원회(standing committee)에 예상

되는 결과에 대하여 보고해야 한다.

준비위원회는 가장 중요한 순위로 이 문제를 다루어야 한다.

• 준비위원회의 의견을 반영하여 EU 위원회는 일관된 기준에 대한 어느 수준에서 공표할 것인지를 결정해야 한다.
• EU 위원회는 관련된 유럽표준화기구(European Standardisation body)에 알리고 필요하면 일관된 기준의 개정 여부를 판단하고 시작해야 한다.

지침 10조: 부품요건

• 회원국은 ErP 생산자의 요청에 따라 ErP에 사용되는 부품생산자가 ErP의 환경 프로파일을 생성할 때 필요한 모든 정보를 제공하는지 보증해야 한다. 특별한 경우 실행조치는 생산자에게 물질조성, 에너지소비, 부품의 재질, 가능할 경우 환경평가 등을 요구할 수 있고 부품의 사용과 사용 후 단계와 관련된 조사보고서를 요구할 수도 있다

지침 11조: 관리협조 및 정보교환

• 회원국은 지침실행의 책임기구를 지정해야 한다.
• EU 위원회와 회원국 간 정보교환을 원활하게 하기 위한 명세와 구조는 정해진 법령과 일관되게 결정되어야 한다.

지침 12조: 실행조치

• EU 위원회는 다음의 기준을 적용하여 실행조치를 채택할 수 있다
  - ErP의 대상선정과 관련된 기준

    ErP 선정에는 무역과 판매량을 고려해야 한다.

    ErP 선정에는 환경영향이 큰 제품을 고려해야 한다.

    ErP 선정에는 과도한 비용 없이 환경성과를 향상시킬 수 있는 제품을 고려해야 한다.

    ErP 선정에는 EU가 정한 환경우선순위가 고려되어야 한다.
  - 측정과 관련된 기준

    제품의 전 과정이 고려되어야 한다.

(환경과 관련하여) 사용 시 제품성과가 심각한 영향을 받아서는 안 된다.
(환경과 관련하여) 건강과 안전에 부정적인 영향을 받아서는 안 된다.
(환경과 관련하여) 전과정비용이나 소비자비용이 심각한 영향을 받아서는 안 된다.
(환경과 관련하여) EU 지역 내 또는 지역 외 생산자의 경쟁력에 심각한 영향을 받아서는 안 된다.

- 실행조치는 Annex I과 일관된 일반 에코디자인 요건, Annex II와 일관된 상세 에코디자인 요건을 설정해야 한다. 상세 에코디자인 요건은 중요한 환경영향을 나타내는 선별된 환경측면을 반영해야 한다.
- 실행조치는 Annex VII에 기재된 항목을 포함해야 한다.

지침 13조: 기존 실행조치

- 기존에 이미 시행되고 있는 제품에 해당하는 조치가 ErP 지침의 실행조치에 반영되어야 한다.

지침 14조: 위원회

- EU 위원회는 회원국 대표로 구성되고 EU 위원회 대표가 좌장을 맡는 위원회의 지원을 받아야 한다.

지침 15조: 처벌조항

- 회원국은 ErP 지침을 위한 국가조항 위배할 경우 처벌조항을 설정해야 한다. 회원국은 EU 위원회에 준비된 국가조항은 정해진 기한 내에, 중요한 수정조항은 지체 없이 알려야 한다.

지침 18조: 국가시행령 전환

- 회원국은 늦어도 2005년 12월 31일까지 ErP 지침 채택하고 국가조항과 시행령을 공표해야 한다. 회원국은 2006년 7월 1일부터 국가조항을 발효해야 한다.
- 회원국은 EU 위원회와 국가법령의 조항의 내용에 대하여 의사소통해야 한다.

지침 19조: 발효

• 본 지침은 EU 의사록에 공표된 20일 후부터 유효하다. 그러나 무엇보다도 부속서의 주요 내용은 실용적이고 구체적으로 도움이 되기 때문에 다음과 같이 요약할 수 있다.

부속서I: 일반 에코디자인 요건

Part I. 일반 조항

• 환경영향평가 : 생산자는 정상적이고 현실적인 조건을 가정하여 제품의 전 과정에 걸친 환경영향을 평가해야 한다. 환경영향을 기반으로 생산자는 대표적인 ErP 모델의 환경프로파일을 작성해야 한다.
• 설계반영 : 생산자는 제품의 환경평가를 새로운 설계 대안을 평가하는데 이용해야 한다. 다양한 환경측면, 건강/안전/기술적요구사항 등 다양한 측면 간 합리적이고 균형 잡힌 비교를 통하여 구체적인 적합한 설계 솔루션을 찾아야 한다.

Par II. 에코디자인 파라미터

• 전 과정단계 : 위에서 언급한 환경평가는 다음의 단계를 포함해야 한다. 원재료획득/생산/포장/수송/설치/유지/사용/사용 후 단계
• 환경평가측면 (예상치) : 물질사용/에너지/자원사용(물 등)/대기, 수계, 폐기물 배출량/소음, 진동, 방사, 전자기파 방출량/재사용, 재활용, 열 회수 가능성
• 구체적 항목 (예상치) : 무게, 부피/재활용원자재사용/전 과정 에너지사용량/위해물질 함유/사용 및 유지보수단계 소비 자원량/재활용 및 재사용 용이성 (부품수, 공용부품수, 분해시간, 재활용마크 표시 부품수, 유해물질 접근용이성 등)/재사용부품 포함/부품 및 제품의 재활용 저해 기술을 사용하지 않은 정도/수명연장(제품내구연수, 모듈화, 업그레이드 용이성, 수리용이성)/폐기물발생량/대기배출물(온난화가스, 산성화가스, VOCs, 오존층파괴가스, 중금속 등)/수계배출물(중금속 등)/토양배출물(사용단계 유해물질 유출) 생산공정과 관련된 지시서/제품의 중요한 환경특징 정보/사용자 지시서/재활용 지시서

부속서II: 세부 에코디자인 요건

- 세부 에코디자인 요건은 제품의 특정한 환경측면의 개선을 목적으로 한다.
- 세부조항 1과 2는 ErP의 대표적인 모델을 선정하여 기술적, 경제적, 환경적 분석을 수행하도록 하고 있다.
- 세부 에코디자인 요건의 수준(level)은 EU의 에코라벨에서 정한 항목의 기준치를 반영할 수 있도록 되어 있다.

부속서III: CE마크 표시

- CE마크 도안

부속서IV: 내부 디자인통제(Internal Design Control)

- 생산자 또는 권한대리인이 ErP지침 준수를 보증할 수 있는 한 가지 방법을 설명한다. 생산자 또는 권한대리인은 개별 제품에 CE마크를 부착하거나 대표적인 1개 이상의 제품을 선정하여 지침 준수선언(declaration of conformity)을 해야 한다.
- 생산자는 ErP 요구사항의 준수여부 평가를 가능하게 하는 기술적인 문서(technical documentation)를 관리하고 있어야 한다. 기술문서는 특별히 다음의 사항을 구체적으로 기술하고 있어야 한다.
  - ErP와 사용목적의 일반적인 설명, 생산자가 설계 대안을 선정할 때 활용했던 제품의 환경영향평가 결과, 제품의 환경프로파일, 제품의 환경설계측면과 관련된 제품 설계 명세서(시방서), Article 9에서 언급된 적절한 문서 목록, 지침 실행조치의 요건 등을 준수하여 설계에 반영된 목록과 준수하지 못한 경우 목록과 내용, 재활용 방법을 기술한 지시서 사본, 적용 가능한 실행지침의 에코디자인 요건별 에코디자인 측정결과

부속IV: 환경경영시스템(EMS)

- EMS는 적용 가능한 실행조치의 준수에 필요한 환경경영시스템 요소와 절차이다.
- 환경제품성과정책 (the environmental product performance policy) : 생산자는 실행조치에서 요건을 고려하여 전반적인 제품의 환경성과가 개선되었음을 보일 수 있어야 하고 제

품설계단계에서 제품 환경성과 목표를 설정하고 검토하기 위한 목표, 성과지표 등의 틀을 가지고 있어야 한다.

① 생산자의 정책조항 : 제품의 환경프로파일을 생성하고 개선할 수 있도록 문서화된 절차와 지시로 체계적으로 구성되어야 한다. 제품의 중요한 환경측면과 특성에 대한 기술 (description), 환경성과 목표, 지표, 조직구조, 책임과 역할, 에코디자인 실행과 유지를 위한 자원할당에 대한 기술, 생산 후 제품의 환경성과를 확인할 수 있는 체크와 검증에 대한 기술, 필요한 문서를 관리하는 절차와 관리에 대한 보증, 환경경영시스템의 실행과 효과성을 보증하기 위한 방법, 환경제품성과정책(The environmental product performance policy)

② 계획 : 생산자는 다음의 사항을 설정하고 유지해야 한다.
환경프로파일의 생성을 위한 절차로 제품 환경성과 목표, 지표는 기술적, 경제적 요구사항을 반영한 다양한 설계 대안을 고려할 수 있는 목표와 표, 제품 환경성과를 달성하기 위한 프로그램

③ 실행 : 제품의 환경성과 보증과 보고의 책임과 권한으로 제품 설계시 활용되는 체계적인 측정지표와 설계관리 및 보증 절차에 대한 문서와 에코디자인 요건의 측정결과를 기술하고 있는 문서로 정해진 실행조치를 완전히 충족하지 못했을 경우 준수를 보증할 수 있는 구체적인 기준 (생산자가 따로 설정한 기준, 타당성과 충족성 여부) 요구되는 모든 문서를 관리할 수 있는 절차와 환경경영시스템의 핵심요소를 기술하고 있는 정보의 유지

④ 검토 및 수정 · 보완 활동 : 생산자는 보완활동을 통해 변경된 (문서화된) 절차를 검토하고 유지해야 한다. 생산자는 적어도 3년에 1회 내부 환경경영시스템 감사를 수행해야 한다.

부속VI: 지침준수선언

- EC의 준수선언은 다음의 항목을 반드시 포함하고 있어야 한다.
  - 생산자 또는 권한대리인의 이름과 주소, 모델제품의 명확한 정의와 기술, 준수의 대

상이 된 일관된 기준이 적용된 지침(또는 국가조항) 근거, 준수의 대상이 된 기타 기술적이고 구체적인 기준, CE마크가 적용된 타 유럽지역의 법규 준수 근거, 생산 자 또는 권한대리인 (대표)의 이름과 서명

부속VII: 실행조치의 내용

- 실행조치는 다음과 같이 구체화되어야 한다.
  - ErP에 대한 명확한 정의, 에코디자인 요건, 실행 시기, 단계 또는 잠정적 조치, 일반 에코디자인 요건의 경우: 적절한 파라미터, 상세 에코디자인 요건의 경우: 요건별 수준 (level), ErP의 설치에 관한 요건, 측정 표준 또는/그리고 측정방법, 지침준수 평가 상세안
  - CE적합성 평가 시 동일한 ErP에 서로 다른 적합성 평가모듈이 적용될 때의 적용 안에 대한 적절한 기준(criteria) 또는/그리고 제 3자 인증 생산자가 제공해야 하는 데이터의 목록/준수여부의 확인을 위한 데이터 목록, 회원국의 실행을 위한 일시적 유예기간

4-2. 녹색 공급망관리

녹색물류와 공급망 사슬가치의 구축과 관련해서 기업들은 환경부하가 상대적으로 적은 활동으로 바꾸고자 하는 사항이나 기술적인 면에서의 변화에 신경을 써왔다.

그러나 제품회수, 리사이클링, 사용자원 감량, 신소재개발, 자원의 재이용 등 자원 순환형 사회형성까지 새로운 패러다임으로 넓혀야 한다.

환경대응적인 면에서의 물류분야는 필수적이 아니었고 지금도 그러한 인식의 필요성을 인지 못하고 있는 실정이나 최근 전 세계적으로 이슈가 되고 있는 저탄소 녹색성장으로 한국뿐 아니라 세계적인 대응정책들이 속속들이 발표되고 진행해오고 있는 것이다.

[그림 4-4]는 녹색물류의 환경적인 대두배경을 요약한 것이며, [그림 4-5]는 녹색물류의 정의를 도식화한 것이다.

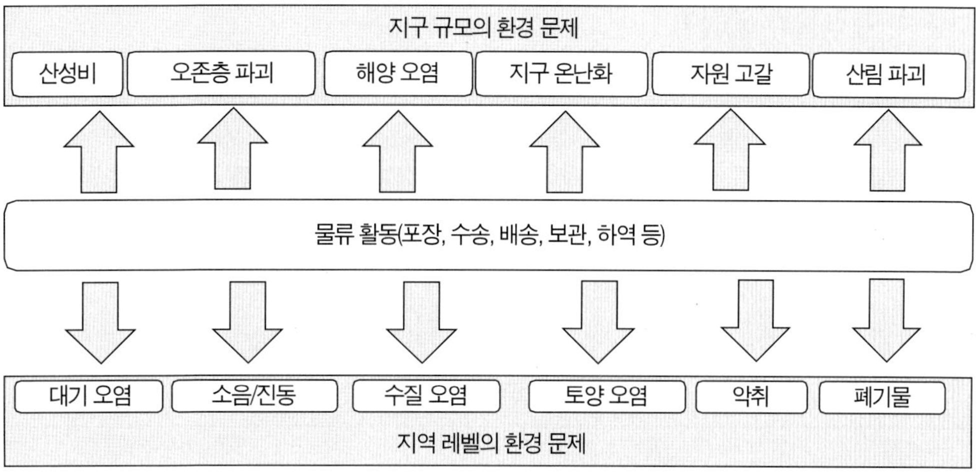

출처: 한국표준협회미디어(2011), 녹색물류

[그림 4-4] 녹색물류의 환경적인 대두배경

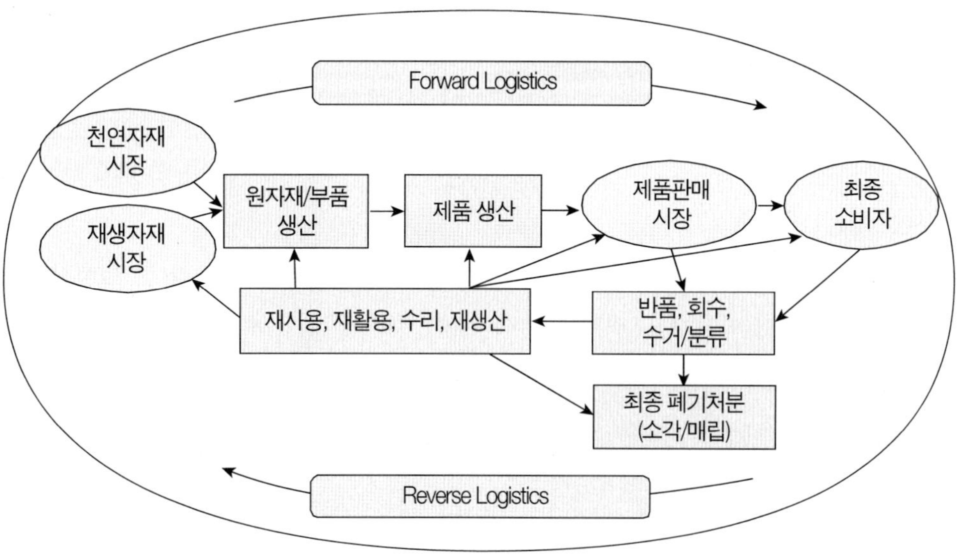

출처: 한국표준협회미디어(2011), 녹색물류

[그림 4-5] 녹색물류의 정의

4-2-1. 녹색물류 공급망

녹색 물류공급망의 추진방안으로는 친 환경 포장 및 물류기기개발, 복합물류거점 인프라 확보, 녹색물류 지원제도 강화, 복합운송확대 및 공동화 확대 등을 들 수 있는데, 이는 [표 4-8]과 같이 기업이 환경요소를 고려한 지속가능한 경영을 하기 위한 가장 기본적인 틀이 되고 있다.

[표 4-8] 녹색물류의 지속가능한 경영

구분	기존의 경영	지속가능경영
경영 목표	단기성과 중심	중기 및 장기성과
고객	단기고객중심	미래고객도 포함
접근 방법	경제성과 위주로 환경, 사회성과의 개별분리	경제성과바탕에 환경, 사회성과를 균형 있게 관리
커뮤니케이션	기업내부중심	기업외부로 확대
정 보 공 개	수동적	전략적
가치제고대상	기업내부자중심	현 세대와 미래세대, 생태계
위험 관리	재무위주	책임위주

출처: 녹색물류, 한국표준협회미디어, 2011

환경적인 요소와 경제적인 요소로의 물류정책 등은 이제 기업뿐 아니라 전 세계적으로 필수적이 되었고, 한국도 역시 2011년도에 녹색물류 인증제를 도입하고 녹색물류 파트너십을 수행하고 있다. 녹색물류 파트너십은 정부, 화주, 물류기업과 관련된 유관기관 등이 참여하는 협의체를 구성하고 유대관계를 지속하면서 녹색환경을 조성하기 위한 인센티브 제도라고 볼 수 있다.

또한 녹색물류 인증제는 물류기업으로 하여금 물류분야 이산화탄소 감축을 위한 구체적인 실천계획을 제출토록 하고 인센티브를 제공하고 있다. 특히 이를 위한 자원순환형 친환경 물류활동의 전반적인 시스템은 [그림 4-6]과 같고, 환경 친화적 물류공급망의 접근방법은 [그림 4-7]과 같이 표현될 수 있겠다.

그린 물류를 위한 노력의 예로 한국의 경우를 살펴보면 녹색물류 인증제도와 파트너십 제도를 비롯한 녹색물류정책은 기본적으로 환경부하 문제를 최소화하면서 기업의 이익을 담보하는 방향으로 추진되어야 하나, 몇 가지 고려해야 할 사항들이 있다.

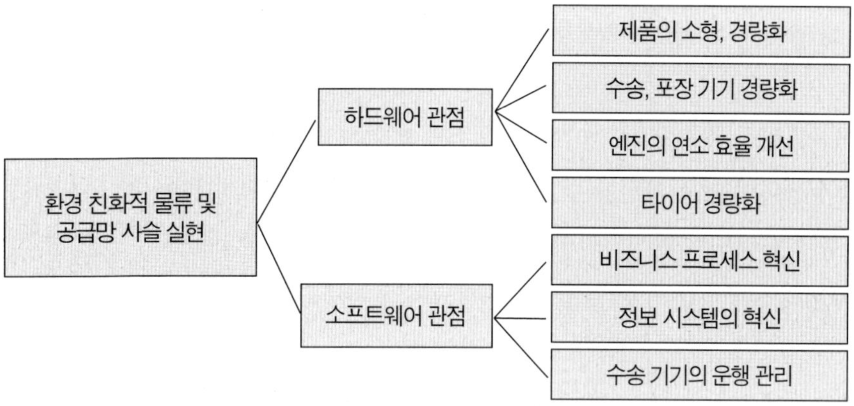

출처: 녹색공급사슬의 설계와 구축, 2011

[그림 4-6] 자원 순환형 시스템의 친환경 물류활동

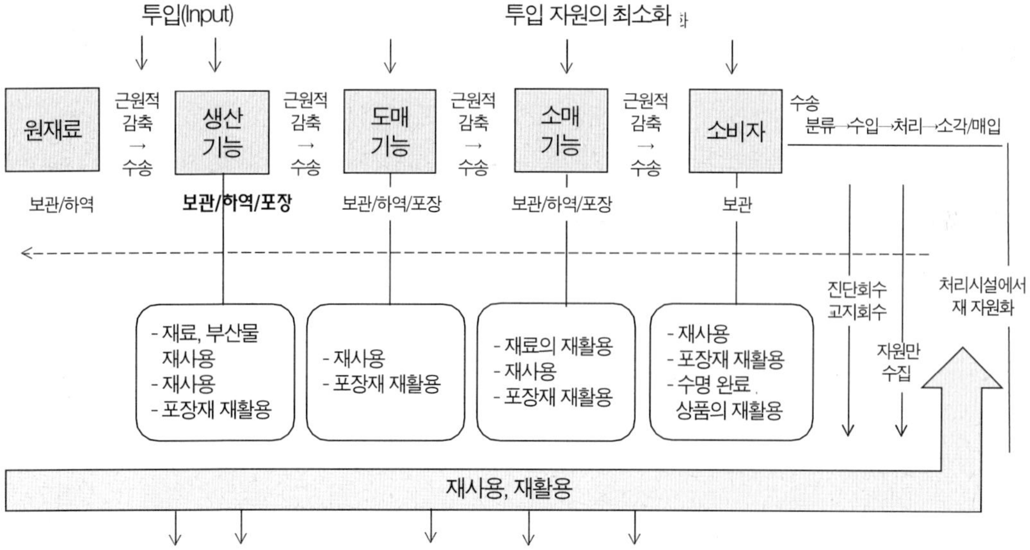

출처: 녹색공급사슬의 설계와 구축, 2011

[그림 4-7] 환경 친화적 물류공급망의 접근방법

녹색물류 인증 제도를 시행하기 이전에 녹색물류의 활동에 대한 실천자료, 실태보고서, 가이드라인을 발간하고 적극적으로 홍보해야 한다. 지속가능경영원의 지속가능보고서 자료에 의하면 2008년 기준으로 50개 기업 중에 오직 8개 기업만이 물류에 대한 언급을 하고 있다고 하며, 이 중에는 이산화탄소 배출량을 기록한 기업은 오로지 한 기업에 불과하다고 보고하고 있다.

이는 이산화탄소 배출량 등 환경부하 요소를 파악하고 활용하는 이해의 부족에서 나타나는 대표적인 현상이며 이를 확신할 수 있는 방법의 모색이 시급한 것이다.

녹색물류 인증제도는 환경친화성을 지향하는 측면은 유사하다고 볼 수 있지만 국제 인증인 ISO14000시리즈나 일본의 그린경영인증제도와의 차별화가 요구된다. 일본의 그린경영인증제도는 친환경시스템만을 인증대상으로 하는 ISO14000시리즈와는 달리 이산화탄소 배출량 산정결과가 인증기준이 되고 있으며, ISO14000시리즈가 인증기관의 기업지도를 허용하지 않고 있는 반면 일본 제도는 인증기관의 기업지도를 허용하고 있다.

일본의 그린경영인증제도는 물류기업과 중소기업을 그 대상으로 하기 때문에 한국의 인증제도의 모델이 되기에는 부족하다고 한다. 즉 환경개선 추진결과를 심사할 수 있는 방향의 모색도 필요한 것이다. 이산화탄소 배출량 산정시 차량들의 연료 사용량이 반영되는 정교한 산정방법도 필요하다.

이것은 배출량을 계산하는 방법에 따라 차이가 크게 나타나기 때문이다. 기업에서는 녹색물류에 대한 인식과 문화를 철저하게 준비해야 하며 녹색 제3자 물류활동에 대한 이해도 필요한 것으로 나타나고 있다. 마지막으로 녹색물류를 통해 기업의 이익모델을 창출해야 한다. 국내 기업의 녹색물류 및 공급망 가치사슬의 구축을 위한 사례를 몇 가지 예로 들어서 환경적으로 친화되는 물류산업의 성공사례는 다음과 같다.

① POSCO

한국의 POSCO는 이미 1994년도부터 환경방침에 대한 인식구조의 변화를 통해 지속가능한 시스템을 구축하고자 노력하였으며 그 결과 이산화탄소 감축의 혁신기술을 개발하기에 이르렀다. POSCO의 연도별 환경경영 목표추진변화 추이는 [그림 4-8]과 같고, 단계별 목표추진 변화 추이는 [그림 4-9]와 같다.

출처: 포스코 홈페이지

[그림 4-8] POSCO의 연도별 환경경영 목표추진변화

출처: 포스코 홈페이지

[그림 4-9] POSCO의 단계별 환경경영 목표추진변화

POSCO는 풍력발전, 광양제철소의 소수력발전, 생활쓰레기와 하수 슬러지 연료화, 패들리스트 연료화 등으로 신재생 에너지를 활용하는데 많은 기여를 하고 있다([그림 4-10]).

연료전지

- 포스코파워, 연료전지 생산공장 1단계 준공 (2008. 9 연산 50MW)
- 차세대 고체산화물 연료전지(SOFC) 연구개발 중 (~2012, 180kW급)

태양광 발전

- 포항 광양 제철소 태양광발전설비 준공 (2008. 6 각 1급 MW)

풍력발전

- 포스코건설, 횡성 평창지역 풍력발전 설비 준공 (2008. 11. 40MW)
- 전남지역 옥상 해상 풍력발전설비 추진 (~2015, 800MW급)

소수력발전

- 광양제철소 원수 유입관로 소수력발전기 설치 (2007. 4. 600MW)

생활쓰레기, 하수슬러지 연료화

- 포스코건설, 수원시 하수슬러지 대상 연료화설비 준공 예정 (2009. 12. 450톤/일)

패들리스트 연료화

- 제철공정용 실증사업 정보 국책과제 수행 중 (2008. 8~2010. 5. 150톤/일)

출처: 포스코 홈페이지

[그림 4-10] POSCO의 신재생 에너지 활용현황

포스코 파워의 연료전지, 포항 및 광양 제철소의 태양광발전, 포스코 건설과의 지역적인 협력아래 많은 에코활동을 보이고 있으며, 이로 인해 조업용 취수량과 조업용 방류량의 급격한 감소를 보여주고 있다. 화학물질 배출현황은 2000년에 들어서면서 눈에 띄게 감소하는 추세를 보이고 있다.

② 삼성전자

삼성전자의 녹색경영 비전은 생명외경 사상을 바탕으로 사람과 자연을 존중하는 기업 활동을 통하여 인류의 풍요로운 삶과 지구환경 보존에 이바지하려는 이념과 친환경 혁신활동을 통한 새로운 가치창출의 비전과 지구를 최우선으로 하는 경영활동을 통해 기업의 사회적 책임 및 지속가능경영을 추구한다는 슬로건을 내세우고 있다.

특히 친환경제품출시와 환경마크 획득, 협력사지원과 지역 환경보호를 위한 그린파트너십,

신재생 에너지와 LED, 배터리 등의 녹색성장 신사업, 온실가스 감축과 에너지효율 향상을 위한 저탄소 사업장을 바탕으로 온실가스 50% 감축과 친환경제품 출시를 과정으로 환경, 에너지, 바이오 의료 신사업의 확대를 목표로 에코-혁신을 그 비전으로 하고 있다.

기후변화 대응전략 또한 구체적으로 계획을 세우고 있고, 이로 말미암아 온실가스 배출량이 2000년대 중반에 비해 급격히 감소하고 있는 추세이다. 제품과 포장재 및 자원의 재이용과 폐제품의 재활용 등의 폐기물도 적절하게 관리하고 있다.

③ 현대자동차

현대자동차는 환경경영을 위한 5대 핵심 추진전략인 자원순환체제구축, 기후변화대응, 대기오염물질저감, 유해물질저감 및 환경경영제체구축을 바탕으로 먼저 재활용을 고려한 자동차 설계 프로세스를 개발하고 폐기물 발생량의 감소와 폐기물 재활용량의 증가와 더불어 유해물질 사용량의 감축도 눈에 띄게 나타내고 있다.

계열사인 현대 글로비스도 오염물질 배출 최소화, 자원 및 에너지의 효율적 활용, 환경법규의 준수의 슬로건으로 경영, 기획, 실행 및 운영, 점검의 환경경영 시스템을 구축하고 있다.

4-2-2. 공급망 환경관리 기법 및 사례

환경관리에 적용할 수 있는 공급망 사슬가치의 기법에는 구매기업과 공급업체의 협력관계 개선, 친환경구매 및 제품정보공개, 환경기준 및 관리시스템 수립, 공급업체 평가 및 인증제도 도입, 공급업체에 대한 지원방안 수립과 공급망 내에서의 서비스 전략수립 등이 있다.

공급망 내 협력관계개선을 위해 미국의 많은 기업들은 환경개선을 위해 사용하는 기법을 공급업체와 공유하고, 친환경적 설계 및 제조에 관련된 공동 연구를 수행하며, 사용이 끝난 제품과 포장재의 회수 및 재활용에 대한 개선 방법을 공급업체와 함께 모색하고 있다.

또한, 기존의 수요와 공급관계로부터 화학물질, 세척제, 실험 및 사무용품 등의 재고관리를 공급업체에 위탁하여, 원료 및 부품의 사용과 관리에 대한 서비스를 함께 구매하는 새로운 관계를 모색하는 기업의 수가 증가하고 있다.

공급업체가 구매기업에 원료 또는 제품의 사용과 관련된 서비스를 제공할 경우 공정개선 및 친환경적 제품설계에 대한 다양한 시각의 의견이 제시될 수 있다. 이와 같은 강점을 인식한 미국의 많은 기업들이 공급업체와 환경개선을 위해 사용되는 기법을 공유하며, 공동 연구와 프로젝트를 수행하고 있다.

[표 4-9] 기업의 공급망 관계 개선사례

기 업 명	개 선 사 례
Andersen Corporation	공급업체와 협력하여 오염방지를 위한 환경 제품 제조
Applied Materials	구리사용과 관련된 폐수처리를 위해 공급업체와 closed-loop 시스템을 개발하여 용수 재활용에 사용
Ben & Jerry' s	공급업체와 협력하여 염소를 사용하지 않는 포장재 개발
Bristol-Myers Squibb	제조공정에서 methylene chloride를 사용하지 않기 위해 이집트, 베네수엘라, 그리스의 공급업체와 협력
Collins & Aikman	원료의 성분조성 변경을 통해 카펫에 포함된 휘발성 유기화합물을 저감하도록 공급업체와 협력
Eli Lilly and Company	공급업체가 납이 포함된 촉매제의 대체원료를 개발지원
Levi Strauss & Company	35개 수처리시스템을 건설 또는 개선하여 처리수를 재사용하고 처리수는 인접지역으로 물 공급 등에 사용
Maytag	포장재 감소를 위해 공급업체와 협력
Nike	생태학적으로 신뢰할 수 있는 제품을 생산하는 기업을 공급업체로 선정하고 폐기물로부터 약 2,300톤의 고무폐기물을 수거하여 공급업체가 재활용하도록 협조
Patagonia	유기적으로 면을 재배하여 환경부하를 최소화하기 위해 공급업체와 협력
Roche Vitamins	공급업체와 협력하여 포장재를 친환경적으로 재설계
Royal Crest Dairy	포장재의 재활용에 협력하는 기업을 공급업체로 선정
SC Johnson Wax	휘발성 유기화합물과 포장재 저감을 위해 협력
Xerox Corporation	공급업체와 사무기기 부품과 제품의 성능을 향상시켜 사용이 끝난 부품 및 제품에 재제조기법을 적용
Ashland Speciality Supply Co.	제품의 성분조건 변경, 제품공급, 폐기물처리 및 화학물질 관리에 대해서 구매기업과 협력
NACHI Technology	구매기업을 위해 포장재 저감하고 폐기물을 통한 경제적 이득을 제품의 가격인하를 통해 구매기업과 공유

출처: 지속가능산업발전, 2012

또한 공급업체는 구매기업에 제공하는 원료 및 부품에 대한 전문적 지식을 보유하고 있기 때문에 사용 및 관리 측면에서 효율성 극대화와 폐기물 최소화를 추진하는데 용이하다. 현재

화학물질, 세척제, 실험 및 사무용품 등의 재고관리를 공급업체에 의뢰하여 원료 및 부품의 사용과 관리에 대한 서비스를 함께 구매하는 방식을 선택한 기업의 수가 증가하는 추세이다.

환경관리 공급망은 우선적으로 공급업체와의 협력적 관계개선이 있어야 한다. 기업과 공급업체의 관계개선 범위는 친환경적 설계 및 제조에 관련된 프로젝트 공동수행, 전 과정에서 환경부하가 적은 대체원료, 제품, 기기, 공정 개발을 위한 공동연구 수행, 환경개선을 위해 사용되는 기법 공유, 공급업체에 의한 화학물질, 세척제, 실험실 및 사무용품 등의 재고관리, 사용이 끝난 물품 및 포장재의 회수, 재활용에서의 개선 방법 모색, 공급업체로부터 원료 및 부품의 사용과 관리에 대한 서비스 구매가 있어야 한다는 것이다.

특히 환경 및 효율성 개선을 통한 이득으로는 원료 및 부품에 대한 전문적 지식을 보유한 공급업체가 사용 및 관리 측면에서의 효율성과 폐기물 저감 극대화에 기여하고 공동참여를 통해 친환경적인 제품 및 공정설계 시 다양한 시각의 의견수렴이 가능하며, 상호협력을 통한 공급업체와 구매기업간의 관계 개선이 있을 수 있다.

이러한 환경관리를 위한 공급망의 성공은 협력관계 개선을 위해 고려해야 할 사항을 조화롭게 이루어 나가는 것이다. 공급업체의 참여를 위한 기업의 사전준비로는 공급업체가 참여하여 해결할 수 있는 개선사항에 대해 조사, 제품 및 공정의 개선에 대한 브레인스토밍을 위한 다기능(cross-functional) 팀의 구성이 가능하며, 설계, 제조, 구매, 폐기물 처리, 사무실 및 인력과 관련된 사항을 고려대상에 포함해야 한다.

기업의 제품뿐만 아니라 공급업체의 부품 또는 제품에 대한 전 과정 영향평가와 기업의 환경방침, 목표, 경영체제 등에 부합하지 않는 공급업체의 활동을 평가할 수 있는 시스템의 구축이 필요한 것이다. 기업의 공급망 관계 개선사례를 들면 [표 4-9]와 같다.

개선기회에 대한 실행순위부여 및 실행계획의 결정은 환경적 및 경제적으로 투자대비 높은 가치를 내는 부문에 우선 순위부여 하고, 폐기물 발생량을 기준으로 제품이나 공정개선을 고려해야 하며, 화학물질 재고관리, Just-in-Time 관리, 재사용 가능한 포장, 공정개선, 대체용제 사용, 에너지사용 저감 등과 같이 담당직원이 단독으로 실행할 수 없는 부문을 우선적으로 고려해야 한다. 제품의 품질과 관련 서비스에 노하우를 가지고 있으며, 환경사안에 적극적이거나, 장기간의 거래관계를 가진 1~2개의 공급업체와 협력을 우선적으로 추진해야 한다.

공급업체의 선정기준으로는 환경목표를 달성하기 위해 제품공급 이외의 부가 서비스를 제공하는 공급업체를 선정하고, 협력에 대한 계약관계를 수립 시 고려사항으로는 협력을 통한 이득이 상호간 공평하게 배분되는지의 여부와 공급업체의 부가적인 서비스나 참여에 대한 지불 여부와 협약의 법적인 효력부여 여부인 것이다.

일반적으로 기업은 원료 또는 부품 구매를 통해 공급업체에 대해 영향력을 행사다. 미국 내 많은 기업이 자사의 구매방침을 환경개선을 통한 기업의 이미지 제고와 부가가치 창출에 이용하고 있다.

기업은 공급업체가 조달하는 제품의 환경부하를 저감하기 위해 부품 및 원료에 대한 구매기준을 규정함으로써, 공급업체가 청정생산 공정 도입 및 청정원료의 사용, 환경을 고려한 설계, 에너지와 용수사용의 저감, 폐기물 발생 최소화, 독성을 가진 제품 또는 유해물질 배출의 저감 등에 노력을 기울이도록 유도할 수 있다.

현재 미국 내 주요기업의 자체적인 환경 친화적 구매방침은 공급업체가 제출해야 할 제품정보기준을 포함하고 있으며, 구매계약에 환경개선을 위한 기법의 공유, 친환경적 제품의 개발, 사용이 끝난 제품의 회수 및 재활용 공정의 개선, 원료의 사용 및 재고관리의 전문 서비스 업체 위탁 등 새로운 협력관계를 포함하는 추세이다.

환경친화적인 구매와 제품정보 공개요청 시에는 구매방침의 적용범위, 제품에 사용되는 특정물질, 원료 또는 제품의 제조공정, 공급업체의 제품 전 과정, 공급업체의 영업전반에 대해 고려해야 한다. 이에 따른 공급업체에 대한 요구사항은 청정생산 공정 도입 및 청정원료의 사용, 환경을 고려한 설계, 에너지와 용수 사용의 저감, 폐기물 발생 최소화, 제품의 독성 또는 유해물질 배출의 저감에 대한 자료일 것이다.

환경 친화적 구매와 제품정보 공개를 위한 고려사항은 구매방침 및 기준의 개발 여부로 기존업계 방침 및 기준적용여부와 공급업체의 특성을 반영한 자체기준 개발이며, 구매방침 및 기준의 적용범위는 공정, 제품, 공정을 포함한 공급업체의 사업 전 분야와 구매 대상제품에 대한 기준설정과 더불어 특정 유해물질이나 해당물질이 포함된 제품의 구매중지, 구매 결정시 전 과정의 환경적부하를 고려해서 공공기관 및 정부의 에코-라벨 기준을 제시하고, 전 세계적인 제품인증제도를 도입하는 것이다.

공급업체에 대한 평가시스템을 구성하기 위해 공급업체의 업무와 역량을 파악하고 평가를 통한 혜택부여와 대부분의 경우 구매기업이 요구하는 환경기준에 대한 대비가 없으므로 명확하고 지속적인 구매 관련 정보를 제공하고 확정된 요구사항에 대해 공급업체에 교육과 지원을 제공해야 한다. 소비자에 대한 교육 또한 제품의 환경정보를 이용한 소비자의 인식수준을 향상시킬 수 있을 것이다. 기업의 환경친화적 구매 및 제품정보 공개사례는 [표 4-10]과 같다.

[표 4-10] 기업의 환경친화적 구매 및 제품정보 공개사례

기 업 명	협 력 사 항
Bristol-Myers Squibb	구매담당자를 대상으로 구매원료/제품의 환경비용관련 교육
Commonwealth of Messachusetts	공급업체가 환경 친화적 제품을 공급하도록 요구
Hewlett Packard	환경적으로 신뢰할 수 있는 제품을 공급하도록 공급업체에 요구
Home Depot	인증된 목재로 제조된 제품의 시장형성을 위해 협력
Nike	노령림 또는 새로 조성된 삼림의 목재원료의 구매금지 및 에너지 효율을 고려한 사무용품 구매
Patagonia	유기적으로 재배된 면을 공급하도록 섬유공급업체에 요구
The Gap, McDonalds and Kinkos	인중된 원료를 사용하도록 공급업체에 요구
Herman Miller	Conference를 개최하여 직원과 모든 공급업체를 대상으로 환경구매방침에 대한 교육실시
Eli Lilly and Co.	슬러지에 포함된 납을 제거하기 위해 원료에서 납의 사용금지를 포함하여 구매기준을 변경
Fetzmer Vineyards'	유기적으로 재배된 포도구매에 대한 기준을 공급업체에 제시

출처: 지속가능산업발전, 2012

일반적으로 기업은 제품생산에 사용되는 원료 또는 부품의 환경적 위험요소를 고려하여 공급업체에 대한 구매방침에 환경요구사항을 포함하고 있다. 그러나 제품에 사용되는 원료 또는 부품의 종류가 다양해지고 기업의 자체적인 환경관리가 비능률적으로 진행됨에 따라, 공급업체가 자발적으로 환경기준을 준수하기 위한 환경관리체계의 도입을 요구하는 추세이다.

현재 미국 내 주요 기업은 공급업체에 대한 환경기준을 개발하기 위해 공급업체의 환경사안에 대한 비전, 기업 내 환경측면을 고려하는 주체, 환경관련 규제의 준수여부, 구매기업의 내부 환경기준에 대한 이해수준, 환경친화적 제품설계여부, 원료 및 에너지의 효율적 사용, 재활용과 오염방지를 위한 방안 등에 대한 설문조사를 실시하고 있다. 이러한 설문조사의 결과를 토대로 기업은 공급업체에 대한 환경기준과 적용범위를 설정하고, 공급업체 지원방안 및 환경

기준 미준수 업체에 대한 조치방안을 수립하고 있다.

[표 4-11]에 나타난 바와 같이 공급업체에 대한 환경기준 및 관리시스템 구축은 활발하게 이루어지고 있는데, 공급업체에 대한 기업의 일반적 요구사항은 일반적으로 공급업체가 자사의 내부 환경기준과 같은 수준의 목표를 달성하도록 요구하고 있고, 공급업체의 환경경영체제의 도입과 타 업계의 환경관련 표준인증획득 등을 필요로 하고 있다.

환경관련 기준 적용현황은 정부가 운영하는 에코-라벨 인증에서 국제인증 기준까지 다양한 기준을 고려하고 구매방침 내 ISO14001 인증획득을 기본 조건으로 포함하는 기업의 수가 증가추세이며 미국 내 일부 정부기관은 구매계약 업체에 ISO14001 인증 의무화 추진을 고려하고 있다.

대부분의 기업은 공급업체의 선정과 원료 및 부품에 대한 구매결정시 판단의 근거가 되는 자료를 수집하기 위한 평가를 실시한다. 공급업체에 대한 평가기준 개발 시 고려해야 할 사항으로는 평가대상 공급업체의 범위에서부터 공급업체가 준수해야 할 기준의 범위, 기존의 업계 평가방법 및 절차, 평가의 빈도 및 환경기준 미준수 업체에 대한 방침 등이 있다.

[표 4-11] 공급업체에 대한 환경기준 및 관리시스템 수립사례

기 업 명	협 력 사 항
Bristol-Myers Squibb	ISO14001 인증을 획득하고 환경경영체제를 도입하도록 주요 공급업체에 요구
Ericsson	공급업체의 환경경영체제 수립 시 의무사항을 설명한 안내책자 "Supplier Environmental Requirements-A Life Cycle Approach" 발간
GM, Ford, Toyota	환경경영체제 도입 또는 ISO14001 인증을 획득하도록 요구
Johnson Controls	Ford가 요구하는 2차 Vendor의 IOS14001 인증획득 달성
Nokia	공급업체를 위한 환경지침 발간
Green Zia Environmental Excellence Program	New Mexico주에 위치한 기업이 지속적인 환경개선을 통해 환경측면의 우수성을 달성하도록 지원하는 프로그램으로 Malcolm Baldridge Quality Model을 기초로한 Environmental Baldridge Award의 개발 및 시행

출처: 지속가능산업발전, 2012

미국 내 주요기업은 공급업체에 대해 설문조사서 작성 및 자체 감사자료 제출을 요구하며, 조달된 원료 및 부품을 검사하고, 공급업체에 대한 현장심사를 실시한다.

또한 대상기업의 제품에 대한 Eco-label 인증프로그램을 도입하거나 ISO14000 및 14001 기준에 의거한 감사를 실시하고 있다.

공급업체에 대한 평가와 인증은 주로 공급업체에 의해 작성된 설문조사서 검토, 공급업체의 제출자료 검토, 공급업체로부터 조달된 제품에 대한 검사, 공급업체에 대한 현장심사, Eco-label 인증 프로그램 도입, ISO14000과 14001 기준을 기초로 한 감사, 자사와 관련된 공급업체의 영업활동 조사 및 허가 등이 있다.

각 공급업체에 대한 평가의 범위를 결정하기 위해서 전략적으로 대처하는 공급업체, 특정 원료나 부품에 대한 독점 공급업체 특징과 자사활동과의 관련범위에 따라 평가여부와 시기를 결정해야 한다. 평가 및 인증빈도는 일회성 초기 평가, 연차 평가, 필요시 위험요소를 기초로 한 평가, 매 평가시 새로운 또는 개선된 제품 생산공정의 포함 여부 등을 고려해야 한다.

공급업체의 환경기준 미준수 공급업체에 대한 고려사항으로는 환경 요구사항 준수를 위한 지원제공, 평가팀의 권고사항 제공 및 조정방안 개발 및 새로운 공급업체 또는 구매계약업체의 발굴하는 방법을 고려해야 한다. 공급업체에 대한 평가 및 인증제도 도입사례는 [표 4-12]와 같다.

[표 4-12] 공급업체에 대한 평가 및 인증제도 도입사례

기 업 명	협 력 사 항
Advanced MicroDevices	위험요소를 기초로 한 검사방법을 채택하고 공급업체를 위험 요소를 기준으로 구분하며 구매계약의 우선순위 부여
Anderson Corp.	공급업체의 EHS 활동을 평가
Ashland Speciality Chemical	각 공급업체에 대해 별도의 감사방법을 사용하고 승인된 공급업체에 대한 DB관리
Bristol-Myers Squibb	주기적으로 주요 공급업체의 환경성과를 조사하고 공급업체에 대한 조사에서 설문조사, 관련자료 조사, 외부 공개된 정보수집 및 현장방문 등 다양한 방법을 사용
Compaq Computers	공급업체 예비선정을 위한 5가지 기준에 환경성과를 포함
Daimler Chrisler	공급업체를 평가하고 구매결정 시 그 결과를 사용
Hewlett-Packard	유사한 유형으로 공급업체를 평가하는 타 전자제조업체와 협력하여 공급업체의 평가와 관련된 중복된 작업을 최소화하기 위해 환경평가와 공급업체이행에 대한 공통 설문조사 양식개발
Intel Corp.	계약업체의 직원파견 시 안전교육의 이수여부의 증명을 요구
Nokia	공급업체에 대한설문조사서 개발 - 환경사안에 대응하기 위한 공정관리상황 조사, small-scale의 환경감사와 같은 기능을 수행, Nokia가 사용하는 부품에 초점
Chemical Corp.	자사의 EHS기준을 공급업체가 같은 수준에서 준수하도록 요구
Quantum Corp.	타 전자제조업체와 협력하여 공급업체의 제품에서 금지된 환경규제물질의 DB구축

출처: 지속가능산업발전, 2012

4-3. 제품과 공정의 그린디자인

그린디자인(green design)은 생태디자인(ecological design) 혹은 친환경디자인(environmentally conscious design) 등으로 표현될 수 있으며, 지구환경을 위한 다양한 산업디자인의 신동향중 하나로서 대두되고 있는 것이다.

생태계 보호와 자연에 대한 경각심은 디자인 전반에 걸쳐 하나의 커다란 조류를 형성하였는데 그린디자인이라는 신조어와 그에 따른 새로운 경향들이 나타나 현대사회 디자인의 한 흐름을 주도해 나가고 있다.

즉 그동안 자연생태계에 악영향을 끼친 산업화의 부산물인 제품이 자연생태계에 더 이상 피해를 주지 않으면서 자연의 순화과정에 순응할 수 있도록 설계하는 것이다.

이는 재활용을 위한 디자인, 재사용을 위한 디자인, 제품수명연장을 위한 디자인, 다품종 소량 주문생산에 의한 디자인, 생산성 중심의 디자인, 분해를 위한 디자인, 소재의 순수성을 높이는 디자인 등 다양하게 구분할 수 있을 것이다. 일반적으로 제조공정에 있어서 환경분석을 통한 그린디자인의 개념은 [그림 4-11]과 같다.

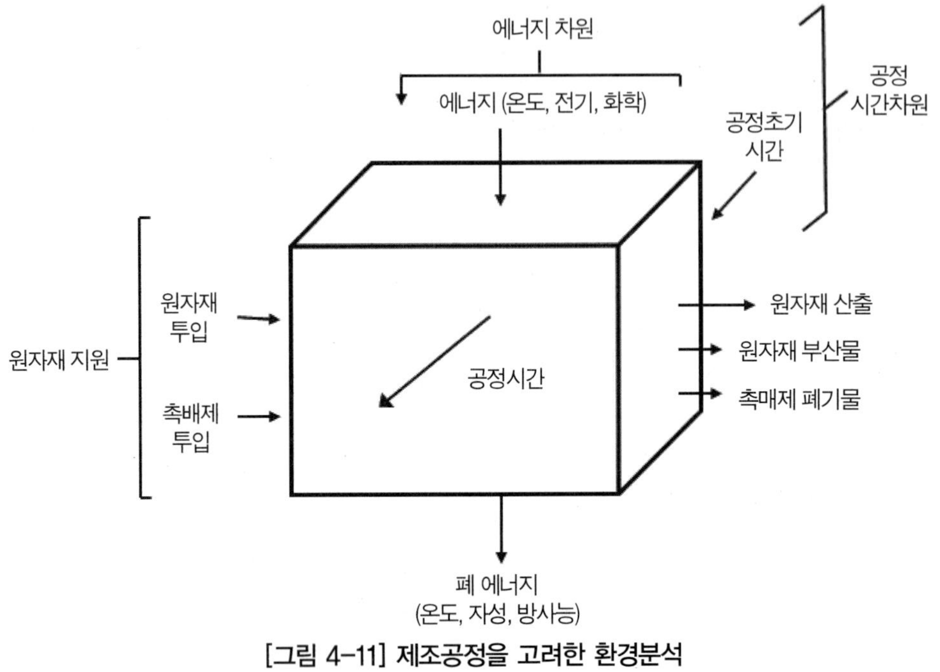

[그림 4-11] 제조공정을 고려한 환경분석

현대사회의 커져 가는 쓰레기 산, 과포화 상태의 저장소, 죽어 가는 숲과 강 등 우리 산업화의 간과할 수 없는 성과 덕분에 생태학적인 관점에 대중과 매체의 관심이 모아졌다.

예를 들어 최근 수년간 소비자들은 지속적으로 상품의 질, 특히 포장과 쓰레기 문제에 민감해져갔으며 여기에서 제품에 대한 사회의 정신적, 경제적 인식이 반영되게 되었다.

자연과 환경을 중요시하는 생활양식과 그의 조정은 기업철학에서 그리고 그 결과 변화된 제품문화에서도 나타난다. 디자인은 그 때마다 그 시대에 맞게 수행해야 할 임무가 있다. 환경에 해를 끼치지 않는 제품을 구체화할 기회는 이제껏 종종 산업의 단기적인 이익을 생각하는데서 좌초되어 왔다. [그림 4-12]와 같이, 그린디자인의 일반적 공정모형의 구성은 경제적 및 환경적 요소를 고려해야 하는 것이다.

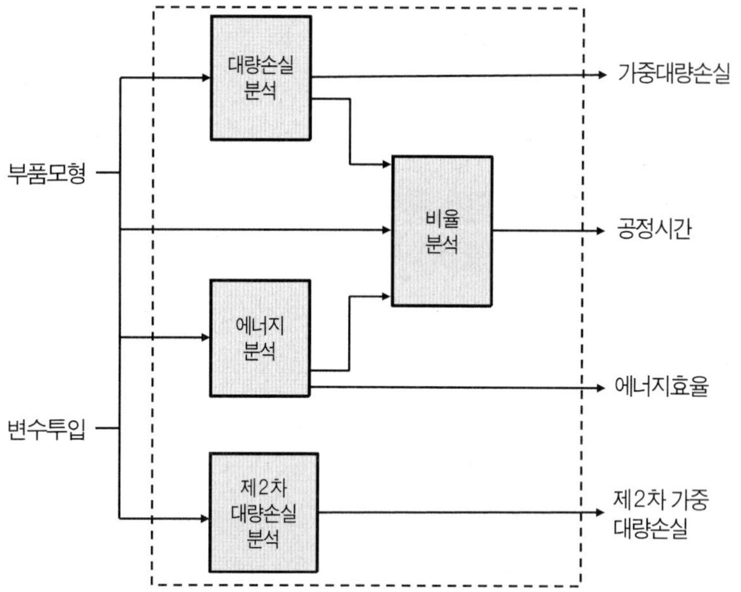

[그림 4-12] 공정모형의 구성

여기에 영향을 미친 것은 기계에의 필요한 투자, 단면적인 연구개발의 수행, 공급자와의 결합, 익숙해진 판매궤도 등 요인으로 볼 수 있다. 생태계에 대한 인식이 높아지면서 사고방식이 변화되고 있다.

제품의 생산자들은 점점 심해지는 경쟁 속에서 시간을 점유하기 위해서는 엘리트 상품개념과 미려한 외관보다는 상품분석에 신경을 써야 한다는 사실을 오래 전부터 인식하고 있다. 생태학적으로 책임질 수 있는 상품의 진보적인 디자인만이 미래를 위한 디자인이다.

재료선택에 있어서는 환경에 해가 되지 않는 재료가 전혀 없다고 할지라도 한 제품을 완성하는데 필요한 재료들을 선택하는 것은 중요한 해결의 열쇠를 쥐고 있다. 재료의 독특한 성질들은 제품이 환경에 적합한 지에 중대한 영향을 미친다. 제품의 생산 또는 사용과정에서 환경에 해로운 재료는 피하고 재생할 수 있는 재료를 사용한다.

여러 물질들로 형성된 제품이 분해될 수 있을 때 사용된 물질들의 재순환이 용이해 진다. 제품의 마지막 단계는 계획 당시에 고려되어져야 한다. 또한 제품을 형성할 때에는 성분이 다른 물질들을 몇 가지만 그 종류를 제안하여 사용하도록 한다. 그렇게 함으로써 나중에 제품을 분해할 때 용이해 지며 용적을 축소시킬 수 있다.

제품들에도 여러 번 사용하는 아이디어를 응용할 수 있다. 부분적으로만 소모부품이 있는 경우, 소모부품만 교체하여 제품의 생명을 연장시킬 수 있다는 것이다. 또한 제품을 보호하고 전시 및 광고효과를 내는 겉포장의 경우 제품자체의 재료를 충격을 받거나 긁혀도 괜찮은 재료로 제작한다면 더 이상의 포장은 필요 없게 된다.

따라서 환경과 디자인의 문제 해결책으로는 생산자 및 제작자의 환경보호 인식, 생태학과 경제학에서의 신개발, 구체적이며 실천적인 정부의 조치, 재생 가능한 원료나 재료사용, 포장의 절제 및 재활용, 전 국민의 환경보호의식 생활화 등을 들 수 있을 것이다. 이는 기업차원에서의 환경부하를 기반으로 친 환경적 제품과 공정의 설계를 수행할 때의 의사결정 사항들이며, 이들은 [그림 4-13]과 같이 요약할 수 있다.

환경에 적합한 디자인은 기술혁신처럼 요구된 후 현실화되어야 하며 또한 기업들의 헌신적인 노력에 환경친화적 제품들을 탄생시킬 수 있다. 하나의 기술에 대해 원료의 채취부터 제품의 가공, 나아가 유통, 사용을 통해 최종적으로 처리, 처분에 이르기까지 일련의 흐름에 대해 종합평가를 실시하는 것이다.

예를 들면 사용할 때 에너지효율을 높이기 위해 냉장고에 단열재를 사용하면 이로 인해 이를 제조하거나 처리할 때 에너지 소비나 오염물질을 많이 배출하게 된다. 이와 같은 것은 일반적으로 모든 제품에 대해서 발생할 수 있기에 이를 방지하기 위해서는 제품의 탄생부터 소멸까지 전 생애에 걸쳐 종합적으로 평가하여야 한다는 움직임이며 현재 세계적인 흐름이다.

오늘날의 모든 디자인 영역들은 그 대상물이 유형적인 것이든 무형적인 것이든, 제품이든 시스템이든, 생태학적으로 건강하고 유기적 전체에 통합되는 인공 환경의 구축을 궁극의 목표로 해야 하며, 그것은 결국 유기론적 견해에 기초하여 자연환경, 인간, 구축환경의 전일성을 인식하는 것과, 인간과 환경간의 올바른 관계를 설정하는 것에서 출발해야 한다. 만일 우리가 생태학적 사고와 삶의 방식으로 전환하지 못하고, 소비와 생산의 가장 기초적인방식을 바꾸지 않는다면 우리에게 미래란 존재하지 않을 것이다.

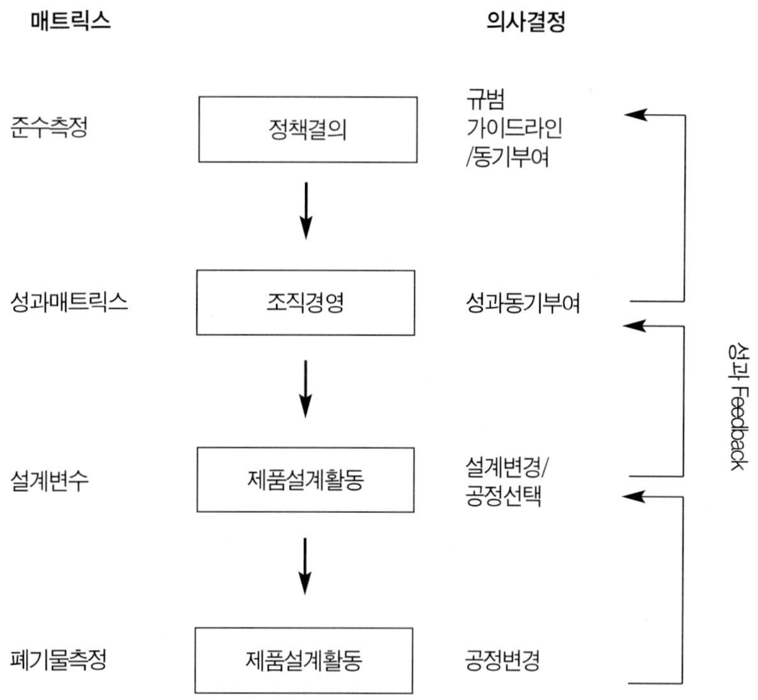

[그림 4-13] 환경부하기반측정과 의사결정

생태적 문제를 더 이상 유보할 수도 없고, 인간환경의 문제를 접근하는 방식에 있어서도 양자택일의 기로에 서있는 셈이다. 생태환경의 균형은 지구상의 모든 인간들의 삶에 가장 기초적인 토대를 제공한다. 이는 생태적 균형 없이는 삶도 문화도 존재할 수 없고 모든 환경과 인간의 주제에 관한 논의자체가 무의미해지기 때문이다. 디자인은 도구, 제품, 건축, 도시 등 모든 인공물들을 발전시키는데 초점을 맞추고 있고, 이러한 모든 활동은 생태계에 매우 직접적이고 심대한 영향을 미친다.

따라서 생태계에 대한 디자인의 태도는 자연과의 공생과 상생이라는 측면에서 적극적으로 통일되어야 하며, 그와 더불어 디자인이 문화적 필요성과 생태성 사이에 적절한 다리를 놓아 주어야 한다고 주장하는 이도 있다. 이렇듯 최종 소비자에게 환경적 부하부담을 감소해주는 기업의 환경실행이 시급한 것이다. 기업 내의 환경실행 상호작용은 [그림 4-14]와 같다.

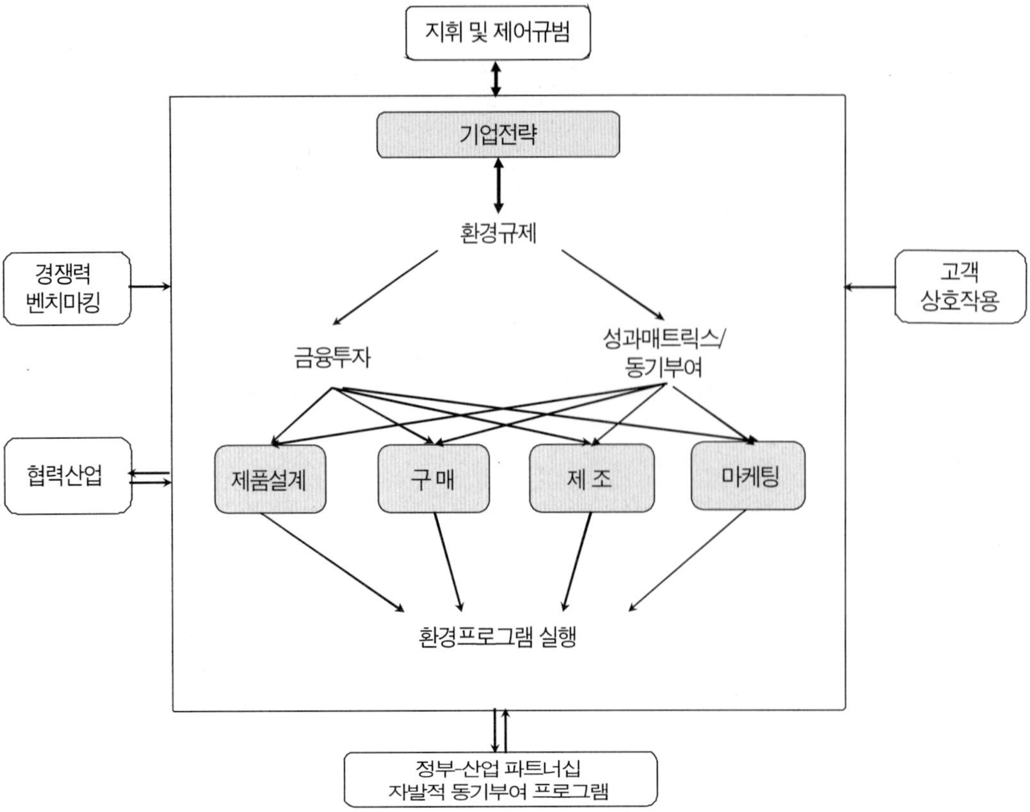

[그림 4-14] 기업 내의 환경실행 상호작용

어떤 세분된 디자인 영역에서 일하든지 간에, 모든 디자이너들은 자신의 작업을 21세기의 새로운 환경사상 위에서 진행해야 할 사명을 가지고 있는 것이다. 그리고 그중 상당수의 디자이너는 생태학적 디자인 전문가가 될 필요가 있다. 21세기에는 그러한 디자인 인력에 대한 사회적 수요가 크게 증대할 것이기 때문이다.

따라서 모든 디자인 교육, 디자인 개발, 디자인 정책도 반드시 생태적 과정, 방법, 수단, 나아가 생태학적 평가를 전제해야 한다. 특히 디자인교육은 과학적방법과 더불어 생물학이나 인류학, 문화 지리학, 행동 심리학 등의 분야에 대한 연구가 포함되어야 하며, 인간 사회의 생태와 철학, 윤리학 등이 디자인 훈련에 기초 학문이 되어야 한다.

환경 친화란 주변의 계와 그에 속해 있는 주체가 상호관계 속에서 긍정적인 결과를 도출하는 방향으로 화합됨을 뜻한다. 그것은 환경과 인간 활동 간의 조화를 모색함으로써 지속성을 보장하고, 지속적인 발전을 유도하는 공간조직과 생활양식을 실현한다는 의미를 내포하고 있다.

환경친화적 디자인의 개념은 보전과 창조의 통합 개념으로 도구, 제품, 건축, 도시 등을 디자인함에 있어서 지속가능한 설계(sustainable design)가 되도록 하는 것을 의미한다.

지속가능한 개발이란 인간 문명이 자연계의 구성요소라는 인식 하에, 인류사회가 지속가능하려면 자연이 먼저 보존되고 지속되어야 한다는 이념에서 비롯되었다. 지속가능한 설계의 개념에서는, 미래의 기술은 생물 지역적 패턴과 규모 내에서 기능해야 한다는 것을 주장하고 있다. 즉 생물학적 다양성과 환경적 통합성을 유지하고 대기, 물, 토양의 건강에 기여하며, 인간의 이용에 의한 영향을 감소시키도록 히는 것을 의미한다.

따라서 환경친화적 디자인은 생태학 디자인, 그린 디자인 등의 개념과 맥락을 같이 하면서, 자연의 속성과 인간의 본성에 닿은 자연친화적이며 인간친화적인 디자인을 포괄한다. 그리고 그것은 자연에 새로운 질서를 부여하기보다는 자연 과의 평형을 중시함으로써, 자연의 순환원리를 디자인에 적용하고 자연의 물성을 통해 인간에게 쾌적하고 자연에 합일되는 환경을 제공하는 활동으로 정의될 수 있다.

4-4. 청정생산

산업혁명 이후 기업이 환경오염의 주범이라는 사실은 이미 인지된 바 있고, 그러한 오명을 벗기 위해 산업계에서는 환경적 지속가능성과 경제적 수익성을 추구하는 환경경영시스템의 도입과 그 정착에 노력해야 한다. 그것은 기업의 존재가 바로 사회적 책임을 지고 사화발전과 인간건강을 위한 존재임을 인식해야 하기 때문이다.

우선적으로 고려해야 할 사항은 바로 폐수처리 및 폐기물 공정 등은 근본적으로 환경오염의 해결방안이 될 수 없다는 것이다. 산업의 산출물을 생산하는 전 과정에서 청정기술의 개발과 노력이 먼저 선행되어야 한다는 것이다.

오염물처리의 접근 방법에 있어 다음과 같은 고려해야 할 문제점이 시사된 바 있다. 첫째, 한 매체에서의 사후처리 기술은 다른 매체로의 오염물 전달 위험성이 있고, 그것은 동등한 양의 심각한 환경문제의 원인이 될 수 있는 제2차 간접 오염원이 될 수 있다는 지적이다.

둘째, 환경 재해의 치료만큼 비용이 들지 않더라도 사후처리 저감 설비의 가동은 생산공정 및 제품비용에 상당한 영향을 주게 된다. 마지막 문제의 지적은, 오염처리 기술의 규제법규 필요성이 제기되기 때문에 비효율적인 규제구조로 이르게 된다는 것이다.

이러한 방법들은 실질적인 오염제거라기 보다는 오염의 다른 매체전이에 불과할 수 있을 뿐만 아니라, 환경오염 기중의 강화와 함께 비용증대의 부담이 증가되어 실질적 오염물질의 감소로 될 수 없다는 것이다.

따라서 지속가능한 기업의 발전은 당사자의 오염방지 및 청정기술의 근원에서 오염물질이나 폐기물의 창출을 감소 혹은 제거하는 물질이나 그러한 친환경적인 공정의 사용과 실행에 노력해야 한다. 즉, 오염발생이 적으며 재이용 율이 높은 생산공정과 제품설계에 우선적으로 순위를 두며, 발생하는 폐기물은 발생지에서 처음부터 처리해주는 등 근본적인 청정오염 방지 기술의 개발에 역점을 두어야 한다.

이는 자연의 소비를 줄이고 오염을 방지하면서 지속가능한 개발을 추구하도록 유도하는 것이며, 경제성장과 환경의 질을 동시에 강화하려 한다면, 청정기술과 환경친화적인 산업기반구축에 기업들은 그 목표를 두어야 한다.

4-4-1. 청정생산기술

청정생산기술(cleaner production technology)은 지속가능발전을 위해 오염물질 발생을 근원에서부터 감소시키거나 방지하는 기술로 원료가 자연에서 추출되어 제품으로 생산되고 제품으로 활용된 뒤 폐기물로 폐기되어 일부는 재이용되고 일부는 자연으로 되돌아 갈 때까지 전 과정에서 자연환경에 부담을 최소화하는 모든 기술을 포함한다고 정의하고 있다.

UNEP에 따르면 'Cleaner Production'을 'The continuous application of an integrated preventive environmental strategy applied to processes, products, and services to increase overall efficiency and reduce risks to humans and the environment'로 정의한다. 이러한 청정기술은 제품의 전 과정에서의 경영단계에 따르가 되는데, 이는 [그림 4-15]와 같이 나타낼 수 있다.

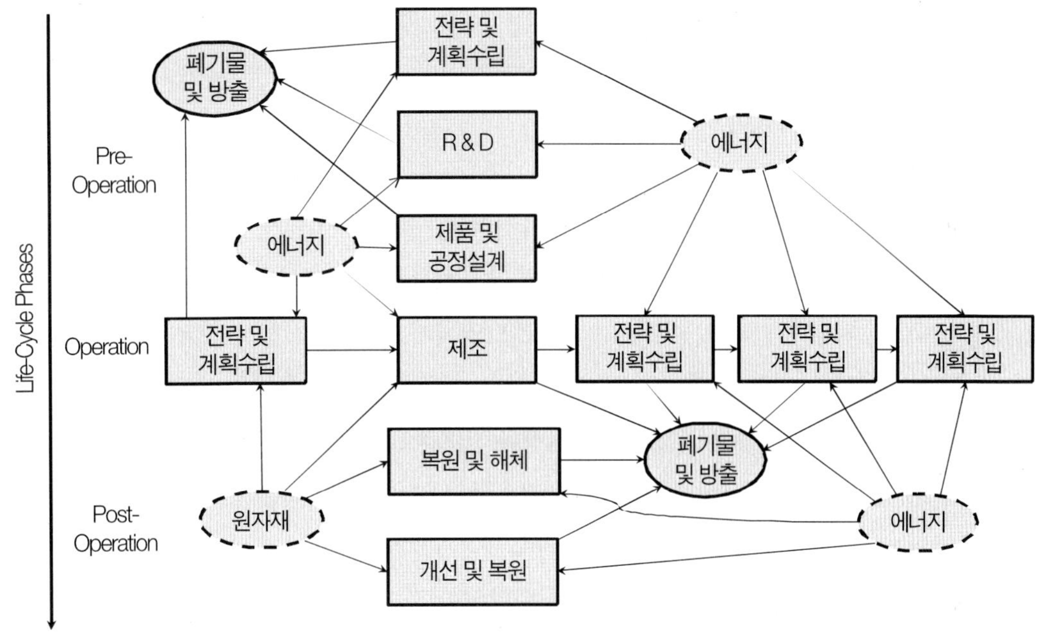

[그림 4-15] 전 과정 단계 (Life-Cycle Phases)

청정생산기술은 오염물질의 발생을 근원에서부터 감소하거나 방지하는 생산기술뿐만 아니라 이를 위한 관리기술을 포함한다. 이는 공정 중 사용되는 재료와 에너지의 재활용 및 보존, 환경친화재료로의 대체, 공정시스템에서 오염물질의 방출 최소화를 위한 공정설계 및 작업의 개량과 재료의 활용성을 증진시키고 손실을 감소시키기 위한 설계 등을 포함한다.

청정생산기술은 환경친화적인 제품생산에 필요한 기술로서 기업이나 공정에서 기존의 제품생산에 큰 영향을 주지 않고 새로운 환경오염물의 발생 없이 기존공정에서 발생하는 오염물 저감을 위한 공정개선과 재활용이 그 특징이다. 청정생산의 투자비용은 사후처리에 비해 초기에는 유사하나, 장기적으로는 처리비용이 계속 증가하는 사후처리에 비해 저렴하다.

즉 초기에는 청정생산에 투자되는 비용이 사후처리(EOP: End of Pipe) 비용보다는 다소 많으나 일정기간이 지난 후 시간이 경과할수록 사후처리 비용은 계속하여 증가하는 반면에 청정생산 비용은 증가하지 않아 실질적으로 기업에서의 환경관련 비용이 감소하게 된다.

청정생산기술의 개념은 1980년대 초 도입되기 시작하면서 1987년 UN에서 제기된 후, 1991년 UNEP를 통해 국제적으로 구체성을 띠게 되었으며 1992년 6월 세계 150여 개국이 참석한 브라질 리우의 유엔환경개발회의에서 인류의 지속가능개발(sustainable development)을 위해 청정생산기술 개발을 권고하는 실천 강령 Agenda 21을 채택함으로써 각국에서 정부차원의 본격적인 기술개발을 촉진하게 되었다.

이는 사후처리기술의 적용에 의한 오염방지가 고가의 비용이 투입됨에도 불구하고 경우에 따라서는 오염물질이 완전히 제거되는 것이 아니라, 한 물질에서 다른 물질로 단순처리 된다는 사실을 알게 되면서 1980년대에는 오염발생 근원에서부터 오염물질을 방지 또는 제거하는 청정생산기술의 개념이 환경오염방지 수단으로 도입되기 시작했다. 청정생산기술과 사후처리기술 비교하면 [표 4-13]과 같다.

지속가능개발이란 산업생산에 따른 오염발생을 근본적으로 줄이고 생산성을 높이면서 오존층 보호, 지구온난화의 방지, 산성비 방지 등 지구환경 문제와 자원고갈 예방을 달성하는 인류의 지속적인 발전을 위한 개념이며, 이러한 지속가능개발의 핵심기술은 청정생산기술이다. 즉 청정생산기술은 산업성능 향상과 환경보호를 의미한다.

청정기술을 요구하는 청정생산의 자세한 구분은 생산원료, 공정, 제품의 관리개선 및 교육을 하는 관리개선기술, 저공해물질 사용 등 청정원료 활용하고 변경하는 기술, 저공해, 저폐기물, 리사이클링, 에너지 효율을 고려한 설계하는 환경친화적 설계제품기술, 생산공정 중 오염물질 발생을 근본적으로 줄이기 위한 신 청정공정기술로 구분된다.

[표 4-13] 청정생산기술과 사후처리기술 비교

항목	사후처리기술(EOP)	청정생산기술(FOP)
개념	공정에서 배출된 환경오염물질을 처리하는 기술	환경오염물질의 발생을 사전에 저감 또는 제거하는 기술

항목	사후처리기술(EOP)	청정생산기술(FOP)
특징	- 2차 환경오염물질 발생: 다이옥신, 중금속, 유해가스 - 상대적으로 낮은 초기투자비용: 정부보조금, 세금감면 해택 - 생산공정과는 별도 운영으로 생산량 증가에 따라 경제적 부담 가중: 환경부하 및 제조원가 상승	- 환경오염물질 발생의 최소화: 사전 예방, 원천적 제거 - 비교적 높은 초기투자비용: 기업 자체부담 - 생산공정에 통합으로 경제적 이득 증가: 환경부하 및 제조원가 저감
개발 방법	- 생산공정 및 운영수단과는 별도로 특정 환경분야 집중개발 가능 - 별도의 모듈화: 소각로, 집진기	- 생산공정의 이해와 시스템적 접근으로 개발가능 - 기존의 생산공정에 통합

출처: 청정종합생산지원시스템

또한 생산공정 중 발생된 오염물질을 재순환 처리 또는 활용하기 위한 기술로 생산공정에 포함된 재이용 기술, 생산공정에 사용되는 에너지로부터 발생하는 오염물질을 최소화하는 저공해 에너지 응용 및 에너지 절약 생산기술 등으로 구분할 수 있다. 청정생산 원천공정의 기술현황은 [표 4-14]와 같이 요약된다.

이와 같이 1990년대에 들어서면서 일기 시작한 환경과 경제의 조화라는 지속가능개발의 핵심은 환경오염을 최소화하고 제품을 생산할 수 있는 청정생산기술로서 21세기에는 청정생산기술만이 경쟁력을 확보할 수 있을 것으로 예상된다.

이는 청정생산기술이 단순한 기술의 변화가 아니라 산업과 환경과의 관계에 대한 새로운 접근을 의미하기 때문이다. 이러한 청정생산기술은 기존의 생산기술에 환경을 고려한 새로운 기술형태로 저오염, 저에너지, 저소비 산업기술을 포함하여 첨단 메카트로닉스, 마이크로일렉트로닉스, 생명공학기술 등과 함께 새로운 기술 패러다임 형태를 보이고 있다.

[표 4-14] 청정생산 원천공정 기술현황

청정기술	기술구분	주요내용
공정설계	1. Zero Emission 생산공정기술	- 부산물 또는 폐기물발생이 없는 공정개발
	2. 폐순환 생산공정기술	- 원료, 부산물, 용수, 부원료 등을 closed-loop형으로 공정 내에서 재 자원화하는 기술
	3. 공정융합기술	- ET, BT, IT, NT 등과의 융합기술
공정개선	1. 자원절약형 생산공정기술	- 기존공정보다 생산효율이 높은 공정 또는 저에너지 사용하는 공정기술

청정기술	기술구분	주요내용
공정개선	2. 저오염 생산공정기술	- 기존공정보다 부산물과 폐기물발생이 적은 공정기술개발 - 미생물 전환공정, 촉매사용 수율 증대, ionic liquid 사용공정 등
	3. 공정단축기술	- 반응증류공정 등 단위공정 감소기술
	4. 장치최소화기술	- 장치효율증대에 의한 부산물 감소
공정 및 생산관리	1. 조업조건 개선기술	- 유량, 온도, 압력변경 등의 개선기술
	2. 동정최적화기술	- 공정자동화에 의한 최적화
	3. 원부재료 관리기술	- 원부재료관리, 물류시스템 등
	4. 부산물흐름 관리기술	- 부산물 재활용증대를 위한 라인분리
원부재료 대체	1. 유해물질 사용 제거	- 플라즈마 세정, 초임계 유체세정, 극저온 CO_2 세정, 드라이아이스 및 기계세정 등
	2. 유해물질 대체(X-free)	- 납, 수은, 카드뮴 등 중금속 대체 - 저독성 원부재료 사용
	3. 고순도 원료사용	- 전제 원료 사용 오염물질 발생을 최소화하는 기술개발

출처: 청정종합생산지원시스템, 2011

따라서 청정생산기술은 환경적으로 건전하고 지속 가능한 개발을 실천하는 핵심적인 사전 예방 기술이고 환경비용 부담에 있어서도 오염물질의 사후처리 기술보다 장기적으로 경제적이며 원료, 에너지, 용수, 오염물질 및 폐기물 처리 등 모든 생산과정에서 필요한 비용절감을 가능하게 한다는 특징을 갖고 있다.

청정생산기술을 총체적인 개념으로서 자원사용 및 오염물질 발생과 밀접한 관련이 있으며 이 기술에는 전 과정 중 사용된 물질 및 에너지에 대한 평가(LCA)가 수반되어야 하며 오염물질 최소화는 청정생산기술에 대한 단기적인 접근방법이며 장기적으로는 기존의 것과는 상이한 새로운 공정이나 제품을 개발하여야 한다.

청정생산기술의 범위는 청정공정기술, 청정기반기술, 재이용과 같은 청정처리기술, 청정원료 및 제품기술 등 다양하게 적용될 수 있다. 예를 들어, 생산공정을 위주로 하여 에너지 효율, 수요 및 생산성이 향상되거나 오염물질 발생을 원천적으로 감소시키는 공정 및 설비기술이나, 혹은 여러 업종에 공통적으로 응용 가능한 기술이거나 설비를 개방적으로 이용하여 청정생산 기술개발지원이 가능한 기술 또는 설비일 것이다.

또한 생산공정 중에 발생된 부산물을 적정 처리하여 공정 내에서 재사용하는 기술이나, 원료의 대체 및 개선을 통하여 환경오염물질 발생을 저감 시키는 기술 또는 부품 및 완제품의 유통, 사용 및 폐기단계에서 환경친화적인 제품제조 관련기술을 일컫는다. 청정종합생산지원시스템에 의해 구분된 자원순환 효율증대 기술현황은 [표 4-15]와 같다.

[표 4-15] 자원순환 효율증대 기술현황

자원순환기술	기술구분	주요내용
제품설계	1. LCA, DfE 등 설계기술	- 제품설계기법 개발 및 시범적용기술
	2. 재활용 용이 제품설계	- 설계기법을 이용한 재활용 제품개발
	3. 포장재 재활용설계	- 재활용 또는 불필요한 포장제거기술
제품제조	1. 분해서 제품	- 생분해, 광분해제품 등
	2. 장수명 제품	- 최적수명 제품 포함
	3. 자원효율 제고제품	- 저에너지 사용제품, 경량제품, 소형화 제품 등 청정생산물류와 연계된 제품
	4. 환경성 개선제품	- 기존제품보다 환경성이 우수한 제품
그린물류	1. 물류시스템 설계	- 자원절약, 재사용, 재활용을 촉진하기 위한 환경친화적인 물류시스템 설계
	2. RFID 응용 물류관리	- 자원의 순환효율 극대화를 위한 부품 및 제품의 수명주기 예측시스템 구축
역물류	1. 포장용기 표준화	- 역물류관리 효율제고 및 활성화
재제조	1. 재제조 기술개발	- 사용제품을 분해, 세척, 잔류수명예측 재조립 등 신제품상당 기능보유개발
	2. 재제조 기반조성	- 재제조 평가기반 기술 등
재활용	1. 제품 및 부품재활용	- 부산물 고부가가치 제품생산에 재이용하는 기술개발
	2. 화학물질 재활용	- 액상 및 기상 화학물질의 포집, 분류, 재활용
재이용	1. 재이용	- 같은 용도로 재이용하는 기술
에너지회수	1. 소각열 회수기술	- 소각과 열회수를 동시에 하는 기술
	2. 폐열 회수기술	- 폐열 회수 재이용
청정처리	1. 청정처리기술	- 부산물이나 폐기물이 자원이나 에너지로 순환되지 않고 분해되어 없어지거나 줄어드는 모든 기술

출처: 청정종합생산지원시스템, 2011

이러한 모든 관련된 청정기술들을 기업 간 네트워크 구축을 통해 상호 기술개발을 할 수 있도록, 자원과 에너지 분야를 포함하는 생태산업 네트워크 구축과 대기업이 보유한 청정생산기술 및 환경경영 기법 등을 중소기업에 보급하고자 하는 대중소 그린파트너십 네트워크를 구축하고 있는 실정이다. 또한, 지식기반 서비스기술 분야도 제품에 못지않게 중요한 부분인데, [표 4-16]과 같이 요약하고 있다.

[표 4-16] 지식기반 서비스기술 현황

서비스기술	서비스구분	주요내용
제품서비스	제품관리서비스	- 제품의 재고 및 수명관리, 사용제품 회수, 재활용 등 제품사용 전 과정에 대한 서비스제공
공정서비스	청정생산기술서비스	- 생산공정 오염물질 발생을 사전에 저감하는 청정생산기법 및 기술적용
물류서비스	물류관리기술서비스	- 환경친화적 물류관리 기법과 기술적용
환경영영서비스	환경경영서비스	- 환경경영체제 구축을 위한 컨설팅기법 및 기술적용, ISO14000 내용을 포함
교육서비스	청정생산 인력양성 서비스	- 청정생산 및 환경경영 컨설턴트 양성
환경규제대응 서비스	유해물질 분석서비스	- 유해물질 시험분석 및 관련실험
	분석 표준화	- 분석방법 표준화
	대응지원 및 문서서비스	- 규제대응 자문 및 관련서류 작성대행

출처: 청정종합생산지원시스템, 2011

4-4-2. Eco Factory

에코 개념의 생산 공장은 어원 그대로 생태적인 시스템을 기반으로 환경과 소비자를 위한 제품이나 서비스를 생산하기 위해서 설계 및 공정에 청정기술의 도입과 공장의 환경개선 등 개선적인 기술을 바탕으로 그 목적을 두고 있다. 그러나 먼저 폐기물에 관해 통합적인 폐기경영시스템을 고찰하고, 부산물이나 폐기물까지의 전 과정을 시작하고 마치는 폐기물처리에 대해 알아보기로 한다.

폐기물의 처리와 처분은 쓰레기 더미에서 재이용, 재활용, 에너지회복, 쓰레기매립설계, 대체적이 기술의 공학적인 방안 등 복합적인 시스템이나 공정으로 개발되는 것에서부터 기인된다. 이는, 물리, 화학, 융해, 합성 등 많은 과학적 기술이 필요하며, 향후 산업에서는 환경적이고 경제적이며 지속가능한 폐기물 처리경영시스템을 위한 다양하고 통합적이어야 한다.

통합적인 폐기물처리 경영시스템은 폐기물 수집, 처리방법, 환경적인 이해, 경제적인 낙관적인 사고와 사회적인 적응 등이 폐기물처리에 관해서 적절하고 실질적인 시스템으로 정의될 수 있다.

[그림 4-16]에서 가운데 부분은 폐기물 수집과 분류인데, 이는 폐기물을 처리 할 것인지 처분할 것인지에 대해 영향을 주게 된다. 예를 들어, 폐기물을 쓰레기 매립지로 이용할 것인가 혹은 부산물로 재이용할 것인가를 결정해야 하기 때문이다. 이는 사전처리기술과 사후처리기술 중에 어느 것을 응용할 것인가에 따라 배출되는 결과물이 다양할 수 있기 때문이다. 따라서 폐기물의 처리는 Eco Factory 수행에 앞서 선행 조건으로 이루어 져야 한다.

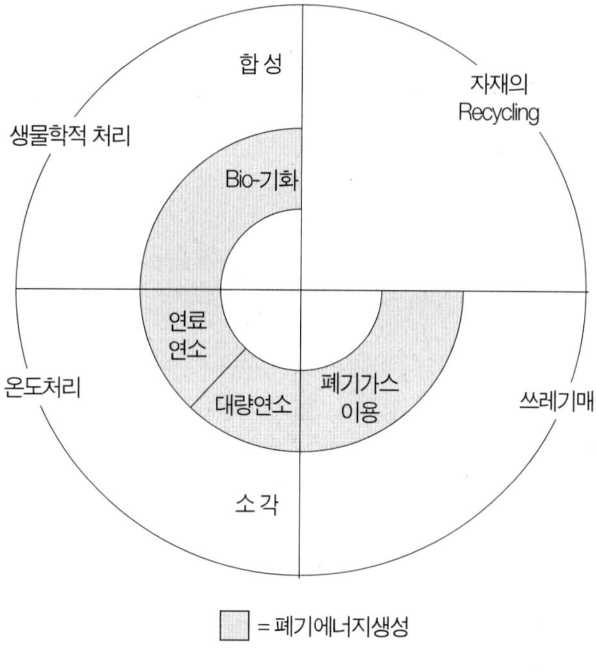

[그림 4-16] 폐기물통합 경영시스템의 요소

Tchbanoglous 등에 의하면 이러한 폐기물 경영시스템을 [그림 4-17]과 같이 여섯 가지 기능적인 요소로 설명하고 있다. 일반적인 폐기물은 종이, 금속, 캔, 병, 가정용 전기전자제품, 플라스틱, 자동차와 배터리 등 크게 분류되는데, 예를 들어, 자재의 재활용 공정은 [그림 4-18]과 같이 나타낼 수 있다.

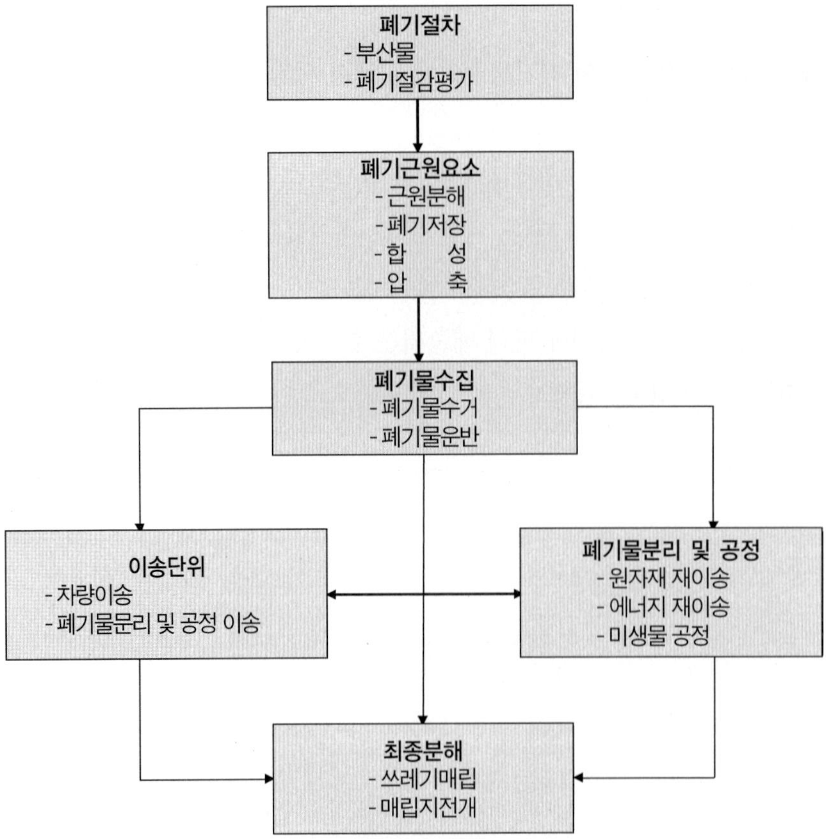

[그림 4-17] 폐기물 경영시스템의 기능요소간의 관계 기술도

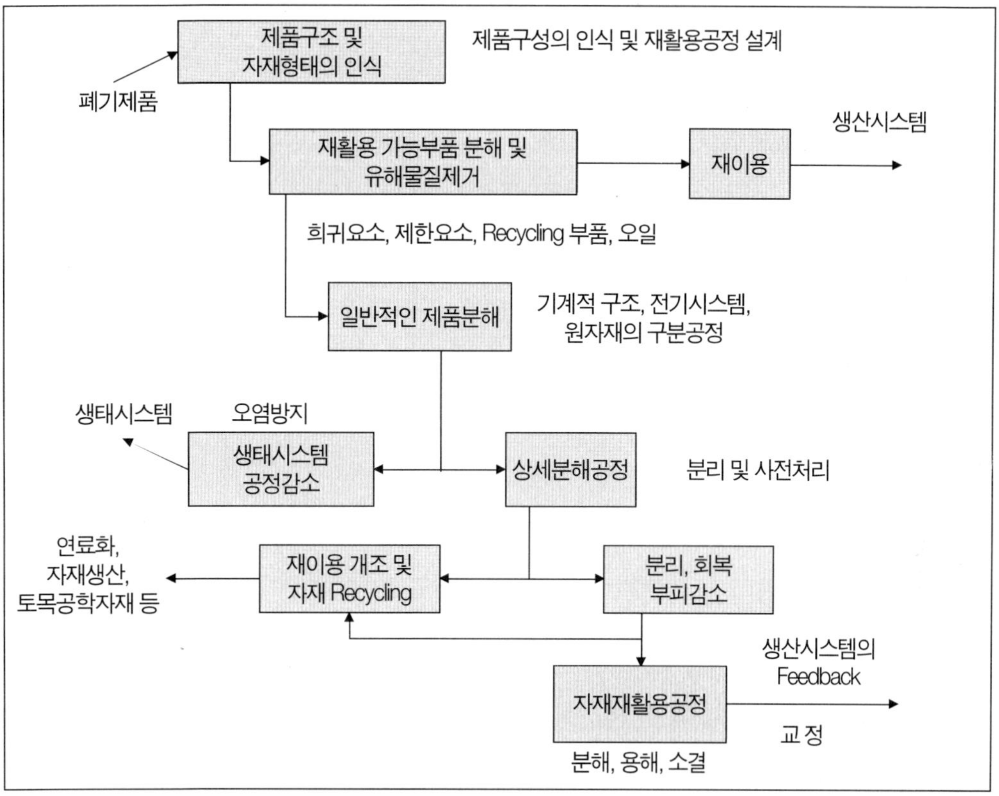

[그림 4-18] 자재 재활용의 일반적인 공정

일본을 비롯한 선진국가에서는 [그림 4-19]와 같이 정부차원에서의 법적으로 재활용 규제를 제정하고 있다. Eco Factory는 자연환경을 고려하고 제조, 경제, 기술변화 등 차세대를 위한 공장의 개념이다. 제조활동과 전세계적인 생태계 간의 조화를 목적으로 하고, 생산성, 경제성, 시장성 및 성과수행 등 기업이나 산업에서 해야 할 모든 기술적인 요소들을 고려하고 있다.

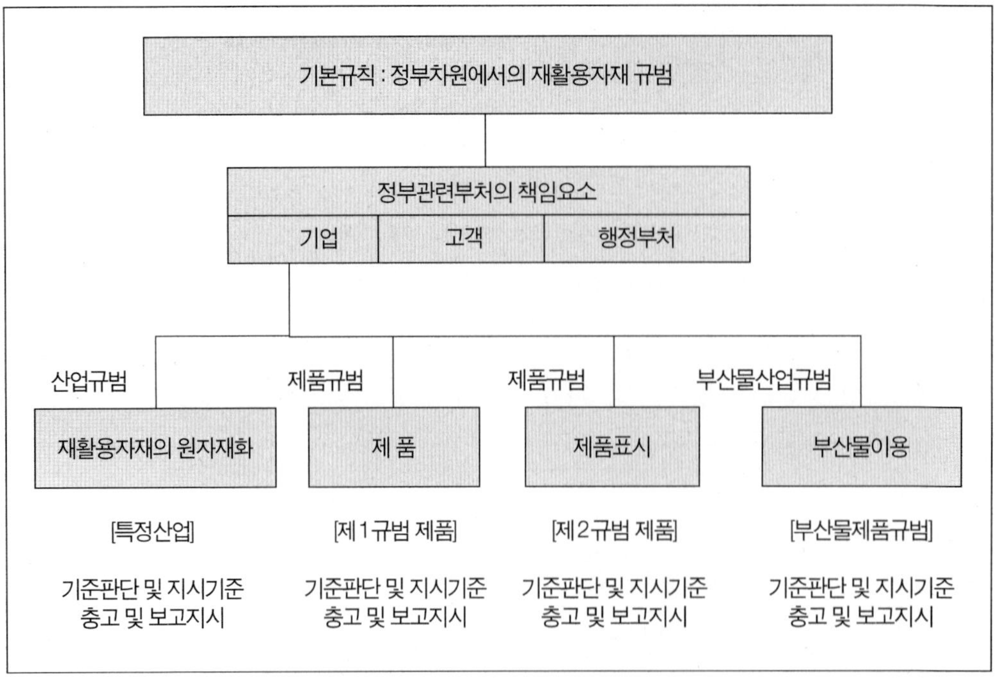

[그림 4-19] 재활용 자원의 법적이용 개요도

자연환경에 대한 고찰이 생긴 이후 생태 시스템의 이슈를 [그림 4-20]과 같이 살펴보면, Eco Factory 기술은 사전처리기술로 정의 되나, 폐기물에 대한 공정절차도 포함되고 있다.

기본적으로 Eco Factory를 구성하고 있는 요소는 제품설계, 자재공정, 가공 및 조립단계이다. 재활용 단계는 생산시스템과 전 세계적인 생태시스템으로 구분될 수 있으며, 제어 및 평가단계는 전반적인 에코시스템을 최적화한다. Eco Factory의 기본적인 기술구성은 [그림 4-21]과 같다.

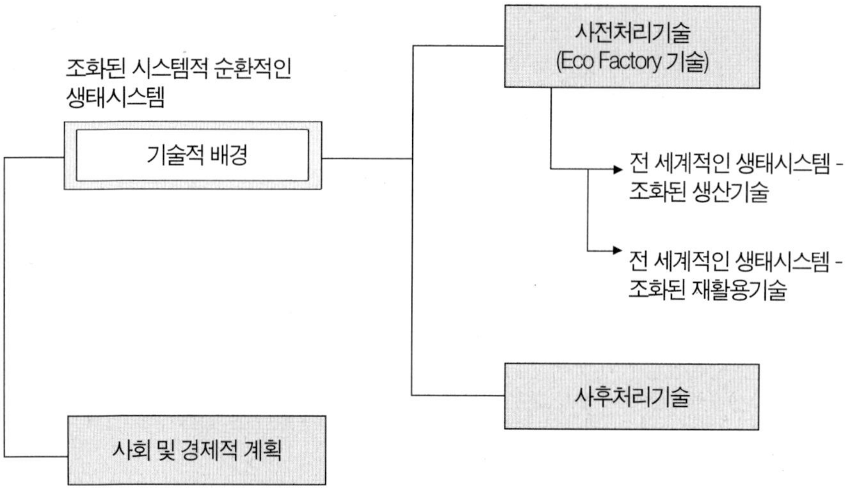

[그림 4-20] 생태시스템의 글로벌 이슈

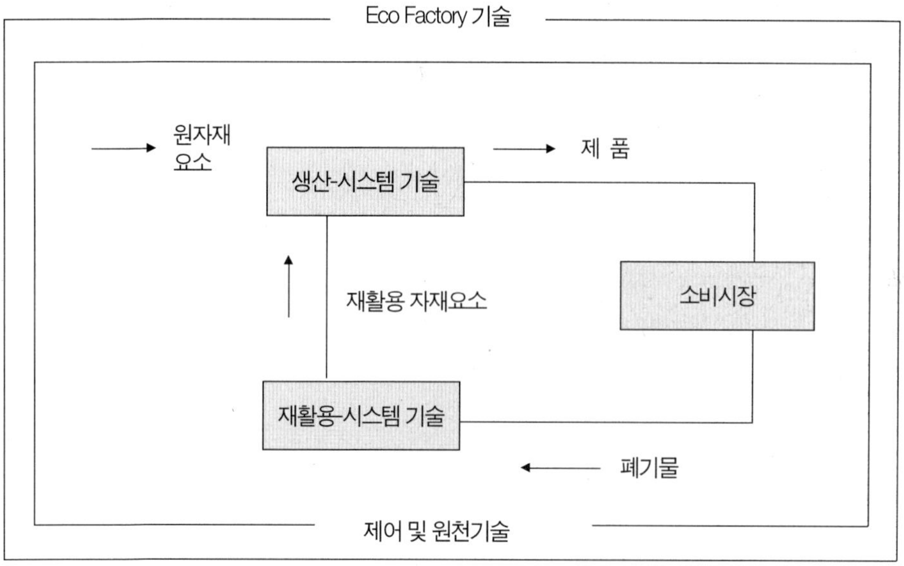

[그림 4-21] Eco Factory의 기본적인 기술구성

Eco Factory의 평가기준은 다양한 기술 및 환경요소를 고려할 수 있다. 이산화탄소 배출량의 최소소비량과 생태시스템에 부담을 최소화하면서 얻을 수 있는 에너지원천의 변화이다.

또한 다양한 자재소요의 최소 사용과 자연환경을 파괴하지 않는 범위 내에서의 잘못된 재이용률, 폐기물양의 최소화와 재이용을 위한 자재의 제안요소, 그리고 유해물질 생성의 최소화 등을 평가기준으로 고려해서 생산시스템과 재활용시스템 공정 모두 생태시스템의 부담을 감소해야 한다. 가공 및 조립제품의 Eco Factory를 예시하면 [그림 4-22]와 같다.

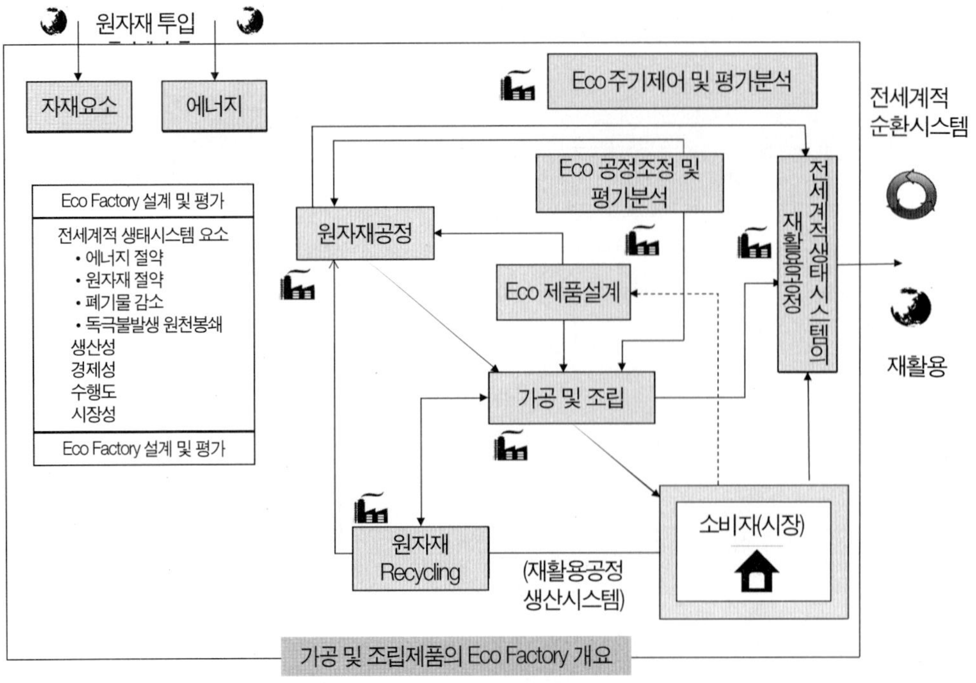

[그림 4-22] 가공 및 조립제품의 Eco Factory

4-5. 산업별 대응

산업별 청정생산에 대한 대응과 실행은 일반적으로 원자재대체기술, 적정한 운용실천, 기술혁신 및 변화, 재활용과 리사이클링, 그리고 제품변형 등으로부터 가능하다고 하다.

예를 들어, bending 공정, 고품질의 오일 대체로 인한 가공공정, 소음방지를 위한 방음벽(barrier) 시설기술변화, 염색공정에서의 촉매개발로 인한 먼지제거 기술공정, 의류회사에서

에너지 흡입장치 공정개발, 해산물 음식공정에서의 압력을 사용한 물기제거기술, 빈병을 리사이클링 하는 일반적인 화학공장에서의 청정기술, 태양열이나 비를 저장하고 재활용한 청정기술, 포장지를 변화해서 친환경적인 포장으로 고객만족도 향상기술이나, 독성윤활유보다 환경친화적인 윤활유로서의 대체로 인한 가공공정기술 등 다양하다.

이러한 산업별 대응 청정생산기술은 작업장에서 발생되는 폐기물, 이산화탄소 등의 유해물질을 전 세계적으로 경제적인 면과 사회적인 면에서 보다 감소할 수 있을 것이라는 예상이다. 그러나 대표적인 산업은 화학제품과 관련된 산업으로 환경오염의 주범으로 인간에게는 피부질환, 호흡기질환 및 소화기질환 등을 유발하기 때문이다.

4-5-1. 석유화학산업

석유화학산업은 국내외적으로 가장 많은 환경규제와 주목을 받고 있는 산업으로 석유나 천연가스를 원료로 기초화학제품을 생산하고, 그것으로 각종 화공약품을 제조하고 생산하는 산업이다. 석유화학산업은 1920년대 프로필렌 가스로부터 이소프로필 알코올을 합성하는데 성공함으로써 기인된다.

석유화학산업은 급속한 기술개발과 인간의 생활방식이 변화되면서 부터 그 수요가 계속 증가하고 있고, 인류생존에 필수불가피한 주요산업이며, 매우 자본집약적인 산업이다.

한국의 석유화학산업의 생산기술수준은 선진국과 비교하여 거의 대등하다고 볼 수 있으나, 제품의 디자인, 개발능력 및 설계기술에서 미흡한 것으로 보고된 바 있으나, 무엇보다도 국내외적인 환경규제의 강화에 대응할 에너지 절약과 공정개선을 위한 청정기술개발에 역점을 두어야 한다.

특히 석유화학산업에서 발생되는 환경오염물질의 종류가 다양하고 발생원천도 매우 복잡하기 때문에, 원료투입과 공정과정을 통해 산출물이 생산되는 전 과정에 있어 오염발생 가능성을 최소화하는 청정생산기술이 시급한 것이다.

폐열이나 폐가스 등의 에너지의 효율적인 사용방법과 가정용 플라스틱 등의 매립 처리되고 있는 폐기물 등의 처리는 지구환경보전과 환경오염에 대한 관심이 부각되고 세계적으로 강화되고 있는 환경규제에 보다 능동적인 대처와 또 그와 관련된 연구개발 또한 시급하다. 석유화학산업의 제품생산 시에 방출되는 휘발성 유기화합물은 현장에서의 제품운용과 관련이 깊고, 일반적으로 그 발생량의 예는 [표 4-17]과 같고, 석유화학 공정에서의 방출허용치는 [표 4-18]과 같다.

[표 4-17] 석유화학제품 생산 시 휘발성 유기화합물 발생량의 예

제 품	휘발성 유기화합물의 방출량
Ethylene	0.6~10.0 kg/ton
Vinyl chloride	0.02~2.50 kg/ton
SBR	3~10 kg/ton
Ethyl benzene	0.1~2.0 kg/ton
ABS	1.4~27.0 kg/ton
Styrene	0.2~5.0 kg/ton

출처: 국가청정생산지원센터, 2011

[표 4-18] 석유화학공정에서의 방출허용치

PM	20 mg/m³
Nitrogen oxides	300 mg/m³
Hydrogen chloride	10 mg/m³
Sulfur oxides	500 mg/m³
Benzene	5 mg/m³ for emissions
1.2-dichloroethane	5 mg/m³ for emissions
Vinyl chloride	5 mg/m³ for emissions
Ammonia	5 mg/m³ for emissions

출처: 국가청정생산지원센터, 2011

석유화학분야에서 환경과 청정관련기술개발 동향은 석유화학분야에서의 중질유의 탈황 및 활용공정의 개발, 청정 가솔린으로의 변천과 환경 분야에서 대기 오염원 저감 및 제어기술과 천연가스를 이용한 합성가스제조기술 및 공정개발, 이산화탄소의 화학적 활용 및 관련 공정기술 분야에 주력해야 한다.

특히 원유가의 상승으로 인하여 중질 연료유의 사용량 증가는 매년 12% 정도 증가하고 있는 추세이다. 따라서 이러한 석유소비 구조변화에 따른 청정생산을 위한 시설투자와 기술개발이 시급하다. 그러나 막대한 투자비가 소요되고 선진기술 확보가 미흡한 상태이기 때문에 장기적인 전략과 계획이 필요한 실정이다.

원유정제 시 발생되는 폐기물은, 주로 장치 혹은 관에서 부주의한 누출 이후에 응결, 에멀전화, 혹은 미량의 탄화수소의 액상에서의 용해 등에 발생하는 원유손실, 촉매, 고체흡수제, 가스정화를 위한 액상 흡수액, 가성소다, 광산, 열전달유체, 윤활제, 수처리제, 물 등과 같은 보조제에 의한 소비와 불가항력적인 폐기물 발생에는 정제 공정 중 불순물의 분리결과 등으로 나누어 볼 수 있다.

즉 석유 정제업에서의 주요 사전오염예방기술인 청정기술은 기름성분이나 탄화수소의 손실방지, 보조제에 의한 소비 절감 및 유입불순물의 유용자원화 증가 등으로 폐기물의 발생기회를 최소화함으로써 이루어 질 수 있다. 에너지 절약 및 무 배출 고정을 위한 반응단계공정 등에서 발생되는 부산물 등은 온도의 조정이나 최상의 기술로써 이룰 수 있다는 것이다.

석유화학산업은 공장자동화나 최적화설비를 도입해서 효율적인 공장운영과 과감한 연구개발 투자를 필요로 하며, 궁극적으로 사전오염 예방을 염두에 둔 에너지 효율이 우수한 공정으로 바뀌어 나가야 한다고 주장한다. 최상의 품질과 부생유분의 특화 및 신소재 기술개발을 위한 친환경 공정을 갖는 공장의 개념으로 바뀌어야 한다.

석유화학산업과 관련된 국내외 환경정책과 기술개발 동향을 살펴보면, 먼저 사전오염방지와 에너지효율을 향상시키고자 하는 방법이 제시된다. 첫 번째로 프로세스 통합방법은 핀치분석(pinch analysis), 지식기반 접근법(knowledge-based approaches)과 수치적 최적화 접근법 등으로 분류되는데, 단위 설비에 집중하는 것이 아니라 전체적으로 올바르게 구조가 조망하는 데서 시작되며, 비용 최소화를 위해 많이 사용되는 방법이다.

핀치분석은 기본적인 열역학을 기초로 전 산업공정에 걸쳐서 열 흐름을 분석하는 시스템 기술이다. 에너지 소비를 줄이는 공정의 선택을 고려해서 주로 사전오염예방, 개별공정 배출물의 저감, 전체 현장의 통합 및 폐수발생의 최소화를 위해 사용된다. MPC(Multi-variable Predictive Control)의 적용을 통하여 제품규격을 PPM 단위로 섬세하게 관리하는 접근방법도 있다.

전문가 시스템인 지식기반 접근법은 폐기물 최소화를 위한 선택의 확인 및 평가를 위한 틀을 제공하는 흐름도의 논리적 순서 계층적 설계 및 검토절차에 있어 특정 사전오염예방을 위한 아이디어가 한 응용분야에서 다른 응용분야로 이동하는 것을 포함하며, 인공지능에 의해 공정설계를 개발하는 것이다.

이 방법은 최소의 자료로 새로운 설계를 개발하거나 개선의 여지를 확인하는데 이용되며, 새로운 공장설계에 있어서 비용적 효과나 배출물 저감 등의 공정을 위한 설계를 지원하기도 한다. 에너지절약, 효율향상 및 폐기물 저감을 위한 공정개선, 이동 폐기물 최소화를 위한 지능적 단위공정 데이터베이스와 계층적 공정검토와 동시공학적인 접근방법이라 할 수 있다.

수치적 최적화 접근법은 주로 공정의 경제성을 위한 설계를 결정할 때에 영향의 정량화를 위한 비용공식이 결합되기도 하며, 그래프 등 가시적인 표현을 제공해 준다. 용수사용 및 폐수 생성속도, 펄프 및 제지공정에서의 폐기물 최소화와 그를 위한 역삼투압 네트워크의 합성 등이 있다. 선형 및 비선형 프로그래밍을 이용한 접근방법과 그래픽으로 오염제어를 위한 순위부여 등 다양하게 사용되고 있다.

국제환경협약이 국내외 석유화학산업에 미치는 영향과 그 동향은 다음절에서 자세히 다루게 되고, 본 절에서는 국내에서 적용하는 관련 청정기술에 대한 동향을 알아보기로 한다.

장기적인 청정기술의 대응전략 방법으로, 첫 번째는 새롭게 대체할 수 있는 원료의 개발이 시급하다고 볼 수 있다. 그러나 이것은 시간과 비용 및 많은 연구투자가 필요하게 된다. 따라서 중간 원료를 첨가할 수 있는 촉매용 원료의 제조나 유기용제를 사용하지 않는 중간체 혹은 신기술을 이용한 화석연료의 대체 에너지 개발 등을 들 수 있을 것이다.

두 번째로 장기적인 대처 수단으로서의 청정기술방법의 제안은 공정의 개발이다. 동시공학에서 주장하는 제품과 공정의 설계를 동시에 할 수 있는 개념의 도입과 더불어, 공정의 수는 줄이면서 제품의 기능은 최대화 할 수 있는 기법의 도입이다. 이는, 고선택성 촉매를 이용한 유해 부산물 절감을 복표로 하는 저오염 촉매를 시용하는 공정의 개발이나, 고활성 촉매를 이용한 저온반응 수행으로 에너지 절감을 목표로 하는 저온 촉매공정 등을 들 수 있다.

또한 Bio-reactor를 이용한 공정으로 저온 저압에서 납사를 분해하여 석유화학 원료를 제조하여 에너지를 절감하고 부산물을 유효하게 활용하는 방법이다. 에너지 절약형 공정이나 Non-phosgene polycarbonate 제조공정 그리고 유해 가스제거용 촉매를 이용해서 VOC, NoX, H_2S/SO_2 등을 제거할 수 있는 공정의 개발 등이다. 마지막으로 제안될 수 있는 석유화학산업의 청정기술 방법은 기존의 공정설계의 개선, 청정화, 최적화 등의 기술개발과 청정제품의 개발을 위한 공학적 접근방법이다.

우리나라 석유화학산업은 대표적인 수출 산업으로서 국가경제 성장을 견인하는 기반산업이며, 수출 비중은 중국 약 40%, 아시아 지역 약 30%, 유럽, 미국 및 남미 지역이 나머지 30%를 차지하고 있다. 우리나라 석유화학제품의 세계 시장점유율은 꾸준한 상승세를 보이고 있으며 특히, 중국시장에서는 점유율 20% 대로서 꾸준히 1위를 유지하고 있다.

2007년 우리 정부가 실시한 'EU REACH 도입에 따른 국내 산업계 파급영향 분석' 에 따르면 연간 약 6~7백억 원의 직접비용이 소요되는 것으로 추정되어, 국내 석유화학 산업에 커다란 경제적 부담이 되고 있는 것으로 나타났다. 특히 석유화학 산업은 매출액 대비 영업이익률이 낮기 때문에 원가 상승요인이 조금만 발생하여도 가격 경쟁력이 급속히 저하되어 수출 경쟁력이 악화될 수 있다.

국내 석유화학 기업들은 강화된 화학물질 규제에 대한 실질적인 대처 방안을 강구하고 있으나, 화학물질 규제는 까다롭고 복잡해서 적절히 대응하려면 많은 시간, 비용, 노력 등을 투입해야 하기 때문에 많은 기업들이 고전하고 있는 상황이다.

이런 어려움을 극복하기 위한 근본적인 방안으로서 '녹색화학' 이라는 개념이 등장하게 되었다. 국내 화학 산업의 대표주자 중 하나인 LG화학의 경우, '녹색화학' 의 기치 아래 지난 2006년부터 규제대응 전담반을 구성하여 체계적인 대응책을 마련하여 왔으며, 자사의 원료를 사용해 제품을 수출하는 중소업체들의 부담을 줄이기 위해 20여개 이상의 물질에 대해 직접 REACH 등록을 추진하여 성과를 거두고 있다.

화학물질 규제는 경제적 부담이 되는 것은 사실이나, 국내 석유화학 기업들이 중국이나 동남아시아 국가들에 비해 선진화된 환경기술과 체계적인 유해물질 관리전략을 잘 활용한다면 선진국 시장 점유율을 높이는 계기가 될 수로 있을 것이다.

석유화학 산업은 유해물질 배출 뿐 아니라 막대한 에너지를 소모하는데, IEA 보고서(2008)에 의하면, 국내 석유화학 산업의 에너지효율은 14개 경쟁국 중 영국(0.93), 캐나다(0.92)에 이은 3위(0.88)로 나타나 에너지 경쟁력이 양호한 편이다.

특히 다양한 촉매 활용기술을 개발하여 고온의 화학물질 열분해 공정을 저온의 촉매분해 공정으로 대체할 경우, 막대한 에너지 절감과 더불어 기술 수출을 통한 수익 창출이 가능할 것이다.

우리나라 석유화학 기업들은 규제에 직접 대응 하는 것도 중요하지만, 고부가가치창출을 통한 글로벌 경쟁력 확보를 위해 제품 기획 · 개발 단계에서 폐기 · 재활용 단계까지의 제품 전과정에서의 환경요소를 고려한 원천기술 개발에 힘쓰고, '녹색화학' 의 기본 원칙에 충실해야 할 것이다. LG 경제연구원(2009)에서 제시한 '녹색화학' 을 위한 12가지 이행 방안은 다음과 같으며, 석유화학 산업에서의 기본적인 친환경 철학을 담고 있다.

① 폐기물 방지 : 폐기물이 배출된 후에 이를 처리하거나 제거하는 것보다 폐기물발생을 미연에 방지한다.

② 경제성 : 물질 합성방법은 공정에서 사용하는 모든 물질이 가능한 한 모두 최종 제품으로 전환할 수 있도록 설계한다.

③ 저유해 화학합성 : 물질 합성방법은 인체나 환경에 유해성이 없거나 매우 낮은 물질을 사용하고 생산할 수 있도록 설계한다.

④ 안전한 화학물질 설계 : 화학제품은 독성이 최소화하면서 의도하는 기능을 유지할 수 있도록 설계한다.

⑤ 안전한 용매와 보조제 : 용매, 용제 및 그 밖의 화학물질의 사용을 가능하면 줄여야 하며, 부득이 사용하는 경우 독성이 없도록 한다.

⑥ 에너지효율 극대화 : 화학공정의 에너지 사용은 최소화하여야 하며 합성 조건은 가능하면 상온, 상압에서 제조한다.

⑦ 재생 가능한 물질의 사용 : 원료 물질이나 재료는 재생 가능한 것을 사용한다.

⑧ 유도체 최소화 : 유도체화는 가능한 줄이거나 최소화 한다.

⑨ 선택성이 높은 촉매 사용 : 선택성이 좋은 촉매를 사용하는 것이 일반 합성방법보다 유리하다.

⑩ 분해 가능한 제품 설계 : 화학제품 사용 후 기능이 다해갈 때 독성이 없는 물질로 분해되어야 하며 환경에 남지 않도록 설계한다.

⑪ 오염방지의 실시간 분석 : 제조공정에서 유해물질이 생성되기 전에 실시간으로 공정의 모니터링과 제어가 가능하도록 한다.

⑫ 사고 예방이 가능한 공정 : 화학공정에서 사용하는 물질은 누출이나 폭발 또는 화재와 같

은 사고의 가능성을 최소화할 수 있도록 선정해야 한다.

화학물질과 관련된 규제들은 사후조치를 통해 대응하기 보다는 사전예방 차원에서 근본적으로 오염물질을 차단하는 접근이 필요하다. 이를 위해서 친환경 화학 소재를 꾸준히 개발하고, 화학물질 유해 안정성 평가기술을 향상시키는 등 기반기술 확보에 지속적인 노력을 경주해야 할 것이다. 전 세계적으로 화학물질에 대한 규제가 강화되면서 향후 기업들은 지금보다 더욱 적극적으로 환경규제와 환경이슈에 대해 대응할 필요가 있다.

국내 석유화학 기업들은 환경규제에 대한 단기적인 대응과 더불어 장기적인 관점에서 미래의 규제 방향에 대응하는 것이 바람직하다. 단지 화학물질 규제뿐만 아니라 제품 환경성과 관련된 포괄적인 규제에 대하여 기업의 사회적 책임을 인식하고, 녹색화학 및 녹색경영 기법을 발전시켜 나가야 할 것이다.

4-5-2. 전기 · 전자산업

전기 · 전자산업에 적용되는 환경규제는 매우 다양하지만, 크게는 유해물질에 대한 규제와 에너지 사용에 대한 규제로 구분할 수 있다. 유해물질 규제에 대한 가장 효율적인 대응방안은 대체물질 및 대체공정을 개발하는 것이다. 일례로 오존층 파괴물질인 CFC를 대체하는 친환경 물질을 개발하여 사용하면 근본적으로 문제를 해결할 수 있다.

대체물질 개발이 지연되는 경우에는 CFC 파괴 및 분리기술 등을 생산공정에 적용해야 하지만, 이는 부가가치가 없는 공정이므로 제조원가 상승의 원인이 된다. LG디스플레이의 경우, 제조공정에서 온실가스의 하나인 SF_6(육불화황)이 다량 배출되는데, 막대한 자금을 투자하여 이를 처리하는 설비를 설치하여 가동 중이다.

이는 비용 상승의 원인이 되지만, 탄소배출권 확보를 통하여 새로운 수익을 창출하게 되었다. 또 다른 예로써 납(Pb)에 대한 처리를 생각할 수 있다. 거의 모든 전자제품에 소요되는 PCB 기판에 납땜이 필요한데, 이를 대체할 수 있는 용접 방식을 개발하면 원천적으로 문제를 해결할 수 있지만, 그렇지 못한 경우에는 폐기 후 PCB 내의 납을 수거하여 처리하는 비용이 발생하게 된다. 따라서 우리나라 기업들은 유해물질을 대체할 수 있는 친환경 물질 개발과 더불어 전기 · 전자 제품의 재활용, 재이용 기술 개발에 더욱 노력함으로써 환경규제에 대해 효율적이고 경제적으로 대응해야 할 것이다.

제조 단계에서의 에너지 규제에 대한 가장 효율적인 대응책은 친환경 에너지원을 개발하여 사용하는 것이다. 친환경 에너지원으로는 태양열, 풍력, 조력, 지열, 바이오에너지 등 다양한 신재생에너지가 연구되고 있다. 한편으로는 스마트그리드 등 에너지 관리를 통하여 사용 효율을 높이고자 하는 연구가 꾸준히 진행되고 있다.

보다 중요한 문제는 제품에 대한 에너지 규제인데, 전기 · 전자 제품의 에너지 효율을 향상시키는 기술개발이 지속적으로 이어지고 있다. TV의 경우 브라운관에서 시작하여 PDP, LCD, LED 등으로 점차 에너지 효율이 높은 방식으로 진화하고 있다.

다행스러운 것은 가전 부문 세계시장 점유율이 높은 7개국(한국, 미국, 중국, 일본, 독일, 이탈리아, 멕시코)의 냉장고, 에어컨, 세탁기, 식기세척기 등에 대해 규격별 월간 소비전력량을 비교한 결과, 4개 제품 모두에서 국내산 제품의 에너지효율이 가장 높은 것으로 나타나, 우리나라의 가전 기술력이 경쟁국들을 앞서고 있다는 사실이다.

전 세계 전기 · 전자 시장에서 중국이 비약적으로 발전하여 큰 위협이 되고 있는 상황에서, 우리나라 기업들은 점차 강화되는 환경규제를 새로운 기회로 삼아 에너지 저소비 등 친환경 기술개발에 노력함으로써 기술격차를 벌리고 경쟁력 우위를 유지해야 할 것이다.

4-5-3. 자동차산업

우리나라 자동차 업계가 EU의 정책에 순응하여 EU에 수출하는 신규승용차의 평균 이산화탄소 배출량을 2009년까지 140㎎/㎞로 낮추기로 하고, 기술개발을 통하여 이 기준을 달성하였다.

이산화탄소 배출규제 뿐만 아니라 연비 라벨링 제도와 폐차 처리지침 또한 우리나라 자동차 산업에 영향을 미치고 있다. 환경보전에 대한 관심이 커지고 유가 또한 크게 오름에 따라 국가를 불문하고 대부분의 고객들이 연비가 높고 친화경적인 차량을 선호하게 되면서, 연비 라벨링은 자동차 선택의 중요한 기준이 되고 있다. 따라서 국제적 추세에 맞추어 자동차 연비를 충분히 높이지 못한다면 환경규제 뿐 아니라 고객의 외면을 당하게 되어 경쟁력이 저하될 것이다.

폐차 처리지침 또한 자동차 업계에 부담이 될 수 있다. 자동차가 폐차되면 제조한 업체에서 비용을 부담하여 폐차를 수거하고 재활용하는 의무를 지게 된다. 수출업체의 경우에는 현지에 폐차 처리시설을 운용하거나 본국이나 제3국으로 수송하여 처리해야 하므로 비용부담이 더 커질 수 있다. 따라서 소재의 유니화를 통하여 재활용률을 높이고, 부품의 표준화를 통하여 재이용률을 높이는 등 적극적인 기술개발을 통하여 비용을 절감하는 방안이 필요하다.

이러한 환경규제는 자동차의 원가상승 요인이 되기도 하지만, 신소재기술, 재활용기술, 하이브리드(hybrid)기술, 연료전지기술 등 다양한 기술개발의 촉진제가 되기도 한다. 과거 자동차의 경쟁력은 가격, 품질, 성능 등으로 가늠되었다면, 앞으로의 자동차 경쟁력은 친환경성으로 결정될 것이라는 예측도 나오고 있다.

우리나라는 선진국에 비하여 친환경 자동차 개발을 늦게 시작했지만, 연료전지기술, IT기술, 소재 경량화기술 등 기반기술을 바탕으로 빠른 속도로 발전하여, 마침내 2009년 현대 · 기아자동차가 아반떼 LPI 하이브리드를 상용화하기에 이르렀다. 앞으로도 선진국의 자동차 관련 환경규제를 지속적으로 모니터링하고, 연료효율 향상기술, 친환경 연료 개발기술, 유니소재 기술, 친환경 자동차의 상용화 기술 등에 대한 개발 역량을 축적해 나가야 할 것이다.

4-5-4. 철강산업

(1) 현황

국내 철강산업은 국내 5대 주력 산업으로서, 타 산업분야의 경쟁력에도 큰 영향을 미치며, 높은 생산성을 지향함으로써 국가 경제발전에 기여하고 국제 경쟁력을 유지하는 산업이다.

그러나 국내 철강산업은 선진국 대비 에너지 소비율이 높고, 대기 및 수질 오염물질 배출량과 고상 및 액상 폐기물의 발생량도 비교적 높은 수준이므로, 에너지 및 자원 다소비형 생산구조에서 에너지 저소비형 산업구조로의 전환 및 재자원화 기술 개발이 필요하다.

철강산업은 에너지소비에서 차지하는 비중이 매우 높은 산업으로서, 2007년 기준 세계 전체 에너지 소비의 2.8%, 제조업 에너지 소비의 12.1%의 비중을 차지하고 있다. 한국과 일본은 서구 선진국에 비해 제조업 내 철강산업의 비중이 높아 철강산업의 에너지 소비량은 제조업 에너지 소비량의 20% 이상을 차지한다.

철강산업은 2006년 기준 전세계 CO_2 배출의 5.2%를 점하여, 석유화학산업과 함께 온실가스 배출규제의 영향이 가장 큰 산업이지만, 지속적인 기술개선과 설비합리화를 통해 에너지효율 개선속도가 가장 빠른 산업 중의 하나이다.

철강산업은 에너지 의존도가 높기 때문에 정부가 온실가스 저감을 위해 온실가스 배출규제를 시행하기로 함에 따라 생산비용 상승 및 친환경설비 투자부담으로 인해 국내 철강업계의 가격경쟁력이 약화될 전망이다. 특히 정부가 온실가스 저감을 위한 여러 시행방안 중 하나인 '총량제한 배출권 거래제'를 실시하기로 함에 따라 철강, 석유화학 등 에너지다소비산업의 비용 부담이 증가할 것이다.

철강산업은 이미 꾸준히 온실가스 저감형 공정을 개발하고 친환경 설비를 도입하는 등 많은 투자를 해왔으나, 총량제 감축 목표에 따른 추가적인 투자가 불가피하게 되었다. 이에 따라 파이넥스 공정을 확대 적용하고, 철강슬래그 등 부산물을 활용한 그린 프로세스를 꾸준히 개발해야 할 것이다.

석유화학과 함께 대표적 환경 민감 산업인 국내 철강산업은 최근까지 세계 수출시장에서 높은 경쟁력을 유지해 왔으나, 유럽에서 번진 국제경제 위기로 철강수요가 감소하여 철강 가격이 하락하는 등 어려움을 겪고 있다. 여기에 온실가스 감축 의무까지 부담하게 되어 수출 경쟁력에도 부정적인 영향을 미칠 것으로 예상된다.

그 동안 국내 철강산업은 환경 선진국이 우리나라에 비해 상대적으로 강한 환경규제정책을 전개함에 따른 반사이익을 얻어온 것이 사실이나, 중국의 철강산업에 비하면 상대적으로 상당히 친환경적이라고 볼 수 있다. 그러나 온실가스 감축을 본격적으로 추진하게 됨에 따라 수출 경쟁력이 약화될 것으로 예상된다. 한 가지 다행스러운 것은 중국이 철강산업을 낙후산업으로 지목하여 예전과 같이 적극적인 지원을 하지는 않을 것이라는 전망이다.

국내 철강업계는 정부의 '온실가스 총량제'와 '에너지 목표관리제'에 대해 크게 반발하고 있는데, 기존에 온실가스 및 에너지 저감을 위한 노력을 꾸준히 기울여 상당히 높은 수준의 에너지 효율과 온실가스 저감 실적을 보이고 있음에도 불구하고 추가적인 감축 의무를 부과 받게 되었기 때문이다. 추가적인 감축을 취해서는 고도의 기술이 필요하며, 따라서 비용 부담도 커질 수밖에 없게 된다.

다만 장기적으로 보면, 온실가스 배출 규제 등이 지속적으로 확대 시행되면 철강수요에 질적, 양적인 구조변화를 가져올 전망이어서 중국에 비해 에너지 효율이 높고 온실가스 배출이 낮은 우리나라 철강재에 대한 수요가 증가하여 치킨게임의 최후 승자가 될 가능성이 높다. 따라서 국내 철강업계는 친환경 수요에 부응하는 녹색 철강제품 개발에 전력하여 에너지저감형 합금철 제조기술 및 신재생에너지기술에 특화된 소재를 개발할 필요가 있다.

한편 온실가스와 에너지에 대한 정부의 규제는 모든 산업에 적용되기 때문에 철강산업에 새로운 기회를 제공할 수도 있다. 예를 들어 전기산업에서 에너지 효율 목표관리제에 따라 전동기나 변압기 등에 대한 최저효율기준을 적용받게 되면, 고효율 친환경 소재에 대한 수요가 증가할 수밖에 없다. 또한 저에너지 소비형 건축물, 그린홈, 그린빌지지 등의 보급이 확대됨에 따라 친환경 철강제품 수요는 지속적으로 늘어날 전망이다.

(2) 대응 방안

온실가스 감축을 통한 탄소배출권 판매는 철강산업에 새로운 성장 기회를 제공할 수도 있다. 온실가스 저감을 통하여 탄소배출권을 부여받아 경제적 수익을 창출할 수도 있는 것이다. 향후 탄소시장의 높은 성장성을 고려할 때 온실가스 저감 기술개발은 철강산업에 고수익의 기회가 될 수 있다.

이를 위하여 단기적으로는 온실가스 배출 저감을 우선적으로 추진할 필요가 있는데, 설비개선 및 조업 최적화 달성을 통한 에너지 소비의 획기적 절감방안이 필요하고, 온실가스 인벤토리 구축 등을 통해 규제에 선제적으로 대응해야 하며, 혁신적인 철강공정 기술을 개발해야 할 것이다.

장기적으로는 철강산업의 구조고도화에 역량을 집중하여, 철강 수요산업의 경쟁력 제고를 위해 수요산업의 온실가스 배출 저감에 기여할 수 있는 특성화된 철강재를 개발해야 한다. 또한 녹색 철강설비를 구축하고 친환경 고부가가치 소재개발을 통하여 신소재 수출을 확대하여야 한다.

정부는 녹색성장과 연계하여 철강소재 기술개발에 대한 지원을 강화해야 하는데, 고기능성 철강제품 기술개발과 제품화에 대한 체계적 지원이 필요하다. 철강소재 기술개발은 초기단계부터 철강 수요업체와 공동으로 추진하는 것이 효율적이다.

이를 위해 정부는 에너지 저효율 소재의 사용에 대한 규제를 강화하여 친환경 소재개발의 동기를 부여할 필요가 있다. 정부는 또한 혁신 철강기술 연구개발 투자에 대한 지원을 강화하여 철강업체들의 장기적 대규모 투자에 따르는 고위험성을 분담해 주어야 할 것이다. 에너지 절약시설에 대한 투자세액공제를 확대하고, 공정 내 에너지 회수 및 재활용 실적에 따르는 보상체계를 강화함으로써 에너지 효율을 높여나가야 할 것이다.

국내 철강업계의 온실가스 감축 기술개발은 과거 에너지 효율 향상에 역점을 두었으나 최근 기후변화 대응형 산업기술도 추진하고 있으며, CO_2 감축 기술은 향후 CO_2 포집저장(CCS) 기술로 발전해 저탄소형 혁신철강 기술로 이어질 전망이다.

더 이상 CO_2의 발생을 감축하는 것에 한계가 있다는 인식하에 공기 중 배출을 억제하는 CO_2 CCS 기술에 대한 관심이 커지고 있다. 이 기술은 아직은 연구단계로서, 안정성을 입증하고 경제성을 확보하는 문제가 선결되어야 하지만, 향후 CO_2 감축에 큰 기여를 할 전망이다. 일본의 NEDO는 2020년~30년 세계 CO_2 감축량의 40%가 CCS 기술을 통하여 이루어질 것으로 전망하고 있다.

현재 국내 CO_2 감축 기술로는 FINEX(Fine Ore Reduction Process) 공법과 스트립 캐스팅(strip casting)이 대표적인데, FINEX 공법은 포스코가 '07년 5월 세계 최초로 연산 150만톤 규모의 파이넥스 공장을 준공함으로써 상용화하였다. 원료 사전처리 공정이 생략되어 기존 고로공정과 비교해 황산화물(SOx), 질소산화물(NOx), 먼지의 배출량이 각각 19%, 10%, 52% 수준에 불과한 친환경 공법이다. 또한 스트립 캐스팅 기술은 설비투자비 40%, 공정원가 1/3, 에너지 소모는 75~85% 절감이 가능한 것으로 알려져 있다.

그밖에 부산물 재활용, 친환경 설비도입, 신재생에너지 설비투자 등으로 온실가스 감축을 추진할 필요가 있다. 부산물 재활용 대상으로는 철강슬래그가 대표적이며 제강분진(dust)의 재활용도 연구 중이다. 철강슬래그는 도로용 골재 등으로 100% 재활용되고 있고, 또 다른 부산물인 바이오슬래그는 해중림을 조성하여 CO_2를 감축한다.

제강분진은 중금속 함유와 환경규제 강화로 인하여 발생량의 70%가 매립되고 재활용률은 30%에 불과하여 분진 발생량을 줄이거나 재활용률을 높이는 방안이 필요하다. 분진 발생량을 저감하는 친환경 설비로는 비산먼지 문제를 원천적으로 해결할 수 있는 밀폐형 원료처리 시설, 에너지 절감형 전기로 등이 있다.

부산물을 부가가치가 높은 인공자원으로 재활용하고, 에너지 사용 원단위를 저감할 뿐만 아니라, 대기 및 수질 오염물질의 발생량을 근본적으로 저감하는 환경친화적 철강산업 체계 구축이 필요하다. 이에 따라 전력에너지를 주 연료로 사용하는 전기로 제강 공정에서는 전기로 조업 최적화를 통한 에너지 저감 대책이 요구된다.

국내에서도 환경친화적 철강생산 공정 개발을 추진하고 있으나, 기존 공정을 신공정으로 대체하기 위해서는 막대한 자본과 시간이 소요되므로, 기존 공정의 조업효율 향상과 동시에 환경친화적 산업구조 전환을 추진하여 지속 가능형 체계를 구축해야 한다.

4-5-5. 반도체산업

반도체산업은 세계 어느 국가이건 산업경쟁력의 척도가 될 수 있는 분야로 그 중요성이 증가되었으며 세계를 이끌어갈 정보혁명의 시대에서 첨단기술로써 전후방 산업계에 미치는 영향이 갈수록 증대되어 가고 있다. 한국도 역시 반도체기술 분야에서는 선진생산국의 입장이 되어있다.

최근 세계적으로 경쟁의 심화와 기술혁신에 대한 경쟁력이 세계무역기구의 출범과 동시에 대외적으로 무역제한조치가 발생되고 있다. 이는, 지구환경문제 해결의 빌미로 더 강화될 가능성이 제기되면서, 반도체와 관련된 산업에 큰 영향을 미칠 것으로 예상된다.

반도체산업은 청정산업으로 인지되고는 있지만 제조공정에서 포장재, 인쇄회로기판조각, 프린트기판, 세정폐액 등의 폐기물 등이 환경부하가 되고 있고, 반도체나 인쇄회로기판 제조에는 많은 화학적 공정이 포함되어 있어서 제조단계에서의 환경부하가 상대적으로 큰 편이다.

각종 세정액과 공정폐수의 배출과 부산물처리, 과잉 화학물질과 유해 및 독성물질을 포함한 부산물로부터 환경오염 문제를 야기할 수 있으며, 웨이퍼제조 및 회로설계, 웨이퍼가공, 조립 및 검사 등 반도체 생산공정 전반에 걸쳐 잘 관리되어야 한다.

반도체산업에서의 환경오염물질은 크게 폐유, 폐산, 폐알칼리, 폐플라스틱 및 기타 오염물질로서, [표 4-19]와 같으며, 폐유는 웨이퍼, 치구, 공구 등의 세척 및 Photo Lithography 공정의 감광제와 현상제 등에서 발생된다. 폐산은 특히 세정 및 Etching 공정 등에 사용되어 발생되는 불산, 황산, 초산, 염산 등이며, 특히 황산의 배출이 많다.

폐알칼리는 lithography, etching, resist 제거, 세정, 배기가스의 처리 등에서 발생되며, 폐플라스틱은 포장공정을 비롯하여 불량 칩에 의한 molding수지와 폐 magazine 등이 주류를 이루고 있다. 특히, 전자제품의 재활용이 적고 수명주기가 단축됨에 따라 폐기물이 대량 방출되고 있는 추세이기 때문에, 각국마다의 자국 내 환경기준을 강화하고 있다.

[표 4-19] 반도체산업에서의 주요 환경오염물질

폐기물	주 성 분		발생공정
폐산	진한 불소계용액(HF, NH4F)		에칭공정
	기 타(CH3COOH)		세정공정
폐알칼리	유기알칼리		리소그라피공정
폐유	유기용제	작산부틸, 키실렌	리소그라피공정
		아세톤, IPA, 메탄올 등	세정공정
	진공펌프류		CVD, 이온주입, 드라이에칭공정
플라스틱	몰드수지(Epoxy계), 캐리어케이스 등		조립공정, 포장재
유리	석영		확산, CVD, 세정공정
오염	수처리오염(CaF2, CaCPO4) 외		세정, CVD, 에피택셜, 에칭공정
금속	리드프레임(fe-Ni) 계		

출처: 국가청정생산지원센터, 2011

사실상 반도체산업은 늘 화학물질을 사용해왔고 많은 양의 비소, 인화수소, 유황 과산화물과 불화수소산은 환경오염과 인간건강에 대한 위험인자로 남아있게 되었다. 일본 및 유럽과 미국 등 선진국가에서는 이를 인식하고 반도체산업과 관련된 환경규제를 강화하고 있는 추세이다.

이러한 환경규제에 대응하기 위해서 폐기물처리 등 사후처리 기술보다는 제품의 설계, 장치, 공정, 제조, 소비자 사용단계 등 전 과정을 통한 환경오염방지를 위한 사전의 청정기술이 시급하다.

예를 들어, Deign For "X"와 같은 개념을 사용하여 제품의 설계단계에서부터 환경적인 요소를 고려하여 제품의 재조립 및 감량화, 부품의 단일화와 용이한 해체, 사용부품의 축소 및 재활용, 기능의 확대 등을 통하여 폐기물 발생량을 최소화해야 한다.

실질적으로 제품 사용량의 제한, 현재 기술의 개선 및 합리화, 중간처리를 통한 폐기물발생의 최소화나 재이용 등은 석유화학제품에 비하면 기술적으로 가능한 일이다.

반도체산업이 첨단산업이라 하지만 환경오염발생의 원인의 예외는 아니며, 이에 대한 해결책이나 관련 청정기술은 타 산업과 마찬가지로 폐기물발생의 최적화와 최소화, 유해물질의 재이용과 재활용으로 연계되는 기술이 요구된다.

4-5-6. 섬유산업

섬유산업의 염색공정은 염색폐수를 발생하는 주요 공정이며, 염료가 섬유에 고착되는 것 이외는 모두 폐수로 처리되어 환경오염의 주범이 된다. 섬유산업의 화학물질 유해도는 [표 4-20]과 같으며, 관련 청정기술의 개발이 유해물질의 공정 내 회수나 공정수 재활용을 통한 무배출 공정 및 기술이 시급한 실정이다.

[표 4-20] 섬유산업에서의 주요 화학물질 유해도 분류

화학물질 종류	처리의 난이도	유해정도
알칼리, 무기산, 천연염, 산화제	유해성이 낮은 무기오염물	아주낮음
전부호제, 유제, 지방, 왁스, 생분해성 표면처리제, 유기산, 환원제	쉽게 생분해되는 중상정도	낮음
염료, 형광중백제, 합성고분자가공제, 섬유고분자 불순물, 아크릴호제, 실리콘유제	염료 및 고분자, 생분해 곤란	보통
양보그리스, PVA호제, 전분 에스테르 및 에테르, 광물류, 표면처리제, 음이온/비이온 유연제	생분해가 어려운 중급정도	높음
포름알데히드, 메틸옹 반응제, 염소제용제, 캐리어 유연제, TPA, DST, 살균살충제, 탈착제, 중금속	기존 생물학적 처리에 부적합함. BOD가 아주 적음	아주높음

출처: 국가청정생산지원센터, 2011

섬유산업에서의 관련 청정기술은 주로 사후처리기법인데 그 대표적인 것이 생물학적 처리이나 독성을 갖는 폐기물이나 폐수에서는 그 한계를 나타내고 있다.

염색폐수에서 유해물질을 분해시키는 미생물 균주를 개발하는 선진국가도 있으나, 그 방법과 기술이 고도의 처리기술을 요하기 때문에 그러한 고정화 기술은 아직 보편화되고 있지 못한 실정이다. 종래의 막을 이용하는 기술과 물질을 분리하거나 농축하는 기술로써의 한계를 극복하기 위한 연구가 진행되고 있는 것으로 고찰된다.

국외에서의 분리막 공정을 통한 폐수처리기술이 성공적인 것으로 보고된 바 있고, 국내에서는 드물게 염료합성 폐수처리, 나염수 수세 및 후가공 폐수처리에 사용되고 있는 것으로 폐수로부터 유효물질을 회수하거나 용수 재사용에 사용된 적은 없는 것으로 보고 있다.

분리막 기술은 다량의 혼합 폐수에 적용하기에는 부적합하고, 폐수성분이 비교적 일정한 단위공정에서 발생되는 폐수를 분리하여 재사용 및 처리하는 데에 사용된다. 따라서 혼합폐수처리 효율을 최대화하는 기술이 시급하다.

상용공정에서 주로 사용되는 플럭스 최적화방법은 역세척이나 원수의 구성성분과 조업변수에는 높은 비선형성을 나타내기 때문에 기존의 최적화방법으로 결과를 예측하기에는 그 한계가 있다고 한다. 따라서 관련된 복합된 알고리즘의 개발연구가 필요하다.

산업폐수의 생물학적인 처리는 이 공정에 독성이나 유해물질이 유입되면 주차적인 환경오염문제를 발생하게 된다. 이에 따른 비용과 부산물의 처리 또한 또 다른 환경문제를 야기하게 되기에 효소이용에 대한 연구가 부족한 실정이다. 국내에서는 알칼리 회수공정에 대한 연구사례가 있고, 외국에서는 분리막을 이용한 유기물질의 회수나 음용수 중의 유기물질 분리 등의 주요공정에 대한 연구가 있다.

환경경영 체제에서의 ISO 14040과 같이 전주기 평가(LCA: Life Cycle Assessment)의 세부규정에 입각하여 환경부하를 최소화하면서 환경마크를 부여 받기 위한 노력으로, 제품의 특성에 맞게 설계부터 공정과 제조 그리고 폐기처분까지의 과정을 통해서 환경오염방지는 물론 기업의 비용절감 및 이미지 향상, 그리고 지속가능적인 기업의 발전을 위한 노력이 있어야 할 것으로 보인다. [표 4-21]은 한국과 선진국과의 폐수관리기술 수준을 비교한 것이다.

국내 섬유산업은 고용창출 효과가 크고 무역수지 흑자에 지속적으로 기여하여 왔으나, 대부분의 업체 규모가 크지 않은 전형적인 중소기업 업종이기 때문에 국제 환경규제 대응에 어려움을 겪고 있는 실정이다. 비록 에코라벨이 강제규제가 아닌 자율적 인증이긴 하나, 우리 몸에 직접 착용하는 섬유 제품을 선택할 때 에코라벨이 없으면 외면당할 수밖에 없는 현실이다.

에코라벨은 유럽에서 시작하여 전 세계적으로 꾸준히 확산되고 있으며, 라벨의 제정과 인증에 있어 제품 선택에 큰 영향력을 갖는 환경단체나 소비자단체 등의 의견이 반영되어 시행되어 왔기 때문에 수출기업 입장에서는 반드시 극복해야 할 문제인 것이다.

[표 4-21] 섬유산업의 폐수관리기술 수준

청정기술		선진국대비 기술수준	
		한 국	선진국
생물학적 산업폐수 처리기술	• 특정 고활성 균주선별 및 동정기술 • 균주 고정화기술 • 유동 고정화기술 • 신개념 생물반응기 설계, 제작 및 공정운전기술	75%	95%
	• 효소반응 산업폐수처리	10%	30%
분리막을 이용한 산업폐수 처리기술	• 분리막 및 모듈제작기술 • 분리막이용 공정기술	65%	90%
산업폐수의 무배출 및 공정내 재이용관리기술	• 산업폐수 무배출 공정기술 • 산업폐수의 공정 내 재이용기술	30%	50%

출처: 국가청정생산지원센터, 2011

섬유제품에 대한 EU 환경규제가 본격화 된지도 십여 년이 흘러, 국내에서도 시험 및 인증 서비스를 구축하여 왔고 규제정보도 제공하여 왔으나, 유럽 바이어들이 외국 시험기관을 지정하여 유해물질 시험을 원하는 경우가 있어 국내 수출기업들이 어려움을 겪고 있다. 또한 생산원가 절감을 위해 분산염료 등 원료 생산이 중국으로 이전함에 따라 염료제품 품질관리가 제대로 되지 않아 섬유제품이 인증을 받을 때 곤란을 겪는 경우도 발생하고 있다.

섬유제품에 대한 국제 환경규제에 대응하기 위해 가장 바람직한 방안은 친환경 소재를 개발하여 원천적으로 유해물질을 함유하지 않는 제품을 생산하는 것이다. 친환경, 고효율 소재를 개발하고 그린섬유 브랜드화를 추진하는 등 고부가가치 녹색산업구조로의 전환을 시도해야 하는 것이다.

이를 위해 관련 정부기관의 적극적인 지원과 더불어 산학연 공동연구 체제 구축이 필요하다. 이러한 노력의 일환으로, 한국섬유산업연합회는 국내 섬유업계 신성장동력으로 슈퍼섬유, 스마트섬유, 에코바이오섬유 등 신섬유 3개 분야를 중심으로 '2012 신섬유 기술로드맵' 수립에 들어갔다고 한다. 섬유산업에 IT기술을 비롯하여 ET, NT, BT, CT 등 첨단 기술들을 망라하여 '섬유산업의 융복합화'를 추구하고 있는 것이다.

또 하나의 중요한 대응방안으로서, 공신력 있는 국내 시험기관과 연구기관들이 상호협력 체계를 구축하여 기업에서 어려움을 겪고 있는 시료에 대하여 공동으로 시험 · 분석 지원을 제공함으로써 해외시장을 개척해나가야 할 것이다.

국내에서도 생산과 판매에 있어서 섬유제품의 안전성에 대한 공신력 있는 인증 필요성이 지속적으로 제기되어 왔는데, 한국섬유산업연합회는 시험연구소와 공동으로 2012년 하반기 운영을 목표로 국내 실정에 맞는 한국형 친환경 섬유제품 인증시스템을 마련 중에 있다고 한다.

한국형 섬유제품 에코라벨은 제품에 대한 안전성뿐만 아니라 제품 생산 공정상의 친환경성까지 고려하여 운영될 계획이며, 향후 사회적 · 윤리적 기준, 리사이클 등의 분야로 단계적으로 인증을 확대해 나갈 예정인 것으로 발표되었다.

결론적으로 에코라벨 등 섬유제품의 국제 환경규제에 대한 대응이 국내 섬유업계 전반에 걸쳐 부담요인이 되는 것은 사실이지만, 중장기적 관점에서는 개도국 섬유수출기업의 제품과 환경, 안전, 품질 등의 측면에서 차별화되어 오히려 시장 확대 및 경쟁력 향상의 기회가 될 수 있을 것이다.

4-5-7. 제지산업

제지산업은 용수 다소비, 에너지 다소비, 설비 의존형, 고형물 다량배출을 하는 환경오염의 주범적인 산업으로 다량의 폐수와 유기오염물질을 배출하고 있다. 이는 공정수의 적절한 처리와 용수 소비량의 최소화를 동시에 수행함으로써 제지산업이 환경오염에 주는 오명을 다소나마 줄어야한다.

전 세계적으로 물에 대한 공급능력과 재사용에 대한 관심이 고조되면서, 최근 들어 상수원에 대한 보호와 오염물농도에 대한 규제 등의 사회적요구가 점차 증대하고 있다.

제지산업에 있어서의 관련 청정기술은 첫째로 공정수의 폐쇄화를 들 수 있겠다. 일반적으로 제지공정의 폐수처리는 세 단계로 구분되는데 이는 폐수내의 부유물질 제거, 화학적 처리를 통한 용존물질 제거, 그리고 나머지 처리부분으로 나눌 수 있다.

폐쇄화를 통해, 폐수배출로 인한 환경오염의 감소뿐 아니라 공정수 사용량 및 공정 내의 에너지 절약과 각종 첨가제와 주원료의 유출 방지 등의 이점을 얻을 수 있다. 반면에, 용수 내에 오염물질의 축적이나 생산공정 내의 열 축적 등의 단점도 있다.

이 같은 문제점을 해결하기 위한 청정기술로 부유물질이나 유기 용존 물질에 대한 처리법이 연구되어왔고, 무기 용존물질 처리법에 관해서는 금속이온 봉쇄제를 이용하거나 이온교체를 폐수처리에 응용하는 등의 연구가 있다. 그러나 무엇보다도 공정수 처리 시스템의 개선과 최적화기술이 필요한 것이다. 해외의 연구개발이나 선진국의 예를 통해 용수 절감을 해야 할 시기인 것이다.

두 번째로, 생물학전 처리기술인 혐기성 메탄발효 공법인데 이는 폐기물로부터 에너지 회수가 가능하고 공정이 비교적 간단하고 산소공급이 불필요하고 경제적으로 알려져 있다.

외국의 관련 청정기술인 경우 AFFR(Anaerobic Fixed Film Reactor), UASB(Upflow Anaerobic Sludge Blanket Reactor)와 AFBR(Anaerobic Fludized Bed Reactor) 등과 같은 신공정기술은 초기 투자비용 절감과 메탄생성의 극대화로 상대적으로 경제적이며, 현재 일본, 유럽 등지에서 적용하고 있다. 제제산업의 공정수 및 폐수처리는 현재 표준 활성 슬러지공법과 순산소공법 등이 널리 사용되고 있으나 이들은 넓은 부지가 필요하다.

세 번째로, 제지공정수의 막분리 처리기술인데 이는 처리 단가가 높으며 제지공정수를 처리할 경우 심한 오염문제를 야기하는 등 많은 환경문제로 바로 적용하기는 어려움이 있다. 마지막으로 Water Pinch 기법은 여러 가지 단위조작시설로 최근 화공 플랜트에 도입되었고, 이 방법을 확대하여 물의 보존과 폐수발생의 최소화를 위한 공정수 이용 시스템에 적용될 수 있는 기술이 개발되었다.

생산시설의 전 공정을 고려하여 최적의 방안을 적용하는 총체적인 과정에 대한 재평가가 요구되고 있다. 특히, 석유화학단지, 정유 산업체 등의 산업플랜트에 Pinch 전산모사기술이 적용되어 온 것을 고려하면, 공정수의 이용 현황을 먼저 분석하고 최적 재이용 시스템의 개발이 시급하다.

4-5-8. 의약산업

의약산업에서의 의약품은 모든 작업의 대부분을 차지하는 회분식공정과 반회분식 및 연속공정으로 제조되고 가공되며, 방대한 배열의 복잡하고 복합적인 기술과 공정을 사용하고 일반적으로 발효, 화학합성, 천연물 추출, 제제화 및 포장, 그리고 R&D로 의약산업은 분류된다.

다양한 공정에서 발생되는 폐기물은 세정, 멸균장치, 화학약품, 부적합한 제품과 공정 등에서 나타나고 주로 무기염, 당 및 시럽을 포함한 장치 세척물과 휘발성 용매를 사용한 결과에서 발생되는 공기방출이다.

의약산업에서의 공장관리 및 조작에 대한 충분한 교육 등으로 어느 정도 오염방지를 할 수 있으나 원천적인 예방을 하기에는 그 관련 청정기술이 부족하다. 원재료 취급에 관한 기술과 재고관리, 재료치환이나 공정개선, 재활용 및 자원회수 등은 고무 산업이나 화학 산업에서의 폐기물 처리와 유사한 방법이며, 산업의 특성상 용매 폐기물의 재활용성 향상에 차별성이 있다고 본다.

5장 환경윤리

우리가 살고 있는 지금의 시대는 인류 전체의 생존 물음을 자신의 긴박한 주요 과제로 인식해야만 하는 상황에 놓여 있다. 이러한 상황은 근대 이후 인간 중심적 사고방식이 유기적 상호관계성을 근간으로 하는 생태계의 법칙을 깨뜨린 채 무절제하며 편파적인 진보를 인간 내에 가져왔기에 발생되어진 것이다.

그러기에 자연이 더 이상의 진보를 감당할 수 없을 만큼의 인내의 한계를 나타내 보이고 있는 지금, 모든 학문은 Eco에 대한 의식, 곧 우주적 생명 공간에 대한 자각을 우선적으로 수행하지 않을 수 없게 되었다.

환경윤리(environmental ethics)는 환경문제가 과학기술에 국한된 문제가 아니라 윤리학을 포함한 모든 학문의 관심 대상이 되어야 한다는 전제에서 출발한 분야이다. 환경에 대한 관심이 높아지면서 환경이 인간 삶의 질을 좌지우지할 뿐 아니라, 지구 존재 자체를 결정할 핵심적인 요인임을 인지하면서부터 인간은 심각한 문제에 직면하고 있는 것이다.

아름다운 세계가 금세기에 이르러 극심한 진통을 겪고 있다. 실로 모든 피조물이 함께 신음하며 고통을 겪고 있다고 성경에도 나와 있다. 인간은 우주의 중심이 되어 오직 그의 욕망의 성취를 위해 과학기술을 통해 자연을 정복하고 이용한다. 제한된 자원의 개발과 착취는 인간의 무한한 이기심, 폭발적인 인구 증가와 도시의 거대화, 군비경쟁, 불공정한 국제적인 경제질서, 남북문제 등으로 가속화 되었다.

이로써 생태계는 생명체들이 존립하기 불가능할 정도로 오염되었다. 이러한 환경오염은 온실효과, 산림 파괴, 산성비, 방사능 유출에 의한 핵 위험, 대기오염, 수질오염, 토양오염, 막을 수 없는 생물 공학 등으로 다양하게 나타난다.

이러한 환경 위기를 알리는 지표들이 합리적으로 충분히 지적되고 있는 현실에서 종래의 관점이나 태도가 전면적으로 재검토되고 수정되지 않는다면 우리는 자연에 대해 무책임한 결과를 낳게 될 것이다.

인간의 활동으로 비롯된 환경문제를 해결할 수 있는 대안을 모색하기 위해 환경윤리가 출현했다. 환경문제를 과학기술에 의존해서 해결할 수 있다고 생각하는 것은 모두 맞는 것은 아니다. 또한 추상적인 윤리 이론에 의존해서 환경문제를 해결할 수 있다고 보는 것도 아니다. 윤리학 없는 과학이나 과학 없는 윤리학으로 환경문제가 해결될 수는 없다. 환경윤리는 자연 세계에 대한 인간의 행동은 도덕적 규범에 의해 지배될 수 있다고 가정하고, 인간과 자연환경의 도덕적 관계에 대해 체계적이고 포괄적인 방법을 시도한다. 따라서 환경윤리는 법학, 사회학, 경제학, 생태학, 지리학, 신학 등 다양한 학문과 관련된다.

1972년 6월 스웨덴의 스톡홀름에서 유엔의 인간 환경 선언 문헌이 발표된 이래 환경오염 방지를 위한 국제 환경 규제 강화 움직임이 확산되는 가운데 1992년에는 유엔 환경개발회의를 통하여 환경 및 개발에 관한 리우데자네이루 선언이 채택되었다.

의제21에서는 개발과 보존의 조화를 위한 구체적 행동 지침을, 생물 다양성 협약에서는 원시림 등의 보호와 유전 공학 기술의 공유 등을, 기후 변화 협약에서는 온난화의 주범인 이산화탄소 배출 규제 등을 명문화하였으며 그밖에 유엔 직속의 가능한 개발 위원회와 그린피스 등의 민간단체 환경 기구인 비정부기구(NGO)를 설치하였다.

1999년 유엔 사무총장의 제안으로 2000년 7월 만들어진 자발적인 기업시민을 위한 이니셔티브가 바로 UN Global Compact이다. 이 협약에는 10대 원칙이 있고 그 중 7, 8, 9원칙이 환경에 다한 원칙이다. 법적인 구속력은 없지만 점차적으로 영향력이 강화되고 있고 전 세계적으로 인지도가 높이지고 있어 2005년 에 전 세계 2,300여 기업이 협약에 가입하고 있다.

UN Global Compact의 10 원칙 중 환경에 관한 원칙은 다음과 같다. 기업은 환경문제에 대한 예방적 접근을 지지하여야 한다(원칙7). 기업은 환경에 대한 책임 강화에 솔선수범 하여야 한다(원칙8). 기업은 환경친화적인 기술개발 및 보급을 지원하여야 한다(원칙9).

이처럼 기업의 윤리경영에 있어서 환경은 크게 자리 잡고 있으며, 현재 한국의 수질오염 실태는 1980년대 이후 산업폐수 발생량이 이미 그 기준치를 넘어선 지가 오래다. 폐기물 방출량과 내리는 비의 양이 선형적인 함수관계로 이미 물 부족 상황이 온 것이다. 대기오염 역시 심각한 사태에 이렀다.

환경윤리학은 인간의 자연에 대한 도덕적인 가치 판단을 탐구하는 학문이라 할 수 있으며, 그 판단 기준은 견해에 따라 차이는 있다. 미국의 생태학자인 알도 레오폴드(1887~1948)가 죽은 뒤 1949년 출간된 모래 마을의 달력은 환경윤리를 다룬 고전으로 손꼽힌다. 이 책의 핵심은 대지윤리라는 논문인데, 생태 중심 윤리에 대한 최초의 저술로 평가된다.

레오폴드는 생태학적 위기의 뿌리는 철학적인 것이라고 주장하고, 인간은 자연에 대해 도덕적 고려를 확대해야 한다고 제안했다. 1962년 미국 생물학자인 레이첼 카슨(1907~1964)은 침묵의 봄에서 살충제 남용이 결국 생태계의 파괴를 초래하여 봄이 와도 종달새의 노랫소리를 들을 수 없는 재앙이 닥쳐오고 있음을 경고하여 환경문제에 대한 일반 대중의 경각심을 불러일으키는 계기가 되었다.

미국의 기술학자인 린 화이트(1907~1987)는 1967년 3월에 발표한 생태 위기의 역사적 기원에서, 성경에서 나타나는 자연에 대한 인간 중심적 세계관이 환경 위기의 기원이라고 주장했고, 생태학자인 개럿 하딘(1915~2003)은 1968년 12월 발표한 공유지의 비극에서 환경을 보존하기 어려운 까닭은 비극적인 딜레마가 발생하기 때문이라고 설명했다.

이렇듯 환경에 대한 윤리적 가치판단은 생태학에 관한 지식에 근거하지 않을 수 없다. 즉 생태계의 보존과 다양성을 이해하는 지식, 인간은 자연의 지배자가 아니라 자연의 한 구성원이라는 인식, 모든 생물은 생존할 권리가 있다는 것과 지구 자원의 낭비는 환경의 오염과 파괴에 직결된다는 등의 생태학적 지식이 요구된다.

많은 철학자들이 전통적인 환경윤리 이론으로는 환경문제에 대응할 수 없다고 생각하고 윤리적인 것뿐만 아니라 형이상학, 인식론, 정치철학까지 아우르는 시도를 함에 따라 환경윤리학이 환경철학(environmental philosophy)으로 확대되었으며, 여기에는 근본생태주의, 사회생태주의, 생태여성주의가 포함된다.

인간의 삶은 그가 가장 이상적이라고 생각하는 가치관에 따라 결정된다. 오늘날의 현대 사회는 소유와 소비와 향락에 삶의 의미가 있다고 생각하는 것 같다. 보다 더 많이 소비하고 삶을 향유하며 이를 위하여 보다 더 많이 소유하며 풍요로운 삶을 누리게 되는 것을 현대인들은 발전 혹은 진보라고 말하여 이것을 기본 가치로 생각한다.

이를 얻기 위하여 힘의 획득과 확장을 끝없이 추구하는 현대인과 현대사회의 기본 태도는 특히 강대국들의 경제적, 군사적, 정치적 확장 욕심으로 집단화되어 나타난다. 이런 관점에서 볼 때 오늘날 생태계의 위기의 또 다른 근본 원인은 자연과학과 과학기술의 배면에서 작용하고 있는 기업들과 국가의 경제적, 정치적, 군사적 팽창욕심에 있다고 할 수 있다.

즉, 보다 더 새로운 물질, 보다 더 많은 물질의 소비 풍요와 행복, 힘의 획득과 유지, 자기 확장 등 이러한 가치관이 자연과학을 조종하고 생태계의 위기를 초래하고 있다. 그러므로 몰트만 교수는 생태계의 위기를 극복하는 길은 전 세계 국가들의 경제적 군사적 정치적 팽창욕심을 제어하는 데 있다고 주장한다.

현대 사회는 발전된 과학기술과 문명의 발달로 자연을 마음껏 이용하고 있고, 과학기술의 발달되고 지금의 편리한 생활을 누리게 되었다고 볼 수도 있다. 이렇게 주기만 하는 자연과 받기만 하는 인간의 관계에서 부작용으로 나타나고 있는 것이 현대 사회의 환경문제들이다.

인간이란 존재는 환경을 벗어나서는 살 수 없다. 따라서 오랜 옛날부터 사람들은 환경에 대해서 생각해 왔다. 사람과 환경과의 관계에 대한 윤리관이 사람들의 행동을 결정지어 왔던 것이다. 그 윤리관은 크게 동양의 윤리관과 서양의 윤리관으로 나눠볼 수 있다.

동서양의 자연에 대한 생각은 상반된다. 동양에서는 자연은 어머니 같은 존재로 인식된다. 따라서 당연하게 자연과 인간의 조화를 중시한다. 또한 자연은 자존자로서 자연의 이치 자체가 도이며, 그것에 순응하는 것이 인간의 도리일 것이다.

반면 서양은 한마디로 기계론적 자연관이라 할 수 있다. 서양에서는 자연을 개발되어야 하고, 지배하고 정복해야 할 것으로 본다. 이러한 차이에서 서양에서는 과학기술이 발달할 수 있었던 것이다. 이런 생각의 차이의 배경에는 동서양 종교의 차이에서 비롯된 것으로 볼 수 있다. 그래서 서양인들의 대자연관이 진취적이고 도전적이라면, 동양인들의 대자연관은 순응적이고 체념적이다.

전 세계적으로 자본주의라는 경제이데올로기는 공리주의 윤리학과 실용주의적이고 실증주의적인 학풍과 제휴하여 실재하는 것은 더 이상 이데아가 아니고 현상계이며, 영혼이 아니고 육체이며, 내면적인 것이 아니라 외면적인 것이라는 교리를 만들어 내었다.

사람들은 과학기술주의의 토대에 놓여 잇는 자연관에 대한 재검토를 요구하면서 동시에 인간과 인간의 관계만을 문제 삼는 전통적 인간 중심주의 윤리학과는 다른 새로운 윤리학을 모색하기에 이르렀다.

윤리의 국지성과 선한 양심을 중시하는 전통윤리학은 과학기술의 발전으로 말미암아 발생하는, 지금까지 인류가 전혀 보지도 듣지도 못했던 새로운 종류의 윤리적 문제들을 해결하지 못하는 무력함을 보여주고 있다. 유전자 조작이나 복제인간의 가능성 등 이런 변화들을 단지 자신의 선한 양심만으로는 판단할 수가 없게 되었다. 이리하여 이제 아는 것이 하나의 긴박한 윤리적 의무가 되었다. 뿐만 아니라 이제 인류는 소위 지구촌시대에 살게 되었다.

만약 우리가 근세 초에 살고 있다면 소말리아의 기근문제는 우리가 보고 듣는 것이 없는 한, 우리와는 아무런 관계가 없는 문제이지만, 이제 우리는 전 지구에서 일어나는 모든 일을 보고 듣고 할 수 있게 되었기에, 소말리아의 기근은 결코 우리와 무관한 일이 아니게 되었다. 뿐만 아니라 전통윤리는 미래의 인류에 대한 책임의 개념을 갖고 있지 않다. 그러나 이제 현대인은 생존이라는 당위를 위해 미래에 대한 책임을 져야하는 입장에 처해 있다.

전통적인 윤리학은 명백히 인간중심주의 윤리학, 즉 인간 대 인간의 관계에서 문제되는 것만을 다루는 윤리학이었으나, 이제 새로운 윤리학은 인간 대 인간의 관계 뿐 만 아니라, 인간 대 자연의 관계를 윤리적 고려와 책임을 대상으로 삼지 않으면 안 될 것이다.

5-1. 환경문제의 윤리적 실천이론

오늘의 생태학적 위기에 관한 윤리적 문제가 직접적으로는 인간과 자연의 윤리적 문제로 나타나게 된다. 생태계의 파괴에 대해서 경제학자들의 견해와 환경론자들의 견해의 두 가지로 나누어 생각해 볼 수 있다.

그런데 생태계에 대해 인간이 취하는 행동은 인간과 자연의 관계에 대한 우리 자신의 이해에 의해 결정되기 때문에 우리가 자연의 관계에 대해 올바른 생각을 갖지 않는 한 현재의 생태학적 위기는 과학 기술의 발달로는 해결할 수 없을 것이다.

따라서 인간은 과연 자연환경에 대한 대응과 실천을 어떻게 해야 하는 것인가라는 질문을 던지게 된다. 인간은 자연을 지배할 수 있다는 그릇된 사고의 탈피부터 해야 한다. 자연과 겸허하게 조화를 이루며 인간과 자연의 공존을 모색해야 한다. 새로운 자연보존제도의 형성과 자연에 대한 건전한 인식을 가져야 한다는 것이다. 많은 학자들은 또 다른 중요한 원인이 자연과학의 연구 방법에 있다고 지적한다. 자연과학은 자연을 연구의 대상으로 여겨, 자연을 객관화시키고 분석하며 개체화시키고 가장 작은 부분으로 환원시키는 방법을 사용하고 있다. 이러한 자연과학의 방법은 대상에 대한 지배와 대상의 이용을 그 목적으로 하고 있다.

이러한 관찰에 있어서는 각 대상은 구체적으로 살아 있는 존재, 삶의 과정으로부터 추상화된 존재로 파악된다. 그것은 분석되고 파악될 뿐이며 내가 그것을 어떻게 이용할 수 있느냐, 그것이 나에게 줄 수 있는 것이 무엇이냐의 관점에서만 분석되고 파악될 뿐이다. 사랑과 사귐의 관심이 아니라 소유와 지배의 관심이 지배한다.

따라서 자연에 대한 지식을 얻는 과정 또는 행동을 통해 과학자는 스스로의 자연에 대한 관계까지도 정립하게 된다. 이와 같은 도식에 비추어 볼 때, 과학기술지향주의가 인간으로 하여금 자연을 예전보다 더욱더 효율적으로 착취할 수 있도록 자연과 인간을 분리시키는 데 결정적인 패러다임을 제공한 것만은 부정할 수 없다. 특히 과학이 상업주의와 결탁함은 인간과 자연간의 극도의 괴리를 야기시켰다.

올바른 생태학적 지식의 교육이 요구되며, 국가차원에서의 자연보존정책이 실질적으로 의무사항으로 지적되어야 한다. 개인적인 인식개선과 국제적인 공통의식의 변화, 친환경적인 녹색생산과 소비를 위한 기술개발 등 다양한 노력이 필요한 것이다.

자연주의적 환경윤리는 인간중심적 환경윤리를 비판하면서 등장하였다. 자연주의적 환경윤리는 자연에 비도구적 가치를 인정하는 방식에 따라 개체론적 환경윤리와 전체론적 환경윤리로 나뉜다.

여기서 주목되는 환경윤리는 개체론적 환경윤리이다. 이는 하나하나의 개체로서의 생명체의 도덕적 지위나 권리를 승인하고, 그에 따라 도덕적으로 배려하는 것으로 자연 환경과 생태계를 보전할 수 있다고 보는 것이다. 개체론적 환경윤리는 방법론적으로 개체주의와 관련된다. 전체를 이해할 때 그것을 구성하는 요소 단위의 특성에 주목하게 된다.

개체론적 환경윤리에는 크게 고통을 느낄 수 있는 하나하나의 개체 동물의 고통을 해방시켜야 한다고 주장한 피터 싱어의 동물 해방론, 삶의 주체로서 삶을 살아가는 개체로서 동물의 도덕적 권리를 존중해야한다는 톰 레건의 동물 권리론과 마지막으로 살아있는 것 자체로 고유의 선을 가지고 이를 도덕적으로 배려해야한다는 폴 테일러의 생명 중심주의가 있다. 개체론적 환경윤리의 문제점은 개체주의에 있다. 개체주의에 따르면, 개체주의는 실재하는 것은 개체뿐이고 전체는 개체들의 단순한 집합이므로 개체들의 합으로 환원될 수 있다고 본다.

이 개체주의는 주체와 대상을 구분하는 고전 물리학의 이원론적 모형에 근거하고 있는데, 더 이상 현대는 이원론적 패러다임을 배척하기 때문에 개체론적 방법이 부분적으로만 의미를 가질 뿐 더 이상 포괄적인 방법론이나 지배적 패러다임으로서의 기능을 상실한 상태이다. 이에 개체주의는 사회를 설명하는 방법으로서 많은 문제점을 띨 뿐만 아니라 과거에 누렸던 절대적인 지위를 상실했다.

이에 윤리나 환경 윤리를 적용할 때에도 마찬가지 형태로 그 한계가 나타난다. 개체론적 환경윤리의 예를 들면 한 종(species)에게 좋은 행위가 어떤 개체(individual)에게는 반드시 좋은 결과를 나타내지 않을 수도 있다.

만약 개체 자신들에게 직접적인 이익이 되지 않는다는 이유로 개체들이 집단에게 좋은 결과를 나타날 수 있는 행위를 하지 않는다거나 그런 행위를 하는데 소극적이었을 경우 그에 따라 나타나는 결과들에 대해 다시 그 개체들에게 책임을 물을 수는 없다. 반대로 이 책임은 그 종들의 각각 개체들의 책임의 합으로 환원되지 않기 때문에 개체론적 환경윤리의 모순이 발생하게 된다.

또한 각 개체에 대한 도덕적 배려를 자연적으로 조성된 자연 보전과 그에 따른 환경 윤리를 마련하고자 할 경우 하나하나의 생명체를 개체론적으로 도덕적 고려를 하는 것만으로 환경위기 극복을 위해 자연이나 생태계를 보전하는데 성공적일 수 없다.

생명 중심주의의 경우 내재적 가치는 개별 유기체에게만 주어진다고 말함으로써 우리는 생태계, 무생물, 종에는 직접적인 의무가 없다고 주장한다. 피터 싱어의 동물 해방론은 1975년 오스트레일리아 윤리학자 피터 싱어(Peter Singer)가 동물 해방을 출간하면서 시작되었다. 피터 싱어는 공리주의 입장에 기초하여 동물의 도덕적 지위를 주장하고 이에 따른 인간의 도덕적 의무를 요구한다.

누군가에게 피해를 받아 고통이 생기면 고통을 줄이고 쾌락을 추구하고 싶은 이익관심이 생기게 된다. 고통과 쾌락을 느끼는 능력은 이익관심을 가지기 위한 전제조건으로, 싱어에 따르면 고통, 쾌락을 느끼는 능력을 가진 존재는 이익관심을 가지고 있기 때문에 도덕적 지위를 갖고, 도덕적으로 모두 동등하게 고려되어야 한다. 이에 고통을 느끼는 동물과 인간의 사이에 이익 충돌이 있을 때 후자의 이익을 보다 중시하는 것은 종 차별주의이라 말하며, 동물에게도 평등 원칙을 당연히 확대 적용해야 한다고 싱어는 주장하였다.

또한 싱어는 이익관심을 가진 존재가 도덕적 가치에 의거하지 않더라도 도덕적 지위를 갖기 때문에 인간은 이들에게 도덕적으로 평등하게 대할 의무와 고려할 책임이 있다는 것이지, 도덕적 권리를 지니고 있어서 인간이 도덕적 의무를 지는 것은 아니라고 말했다.

피터 싱어의 동물해방론은 동물에 대한 배려를 제공했다는 점에서 의의가 있으나 문제점도 제시되고 있다. 이익평등고려의 원칙에 따르면 두 가지 대안 중에서 하나를 결정할 때 각각 결과에 따른 고통의 총량을 계산해야 하는데, 여기서 이익관심을 어떻게 판가름 할 수 있는가와 고통을 느끼는 대상자에 있어 피터 싱어의 경우 동물로 한정지었다.

싱어는 도덕적 지위를 갖는 기준을 인간으로 상정하고 논의를 시작하게 되는데 이는 인간과 비슷한 측면을 가진 동물들에 한정해서만 도덕적 지위를 가질 수밖에 없는 문제도 제기된다.

미국의 철학자 톰 레건(Tom Regan)은 EMPTY CAGES라는 책을 통해 자신의 주장을 표방하게 된다. 레건은 권리론을 기반으로 동물에 대한 인간의 도덕적 의무를 강조한다. 레건은 동물이 갖고 있는 목적적인 윤리적 가치를 부정함으로써 동물의 권리를 무시했기 때문에 동물에 대한 인간의 다양한 활동을 비윤리적이라고 판단하는 것이다.

레건의 이러한 입장의 내재적 가치란 다른 사람의 이익관심과 욕구, 사용과 무관하게 스스로 자기 안에서 갖는 가치라고 설명한다. 설사 이것이 고통보다 쾌락을 더 많이 산출한다고 할지라도 고유의 가치로 인정함으로써 생명은 도구적 가치가 아님을 강조하는 것이다.

그러나 레건은 내재적 가치를 갖는 이유가 자율적 행위를 할 능력에서 비롯된다는 것에는 부정을 한다. 전통 철학자들은 자율적 행위를 할 능력을 기준으로 의무를 이해하고 행위를 결정하며 그에 따른 책임을 질 수 있는 도덕적 행위자와 미성년자, 유아, 정신지체아, 혼수상태의 인간 등과 같이 행위에 대한 책임을 물을 수 없는 도덕 무능력자로 나누었다.

여기서 도덕적 무능력자들은 도덕 행위자는 아니지만, 도덕적 지위는 가지기 때문에 도덕적 행위자는 그들에 대해 마음대로 할 수 없고, 도덕적으로 행위를 해야 한다고 레건은 설명한다. 이처럼 레건은 '도덕적 무능력자라도 도덕적 지위를 가지는 이유를 그들이 삶의 주체이기 때문이다' 라고 말한다. 삶의 주체라는 것은 단순히 살아있다는 것과는 다른 의미로, 그것에 요구되는 특성-지각, 기억, 믿음, 자기의식, 의도, 미래에 대한 감각 등을 가지고 있어야 한다.

이러한 속성은 생활을 하고 있는 1년 이상 된 정상적인 포유류 동물에게서 나타나므로 인간은 물론이고, 동물도 삶의 주체로, 삶의 주체 기준을 만족시키는 존재들은 내재적 가치를 지닌다고 보았다.

즉 삶의 주체를 만족시키는 개체는 내재적 가치를 갖는데, 동일하게 하나의 자격으로 갖기 때문에 내재적 가치란 관점에서 더 우수하거나 열등한 것은 없으며 그렇기 때문에 동물은 인간과 평등한 내재적 가치를 지닌다고 레건은 주장한다.

레건은 도덕적 행위자이건 도덕 무능력자이건 간에 평등한 내재적 가치를 가지기 때문에 자신들의 가치가 존중해서 대우받을 평등한 도덕적 권리를 가진다는 존중의 원리를 기본으로 한다.

이에 도덕적 행위자는 소극적 형태로 도덕적 무능력자에게 불공정하게 행위 하지 않을 의무를 가지며 또한 적극적 형태로 존중의 원리에 따라 정의에 의해 해를 입히지 않을 의무와 구제의 의무를 갖는다. 물론 로스의 조건부 이론처럼 개체의 권리가 제약되어 의무가 유보될 수도 있다고 시인한다.

톰 레건은 칸트적 의무론의 연장선상에서 동물의 권리가 분별될 때 인간의 의무가 확연해지고, 이에 따라 하나하나의 동물들이 인간의 온갖 위협으로부터 벗어날 수 있다고 보았다.

톰 레건은 동물의 권리를 부여함으로써 인간의 동물에 대한 도덕적 의무를 정당화하였다는 의의는 있으나 그 의무를 받는 도덕적 고려 대상의 영역을 좁게 잡아 생태 공동체의 중요한 구성원들을 무시하고 있다는 비판을 받는다.

또한 레건은 종에게 권리를 부여하지 않고 오직 개체에게 부여함으로써 어떤 한 동물의 멸종 위기에 처한 종의 구성원이라는 사실은 어떤 특별한 도덕적 의미를 지니지 못하게 된다. 피터 싱어와 마찬가지로 도덕적 지위를 갖는 기준으로 인간을 상정하고 논의를 시작함으로써 인간과 비슷한 측면을 가진 동물들만 도덕적 지위를 가질 수밖에 없다는 한계를 보인다.

폴 테일러의 생명 중심주의는 목적과 추구의 능력을 지닌 개체적인 생명체는 내재적 가치를 가짐으로서 도덕적 행위자가 이들에 대해 도덕적으로 의무를 지니게 된다는 이론이다. 이 이론은 슈바이처의 생명에의 경외 사상을 보다 체계적이고 정교한 형태로 발전시켰으며, 폴 테일러(Paul Taylor)는 1986년 자연에 대한 존중이라는 책을 통해 알려진다.

슈바이처는 모든 생명체가 늘 자신의 생명을 유지하기 위해 애쓰는 모습을 보면서 생명 일반에 대한 경외심과 생명 자체에 대한 놀라움과 두려움을 가지게 된다고 했다. 인간 생명체만 아니라 우주의 모든 생명체가 생명을 유지하고자 애쓴다는 점에서 본래적 가치를 지닌다고 생각한 것이다.

슈바이처에게 생명은 그 자체로의 선이며 존중받을 가치가 있다는 것이었다. 슈바이처는 생명경외를 개별 상황에 적용할 수 있는 일종의 규칙으로 보지 않았고 우리의 현재의 인격을 나타내는 태도로 보았으나 어쩔 수 없이 생명을 죽여야만 하는 상황이 존재할 경우 슈바이처는 이런 상황이라도 인간은 일말의 책임감을 느끼면 된다고 주장한다.

슈바이처의 생명에의 경외를 바탕으로 폴 테일러는 생명체는 고유한 선을 가지고 있다고 주장한다. 자연내의 존재는 살아있다면 그 자신의 고유한 선을 가질 수 있다고 말한다. 모든 살아있는 것이 고유의 선을 갖는 이유는 자기 고유의 목적에 따라 성장, 발전, 생존, 번식을 지향하는 목적론적 삶의 중심이기 때문이다.

여기서 테일러가 말하는 목적론적 생명 중심체로서 생명체가 갖는 선은 사실과 관련된 서술적 진술인 생물학적 선이지 가치와 관련된 규범적 주장인 윤리적 선은 아니다. 따라서 생명체가 자체적 선을 가지고 있다고 해서 곧바로 그 생명체가 도덕적으로 고려되어야 한다고 말할 수 없는 것이다.

이에 테일러는 생명체에 대한 도덕적 존중을 마련하기 위해서 생명체에 대한 자연 존중의 태도가 있어야 한다고 말한다. 이런 태도를 취한다면 도덕적 행위자는 자체적 선을 가지는 존재가 내재적 가치를 소유하는 것으로 생각하게 될 것이라는 것이다.

자연에 대한 존중은 궁극적인 도덕적 태도로서 자연에 대한 생명 중심적 관점으로 지지되거나 이해 가능한 것으로 설정된다. 생물 중심적 관점을 따를 때 자체적 선을 지닌 자연적 존재에게 도덕적 행위자가 의무를 갖게 되는 것 이다. 테일러는 이러한 의무를 악행금지의 규칙, 불간섭의 규칙, 신뢰의 규칙과 배상적 정의의 규칙으로 크게 구분하고 있다.

인간 중심적 입장에서 해석한 싱어와 레건과 달리 비인간 중심적 입장에서 주장을 했다는 점에서 큰 의의를 가지나 생명 중심주의도 다음과 같은 문제를 갖는다.

첫 번째로 내재적 가치의 문제이다. 폴 테일러는 생명의 객관적 가치를 인정함으로써 생명평등주의 입장으로, 이제까지의 인간 중심적 태도를 포기하고 자연을 소중히 대하면 생태계가 복원될 수 있다고 주장하나 이러한 실현 가능성은 매우 희박하다고 본다. 또한 환경 문제의 원천이 인간 중심주의이기 때문에 환경문제를 극복하기 위해서도 인간이 포함되어서 해결되어야 한다는 비판이다.

두 번째로 권리론에 관한 문제이다. 폴 테일러가 제시한 도덕 행위자의 요건이 인간 이외의 존재들을 포함시키기 어렵다는 것에 대한 비판이다. 세 번째로 실천규범의 문제이다. 테일러는 분배 정의의 원리 적용이 불가능한 경우 인간의 생존을 위해 동식물 모두 식용이 가능하다고 하였으나 그가 주장하는 생명평등주의에 어긋나는 자기 모순적 주장이라고 비판한다.

이렇듯 환경 윤리학이나 혹은 생태 윤리학에 대해서는 세 가지 서로 다른 입장이 제시되고 있다. 가장 일반적인 입장은 생태학이나 유기적 자연관은 근본적으로 새로운 자연 중심적인 윤리의 전개를 불가피하게 한다는 것이다. 이보다 덜 극단적인 두 번째 입장은 비록 생태학적 연구가 새로운 윤리의 전개를 필요로 하기는 하나 거기에는 보다 덜 극단적인 의미에서의 새로운 생태학적 방향 정의와 생태학적인 인식을 가지고 종래의 도덕 공동체의 범위를 보다 확대한 규범 윤리이다. 이를테면 동물 중심적이거나 생명 중심적인 윤리의 전개가 요구된다는 것이다.

세 번째 입장은 생태학적 연구가 중요하긴 하나 그로 인해 윤리학의 근본적인 혁신이 필요한 것은 아니며 단지 우리의 도덕적 의무와 도덕적 권리에 대한 보다 신중하고 합당한 규범 윤리학, 그런 의미에서 보다 신중하고 합리적인 그러한 인간 중심적인 윤리학이 요청된다는 것이다.

인간이외의 생명을 경시하는 현상들이 나타났는데 이것은 우리 사회가 급성장하면서 환경윤리를 강조하지 못했기 때문이다. 이는 환경과 내가 공존해야 된다는 것을 느끼지 못하기 때문에 환경윤리는 크게 보아 환경 문제를 다루는 윤리의 한 분과이다.

인간의 경우, 권리를 해명하는 가장 가망성 있는 논증은 인간이 내재적 가치를 소유함으로써 도덕적 권리를 갖고 있다고 본다. 인간이 내재적 가치를 갖는 것은 다른 사람들의 이해 관심에 논리적으로 독립해서 각자가 더 나아지거나 나빠질 수 있는 삶의 주체이기 때문이다.

각각의 인간은 생명의 주체로서 이 생명이 그에게 개인적으로 어떤 가치를 지니느냐에 상관없이 다른 사람의 이해와 논리적으로 독립해서 내재적 가치를 지닌다. 삶의 주체로서 내재적 가치를 지닌 인간에게는 그 가치를 침해하는 형태의 대우를 받지 않을 도덕적 권리가 있다. 똑같은 논리가 동물에게도 있다.

우리 인간이 생명의 주체로서 본유적 가치를 지니는 것과 마찬가지로 동물 역시 그들의 생명이 그들에게 어떤 가치를 지니느냐에 관계없이 내재적 가치를 지닌다는 것이다.

하지만 개체론적 환경윤리에 대한 비판도 만만치 않다. 먼저 싱어에 대한 비판 내용은 다음과 같다. 싱어에 의해 제기된 이익관심에 대한 동등한 고려의 원리는 유용한 결정 절차를 제공한다. 이것에 따르면, 두 가지 대안 중에서 하나를 결정할 경우, 각각이 결과하는 고통의 총량을 계산해야 한다.

하지만 이 계산이 매우 복잡하다는 사실을 금방 깨닫게 된다. 싱어 자신이 인정하듯이, 인간과 동물은 서로 다르며, 따라서 동등한 고려라는 것이 동등한 대우를 의미하지 않는다.

더욱이 이익관심과 고통은 그 정도에서 차이가 있다. 모든 이익관심이 동등하게 대우받을 가치가 있는 것은 아니며, 모든 고통이 다 동등하지는 않다. 따라서 싱어에 관련된 비판은 측정의 문제라고 할 수 있다.

테일러의 생명 중심주의에 대한 비판 중 가장 큰 것은 실행 가능성에 대한 비판이다. 켈리코트에 따르면, 테일러의 요구대로 산다는 것은 수도승처럼 살거나 아니면 위선 속에서 자기를 속여가면서, 극심한 양심의 가책을 느끼며 산다는 것을 의미한다고 지적한다.

테일러 환경윤리의 또 다른 문제점은 보상적 정의의 원리인 문제이다. 테일러는 인간의 이해 관심 추구로 인해 동식물의 기초적 이해 관심이 박탈되었을 경우 그 유기체나 그가 속한 종의 다른 유기체에게 보상이나 배상이 이루어져야 정의의 형평성이 회복될 수 있다고 논의한다.

그러나 이는 피해를 본 개체가 보상을 받는 것이 아니라, 그의 종의 다른 개체들에게 보상을 하는 것은 개체론적 보상이 아닌 전체론적 보상으로 보아야 한다. 이러한 해결책은 우리의 의무가 유기체의 종에 대한 의무라는 것을 함축하는 것으로 테일러의 기반인 개체주의를 포기를 의미한다.

5-2. 환경과 기술윤리

인간이 자연에 대하여 하는 행위의 입장에서 오늘의 생태학적 위기에 관한 윤리적 문제가 직접적으로는 인간과 자연의 문제로 나타나게 된다. 본 장에서는 생태계에 대해서 환경론자와 기술공학적인 견해 두 가지로 나누어 생각해 보고자 한다.

이는, 산업혁명 이후 환경오염의 주범이 기업과 산업이면 인간이기 때문이며, 이를 위해 온갖 수단고가 방법을 가리지 않고 공학의 개발하고 기술의 발달에 환경을 무시한 채 최선의 노력만을 경주해 왔기 때문이다.

인간이 취해왔던 환경에 대한 행동은 인간과 자연의 관계에 대한 인간 자신만의 이해에 의해 결정되기 때문에 인간이 자연의 관계에 대해 올바른 생각을 갖지 않는 한 현재 지구상의 위기는 과학기술의 발달로는 해결할 수 없기 때문이다.

윤리란 말의 윤(倫)은 동료, 이웃, 좁은 의미의 사회를 뜻하며, 윤리는 공동생활의 질서와 규범이라고 말할 수 있다. 전통적으로 윤리학은 인간의 자유와 선(善)과 행위를 문제 삼는 실천적 분야를 다루어 왔으며, 자연과 신을 대상으로 하지 않았다.

지금까지의 윤리는 사람과 사람이 어떻게 갈등 없이 함께 지낼 수 있을까 하는 원칙을 밝혀왔다고 볼 수 있으나, 이제는 기업과 환경 산업과 인간 등 관련된 윤리에 대한 인식을 할 때가 이미 도래한 것이다.

그 동안 인류 역사에는 여러 가지 윤리 체계가 제시되어 왔다. 그리스 시대에 궤변론자들이 제시한 쾌락주의는 한 개인에게 쾌락을 주는 행위는 좋은 것이라고 주장하였다.

공리주의는 최대 다수의 최대 행복을 도모하는 행위가 선하다고 보지만, 신 공리주의 윤리는 행복의 최대화보다는 고통의 최소화가 더 중요하다고 주장한다. 이타주의는 남의 이익을 자기 이익보다 우위에 놓는 원칙이며 이기주의는 반대로 자신의 이익을 앞세우는 윤리 체계이다.

여기서 주목해야 할 것은 전통적인 윤리 체계는 사람과 사람 사이의 갈등을 해소시키기 위한 원칙만을 문제 삼았다는 점이다. 그러나 20세기에 대두된 환경 문제와 환경 위기는 사람 사이의 갈등이 주제가 아니라 사람과 동물, 사람과 식물, 그리고 사람과 무생물인 강산 사이의 관계가 문제가 된다.

그러므로 환경 윤리는 사람과 자연물과의 관계를 대상으로 한다는 점에서 새로운 차원의 윤리라고 볼 수 있다. 환경 윤리의 전개를 위해서 중요한 질문은 자연물에 어떠한 가치가 있는가 하는 것이다. 물론 자연물에는 인간을 위해서 유용한 가치가 있다. 집, 옷, 식량 등은 모두 자연이 제공하는 것이다.

아름다운 강과 산은 인간에게 휴식처를 제공하고, 많은 의약품이 곰팡이, 약초 등에서 나온다. 천연두를 퇴치하는 데에는 소가 공헌했고, 의약품의 안전성을 검사하는 데에는 생쥐가 사용되므로, 동식물을 포함한 자연물은 인간을 위한 도구적 가치를 지니고 있다고 말할 수 있다. 자연물이 도구적 가치를 지니고 있다는 사실을 인정하는 것만으로도 우리는 환경 윤리를 확립할 기초를 발견할 수 있다.

자연물에는 인간을 위한 도구적 가치뿐만이 아니고 내재적 가치가 있다고 보는 견해가 대두되고 있다. 내재적 가치란 다른 것을 위한 수단이 되는 가치가 아니고, 그 자체의 존재에 가치가 포함되어 있다는 것을 말한다.

새로운 환경 윤리에 따르면, 자연물이 인간을 위해서가 아니고 그 자체 독립적인 존재로서 가치가 있다는 것이다. 자연물에 내재적 가치를 부여할 수 있다는 주장에는 현대의 생명 과학에서 밝혀진 몇 가지 사실들이 크게 공헌하였다.

첫째, 자연계는 무기물과 유기물, 식물과 동물, 그리고 인간이 물질 대사를 통하여 상호의존하고 있는 하나의 생태계를 이루며, 국지적으로 한 요소의 단절은 그 지역 생태계의 파괴를 일으킨다.

둘째, 일상인이 보기에는 자연계에서 무생물, 동식물과 인간 사이의 구별이 뚜렷하다. 그러나 바이러스는 무생물과 생물의 중간적인 존재로 간주된다.

셋째, 인간에게 고유하다고 보던 정신 현상을 범자연적인 것으로 보는 견해가 있다. 다시 말해서 인간에게 나타나는 정신과 신체의 이중성이라는 현상을 모든 존재에 대해 인정할 수 있다는 생각이다.

기업의 환경 윤리는 사상적으로는 오랜 역사를 가졌지만 학술 용어로서는 최근에 사용되었다. 국제 철학회의 환경 윤리분과는 1968년에 처음으로 창설되었으며, 1979년에 계간인 전문 학술지 환경 윤리가 미국에서 발간되기 시작하였다.

환경 문제를 해결하기 위해서는 인간의 인식에 변화가 있어야 한다는 지적은 이미 현대 기업들이 인지하고 있다. 이를 위한 윤리의 필요성은 지구보존을 위해서 필수불가결한 철학인 것이다.

5-2-1. 기업윤리

기업윤리의 일반적인 의미로 기업과 관련된 옳고 그름의 문제를 다루는 분야로 기업의 이윤 추구 과정에서 많은 윤리적인 문제가 발생하는데, 기업과 관련된 윤리적인 문제는 무엇이며, 기업들이 어떻게 대처해야 하는지를 연구하는 분야이다. 시장, 환경, 소비자 마케팅, 고용, 조직에 이르기까지 기업윤리는 광범위하게 적용된다.

이는 기업의 경영자와 구성원들이 조직 내부에서 지켜야 할 행동의 기준이며, 혁신을 추구하는 기업가 정신을 바탕으로 정당한 방법을 통하여 기업을 올바르게 운영하는 기준을 말한다.

동시에 기업 윤리는 다른 경제 주체와 상호 의존하는 경제 사회의 한 구성원으로서 가져야 하는 기업의 도덕적 책임도 포함되는 것으로, 기업의 도덕성, 경영 방식 및 경영 정책의 평가 기준이 된다.

그러나 환경을 고려한 기업윤리는 기업환경 전체는 각종 하위 시스템으로 이루어진 하나의 시스템이라고 할 수 있다. 제1차적으로 환경요소인 출자자, 종업원, 소비자, 협력기업 등을 말하고, 제2차적 환경요소인 경제환경과 기술환경 등으로 구성된다. 여기서 경제환경이란 국제수지, 경제성장률, 국민 1인당 GNP, 소비구조의 변화, 업계의 성장률, 노동력 수급, 인건비 등을 말하고, 기술환경이란 제조공정, 원재료, 제품, 물적 유통, 기술정보 등을 말한다.

마지막으로 제3차적 환경요소인 사회 환경과 자연환경 등으로서 사회환경이란 출생률, 사망률, 고령자의 증가, 가족구성의 변화, 도시의 과밀화, 교통의 변화, 가치관 등을 말하고, 자연환경이란 대기, 일광, 하천, 바다, 녹지 등을 말한다.

따라서 기업은 신제품 개발이나 새 공장의 건설을 기획할 경우 경제환경이나 기술환경에만 주의를 집중하기 쉬우나 사회환경이나 자연환경에의 배려는 기업의 사회적 책임의 하나로서 요청되며 이 방면에 있어서의 환경평가가 중요시되고 있다.

기업의 전형적인 조직은 상하관계에 기인된다. 기업의 소유자는 새로운 가치창출을 위해 최대한의 노력을 할 것이다. 미국의 NSPE에서 기업윤리 규정을 먼저 대중의 안전, 건강 및 복리를 최우선으로 한다.

전문가로서의 공학행위에 대해 고려하면 좀 더 안전성을 확보하면서 최종적으로 품질의 질적인 향상을 위해 노력해야 할 것이다. 그러나 공학이나 기술전문가가 미래를 확실하게 예측할 수 없는 것과 마찬가지로 어떤 책임을 부과하는 것이 정량적으로 쉬운 일이 아닐 것이다.

특히 환경에 대한 관련된 규정을 부여한다는 것은 더욱 어려울 것이다. 아무리 튼튼한 건물과 다리를 설계하고 만들었다 해도 커다란 자연 재해에 쉽게 무너지는 현상을 보았을 것이다. 이는 한 가지 방법으로 설계를 하는 것도 아니고 하나의 기술로 구조를 만드는 것도 아니고 통합적인 개념이 있기 때문이다.

1980년대 미국을 비롯한 유럽국가에서는 일본의 경영방침과 기술기법에 대해 상당한 관심을 갖고 벤치마킹을 하고자 하는 기업들이 나타났었다. 이는 평생 직업이라는 시스템에 외국기업의 경우는 놀라지 않을 수 없었던 것 이다. 미국 기업의 예로 봐도 종업원의 직업이동에 관해 많은 문제점을 시사한 바 있다.

대규모되고 다각화 된 기업에서는 전문분야에 숙달된 종업원의 지속적인 참여를 필요로 하게 된 것이다. 기업의 직업윤리는 학문적 영역이다. 한국은 직업적 윤리, 미국은 직업윤리, 일본은 기술자 윤리라 하는데, 이는 공학과 기술윤리를 포함하여 사회 전반의 모든 공학 및 기술자들에게 요구되는 사항인 것이다. 환경에 부합되는 설계와 제품에 대한 책임은 현대 기업의 윤리에 있어서 가장 중요한 요소가 된 것이다.

미국의 다우존스지속가능성 지수의 평가 요소에는 환경의 환경방침 및 환경경영이 비중 4.8%의 평가 요소로 들어있으며, 환경성과가 6.0%, 환경보고서 2.4%로서 기업의 환경윤리에 대한 기업평가에서 중요한 요소로 자리 잡고 있다. 또한 영국의 FTSE4Good에도 환경 부분은 [표 5-1] 및 [표 5-2]와 같이 큰 위치를 자리 잡고 있다.

[표 5-1] FTSE4Good 항목별 지표 환경 부분

	구분	세부지표
환경 (Environment)	환경방침	핵심이슈에 대한 기업의 방침, 이사회 및 환경부서의 책임 외부 리포팅, 모니터링, 감사, 전 세계적으로 이용되는 기준 이해관계자들의 참여 정도, 제품 및 서비스의 영향 지속가능성을 위한 방침
	환경경영	환경방침의 존재, 주요 환경영향의 규명, 문서화된 목표 및 세부목표, 절차, 매뉴얼, 실행계획의 개요, 내부 감사 및 보고
	환경보고	환경방침 주요영향, 정량적인 자료공개, 목표대비성과 환경경영시스템의 개요, 법규 위반, 벌금, 사고 재무적 측면, 독립적 검증, 이해관계자와의 의사소통 지속가능성 이슈에의 포함

출처: 기업의 윤리경영전략과 윤리경영, 2012

[표 5-2] FTSE4Good 산업기준 환경영향 분류

환경영향(大)	환경영향(中)	환경영향(小)
농업 (Agriculture) 항공 (Air transport) 공항 (Airports) 건축자재(Building materials) 화학 및 제약 (Chemicals and Pharmaceuticals) 건축 (Construction) 시스템 엔지니어링 (Major systems engineering) 패스트푸드 (Fast Food Chains) 식음료 및 담배(Food, beverages and tobacco) 광업 (Metals) 석유 및 가스 (Oil and gas) 전력 (Power generation) 수송 및 물류(Road distribution and shipping) 슈퍼마켓 (Supermarkets) 자동차 제조(Vehicle Manufacture) 폐기물 처리(Waste) 병해충 방제 (Pest Control)	건축자재 (DIY & Building Supplies) 전기전자 (Electronic and Electrical equipment) 에너지 및 연료유통(Energy and Fuel Distribution) 엔지니어링 및 기계 (Engineering and machinery) 금융 (Financials not elsewhere classified) 호텔관련(Hotels, catering and facilities management) 기타 제조업(Manufacturers not elsewhere classified) 항만 (Ports) 인쇄 및 신문 (Printing & Newspaper Publishing) 부동산 개발업자(Property developers) 차량대여 (Vehicle Hire) 대중교통 (Public transport)	정보기술 (Information Technology) 미디어 (Media) 소매금융 등 (Consumer / mortgage finance) 부동산 투자 (Property Investors) 리서치 및 개발 (Research & Development) 기타 레저업 (Leisure not elsewhere classified) 지원 서비스 (Support Services) 통신 (Telecom)도매 유통업 (Wholesaledistribution)

출처: 기업의 윤리경영전략과 윤리경영, 2012

기업의 환경윤리와 부합된 환경경영 부문에서는 환경관리계획을 수립하는 것에서 시작하여 확산단계에서는 환경개선성과를 공개하고, 필요에 따라 환경경영체제를 구축하는 등 도입단계에서 수립한 계획을 실천하는 것이 필요하며, 정착단계에서는 환경성과평가 시스템 구축하여 지속적으로 성과를 관리하고 환경성과에 대한 보상체계를 마련하는 것을 선택적 실행 프로그램으로 제시하여야 한다.

환경경영 분야는 제조업과 건설업 위주로 추진되고 있으나, 서비스업의 경우에도 에너지 사용절감 등 환경개선성과의 관리에 있어서는 세계적 추세에 부합할 수 있도록 일부 추진되어야 한다.

중소규모의 공기업의 경우 환경전담조직 구성은 현실적으로 어려움이 있을 수 있으나, 단계적으로 환경담당인력을 배치하여 환경경영체제를 구축하는 것이 필요한 것이다.

환경경영 도입단계에서는 에너지사용, 대기배출 및 폐기물 관리 등 환경관리계획을 수립하는 것이 필요하다. 또한 기업 내 환경성과를 통합적으로 관리할 수 있는 계획을 수립하는 것도 바람직하다.

확산단계에서는 환경담당인력을 지정하는 등 환경조직을 구축하고 임원급에서도 사내외 환경이슈에 대해서 주기적으로 검토할 수 있는 환경경영위원회를 구축할 필요성이 있다.

환경인력 배치, 위원회 구성 등 조직구성을 통한 환경경영시스템 구축은 선택적으로 실행하되, 규모가 일정 수준 이상인 공기업이나 환경적 부하가 큰 건설업과 같은 업종의 경우에는 필수적으로 추진하여야 한다.

환경경영을 체계적으로 지원하는 환경경영시스템(EMS: Environmental Management System)을 사내에 구축하고 필요한 경우 국제표준화기구(ISO)에서 정한 국제 환경경영시스템 표준인 ISO14001을 획득한다면 보다 공신력 있는 환경경영시스템을 갖춘 것으로 인정받을 수 있을 것이며, 이 시스템에 따라서 주기적으로 모니터링, 감사, 개선계획 수립 등이 이루어지게 된다.

환경경영 확산단계에서 필수적으로 갖추어야 할 부분은 자사의 환경성과를 기업 웹사이트 내 게시, 환경보고서발간 등을 통해 외부에 알리는 것이다. 환경보고서 작성을 위한 가이드라인과 국내외 많은 사례들이 현재 개발되어 있기 때문에 환경보고서를 발간하고자 하는 기업들은 환경부에서 제공하고 있는 환경보고서 가이드라인과 일부 공기업들이 발간한 환경보고서를 참고하는 것이 바람직하다.

정착단계에서는 도입과 환산단계를 거치면서 제정된 방침과 구축된 시스템들을 보다 체계적으로 관리할 수 있는 환경성과평가시스템을 갖추는 것이 필요하다. ISO14031로 국제적으로 표준화된 환경성과평가(EPE: Environmental Performance Evaluation)는 조직의 환경성과에 관련된 경영의사결정을 지원하는 도구로서, 환경성과의 기준, 보고 및 의사소통 등을 위해 지표를 선정하고 자료를 수집 · 분석하며, 정보를 평가하는 것이며, 이러한 과정을 정기적으로 검토하고 개선하는 과정으로 정의할 수 있다.

또한 환경비용 및 편익을 화폐단위로 관리하고자 하는 기업의 경우 환경회계시스템을 도입한다면 보다 효과적으로 환경비용과 편익을 관리할 수 있을 것이다.

환경회계란 기업의 사업 활동으로 인해 과거와 현재에 걸쳐 발생하고, 미래에 발생할 환경영향에 대처하기 위한 환경비용과 기업의 환경보전 활동에 의해 얻을 수 있는 효과를 가능한 정량적으로 파악, 측정하고 분석하여 이를 내 · 외부 이해관계자에게 공표하는 것이다. 환경성과평가 및 환경회계 도입을 위해서는 환경부에서 제공하고 있는 가이드라인([표 5-3])과 관련 기업 사례를 참고할 수 있다.

환경경영을 도입하는 기업들은 일반적으로 환경방침을 개발하여 외부에 공개함으로서 자사의 환경경영에 대한 의지를 대내외에 선언하게 된다. 기업들은 환경보고서 작성 시 환경부에서 개발한 환경보고서 가이드라인을 참고하는 것이 유용하다. 현재 한국에서는 아래와 같이 대기업을 중심으로 50여개 기업이 환경보고서를 작성하여 이해관계자에게 공개하고 있다.

환경보고서 가이드라인은 2002년 처음 환경부에 의해 발간된 이후 매년 개정되어왔다. 환경보고서 가이드라인 2004의 정보공개분야는 1. 개요, 2. 환경비전 및 전략, 3. 환경경영시스템, 4. 환경영향 및 성과, 5. 이해관계자 파트너십, 6. 지속가능한 기업전략, 7. 부록 7개 분야 41개 항목으로 이루어져 있다. 41개의 항목은 핵심 25개 항목과 부가 16개 항목으로 구성되어 있다.

[표 5-3] 환경보고서 가이드라인 주요 내용

공 개 분 야	공개항목	
	핵심(Core Indicator)	부가(Additional Indicator)
1. 개요 (4)	1.1 최고경영자의 선언 1.2 기업 개요 1.3 환경보고서 개요	1.4 요약문
2. 환경비전 및 전략 (4)	2.1 환경방침 2.2 중장기 환경목표	2.3 당해년도 환경목표 달성실적 2.4 차기년도 환경목표
3. 환경경영시스템 (6)	3.1 환경경영체제 3.2 환경사고 대응체계 3.3 환경감사 3.4 환경교육	3.5 환경성과평가(EPE) 3.6 환경회계
4. 환경영향 및 성과 (16)	4.1 자원 사용 4.2 용수 사용 4.3 에너지 사용 4.4 온실가스 배출 4.5 오존층파괴물질사용 및 배출 4.6 대기오염물질 배출 4.7 수질오염물질 배출 4.8 폐기물 배출 및 재활용 4.9 토양오염관리 4.10 환경영향평가 4.11 환경친화제품 4.12 환경친화적인 포장	4.13 환경친화적인 수송 4.14. 보건 · 안전 4.15. 소음 · 진동 4.16. 유해화학물질관리
5. 이해관계자 파트너십 (6)	5.1 자연생태계 보전노력 5.2 친환경 공급망관리 5.3 법규 준수 5.4 인증 · 수상 5.5 환경커뮤니케이션 활동	
6. 지속가능한 기업 경영(1)	-	6.1 지속가능한 기업 경영
7. 부록 (5)	-	7.1 제3자 검증의견서 7.2 용어정의 7.3 설문지 7.4 설문분석결과 7.5 사업장별 환경데이터

출처: 국가청렴위원회, 2006

환경성과평가는 기업의 환경성과기준과 과거 및 현재의 환경성과를 비교하는 정보를 제공하는 지표를 사용하는 내부경영절차로서 ISO 14031 에서는 환경성과평가수행의 단계를 계획(plan)–실행(do)–점검(check)–조치(act)의 경영모형을 따르고 있다. 계획은 환경성과평가의 지표를 설정하는 단계로서 지표 선정절차는 기존의 지표로부터의 선택과 새로운 지표의 개발을 모두 포함한다.

실행은 선정된 지표에 적합한 자료를 수집하는 것으로서 수집된 자료를 이용하여 조직의 환경성과를 설명할 수 있도록 정보의 형태로 전환한다. 조직의 환경기준에 준하여 조직의 환경성과를 설명하는 정보를 평가, 보고, 전달하는 과정이 포함된다. 점검과 조치는 주기적으로 환경성과평가를 검토하고 개선하는 단계이다.

기업의 환경 목표 및 이슈를 비롯하여 환경경영 활동 전반을 파악하기 위한 기초 작업으로서 문헌연구, 벤치마킹 그리고 환경진단으로 구분된다. 문헌연구에서는 기업의 환경성과평가 시스템 구축에 필요한 내부 및 외부 문헌을 분석하는 것으로서 내부의 환경경영시스템 관련 문서 및 환경영향평가 규정서, ISO 요건, 해외 환경성과평가 가이드라인 그리고 조직의 성과관리에 근간이 되는 BSC(Balanced Score Card) 등 관련 문헌을 조사한다.

벤치마킹은 국내외 사례를 활용하기 위한 측면으로서 특히, 해당 기업과 유사한 성격을 가진 국내 동종업계의 환경경영 현황 및 환경성과평가 수행 사례 등을 벤치마킹 하는 것이 바람직하다.

환경진단은 기업에 현실적으로 적용 가능한 환경성과평가시스템 구축하기 위한 것으로서 기업 내부의 다양한 사업부문별 또는 사업장별 환경이슈 및 환경경영 운영 실태, 데이터 유형 및 관리 상황을 진단함으로써 최적의 시스템을 구축하기 위한 자료를 수집하기 위함이다. 환경진단의 또 다른 목적은 기업 내부 직원들의 환경경영 및 성과관리에 대한 이해를 높이는 동시에 시스템 구축 시 다양한 의견을 수렴하는 것이다.

환경성과를 평가하기 위한 지표 즉 항목을 선정하는 것으로 시스템 구축 시 가장 많은 시간과 인력이 투입되는 단계이다. 기업의 환경경영 현황 진단을 통해 도출된 사업부문별 또는 사업장별 환경경영 내용 및 이슈를 중심으로 1차적인 환경성과지표를 도출하고 다양한 이해관계자 의견을 수렴하여 최종 지표를 선정한다. 지표를 선정함에 있어 정성적으로 관리되거나 평가할 수 있는 명확한 기준이 없을 경우 성과로서 측정가능성을 고려한 조작적 정의 방법이 활용되기도 한다.

선정된 환경성과지표를 성과로 해석하는데 필요한 지표별 가중치나 척도를 개발하는 것으로서 기존의 환경경영 목표 및 성과, 최근의 데이터를 바탕으로 가능한 정량적으로 개발하는 것이 중요한다. 평가 방법에는 척도, 가중치가 필수적으로 요구되며 목적에 따라 지수형태로 평가를 수행할 수 있다.

환경성과평가에 필요한 지표별 해당 정보를 다양한 사업부문 또는 사업장의 사용자가 입력하고 계산할 수 있는 지원 프로그램으로서 필요 시 데이터의 업데이트 및 평가가 용이하여 환경성과평가시스템의 지속적인 유지에 활용 가능하다.

이러한 프로그램은 가중치개발을 위한 설문조사나 그에 따른 결과 산출 및 보고를 지원하는 데 유용하다. 이러한 프로그램은 환경성과평가시스템이 일정 수준으로 정착되었을 때 내부 데이터관리시스템과 연계되는 것이 바람직하다.

기업의 윤리경영문제는 세계화가 심화되는 국가간의 거래 때문에 국제거래의 주요과제로 부각되기 시작하면서 부터이다. 미국 등 선진국가에서는 윤리경영을 전 세계적인 표준화로 제정하고 강화하려는 움직임이 있고 OECD와 WTO 등 국제기구에서의 비윤리적 기업의 생산제품과 서비스에 대한 국제시장 진입을 규제하고 있는 실정이다.

기업의 윤리경영 개념은 기업의 모든 이해관계자에 대한 추구이념을 충족시킴으로써 경영혁신을 이루어 국민의 신뢰와 사랑을 획득하고 이를 통하여 기업의 지속적 발전을 도모하기 위한 미래경영전략이다. 그러나 기업의 윤리경영에 대한 올바른 이해가 요구된다.

윤리경영 시스템을 본격적으로 도입하고 추진하고자 할 때 초기에는 어느 정도의 비용과 시간이 투입되는 것은 사실이지만, 기업이익의 희생이 아니라 기업의 지속 가능한 글로벌 기업 경쟁력을 강화하기 위한 중장기 투자로 이해되어야 한다.

또한 사회적 자선활동 자체가 불순한 행동이 아닐 뿐더러 윤리경영의 한 부분에 속하는 것은 사실이지만, 사회적 자선활동 자체만으로 윤리경영을 충실히 이행하고 있다고 볼 수는 없다.

윤리경영은 기업의 규모나 자본과는 상관없이 확고한 윤리적 마인드를 가지고 그것을 반드시 실천하여야 하는 것이어야 하며, 윤리경영은 오래 전부터 논의되어 온 내용이며 기존의 경영 방식과 분리해서 생각할 수 없는 경영 그 자체이다.

윤리경영은 기업경영 전반에 걸쳐 모든 업무에서 적극적으로 실천할 것을 요구하는 경영전략이며, 다양한 이해관계자들의 기대와 요구에 적극적, 전략적으로 대응하여 만족을 주는 활동이므로 단기간에 실천되는 경영 전략이 아니라 여타 다른 계획들보다 더 많은 시간이 필요한 기업 활동임을 인지해야 한다.

기업의 윤리경영의 궁극적인 목적은 모든 이해관계자에 대한 신뢰관계를 구축하여 기업의 지속가능한 발전을 도모하는 것이며, 그 핵심은 다양한 이해관계자들의 기대와 요구에 적극적으로 대응하여 경제적, 사회적, 환경적, 윤리적 가치창출의 균형을 맞춤으로써 기업을 지속가능하게 하는 것이다. 또한 고객, 임직원, 주주, 협력업체 및 지역사회에 대하여 윤리경영을 지속해야 할 의무가 있는 것이다.

국내외 윤리경영의 동향을 살펴보면, 1943년 존슨 앤 존슨의 설립자 로버트 존슨이 기업윤리강령을 명문화한 Our Credo(우리의 신조)로써 윤리경영의 시작이 되었다고 본다. 특히, 록히드 마틴 사건을 계기로 OECD 국제상거래 뇌물방지 협약이 1976년에 채택되면서부터 윤리경영에 대한 인식이 확산되었다.

2004년 조사된 바로는 미국과 일본 글로벌 기업의 약 90%, 영국 약57%, 독일 약 51%가 독자적인 윤리규범을 보유하고, 윤리경영 시스템을 실시하고 있는 것으로 조사되었고, 최근 윤리규범 표준화는 보다 구체적이고 기업들에게 법 기준보다 훨씬 더 높은 ISO 26000과 같은 윤리적 방향성을 요구하고 있다.

국내 기업윤리경영([표 5-4])의 도입 배경은 1980~1990년대 분식회계, 뇌물수수, 환경오염, 인권침해 등 여러 가지 비윤리적인 행위가 많이 발생하게 되면서 부터이고, 수출의존도가 높은 우리나라로서는 해외기업의 불신을 해소하기 위한 생존전략으로서 투명성 개혁을 필요로 하게 되었기 때문이다.

해외 주요 기관별 윤리경영 관련지침으로는 OECD 다국적 기업 가이드라인, UN Global Compact, GRI(Global Reporting Initiative)가이드라인, ISO26000 등이 있으며, 국내에서는 지식경제부, 국민권익위원회, 기획재정부, 투명사회협약실천협의회, 보건복지가족부, 금융감독원, 청와대 및 전국경제인연합회 등에서 기업윤리경영 지침과 관련한 사업을 시행하고 있다.

[표 5-4] 기업윤리경영 규범의 필수요소

구성	내용
1. 기본정신	착한 기업, 사회적 가치창조, 기업시민
2. 고객	고객은 기업이 존재하는 이유, 성실, 신의, 만족
3. 종업원	종업원은 자산, 종업원의 권리. 의무
4. 주주	정당한 투자수익 보호. 공평. 평등
5. 지역사회	지역사회와 공생, 선량한 기업시민

구성	내용
6. 경쟁자	공정경쟁, 공평한 대우
7. 임원	임직원의 명예는 회사의 명예, 개인보다 회사이익 우선
8. 정부	법규준수, 책무수행, 성실보고
9. 정치	조직으로서는 정치적 간여금지, 투명한 관계유지
10. 지구환경	환경 친화, 공생관계
11. 국제거래	국제적 기업시민, 평등, 공평, 대우
12. 처벌	윤리성 판단기준, 고발의무, 개인의 책임, 처벌

출처: 국가청렴위원회, 2006

기업의 윤리경영은 최고경영자의 의지가 중요하며 기업환경을 구축하는데 그 성패가 달려 있다. 최고경영자의 솔선수범의지, 명확한 윤리적 기준, 의사소통 문화구축, 모니터링 및 적절한 인센티브 등이 그러한 요소가 될 수 있으며, 윤리규범의 필수요소는 다음과 같다.

기업이 윤리경영을 하면서 얻을 수 있는 기대효과는 이미지 제고와 수익증대이며, 재무안정성과 투자유치 확대 및 위기관리능력의 향상, 인재확보와 유지, 그리고 새로운 사업기회의 창출과 정부관계의 개선 등이며, 전 세계적인 표준화에 대응이 수월할 것으로 보인다.

5-2-2. 공학윤리

공학윤리(engineering ethics)는 공학에서의 윤리를 일컫는 말이다. 윤리적인 행위는 윤리적으로 올바른 행위이며 윤리(학)는 윤리적으로 올바른 행위의 이유를 말하거나 정당화하는데 관심을 가진다. 윤리(학)는 세 가지 의미로 이해할 수 있고 과학기술자를 위한 공학윤리도 그렇게 이해할 수 있다고 한다.

첫째, 윤리학은 연구 영역을 가리킨다. 윤리적인 가치를 이해하고 윤리적인 쟁점을 해결하며 윤리적인 판단을 정당화하는 활동이다. 또한 이런 활동을 연구하는 분과이다. 이런 윤리적인 가치, 쟁점, 판단은 인간의 행위가 중심이 되는 다양한 영역에서 중요하다.

공학 등 과학기술의 영역에서 인간의 활동이 윤리적 가치, 쟁점, 판단의 대상이 되는 것은 분명하다. 이 영역에서 윤리(학)를 다음과 같이 정의할 수 있다. 과학기술의 활동에서 비롯된 사건이나 사실의 윤리적인 가치를 이해하고 도덕적 쟁점을 해소하며 윤리적인 판단을 정당화하는 것이다. 또한 그런 도덕적 가치, 쟁점, 결정을 연구하는 분야이다.

둘째, 윤리는 단체나 개인들이 승인한 도덕성에 관한 믿음이나 태도이다. 미국의 경우에 과학기술자들이 준수해야 할 다양한 공학윤리 강령들이 있다. 이들 윤리 강령은 도덕성에 관한 믿음이나 태도의 사례이다.

셋째, 윤리는 도덕적으로 옳다 또는 도덕적으로 정당화되었다는 개념과 동의어이다. 이들 개념에 따르면 공학 분야를 위한 윤리는 의무, 권리에 관련된 정당화된 윤리 원리들의 집합이다. 이들 윤리 원리가 과학기술의 영역에 적용될 때 이 영역에 참여한 사람들에 의해 그 원리들은 승인되어야 한다. 이들 원리를 해명하고 그것들을 구체적 상황에 적용하는 것이 공학윤리의 중심 목표이다.

기억하고 있는 사고들 중에, 삼풍백화점 붕괴사건, 서울 대연각 호텔 화재사고, 대구 지하철 공사장 도시가스 폭발사고 인도 보팔주 가스사고, 포드사의 핀토의 연료탱크 폭발사고 등은 제도적원인, 기술적원인, 사회 환경적 원인 등으로 대표적인 공학윤리사례로 보여 진다.

따라서 엔지니어는 공학의 연구자로서 자신의 이익을 위하고 사회의 발전을 위하여 지적 재산권, 개인 프라이버시 보호법을 포함한 법과 연구자로서의 윤리를 알 필요가 있다. 실험 및 실습실에서의 연구의 결과는 곧 바로 현실로 이어지는 결과가 많고 그 이익과 성과는 자신을 포함한 사회의 몫으로 남는다.

또한 미래 사회 건설의 주역이 됨으로 전문가로서 사회를 보호하려는 윤리적 인식도 필요하다. 엔지니어는 사회속의 전문가이며 그 실천가이기도 하다. 기술의 실천자임으로 제작과 제조의 신성한 의무와 책임의식도 필요한 것이다.

엔지니어의 직업 특징은 일반인이 갖는 것과는 다르게 무엇인가를 만들고, 계획하거나, 창조하는 것이다. 즉 물건을 설계하고, 제조하는 것을 의미하는데 이것은 분명 물건을 사용하거나, 그에 의존하는 것과는 상당히 다른 관계를 갖으며, 이와 같은 특이한 행동이 가능한 엔지니어는 자신의 행동이 그 자신의 집단이 창조한 하나의 둥지 속에서 생활을 하게 만들 뿐만 아니라 타인에게 위험을 끼치는 행위를 할 수도 있다.

그 좋은 예가 사고(accident)이다. 이처럼 제조하는 것과 창조하는 것은 동전의 양면과 같다. 이러한 사고를 방지하기 위해서 기술자가 조심하거나 혹은 해를 덜 미치도록 한다고 하여서 사고가 어느 정도 없어진다고 하는 것도 이해가 된다.

그러나 이것은 근본적인 대책은 분명히 아닐 뿐더러 엔지니어가 행위를 할 때 영향을 주는 윤리규정이나 제도, 의식이나 사고방식을 이해하고 실천한다는 것은 분명히 전문가인 프로 엔지니어의 행동에 도움이 되는 것은 확실하겠지만 여러 가지 면에서 본다면 상당히 어려운 일일 것이다.

이러한 모든 개념을 우리는 공학기술 윤리라고 인식하고 그렇게 부른다. 국내외의 공학 윤리헌장 지침 기술서에는 공공의 안전과 건강 그리고 재산을 보호해야 하고, 오직 주어진 권한 내에서 임무를 성실히 수행해야 하며. 객관성과 신뢰성을 유지해야 한다.

또 명예롭고 품위 있게 행동을 해야 하며, 부단한 학습을 통해 기술적 지식을 날카롭게 연마해야 하며, 고용주나 고객을 상대로 정직하고 열심히 일해야 한다고 지적하고 있다.

공학 윤리 관점에서 본 다양한 사례는 많다. 예로 첨단기술 해외유출 사건, 대형 교량 붕괴사고, 원전 사고, 지하철 참사 등 다양한 사건이 존재하는데 이 모든 사항들을 근본적으로 바라볼 경우 기술적으로 문제는 일단 없지만 그 자체에서의 윤리적 문제가 존재하여 엔지니어 입장에서는 단순한 창조, 제조에만 초점을 두기 보다는 창조, 제조 이후의 그 행동으로 인한 파생 결과에 대하여, 그리고 그것에 대한 자신의 소유 등으로 발생할 수 있는 모든 걸 바라볼 줄 알아야 한다는 것을 말해주는 것이다.

미국공학교육 인증원이나 호주 및 일본의 기술자인정기구의 인증기준에도 직업적 및 도덕적 책임에 대한 인식과 기술이 사회나 자연에 미치는 영향에 대한 책임인식을 강조하고 있다. 공학기술 윤리의식에 관한 내용은 일반사회에서도 쉽게 발생할 수 있는 공학 및 기술적 인간관계에서 전문가들의 의식을 보다 고차원적인 방향으로 유도하고 그들이 행한 자연에 대한 대응방법과 해결책을 재고하도록 유도해야 하는 것이다.

공학자의 직업특성은 일반인의 것과는 다르다. 무엇인가를 만들고, 계획하고, 창조하는데 이는 사용자로 하여금 해를 끼치게 한다거나 유해하게 해서는 안 되는 것이다. 근본적인 대책은 분명 윤리규정이나 제도, 의식이나 사고방식을 실행한다는 것이 분명 전문가다운 공학도로서의 행동에 도움이 될 것이다.

공학기술 윤리는 가르침이나 훈육을 하는 것이 아니라 인간환경에 맞는 설계 및 제조를 위한 사회적 지식을 기초로 하는 데, 이것은 인간의 행위에 관계된 지식의 이해와 활용이 중요한 것이다. 즉 인간에게 해를 주지 않는다고 하는 것이 기본 명제가 되어야 한다는 것이다.

공학기술 윤리에서 다루는 응용 윤리문제는 실천윤리학으로서 공학과 관련한 생명, 환경,

정보윤리 등 다양한 분야로 세분화 될 수 있다. 미국 공학회에서 채택한 최초의 윤리규정은 1912년 미국 전기기술자 협회의 윤리규정일 것이다. 그 이후 전 미국 라디오 기술자 협회와 합치면서부터 세분화된 윤리규정의 채택이 성사되었다.

미국 공학협회가 채택한 최초의 공학 및 기술자 윤리규정에서 엔지니어는 고객 혹은 사업주의 이익을 보호를 스스로의 전문직 제1의 의무라고 생각하는 것이 당연하고 그 의무에 반하는 어떠한 행위도 피해야 한다고 서술되어 있고, 엔지니어는 대중이 공학적인 문제에 관하여 공정하고 동시에 정확한 전반적인 이해를 얻도록 도우는 것이 당연하고, 공학의 전반적 지식을 확대하고 보도기관 혹은 다른 공학적인 문제에 관하여 거짓, 불공평한 또는 과장한 표현이 이루어지는 것을 막는데 노력해야 한다고 규정하고 있다.

미국의 대부분의 윤리규정은 기술자가 보유한 공학 및 기술자적 지식의 중요성을 지적하고 특별한 책임을 수반할 것을 인정하고 있다. 윤리규정은 어떠한 경우에도 대중의 안정성, 건강 및 복지와 조화하고 있는가를 판단하는 기준의 의미도 아니고, 대중 혹은 환경이 위험하데 괴는가 하는 것을 결정하기 위한 기준도 아니며, 단지 어떤 판단이 규정을 해석하기 위해 필요한가를 설명할 뿐 아니라 어떻게 전문직의 규정이 변화하게 되는가를 나타내는 것이다.

전문직 윤리규정의 중요한 역할 중 하나는 전문적 지식이 부적격한 일에 사용되거나 반윤리적으로 사용하는 것으로부터 지키는 것이며, 그 특징은 윤리규정과 관련된 전문직 행동 지침이 따른다. 전문가 윤리의 모델로는 과오모델, 합리적주의 모델, 최선모델 등으로 분류하기도 하는데, 이것은 모두 전문직 책임을 이해하기 위한 과정이라 할 수 있다.

2003년 2월에 우주탐사를 마치고 지구로 귀환하던 컬럼비아호의 폭발사고는 기술적인 측면, 관리적인 측면 및 제도적인 원인에서 분석되었다. 공학윤리의 연구의 대상이 될 수 있는 것이 연구자윤리 일 것이다. 연구자로서의 윤리의식은 개인적인 윤리의식으로 연결이 되고 연구자로서의 업적은 미래사회의 중요한 사회적 책임이기 때문이다.

IEEE 규정의 다수가 정직성과 성실함의 개념에 근접하고 이것은 연구자의 가장 중요한 전문직으로서의 미덕이다. 열 개의 규범 중에 여섯 개가 어떠한 형태로든 정직성과 성실함의 조항에 기인된다.

연구자가 일반에게 제공하는 생산물이 전문적인 지식과 판단의 결과물이고 고의에 의한 불성실 때문에 이해 대립과 같은 요인으로 영향을 받고 신뢰받을 수 없다면 그 가치는 손상될 수밖에 없고 오히려 사회적으로 막대한 피해를 줄 수 있다.

IEEE 윤리규범에 따르면 '연구자는 동의 없이 현재 근무하고 있는 공적인 업체, 경영자, 이전의 고객에 대한 기술적인 공정이나 사업관계의 기밀 정보를 밝혀서는 안 된다' 라고 규정하고 있다. 1994년 서울의 성수대교 붕괴사건의 예를 들면, 건설공학자들의 책임만이 아닌 통합적 윤리의식의 부재에서 발생된 사고로 규정하고 있다.

오늘날 기술자의 개념은 사회전반에서 공학과 다른 의미로 사용된다. 이들은 대부분 공학과 관련된 다양한 작업을 수행하며 공학적 지식과 기술적 능력으로 직접적인 실천행위를 하는 조직으로 구분될 수 있기 때문에 공학윤리 부분에서 중요한 위치에 있다. 기술자 윤리의 가치는 책임 있는 공학실무를 추진하는데 있어서 기술자가 주체가 되기 때문이다.

오늘날 보호되어야 할 공학 및 기술자, 연구자 윤리는 전문가적인 입장에서 인간과 환경을 고려하면서 성실하게 책임을 다하는 태도에 있다고 한다. 충성과 불충성, 양심문제 및 공락 및 기술자적 결정의 형태로 의사소통 능력의 부재, 팀워크, 평생 교육차원에서의 교육, 리더십 등 기업이나 조직에서 고민해야 할 요소인 것이다.

공학기술 윤리규정은 당연한 일로 인지되고 있고 경영자의 합법적인 이해관계를 존중하고 기술자는 스스로의 자유를 행사하는 것으로 의미되고 있다.

1978년 미국 포드 자동차 핀토의 사고로 이은 PL소송사건, 1986년 우주왕복선 챌린지 호는 발사된 지 75초 만에 공중 폭발한 사건이나, 같은 해 구소련 체르노빌 원자로 폭발사고, 최근의 자동차 리콜 사건, 1999년 한국의 어린이 집 화재사고, 1995년 서초동 삼풍백화점 붕괴, 등을 되돌아보면 설계와 제품에 관한 책임과 미래 공학기술의 윤리규정은 스스로의 양심에 따르는 것과 더불어 어느 정도 강화된 규정과 벌칙 등으로 변화 될 것으로 보는 이도 많다.

공학윤리와 더불어 기업윤리도 중요한 요소로 나타나는데, 기업의 조직에서 공학자나 기술자의 관계성립이 대내적과 대외적으로 어떠한 영향을 주는가에 고려해볼 필요가 있다. 미국의 프로페셔널 엔지니어 협회의 윤리규정은 대중의 안전, 건강 및 복리를 최우선으로 하는데 이는 기업도 큰 몫을 해야 하는 것이다.

5-2-3. 과학기술윤리

과학기술윤리(영어: Ethics of scientific knowledge and technology) 는 지식과 이념의 체계인 과학기술로 인해 새롭게 대두된 군사무기, 환경오염 등의 문제들을 다루는데 필요한 기본 도덕적 관념을 말한다. 과학 기술에서부터 과거에 초래된 문제들이나, 현재 기술을 개발함에 따라 미래에 발생할 문제점이나 논란들에 대한 과학자들의 책임의식을 뜻하기도 한다.

과학 발달의 과정 중 수반된 수많은 윤리적 문제들을 이해하고 이에 적극적으로 대처할 필요성이 제기되어 온데서 발현한 것이 과학 기술 윤리이다. 과거와는 다르게 현재는 과학기술과 윤리가 아주 크나큰 공통 영역을 가지고 서로 발전하고 있다.

서로에 대한 반대 개념이 아닌 상호보완적 관계를 유지하며 지키기 위해 탄생한 것이 과학기술 윤리로서 큰 의미로서는 과학자나 기술 개발자라면 지켜야할 윤리적 개념으로서 볼 수 있다.

이는 크게 데이터 날조나 표절 등의 과학자나 기술자의 내부규범을 다루는 분야와 과학기술과 사회의 관계 설정 등을 다루는 사회관련 분야로 나눌 수 있다. 전자는 과학자의 연구윤리 및 기술윤리 등을 포함하고 후자는 생명윤리, 환경윤리, 정보윤리 등으로 구성된다. 내부규범 분야 가운데 최근 급속하게 발전하고 있는 것이 기술윤리교육이다. 1989년에 체결된 워싱턴 협정(Washington Accord)은 기술자 교육의 국제적 동질성 확보를 목적으로 했고, 1995년의 APEC 회의에서 결의된 APEC 엔지니어 제도는 기술자 자격의 표준화를 목표로 했다.

사회관련 분야 윤리에서 최초로 주목을 받은 것은 생명윤리이다. 생명과학이 발전한 미국에서는 1970년 무렵부터 장기이식과 유전자조작, 환자의 권리 등에 대해 활발한 논란이 일었다. 생명윤리보다는 약간 늦지만, 같은 1970년대에 환경윤리에 대해서도 논의가 시작되었다.

정보윤리는 1990년 이후, 컴퓨터네트워크가 폭발적으로 보급된 이후 본격적으로 발전하기 시작했다. 소프트웨어의 지적소유권 문제, 네트워크 경유 컴퓨터 바이러스와 해킹 방지, 개인 정보 보호, 정보화와 민주주의 등 현재도 그 연구 영역은 확대되고 있다.

이를 위해 세계과학기술윤리위원회(COMEST)는 18명의 독립적인 전문가들로 구성된 자문기구로 1997년 10월 제29차 유네스코(UNESCO) 총회에서 설립이 결정되었고, 1998년 공식 설립되었다. COMEST는 인간 복제, 유전자 조작 등 과학기술 발전이 초래할 수 있는 사회적인 영향에 대해서 윤리적으로 성찰하는 것을 목적으로 한다.

위원회의 역할은 의사결정자들에게 경제적인 관점을 넘어서는 윤리적인 기준을 만드는 것이다. 또한 각국 과학자와 정책 결정자 간의 소통, 과학자와 대중의 소통을 촉진하는 것도 담당한다.

COMEST는 과학지식 및 기술의 윤리와 관련한 자문, 전문적인 지식과 경험을 나누기 위한 포럼 운영, 위험 상황 조기 발견, 의사결정층에 위험 상황에 대한 조언자 역할, 과학자 사회와 의사결정층, 대중과의 소통 촉진 등의 업무를 수행한다.

UNESCO 사무국장이 지명하는 COMEST 위원들은 과학, 공학, 법학, 철학, 문화, 종교, 정치 등 각 분야에서 저명한 학자들 중에서 뽑는다. 위원을 뽑을 때는 분야, 사상, 지역 등을 고려해 안배한다. UNESCO의 회원과 준회원은 COMEST 회의를 참관할 수 있다.

UNESCO의 회원국이 아니더라도 사무국장의 초청을 받으면 회의에 참석할 수 있다. COMEST는 유사한 목적을 가진 비정부기구, 국제기구 등을 초대할 수 있다. 하부 기구로 물윤리, 우주공간윤리, 에너지윤리, 정보사회윤리의 4개 분과위원회가 있다. 과학기술 윤리와 관련된 UNESCO의 활동은 주로 제32차 본회의에서 COMEST가 제시한 방향에 따르고 있다. COMEST는 다음과 같은 세 가지 방향을 설정한 바 있다.

첫째, 지구적인 논쟁을 지역적인 수준으로 낮춘다. 이를 통해 과학자 사회와 특정 지역과 관련된 이슈를 연결시킨다. 둘째, 과학자들이 지켜야 할 행동 규약의 기초뿐 아니라 환경윤리학 분야에서 제기될 수 있는 국제적인 행동에 기여할 수 있도록 과학 윤리의 기초를 만든다.

마지막으로 이러한 기준들을 과학자 사회와 정책 입안자들이 응용할 수 있도록 한다. 이를 통해 윤리적인 이슈들을 발굴하고 이 문제들에 적절하게 대응할 수 있도록 한다. 특히 과학교육에서 윤리학이 중요하다는 점을 강조한다.

COMEST는 그동안 정보기술, 물, 외계 윤리 등을 다뤘다. 최근에는 환경윤리와 과학자 윤리 강령에 집중하고 있다. 또한 새로운 기술로 떠오른 생명공학, 나노기술에 대해서도 연구하고 있다.

기술과 관련된 대부분의 불법행위나 사건은 제품의 결함이나 고장보다는 제품을 사용하거나 운용하는 사람의 잘못인 경우가 많다고 한다. 사회적 실험으로서의 공학은 과학기술윤리에 있어서 누군가는 책임을 져야하는 분야로 대두되고 있다. 그러나 그에 앞서 철저한 관리와 보고체계, 재발 방지를 위한 시스템의 구축 등이 필요한 것이다.

공학은 사회적 실험이며, 공학 및 기술자는 공학적 설계의 산물을 연구실에서 설계한 후 연구실에 그냥 두거나 사장시켜서는 안 되는 것이며, 그것은 인류의 공유 재산이라고 주장하는 이도 있다. 위험에 대한 공학 및 기술자적 의사결정은 과학적 기술윤리와 부합된다.

첫째로 공학 및 기술자의 위험에 대한 고찰이 필요하며, 둘째로 비용과 수익분석, 그리고 위험 및 수익분석 등에 관란 충분한 고찰이 필요하다. 셋째로 위험에 대한 적절한 정보전달의 촉진과 노력이 인지되어야 하며, 이는 윤리적인 평가기준에 만족하게 된다. 마지막으로 공학적 및 기술적 결정에 있어서 인간의 건강과 안전 복지와 양립된 개념의 실천이 필요한 것이다.

1984년 인도 보팔 가스 누출사고, 2003년 뉴욕의 대 정전 사건, 대구 지하철 화재사고 및 최근 한국 내 대학 실험실에서의 재해발생 현황 등을 보면 안전공학에 대한 윤리규범의 중요성을 볼 수 있다. 과학기술윤리의 한 부분인 환경공학 및 기술자 윤리강령의 중심은 환경에 기인한다. 환경보호의 이념은 대부분의 공학 및 기술윤리의 규정안에 포함되어 있다.

그동안 경제발전을 위한 생태계 파괴에 대한 비난을 극복하기 위해서는 천연자원의 개발과 미래 모든 자원의 이용 및 지속가능한 개발의 원리에 근거한 과학윤리 또한 요구되고 있는 것이며, 예로 방사능 폐기장문제, 간척사업 이해충돌문제, 해양에서의 유류오염 사고 등과 같은 환경문제에 대한 윤리 인식은 가능한 정확해야 한다.

생명공학과 연관된 기술자 윤리 또한 언급하지 않을 수 없는데, 오늘날 생명에 관한 윤리문제가 대두되면서 생명복제기술, 낙태와 뇌사 혹은 안락사문제, 유전자 변형기술, 냉동인간의 가능성 등은 직접적으로 유전자공학, 생명공학기술, 환경공학기술 등 이른바 바이오기술에 대한 윤리강령이 인식되고 있다.

우량 동물의 번식과 보전, 멸종 종들의 보전, 특정 영양물질의 생산, 치료용 생체물질의 생산, 장기이식용 동물생산, 질병모델 동물의 생산, 세포 및 유전자 치료 등은 종교적이나 윤리적인 문제와 직접적인 관계가 있기 때문이다.

특히, 동물을 이용한 재생기술과 인간줄기세포의 문제는 최근 한국에서도 않은 이슈가 되어왔고 현재도 다른 방법의 시도가 이루어지고 있는 것이 실정이다. 컴퓨터 및 정보공학과 관련된 기술자 윤리는 정보 통신 네트워크의 발달에 의해 소프트웨어를 포함한 정보제품의 안정성 등 중요한 이슈가 되어 있다.

정보 소유권과 프라이버시에 관해서는 일반적 도덕적 의무를 규정하고 있는 컴퓨터 장치 협회(ACM: Association for Computer Machinery)의 윤리 및 전문직 행동규정에 기인된다. 정보윤리는 현 사회에서 가장 많은 화재를 일으키기도 하고 최근 여배우의 자살사건도 이에 기인되는데, 이미 전문가의 통제를 넘어서 사회 안전의 보장이 인정되지 않은 경우도 존재하게 되었다.

정보관련 인터넷 대란사건은 바이러스의 출현, 정부나 기업에서의 보안 불감증도 그 한 예로 들 수 있다. 이를 위해 공학이나 기술자 윤리교육에 대한 방향이 제시되고 있고, 기본적으로 도덕적 상상력의 인격, 윤리문제의 인식, 분석능력의 계몽, 도덕적 의무와 개인적 책임의 의식 환기, 견해의 차이나 애매함에 대한 관용오가 인내 등에 관하 교육을 공학기술 윤리과목으로 검토하고 있다.

미국에서 발간된 NPSE(National Society of Professional Engineer)의 보고에 의하면 모든 공학학생에게 전문적 행위의 기본적인 가치관을 심어주어야 하고, 학생에게 부여된 지식과 기술적 경험을 적용하는데 주의 깊고 타당하도록 책임의식을 모든 공학학생에게 주어야 한다고 두 가지 목표를 제시하고 있다.

또한 최근 출간된 일본이나 미국의 공학기술 교과의 내용은 첫째, 도덕문제, 환경문제, 공학 및 기술자와 경영자의 관계, 위험과 안전, 연구나 실험의 정직성의 내용과 두 번째로 핵무기문제, 공해, 환경문제, 쓰레기 폐기물문제, 실업의 만성화, 의료생명 조작의 문제와 세 번째로, 연구자 윤리, 과학기술자 윤리, 기업윤리, 경영윤리, 내부고발 사회적 책임, 위험과 안전, 환경윤리, 정보 및 생명윤리 등의 문제에 대한 것을 취급하면서 교육하고 있다.

5-2-4. 사회적 책임

현대의 과학적 기술이 인간과의 관계에서 특별한 문제가 된 것은 정치적 관점으로 인간의 행동을 예측할 수 없다거나 종래의 법이나 윤리에 근거한 통제가 불가능하게 된 것에서 기인하기 때문에 공학 및 기술자는 사회적 책임에 있어 독립적 변수로서 고려해야 한다.

제품생산과 과학이나 철학적인 사고와 공학적 설계 등이 과연 어떤 관계에 있으며, 인간사회에 영향을 줄 수 있는 윤리적인 책임의 한계가 어디까지 인가를 고려해야 한다는 것이다.

인간이 제조하고 사용하는 제품이나 서비스는 생산과 결부된 설계물과 대규모적인 기술집약적인 것들 뿐 아니라 환경문제가 발생할 여지가 높은 제품도 있으나, 가장 기본적인 사회적 책임윤리는 인간에게 위해를 가하지 않아야 한다는 것이다.

따라서 미래의 환경에 대한 예측은 현재와 미래 사이에 개입될 여러 가지 요소들까지 포함시켜 이루어져야 하므로 매우 신중해야 한다. 환경문제에 대한 현실진단 역시 신중함을 요구하기는 마찬가지지만 기존의 자료를 선별적으로 활용한다면 좀 더 신뢰성 있는 진단을 내릴 수 있을 것이다.

환경문제는 크게 범세계적 환경문제와 지역적 환경문제로 나눠 볼 수 있다. 범세계적 환경문제가 범세계적으로 구상된 정책만이 원인에 적절히 대처할 수 있고 목적을 달성할 수 있는 문제를 말한다면, 지역적 환경문제란 문제 발생의 원인이 지역 간에 서로 연결되어 있지 않아서 국지적, 지역적 노력을 통해서도 극복이 가능한 문제를 말한다. 범세계적 환경문제에는 오존층 파괴 문제, 지구 온난화 문제, 생물종 다양성 파괴 문제, 토양 · 물 문제, 폐기물 문제가 포함된다.

오존층은 에베레스트 산의 두 배 높이 또는 제트기가 비행하는 높이에 해당하는 성층권에 형성되어 있다. 오존은 무엇이든 접촉하기만 하면 이를 산화시켜 버린다. 그러므로 식물 조직이나 인간의 폐 등 오존이 반응을 일으킬 소재가 밀집한 대기권에서는 오존이 파괴적인 오염물질이다.

이와 같은 오존층 파괴에 관한 제반 사실들이 과학적으로 받아들여지자 1987년 몬트리올에서 오존층 파괴 물질의 생산 및 사용 규제에 대한 국제협약인 몬트리올 의정서의 체결과 함께 국제적 공조가 비교적 신속하게 뒤따랐다. 선진국에서는 1999년부터 모든 CFC의 사용을 실질적으로 중단했고, 개도국에서는 10년의 유예기간을 거쳐 지금은 선진국과 마찬가지로 CFC 사용을 금지하고 있다.

태양으로부터 오는 가시광선의 많은 부분이 대기를 통과하여 지면에 이르러서 지면을 가열시킨다. 이 에너지의 일부는 파장이 긴 적외선 형태로 지면에서 재 복사되나, 이 적외선 중 많은 양은 대기 중의 이산화탄소나 수증기에 의해 흡수되어 열로써 지면으로 다시 방출된다.

이는 마치 가시광선 범위에 속하는 태양광선을 투과시키나 열은 그대로 유지하는 온실의 창유리에서 나타나는 효과와 유사하다. 이러한 온실효과 덕분에 지구의 온도는 인간의 삶에 적절한 상태로 유지된다.

온실가스의 농도 증가로 지구의 열 균형이 파괴되는데 문제가 있다. 현대 산업사회에서의 광범위한 화석 연료 사용이 문제의 원인이다. 화석연료 사용 시 배출되는 대기 중의 이산화탄소에 의해 지구의 온실효과가 심해지고 따라서 기후변화 현상까지 보이고 있는 것이다.

물론 지구 온난화를 야기하는 요인이 이산화탄소에만 있지는 않다. 주로 인간의 활동에 의해 생성되는 프레온, 질소산화물, 메탄과 같은 여러 가지 미량 가스의 농도 또한 온난화의 요인으로 작용하며, 이 중 메탄은 온난화 원인의 약 18%를 차지한다. 그럼에도 이산화탄소를 제일 먼저 문제 삼는 것은 온난화 과정의 대부분이기 때문이다.

전 지구적 온난화의 물리적 및 생물학적 측면의 잠정적인 많은 영향은 인간의 삶에도 중대한 영향을 끼칠 수밖에 없을 것이다. 지구 온난화 문제가 국제정치 영역에서 논의된 것은 1988년부터였다. 이 해에 유엔환경계획과 세계기상기구가 연합하여 IPCC를 수립했고, IPCC는 1990년 기후 변화가 초래할 위험을 막기 위해 전 지구적 차원의 협약이 필요하다고 보고했다.

생물은 유전적으로 개체마다 다르며, 개체마다 유전적 변이 또한 매우 크다는 것이 밝혀지고 있다. 이러한 종내 유전자의 변이를 가리켜 유전적 다양성이라 부른다. 한편 생물의 종류마다 독특한 유전적 조성을 갖고 있으므로 다른 종류와는 교배가 되지 못하여 생식적 격리 상태에 놓여 있을 때 이를 생물학적 종이라 하고 이러한 종들의 다양한 정도를 종 다양성이라 한다.

이러한 종들의 집합이 토양 · 물 · 온도 등 물리적 · 화학적 요소들과 서로 영향을 주고받으며 하나의 체제로서 유지될 때 이 전체를 우리는 생태계라 부른다. 생태계는 지역의 지형, 지세와 기타 요인에 따라 여러 종류가 발달하는데 이러한 생태계들의 다양한 정도를 생태계 다양성이라 한다.

생물 다양성이란 이와 같은 유전자, 생물종, 생태계라는 세 가지 단계의 다양성을 종합한 개념이다. 생물 다양성 유지에 결정적인 것은 물론 종이라 할 수 있다. 종은 생태계가 제대로 돌아가도록 해주는 톱니바퀴의 바퀴와 톱니 역할을 하는 핵심 요소이기 때문이다.

오늘날 지구상에는 생물의 종이 약 1천 4백 만종 정도 있는 것으로 추정되며 적게는 5백만 종, 많게는 1억 종으로 보는 경우도 있다. 이렇게 많은 종들은 생태계 속에서 에너지의 흐름을 유지하여 생태계가 운영된다.

그러나 끊임없이 일어나는 지구 환경의 변화에 따라 많은 종들이 멸종되고 또 새로 출현해

왔다. 그런데 오늘날의 생물은 그 생활조건인 환경이 너무나 악화되고 서식지가 파괴되고 있어 새로 출현하는 종보다 사라지는 종의 수가 훨씬 더 많아지게 되었다.

즉 인구 팽창과 자원소모로 인한 각종 오염, 서식지 파괴, 외부 종의 유입, 과잉경작과 과잉방목, 과량의 살충제와 제초제 투입, 특히 열대우림의 급속한 감소로 생물의 멸종이 가속화되고 있다.

반면에 반대자들은 환경주의자들이 제시하는 종수의 추정값이 너무 모호하며 변화와 멸종은 자연스러운 현상일 뿐이라고 주장한다. 자연공동체는 정적이지 않고 역동적이라는 것이다.

새로운 종이 태어나고 기존의 종들은 사라지며, 빙하기나 화산 폭발 등의 대격변을 거치면서 종들은 새롭게 뒤섞인다는 주장이다. 그러나 문제는 현재 인류가 일으키고 있는 멸종이 규모와 속도면에서 과거의 멸종과 다르다는 데 있다.

현재의 멸종 속도는 화석 기록에 나타난 멸종 속도보다 100~1,000배나 더 빠르다는 것이다. 그럼에도 회의주의자들은 열대지역과 다양성이 매우 높은 과밀지역에 사는 종들이 대량으로 사라진다 해도 인간 세상, 특히 온대지역 사람들에게는 그다지 영향이 없을 것이라고 주장할 수 있다. 하지만 종의 절멸은 생물 다양성 위기의 한 측면에 불과함을 알아야 한다.

종의 멸종 못지않게 생태계의 서비스 체계를 무너뜨리고 있는 더 시급하지만 덜 알려진 문제가 있는데 그것은 바로 동물, 식물 개체군의 규모가 줄어들고 있다는 사실이다.

어떤 종의 멸종이란 그 종의 개체군들이 온전히 사라지는 것을 의미한다. 하지만 마지막으로 남아 있는 개체들이 죽기 오래 전에 그 종의 기능적 · 경제적 가치는 사라진다. 가령 지금 10마리 정도밖에 남아 있지 않는 어떤 동물은 과거 1천만 마리 정도 있었을 때와 같은 생태계 서비스를 베풀 수 없다.

공식적으로 멸종 위험 종으로 분류될 때쯤이면 그 종들은 대부분 이미 수가 너무 줄어들어서 생태계 서비스에 그다지 큰 영향을 미치지 못하는 법이다. 수가 줄어들어 동물원, 식물원에만 남아 있는 동식물들, 종자은행에 조직 표본으로만 보존되어 있는 동식물들이 생태계 기능에 기여할 수 없다는 것 또한 너무도 당연하다.

생물 다양성은 숫자 놀음이 아니라는 것이다. 하지만 생태계가 제 기능을 하고 자급자족하며 생명을 유지시키는 상태로 남아 있으려면 생물 다양성이 얼마나 필요한가 하는 것은 생태학자들 사이에서도 연구 과제로 남아 있는 문제이다.

어쨌든 고생물학자인 엘드리지(Niles Eldredge)에 의하면 매년 대략 3만 종에 달하는 생물들이 멸종되고 있고 그 중 상당수는 미처 우리가 그 존재를 파악하지도 못한 채 사라져 간다.

이러한 생물의 멸종은 생물 다양성이 우리에게 베푸는 여러 가지 서비스에 심대한 영향을 끼친다. 그리고 그 영향은 우리의 삶의 질과 우리 자신이 멸종을 피할 수 있는 능력에도 직접적으로 연관된다.

생물 다양성이 우리에게 왜 소중한가 하는 것은 세 가지 이유로 설명할 수 있다. 즉 공리적 가치, 생태계의 기능, 도덕적 · 윤리적 · 미학적 가치이다. 생물계가 인간 생활에 미치는 영향의 이 세 가지 범주는 지구상의 현재와 미래의 인류의 삶에 절대적으로 중요하다.

공리적 가치 측면에서 볼 때 전 세계 사람들은 매일같이 4만 종의 생물을 활용하면서 살아가는데 그 대부분은 식물이다. 또한 미생물, 식물 심지어 동물까지 포함해서 야생종들은 의약품 연구에도 결정적인 역할을 수행한다. 자연은 천연의 약전이며 모든 시대에 걸쳐 신약과 치료법들이 야생동식물에서 발견되었다.

아스피린은 버드나무 껍질에서, 페니실린은 진균류의 일종인 곰팡이에서 얻어졌다. 마다가스카르 페리윙클이라는 야생화에서는 소아백혈병 치료 물질, 태평양 주목 껍질에서는 난소암 치료 물질, 아프리카 소시지 나무 열매에서는 피부암 치료 물질이 발견되었다. 이처럼 동식물은 우리의 생존에 필요한 식량뿐만 아니라 질병 치료 물질의 공급원으로서도 중요한 가치를 지니고 있다.

생태계 기능 측면에서 볼 때 우리 인간은 어느 한 순간도 생태계 서비스에 의존하지 않고는 살아갈 수 없을 만큼 생태계로부터의 도움은 절대적이다. 사실 우리 자신뿐만 아니라 우리 이외의 다른 모든 생물들도 생존을 위해서는 생태계의 기능에 의존하지 않을 수 없다. 모든 생물의 존재 자체를 위한 상생적인 산호의 공급, 담수의 순환, 토양침식의 방지, 질소 고정 등은 생명을 유지하는데 필수적인 생태계 기능들이다.

미학적 가치 측면에서 볼 때 생물 다양성은 아름다움 그 자체이다. 우리는 자연을 찾을 때마다 아름다움과 평화, 쾌적함을 느낀다. 자연은 우리에게 어떤 도움도 유고하지 않으면서 우리의 영혼에 안식을 준다.

레이첼 카슨이 침묵의 봄에서 새들의 울음소리와 벌레 소리가 없다면 봄이 어떤 풍경이 될지 생각해 보라고 했던 것처럼 생물 다양성의 손실은 우리의 육체뿐만 아니라 정신까지도 위협한다. 이와 같이 소중한 가치를 지닌 생물 다양성이 손상을 입고 있다는 것은 우리를 포함한 생명체의 존속이 위협받고 있음을 의미한다.

이러한 위험성을 깨달은 세계 각국은 생물 다양성의 보존과 그 지속가능한 이용이라는 목적을 설정하고 국제적 공동보조를 위해 1992년 리우환경회의에서 생물 다양성에 관한 유엔 협정을 체결하여 1993년 12월에 발표하였다.

그리고 이 협약은 그 목적의 실현을 위한 구체적 조치를 대체적으로 회원국의 국내입법에 위임함에 따라 협약 당사국들은 자체적으로 생물 다양성 보전 관련 국내법을 정비되고 보완하는 노력들을 전해왔다.

하지만 선진국과 후진국 간의 입장 차이로 인한 갈등, 생물 다양성의 존재 의의와 보전 필요성에 대한 정부나 국민들의 인식 미비, 법제도의 적절하고 효율적인 운영을 위한 재원 확보의 문제, 생물 다양성의 보전과 불가분의 관계에 있는 사익보호제도의 미비, 생물 다양성 보전의 공중감시 기능을 수행할 수 있는 시민소송제도의 미비, 생물 다양성에 관한 과학적 지식 · 정보 · 기술의 교류 및 그 법적 보호의 문제 등 많은 문제점을 남겨놓고 있다.

현대 산업문명은 눈부신 과학기술의 진보와 경제성장으로 경이로운 물질적 풍요를 창출함으로써, 인류에게 일찍이 유례없는 문명의 혜택을 안겨 주었다. 그러나 그 과정에서의 심각한 지구환경파괴와 오염으로 인해 오히려 삶의 질의 악화를 염려해야 하는 모순적인 상황을 맞고 있고 빈곤과 열악한 생활환경으로 고통 받는 사람들이 많다는 현실도 극복되지 못하고 있다.

날로 심화되고 있는 이들 지구촌의 환경문제는 21세기 인류의 앞날에 어두운 그림자를 드리우고 있어, 그 근본적인 해결을 위해 우리는 삶의 터전인 지구와의 관계를 다시 정립해야 하는 처지에 놓였다.

지구환경의 위기는 인간의 무절제한 욕망과 과도한 물질만능주의에서 그 뿌리를 찾을 수 있다. 뿐만 아니라, 과학기술이 환경문제의 모든 것을 해결할 수 있다는 믿음은 이미 그 한계를 드러내고 있다.

이러한 우리의 왜곡된 가치관과 허구적 믿음을 버리지 못한다면, 지구환경은 급격히 악화될 것이고, 결국에는 생명계를 떠받치는 자연의 파멸에 직면하게 될 것이다.

따라서 지속 가능한 발전을 위해서는 자연의 수용능력 안에서 지구환경을 이용하고 그 혜택을 골고루 나눌 수 있도록 우리의 사고와 행동의 틀을 바꾸어야 한다. 이에 생태계의 파멸을 피하고 삶의 질을 높이기 위해 생명에 대한 새로운 인식으로부터 새로운 환경윤리가 모색되어야 한다.

인간의 활동으로 비롯된 환경문제를 해결할 수 있는 대안을 모색하기 위해 환경윤리가 출현했다. 환경오염, 지구 온난화, 생태계 파괴 등의 문제를 과학기술에 의존해서 사회적으로 책임의식을 갖고 해결해야만 하는 현실이 도래된 것이다.

환경윤리의 유형으로 21세기 중요하게 대두되는 GR(Green Round)는 우루과이 라운드 협상의 하나로 120개국이 참가한 환경과 무역에 관한 다자간 협상에 의하여 세계무역기구에 무역환경위원회가 가동되어 그린라운드가 효력을 발휘하는 것으로 각종 환경문제를 무역장벽에 연계시켜 환경상계관세 부과나 수출입 제한 등 강력한 제재를 가할 수 있게 되었다.

환경과 윤리적인 몇 기업의 책임의식과 실천사례를 살펴보기로 하자. 유한킴벌리는 국내 친환경 경영사례의 선두그룹에 꼽히는 기업이다. '우리 강산 푸르게 푸르게' 라는 카피로 1984년부터 시작해 현재까지 이어지고 있는 환경 캠페인은 대중매체를 통해 우리 숲의 소중함을 함께 나누고, 동참을 유도하기 위한 공익캠페인이다.

삼성전자는 그린피스가 선정한 친환경기업 1위에 등재된 기업이며, LCD 패널에서 PVC 플라스틱을 제거하고 모든 휴대전화 신규모델에 BFRs(브롬계 난연제)를 제거한 인쇄회로기판을 탑재하는 등 유해 화학물질을 제거한 친환경 제품을 확대하였다.

또한 삼성전자는 1996년 녹색경영 선포 이후 생산공정을 비롯한 모든 부문에서 제품 녹색화에 주력하고 있으며, 2005년 8월부터 유해물질사용제한지침(RoHS)에 의거한 부품만을 적용해 전자제품을 생산하고 있다.

KG 그린은 친환경 비료생산을 중심으로 친환경 소재사업, 바이오 에너지, 환경에너지까지 그 영역을 확대해 가고 있다. 뿐만 아니라 유기농산물 유통 사업을 통해 환경친화적인 기업을 목표로 삼고 있는 KG 오르페는 유기농 농산물 브랜드인 오르페를 통해 친환경 경영을 실천하고, 농촌에서 생산된 쌀을 직접 구매함과 동시에 오프라인을 통해 소비자에게 보다 질 좋은 서비스를 제공하고자 친환경 농산물 판매원 오르페가 유통 사업에 진출하였다.

KG 에코 서비스 코리아는 전반적인 산업분야에 걸쳐 발생되는 폐기물을 환경친화적인 방법으로 처리하기 위한 전처리시스템, 적법처리시스템, 그리고 우수한 폐기물관리시스템을 구축하였다. 또한 QHSE 경영시스템을 구축하였는데 QHSE는 품질(quality), 안전 보건(health &

safety), 환경(environment)을 의미하고 국제적인 표준화 규격인 ISO 9001(품질), ISO 14001(환경), OHSAS 18001(안전 보건)의 시스템 요구 사항을 만족시킬 수 있는 통합 관리 형 QHSE프로그램을 독자적으로 개발하여 운영하고 있다.

KG 바텍은 친환경 식물 제재분야에 진출하여 천연식물에서 유효성분을 추출하여 잡초와 병해충을 방제하는 친환경 식물보호를 생산하였다. 예로 바이선은 천연식물추출물을 사용하여 인축과 작물에 피해가 없는 친환경 농약이다.

KG 에너지의 집단에너지사업은 단일에너지원에서 열과 전기를 동시에 생산하여 에너지이용효율을 극대화 시키는 방식으로 기존의 일반 화력발전 방식에 비하여 효율증대로 인한 에너지 절감률이 36% 높아 연료 소비량이 절감되고 대기오염물질 배출시설의 집중관리로 대기오염물질을 37% 이상 감소시키는 친환경 발전사업이며, 식물성 오일을 이용하여 에트르화 반응을 통해 일반경유와 똑같은 에너지를 생산하는 BIO-DIESEL 사업을 병행하고 있다.

반면에, 기업의 환경윤리적인 사회적 책임을 물어야 하는 기업들도 있다. 예로, 대우조선해양은 그린조선이라는 슬로건을 내세웠지만 정작 하수처리장의 불량 가동화와 폐수처리장 대기오염 방지 시설이 누락되어 있었으며, 현장 폐기물 분리수거를 하지 않아 적발되었고 해양오염방지시설에 대한 설치가 불완전했으며, 다른 녹색경영을 하는 기업에 존재하는 환경 실무팀 조차 존재하지 않는다.

무엇보다 ISO18000 인증을 획득하였다는 허위사실을 유포하여 기업이미지를 실추하였다. 현재는 지속가능경영을 모티브로 2년 연속 우수기업으로 선정될 만큼 발전되어가고 있으며, 친환경선박(eco-ship)의 제작에도 박차를 가하고 있어 환경윤리경영의 선두로 나아가고 있다.

2009년도에 발생한 서해안 현대오일뱅크 기름유출사건은 충청남도 서산 인근 해역에서 4,000톤급 유조선 신양호가 해상 급유방식을 통해 기름을 전달하는 과정에서 기름 탱크의 밸브를 잠그지 않아 벙커C유 5,900여 리터의 기름유출사고 발생하였다.

충남 당진군 소난지도와 대난지도, 경기도 안산시의 풍도, 육도까지 기름피해를 입었고 몇십년간 복구가 불가능 할 수도 있는 정도의 환경피해를 입었다. 무엇보다 어민들의 조업이 불가능하여, 생활터전이 사라졌으며, 지역 수산물 주문수량이 현저히 감소하여 지역 어민들의 경제적 정신적 피해가 확대되었다.

유출량 축소발표와 현대오일뱅크의 관리소홀 및 유조선의 기름유출을 사실상 방치함에도 불구하고 사건 축소에만 급급할 뿐 그곳에 사는 어민들에 대한 실질적 보상 및 유출된 기름을 제거하는 행동에도 책임을 회피하였다.

현대오일뱅크는 서해안 3개항에서 해상급유를 전면 중단하였으며, 방제작업에는 주민 4천537명과 자원봉사자 1천965명 등이 참여해 1만2천560㎏의 폐기물을 걷어내었지만 완전한 환경복구는 불가능하였다.

이렇듯 환경윤리에 어긋나는 기업이 증가하고 있지만, 환경윤리라는 것이 법적인 성격이기보다는 도덕적인 개념이 강하기 때문에 이윤추구와 사업발전 등에 의해 소홀이 여겨지고 있기 때문에 환경오염에 대한 정부차원의 규정을 더욱 강화해야 할 것이다.

결론적으로 산업혁명 이후 급격히 진전된 산업문명과 과학기술의 향상은 인간의 끝없는 욕망을 일으키며 무한한 발전을 이룩하였지만, 인류의 문명이 풍요로울수록 온전하게 지켜지던 환경은 모두 파괴되었고, 오늘날 훼손된 환경은 돌이킬 수 없을 정도로 악화되었다. 이러한 상황 속에서 다양한 활동에 있어 환경오염과 자연파괴를 막는 움직임들이 증가하였고 이를 보존 및 유지하기 위한 사회, 기업, 개인의 노력 또한 많아졌다.

환경윤리라는 것이 법처럼 꼭 지켜야 할 개념이 아닌 도덕적 의미의 개념이 더욱 커서 이익창출이 우선시 되는 기업의 경우 이를 외면하게 되는 경우가 더욱 많을 것이다.

그러나 이를 예방하기 위하여 국제사회에서 다양한 방법으로 법적 구속력이 있는 시스템을 모색하고 구축하는 활동이 늘어나는 만큼 우리나라 자체에서도 이를 지켜내기 위한 법적인 방안 모색 및 정부와 기업이 함께 지켜나갈 수 있는 환경규칙을 정해야 할 것이다.

기업에게만 환경윤리를 강조할 것이 아니라 개인의 성향과 인식에서도 이러한 개념이 자리잡을 수 있는 지속적인 교육활동과 체험 프로그램을 만들어서 모든 국민들이 환경을 생각하고 지켜내며 함께 어우러져 살 수 있는 분위기를 만들어야 한다.

환경문제만큼은 개인과 기업, 정부, 국내와 국외 불문하고 모두가 지켜내고 관심을 기울여야 하며, 환경 윤리적 양심이 아닌 실제 자연에 이로우면서 모두와 공존 할 수 있는 노력이 필요하다. 기업의 사회적 책임의식이 함께 있어야 할 것이며, 이는 기업과 인간, 자연 모두에게 최고의 선물이 될 것이다.

5-3. 지속가능경영

5-3-1. 역사적 배경

지속가능발전(sustainable development)이라는 단어는 우리가 살고 있는 지구의 환경오염 및 에너지 고갈 사태로 우리 모두가 공멸할 수도 있다는 위기의식 속에서 우리 모두 스스로 환경오염을 줄이고 에너지도 아껴 쓰고 대체에너지를 개발하는 등의 노력을 하자는 차원에서 1992년 각국의 정상들이 리오 데자네이로에 모여 회담(earth summit)의 주제로 삼으면서 국제적인 관심을 받게 되었다. 특히 최근 EU 국가들의 유례없는 경기침체로 인해 그리스는 국가부도의 위기와 스페인의 청년실업자 등 여러 국가들이 연쇄적으로 경기위기의 소식을 접할 수 있다.

2008년 EU에서 발표한 지속가능한 소비생산 및 지속가능 산업정책을 위한 행동계획인 SCP & SIP(Sustainable Consumption and Production and Sustainable Industrial Policy Action Plan)에서 EU는 성장과 일자리에 관한 목표를 달성하기 위해 중요한 동전에 직면해 있음을 명시하고 있다.

SCP & SIP 행동계획의 정책구조는 [그림 5-1]과 같이 생산부문과 소비부문, 그리고 생산과 소비의 연계부문으로 구분하고 있다. 생산부문에서는 기존의 에너지사용 제품에 대한 지침인 EuP(Energy using Product)에서 에너지관련 제품에 대한 에코디자인 지침인 ErP(Energy related Product)로 확대하고 있다.

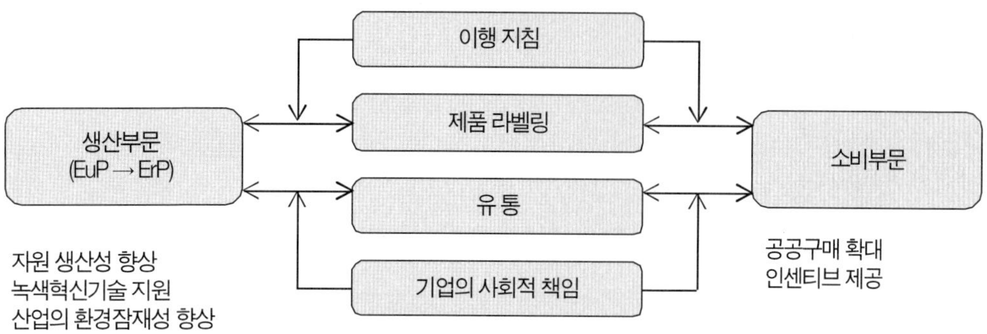

출처: 지속가능산업발전, 2012

[그림 5-1] EU의 지속가능한 소비생산 정책구조

기업 입장에서도 기업이 지속적으로 성장을 하기 위해서는 기업이 그 속에서 경제활동을 하고 있는 사회가 건전하게 존재해야 한다는 점을 고려하게 하는 계기가 되었다.

즉 최근 사회 문제의 원인이 되고 있는 환경오염 문제나 인권, 윤리 및 투명성 문제 등을 적극적으로 고려하면서 경영을 하지 않으면 기업이 사회의 지탄을 받거나 규제의 대상이 되어 더 큰 손해를 볼 수 있다는 점에서 사회와의 공존을 통한 생존을 추구하는 지속가능경영을 경영의 이념으로 받아들이는 추세에 있는 것이다. 이러한 고려 속에서 생산, 매출, 이윤을 늘려서 세계 최고가 되겠다는 기업보다 사회구성원으로부터 존경을 받는 좋은 회사가 되겠다는 기업이 점차 늘어나고 있는 것이다.

1980년대는 전통적 경영으로 경제적 수익성을 중시하고 경제와 환경의 상충관계로 사후 오염처리 중심이었으나 1980년대 중반 이후 서구 기업들은 외형 위주의 성장에서 이윤추구의 경영으로 전환하였으며, 1990년대 후반 이후에는 환경 및 사회적 이슈의 대두와 함께 환경경영 및 지속가능경영으로의 전환이 이루어지고 있다.

자본 등 유형자산 중심의 산업사회에서 무형자산 중심의 지식정보사회로 급속히 변동함에 따라 나타나는 다양한 변화들은 기업경영에 직접적인 영향을 미치고 있다.

이러한 변화의 중심에서 기업은 생존이라는 절대적인 가치명제의 실현을 가장 중요한 화두로 대두되고 있다. 따라서 지식정보사회로의 경영환경의 변화는 좀 더 많은 정보의 공유와 이에 따른 다수의 이해관계자로부터의 투명화 요구가 뒤따르게 되고 이에 기업이 고려하고 관리해야 할 많은 위험요인이 발생하게 되며 이에 대한 관리활동의 강화가 기업생존의 중점 목표가 되었다.

지속가능경영의 필요성은 세 가지 측면에서 살펴볼 수 있는데 사회적 측면과 경제적 측면 그리고 환경적 측면이다. 이를 간단히 설명하면 사회적 측면은 기업도 사회 구성원의 하나라는 인식하에 기업의 사회적 책임요구가 대두되고 있으며, 향후 국제 표준에 의해 강제화 될 움직임을 보이고 있다.

경제적 측면에서는 금융기관들의 사회책임투자 증가, 이해관계자들의 지속가능경영 정보요구 증대로 지속가능 경영정보의 외부 커뮤니케이션을 위한 지속가능성 보고서의 제작 및 검증이 주요 과제로 대두되고 있다.

마지막으로 환경측면에서는 글로벌 환경규제의 강화, 교토의정서 발효 등으로 기업의 환경보호 역할이 강조되고 있으며, 환경보호를 위한 상시 모니터링 및 내부 환경경영 체제의 구축을 요구하고 있다.

2012년 이후 한국도 온실가스 의무저감 이행국가 편입이 예상됨에 따라 온실가스 저감 및 환경보호에 대한 NGO의 요구 증대와 글로벌 환경규제 강화로 EU, RoHS 및 REACH 본격 시행, 6대 화학물질 사용금지 및 산업 전 분야 화학물질 등록이 의무화되었다.

이러한 변화는 온실가스 배출량 저감을 위한 기업의 역할을 강조하게 되었으며 체계적 온실가스 리스크 관리 시스템 구축 필요 및 배출량 감축 및 의무보고에 따른 경제적 부담을 가중시킬 것으로 보고 있다. 환경통제 미흡 시 막대한 경제적 손실이 발생하므로 국제 환경규제 상시 모니터링 및 내부 환경통제 체제 구축이 필요한 실정이다. 이렇듯 기업의 지속가능경영은 경제, 환경, 사회 이 세 가지의 균형 있는 성장에 의해서 이뤄진다고 볼 수 있다.

이것들 중 환경적 책임에 대한 기업의 관리 위험사례를 살펴보면 인도에서 운영하고 있는 코카콜라 공장으로 인하여 지하수가 오염 및 고갈되어, 인근지역이 극심한 물 부족 사태를 겪고 있다.

또한 인도에서 생산되어 판매되고 있는 제품에서 농약 잔여물이 기준치보다 24배 높게 검출되어 께랄라주는 역내 콜라 생산 및 판매를 금지하였고 그 외 5개의 주에서도 부분적 판매를 금지하였으며, 인도대법원은 콜라 성분 공개 명령을 하여 불이행 시 생산 및 판매 금지 조치할 계획 중이다.

그리고 몬산토는 2002년 발생한 애니스톤 공장의 PCBs 유출사고로, 8,000억 원을 주민에게 배상하라는 선고를 받았고 PCBs 유출사건이 발생한 2002년 당시 몬산토의 주가는 $35에서 $15 이하로 폭락하였다.

기업은 경제적 · 사회적 · 환경적 측면에서의 활동 및 성과를 이해관계자에게 설명하기 위해 지속가능성 보고서를 발간하고 있다. 이를 통해 기업은 기업의 매출, 이윤, 등의 재무적 성과뿐 아니라 에너지, 폐기물 등 환경적 측면과 종업원과 소비자, 지역사회 등 사회적 측면들을 포함하며, 환경-사회-경제적 측면의 성과를 연계하는 통합지표를 통해 지속가능경영의 성과를 보여주고 있다.

이 보고서는 지속가능 경영 성과를 체계적으로 공시함으로써 이해관계자들과의 신뢰관계 구축을 가능하게 하고, 고객 및 다양한 이해관계자들에게 좋은 기업이라는 이미지를 보여줌으로써 수익 증가 및 우수인력 획득 등의 효과를 달성하는데 효과를 보이고 있다.

세계적으로 대기업을 중심으로 1990년대에는 환경활동 성과를 공시하기 위해 환경보고서를 발간했으나, 사회적 이슈의 중요성이 증대됨에 따라 환경적 활동에 경제, 사회적 활동을 포함하는 지속가능성 보고서를 발간하게 되었다. 2005년 포춘지(Fortune) 상위 250 기업 중 68%는 지속가능성보고서(Sustainability Report)를 그리고 17%는 환경 · 사회보고서(Environmental & Social Report)를 발간하고 있다.

특히 2002년 UNEP 산하의 GRI에서 지속가능성보고서 가이드라인을 제공한 이후 지속가능성 보고서를 발간하는 회사가 급증하였다. 2005년 8월의 GRI 기준에 따른 보고서의 국가별 발간 기업 현황에 따르면 일본이 124개로 최대이고, 그 뒤로 영국, 캐나다, 프랑스, 독일, 미국, 등이 높은 발간 비율을 나타내고 있다.

우리나라는 삼성 SDI, 현대자동차, 포스코 등 11개사의 보고서만이 GRI에 등록되었다. 우리나라는 일본과 같이 지속가능성 보고서를 발간하는 회사가 단기간 내에 급속하게 늘어나는 추세에 있어 2~3년 내에 100여 개가 넘는 기업이 지속가능성 보고서를 발간할 것으로 전망된다.

기업은 지속가능경영의 실천을 통해 다양한 위협요소를 효과적으로 관리할 수 있다. 리스크 관리에 실패해 기업의 이미지, 영속성에 치명적인 영향을 준 사례는 어렵지 않게 찾을 수 있다.

글로벌 기업 나이키는 1990년 축구공을 생산할 때 아시아 협력회사 국가의 아동 노동력을 착취했다는 비난으로 기업 이미지가 실추된 것은 물론이고 영업이익도 37%나 하락했다.

또 일본의 소니 는 2001년 말 유럽시장에 출시한 플레이스테이션2(PS2)에서 중금속인 카드뮴이 법적 기준치 이상으로 검출됐다는 이유로 2,000억 원의 손실을 봤다. 세계적인 에너지기업 엔론이 분식회계로 파산한 것은 너무나 유명하다. 이 같은 폐해를 겪은 국제사회는 2005년부터 77개 국가의 정부 관계자, 기업 등 전문가들이 모여 5년 동안의 회의 끝에 ISO 26000이라는 국제표준을 만들어냈다.

기업의 사회적 책임 혹은 지속가능경영에 관한 것이다. 환경, 인권, 노동, 지배구조, 공정한 업무 관행, 소비자 이슈, 지역사회 참여 등 7개 분야에서 가이드라인을 제시한 ISO 26000은 비록 강제성은 없지만 점차 국제 상거래 표준으로 자리 잡으면서 기업 경영평가에 중요한 잣

대가 되고 있다.

ISO 26000이 만들어졌지만 아직 국내 기업들의 대응은 미진한 것으로 보인다. 지난해 대한 상공회의소가 국내 100대 기업을 조사한 결과 응답기업의 31.2%만 ISO 26000에 대응하고 있다고 답했고 계획 중이라는 기업은 46.9%, 대응하지 않고 있다는 대답도 21.9%나 됐다.

5-3-2. 이론적 배경

지속가능경영을 설명할 때 대부분 'Triple Bottom Line'으로 불리는 경제, 환경, 사회의 요소들을 고려해야 한다고 지적을 하고 있다. 그러나 기업이나 학자들은 그들의 입장에 따라 기업의 존폐에 영향을 미치는 환경적 요소나 사회적 요소들 중 한쪽을 더 강조하면서 지속가능경영을 설명하고 있다.

환경론자들은 지속가능경영을 말하면서도 지구환경을 살리기 위해 기업이 더 많은 비용을 투입해야 한다고 주장을 하고 있다. 기업의 사회적 책임을 강조하는 사람들은 윤리경영 투명경영과 사회공헌을 중시하고 있다.

그러나 지속가능경영을 하려면 기업은 우선 소비자들에게 값싸고 질 좋은 제품과 서비스를 제공한다는 본연의 역할을 다 할 수 있어야 한다는 점을 간과해서는 안 된다. 즉 환경적 문제를 해결하기 위해 기업 본연의 역할을 포기하는 것은 지속가능경영이 아닌 것이다.

기업은 그런 기본적인 노력을 다하면서 환경규제 대응, 친환경제품 개발 등의 환경적인 요소와 윤리경영, 투명경영, 인권, 사회공헌 등의 사회적 요소들을 함께 고려해야 하는 것이다.

이때 중요한 것은 [그림 5-2]와 같이 환경적인 요소나 사회적 요소를 경제적 요소와 균형 있게 고려해야 한다는 것이다. 또한 적극적이고 긍정적이며 예방적으로 환경 및 사회이슈들에 대응해야 한다는 것이다.

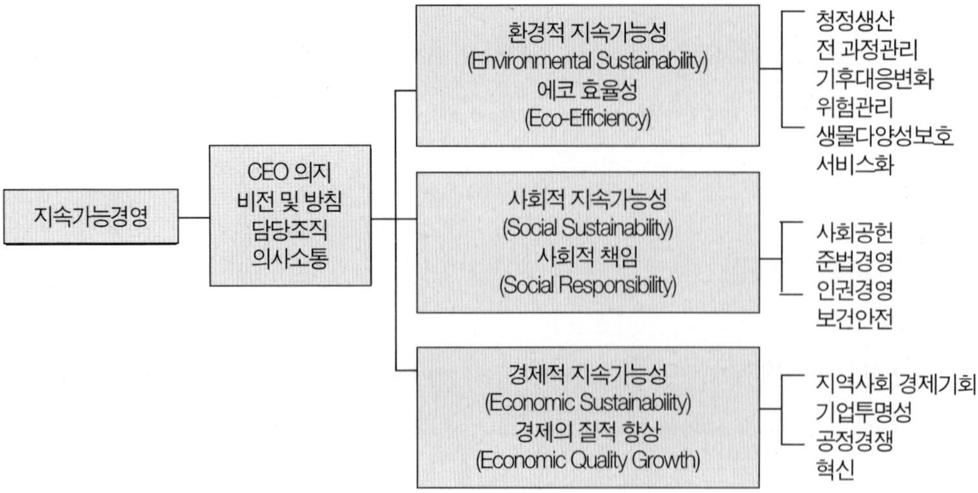

[그림 5-2] 지속가능경영 프레임워크

지속가능경영관련 이슈로는 다양한 주제들이 대두되고 있는데 이들 중 하나가 바로 환경문제의 중요성이다. 자원의 희소성 및 환경문제의 범지구적 대응 분위기가 확산됨에 따라 중요하게 여겨지고 있다.

즉 지속가능경영이란 기업이 경영에 영향을 미치는 경제적, 환경적, 사회적 이슈들을 종합적으로 균형 있게 고려하면서 기업의 지속가능성을 추구하는 경영활동을 일컫는다. 이러한 지속가능경영은 윤리경영, 이해관계자 경영, 사회책임경영 등의 다양한 이름으로 불러지고 있다.

지속가능경영은 고객, 소비자, 정부, 비정부기구(NGO), 투자기관 등 다양한 이해관계자의 요구에 효과적으로 대응할 수 있는 시스템이다. 글로벌 시장에서 다국적 기업들은 차별화된 지속가능경영 전략을 기반으로 녹색제품, 친환경 공급망관리(SCM) 정책을 바탕으로 지속가능요소를 사업의 필수 조건으로 반영하고 있다.

지속가능경영 활동을 위해서는 먼저 이해관계자들의 기대와 요구가 무엇인지 밝히는 데 열중해야 한다. 그 다음으로 전담부서를 구성하고, 상호 기능보완이 가능한 팀을 설치하고 회의를 조직해야 한다.

차별화된 지속가능경영을 위해 단계적인 실행 프로세스를 개발하고 단계별 과정을 이행해야 하며, 각 단계에서 무엇을 성취할 수 있는지 현실적인 목표를 수립하고 방향 설정을 명확히 해야 한다. 경영진과 임직원들에게 정기적으로 피드백을 제공하는 것도 필요하다.

5-3-3. 지속가능발전

1987년 세계환경개발위원회(WCED)는 지속가능한 발전 개념을 소개하면서 경제주체별 역할 규명과 실천을 요구하고 있다. 특히, 기업은 생산과 소비의 정점에 있어 지속가능한 발전에 미치는 영향이 다른 경제주체에 비해 직접적이며, 광범위하여 기업경영활동에 대한 평가가 무엇보다 시급하다고 할 수 있다.

Peattie(1995)는 경제적, 사회적 압력, 그리고 환경적 관심 등 3개 부문으로 구분하여 동시에 고려할 것을 강조했으며, Nielsel(2001)은 산업 활동의 경제적 측면, 후생의 사회적 측면, 그리고 자연 환경적 측면과의 연관성을 주장하였다.

지속가능한 발전 개념을 모든 경제주체가 경제적, 환경적, 사회적 측면을 동시에 고려하면서, 현재는 물론 미래세대의 요구를 충족할 수 있는 상태로 정의하였다.

이는 지속가능한 발전이 특정 주체만의 역할과 의무만을 강조하지 않으며, 또한 경제적 측면이 강조되었던 기존의 틀에서 벗어나, 시간범주 역시 현재와 미래를 동시에 고려하여 경제주체별 역할에 따른 파급효과를 함께 반영할 것을 기대하였다. 또한 지속가능한 발전을 추진하는 경영전략으로 환경경영을 설정하였다. 이는 기존의 대부분 경영전략들이 경제적 성과를 강조함으로써, 자원고갈과 생태계에 미치는 부정적 영향을 해결하기에 미흡한 반면 환경경영전략은 보다 실천적이며, 규범적인 경영전략으로서 위와 같은 문제점에 적극 대응할 수 있기 때문이다.

Wolters(1995)와 이병욱(2005)에 의하면 환경경영은 경영활동 전반에 걸쳐 환경측면을 고려하는 경영전략으로서, 경제적 수익성과 환경적 건전성을 동시에 달성하는 경영전략으로 정의하였으며, Christie(1995)는 환경오염의 사후처리에서 사전적 예방과 청정생산방식으로의 전환을 지원하는 실천방안으로 정의하고 있다.

환경경영전략과 경영성과에 미치는 선행연구를 살펴보면 Welch(2003)의 경우, 환경경영을 실천하는 기업으로 환경경영체제의 국제적 인증(ISO 14001)을 취득한 기업으로 규정하고 경제적, 환경적 측면에서 인증을 취득하지 않은 기업과의 비교를 수행하였다.

분석결과, 환경인증을 획득한 기업이 그렇지 않은 기업에 비해 폐기물 저감, 에너지효율 활동 등 친환경적 활동을 적극 전개하는 것으로 분석되었으며, 또한 수익성, 성장성 등 경제적 측면에서도 우수한 것으로 분석하였다.

첫째, 환경경영전략 단계에 따른 지속가능한 발전에 미치는 영향은 차이가 있으며, 이는 에코효율, 사전예방, 그리고 법규준수의 환경경영전략 도입 단계 순으로 성과가 우수한 것으로 분석되었다.

둘째, 경제적 성과가 높을수록 환경적 성과가 높으며, 환경적 성과가 높을수록 사회적 성과가 높은 것으로 나타났다. 다만 경제적 성과와 사회적 성과와의 상관관계는 불확실하지만 경제적 성과 제고를 통한 환경적 성과 제고, 그리고 이를 통한 사회적 성과의 제고로 이어지는 과정에서 가장 중요한 경제적 성과를 극대화할 수 있는 경제여건 조성이 제안된다.

셋째, 기업 규모에 따라 지속가능한 발전에 미치는 영향에서 차이가 있는 것으로 분석되었으며, 이는 환경경영전략 도입 수준 차이에 기인하는 것으로 분석되었다. 또한 두 집단 간 지속가능성에 대한 성과가 경제, 환경, 그리고 사회부문 등 전 부문에 걸쳐 차이가 발생 하는 것으로 분석되었다.

넷째, 환경경영전략의 도입기간에 따라서도 차이가 있는 것으로 분석되었다. 즉, 환경경영전략을 장기간 실천한 기업의 지속가능한 발전에 미치는 영향이 단기적으로 실천한 기업과 비교하여 우수한 것으로 분석되었다. 이는 환경경영전략의 도입단계의 차이에서 기인하는 것으로 이해될 수 있다. 이는 환경경영을 오랜 기간 동안 실천한 기업일수록, 환경경영 전략의 높은 단계인 에코효율 및 사전예방단계에 집중되어 있는 것으로 나타났다.

다섯째, 공기업과 일반기업 간 지속가능한 발전에 미치는 영향에서의 차이가 있는 것으로 분석되었다. 즉, 공기업의 지속가능한 발전에 대한 성과가 일반기업과 비교하여 높은 것으로 분석되었으며, 이는 환경경영전략의 도입단계에서 그 차이가 기인하는 것으로 나타났다.

이는 공기업이 일반기업과 비교하여 환경경영에 대한 사회적 요구를 수행할 수 있는 우수한 인력과 신속한 의사결정을 보유하여, 에코효율단계 및 사전예방단계에 집중할 수 있게 됨으로써, 이와 같은 차이를 보일 수 있는 것으로 해석된다.

이상으로부터 기업의 환경경영의 도입단계의 차이에 따라 지속가능한 발전에 직접적인 영향을 주는 것으로 결론 내릴 수 있다. 즉, 기업의 환경경영전략 도입을 강화하거나 도입수준을 높일 수 있다면 기업의 규모, 환경경영의 실천기간, 그리고 기업형태에 따라 지속가능성에 대한 성과를 극대화할 수 있게 될 것이다.

사회적 기업은 일자리 창출과 취약계층 지원이라는 기능을 동시에 수행한다는 점에서 최근 많은 주목을 받고 있다. 정부는 사회서비스 영역에서 일자리 창출 가능성이 높다는 점과 아직 우리 사회에서 사회서비스의 공급이 부족한 상황을 고려하여 사회서비스 확충전략을 추진하였고, 사회적 기업은 이를 위한 하나의 통로로 모색되었다.

또한 사회적 기업은 사회적 가치를 추구한다는 특징을 갖는데, 이는 사회적 기업이 취약계층에게 사회서비스 혹은 일자리를 제공한다는 목표와 가장 크게 연관되어 있다.

사회적 기업은 사회적 가치실행과 영업활동을 통한 수익창출이라는 다소 상충되어 보이는 두 가지 속성을 지닌다. 이는 사회적 기업이 영업활동을 통해 수익을 창출하지 못한다면 일자리 창출과 사회복지서비스 보완이라는 기능은 수행할 수 없음을 의미한다.

이러한 이유에서 사회적 기업의 역할은 사회적 기업을 육성하고 발전시키기 위해 보호된 시장 및 민관 인프라 육성, 조세 및 금융지원 확대 등과 같은 운영비용을 절감시키거나 수익창출 구조를 안정적으로 구축하기 위한 방안에 초점이 맞춰져 있다. 또한 사회적 기업은 나라 또는 지역의 사회 및 경제발전과 역사, 문화적 전통에 따라 다양한 형태로 발전해왔으며, 현재도 계속 진화 중에 있다.

따라서 사회적 기업에 대해 사회적, 경제적 목적을 모두 추구하면서 기업가 정신으로 조직된 단체라는 공통된 인식 외에, 국제적으로 통용되는 단일화된 정의를 내리기가 어렵다.

결과적으로 사회적 기업의 두 가지 기능은 전 지구적 환경문제와 사회문제, 기업의 지속 적인 생존가능성의 문제인 지속가능경영(sustainable management)과 일맥상통한다. 사회적 기업은 사회의 변화와 요구를 적극적으로 받아들여 경영활동 목표에 지속가능경영을 도입하고, 이를 구체화하는 방법으로 기업의 경영목표, 전략과 조직, 실행과제 등의 궤도를 수정하여 사회와의 적합성을 제고하려는 노력을 지속적으로 수행할 필요가 있다.

결과적으로 지속가능경영은 기업이 앞서 언급한 세 가지 책임활동을 강하게 추구해야한다는 경영이념으로써, 지속가능경영에 대한 효과는 기업 내 혁신, 윤리, 사회책임, 환경, 창조경영을 가져오며, 기업외적으로는 주주가치를 향상시킬 수 있고, 기업브랜드 명성과 고객만족도를 제고시킬 수 있다.

궁극적으로 기업이 지속가능경영 활동에 대한 노력을 수행하게 되면, 사회적 기업으로 진보할 수 있다. 그러나 국내 기업들이 지속경영활동을 한다 하더라도 그 진정성에 대하여 의문을 갖는 경우도 많다. 게다가, 기업의 경영방식을 근본적으로 바꾸기 보다는 보여주기 식으로 지속가능경영 열풍에 편승하려는 시도로서 폄하되고 있기도 한다.

실제로 2007년 대한상공회의소 조사결과에 따르면, 우리 국민들의 기업에 대한 호감도가 여전히 낮은 것으로 조사되고 있다. 기업에 대한 호감도는 기업들의 지속가능경영 성과를 측정하는 하나의 요소라고 볼 수 있는 윤리경영이나, 사회공헌활동 등을 포함하고 있는데, 최근 국내 기업들의 지속가능경영 투자에도 불구하고 기업 호감도는 상승되지 않고 있으며, 2007년도에는 오히려 기업에 대한 호감도 지수가 감소하는 것으로 나타났다.

그러므로 기업의 입장에서 해결해야할 주요한 과제는 지속가능경영을 성공적으로 도입하고, 대외적으로 인정받기 위해서는 어떠한 전략이 요구되며, 기업차원에서는 어떠한 노력을 선행하여야 할 것인가가 될 것이다.

국내의 경우 2007년 사회적 기업육성법이 제정 및 시행되면서 노동부에서 사회적 기업으로 인증을 받는 경우에만 사회적 기업이란 명칭을 사용할 수 있게 되었다. 사회적 기업육성법에서는 사회적 기업이 실현하고자 하는 사회적 목적에 따라 사회적 기업의 유형을 네 가지로 구분하고 있다. 이는 일자리 제공형, 사회적 서비스 제공형, 혼합형 그리고 기타형으로 구분된다.

사회적 기업의 주된 목적이 저소득층, 고령자, 장애인 등의 취약계층에게 일자리를 제공하는 것으로 전체 근로자 중 취약계층의 고용비율이 50% 이상이면 일자리 제공형으로 본다.

반면 사회서비스 제공형 사회적 기업은 취약계층에게 사회서비스를 제공하는 것이 주된 목적이며, 서비스 수혜자 중에서 취약계층 비율이 50%이상 인 기업을 말한다. 그리고 취약계층 일자리 제공과 서비스 제공이란 두 가지 목적을 추구하면서 근로자 중 취약계층 비율과 서비스 수혜자 중 취약계층 비율이 각각 30% 이상일 경우에는 혼합형으로 본다.

사회적 목적 실현여부를 취약계층 고용비율과 사회서비스 제공비율로 판단하기 곤란하여 사회적 기업육성위원회의 심의를 거쳐 노동부 장관이 목적의 실현영부를 판단하는 경우 기타형 사회적 기업으로 분류된다.

사회적 기업은 초기에는 그 목적이 취약계층에게 일자리를 제공하거나 또는 취약계층에게 사회서비스를 제공하거나 또는 취약계층에게 사회서비스를 제공한다는 차원에서 발전하였다. 그러나 사회적 기업에 대한 사회적 관심이 커지고 그 수가 늘어나면서 최근 세계적으로 사회적 기업이 추구하는 사회적 목적도 환경보존, 공정무역, 지역개발 등으로 다양해지는 추세이다.

지속가능경영이란 기업이 경영에 영향을 미치는 경제적, 환경적, 사회적 이슈들을 종합적으로 균형 있게 고려하면서 기업의 지속가능성을 추구하는 경영활동이라고 할 수 있다. 즉 기업들이 전통적으로 중요하게 생각했던 매출과 이익 등 재무성과뿐 아니라 윤리, 환경, 사회문제 등 비재무성과에 대해서도 함께 고려하는 경영을 통해 기업의 가치를 지속적으로 향상시키려는 경영기법이다.

이를 실현하기 위한 세 가지 전략으로 경제적 신뢰성, 환경적 건전성, 사회적 책임성이 제시된다. 경제적 신뢰성은 가치창출 및 수익의 합리적 분배를 의미하고, 환경적 건전성은 사전적 환경관리를 의미하며, 사회적 책임성은 고용창출 및 인적자원 관련 인프라 개선을 의미 한다(Elkington 1997).

일반적으로 지속가능경영을 설명하는데 TBL(Triple Bottom Line)이란 용어가 가장 많이 사용된다. 이와 관련하여 Elkington(1997)은 트리플 바텀라인(triple bottom line: TBL)이란 기업이 경제적으로 생존가능하고, 환경적으로 건전하며, 사회적으로 책임이 있도록 조화로운 노력을 하는 상황으로 정의하고 있다.

이는 기업 환경이 지속가능성 및 사회적 책임이행에 의해 국제적으로 규제 받는 움직임이 일면서 생존전략으로서 대두된 것이다. 특히 사회적 책임투자펀드의 영향력이 확대되면서 기업은 지속가능성 및 사회적 책임성을 강조한 경영으로 선회할 수밖에 없다.

이러한 지속가능성과 사회적 책임성을 강조한 용어가 지속가능경영, 사회적 책임경영이다. 현재는 지속가능경영이라는 용어를 보다 많이 사용하고 그 철학적 배경으로 기업의 사회적 책임을 언급한다.

따라서 지속가능경영은 지속가능한 발전을 위해 기업의 사회적 책임을 경영전략에 밀착시킨 경영형태를 뜻하며, 기업의 경제적 책임활동, 사회적 책임활동, 환경적 책임활동을 의미한다고 볼 수 있다. 지속가능경영에 대한 관심이 증대되면서, 주주나 다양한 이해관계자의 이익을 반영하고, 환경적, 사회적 책임을 다하면서 경제적 이익을 추구하는 기업만이 장기적으로 성장가능하다는 패러다임의 전환이 급격히 진행되고 있다.

지속가능성을 담보하기 위한 사회공헌 활동의 기본 전제는 경제적 책임활동이다. 경제적 책임은 기업의 1차적 책임으로 혁신을 통해 사회발전을 도모하며, 사회의 발전에 기여하려는 의도가 전혀 없다하더라도 다른 기업과의 경쟁 속에서 최대한의 이윤을 남기기 위해 끝없는 기술혁신을 통해 사회의 질을 향상시킬만한 제품 및 서비스를 만들어 내는 것이다.

경제적 책임활동 효과와 관련하여, 2008년도 대한상공회의소 보고서에 따르면, 기업이 경제적 측면에서 지속가능경영을 추구하게 되면 기업의 경쟁력이 증대되고, 기업 이미지 및 생존에 지대한 영향을 미칠 수 있다는 사실이다. 또한, Maignan & Ferrell(2001)은 기업의 경제적 책임활동이 ROI, ROA, 수익 성장률에 긍정적 영향을 미친다는 사실을 실증적으로 제시한 바 있다.

기업의 사회적 책임활동은 기업이 스스로 추구하여 얻은 이윤의 일부를 다양한 방법으로 사회에 환원하여야 한다는 당위성 개념으로 발전하였다. 과거에 사회적 책임은 경제적 책임, 법적 · 윤리적 책임처럼 기업이 반드시 이행하여야할 책임은 아니었지만, 오늘날은 기업 활동의 중요한 영역으로 자리 잡고 있다(Brown & Dacin 1997).

기업의 사회적 책임에 대한 정의는 사회적 환경 하에서 기업의 역할과 위치에 대한 관점, 기업의 사회적 책임활동을 순수하게 경제적인 것부터 동적인 사회시스템 내에서 기업의 장기적 역할을 고려한 관점, 그리고 더 나아가 최근에는 포괄적이고 순행적인 사회적 책임활동으로까지 확대되었다(McGee 1998).

그 동안 기업의 사회적 책임활동은 여러 측면에서 연구되어 왔으며, Clarkson(1995), 그리고 Donaldson과 Preston(1995)은 기업이 누구에게 책임을 져야하는지에 대한 측면에서 기업의 사회적 책임을 정의하였다. 이들은 기업이 사회전체에 대해 책임을 지는 것이 아니라, 기업의 행위에 의하여 영향을 받고, 기업의 행위에 영향을 주는 이해관계자들에게 책임을 져야한다는 이해관계자이론을 주창하였다.

이러한 관점에서 기업은 자신의 이윤을 추구하기 위한 활동을 하면서 동시에 사회와 개인 모두에게 이익을 배분하기 위한 경제적 책임 과 사회적 책임을 균형 있게 수행하여야 한다.

그 결과 기업은 경제적 책임과 사회적 책임이라는 두 가지 역할을 통해 더 나은 기업으로 성장할 수 있는 토대를 마련할 수 있을 것이다. 결과적으로 기업은 장기적으로 경제적 책임과 사회적 책임의 적절한 조화 즉, 어느 정도의 균형성을 확보하는지가 매우 중요하다고 볼 수 있다.

1990년대 환경에 대한 인식이 증대되면서, 기업은 경제성과와 환경친화성을 통합적으로 지향하는 환경경영 패러다임을 추구했다. 제품 및 공정의 그린화를 통한 환경효율성을 중시하기 시작하였고, 자원의 생산성 및 오염의 사전예방 등에 집중하였다.

2000년대에는 환경뿐만 아니라 기업의 사회적 책임활동까지 강조되면서 지속가능경영의 패러다임이 등장하게 되었다. 특히, 자연환경을 다루는 기업의 사회적 책임이 강조되면서 공해를 위협이 아닌 기업의 성장기회로 인식하는 새로운 마케팅 이념으로 환경과 관련된 그린마케팅이 강조되고 있다.

이는 기업 활동의 무대가 되는 자연환경을 보호하고 기업이 생산하는 제품을 구매하는 인간의 삶의 질을 높이고자 하는 새로운 마케팅 이념을 의미한다. 기업적 입장에서 그린 경영을 실천하기 위해 가장 기초적인 출발점은 환경이란 지구촌에서 생활하는 우리 모두를 위해 스스로가 책임 있는 행동을 통해 지켜지는 것이라는 인식을 확신하고 실천하는데 있다.

이처럼 기업이 환경에 관심을 두는 이유는 합법성 동기, 경쟁력 동기, 사회적 책임 동기로 설명될 수 있다. 합법성 동기는 법률을 어기지 않고 잘 지키는 것을 말하며, 환경위원회를 설립하고 환경감사 활동을 실시하며, 지역사회와의 네트워크를 구축하는 것이다. 그리고 경쟁력 동기는 법과 규제에 대한 대응활동이 단순히 기업의 비용 증가로만 보지 않고 윈-윈(win-win) 논리 속에서 경쟁력을 강화시킬 수 있다.

기업은 환경적 지속가능성 노력을 통해 자원 이용의 효율성 및 투자회수율 증가, 매출증대, 새로운 시장개발, 기업이미지 제고 등의 효과를 누릴 수 있다. 따라서 기업은 사회적 책임과 가치를 가지고 있다는 사회적인 동기에서 기업의 녹색화를 추진할 수 있다.

예를 들어, 2002년에 HP는 기업의 사회적, 환경적 책임에 대한 약속을 공급망으로 확장하기 위해 전자업체로는 처음으로 공급망의 사회적, 환경적 책임 정책과 공급업체 윤리 강령을 확립하였으며, 2004년에는 현행 적용 기준인 전자업체 행동 규범(EICC) 제정을 추진하였다.

EICC는 전자업계의 글로벌 공급망 전반에서 노동, 인권, 건강 및 안전, 환경 및 윤리 분야의 책임감 있는 경영과 운영 관행을 장려하고 있다. 따라서 기업의 환경적 노력은 기업 평판을 높이고, 기업의 효율을 창출하고 비용을 절감하며 협력관계를 강화할 수 있다.

신뢰는 사회학이나 심리학, 경제학 등에서 많은 개념적 연구가 이루어져 왔으며, 일반적으로 교환상대방의 말이나 약속이 믿을만하고 교환관계에서 자신의 의무를 다할 것이라는 상대에 대한 믿음을 의미한다. 그러나 신뢰에 대한 시각은 여러 학자들마다 다양하게 제시되고 있다.

Morgan & Hunt(1994)는 신뢰를 거래상대방의 믿음직성과 성실성에 대한 확신이라고 정의하였다. Lewis & Weighert(1985)는 신뢰란 기본적으로 사람들 간의 다양한 관계 속에서 발생하는 사회적 현상이라고 보고 있다. 즉 신뢰는 사회적 상황으로부터 유리된 개인의 내부적인 심리 상태라기보다는 지속적인 쌍무적 교환관계 또는 집단 성원관계 속에서 발생하는 사회적 속성으로 정의하였다.

Moormanet et al.(1992)은 신뢰는 자신감을 가지고 있는 또 다른 당사자에 대해 기꺼이 의지하려는 성향으로 주장하였고, Rousseau et al.(1998)은 신뢰를 타인의 의도나 행동에 대한 긍정적인 기대에 근거해 취약성을 감수하려는 의도로 구성된 심리적 상태로, Mayer et al.(1995)은 신뢰자의 감시나 통제 없이 거래 상대방에게 중요한 특정 행위를 수행할 것이라는 기대를 바탕으로 신뢰 대상의 행동에 자신을 취약한 상태로 기꺼이 맡겨주는 것이라고 정의하였다.

그러나 무엇보다도 신뢰에 대한 두 가지 보편적인 차원은 신용에 대한 신뢰와 호의에 대한 신뢰로 구분 된다고 한다(Ganesan 1994; Kumar et al. 1995; Doney & Cannon 1997).

만일 이러한 가능성이 존재한다면, 기업의 입장에서는 자사의 신뢰확보를 위해 지속가능경영과 관련된 활동에 많은 노력을 기울여야 할 것이다. 이러한 가능성과 관련하여 Anderson과 Weitz(1992)는 기업연상이 공급자와 판매자 간의 관계에 있어 중요한 역할을 수행할 수 있음을 제시한 바 있는데, 이들에 따르면 교환 파트너와의 거래 시, 구매자들이 제조업체에 대한 평판이 긍정적으로 형성되면 거래 파트너에 대한 신뢰를 형성한다는 것이다.

호혜성은 서로의 행동에 대한 두 집단의 상호적인 강화를 말하는 것으로 이러한 호혜성은 두 가지 형태, 즉 상호적 호혜성과 단일적 호혜성으로 구분된다. 상호적 호혜성은 두 개인에게만 한정된 직접적인 호혜성을 의미하며, 단일적 호혜성은 적어도 세 명 이상의 행위자가 수반되어 그 행위자들이 서로 간접적 이익을 제공하는 것을 의미한다.

이러한 호혜성의 원리는 순환 고리에 의해 연결되어 모든 행위자들 간의 평등성을 기반으로 작용하며, 교환 당사자들의 평등은 사회적 상호작용의 지속성 때문에 발생한다는 것이다(Ekeh 1974).

따라서 호혜성은 상대방의 노력으로 인하여 다른 상대방이 혜택을 받거나, 감사하는 마음을 느끼거나, 나아가 상대에게 은혜를 입고 있다는 감정을 지각하는 것을 말한다(Morales 2005).

그러므로 기업의 지속가능경영 노력은 소비자들로 하여금 호혜성을 유발시킬 가능성이 높다. 이러한 호혜성 지각은 소비자들에게 해당 기업이 믿을만한 기업이라는 단서를 제공해주며, 나아가 해당 기업의 제품에 대한 품질을 예상하게 하거나 제품에 태도, 게다가 해당 기업에 대한 평가에 영향을 미치는 것으로 알려져 있다(Gustafssonn 2005).

기업이 경제주체로서 제품개발에 대한 노력, 나아가 R&D 투자노력, 서비스 노력 등 기업이 능력을 키우는 노력을 수행하게 되는 경우, 해당 기업에 대한 능력 혹은 역량에 대한 믿음이나 신념이 선행되기 때문에 소비자들은 자신들의 편익을 증대시켜 줄 것이라고 기대할 수 있다.

이러한 이유는 소비자들로 하여금 자신의 편익을 증대시켜준 매장에 대해 덕을 본다는 생각을 연상하게 만들며, 소비자들은 이러한 감정 때문에 구매행위 같은 행동을 통해 해당 매장에 보답하려고 하기 때문이다(Goranson & Berkowitz 1966). 결국, 기업에게 덕을 본다는 감정은 궁극적으로 소비자들로 하여금 호혜성에 대한 긍정적 반응을 유발시킨다는 것이다(Morales 2005).

따라서 기업이 경제적 책임활동 노력을 열심히 수행하게 되면 소비자들은 해당 기업의 제품 혹은 서비스로부터 많은 혜택을 받을 것이기 때문에 해당 기업의 노력에 대하여 호혜적인 감정을 지각할 가능성이 높다.

기업에 대한 능력연상이나 기업의 노력은 소비자들로 하여금 호혜적인 감정을 지각하게 하거나, 제품에 대한 신념형성에 중요한 영향을 미친다는 사실이다. 그러므로 기업이 지속가능경영의 덕목인 경제적 책임에 대한 노력을 증가시키게 되면, 그로 인해 소비자들은 해당 기업에 대한 신념이나 신뢰를 형성하게 될 것이다.

우선, 기업의 지속가능덕목 중 경제적 책임에 대한 노력은 소비자들로 하여금 기업에 대한 신뢰 형성과 호혜성 지각 모두를 유발하는 것으로 나타났으며, 특히, 기업의 지속가능경영노력은 신뢰형성과 호혜성 지각을 매개로 제품평가에 긍정적인 영향을 미친다는 것이다.

둘째, 기업의 사회적 책임활동 노력은 호혜성 지각에만 긍정적인 영향을 미치며, 전반적인 신뢰형성에는 긍정적인 영향을 미치지 않는 것으로 나타났다. 따라서 기업의 사회적 책임활동 노력은 호혜성 지각을 매개로 기업평가에 긍정적인 영향을 미침을 알 수 있었다.

셋째, 기업의 환경적 책임활동 노력은 사회적 책임활동 노력과 마찬가지로 호혜성 지각을 매개로 기업평가에 긍정적인 영향을 미치는 것으로 나타났다. 이러한 결과는 기업의 지속가능경영 노력이 소비자들로 하여금 해당 기업에 대한 호혜성을 형성시키며, 이러한 호혜성 지각이 신뢰를 유발하는 중요한 단서임을 제시해준다.

기업의 지속가능경영 노력에 대한 중요성이 부각되는 가운데 경제적 책임활동 노력, 사회적 책임활동 노력, 환경적 책임활동 등 이러한 노력들이 해당 기업에 대한 신뢰형성과 호혜성 지각에 매우 중요한 요인임을 밝혀냈다.

아울러 기업의 입장에서는 사회적 기업으로 진보하기 위해 자사의 신뢰확보를 위해 지속가능경영을 유지 및 지원할 수 있는 다양한 프로그램을 마련할 필요가 있을 것이다.

그 동안 수행된 지속가능경영에 대한 연구들은 주로 개념적 차원에서 그 의미를 부여해왔다. 하지만 실제로 기업의 지속가능경영 노력이 결과변수에 어떠한 영향을 미치는지에 대한 효과는 다루지 못하였다.

기업의 지속가능경영 노력이 해당 기업에 대한 호혜성 지각과 신뢰를 유발시킨다는 것이며, 특히, 지속가능경영 노력의 세 차원이 서로 다른 심리적 요인을 매개로 하여 제품평가에 영향을 미친다는 점을 제시하고 있다.

이러한 사실은 기업의 지속가능경영 노력이 소비자들로 하여금 해당 기업에 대한 호혜성 지각과 신뢰를 형성시켜, 제품평가로 이어진다는 호혜성 지각과 신뢰의 매개역할에 대한 중요성을 제시해준다.

끝으로 기업의 지속가능경영 노력으로 인하여 소비자들로 하여금 유발되는 호혜성 지각과 해당 기업에 대한 신뢰형성에 초점을 두고 있지만, 향후 기업의 지속가능경영 노력이 유발하는 또 다른 심리적 기제를 제시할 필요가 있다.

5-3-4. 친환경경영

한국은 짧은 시간에 선진국 진열에 도달하여 외국에서는 한강의 기적을 이루었다고 평가하고 있다. 그런 이면에는 성공적인 산업화 과정을 거치면서 이룬 경제성장의 핵심에 기업의 역할이 있었음을 부인할 수 없다.

기업은 국내외의 많은 경쟁 속에서도 존립을 위해 활동하는 생명체로서, 최근 지속가능한 사회라는 이슈 속에서도 적응을 계속해 나가고 있다. 산업화와 근대화 초기에는 기업경영에 있어 환경의 중요성이 크게 대두되지 않았다.

21세기 기업 경영의 핵심 키워드라는 환경경영은 이제 경영자들뿐만 아니라 일반 소비자들에게도 널리 인식돼 있을 정도로 주요한 경영기법이다. 환경경영은 기업의 사회, 윤리적 책임을 넘어 기업의 흥망을 결정하는 키워드가 됐다.

기업은 과거 수동적 입장에서 환경관련 법규를 준수하고, 환경단체의 압력에 못 이겨 환경문제를 관리했다. 환경이 경제성장의 발목을 잡는다고 불평하기도 했다. 그러나 녹색소비자의 목소리가 커진 1980년대 들어 기업은 수동적으로 환경 문제를 대응할 경우 정부나 소비자의 요구를 만족시킬 수 없다는 사실을 인식하고, 환경문제에 적극 나서고 있고, 1990년대 이후 기업의 환경관은 크게 변했다.

친환경 경영만이 글로벌 경쟁에서 살아남을 수 있다는 결론을 내리고 나름대로 환경 관리 기준을 설정, 실천에 옮기고 있다. 생태계나 지구 환경을 훼손시키지 않으면서 미래 세대의 생존 능력이 지속될 수 있도록 관리하는 능력으로 정의되는 지속가능경영의 시대가 열린 것이다.

정부 규제에 맞추기 위해 억지로 환경에 신경을 쓰던 공공 주도의 시대는 지났다. 기업의 신뢰도를 높이고 기업 가치를 업그레이드시키기 위해서는 환경 친화에 대한 적극적이고 능동적인 경영전략을 세워야 한다는 게 전문가들의 견해다. 앞으로는 기업 가치를 높이기 위해 시장에 의해 환경경영이 유도되는 민간주도체제로 나갈 것이다.

기업을 둘러싸고 있는 경영조건은 냉혹한 경쟁 상태로서, 특히 2013년부터 전개될 포스트(post) 교토의정서(Kyoto Protocol)인 새로운 국제협약에서는 우리나라 기업도 기후변화대책을 준비하고 대처해야 하여야 할 것으로 예상되고 있다. 이러한 큰 문제는 우리 기업들에 큰 변화를 가져올 수 있는 발등의 불이다.

친환경을 의미했던 이 접두어는 이제 환경을 넘어서 인간과 인간의 삶까지 배려하는 훨씬 적극적인 의미로서 그 쓰임새가 확대되고 있다. 친환경(green)이란 지구 온난화 방지를 위한 노력과 같이 환경적 실천을 통해 인류가 지속적으로 생존할 수 있는 환경을 유지하기 위한 노력을 의미한다.

친환경 경영이란 환경친화적인 경영을 의미한다. 즉, 기업의 비전에서 부터 제품의 기획, 설계, 공정 및 소비자에 이르는 모든 경영 프로세스에서 환경친화적인 개념을 도입하여 경영하는 것을 말한다고 할 수 있다.

친환경 경영과 유사한 개념으로는 그린경영이 있다. 이 또한 환경을 보호하고, 유지하는 경영 활동에 주된 초점을 맞추고, 환경을 파괴하지 않는 경영 이념을 내세우는 것으로, 특히, 환경 보호 중심의 개념을 가지고 하는 마케팅 활동을 가리켜 그린 마케팅이라고 하기도 한다.

환경친화기업은 오염물질의 현저한 저감, 자원 및 에너지의 절감, 제품의 환경성 개선, 기타 환경보호활동 등을 통하여 환경개선에 크게 기여하는 사업장으로 환경부 장관이 지정한 사업장을 말한다.

기업 입장에서 보면, 그간 친환경은 사회적 책임을 수행하는 차원에서 추진되어 온 것이 사실이다. 또한 비즈니스 관점에서 친환경 투자는 비용을 더 발생시키는 요소로서, 추진하면 할수록 비용을 더 많이 유발하고 이익을 줄이는 요소로 작용해 왔다.

글로벌한 경영환경에 기업들이 존속하려면 세 가지 기본적인 조건 즉, 경제, 환경, 사회적인 최소여건을 유지해 나가야 한다. 윤리경영과 함께 기업의 사회적 책임(CSR: Corporate Social Responsibility)도 기업경영의 새로운 개념으로 받아들여지고 있으며, 최근의 친환경 경영도 지속가능한 발전을 전제로 하고 있다.

이는 외적으로는 유해물질 사용규제(RoHS), 전기전자제품 폐기물처리 지침(WEEE), 자동차의 일산화탄소 배출규제 등의 기업외부 환경의 수많은 규제와 내적으로는 부정 등 윤리경영 요구 등에 이르기까지 기업들은 많은 도전에 직면해 있는 것이다.

이에 대해 많은 기업들은 고객감동 경영, 과감한 투자에 의한 기술혁신을 기반으로 환경친화적인 제품과 소프트웨어 개발로 대응하고 있으며, 최근에는 친환경경영 개념을 도입하고 있다. 즉, 기업이 추구해 온 이윤 극대화의 경제적 수익성과 환경적 지속가능성의 조화가 새로운 기업경영의 목표가 되고 있는 것이다.

최근에는 친환경 기술, 관련 사업 실천 등 그린전략을 통해 그린 브랜드(green brand)를 구축하려는 움직임이 많다. 이러한 그린전략은 글로벌 경쟁이 심해지고 있는 상황에서 차별화 포인트를 제공할 수 있다.

맥킨지 사는 현재 탄소라벨 부착은 의무사항이 아니지만 앞으로 환경이슈가 더욱더 중요해지면서 탄소라벨 등을 통해 그린 브랜드를 구축하는 것은 기업의 미래핵심 경쟁력이라고 한다.

2011년 8월 캐나다의 조사기관인 인바이로닉스 인터내셔널이 50개국의 최고경영자 212명을 대상으로 벌인 설문에서는 92%가 환경경영을 포함한 지속가능성의 추구가 기업 이익과 연결된다고 답했다. 환경경영이 경영 성과로 이어지는 이유는 다양하다. 친환경적이라는 이미지가 소비자에게 어필해 시장점유율이 늘거나 인재를 확보하는데 도움이 되는 경우가 많다.

영국의 화장품업체인 보디 숍(Body Shop)이나 한국의 유한킴벌리와 같은 회사가 대표적으로 오염물질의 배출을 원천적으로 억제하고 효율성을 높이는 청정생산을 통해 환경을 보호하는 동시에 비용을 줄여 성과를 내는 기업도 늘고 있다.

환경친화성이 뛰어난 혁신적인 제품을 만들어내는 경우도 있다. 이런 이유들 때문에 최근 선진 금융권에선 기업 가치를 평가할 때 기업의 친환경성을 중요한 항목으로 삼고 있다.

환경기술(ET)산업은 이미 1980년대 후반부터 바이오기술(BT)산업, 정보기술(IT)산업과 함께 21세기를 이끌어갈 3대 신 성장 동력으로 거론돼 왔다. 하지만 각국마다 연구 · 개발이 한창인 바이오산업과 이미 성숙 단계에 진입한 IT 산업에 비해 환경 산업은 상대적으로 성장이 더디게 진행돼온 것이 사실이다.

환경이 곧 기업의 발목을 잡는 규제라는 인식 때문이었다. 기업들은 환경산업의 필요성에는 공감하면서도 정작 환경 기술에 대한 투자에는 미온적인 모습을 보여 왔다. 매년 각 기업이 발표하는 환경 관련 투자 계획 역시 사회적 요구에 등 떠밀려 양심차원에 그치는 경우가 많았다.

그러나 최근 환경산업의 성장 가속도는 기업들이 결코 무시할 수 없을 만큼 위력적이다. 환경경영연구소에서 앞으로는 기업의 사고방식에도 패러다임의 변화가 필요하다고 강조한다. 규제나 여론에 따라가기 급급한 소극적이고 방어적인 자세보다, 친환경 산업에 대해 사회적인 의제를 던지고 관련 산업을 발굴해나가는 적극적 개념의 환경경영이 필요하다는 얘기다.

한국은행이 매년 발표하는 환경오염방지지출 규모는 국내 환경산업 시장의 규모를 가늠케 하는 대표적인 지표다. 지난 2002년 국내 환경오염방지지출 규모는 13조 6,088억 원이다. 주목할 점은 국내총생산(GDP)대비 환경보호지출 비율인데, 지난 2010년을 기준으로 영국과 프랑스의 경우 환경오염방지지출 비율은 각각 GDP 대비 0.7%, 1.6% 이었다. 반면 한국은 그 비율이 2.3%에 육박, 경제협력개발기구(OECD) 주요국보다 현저하게 높은 것으로 나타났다.

이는 우리나라의 환경 투자율이 다른 국가보다 높게 나타난 것은 선진국은 이미 환경투자가 많이 된 상태여서 추가 지출 규모가 크지 않지만, 국내 환경 산업은 한창 성장세를 타고 있기 때문이라고 분석하고 있다.

실제로 국내 환경산업의 급성장은 곳곳에서 감지되고 있다. 친환경 건자재 시장 역시 불황 속 호황을 누리고 있다. 대한상의보고서에 따르면 대표적인 내수 지표중 하나인 도·소매 판매가 2003년 3월 이후 지속적인 감소세를 보이고 있지만 친환경 상품에 대한 소비는 꾸준하게 증가하고 있다. 연간 9,000억 원 규모의 바닥재 시장 규모 중 올해 PVC바닥재 시장에서 친환경 제품이 차지하는 비중은 25%에 달할 것으로 추정된다.

업계는 2012년에는 친환경 제품의 비중이 50% 이상으로 급증할 것으로 예상하고 있다. 먹을거리 문화도 거센 변화의 바람을 탔다. 지난해 국내 건강·기능성 식품시장은 전년 대비 13% 성장한 3조 4,000억 원 규모를 기록했다. 세계시장 규모는 1,152억 달러로 2000년 이후 연평균 11% 성장했다.

이제 환경 산업은 기업의 생존에 있어 선택이 아닌 필수조건이다. 환경 선진국인 미국에서는 최근 캘리포니아 공무원연금 등 적지 않은 투자 펀드들이 투자를 할 때 기업의 환경친화성을 평가 대상에 포함시키고 있다. 친환경 경영이라는 기본조건이 충족되지 않으면 투자를 보류하는 식이다.

CEO들도 환경문제가 글로벌 이슈로 등장하고, 환경을 외면한 기업은 더 이상 버틸 수 없다는데 인식을 같이했다. 글로벌 기업으로 우뚝 선 국내기업들은 환경을 경영이념의 핵심요소로 삼고 있다.

그러나 환경경영은 경영이념이나 실천요강에 실린 수사로만 실현되지 않는다. CEO 등 모든 조직 구성원들의 실천 의지에 달려있다. 이러한 배경하에 국내·외 기업의 환경 경영에 대한 방향 및 철학에 대해 조사한 예를 제시한다.

(1) 국내 기업의 친환경 경영

① 삼성 지구환경연구소

삼성은 생명 외경사상을 바탕으로 사람과 자연을 존중하는 기업 활동을 통해 인류의 풍요로운 삶과 지구환경보전에 이바지한다는 녹색경영을 1996년 발표했다. 2005년에는 환경 · 안전 · 건강 중시 경영원칙을 선언했다. 환경보호 관련 국제기준과 관계법령 등을 준수하고 개발, 생산 판매 등 모든 사업 활동에서 환경보호를 위해 최선을 다하는 환경 친화적 경영을 추구한다. 자원의 재활용도 한 축이다. 인류의 안전과 건강을 중시하는 게 삼성의 환경 경영관이다.

② 현대자동차

인간과 환경, 사회가 조화할 수 있도록 환경보호를 통해 인간 가치를 존중하며 기업의 사회적 책임을 다하고 있다. 환경을 핵심 성공요소로 인식하고 능동적인 환경경영을 통해 기업 가치를 창출한다. 환경친화적 자동차 개발과 보급으로 자동차 전문기업의 사회적 책임을 다한다고 자부한다.

제품의 개발, 생산, 판매, 폐기에 이르는 전 과정에 자원과 걸쳐 에너지의 지속가능한 사용과 오염물질 배출 저감에 적극 노력한다. 협력사의 환경 경영활동도 적극 지원하고 있다. 현대 · 기아자동차그룹은 환경이 성장의 필수조건임을 강조하고 있다.

현대자동차는 환경을 고려하지 않으면 더 이상의 성장은 불가능함을 인식하고, 환경이 기업과 국가경제 성장의 기반이 되도록 해야 한다고 선언했다. 이미 2003년 글로벌 환경경영을 선포했으며, 2005년엔 친환경기술 개발을 위해 환경기술연구소를 세우고, 2009년 양산 및 실용화를 목표로 하이브리드 차량의 개발에 박차를 가하고 있다.

현대자동차는 협력사와의 그린 파트너십을 통해 글로벌 환경규제에 능동적 대응하였으며 중소 협력사에 대한 실질적인 지원을 통한 상생 협력 체제를 강화하고 친환경 공급망 구축을 통한 기업의 사회적 책임을 완수하고 있다.

이산화탄소 규제, 폐차 재활용 규제, 유해물질 사용 규제 등의 글로벌 규제강화와 협력사와의 상생협력, 지속 가능한 이동성의 확보, 자동차산업의 환경성 제고 등의 기업의 사회적 책임을 SCEM(Supply Chain Environmental Management)을 통해 능동적으로 대응하고 있다.

③ SK

인간존중 및 환경보전의 이념을 바탕으로 환경 · 안전 · 보건이 경영활동에서 핵심요소임을 강조한다. 무재해와 환경친화적 경영으로 지속가능한 발전을 추구한다. 2000~2005년 모든 사업장의 온실가스 배출량에 대한 검증을 마치고 감축사업에 나섰다.

환경관련 법규보다 더 엄격한 자체 배출허용 기준을 적용하고 있다. 대기는 법규의 80~90%, 수질은 50% 이내로 사내 기준치를 적용한다. 경유차 매연저감장치(DPF) 등을 개발해 대기 오염 개선사업에 기여하고 있다.

SK그룹은 경영계획을 발표하면서 저이산화탄소 경영체제를 도입하겠다고 선언했다. 환경위원회를 신설해 계열사별로 진행하고 있는 각종 환경사업을 그룹 차원에서 총괄하고, 친환경 및 바이오에너지 등 저이산화탄소 녹색기술에 2010년까지 약 1조원을 투자하며, 2010년까지 계열사별로 최적의 환경경영 기본 정책을 마련하고 장기적으로는 고객과 협력사도 동참시킬 예정이다.

국내 기업 가운데 시나리오 경영에 가장 적극적으로 나서고 있는 SK그룹은 환율에 민감한 정유회사를 주력 계열사로 거느리고 있어서, 최근 시나리오 플래닝이라는 이름의 경영기법을 도입했다. 전 계열사의 사업부 단위까지 자세한 시나리오와 대응방법을 구성해 실행에 들어간 상태로서, SK에너지의 경우 환율 · 유가 · 수급 등 기본적인 것을 비롯해 고유가로 인한 소비자의 고통 같은 감정적인 면도 고려하여 다양한 시나리오를 만들었다.

④ LG 화학

경영현장과 윤리규범을 통해 지구시민으로서의 자각과 시야를 갖고 환경보전에 노력한다. 오염방지 및 자연보호에 최선을 다하고 있다. 합성수지 원료제품부터 바닥재 등 완성품까지 모든 제품에 대한 친환경성을 높이기 위해 제품 전과정 환경영향평가를 추진 중이다.

폐수, 폐기물 감축활동 및 재활용 증대로 오염 배출 제로화에 도전하고 있다. 2003년부터 환경부 가이드라인과 국제기준에 따른 환경보고서를 만들고 있으며, 올해는 지속가능보고서를 작성할 예정이다.

LG전자는 국내에서 처음으로 기업의 영속성에 관한 정보를 외부에 제공하는 지속가능성 보고서를 발간했다. 기업경영의 새로운 글로벌 스탠더드로서 확산되고 있는 지속가능성보고서는 기업의 윤리경영, 정도경영, 환경경영, 사회적 책임경영 등을 포괄하는 경제, 사회, 환경적인 성과들을 대외에 알리는 문서다.

이 보고서는 유엔환경계획(UN Environment Plan) 산하의 국제 보고서 작성 규격인 GRI(Global Reporting Initiative)의 가이드라인을 기초로 작성했고 보고서 내용에 대한 제3자 검증을 거쳐서, 고객만족경영, 친환경경영, 혁신경영이라는 LG 전자의 3가지 약속(promise 3)을 담고 있다고 한다.

⑤ 롯데쇼핑

고객, 사회, 환경 등 총체적 환경보호를 중시, 기업의 사회적 책임을 다하는 게 환경경영의 이념이다. 고객의 친환경 라이프스타일을 창조하고, 실천중심의 환경보호 및 개선활동에 힘쓰고 친환경 경영활동을 통해 환경가치를 창출한다. 국내 유통업 최초로 환경경영시스템(ISO 14001)을 구축하고 지속가능보고서를 냈다. 환경단체와 연계해 폐용기 재활용은 물론 멸종 위기종 보호 CF 캠페인을 벌였다.

⑥ 포스코

자연환경과 인류사회의 상생원칙에 기반 한 환경경영으로 지속적인 성장을 추구한다. 지구환경보전과 인류사회에 기여하는 게 목표다. 지난해 오염물질 배출 저감을 위한 예방적 환경투자로 1,940억 원을 투입했으며, 창사 이후 환경부문 개선을 위해 2조 9,528억 원을 투자했다.

포스코도 대표적인 녹색경영업체로서, 포항 영일만항 산업단지에 세계 최대 규모의 발전용 연료전지 공장을 세웠다. 정부의 저이산화탄소 녹색성장 정책에 부응해 대량생산 체제를 구축하고 지속적인 기술개발을 통해 연료전지를 글로벌 비즈니스로 키워 포항을 세계적 연료전지 사업의 메카로 육성할 계획이다.

또한, 포항과 광양의 공장지붕에 태양광 발전설비를 설치해 상업용 발전을 시작하여 연간 16억 원의 전력 판매수익을 기대하고 있다. 하루 17만톤의 공업용수를 활용해 소수력발전설비도 가동하고 있다. 특히 차세대 혁신 제철기술인 파이넥스 공법을 상용화했다는 점에서도 호평을 받고 있다.

⑦ KT

자연, 인간, 사회가 공존하는 환경을 조성, 인류의 지속적인 발전에 기여한다는 이념이다. 정보기술(IT) 대표기업으로서 IT 기술을 활용한 환경경영을 실천한다. 종이 없는 서류 등 업무환경을 디지털화, 자원을 절약한다. 기업의 공통 책임인 대기오염 및 수질오염 예방과 폐기물처리, 자원재활용, 에너지 절약 등으로 환경문제 해결에 힘쓴다. 동강 지킴이 활동은 물론 지사별로 산과 하천 보전 활동에 참여한다. 에너지 절약형 건물을 시공, 20% 이상의 에너지를 줄이고 있다.

⑧ 대한항공

항공과 환경의 조화를 통한 쾌적하고 풍요로운 삶의 가치를 창조한다. 환경적으로 건전한 성장을 추구, 사회적 책임을 다하기 위한 환경방침을 선포했다. 경영활동에 환경요소를 반영해 환경친화적인 기업 경영을 활성화하고, 잠재된 환경 위해요소를 사전 파악해 예방 관리한다.

배출가스가 적은 최신 항공기를 운항하며 연료관리체계를 개선, 지난해 2,771만 갤런의 연료를 절약했다. 황사예방과 대기환경 개선을 위해 2004년부터 매년 몽골 바가누르 지역에 나무를 심고 있다.

⑨ GS칼텍스

사회적 책임을 다하기 위해 환경경영을 핵심과제로 선정했다. 건전한 시민기업의 역할을 이행하기 위해서다. 환경목표를 달성하기 위해 ISO14001에 의한 환경경영시스템을 구축, 국제인증기관에 등록해 지속적으로 개선하고 환경방침을 대내외에 공개했다.

또 공해 및 오염방지를 위한 최우선 투자와 적극적인 환경보호 활동을 전개하고 있다. GS칼텍스는 환경경영을 통한 경제 · 사회와의 상생을 위해 지속가능발전기업 협의회를 구성, 회장을 맡고 있다.

⑩ 금호아시아나그룹

자연 · 사람 · 기업이 함께하는 환경경영이 기본 방침이다. 환경정책을 총괄하는 전략경영본부 임원 등으로 구성된 그룹 환경임원회의에서 환경경영의 지침과 이행을 점검한다. 2005년부터 전 그룹사의 환경경영평가를 실시하여 선의의 경쟁을 유도하며 환경경영지수를 올리고 있다.

청정생산기술 개발 및 보급으로 공정 · 제품의 청정화에 주력하며 녹색제품 구매를 활성화하고 있다. 환경전문 감사팀이 각 사업장을 불시 감사하는 등 사업장을 친환경 경영체제로 구축했다.

⑪ 풀무원

풀무원에서는 지구촌 땅 살리기 운동이라는 것을 하였는데 이는 지구 사랑 환경 감시단을 결성하여 지구촌의 현재 오염 상태를 살피고 이에 대한 해결방안을 모색해 보는 운동이다. 생명력 있는 땅 가꾸기 활동은 생명의 텃밭 가꾸기 프로그램과 생명의 캠프라는 프로그램으로 이뤄져 있다.

이들 프로그램은 생명의 모태인 탕의 보존 가치에 대한 사회적 인식 확산하며 학교 내의 텃밭 조성을 통해 교육의 장과 살아 있는 땅 확산의 거점을 확보하고 학생과 학부모에게 환경친화적인 기업 이미지를 알리는 것이 목적이다.

생명의 캠프 프로그램은 생명의 텃밭 캠페인의 연장선에 있는 참여 프로그램으로 생각하면 된다. 즉 생명의 모태인 땅의 가치에 대한 체험의 장 실현과 풀무원의 깨끗한 먹거리를 홍보하는데 목적이 있다.

이러한 풀무원의 환경보전에 관한 활동들은 오늘날 기업의 사회적 책임이 중요시되고 기업 이미지를 높이는 데에도 큰 영향을 끼쳤다. 그러한 활동들로 인해 사회복지 환원, 장학사업, 문화사업 등 각종 공헌 활동들이 시행이 되었으며 사회적으로 기업의 경영에 있어 무엇보다 중요하고 근본적인 것은 환경을 생각하는 기업경영이 중심이 되어야 함을 알리게 되었다.

다른 윤리경영은 현시점에서의 만족을 우선으로 하지만 환경경영은 현세대의 건강과 깨끗한 자연을 추구 할 뿐 아니라 다음세대의 삶까지 생각하는 폭넓은 활동으로 간주되고 있다. 또한 기업의 생산활동 과정에서 생기는 폐수, 매연 등 갈수록 심화되는 환경오염의 원인이 높은 비율을 차지한다는 사실도 기업이 환경 중심의 경영을 해야 하는 이유로 여겨진다.

⑫ LG전자

LG전자는 지난해 말 고용노동부, 환경부와 협약을 맺고 사회적 기업을 발굴해 적극 후원하기로 했다. LG전자는 정부와 함께 올해 안에 경영자 교육 프로그램과 생산성 향상 컨설팅 프로그램 개발 등 준비를 마치고 내년부터 본격적으로 지원을 시작할 계획이다.

⑬ 롯데백화점

롯데백화점은 보건복지가족부와 함께 출산율 저하를 극복하기 위한 사회공헌 프로그램에 매진하고 있다.

이는 인구 감소가 내수산업의 기반인 국내 소비층의 약화, 나아가 붕괴를 가져올 수 있다는 위기의식과도 맥이 닿아 있다. 유통 최고기업 롯데로서는 출산율 유지 또는 증가가 신규 수익 창출과 지속가능경영에 없어서는 안 될 필수 사안이기 때문이다.

⑭ SK이노베이션

SK이노베이션은 해외 자원개발 분야에 진출해 베트남, 페루, 브라질 등지에서 사업을 잇달아 성공시킴으로써 세계 시장에서도 주목받는 기업으로 성장했다. 최근에는 전기차용 배터리, 정보 전자소재, 그린폴(green-pol) 등의 미래에너지 개발에 집중해 기술 선도기업의 역할을 하고 있다.

GS칼텍스도 녹색 에너지를 향한 발걸음을 서두르면서 지속가능성장과 친환경이라는 두 마리 토끼를 잡고 있다. 정부의 저탄소 녹색성장 정책에 적극적으로 대응하는 동시에 회사의 미래 성장동력 확보를 위해 신재생에너지 사업을 차세대 성장동력의 하나로 선정하고 연료전지 및 탄소소재 분야 등에 적극적으로 투자하고 있다.

⑮ 삼성전자

삼성전자는 국내 최대 기업의 위상에 걸맞은 사회적 책임을 다 하기 위해 사회공헌 활동과 친환경 경영, 협력업체와의 상생협력 등을 지속적으로 실천하고 있다. 삼성의 사회공헌은 국내외 자원봉사는 물론이고 사회복지, 학술교육 등에 이르기까지 다양하다. 2009년 기준으로 총 1,466억 원이 사회공헌 활동에 투입됐으며, 약 90%의 국내 임직원이 참여했다.

(2) 해외 기업의 친환경 경영

① Shell

윤리적 풍조를 조성하고, 사회발전 및 경제발전을 이루는데 큰 장애가 되는 부패와 산업계에 대한 부패 의심은 투자 지연, 경제발전 저해, 합법적인 기업의 시장진출 기회 감소, 인도적 지원을 어렵게 함으로써 기업들뿐 아니라 사회적으로도 악영향을 미친다. 예를 들어 기업에서 원유유출이나 가스사고와 같이 석유생산 과정에서 사고를 일으키면 해당 국가 및 지역의 경제, 환경, 주민의 건강에 심각한 영향을 미친다.

세계적인 다국적 에너지 기업인 Royal Dutch Shell은 1990년대에 그린피스에 의해 환경파괴의 주범이라며 부도덕한 기업이라는 비판을 받은 적이 있었다. 비난의 시발점은 250개 민족이 모인 국가, 나이지리아에서 사업 활동을 하는 데서 비롯된 것으로, 당시 shell은 혼란스럽던 나이지리아 정치 · 사회 등 여러 가지 주변 상황과 맞물려 큰 타격을 입게 되었다.

그 여파는 걷잡을 수 없이 커져, 급기야는 1995년 미국의 다국적 모니터 단체가 꼽은 세계 10대 악덕 기업 중 1위에 오르기도 하였다. 특히 인권이나 노동과 같은 기본적인 문제조차 해결하는데 어려움을 겪고 있는 개발도상국들에 진출한 shell은 이런 불합리한 환경에 노출된 사람들에게 큰 영향을 미칠 수 있다.

그에 따라 환경운동가, NGO, 일반 대중을 비롯한 이해관계자들은 선진 다국적기업인 shell이 사회적인 문제를 해결할 의무가 있다며 압력을 가하였다. 따라서 shell이 투명하게 기업을 운영하고 부패방지 제도를 도입하는 것은 기업의 이미지에 치명타를 입히는 사건이 발생하기 이전부터 반드시 필요한 선택이었다.

사건이 발생하기 전에 리스크 관리를 통해 발생 가능한 사고를 미연에 방지하는 것이 가장 이상적이겠지만, 아쉽게도 모든 위험으로부터 기업을 보호할 수는 없다. shell은 기업명성에 큰 타격을 입었고 매출액도 심각하게 떨어지는 어려움을 겪었지만, 다음과 같은 방법으로 위기를 극복할 수 있었다.

② Philips

Philips는 지속가능성과 창조적 가치(creating value)를 기본이념으로 친환경제품 생산을 통한 지속가능경영을 추구하여 수익성이 향상되었다. 가전, 의료기기 등의 분야에서 환경 커뮤니케이션 강화로 Philips 역시 Global 100 대기업(2006)으로 선정되었으며 신제품의 경우 친환경적인 성능을 발휘하는 제품으로 구성하였다.

③ British Petroleum (BP)

BP는 지속가능경영을 기업경영의 핵심전략으로 표명하고, 이를 기업의 이념으로 정착시켜 친환경적 기업의 이미지를 확보하기 위해 노력하였다. 전략의 핵심 가치로 정직, 인간에 대한 존엄, 상호이익 추구 및 인류의 진보에 기여라는 개념을 내세워 내부 배출권거래제로 온실가스 감축기술을 개발하는데 주력하고 있다.

④ Body Shop

바디샵은 지속가능경영활동을 통해 제품에 프리미엄을 붙여 신규고객, 기존 고객을 모으는데 성공하였다. 바디샵은 1976년 설립한 화장품 전문기업으로 화장품, 스킨케어 제품의 생산 및 판매로 현재 세계 50여 개국의 2,000개의 매장을 보유하고 있다.

바디샵의 지속가능경영활동의 특징은 유럽, 일본 시장에서 지속가능경영활동으로 제품에 프리미엄 가치를 더한다는 점을 부각시키고 이러한 제품 프리미엄을 통해 신규 고객을 유치하고 기존 고객을 유지해 나갔다.

유럽을 중심으로 화장품의 동물 실험 반대 등 다섯 가지 가치관으로 인해 많은 소비자들이 The Body Shop의 정신을 지지하고 있음. 제품에는 타 기업 제품과는 확실히 차별화된 프리미엄이 붙어있다. 바디샵 제품을 구매하는 소비자가 증가하게 되며, 기존 고객의 충성심 향상과 연결되거나 이러한 가치관에 공감한 신규고객의 창출과도 연결되었다.

⑤ Procter & Gamble

Procter & Gamble사는 1837년 설립되었으며 본사는 미국 오하이오주 신시내티시에 위치하고 있다. 주 사업 분야 및 생산제품은 주방 및 세제류, 건강 및 의약품류, 미용 및 화장품류, 종이 제품류, 식음료품류 등 250종으로 광범위하며 2001~2002 회계연도로 총 매출 및 순수익은 미화 402억불 / 미화 43억 5천만불 정도로 조사되어 있다.

현지법인 80여 개국에 사업 확장이 되어있으며 국내에서는 1989년 사업을 시작하였고 주요 품목으로는 프링글스, 아이보리, 페브리즈, 팬틴, 위스퍼 등이 있다. Procter & Gamble사의 경영이념은 전세계 소비자들의 삶의 질을 향상시키는 최상의 품질과 가치를 지닌 제품을 공급한다.

이러한 경영이념에도 나타나 있듯이 소비자의 삶의 질을 향상시키는 방안으로 아름다운 환경을 꿈꾸며 오랫동안 환경 문제 해결에 관심을 가져 환경을 생각하는 기업으로 알려져 있으며 1992년 세계환경보존기구로부터 기업환경부문 금메달 수상하였다. 그리고 현재 500여명이 넘는 전문 환경관리 연구요원이 있다.

Procter & Gamble사 내의 환경관련 조직을 소개하면 과학기술부(P&RS: Professional and Regulatory Service), 환경과학부(ESD: Environmental Science Department) 그리고 생산본부환경부(PSED: Product Supply Environmental Department)가 있다.

과학기술부는 P&G 제품의 사용자에 대한 안전과 환경보호를 책임지고 있는 부서이고 환경과학부는 P&G 제품의 구성 성분이나 포장재가 환경에 미치는 영향을 파악하기 위한 기초 연구 수행하는 부서이며 마지막으로 생산본부환경부는 세계 각처 P&G 공장들이 환경성과를 위한 측정, 감사, 개선 프로그램을 구비하고 있는지를 항상 확인하는 역할을 하는 곳이다.

환경을 생각하는 기업으로 여겨지는 Procter & Gamble사는 그에 맞게 환경 개선 문제를 우선순위로 여기며 이를 생각에 머물지 않고 실천적 활동으로 보여준 기업이다. 기업에서 환경개선을 위해 노력한 방안을 몇 가지 소개하고자 한다. 먼저 제품의 개선, 즉 탁월한 성능과 가치를 지니면서 환경적으로도 우수한 제품을 개발하기 위해 노력하였다.

그리고 제품 자체뿐 아니라 외적인 조건에 있어서도 혁신을 이뤘다고 보는데 포장재사용에 있어 재활용물질 사용을 증가하였으며, 포장용기의 재설계, 포장물질의 대체, 기본포장의 무게감소, 포장부피의 감소, 리필제품의 도입 등의 활동을 하였다. 제품의 제조시스템에 있어서도 환경 개선과 관련된 문제를 지속적으로 향상시키기 위해 노력하였으며 모든 제조공장들은 계획 수립단계에서부터 폐기물의 감축을 가장 중요한 요소로 고려하였다.

1970년대 석유파동이후 많은 에너지 보존 프로그램을 세움으로써 효율적으로 에너지와 자원을 사용, 환경 윤리적 경영 시스템의 효과적 운영과 지속적 개선을 통한 성과 극대화를 위해 새로운 관리 기법인 제조폐기물 감축설계 (DMWO: Designing Manufacturing Waste Out)를 도입하였다.

마지막으로 지금 환경문제가 우리나라뿐만 아니라 세계적인 차원에서 중요문제로 떠오르고 이의 해결방안을 논의 하고 있는 것처럼 어느 누구도 수많은 환경문제를 단독으로는 해결할 수는 없다. 따라서 Procter & Gamble사도 이를 알고 다른 제 3자와의 동반관계를 구축하여 이러한 환경 문제를 해결하려고 노력하였다.

우리나라에서 사업을 시작한 후로 환경에 관한 국내활동을 살펴보면 전 과정 평가가 있다. 전 과정 평가라는 것은 어떤 제품이나 서비스에 사용된 물질 및 에너지, 이에 따른 배출물 및 폐기물을 체계적으로 산출하는 환경기법이다.

그리고 퇴비화, 이는 유기성 폐기물을 공정을 거쳐 부식질 토양과 같이 안정된 제품을 만드는 것이며 한국 유기성 폐자원학회라는 단체 설립에 주도적 역할을 담당하였다.

그리고 난지도 퇴비화 파일럿 플랜트 사업으로 1996년 9월 19일 난지도에 하루 10톤 처리 가능한 퇴비화 파일럿 플랜트 준공하였다. 썩지 않는 제품 중 하나로 유명한 것이 기저귀인데 기저귀 제조 4개사와 공동으로 퇴비화 연구를 실시하여 퇴비화를 가능하게 하였다.

또한 폐기물 최소화에도 큰 역할을 하였는데, 1995년 8월 폐기물 관리법 개정 사업장 폐기물 감량화를 시작으로 1996년 12월 사업장 폐기물 감량화 지침 공표 및 1997년 환경부와 공동으로 폐기물 감량화 지침을 출판하였다. 그리고 환경관련 정보를 한국사회와 공유함으로써 환경 윤리적 경영을 보급하였다고 볼 수 있다.

P&G사는 환경 윤리적 경영을 통해 지구환경을 보존한다는 윤리적 측면을 제외하더라도 많은 가시적인 이득을 얻고 있다. P&G사가 환경친화적 기업으로 성공할 수 있었던 원동력과 환경경영이 주는 핵심교훈은 환경에 대한 능동적 자세와 장기적 안목과 기업의 일관된 경영의지 그리고 환경 마케팅의 중요성 인식 및 환경목표 설정을 통한 지속적인 성과측정, 이러한 혁신은 환경적 이익을 창출하게 되었으며 세계적으로 기업의 위상을 높여주었다고 생각한다.

⑥ Vodafone

미국에 본사를 둔 Vodafone은 유럽, 아프리카, 아시아 등 세계 각지에서 사업을 전개하는 세계 최대 규모의 모바일 사업체이다. 그 동안 조인트 벤처, 사업인수, 투자 등 다양한 전략으로 사업을 확장시켜온 Vodafone은 최근 몇 년간 사회적 책임, 투명성, 그리고 반부패를 중점으로 한 전략을 기업경영에 적용시키는데 초점을 맞췄다.

기업에서 이와 같은 지속경영전략을 채택하는데 여러 가지 이유가 있지만 Vodafone의 경우에는 그 규모와 업계의 특성에 따라 정부, 대중을 비롯한 수많은 이해관계자들의 압력이 있었다. 물론 사회 및 환경적 이슈들에 대해 보다 투명하고 책임 있게 보고하라는 이해관계자들의 요구도 하나의 요소이나, 기업자체의 생존을 위해서라도 지속경영 전략은 필요했다.

⑦ Norsk Hydro

환경에 민감한 국가인 노르웨이의 기업으로서 노스크 하이드로는 식물 영양제, 해안 오일 및 가스, 알루미늄, 마그네슘, 유화제품등 환경적으로 민감하고 고도의 기술이 요구되는 사업을 전 세계적으로 전개하고 있는 회사이다.

노르웨이의 기업이기 때문에 국가의 이미지와는 많이 대변되는 사업을 하기 때문에 녹색 운동의 공격대상이 되었다고 한다. 그로 인해 상당한 규제와 감시를 당했고 도전을 받았다.

이러한 압박을 받은 노스크 하이드로는 환경 및 지속가능성 작업을 네 단계로 나누워 진행하게 되었다. 1단계는 치료단계였다. 지역 오염과 환경과 관련된 잘못된 과거 청산에 많은 노력이 집중되었다. 2단계는 예방 단계로 청정 기술 개발과 적용으로 활동 초점이 바뀌었다.

3단계는 사업 개발 단계로 제품 전 과정 즉, 원자재에서 생산, 사용, 재활용, 폐기에 이르기까지의 환경 영향을 최소화하고 분석하는 데 초점이 맞추어져 있다. 4단계는 세계화 단계이다. 이 단계에서 노스크 하이드로는 경제와 시장의 세계화라는 문제를 다루기 시작했고 기후변화, 교토의정서 등과 같은 이슈를 다루기 시작했다. 각 단계를 거치면서 노스크 하이드로는 운영 경험과 지식을 쌓을 수 있었다.

1단계는 비즈니스 전략이나 비즈니스 활동과 연계되어 실시된 것이 아니었다. 오히려 그 반대로 개별 프로젝트가 합쳐져 환경 전략이 된 경우이다. 이러한 프로젝트들은 기능부서 프로세스의 일환으로 내부적으로 관리되었고 상황에 따라 실시되었다. 그러나 언론, NGO, 당국이 일부 환경 이슈를 부각시켰을 때, 최고 경영진이 더욱 적극적으로 참여해야한다는 것이 분명해졌다. 노스크 하이드로는 환경 이슈에 관해서는 오랫동안 닫힌 회사였다. 방향 전환과 개방이 보다 절실해졌다. 2단계인 예방단계는 환경 업무는 사업 활동의 핵심이 되었다. 조직 전체에 통합된 것이다. 업무 분장이 확실해졌고 목표가 세워졌으며, 보고도 개선되었다. 결과 분석이 이루어졌고 조직의 전문 지식도 발전하였다.

품질 관리에 대한 조직적인 작업이 1980년대에 실시되었고 타 기업들처럼 이 회사 역시 측정되는 것만이 실시될 수 있다는 사실을 체험하게 됨으로써 우수성과가 조금씩 드러났다. 그러나 조직 전체 성과개선은 아직 충분히 이루어지지 않았다. 문제는 내부적으로 베스트 프랙티스를 내부/외부적으로 파악하고 전사적으로 빠르게 그러한 프랙티스를 채택하게 하는 일이었다.

3단계인 사업개발의 주안점은 경험과 전문 지식을 제품의 전 과정에 도입하는 일이었다. 포괄적인 의미에서의 환경관리(Environment Care)는 중요 전략적 사업 이슈로 전환되고 있다. 환경 이슈는 전략적 의사 결정 프로세스의 중요한 일환으로써 확고한 위치를 차지하게 되었다.

전 과정 분석을 통해 노스크 하이드로는 최첨단 지식 적용을 가능하게 하는 혜안을 뜨게 되었다. 노스크 하이드로는 고객, 비즈니스 니즈, 연구개발활동 간에 더욱 긴밀한 관계 수립을 추진했다.

그러한 노력 덕분에 조직 내 및 외부 연구 기관에서 창의성이 고취되었다. 또 전통적인 조직 장벽과 기존의 과학 과목의 경계를 초월하여 확대되어 개념차원 및 기술 차원의 혁신을 강화하였다. 새로운 사업 기회 포착의 잠재성이 기존 및 새로이 대두되는 기술 간의 결합에서 파생된다는 것을 누구나 알게 되었다.

제4단계인 세계화의 초점은 지속가능발전의 경제, 환경, 사회적 책임의 통합으로 이동했다. 이 단계에서는 이미 인식되어 왔던 환경적 우려 외에 새로이 떠오르는 많은 이슈와 세계화라는 이슈를 아주 포괄적으로 다룬다.

윤리적 도전은 기업들인 문화적 배경이 다른 곳이나 개도국에서 사업을 실시할 때 더욱 두드러지게 된다. 인권, 원주민 고려, 가치와 관련된 주제들이 문제로 제기된다. 노르웨이 문화를 가진 기업이 개도국에 진출하는 것은 쉬운 일이 아니다.

⑧ Dow

염소처리 용제는 제약, 플라스틱, 드라이클리닝, 금속작업등 여러 산업에서 사용된다. 이 용제는 맥가이버칼 같은 일상용품 생산에도 사용이 된다. 특히 첨단 기술 응용에서는 이 용제를 무엇으로 대체할 수가 없다. 하지만 이 염소처리 용제는 1980년대 환경에 대한 위험이 있다는 정보가 나온다.

그래서 여러 국가들은 많은 산업에서 쓰이고 있는 이 염소처리 용제를 규제하기 이른다. 그래서 이 염소처리 용제의 대체재는 어쩔 수 없이 개발에 착수하게 된다.

이러한 개발에도 불구하고 나오는 대체재들은 대체재의 기능을 할 수 있을지 미지수인 것들이 많았다. 독일은 이 대체재들을 사용하지 않을 수 없기 때문에 그 사용을 한정된 시스템 내(closed loop)로 제한하고 외부 유출을 원천봉쇄하기로 했다.

독일의 다우 케미컬은 이런 시스템 하에 자신이 개발한 염소처리 용제에 대한 믿음을 가지고 책임지는 관리라는 원칙을 수용하는 결정을 내린다. 그래서 다우는 사용자들에게 안전하고 신뢰성 있는 방식으로 환경 측면에서 경제적인 측면에서 안전한 제품을 제공할 수 있게 하는 새로운 비즈니스 모델을 탐구하게 시작했다.

다우 도이치랜드 사와 RCN(Recycling Chemie Neiderrhein)은 합작회사를 설립하여 closed-loop delivery system으로 염소 처리 용제를 제공했다. 이 때 지원 서비스도 동반 제공된다. 이 회사명은 SafeChem Umweltservice GmbH이고 1998년 다우 도이치랜드가 100% 소유한 자회사가 되었다.

오늘날 SafeChem은 Safe-Tainer 시스템을 유럽 전역에서 판매한다. 이 시스템은 두 개의 특별 제작된 이중 피복 용기가 핵심이다. 각각에는 용제가 들어가는 공통 드럼이 연결되어 있다.

이는 우발적인 손상과 유출을 막기 위한 장치이다. 이 시스템은 단순히 안전한 용기 그 이상이다. Safer-Tainer 시스템은 완전히 새로운 비즈니스 모델이고 이 모델의 성공은 다음 두 가지에서 나온다 할 것이다.

Closed-loop 시스템이 실시되면서 배출량이 줄어들면서 용제 소비는 상당히 줄어들었다. 용제는 폐쇄 청정 장비에 1년 이상까지 장기간 동안 안전하게 남아있게 된다. 이 접근 방식의 목표는 외부 재활용시스템으로 가기 전 고객 사업장의 재활용 시스템에서 가능한 한 오랫동안 용제를 사용하는 것이다.

SafeChem은 서비스 중심 사업이다. 용제를 최소량만 판매하고 최대한의 지원 서비스를 제공하여 고객들이 바라는 목표를 달성할 수 있게 한다. SafeChem과 다우는 이러한 서비스를 독일, 스위스, 오스트리아, 이탈리아, 스페인, 프랑스, 영국, 스웨덴, 베네룩스 국가와 포르투갈에서 제공하고 있다. 무조건적인 금지가 아닌 Closed-loop 내에서 염소 처리 용제를 사용할 수 있도록 하는 법제 개발덕분에 서비스와 솔루션 제공업체로서의 SafeChem 의 아이디어는 유럽에서 상당한 성공을 거둘 수 있었다.

⑨ 일본기업들

Toyota는 환경 자동차 생산에 초점을 맞춘 지속가능경영 전략으로 새로운 시장의 가치를 창출하였다. 자동차분야에서 대기오염 물질 배출 절감에 최대한의 노력으로 Global 100대 기업(2006)에 선정 미국 에너지 스타상을 취득하였으며 미국 내 PRIUS 판매량 또한 증가하였다.

산요전기-2008년 북경올림픽경기장, 선수촌에서 지구온난화 원인이 되는 프론가스를 사용하지 않은 음료용 냉장케이스 5천 대를 올림픽 공식스폰서인 코카콜라와 공동 개발하여 제공하였다.

냉매로 프론가스보다 1/10의 이산화탄소를 배출하는 이산화탄소를 사용했으며, 기술상 난점은 냉매를 압축하는 컴프레서 내 압력이 프론가스보다 5배가 되어서 제조코스트가 상승한 것이었는데 내부압축가능내의 압력을 억누르는 기술을 산요전기가 개발하여 컴프레서 소형화에 성공했다. 산요전기는 앞으로 이 냉매를 사용한 슈퍼마켓용 냉장진열대와 업무용 냉장고 등을 개발할 계획이다.

전력 1/3만 사용하는 LED 전광표시 확대-길거리 일루미네이션과 전광표시기, 신호등에 사용하는 LED가 차세대에너지절약형 조명으로 주목받으면서 관련기술 개발되어, 매년 발광효율이 높아지고 있다.

마쯔시타 전공이 개발한 60와트 조명용 LED는 기존의 백열등과 비교하면 소비전력은 1/3이며 수명은 26배인 약 4만 시간이다. 현재 LED 가격은 백열등의 약 10배이나 보통 10년 간은 교환할 필요가 없고 길거리와 벽에 박아 넣을 수도 있어 장소를 차지하지 않아 각광을 받고 있다. 게임기 소형화-소니 플레이스테이션 포터블도 기존제품보다 세배 이상 소형화하여 소비전력을 한층 줄인 제품이 출시되었다.

감량화를 위한 노력을 보인 예로, 단보르 상자의 두께를 같은 강도를 유지하면서도 기존 5밀리미터에서 4밀리미터로 이행하고자 한 렌고와 화장품, 세제 리필용 포장이 전 제품수의 76%에 이르렀던 카오, 책자를 발송할 때 봉투에 넣지 않고 책자에 직접 라벨을 붙여 여는 쪽만 테이프로 붙여서 배달하는 특수용지 개발해서 봉투 사용량을 줄였던 사가와 택배, 생선, 정육, 채소용, 수지용을 경량화한 세계최고의 경량수지용기 사용한 덴카폴리마, 도시쓰레기, 소각재를 시멘트원료로 사용하여 최종 처분단계의 배출량을 감량화 하였던 태평양시멘트, 금속침이 필요 없는 스테이플러인 페이퍼 스티치록을 개발하고 실용화 한 산스타 문구 등이 그 예를 들 수 있다.

재사용을 위한 노력으로는 자사가 판매한 의류를 매년 3월과 9월에 회수하고 2011년의 경우엔 43만점을 회수하여 90%를 개도국에 기증한 유니클로, 페트소재를 활용한 재사용 맥주병을 개발한 기린맥주, 숙주나물 재배 시에 나오는 콩깍지와 뿌리 등을 다시 버섯재배 퇴비로 사용 한 설국버섯, A4 크기 봉투 밑쪽을 잘라내어 정형봉투로 재사용 가능한 푸루를 개발한 무토 유니팩, 복사기, 사무 용기를 회수하여 부품을 선별하여 신품과 같이 사용한 후지제록스, 노후한 건물을 부수지 않고 개보수와 변전공사로 리모델링하는 사업을 전개한 타케나가 공무점 등이 그 예이다.

재활용화를 위한 노력을 경주한 기업으로는 마요네즈 원료로 사용하는 연간 40억 개의 달걀껍질을 약 2만 3천 톤의 칼슘제로 재활용 한 큐피 마요네즈, 상처 난 범퍼를 회수하여 신차의 범퍼원료로 재활용 한 마쯔다, 무세척 쌀을 만들 때 나오는 쌀겨를 양조하여 식초를 생산, 초밥집용으로 판매한 미츠캉, 제철소에서 폐타이어를 특수용광로에서 연간 12만톤을 처리하여 철, 카본, 연료가스를 추출한 신일본제철, 식품용기를 전국계열 슈퍼에서 독자적으로 회수하여 원료화하여 재활용한 에프피코가 좋은 예가 된다.

그 외에도 옥수수로 만든 폴리유산수지를 휴대전화기 외장재로 사용하거나 전동인형의 전지를 태양전지로 하여 건전지교체를 하지 않은 인형 등이 2007년 인기제품이었다고 한다. 이제는 기업이 자신들이 실천하는 환경실천보고서가 매년 결산과 같이 중요해 지는 시대가 되었다. 한국의 기업들은 그런 의미에서 얼마나 많이 환경을 위해 재투자하는지 그 실태를 아는 것도 필요할 것 같다.

5-3-5. 환경규제 대응

유럽을 중심으로 시작된 환경규제는 내년 7월 유해물질사용제한(RoHS)의 시행으로 거의 전 산업분야, 전 품목에 걸쳐 모두 해당될 전망이다. RoHS는 납, 수은, 카드뮴, 6가 크롬, PBB 및 PBDE 등 총 6종의 물질이 포함된 전기 · 전자제품에 대해서 EU시장에서의 판매가 제한되는 조치다.

적용대상은 대 · 소형 가정기기, IT 및 통신장비, 소비가전, 조명기기, 전기 및 전자공구, 완구 · 레저 · 스포츠용품, 자동판매기 등이다. RoHS 뿐만 아니다. 전지 · 전자장비 폐기물처리지침(WEEE), 전기 · 전자장비 환경성 평가지침(EEE) 등도 수출의 발목을 잡는 환경규제다.

환경규제는 산맥을 이루고 있다. 지역별로 수출환경이 다르고 그에 맞춰 제품을 생산해야만 시장에서 유효한 상품이 된다. 기업에 환경규제는 이제 생존의 문제다.

일본 기업들은 이미 그린경영을 선포하고 환경규제를 넘는 기법 찾기에 나섰다. 최근 네덜란드에서 소니의 PS2에 대해 중금속 함유량이 많아 수입을 금지조치 한 것에 대해 소니는 아예 중금속 0 상품으로 맞불을 놓았다. 더 이상 환경규제라는 말이 성립되지 않도록 철저하게 대비했다.

우리나라 청정지원센터에 따르면 중소기업의 70% 이상이 RoHS에 대해 전혀 모르고 있다는 조사결과가 나왔다. 알고 있다는 30% 역시 대부분 용어 정도만 인지하고 있는 수준이어서 실질적으로 RoHS에 대해 대응하는 경우는 극히 드물었다. 이 상태대로라면 2013년 7월 EU국가에 대한 전기 · 전자제품 수출은 아예 포기해야 할지도 모를 상황이다.

환경규제에 대해 정부기관이 지원하는 일은 분명 한계가 있다. 기업들이 앞장서 환경규제 무역장벽을 넘을 기술개발과 대처방법을 찾아야 한다. 환경규제는 무역장벽만의 문제가 아니다.

친환경 제품을 선호하는 소비자가 늘고 있고, 친환경 경영을 하는 기업이 대우받는 사회가 되고 있다. 국가가 나서 환경규제를 하지 않아도 소비자 스스로 환경에 대한 인식이 고조되고 있는 상황이다.

이산화탄소로 대변되는 온실가스 감축으로 등장한 그린 이코노미(green economy)의 핵심 축은 신(新)재생에너지 개발을 위한 사업일 것이다. 실제로 핵융합, 수소에너지, 태양광발전 같은 청정에너지 개발을 위해 국가 간 경쟁이 날로 심화되고 있는 추세다. 물론 그 중심에는 한 국가를, 또 한 분야를 대표하는 글로벌 기업이 있다.

수많은 글로벌 기업이 온실가스 감축을 성장동력으로 활용하기 위해 매진하고 있다. 신재생에너지 사업에 대한 적극적인 움직임은 소비자의 뇌리에 친환경 경영을 주도하는 투명한 기업이라는 이미지를 심어줄 수 있기 때문이다. 이는 신생 사업이라는 가치뿐만 아니라 기업 홍보 측면에서도 대단한 의미가 있다.

온실가스 감축이란 시대적 과제가 기업의 이미지에 커다란 영향을 주는 까닭은 지구 환경을 걱정하는 사람들의 인식에 변화가 생긴 덕분으로 그저 값싸고 품질 좋은 제품보다는 값은 조금 비싸더라도 환경을 배려한 친환경 제품을 선택할 만큼 의식 있는 소비자가 늘고 있다는 의미도 될 것이다. 일명 그린 마케팅이 고객을 상대로 기업이나 상품에 대한 우호적인 이미지를 만들어내는 것은 분명하다.

브랜드는 소비자의 마음속에 구축된 이미지로 이해될 때가 많다. 마찬가지로 친환경 경영을 주도하는 기업은 고객의 마음속에 포지셔닝 되는 브랜드의 가장 중요한 부분을 다른 기업보다 한발 앞서 선점할 수 있는 셈이다. 따라서 모든 기업은 환경보호에 기업의 생사를 걸어야 한다.

청정 생산 및 환경 관련 규제로 EU의 RoHS 등의 환경 규제에 대응하기 위해서는 올해부터 생산공정 및 공정 재료의 친환경화가 마무리돼야 하기 때문이다. 국내 업체들로서도 더 이상 친환경 공정 적용을 늦출 수 없는 시점에 이른 것이다. 이에 따라 관련 업계에서는 올해가 무연 · 친환경 공정이 본격 적용되는 첫 해가 될 것으로 전망하고 있다.

그러나 국내 업체들의 준비 상황은 아직 충분하지 못하다는 것이 일반적인 평가다. 대기업과 대기업 협력 업체들의 경우 비교적 준비가 잘 갖춰진 상태이지만 대부분의 중소기업들은 준비는커녕 아직 관련 규제의 내용 파악조차 안 된 경우가 많기 때문이다.

다행히도 삼성, LG 등 대기업은 이미 무연 공정으로 생산된 제품을 일부 선보이고 있으며 2012년 12월부터 중금속 함유 부품을 납품받지 않을 계획이다. 그러나 무연 제품의 특성을 기존 제품만큼 끌어올리는 것은 여전히 과제로 남아있다. 중소기업에 대한 청정 생산기술 지원과 친환경 경영에 대한 홍보도 시급하다.

또 납 · 크롬 · 할로겐 등 환경 유해 물질을 제거한 공정 재료 및 장비의 개발과 국산화에 나선 업체들도 속속 나오고 있다. 친환경 공정으로의 전환을 계기로 공정 장비 및 재료도 친환경 제품으로 무게 중심이 옮겨질 것으로 전망되면서 일본 등 해외업체 중심으로 기존의 시장 구도에 균열을 일으킬 수 있을 것이란 기대 때문이다.

친환경 벤처기업에 대한 글로벌 기업의 투자도 주목해야 할 부분이다. 제너럴일렉트릭(GE)은 재생에너지 사업 투자 규모를 현재의 2배인 40억 달러까지 늘리는 것을 목표로 한다. 또 청정 기술을 주도하는 벤처기업에 연간 5천만 달러를 투자할 예정이다.

심지어 시티 그룹(Citi Group) 같은 금융사도 향후 10년간 청정에너지 대체 기술 개발에 3백

10억 달러를 투자할 계획이다. 이 같은 글로벌 기업의 신속한 움직임에 대해 대니얼 에스터(Daniel Ester) 예일대 환경정책연구소장은 환경 이슈는 전략적 차원에서 신중하게 접근할 필요가 있다고 지적한다.

새로운 트렌드가 대세가 되기 위해서는 빛과 그림자의 양면을 모두 주시해야 한다는 것이다. 지나치게 빠르게 움직일 필요는 없지만 선진 기업들의 사례를 면밀히 주시하면서 언제, 어떻게 기회를 활용할지 결정하는 것은 결국 한국 기업들의 몫인 듯하다. 따라서 총체적인 흐름에 따른 유연한 대처방안이 절실히 요구된다. 이를 위해 기업과 정부는 유기적인 협조관계를 구축해야 할 것이다.

세계는 지금 기후변화로 상징되는 환경의 위기와 고유가로 대표되는 자원의 위기에 동시에 직면해 있다. 특히 기후변화 문제는 연이은 기상재해를 유발하는 것은 물론 생태계 질서를 근본적으로 뒤흔들며 인류의 생존을 위협하고 있다. 지금과 같이 에너지 다소비 체제가 지속될 경우 전 세계가 치러야 할 기후변화에 따른 경제적 손실이 매년 세계 GDP의 5~20%에 달할 것이란 전망이 나올 정도다.

여기에다 신흥 개발도상국의 경제개발과 세계인구의 지속적인 증가는 에너지 · 자원 부족현상을 부추기고 이에 따른 가격상승을 가속화시키고 있다. 선진국들은 이미 자원의 효율적 · 환경친화적 이용에 국력을 집중하고 있다. 녹색성장, 녹색산업, 녹색기술이 새로운 성장엔진으로 자리잡아 가는 것도 같은 맥락이다.

과거 20세기의 자연과학 발달과 산업기술개발은 선진국들의 눈부신 고도성장을 촉진하는 계기가 되었다. 그러나 산업화 과정에서 발생한 심각한 환경오염 및 지구온난화는 인류의 생명과 건강을 위협하고 있다. 이와 같은 환경오염에 대한 경각심이 높아지면서 기업과 소비자들은 환경과 건강을 생각하는 친환경 경영에 대한 관심이 높아지고 있다.

이미 선진국들은 친환경사업을 유망한 산업중의 하나로 육성하고 있다. 더구나 한국, EU의 FTA 체결에 즈음하여 유럽연합의 환경장벽은 더욱 두터워지고 있다. 유럽을 비롯한 해외 각국에서 친환경기술 시장창출을 목적으로 각종 제품에 대한 환경규제를 강화하고 있으며 국내적으로도 유럽의 제품 환경규제에 발맞추어 각종 대응책과 지원 사업이 기획되고 친환경상품 보급촉진을 위한 법률이 제정되고 있다.

새로운 환경 패러다임 시대를 맞이하여 기업은 당면한 환경문제와 환경규제에 대한 해결방안을 찾고자 노력해야 하고 환경성과 경제성을 동시에 만족하는 효율적인 친환경 경영이 이루어져야 한다.

우리의 강점인 IT · BT · NT 기술을 녹색기술로 연결할 경우, 기존 제조업 중심의 산업구조에서 고부가가치 지식집약형 산업구조로 전환 할 수 있어야 할 것이다. 지구촌은 현재 환경과의 싸움이 생존의 싸움으로 직결되고 있다. 따라서 국가와, 기업, 국민들이 삼위일체가 되어 친환경 경영을 하여 아름다운 지구를 후손에게 물려주어야할 책임이 절실하다. 이는 생존의 위한 선택이 아닌 필수 불가결한 요소로 작용하고 있다.

이렇듯 기업이 환경경영을 바탕으로 지속가능한 가치를 발하기 위해서는 글로벌 표준화를 갖춰야 한다. 기업은 미래 세대에게 좀 더 나은 환경을 물려주어야 한다. 기업들은 제품 생산이나 구매, 마케팅, 사회공헌 등 경영의 전 영역에 있어 친환경적인 프로세스를 구축함으로써 다른 사회구성원과 함께 더 나은 사회를 만드는 데에 기여해야 한다. 기업의 시장은 결국 인류이고 기업의 자원은 결국 지구이기 때문이다.

국내 사회적 기업은 사회적 목적을 실현에 중점을 두다 보니 아직 사업으로서의 성숙도는 높지 않다. 그러나 비전과 미션은 해외 어느 곳과 비교해도 명확하게 설정되어 있다. 사업 노하우가 풍부한 주변의 대기업과 중견기업들이 돕는다면 이러한 사회적 기업들은 한층 더 성숙할 것이다.

환경경영을 잘 하는 기업은 상대적으로 리스크가 적고 중장기적으로 경쟁력을 갖고 있다고 봐야 한다. 친환경 기업, 사회적 기업은 육성 자체가 사회적, 환경적으로 이롭다. 이러한 점에서 사회적 기업 육성에 참여하는 기업은 더 많은 사회 구성원으로부터 사랑받을 것이다. 앞으로도 더 많은 기업들이 사회적 활동에 참여해야 하는 현실이 온 것이다.

5-3-6. 환경윤리

인간의 과욕과 물질주의, 그리고 낭비적인 요소가 많은 생활양식은 환경 폐해를 야기함은 물론, 나아가서 삶의 질의 악화를 초래하고 있다. 지속 불가능한 인류의 가치관과 이에 따르는 인류의 행위는 엄청난 지구환경파괴를 초래하고 있는 현재 상황에서 환경윤리관은 도덕성과 삶을 포옹하는 열린 마음가짐을 필요로 한다.

이와 같은 우리의 윤리적 재무장이 이루어진 후에야 자연 환경을 보전하고 인류문명을 지키는 길로 나아갈 수 있을 것이다. 환경윤리의 의미를 굳이 간단하게 정의 하자면 환경파괴에 직면한 인류가 보다 쾌적한 삶을 유지하기 위해서, 환경친화적인 규범을 설정하고 그 가능성과 타당성을 탐구하는 윤리학의 한 분야로 나타낼 수 있다.

환경윤리 연구는 그동안 자명한 것으로 여겨져 왔던 도덕적 전통에 대한 반성의 계기를 마련하였다. 환경문제의 근본 원인은 서구의 종교적 신념, 특히 유대-기독교적 전통에 그 뿌리를 두고 있다. 초기의 환경운동가, 환경윤리학자들은 기독교, 근세 자연관, 그리고 그 적용인 과학 · 기술적 지식, 진보이념에 대한 비판이 환경운동과 환경윤리의 이념적 기초라고 생각했다.

그러나 전통을 무시하고는 어떤 바람직한 윤리도 주장할 수도, 성립될 수도 없다. 그래서 최근 들어서 환경윤리는 전통에 대한 반성을 통한 반성적 평형을 이루려는 노력으로 발전하고 있다. 또 진보이념과 과학 · 기술은 인류에게 위험을 주기도 하지만, 새로운 기회가 되기도 한다는 사실을 깨닫게 했다.

그간의 환경윤리 연구는 일상에서 벌어지는 환경적, 생태학적 갈등상황을 매개하는 마지막 근거로서의 지위를 갖게 되었다는 점이다. 구미에서나 한국에서나 환경윤리보다는 환경운동이 먼저 시작되었다.

환경운동이 지배적이던 시기에 사람들은 환경문제를 산업과 상품소비에 따르는 단순한 공해문제로 인식했다. 그래서 공해추방운동, 자연보호운동이 주로 논의되었는데, 환경문제에 대한 철학적 반성은 환경친화적 행위, 생태 지향적 행위의 정당화 근거를 마련했다. 환경윤리는 자연과학적 · 기술적 지식에 의해 촉발된 인간과 인간, 인간과 자연계, 자연계 상호간의 갈등을 최종적으로 정당화해 주는 환경친화적 행위지침이다.

기업이 환경윤리와 환경경영적인 사고를 바탕으로 기업 활동을 하다보면 전혀 예상치 못한 순간, 예기치 않은 문제가 발생할 때가 있다. 문제에 직면하여 그 벽을 넘어서고자 할 때 혹은 문제가 발생할 것을 직감하고 이를 사전에 막고자 결심했을 때, 기업은 변화하고 혁신하는 모습을 보인다.

따라서 기업의 환경책임과 부합된 지속가능한 발전을 위한 방법은 NGO와 협력하여 기업 현황을 솔직하게 공유하고 함께 해결방안을 모색하고, 지역경제 활성화 및 사회적 발전을 위해 지역민을 고용하며, 기업의 환경윤리 정책 및 시책의 도입으로 유엔글로벌콤팩트의 10대 원칙 및 다국적 기업을 위한 OECD 가이드라인 준수해야 한다. 뿐만 아니라 기업의 목표와 가치를 널리 알리기 위해 다양한 커뮤니케이션 툴을 활용하고 정기적으로 교육하고, 개발도상국은 빈부의 차와 부패정도가 심각하여 다양한 문제들이 발생함에 따라, 외부의 영향을 받지 않기 위하여 자체적으로 정책 및 반부패 시책을 마련하고 개발해야 한다.

한 번 불명예를 안으면, 책임 있고 윤리적이며 투명한 조직이라는 인식을 다시 심어주는데 상당한 시간과 노력이 들어간다. 단기간에 기업명성을 되돌릴 수는 없으나 올바른 노력을 지속함으로써 단계적으로 고객, 시민단체를 비롯한 이해관계자의 신뢰를 다시 되찾을 수는 있다.

인내심을 가지고 노력한 끝에 Shell은 2008년, 국제투명성기구(Transparency International)로부터 동종업계에서 매출액을 가장 투명하게 공개하는 기업이라는 평가를 받기도 하였다. 그러나 수많은 국가에서 사업 활동을 하는 Shell은 100여건의 뇌물 수수로 인해 아직 반 부패에 대한 노력이 더 필요하다고 한다.

과연 환경윤리와 환경책임을 인식하고 인류의 건강과 안전을 위한 지속가능한 많은 기업들의 출현을 기대해 본다. 지속가능한 소비와 생산은 21세기의 패러다임인 지속가능한 발전을 달성하기 위한 최고의 전략이 될 수 있을 것이다.

부록

A-1. 약어정리

명 칭	내 용	설 명
AAS	Atomic Absorbtion Spectrometer	원자 흡수분광법
ACC	American Chemistry Council	미국화학연합회
AES	Auger Electron Spectroscopy	Auger 전자분광법
APEC	국제세제 · 세정제협회	
BAT	Best Available Technology	실용 가능한 최선의 기술
BEUC	European Consumers Organization	유럽소비자단체
BFR	Brominated Flame Retardants	브롬화난연제
Business Impact Assesment	사업영향평가	
C & L	Classification and Labelling	분류 & 표지
CA	Competent Authority	대응당국
CAS	화학물질정보서비스	미국화학학회 산하 부서
CEFIC	European Chemical Industry Council	유럽화학산업협회
CFCs	Chloro Fluoro Carbons	염화불화탄소
COA	Certificate of Analysis	분석인증서
co-formulant	부형제	
Comitology	위원회운용절차, 코미톨로지	
Common Position	수정안	
CPP	Chemical Product Policy	화학제품관리정책
CSA	Chemical Safety Assessment	화학물질안전성평가
CSR	Chemical Safety Report	화학물질안전성보고서
CWG	Commission Working Group	위원회 실무그룹
DNEL(s)	Derived No Effect Level(s)	도출무영향수준(무영향수준계산치)
DU	Downstream User	하위사용자
EC	European Commission	유럽위원회

명 칭	내 용	설 명
ECB	European Chemical Bureau	유럽화학물질국
ECETOC	European Centerfor Ecotoxicology and Toxicology of Chemicals	유럽화학물질 생태독성 및 독성센터
ECETOC TRA	European Center for Ecotoxicology and Toxicology of Chemicals Target Risk Assessment	
ECHA	European Chemical Agency	유럽화학물질청
ECOSOC	United Nations Economic and Social Council	유엔경제사회이사회
ECVAM	European Centre for the Validation of Alternative Methods	유럽대체방법타당성시험센터
EDEXIM	European Database of Export and Import of certain dangerous chemicals	유럽 유해화학물질의 수출입 데이터베이스
EDG	Electronic Discussion Group	전자토론그룹
EI	Electron Impact	전자충돌 이온화방법
EIF	Entry Into Force /법 발효	법 시행
EINECS	유럽기존화학물질목록	
EJC	European Journalism Centre	유럽신문센터
ELINCS	유럽신규화학물질목록	
EMEA	European Agency for Evaluation of Medicinal Products	유럽의약품평가청
ENCS	기존 및 신규화학물질	일본
Endocrine Disrupters	내분비계 장애물질	환경호르몬
EPCRA	Emergency Planning and Community Right-to-know Act	비상계획 및 공동사회 알 권리법
EPR	Extended Producer' s Responsibility	
ESDs	Emission Scenario Documents	노출시나리오 문서
ESI	Electro spray Ionization	전기분자 이온화법
ESIS	유럽 화학물질 정보시스템	
ESSD	Environmentally Sound and Sustainable Development	친환경적 지속발전가능
EU	유럽연합	
EUSES	European Union System for the Evaluation of Substance	EU의 화학물질 위해성 평가시스템
EC 목록(EC Inventory)	이전의 EU화학물질 규제체계에서 나온 세 가지 유럽 물질목록인 EINECS, ELINCS, NLP 목록을 합쳐서 EC 목록이라 한다. EC 목록은 물질의 식별자로써 EC 분류번호의 근원이다	
GC	가스 크로마토그래피	
GDMF	General Decision-Making Framework	일반 의사결정 체계

명 칭	내 용	설 명
GHS	글로벌조화시스템	
GLP	Good Laboratory Practice	우수실험실기관
GPA	Global Plan of Action	
HEDSET	Harmonized Electronic Data SET	
HLD	High Level Declaration	고위급선언
HPLC	고성능 액체 크로마토그래피	
HPVCs	High Production Volume Chemicals	대량생산화학물질
ICCA	International Council of Chemical Association	국제화학단체협의회
ICP-AES	Inductively Coupled Plasma-Atomic Emission Spectroscopy	유도플라즈마분광법
IEM	Integrated Environmental Management	통합환경관리
IFCS	Intergovernmental Forumon Chemicals Safety	화학물질안전에 관한 정부간 포럼
in vitro testing	시험관 내 시험	in vitro 시험
in vivo testing	생체 내 시험	in vivo 시험
InChI	IUPAC 국제 화학물질 식별자	
INCI	국제화장품원료명명법	
IPP	Integrated Product Policy	통합제품관리정책
IR	Infrared Spectroscopy	적외선 분광법
IRIS	Integrated Risk Information System	통합 위해성 정보 시스템
ISO	International Organization for Standardization	국제표준화기구
ITS	Intelligent Testing Strategies	지능형 시험전략
IUBMB	International Union of Biochemistry and Molecular Biology	국제 생화학 분자생물학 연맹
IUCLID	International Uniform Chemical Information Database	국제통합화학물질 정보데이터베이스
IUPAC	International Union of Pure and Applied Chemistry	국제 순수 및 응용화학 연맹
JRC	Joint Research Centre	EU 공동연구센터
LC50(Median lethal concentration)	LC는 치사농도를 말하며, 50이라는 숫자는 시험동물의 50%가 죽은 농도를 말함	
LD50(Lethal Dose)	독극물의 투여량에 대한 시험생물의 반응을 치사율로 나타낼 수 있을 때의 투여량을 치사량이라고 한다. 50이라는 숫자는 시험생물의 50%가 죽게 되는 독물의 투여량	
LCA	Life Cycle Assessment	전 과정 평가
LPVCs	Low Production Volume Chemicals	소량생산 화학물질
M/I	Manufacturer/Importer	제조자/수입자
M2P2	Multi-Media and Pollution Prevention	다중매체와 오염방지

명 칭	내 용	설 명
MAD	Mutual Acceptance Data	시험자료 상호인정
MALDI	Matrix Assisted Laser Desorption Ionization	
MAN	Mutual Acceptance of Notification	신고 상호인정
MoU	Memorandum of Understanding	양해각서
MPD	Minimum Pre-marketing Set of Data	시장출시 전 최소요구자료
MRL	Maximum Residue Limit	잔류허용기준
MS	질량 분광법	
MSDS	Material Safety Data Sheet	물질안전보건자료
NLP	더 이상 폴리머로 취급하지 않는 물질	
NMR	Nuclear Magnetic Resonance	핵자기공명 분광법
NMS	New Member States	신규회원국
NONS	Notification of New Substances	
NRC	National Research Council	국가연구위원회
NSC	National Security Council	국가안전보장이사회
NOEC	No Observable Effect Concentration	어떤 물질의 이 농도까지는 어떤 현상도 관찰되지 않음
OECD	Organization for Economic Cooperation and Development	경제협력개발기구
OPS	Over arching Policy Strategy	중요 정책 전략
OSHA	Occupational Safety and Health Administration	산업 안전 보건 관리국
OSOR	One Substance One Registration	단일물질 단일등록
PBT	Persistent,Bioaccumulative,Toxicity	잔류성, 생물 농축성, 독성
PCDDs/PCDFs	Polychlorinated dibenzo-*p*-dioxins / dibenzofurans	
PEC	Predicted Environment Exposure Concentration	예측환경노출농도
PFOS	Per Fluoro Octane Sulfonates	
PIC	Prior Informed Consent	
PMN	Pre Manufacture Notice	사전제조신고
PNEC(s)	Predicted No Effect Concentration(s)	예측 무영향 농도
POPs	Persistent Organic Pollutants	잔류성 유기오염물질
PP	Precautionary Principle	사전예방원칙
ppm	백만분의 일	
PPORD	Product and Process Orientated Research and Development	제품 및 공정연구개발
PRODUCE	Piloting REACH on Downstream Use and Communication in Europe	

명 칭	내 용	설 명
PRTR	Pollutant Release and Transfer Registers	오염물질 배출 이동 등록
QSARs	Qualitative or Quantitative Structure-Activity Relationships	구조활성예측프로그램
RC	Risk Communication	위해성 정보 전달체계
REACH	화학물질의 등록, 평가, 승인 및 제한	유럽의 신화학물질 관리제도
RIP	REACH 이행 프로젝트	
risk characterization	위해도 결정	
RMM	Risk Management Measures	위해성 관리 대책
RoHS	Restriction of Hazardous Substances	유해물질제한지침
SAICM	Strategic Approach to International Chemical Management	국제적 화학물질 관리 전략
SDS	Safety Data Sheet	물질안전보건자료
SEA	Socio-Economic Analysis	사회-경제성 분석
SEG	Stakeholder Expert Group	이해당사자 전문가 그룹
SHERPER	Study on how to establish a helpdesk to supportSMEs to fulfil their duties under REACH	REACH 제도 하에서 기업체의 의무사항 준수를 지원하기 위한 helpdesk 설립방안에 대한 연구
SIAR	SIDS Initial Assessment Report	초기평가보고서
SID	Supplementary Information Document	추가 정보 서류
SIDS	Screening Information Data Sheet	대량생산화학물질 초기 유해성 평가서
SIEF	물질정보교환포럼	
SIMS	Secondary Ion Mass Spectrometry	2차 이온화법
SMEs	Small and Medium-size Enterprise	중소기업
SMILES	단순화된 분자 입력라인 기입사항	
SPORT	Strategic Partnership on REACH Testing	
Stakeholder	이해당사자	
SVHC	Substances of Very High Concern	고위험성 우려물질
TAPIR	Three point three-A Project for the Information Requirement of REACH	
TD	Technical Dossier	기술서류
TEACH	Toxicity and Exposure Assessment for Children' s Health	어린이 건강을 위협하는 주요 유해물질(18종)의 독성 및 노출 평가 자료수집 · DB화하여 일반인에게 제공하는 프로그램
TG	Test Guideline	시험지침
TGD	기술지침문서	
Tonnage threshold	중량한계	

명 칭	내 용	설 명
tonnage-triggered system	중량에 기초한 시스템	
TRA	Toxiccological Risk Assessment	
TRI	Toxics Release Inventory	유독물질배출목록제도
TSCA	유독물질규제법	미국
UBA	Umbelt Bunds Amt	독일 환경부
UEAPME	European Association of Craft, Small and Medium-sized Enterprise	유럽중소기업협의회
UNCED	United Nations Conference on Environment and Development	유엔환경개발회의
UNEP	United Nations Environment Programme	유엔환경계획
UNICE	Union of Industrial Employers' Confederation of Europe	유럽경제인연합회
UNITAR	United Nations Institute for Training and Research	유엔훈련연구원
Upstream users	상위사용자	
UV/VIS	Ultraviolet/Visible Spectroscopy	자외선-가시광선 흡수 분광법
UVCB	화학구조가 알려져 있지 않거나 가변적인물질, 복합반응 생성물 또는 생물학적 물질	
VCCEP	Voluntary Children' s Chemical Evaluation Program	
vPvB	very Persistent very Bioaccumulative	고 잔류성, 고생물농축성
w/w	무게비	
WCED	World Commission on Environment and Development	환경과 개발에 관한 국제 위원회
WSSD	World Summit on Sustainable Development	지속 가능한 발전을 위한 국제 정상회의
XPS	X-ray Photo electron Spectroscopy	X-선 광전자분광법
XRD	X선 회절	
XRF	X-ray Spectroscopy	X선 형광

A-2. 용어정리

영 어	한 글	설 명
polymer	고분자	한 가지 이상의 단량체단위(monomer units)의 배열(sequence)로 특징지어진 분자들(molecules)로 구성된 물질. 이러한 분자들은 분자량이 어떤 범위로 분포되어야 하며, 이 분자량의 차이는 주로 단량체 단위의 수가 다른 것에 기인한다. 고분자(Polymer)는 아래의 사항을 수용한다.
		(a) 최소한 1개 이상의 다른 단량체 단위나 다른 반응물(reactants)과 공유 결합되어 있는 최소한 3개 이상의 단량체 단위를 포함하는 분자의 무게가 반수 이상
		(b) 동일한 분자량을 가진 분자의 무게가 과반수 미만
		위와 같은 정의의 문맥상, "단량체 단위"란 고분자상의 단량체 물질의 반복 형태(reacted form)를 의미한다.
actors in the supply chain	공급 체인 내에 있는 자	'공급 체인 내에 있는 자(actors in the supply chain)' 라 함은 공급 체인(supply chain) 내의 모든 제조자 및/또는 수입자 및/또는 하위사용자를 의미한다.
component	구성요소	조제품을 만들기 위해 의도적으로 추가한 물질
phase-in substance	기존물질	아래의 기준 중 적어도 하나를 충족시키는 물질.
		(a) 유럽기존화학물질목록(EINECS)에 등재된 물질.
		(b) 제조자 또는 수입자가 서류로 증명할 수 있다는 조건 하에, 1995년 1월 1일 또는 2004년 5월 1일 유럽연합에 가입한 국가 혹은 EU 역내에서 제조되었으나 본 규정 발효 전 15년 동안 최소 한 번도 제조자나 수입자에 의해 시장에 출시되지 않은 물질.
		(c) 제조자 또는 수입자가 서류로 증명할 수 있다는 조건 하에, 본 규정이 시행되기 전에 제조자 또는 수입자에 의해서 1995년 1월 1일 또는 2004년 5월 1일 유럽연합에 가입한 국가 혹은 EU 역내의 시장에 출시되었으며, Directive 67/548/EEC의 제8조 제1항의 첫 번째 단(indent)에 따라 신고된 것으로 간주되었으나 본 규정에서 정한 고분자의 정의를 만족하지 않는 물질.
ES	노출시나리오	Exposure Scenario(노출시나리오): 전과정(life-cycle) 동안 물질이 제조되거나 사용되는 방법과 제조자 혹은 수입자의 통제방법 또는 하위사용자에 대한 물질통제 권고방법 그리고 인간과 환경에 노출되는 과정에 대해 여러 가지 조건을 설정하여 기술(description)해 놓은 것을 의미한다. 노출 시나리오의 내용이 적절하다면, 해당 시나리오는 단일 특정 공정(process)이나 그 용도 또는 몇 가지 공정들이나 해당 용도들을 커버할 수도 있다.
multi-constituent substance	다 성분물질	일반적으로 하나 이상의 주성분이 10% 이상, 80% 미만 농도로 들어있는 조성비의 물질을 말한다.
monomer	단량체	특정 공정에 사용되는 관련 고분자형성반응 조건 하에서 추가적으로 일련의 같거나 다른 분자와 공유결합을 형성 할 수 있는 물질.
mono-constituent substance	단일성분물질	특정 공정에 사용되는 관련 고분자형성반응 조건 하에서 추가적으로 일련의 같거나 다른 분자와 공유결합을 형성 할 수 있는 물질.
competent authority	대응당국	'대응당국(Competent Authority)' 이라 함은 회원국이 REACH 규정상 발생하는 의무사항을 수행하기 위하여 설립한 당국 또는 기관을 의미한다.
registrant	등록자	'등록자(registrant)' 라 함은 등록서류(registration)를 제출해야하는 해당 물질의 제조자나 수입자 또는 완제품 생산자나 수입자를 의미한다.

영 어	한 글	설 명
robust study summary	로버스트 연구 요약서	'로버스트 연구 요약서' 라 함은 연구에 대한 독립적 평가를 위해 충분한 정보를 제공하며, 전체 연구보고서에 관한 논의의 필요를 최소화하는 것으로, 전체 연구 보고서의 목적, 방법, 결과 및 결론에 관한 자세한 요약을 의미한다.
supplier	물질 또는 혼합제의 공급자	'물질 또는 혼합제의 공급자(supplier)' 라 함은 물질 자체, 혹은 혼합제나 혼합제 내의 물질을 시장에 출시하는 판매자 또는 제조자, 수입자, 하위 사용자를 의미한다.
substance	물질	그 안정성을 유지하기 위해 필요한 첨가물과 사용된 공정으로부터 발생된 불순물을 포함하는 자연 상태 혹은 제조공정에서 얻어진 화학적 원소 및 그 화합물을 의미한다. 단, 물질의 안정성에 영향을 미치지 않거나 조성을 변형시키지 않고 분리될 수 있는 용매는 제외된다.
impurity	불순물	생산된 물질 안에 의도치 않게 포함된 성분. 불순물은 출발물질에 들어 있을 수도 있고, 제조공정 중 이차 혹은 불완전 반응의 결과로 생길 수 있다. 최종 물질에 들어있긴 하지만, 의도적으로 추가된 것은 아니다
site	사이트	'사이트(site)' 라 함은 물질의 제조자가 하나 이상인 경우, 특정 기간시설 및 설비들이 공유되는 단일 장소를 의미한다.
constituent	성분	고유한 화학적 본질로 특징지을 수 있는, 물질 속에 존재하는 단일한 종
recipient	수령인	'물질 또는 혼합제의 수령인(recipient)' 이라 함은 물질 또는 혼합제를 공급하는 판매자 혹은 하위 사용자를 의미한다.
		'완제품의 수령인이라 함은 소비자(consumer)' 를 제외하고 완제품을 공급하는 산업적 혹은 전문적인 사용자를 의미한다.
import	수입	'수입(import)' 이라 함은 EU 역내의 세관 영역으로 실질적인 물질의 반입(physical introducing)을 의미한다.
importer	수입자	'수입자(importer)' 라 함은 수입을 담당하는 EU 역내의 모든 자연인 또는 법인을 의미한다.
placing on the market	시장출시	'시장출시(placing on the market)' 라 함은 대가지급여부를 불문하고, 제3자에 대한 모든 공급 및 제공(making available)을 의미한다. EU 역내 세관 영역내로의 수입은 시장출시로 간주한다.
non-phase-in substance	신규물질	REACH 하에서 기존물질에 대해 제공된 유예제도에서 혜택을 받지 못하는 등록을 요하는 물질.
per year	연간	달리 명시되지 않는 한, 역년을 의미. 적어도 지난 3년 연속적으로 수입 또는 제조되는 기존물질들에 대해서는, 연간 수량은 지난 3년간 평균 생산 또는 수입량을 기초로 계산됨.
study summary	연구 요약서	'연구 요약서(study summary)' 라 함은 해당 연구의 타당성을 평가하기 위한 충분한 정보를 제공하는 전체 연구 보고서의 목적, 방법, 결과 및 결론에 관한 요약을 의미한다.
article	완제품	제조 과정 중 그 화학적인 조성을 결정하는 것 이상으로 그 기능을 결정하는 특수한 형태나 표면, 또는 디자인을 얻는 물체(object).

영 어	한 글	설 명
only representative	유일 대리인	물질 자체, 혼합제 내의 물질 또는 완제품 내의 물질을 제조하거나, 혼합제를 조제 혹은 완제품을 생산하는 EU 역외에 설립된 법인 또는 자연인은 REACH 규정 하의 수입자의 의무를 이행하기 위하여 EU 역내의 자연인 또는 법인을 상호계약에 의해 유일 대리인으로 지명할 수 있다.
		유일 대리인은 REACH 규정 하에서 수입자에게 부여되는 모든 의무를 준수하여야 하며, 이러한 목적을 위하여, 유일 대리인은 물질의 실제 취급 및 관련 정보에 대한 충분한 배경지식을 가져야 한다. 또한, 유일 대리인은 최신 SDS 제공에 관한 정보뿐 아니라, 수입 수량과 고객에 대한 정보를 보유하고 업데이트 하여야 한다.
substance which occurs in nature	자연발생물질	자연 상태에서 발견되는 물질로 가공하지 않았거나 단지 인력, 기계 또는 중력을 이용하여 가공, 즉 물에 용해, 물로 추출, 부유선별법, 증기증류, 열을 가해 수분을 제거, 또는 공기에서 추출되는 물질을 말한다.
full study report	전체 연구 보고서	'전체 연구 보고서(full study report)' 라 함은 해당 정보를 만들어내기 위해 수행되어지는 활동에 대한 완벽하고 광범위한 내용의 기술서(description)를 의미한다. 이 보고서는 수행한 연구에 대해 기술한 연구보고서의 인쇄물로서 완벽한 과학적인 연구논문을 커버한다.
manufacturing	제조	자연 상태에서 물질을 생산 및 추출하는 것
manufacturer	제조자	'제조자(manufacturer)' 라 함은 EU 역내에서 물질을 제조하는 EU 역내의 자연인 또는 법인
restriction	제한	'제한(restriction)' 이라 함은 제조, 사용 또는 시장출시에 대한 조건이나 혹은 그에 관한 금지
preparation	조제	두 가지 이상의 물질로 구성된 혼합물이나 용액
main constituent	주성분	첨가물이나 불순물이 아닌, 어떤 물질의 상당부분을 차지하는 물질을 뜻하며, 그 때문에 물질의 명명과 상세한 물질의 확인에 사용된다.
intermediate	중간체	다른 물질로의 변형(이하 "합성(synthesis)"이라 표기)을 목적으로 화학공정을 위해 제조되어 사용 또는 소비되는 물질.
		(a) 비분리 중간체(non-isolated intermediate)란 합성과정에서 합성이 이루어지는 설비로부터 의도적으로 제거되지 않는(추출견본을 제외하고) 중간체를 의미한다. 이러한 설비로는 반응용기, 그 부속 장비 및 다음 반응단계를 위한 용기간 이동을 위하여 행해지는 배관작업뿐 아니라, 연속 공정 또는 회분식 공정에서 물질이 통과하는 모든 설비를 포함한다. 단, 제조공정 이후에 물질이 저장되는 탱크 또는 기타 용기는 제외된다.
		(b) 현장분리 중간체(on-site isolated intermediate)란 비분리 중간체의 기준에 해당하지 않는 중간체를 의미하며, 하나 이상의 법인체에 의해 중간체의 제조와 그 중간체로부터 다른 물질의 합성이 동일한 장소에서 이루어지는 것을 의미한다.
		(c) 수송분리 중간체(transported isolated intermediate)란 비분리 중간체의 기준에 해당하지 않는 중간체로 서로 다른 장소 간에 이송되거나 다른 장소로 공급되는 중간체를 의미한다.
additive	첨가물	어떤 물질을 안정시키기 위해 의도적으로 첨가한 물질
chromatographic finger print	크로마토 그래피지문	분석 크로마토그램에서의 특징적 성분 분포상태로 물질 조성을 표시 하는 것

영 어	한 글	설 명
distributor	판매자	'판매자(distributor)' 라 함은 소매업자를 포함하며, 제3자를 위하여, 물질 자체 또는 혼합제 내의 물질을 단순히 저장하고 시장에 출시하는 EU 역내의 모든 자연인 또는 법인을 의미한다.
downstream user	하위 사용자	'하위 사용자(downstream user)' 라 함은 제조자 또는 수입자를 제외하고, 자신의 산업적 혹은 전문적 활동과정에서 물질 자체 또는 혼합제 내의 물질을 사용하는 EU 역내의 모든 자연인 또는 법인을 의미한다. 판매자(distributor) 또는 소비자(consumer)는 하위사용자가 아니며, 제2조 제7항 제C호의 예외 조항의 적용을 받는 재수입자는 하위사용자로 간주된다.
alloy	합금	거시적으로 균질하며, 두 가지 이상의 성분으로 구성되어, 기계적인 수단으로 쉽게 분리되기 어렵게 조합된 금속물질.
preparation	혼합물	'혼합물(preparation)' 라 함은 두 가지 이상의 물질로 구성된 혼합물이나 용액을 의미한다.
Agency	화학물질청	'화학물질청(=화학물질관리청, Agency)' 이라 함은 REACH 규정에 의해 설립된 유럽화학물질관리청 (European Chemical Agency)을 의미한다.
not chemically modified substance	화학적으로 변형되지 않은 물질	화학적 공정 또는 처리를 거쳤거나 물리적으로 광물학상의 변형을 겪었어도(예를 들어, 불순물제거를 위해) 화학적인 구조가 변하지 않고 남아있는 물질.
EC Inventory	EC 목록	이전의 EU 화학물질 규제체계에서 나온 세 가지 유럽 물질 목록인 EINECS, ELINCS, NLP 목록을 합쳐서 EC 목록이라 한다. EC 목록은 물질의 식별자로써 EC 분류번호의 근원이다.
Median lethal concentration	LC50	LC는 치사농도를 말하며, 50이라는 숫자는 시험동물의 50%가 죽은 농도를 말함.
Lethal Dose	LD50	독극물의 투여량에 대한 시험생물의 반응을 치사율로 나타낼 수 있을 때의 투여량을 치사량이라고 한다. 50이라는 숫자는 시험생물의 50%가 죽게 되는 독물의 투여량을 말한다.
No Observable Effect Concentration	NOEC	어떤 물질의 이 농도까지는 어떤 현상도 관찰 되지 않는다.

참고문헌

건설교통부, (2007.6), 신규제작자동차 실내공기질 관리기준

공병호, (2009), 친환경경영이라는 투명한 이미지, 공병호경영연구소

국가청정생산지원센터, (http://www.kncpc.or.kr/main/main.asp)

국가청렴위원회, (2006), 공기업 윤리경영 모델, (주)에코프론티어

국무총리실, (2010.1), 저탄소 녹색성장 기본법, 법률 제9931호, 2010. 1.13, 제정

국제 환경규제 대응 표준화 기반구축 센터, (2007.2), 중국 전자정보제품오염방지관리법 가이드, 산업자원부

국제환경규제 종합정보망, (http://www.compass.or.kr/)

국제환경규제기업지원센터, (2009), 신규 제작 자동차 실내공기질 관리기준 동향, 분석보고서 223-09-028

국제환경규제기업지원센터, (2011), 미국 독성물질 관리법(TSCA)에서의 나노물질(CNT) 규제동향, 분석보고서 111-10-060

국제환경규제기업지원센터, (2011), 2011년 개정된 EU RoHS II 주요 내용, 분석보고서 312-11-045

국제환경규제기업지원센터, (2011), 2011년 China RoHS 개정 동향(1), 분석보고서 112-11-095

국제환경규제기업지원센터, (2011), EU, REACH 허가(Authorisation)의 개요, 분석보고서 301-11-142

국제환경규제기업지원센터, (2011), 미국 Toxic Substance Control Act (TSCA) 개요, 분석보고서 311-10-072

국제환경규제기업지원센터, (2011), 친환경자동차에 대한 최근 동향 및 전망, 분석보고서 303-11-110

기상청, (2007), 기후변화 2007: 종합 보고서, IPCC AR4

김도영, (2006), 지속가능경영을 위한 외식업의 마케팅 전략 방안: 패밀리레스토랑의 서비스 품질관리를 중심으로, 컨벤션연구, 6(1), pp.121-144

김만영, (2010.9), EU의 "지속가능한 발전" 관련 정책과 시사점, 한국환경산업기술원

김병훈, 이지훈, (2010), 국내 잔류성 유기오염물질(POPs)의 정책 및 관리 방향, 공업화학 전망, 제13권 제5호, pp.1-10

김상용, (2003), 지속발전을 위한 청정생산기술, 시그마프레스

김선경, (2010), LG화학 녹색경영, 이그린 이코노미

김영우, (2008.11), EU의 환경정책과 시사점, IIT, 국제무역연구원

김윤화, (2009), 지속가능경영과 그린 ICT, 초점, 21(22), pp.1-19

김익, EU의 지속가능한 소비생산전략, 지속가능산업발전, 산업환경지원본부, Vol.15

김일방, (2005), 환경윤리의 전쟁, 서광사

김일방, (2005), 환경윤리의 쟁점, 서광사

김정식, (2004), 공학기술 윤리학, 도서출판 인터비전

김정식, 이상훈, (2011), 공학윤리, GS인터비전

김종대, (2008), LG화학의 환경경영전략 및 시스템에 관한 사례연구, 대한경영학회

김준성, (2008), 공학윤리를 이해하기, 과학기술의 철학적 이해, 한양대학교 과학철학교육위원회

김진욱, (2005.9), 국제환경규제에 따른 중소수출기업의 대응자세, 수출보험, 133호

김현진, (2003.12), 도요타의 환경중시 경영과 시사점, Issue Paper, 삼성경제연구소

네이버 백과사전, (2012), 환경경영체제(environmental management system)

노상환, (2004), 환경친화기업지정기업의 경영성과에 관한 연구, 자원환경경제연구, 13(3), pp.499-518

노순규, (2009), 신성장 동력의 이해와 교육, 녹색성장과 친환경 경영, 한국기업경영연구원

대한민국 정부, (2007.4), 수도권 대기환경개선에 관한 특별법, 법률 제8404호, 일부개정 2007.4.27.

대한상공회의소 지속가능경영원, (2009.5), 환경전략과 녹색제품 개발, 뉴스레터, 179호

대한상공회의소 지속가능경영원, (2007), 기업의 사회적 책임(CSR)과 기업가치: CSR이 기업가치를 높이는가?, BISD 연구보고서

도건우, 박환일, (2010.10) 녹색보호주의 대두와 대응방안, Issue Paper, 삼성경제연구소

디지털데일리, (2006.5), 초일류 기업의 조건: 나눔, 환경, 상생

류큐신보조간, (2011.12), 온난화대책 25%삭감의 국제공약을 지켜야

매일경제, (2012.1), 지식포털 오아시스 새 비즈니스 창구로

명차리, (2011), 자동차 환경규제와 국제환경규제 대응 현황, TEN 전문가분석 리포트

민혁기, (2010.4), 글로벌 환경규제의 현황과 시사점, KIET 산업경제, pp.40-49

박명섭 외2 인 역, (2011), 녹색 공급사슬의 설계와 구축, 우용출판사, 스즈키 쿠니노리 원작

박석하, (2011), 녹색물류, 한국표준협회미디어

박장선, (2011.5), 화학분야의 국내외 환경규제 동향과 대응방안, Global Green Growth Policy, 제44호

박재흠, (2006), 자동차 산업의 환경경영전략 평가를 위한 모형 구축 및 사례 연구: AHP를 활용한 가중치 도출을 중심으로, 한국과학기술원

산업자원부, (2005.5), 국제환경규제 현황 및 산업계 지원방안

산업정책연구원, (2006), 지속가능경영 자가진단지표

산은경제연구소, (2007.4), EU의 REACH(신화학물질관리제도) 시행에 따른 대응과제

서울경제, (2012.1.5), 유럽 지나는 국제 민항기에도 탄소세, 보도자료

서해엽, (2010.5), 중국, 대만의 신화학물질관리제도 및 대응과제, 화학물질, pp.11-20

석유화학공업협회, (2000), 석유화학산업에서의 에너지 절약사업 추진

성봉석, (2009), 기업의 환경경영전략 영향요인 및 성과에 관한 연구, 충남대학교

세종연구소, (2002.7), 도하개발아젠다와 WTO 반덤핑협정, 특별정책브리핑 2002-02

송경석, (2012.4), 나노물질의 규제 동향 및 대응, 한국건설생활환경시험연구원

신원무, (2010.8), CSR과 기업 경쟁력, LGERI 리포트

신철호, 김재은, (2008), 지속가능경영의 현황과 과제, 임금연구, 가을호, pp.72-81

오상헌, (2007), 금호아시아나그룹 아름다운 기업 환경경영실천, 한국경제

원정희, (2010), 현대차 규제 맞추는 수동적 모드서 활용모드로 전 세계 지역별 특화된 친환경차로 대응, 이데일리

월간CHIEF EXECUTIVE, (2009), 혁신의 원동력이 되는 친환경경영

유기돈, (2009.4), 화학 기업 경쟁력의 새 변수 녹색화학, LGERI 리포트

유영옥, (2003), 국제환경정책론, 학문사

이두면, (2011.12), 온실가스 · 에너지 목표관리제와 기업들의 대응방향, Machinery Industry, pp.52-61

이병욱, (2000), 주가(株價)를 높이는 환경경영, pp.68-74

이병욱 외, (2005), 환경경영: 21세기 신경영 패러다임, pp.17-27, pp.585-635

이병학 외, (2007), 새로운 환경과 공해, 신광문화사

이상용, (2012.7), 지속가능한 소비와 생산에 관한 국제동향 및 대응방안, 한국환경산업기술원

이승은, (2002), 도시생태네트워크 계획, 시그마프레스

이승호, (2007), 기후학, 푸른길

이정봉, (2010), 사회적 기업의 노동조건 현황과 과제, 노동사회, pp.58-64

이준호, 김태식, (2005), 교토의정서 발효 등 환경규제 강화에 따른 중소기업의 대응 과제, 중소기업연구원

일본 환경성, (2011), 지구온난화 세금을 위한 대책에 관하여

일본교통매일신문, (2012.1.1), 2012년 신년특집 자동차편(4): 자동차 관계 제세의 향방

일본환경신문, (2012.1), 호소노 고시 환경성 장관에게 묻다. 환경세 도입에 주력

임종섭, 임준형, (2011.4), 국제무역 환경 규제에 따른 국내 기업의 대응전략, 산업경제연구, 제24권 제2호, pp.823-844

장현숙, (2011), 美 에너지스타 제도 강화에 따른 국내 전기전자 수출기업의 대응실태: 기업 애로 및 피해사례를 중심으로, 한국무역협회

장현숙, (2012.2), 2012년 주목해야 할 국제환경규제와 기업 대응전략, Trade Focus, Vol.11 No.10

장현숙, (2010.3), 중국 신화학물질 환경관리제도의 주요 내용 및 대응과제, Trade Focus, Vol.9 No.12

장현숙, 조성대, 김우종, (2010.4), 녹색무역장벽의 산업별 영향 및 대응과제, Trade Focus, Vol.9. No.19

정봉진, 이귀호, (2010.9), 국제환경규제에 대한 국내의 대응 현황, 청정생산, 제16권 제3호, pp.151-161

정부합동 GHS 추진위원회, (2006.12), 화학물질의 분류 및 표지에 관한 세계조화시스템 (GHS) - 2005년도 UN 개정본, 기술표준원, 국립환경과학원, 노동부, 농림부, 농업과학기술원, 농촌진흥청 ,
산업자원부, 소방방재청, 해양수산부, 환경부

정수봉, 최광린, (2007.10), 중소기업형 유해물질 환경규제 대응 실무 가이드, 중소기업청 시험연구

지원팀, 대한상공회의소 지속가능경영원
조광형, (2009), 삼성전자, 친환경 경영으로 글로벌녹색기업 도약, 뉴데일리 보도자료
조문수, (2008), Concurrent Engineering IV, 숭실대학교
조문수, (2007), 산업과 인간, 숭실대학교
조영달, 변서원, 최은경, 김상헌, (2012.3), 국제환경규제 유해물질의 최근 동향 및 국내 수출기업에 미치는 영향, 청정생산, pp.1-13
조용개, (2008), 환경윤리와 교육, 한국학술정보
조용개, 유영억, 정철, (2003), 환경 철학의 이해, 신광문화사
(주)세이프케미컬, (2009.12), 중국 · 대만의 화학물질관리 제도분석 및 국내 기업 대응방안 연구
주일한국기업연합회 외, (2011), 한국기업의 대일비즈니스 애로 조사연구
지식경제부, (2011.11), 에너지이용 합리화법 제15조 등에 따른 효율관리, 지식경제부고시 제2011-241호, 기자재 운용규정
지식경제부 외, (2011.5), LED 산업 제2도약 전략, 경제정책조정회의자료
차성기, (2012), 친환경 기업경영과 생존전략, 환경공업신문
최광림, (2008), 기업과 지속가능경영, 대한상공회의소 지속가능경영원 (BISD), 발표자료
최은경, 유의상, 박영환, (2005), 섬유환경 및 EU 에코라벨 인증 체계 이해, 섬유기술과 산업, 제9권 1호, pp.38-54
코리아타임즈, (2012), 제주발전연구원 기사
풀무원 홈페이지, (www.pulmuone.co.kr)
한국무역협회, (2012), 한. 멕시코 수교 50주년 멕시코의 중요성과 유망진출분야
한국생산기술연구원 국가 청정생산지원센터, (2012), 주요 산업 · 국가별 무역 환경규제 대응 가이드라인, 지식경제부, 대한상공회의소, 한국무역협회
한국생산기술연구원 국가청정생산지원센터, (2004), 공급망 환경관리 기법 및 사례, 지속가능산업동향, 7-2호
한국전자산업진흥회, (2005), RoHS 지침 대응전략 - 전기전자 국제환경규제 대응 매뉴얼, 산업자원부, 국가청정생산지원센터
한국정밀화학산업진흥회, (2007.12), 정밀화학산업 문답식 REACH 대응 길라잡이, 산업자원부,

REACH 기업지원센터
한국환경산업기술원, (2010.12), 에너지관련제품(ErP)의 에코디자인 지침 해설서, 환경부
한국환경산업기술원 홈페이지, (www.keiti.re.kr)
한국환경정책평가연구원, (2006.11), 환경분쟁 조정 기능강화 등 중장기 발전 방향 연구, 중앙환경분쟁조정위원회
한국환경정책학회, (2003), 기업의 환경친화성 평가지표 개발, 환경부 보고서
한면희, (1997), 환경윤리, 철학과 현실사
한면희, (2007), 미래세대와 생태 윤리, 철학과 현실사
한면희, (2011.11), 환경윤리의 필요성과 그 의미, 연세대학원신문
홍지환, (2011.1), 환경경영과 환경표지제도, Global Green Growth Policy
환경부, (2001.7), 잔류성유기오염물질(POPs)에 관한 스톡홀름협약(국 · 영문本)
환경부(2004), 유해화학물질의 교역시 사전통보 승인절차에 관한 협약
환경부, (2006.1), 연간 저공해자동차 보급기준 고시
환경부 보도자료, (2006.2), 유해화학물질 수출승인 대상물질 확대
환경부 보도자료, (2006.4), 다이옥신 등 잔류성유기오염물질 관리를 위한 본격적인 작업 시작되다
환경부 보도자료, (2008.5), 오염물질 다량방출 건축자재 57종 사용제한
환경부, (2008.6), 완제품(Article)에 관한 지침서, 환경부 REACH 대응 추진기획단
환경부, (2009.2), 로테르담협약 이행을 위한 당사국 지침서
환경부, (2009.4), 환경규제로 인한 경제적 효과 사례 연구
환경부, (2009.10), 수요자 관점의 환경규제편람
환경부, (2009.12), 2009 환경백서
환경부, (2010), 자동차 평균에너지소비효율기준 · 온실가스 배출허용기준 및 기준의 적용 · 관리 등에 관한 고시, 환경부공고 제2010-295호
환경부, (2010), 전기 · 전자제품 및 자동차의 자원순환에 관한 법률, 법률 제10033호, 2010. 2. 4, 일부개정
환경부, (2010.11), 대만 기존화학물질 신고지침, 화학물질, pp.26-30
환경부, (2010.12), 2010 환경백서

환경부 보도자료, (2011.1.4), 2010년도 자동차 배출가스 등급 발표

환경부, (2011.6) 자동차 평균에너지소비효율기준 · 온실가스 배출허용기준 및 기준의 적용 · 관리 등에 관한 고시, 환경부 고시 제2011-89호

환경부, (2011.8), 제품의 포장재질 · 포장방법에 관한 기준 등에 관한 규칙 일부개정령안

환경부, (2011.12), 2011 환경백서

KIST Europe, (2010), 대만 기존화학물질 지명제도에 관한 지침 국문해설

KOTITI, (2012.5), 전기전자산업의 국제환경규제 동향, ROHS 기초과정 교육자료

KOTITI, (2012.5), 국내 기업의 대응 문제점 및 해결방안, ROHS 기초과정 교육자료

KOTRA, (2005.6), 주요국의 환경규제 현황 및 대응 사례

KOTRA, (2006), EU 환경규제와 우리의 대응방안, 기획조사 06-064

KOTRA, (2006.6), 2006년 주요국 환경규제 현황 및 대응사례, 기획조사 06-029

KOTRA, (2010.3), 최근 환경규제 동향 및 2010년 전망

KOTRA, (2011.1), 최근 對韓 수입규제 동향과 2011년 전망

KOTRA, (2011.4), 선진국의 환경규제와 기업의 대응사례, Global Issue Report 11-004

OECD, (2008), OECD 2030 환경전망보고서 - 정책결정자를 위한 요약문

REACH 기업지원센터, (2007), REACH 대응 길라잡이, 산업자원부, 한국정밀화학산업진흥회

REACH 기업지원센터, (2007), 전기전자산업 REACH 대응 길라잡이, 산업자원부, 한국전자산업진흥회

REACH 기업지원센터, (2007.6), 자동차산업 REACH 길라잡이, 산업자원부

REACH 기업지원센터, (2007.10), 금속산업 EU 신 화학물질관리제도(REACH) 대응 길라잡이, 한국철강협회, 한국비철금속협회

REACH 대응 공동추진단, (2008.11), REACH 사전등록 주의사항, 지식경제부, 환경부, 중기청

REACH 대응 추진기획단, (2008.2), 완제품(Article)에 포함된 화학물질에 대한 지침서, 환경부

ARPA and EPA, (1994), Electronics Industry Environmental Roadmap, US Dept. of Energy

David T.A. and David R.S., (2002), Green Engineering: Environmentally Conscious Design of Chemical Processes, Prentice Hall PTR

Hideo, I., Yoshinori, N., and Naotake, O., (1992), Eco Factory: Concept and R&D Themes, Agency of Industrial Science and Technology, New Technology Japan

IPPC, (2007), Climate Change 2007: The Physical Science Basis

Carmody, J., (1983), Ecology and Religion: Toward a New Christian Theology of Nature, Paulist Press

CERES Homepage, (http://ceres.org/about/main.htm)

Directive 2002/95/EC, (2002), Directive of the European Parliament and of the Council of 27 January 2003 on RoHS

ECHA, (2007.6), Guidance for identification and naming of substances under REACH

ECHA, (2011.1), Guidance on registration

ECHA, (2011.4), Guidance on requirements for substances in articles

ESMA, (2011.11), UAE Energy Efficiency Standardization &Labeling

EU, (2003.1), DIRECTIVE 2002/96/EC OF THE EUROPEAN PARLIAMENT AND OF THE COUNCIL of 27 January 2003 on waste electrical and electronic equipment (WEEE)

EU, (2005.10), DIRECTIVE 2005/64/EC OF THE EUROPEAN PARLIAMENT AND OF THE COUNCIL of 26 October 2005 on the type-approval of motor vehicles with regard to their reusability, recyclability nd recoverability and amending Council Directive 70/156/EEC

EU, (2006.5), DIRECTIVE 2006/40/EC OF THE EUROPEAN PARLIAMENT AND OF THE COUNCIL of 17 May 2006 relating to emissions from air-conditioning systems in motor vehicles and amending Council Directive 70/156/EEC

EU, (2006.12), REGULATION (EC) No 1907/2006 OF THE EUROPEAN PARLIAMENT AND OF THE COUNCIL of 18 December 2006 concerning the Registration, Evaluation, Authorisation and Restriction Chemicals (REACH), establishing a European Chemicals Agency, amending Directive 1999/45/EC and repealing Council Regulation (EEC) No 793/93 and Commission Regulation (EC) No 1488/94 as well as Council Directive 76/769/EEC and Commission Directives 91/155/EEC, 93/67/EEC, 93/105/EC and 2000/21/EC

EU, (2008.7), REGULATION (EC) No 765/2008 OF THE EUROPEAN PARLIAMENT AND OF THE COUNCIL of 9 July 2008 setting out the requirements for accreditation and market surveillance relating to the marketing of products and repealing Regulation (EEC) No 339/93

EU, (2009.1), COMMISSION DIRECTIVE 2009/1/EC of 7 January 2009 amending, for the purposes of its adaptation to technical progress, Directive 2005/64/EC of the European Parliament and of the Council on the type-approval of motor vehicles with regard to their reusability, recyclability and recoverability

EU, (2009.9), REGULATION (EC) No 1005/2009 OF THE EUROPEAN PARLIAMENT AND OF THE COUNCIL of 16 September 2009 on substances that deplete the ozone layer

EU, (2009.10), DIRECTIVE 2009/125/EC OF THE EUROPEAN PARLIAMENT AND OF THE COUNCIL of 21 October 2009 establishing a framework for the setting of ecodesign requirements for energy-related products (recast)

EU, (2011.2), COMMISSION REGULATION (EU) No 143/2011 of 17 February 2011 amending Annex XIV to Regulation (EC) No 1907/2006 of the European Parliament and of the Council on the Registration, Evaluation, Authorisation and Restriction of Chemicals ('REACH')

EU, (2011.3), COMMISSION DIRECTIVE 2011/37/EU of 30 March 2011 amending Annex II to Directive 2000/53/EC of the European Parliament and of the Council on end-of-life vehicles

EU, (2011.6), DIRECTIVE 2011/65/EU OF THE EUROPEAN PARLIAMENT AND OF THE COUNCIL of 8 June 2011 on the restriction of the use of certain hazardous substances in electrical and electronic equipment

Fiksel, J. and Wapman, K., (1994), How to Design for Environment and Minimize Life Cycle Cost, IEEE Symposium on Electronics and theEnvironment, San Fransisco

Fixsel, J., (1996), Design for the environment, New York: McGraw-Hill

Garrett De Bell, (1970), The Environmental Handbook, New York: Ballantine Books Inc.

Gatenby, D.A. and Foo, G., (1990), Design for X(CFX): Key to Competitive Profitable Products, AT&T Technical Journal

IBM Inc., (1990), IBM environmental packaging design guide, GA23-2201-00

Jody, B.J., Daniels, E.J., Duranceau, C.M., Pomykala, J.A., and Spangenberger, J.S., (2010.9), End-of-Life Vehicle Recycling: State of the Art of Resource Recovery from Shredder Residue, Center for Transportation Research Energy Systems Division, Argonne National Laboratory

Lee, K.M. and Uehara, H., (2003.2), Best Practice of ISO14021: self-declared environmental claims,

Center for Ecodesign and LCA, Ajou University

Nanda, (2003), Green initiative dfe Design for Environment carbon dioxide emission, International Energy Annual

Oko-Institut e.V. - Institute for Applied Ecology, (2009.9), Adaptation to scientific and technical progress of Annex II to Directive 2000/53/EC (ELV) and of the Annex to Directive 2002/95/EC (RoHS)

Otto, K. and Wood, K., (2001), Product Design: Techniques in Reverse Engineering and New Product Development, Prentice Hall

Pacific Northwest Pollution Prevention Resource Center (http://pprc.org/pubs/topics/gmchain/)

Perchards, (2005.11), Transposition of the WEEE and RoHS Directives in other EU member states

Proctor & Gamble 한국지사 홈페이지, (http://korea.experiencpg.com)

Shell 공식 홈페이지 및 지속가능경영 보고서, (http://www.shell.com)

Sheng, P., Dornfeld, D. and Worhach, P., (1995), Integration Issues in Green Design and Manufacturing, Manufacturing Review, Vol.8, No.2, pp.95-105

Tchobanoglous G., Theisen H., and Vigil, S., (1993), Integrated Solid Waste Management: Engineering Principles and Management Issues, McGraw-Hill Inc., New York

UN, (1977), CONVENTION1 ON THE PREVENTION OF MARINE POLLUTION BY DUMPING OF WASTES AND OTHER MATTER

UNEP, (2005), ROTTERDAM CONVENTION on the Prior Informed Consent Procedure for Certain Hazardous Chemicals and Pesticides in International Trade, Revision

US EPA, (2004.4), Possible Compliance Approaches for Directive 2002/95/EC (The RoHS Directive)

US EPA, (2010.5), Light-Duty Vehicle Greenhouse Gas Emission Standards and Corporate Average Fuel Economy Standards; Final Rule

US Government, (2007), Energy Independence and Security Act section 321, PUBLIC LAW 110–140—DEC. 19, 2007

Vodafone 공식 홈페이지 및 지속가능경영 보고서, (http://www.vodafone.com)

Warmer Bulletin 49, (1996), So what is integrated waste management?, Journal of the World Resource

Foundation, Tonbridge, Kent

White, P., Franke, M., and Hindle, P., (1995), Integrated Solid Waste Management:A Lifecycle Inventory, Blackie Academic and Professional, London

Williams. P.T., (2005), Waste Treatment and Disposal, second edition, Wiley

Xerox Corporation, (2000), http://www.xerox.com/download/envcall.pdf

http://blog.naver.com/chuchu1225/100003377647

http://blog.naver.com/formar/20018664023

http://europa.eu.int

http://newchem.nier.go.kr

http://www.reportnet.co.kr/detail/2081/2080098.html

http://www.unece.org/trans/danger/danger.htm

http://www.unitar.org/cwm/b/hc/index.htm